教科書ガイド 数研出版版【物理／707・708】

# 総合物理

本書は，数研出版版教科書
「総合物理」
にそった参考書として，教科書の予習・復習を効果的に進められること，教科書の内容をよりよく理解できることに照準を合わせ編集しました。構成はもちろん，細部にわたる理論の展開にいたるまで，教科書の内容に合わせてあります。

また，問題解法の力をつけることにも重点を置きました。教科書に掲載されているすべての問題について，その考え方と解法・解答を説明してあります。

# 目　次

## 第１巻　力と運動・熱

# 第2巻　波・電気と磁気・原子

## 第3編　波



## 第4編　電気と磁気



## 第5編　原子

# 物理量の扱い方

## 1 物理量の表し方

### Ⓐ単位

国際単位系(略称SI)は，メートル，キログラム，秒，などの７種を基本単位とする単位系である。速さなどの量は，基本単位を組み合わせた組立単位を用いて表される。一般に，物理で扱われる物理量は「数値」と単位の積で表される。

▼物理で扱う単位の例

| 種類 | 物理量 | 単位 | |
|---|---|---|---|
| | | 名称 | 記号 |
| 基本単位 | 長さ | メートル | m |
| | 質量 | キログラム | kg |
| | 時間 | 秒 | s |
| | 電流 | アンペア | A |
| 組立単位 | 速さ | メートル毎秒 | m/s |
| | 力 | ニュートン | N |

### Ⓑ数式の表し方

物理では，物体の運動などを数式を用いて考える。数式では，それぞれの物理量は記号(文字)で表され，これらの記号には英語表記の頭文字が使われている場合が多い。

## 2 物理量の測定と有効数字

### Ⓐ目盛りの読み方

測定では，測定器具の最小目盛りの10分の1までを目分量で読み取る。

### Ⓑ誤差

測定の精度には限界があり，また目盛りの読み取りは正確にはできないため，真の値と測定値との間に差が生じる。この差を誤差という。誤差には次の２種類がある。

(a)　絶対誤差(誤差)＝測定値－真の値　　(b)　相対誤差＝$\dfrac{|\text{誤差}|}{\text{真の値}}\times 100\,\%$

誤差を小さくするには，何度も測定して，測定値の平均値を求めるなどの方法がある。

### Ⓒ有効数字

測定値が357 gであるとき，3，5，7という数字はいずれも測定で得られた意味のある数字なので，これらを有効数字といい，この例では「有効数字の桁数は３桁である」という。有効数字の桁数が多いほど精密な測定である。測定値357 gをkgの単位で表すと0.357 kgになるが，この０は位どりの０なので，有効数字の桁数には数えない。

### Ⓓ測定値の計算と有効数字

測定値どうしの計算では，有効数字を適切に扱うために，次のような点を考慮する。

□かけ算，わり算：測定値どうしをかけたりわったりするときは，通常，最も少ない有効数字の桁数(四捨五入した後)とする。

□足し算，引き算：測定値どうしを足した引いたりするときは，通常，計算した結果を四捨五入によって測定値の末位が最も高い位のものに合わせる。

□整数や無理数の扱い：整数や無理数は測定値ではないので，有効数字を考えない。無理数を計算で用いる場合，測定値の桁数よりも１桁程度多くとって計算する。

### Ⓔ指数

□きわめて大きな数値ときわめて小さな数値：きわめて大きな量や，きわめて小さな量の数値をそのまま書くのはたいへん手間がかかり，読むときには間違えやすい。そこで位どりの0を$10^n$の形で表示して数値を表す方法がある。

□指数とは：10を$n$個かけあわせたものを$10^n$(「10の$n$乗」と読む)で表す。ただし，10の1乗は$10^1$と書かず，単に10と書く。$10^n$の$n$のことを指数という。指数が0または負の整数の場合は$10^0=1$，$10^{-n}=\frac{1}{10^n}$(ただし，$n$は正の整数)と決める。

## 3 データの分析

### Ⓐデータのまとめ方

データの数が多い場合には，結果を表にまとめると整理しやすい。

### Ⓑグラフのかき方

Step.1　縦軸・横軸を決める。

変化させた物理量を横軸にとることが多い。軸には物理量と単位を書く。

Step.2　測定値をプロットし，線を引く

軸に目盛りを入れ，測定値を点で記す。すべての点のなるべく近くを通るように，曲線または直線を引く。

## ワーク

**ワーク①**（教 p.6）

(1)　160cmの身長は何mか。

(2)　500gの台車に1kgのおもりをのせた。質量はあわせて何kgか。

(3)　お湯を入れて3分でカップ麺(めん)を作るには，何秒待てばよいか。

(4)　電流計(でんりゅうけい)の針が150mAを示した。流れた電流は何Aか。

**考え方**　物理量を数値と単位の積で表す。

**解説&解答**

(1)　$\mathrm{cm}=10^{-2}\,\mathrm{m}$だから$160\,\mathrm{cm}=160\times10^{-2}\,\mathrm{m}=\mathbf{1.6\,m}$　答

(2)　$\mathrm{g}=10^{-3}\,\mathrm{kg}$だから　$500\,\mathrm{g}=500\times10^{-3}\,\mathrm{kg}=0.5\,\mathrm{kg}$

したがって，質量は合わせて　$0.5\,\mathrm{kg}+1\,\mathrm{kg}=\mathbf{1.5\,kg}$　答

(3)　1分は60秒だから3分は3×60秒＝**180秒**　答

(4)　$\mathrm{mA}=10^{-3}\,\mathrm{A}$だから　$150\,\mathrm{mA}=150\times10^{-3}\,\mathrm{A}=\mathbf{0.15\,A}$　答

**ワーク②**（教 p.7）

次の数式を，教 p.7の表に示した記号(文字)で表してみよう。

(1)　距離＝速さ×時間　　(2)　質量×加速度＝力

(3)　仕事＝力×距離　　(4)　抵抗＝$\frac{電圧}{電流}$

**考え方**　物理量を記号を用いて表す。

**解説&解答**

(1)　距離：$x$，速さ：$v$，時間：$t$だから　$\boldsymbol{x=vt}$　答

(2)　質量：$m$，加速度：$a$，力：$F$だから　$\boldsymbol{ma=F}$　答

(3)　仕事：$W$，力：$F$，距離：$x$だから　$\boldsymbol{W=Fx}$　答

(4)　抵抗：$R$，電圧：$V$，電流：$I$だから　$\boldsymbol{R=\frac{V}{I}}$　**答**

**ワーク③**（**教** p.8）　有効数字に注意して，次の計算をせよ。
(1)　3.14 × 2.0　　(2)　$\sqrt{2}$ ÷ 5.0
(3)　61.8 + 6.18　　(4)　14.7 − 11.3

**考え方**　かけ算とわり算では最も少ない有効数字の桁数に，足し算と引き算では末位が最も高いものに有効数字の桁数を合わせる。

**解説&解答**　(1)　3.14 × 2.0 = 6.28であり，最も少ない有効数字の桁数は2桁であるから，**6.3**　**答**

(2)　無理数である$\sqrt{2}$は測定値の有効数字の桁数2桁よりも1桁多くとって1.41 ÷ 5.0 = 0.282
　有効数字の桁数は2桁に合わせるので，**0.28**　**答**

(3)　61.8 + 6.18 = 67.98であり，末位が最も高い61.8の小数第1位に合わせて**68.0**　**答**

(4)　14.7 − 11.3 = 3.4であり，どちらも末位は小数第1位であるから**3.4**　**答**

**ワーク④**（**教** p.9）　次の量を□ × $10^n$の形で表せ。1 ≦ □ < 10とし，有効数字は2桁とする。
(1)　光が真空中を進むときの速さ300 000 000 m/s
(2)　地球と月の間の平均距離380 000 000 m
(3)　橙色（だいだい）の光の波長0.000 000 60 m

**考え方**　有効数字2桁で1 ≦ □ < 10として，□ × $10^n$の形で表す。

**解説&解答**　(1)　300 000 000 m/s = $\boldsymbol{3.0\times10^{8}}$ **m/s**　**答**

(2)　380 000 000 m = $\boldsymbol{3.8\times10^{8}}$ **m**　**答**

(3)　0.000 000 60 m = $\boldsymbol{6.0\times10^{-7}}$ **m**　**答**

**ワーク⑤**（**教** p.10）　**教** p.10の表のデータについて，「③中央の時刻」と「④各区間の速さ」との関係をグラフにかいてみよう。また，グラフを見てわかることを，まわりの人と話しあってみよう。

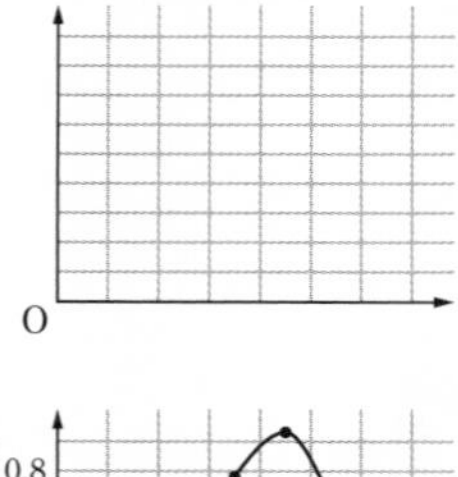


**考え方**　表のデータをプロットし，曲線を引く。

**解説&解答**　縦軸に「④各区間の速さ」を，横軸に「③中央の時刻」をとって，データをプロットし，曲線を引くと**右図**のようになる。　**答**

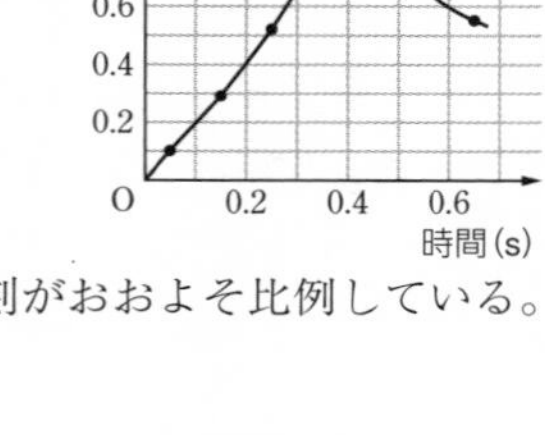


グラフを見てわかること
例)時刻0〜0.35 s程度までは速さと時刻がおおよそ比例している。

# 第1章　運動の表し方

教 p.12～p.57

## 1 速度

### A 速さ

**❶速さ**　単位時間当たりの移動距離(移動距離を経過時間でわった量)を**速さ**という。速さの単位には，**メートル毎秒**や**キロメートル毎時**などがある。

$$速さ=\frac{移動距離}{経過時間} \tag{1}$$

**❷瞬間の速さと平均の速さ**　速さが時間とともに変化しているとき，ある時刻における速さを瞬間の速さという。ふつう,速さというときは瞬間の速さを指すことが多い。

一方，移動距離を経過時間でわって得られる速さのことを平均の速さという。

### B 等速直線運動

**❶等速直線運動**　一直線上を一定の速さで進む運動のことを**等速直線運動**という。物体が速さ$v$〔m/s〕で等速直線運動をするとき，時間$t$〔s〕の間の移動距離$x$〔m〕は

$$x=vt \tag{2}$$

**❷等速直線運動のグラフ**　等速直線運動では，移動距離$x$と経過時間$t$との関係を表すグラフ($x$-$t$図)は，原点を通る直線になる。この直線の傾きは速さを表す(図ⓐ)。

また，速さ$v$と経過時間$t$との関係を表すグラフ($v$-$t$図)は，$t$軸に平行な直線になる。この直線と$t$軸間の部分の面積(図ⓑの斜線部分の面積)は移動距離を表す。

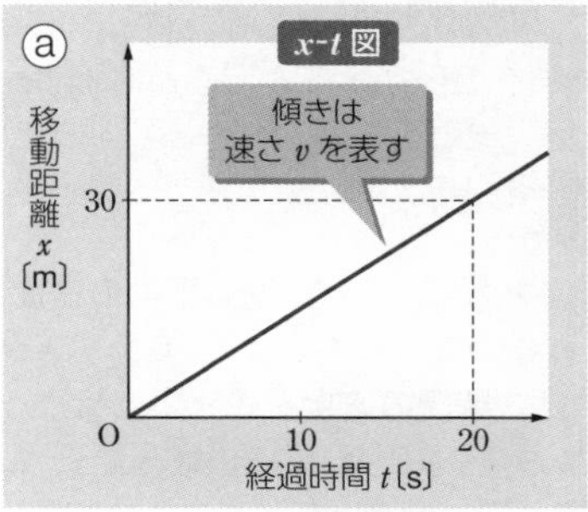


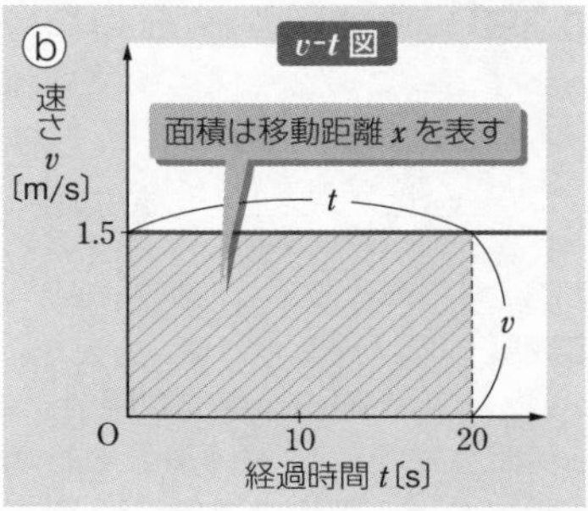


### C 変位

**❶位置**　一直線上の運動では，原点Oと$x$軸を定めると，$x$座標で物体の位置を表すことができる。

**❷変位**　物体の位置がどの向きにどれだけ変化したかを表す量(位置の変化)を**変位**という。変位は，速度と同様に，大きさと向きをもつベクトルである。変位は，物体の移動の経路に関係なく，最初の位置と終わりの位置だけで定まる。一直線上の運動で

は，位置$x_1$〔m〕から位置$x_2$〔m〕まで物体が移動したとき，物体の変位$\Delta x$は

$$\Delta x = x_2 - x_1 \tag{3}$$

**❸位置ベクトル**　大きさと向きをもった量を**ベクトル**といい，位置を表すベクトルを**位置ベクトル**という。

点Oを原点とし，平面上で互いに垂直な$x$軸，$y$軸を定めると，物体の位置は，位置ベクトルの**$x$成分**，**$y$成分**を用いて$(x,\ y)$のように表すことができる。

**❹平面運動における変位**　図ⓐのように，点Pを始点として点Qまで引いたベクトルは，船の位置がどの向きにどれだけ変化したかを表す。これを**変位**という。点Oを基準とした点P，点Qの位置ベクトルをそれぞれ$\vec{r_1}$，$\vec{r_2}$とすると，変位$\Delta\vec{r}$は

$$\Delta\vec{r} = \vec{r_2} - \vec{r_1} \tag{4}$$

同図ⓑのように，点Pから点Qへの船の進む経路が異なっても，点Pと点Qの位置が変わらなければ，変位$\Delta\vec{r}$は変わらない。

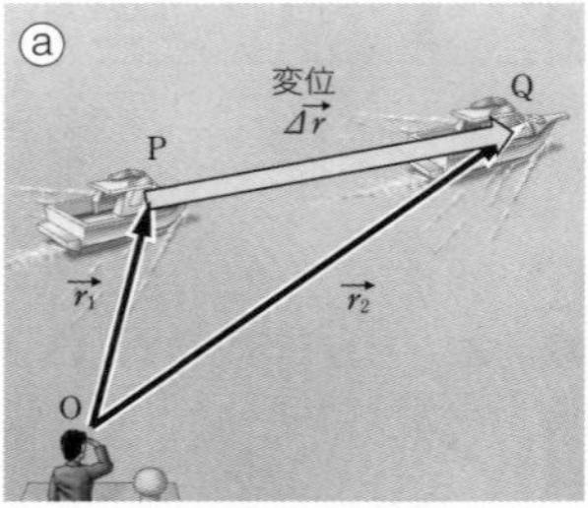


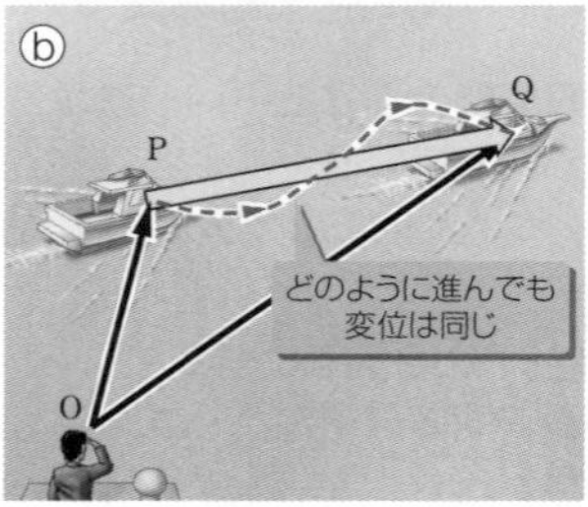


## D 速度

運動のようすは速さと向きで決まる。速さと運動の向きをあわせてもつ量を**速度**という。変位と同様に，速度も大きさと向きをもつベクトルである。

## E 平均の速度・瞬間の速度

**❶平均の速度**　一直線上の100 m走において，時刻$t_1$での走者の位置$x_1$，時刻$t_2$での位置を$x_2$とする。この2点間の変位(位置の変化)$\Delta x$は$x_2 - x_1$，経過時間$\Delta t$は$t_2 - t_1$で表される。このとき，

$$\bar{v} = \frac{\text{変位(位置の変化)}}{\text{経過時間}} = \frac{x_2 - x_1}{t_2 - t_1} = \frac{\Delta x}{\Delta t} \tag{5}$$

は，この2点間における単位時間当たりの変位を表し，この速度を**平均の速度**という。

**❷瞬間の速度**　(5)の式において，$t_2$を$t_1$に限りなく近づける，つまり$\Delta t$をきわめて小さくしていくと，平均の速度$\bar{v}$は時刻$t_1$における**瞬間の速度**を表すようになる。ある時刻での瞬間の速度$v$は，$x$-$t$図上でその時刻の点に引いた接線の傾きで表される。

**❸平面運動における平均の速度・瞬間の速度**　教 p.21 図11 のように，時間$\Delta t$〔s〕の間に，船が点P(位置ベクトル$\vec{r_1}$〔m〕)から，点Q(位置ベクトル$\vec{r_2}$〔m〕)まで進んだとする。この間の平均の速度$\vec{v}$〔m/s〕は，変位を$\Delta\vec{r}$〔m〕$(=\vec{r_2} - \vec{r_1})$とすると

$$\vec{v} = \frac{\Delta\vec{r}}{\Delta t} \tag{6}$$

(6)式の$\Delta t$を限りなく短くしていくときの極限の値が点Pでの船の瞬間の速度であり，点Pでの瞬間の速度の方向は，運動の経路の点Pにおける接線方向になる。

## F 速度の合成

**❶直線上の速度の合成**　教 p.22 図12のように，船が川の流れに対して平行に進んでいるとき，水の流れがないときの船の速度を$v_1$，流水の速度を$v_2$とすると，川岸で静止している人から見た船の速度$v$は次のように表される。

$$\boldsymbol{v} = \boldsymbol{v_1} + \boldsymbol{v_2} \tag{7}$$

速度$v$を速度$v_1$と速度$v_2$の**合成速度**といい，これを求めることを**速度の合成**という。

**❷平面上の速度の合成**　教 p.22 図13のように，船が川を横切って進む場合を考える。静水時の船の速度を$\vec{v_1}$，流水の速度を$\vec{v_2}$とするとき，川岸で静止している人から見た船の速度$\vec{v}$は

$$\vec{v} = \vec{v_1} + \vec{v_2} \tag{8}$$

**❸速度の分解**　(8)式は，1つの速度$\vec{v}$を2つの速度$\vec{v_1}$，$\vec{v_2}$に分解できると考えてもよい。このような場合，速度を**分解**するといい，分解した2つの速度を**分速度**という。

**❹速度の成分**　速度$\vec{v}$を垂直な2方向($x$軸方向と$y$軸方向)に分解したとき，$x$軸方向と$y$軸方向の分速度$\vec{v_x}$，$\vec{v_y}$をそれぞれ速度$\vec{v}$の$x$成分，$y$成分という。速度$\vec{v}$が$x$軸の正の向きとなす角を$\theta$とすると，$\theta$，$v_x$，$v_y$の間には次の関係が成りたつ。

$$\boldsymbol{v_x} = \boldsymbol{v}\cos\theta,\ \boldsymbol{v_y} = \boldsymbol{v}\sin\theta \quad (9) \qquad \boldsymbol{v} = \sqrt{\boldsymbol{v_x}^2 + \boldsymbol{v_y}^2} \quad (10)$$

また，2つの速度$\vec{v_1}$($x$成分$v_{1x}$，$y$成分$v_{1y}$)，$\vec{v_2}$($x$成分$v_{2x}$，$y$成分$v_{2y}$)の合成速度$\vec{v}$の成分$v_x$，$v_y$は，各成分の和で求められる。

$$\boldsymbol{v_x} = \boldsymbol{v_{1x}} + \boldsymbol{v_{2x}},\ \boldsymbol{v_y} = \boldsymbol{v_{1y}} + \boldsymbol{v_{2y}} \tag{11}$$

## G 相対速度

**❶直線上の相対速度**　動く物体Aから観測した他の物体Bの速度のことを，Aに対するBの(Aから見たBの)**相対速度**といい，物体の速度から観測者の速度を引くことによって得られる。

$$\boldsymbol{v_{AB}} = \boldsymbol{v_B} - \boldsymbol{v_A} \tag{12}$$

**❷平面上の相対速度**　両物体の進む方向が異なる場合の相対速度は，速度ベクトルを用いて，(13)式のように表される。

**相対速度**

$$\overrightarrow{v_{AB}} = \vec{v_B} - \vec{v_A} \tag{13}$$

$\vec{v_A}$〔m/s〕　物体A（観測者）の速度
$\vec{v_B}$〔m/s〕　物体B（相手）の速度
$\overrightarrow{v_{AB}}$〔m/s〕　Aに対するBの相対速度

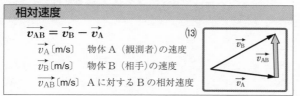

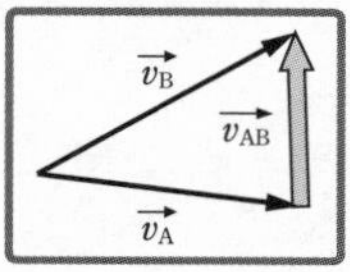


# 2 加速度

## A 加速度

**❶直線運動の加速度**　単位時間当たりの速度の変化を**加速度**といい，速度が時間とともに変化する運動を**加速度運動**という。一直線上を運動する物体の，時刻$t_1$〔s〕での

速度を$v_1$〔m/s〕，時刻$t_2$〔s〕での速度を$v_2$〔m/s〕とする。経過時間 $\Delta t = t_2 - t_1$ の間に速度が $\Delta v = v_2 - v_1$ だけ変化しているから，1秒間当たりの平均の速度の変化，つまり平均の加速度$\overline{a}$は

$$\overline{a} = \frac{\textbf{速度の変化}}{\textbf{経過時間}} = \frac{v_2 - v_1}{t_2 - t_1} = \frac{\Delta v}{\Delta t} \tag{14}$$

加速度の単位は**メートル毎秒毎秒**（記号は**m/s²**）である。2m/s²は，1秒間に速度が2m/sの割合で変化する場合の加速度である。

**❷加速度の向き**　加速度も，速度と同じように，大きさと向きをもつベクトルである。

**❸瞬間の加速度**　(14)式で，$\Delta t$をきわめて小さくしていくと，瞬間の加速度が得られる。瞬間の加速度は$v$-$t$図上の接線の傾きで表される（**教 p.28図19**）。

**❹平面運動の加速度**　**教 p.29図20**のように，平面上を運動している物体の加速度を考えるときは，(14)式の加速度と速度をベクトルに置きかえて考えればよい。

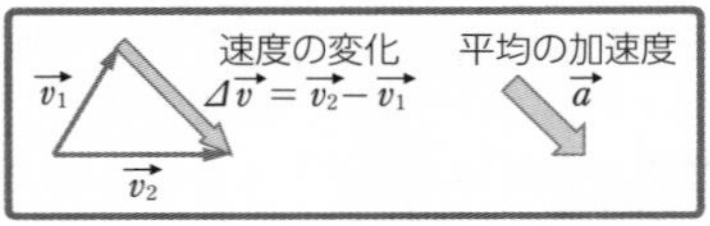


$$\vec{a} = \frac{\vec{v_2} - \vec{v_1}}{t_2 - t_1} = \frac{\Delta\vec{v}}{\Delta t} \tag{15}$$

平面運動では，速さが変わらない場合でも，向きが変われば，速度が変化することになる。つまり，加速度運動となる。

## B 等加速度直線運動

**❶斜面を降下する運動**　一直線上を一定の加速度で進む運動を**等加速度直線運動**という。

**❷速度**　初めの速度を**初速度**という。等加速度直線運動において，初速度を$v_0$〔m/s〕，加速度を$a$〔m/s〕とおく。このとき，時刻$t$〔s〕における速度$v$〔m/s〕は

$$v = v_0 + at \tag{16}$$

(16)式から$v$-$t$図をかくと**教 p.32図24**のようになる。この図で直線の傾きは加速度$a$を表し，$v$軸の切片は初速度$v_0$を表す。

**❸変位**　時刻0から時刻$t$〔s〕の間の変位$x$〔m〕は，$v$-$t$図でグラフと$t$軸で囲まれた部分の面積に等しく，次式のようになる。

$$x = v_0 t + \frac{1}{2}at^2 \tag{17}$$

また，(16)，(17)式から$t$を消去すると，速度$v$と変位$x$の関係式が次のように得られる。

$$v^2 - {v_0}^2 = 2ax \tag{18}$$

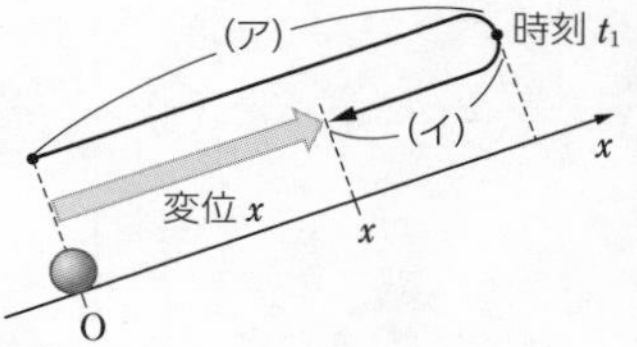


**❹加速度が負の場合**　右図のように，小球を斜面にそって上向きに転がす。斜面にそって上向きに$x$軸をとると，初め小球の速さは減少するため，加速度の正負は負である。やがて，時刻$t_1$で速度が0になると，負の向きに進むようになる。このとき，負の向きに速さが増加するため，加速度の正負は負である。物体の加速度が負の場合にも，等加速度直線運動の式は成りたつ。

## 3 落体の運動

### A 自由落下

物体が重力だけを受け，初速度0で鉛直下向き(重力がはたらく向き)に落下する運動を**自由落下**という。物体の質量を変えても，加速度は同じ値になる。この落下の加速度を**重力加速度**といい，その向きは鉛直下向きで，大きさは$g$〔m/s²〕で表す。

自由落下を始める点を原点とし，鉛直下向きに$y$軸をとる。時間$t$〔s〕後の物体の座標を$y$〔m〕，速度を$v$〔m/s〕とすると

$$v=gt \quad (19) \qquad y=\frac{1}{2}gt^2 \quad (20) \qquad v^2=2gy \quad (21)$$

### B 鉛直投射

物体を鉛直下向き，あるいは鉛直上向きに投げることを**鉛直投射**という。

**❶鉛直投げ下ろし**　小球を鉛直下向きに初速度$v_0$〔m/s〕で投げる場合，小球の加速度は鉛直下向きで，その大きさは重力加速度の大きさ$g$〔m/s²〕に等しい。鉛直下向きに$y$軸をとり，時間$t$〔s〕後の小球の座標を$y$〔m〕，速度を$v$〔m/s〕とする。(16)，(17)，(18)式で$a=g$，$x=y$とおけば，次の式が得られる。

$$v=v_0+gt \quad (22) \qquad y=v_0t+\frac{1}{2}gt^2 \quad (23) \qquad v^2-v_0{}^2=2gy \quad (24)$$

**❷鉛直投げ上げ**　小球を鉛直上向きに投げると，小球はしだいに遅くなり，ある高さで速度が0となって，その点から下向きの運動へと変わる。小球は，加速度が鉛直下向きに大きさ$g$〔m/s²〕の等加速度直線運動をしている。小球を初速度$v_0$〔m/s〕で投げた点を原点として鉛直上向きに$y$軸をとり，時間$t$〔s〕後の小球の座標を$y$〔m〕，速度を$v$〔m/s〕とする。(16)，(17)，(18)式で$a=-g$，$x=y$とおいて，次の式が得られる。

$$v=v_0-gt \quad (25) \qquad y=v_0t-\frac{1}{2}gt^2 \quad (26) \qquad v^2-v_0{}^2=-2gy \quad (27)$$

鉛直投げ上げでは，最高点の前後で運動が対称になる。

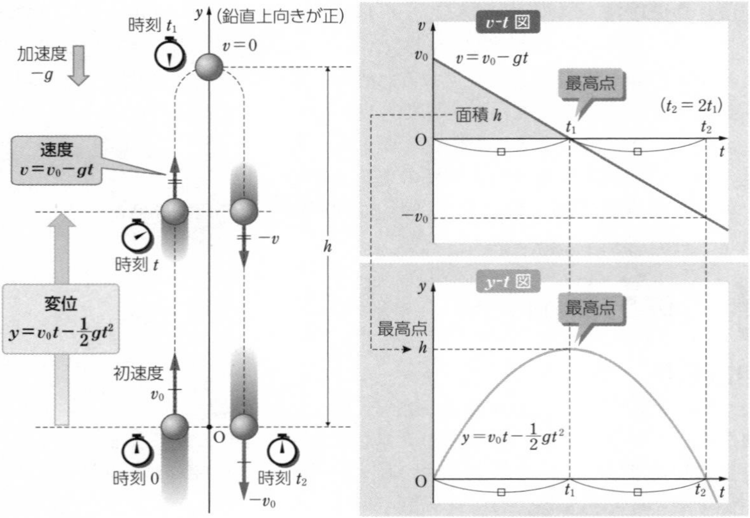


## C 水平投射

物体をある高さから水平方向に投げ出すと，物体は放物線を描いて飛んでいき，やがて地面に達する。このような運動を**水平投射**という。

**❶水平投射の軌道**　水平投射した物体は，次のような運動をする。

**①鉛直方向には自由落下と同様の運動をする**

**②水平方向には等速直線運動と同様の運動をし，その速度は常に初速度に等しい**

**❷水平投射の式**　小球を水平方向に $v_0$〔m/s〕の速さで投げたとき，次の図のように，$x$ 軸，$y$ 軸をとり，時間 $t$〔s〕後の，小球の速度 $\vec{v}$ の $x$ 成分を $v_x$〔m/s〕，$y$ 成分を $v_y$〔m/s〕とし，位置を$(x,\ y)$とする。$x$ 軸方向には等速直線運動と同様の運動をするから

$v_x=v_0$　(28)　　$x=v_0t$　(29)

$y$ 軸方向には自由落下と同様の運動をするから

$$v_y=gt \quad (30)$$

$$y=\frac{1}{2}gt^2 \quad (31)$$

(29)式より，$t=\dfrac{x}{v_0}$

これを(31)式に代入して

$$y=\frac{1}{2}g\cdot\left(\frac{x}{v_0}\right)^2$$

$$=\frac{g}{2{v_0}^2}\cdot x^2 \quad (32)$$

が得られる。この式は，小球の運動の軌道を表し，放物線となることを示している。

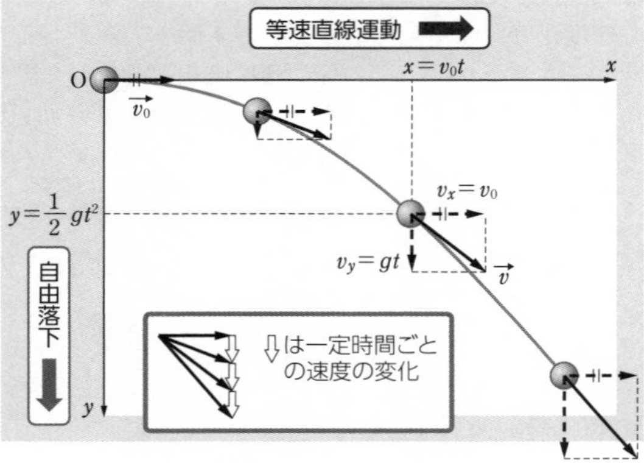

## D 斜方投射

物体を斜め上方に投げると，物体は放物線を描いて飛んでいき，最高点に達した後，やがて地面に達する。このような運動を**斜方投射**という。

**❶斜方投射の軌道**　斜方投射した物体の運動について，次のことがわかる。

**①鉛直方向には鉛直投げ上げと同様の運動をする**

**②水平方向には等速直線運動と同様の運動をする**

**③物体の運動の軌道は，最高点を頂点とし鉛直線を軸とする，上に凸の放物線となる**

水平投射や斜方投射のような運動を**放物運動**という。放物運動では，水平方向の運動は速度が一定(加速度が0)である。一方，鉛直方向の運動は加速度が下向きで，一定の大きさ $g$〔m/s²〕である。一般に，加速度が一定の運動を**等加速度運動**という。

**❷斜方投射の式**　小球を水平方向と角 $\theta$ をなす向きに $v_0$〔m/s〕の速さで投げたとき，次ページの図のように $x$ 軸，$y$ 軸をとり，時間 $t$〔s〕後の，小球の速度 $\vec{v}$ の $x$ 成分を $v_x$〔m/s〕，$y$ 成分を $v_y$〔m/s〕とし，位置を $(x,\ y)$ とする。

$x$ 軸方向には速度 $v_0\cos\theta$ の等速直線運動と同様の運動をするから

$$v_x = v_0\cos\theta \quad (33) \qquad x = v_0\cos\theta\cdot t \quad (34)$$

$y$ 軸方向には初速度 $v_0\sin\theta$ の鉛直投げ上げと同様の運動をするから

$$v_y = v_0\sin\theta - gt \quad (35) \qquad y = v_0\sin\theta\cdot t - \frac{1}{2}gt^2 \quad (36)$$

(34)式より　$t = \dfrac{x}{v_0\cos\theta}$　　これを(36)式に代入して

$$y = v_0\sin\theta\cdot\frac{x}{v_0\cos\theta} - \frac{1}{2}g\cdot\left(\frac{x}{v_0\cos\theta}\right)^2 = \tan\theta\cdot x - \frac{g}{2{v_0}^2\cos^2\theta}\cdot x^2 \quad (37)$$

この式は，小球の運動の軌道を表し，上に凸の放物線となることを示している。

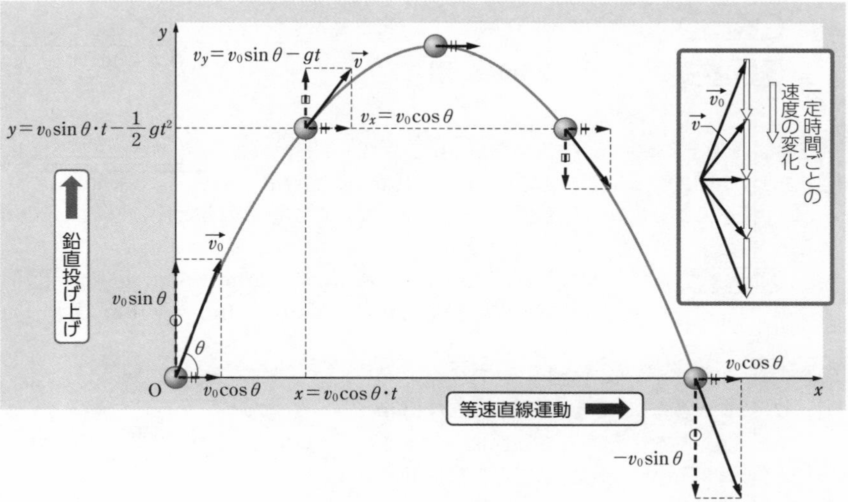

## 問　題

**問1**（教 p.13）　30秒間に歩いた距離が36mであったとき，平均の速さは何m/sか。

**考え方**　移動距離を経過時間でわって求める。

**解説&解答**　平均の速さは　$\dfrac{移動距離}{経過時間}=\dfrac{36\,\mathrm{m}}{30\,\mathrm{s}}=\mathbf{1.2\,m/s}$　**答**

**問2**（教 p.13）　72km/hは何m/sか。また，15m/sは何km/hか。

**考え方**　$1\,\mathrm{km}=1000\,\mathrm{m}=1.0\times10^3\,\mathrm{m}$，1時間＝3600秒

**解説&解答**　$72\,\mathrm{km/h}=\dfrac{72\,\mathrm{km}}{1\,\mathrm{h}}=\dfrac{72\times10^3\,\mathrm{m}}{3600\,\mathrm{s}}=\mathbf{20\,m/s}$　**答**

$15\,\mathrm{m/s}=\dfrac{15\,\mathrm{m}}{1\,\mathrm{s}}=\dfrac{15\times10^{-3}\,\mathrm{km}}{\dfrac{1}{3600}\,\mathrm{h}}=\mathbf{54\,km/h}$　**答**

**問3**（教 p.14）　エレベーターが一定の速さ2.0m/sで上昇中のとき，15秒間に上昇する距離は何mか。

**考え方**　エレベーターの上昇を等速直線運動と考える。

**解説&解答**　$x=vt=2.0\times15=\mathbf{30\,m}$　**答**

**問4**（教 p.15）　図は，一直線上を運動する物体の，移動距離$x$と経過時間$t$の関係をグラフに表したものである($x$-$t$図)。この物体の速さは何m/sか。

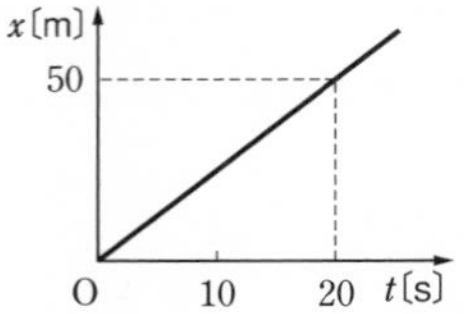


**考え方**　グラフの傾きの大きさが速さを表す。

**解説&解答**　$v=\dfrac{50}{20}=\mathbf{2.5\,m/s}$　**答**

**問5**（教 p.15）　$x$軸上において，物体が原点Oから点P($x=20\,\mathrm{m}$)まで20m進み，次に点Q($x=-10\,\mathrm{m}$)まで30m進んだ。OからQまでの運動について，進んだ道のりと変位をそれぞれ求めよ。

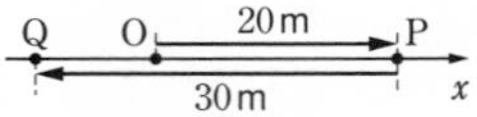


**解説&解答**　道のりは移動距離の合計であるから　$20\,\mathrm{m}+30\,\mathrm{m}=\mathbf{50\,m}$　**答**

変位は位置の変化であるから　$-10\,\mathrm{m}-0\,\mathrm{m}=\mathbf{-10\,m}$　**答**

**問6**（教 p.17）　図のような歩道橋を，点Pから点Qまで歩いたときの移動距離は何mか。また，そのときの変位の大きさは何mか。小数点以下を四捨五入して答えよ。

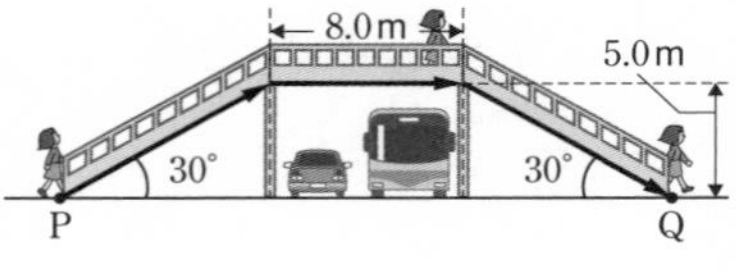

**考え方**　移動距離は実際に歩いた距離，変位はPを始点として点Qまで引いたベクトルで，変位の大きさは線分PQの長さに等しい。

**解説&解答**　移動距離 $= \dfrac{5.0}{\sin 30^\circ} + 8.0 + \dfrac{5.0}{\sin 30^\circ}$

$= 5.0 \times 2 + 8.0 + 5.0 \times 2 = \mathbf{28\,m}$ 答

変位の大きさ $= PQ = \dfrac{5.0}{\tan 30^\circ} + 8.0 + \dfrac{5.0}{\tan 30^\circ}$

$= 5.0 \times \sqrt{3} + 8.0 + 5.0 \times \sqrt{3} \fallingdotseq \mathbf{25\,m}$ 答

**問7**（教 p.17）　北向きに12m/sの速さで走っている自動車Aと，南向きに15m/sの速さで走っている自動車Bがある。北向きを正の向きとしたときの，自動車A，自動車Bの速度をそれぞれ求めよ。

**考え方**　北向きを正(＋)とすると，その反対の南向きは負(－)である。

**解説&解答**　自動車A，自動車Bの速度を $v_A$，$v_B$〔m/s〕とすると

$v_A = \mathbf{12\,m/s}$，$v_B = \mathbf{-15\,m/s}$ 答

**参考**

**問a**（教 p.19）　次の各場合について，2つのベクトルの和 $\vec{a}+\vec{b}$ を図示せよ。

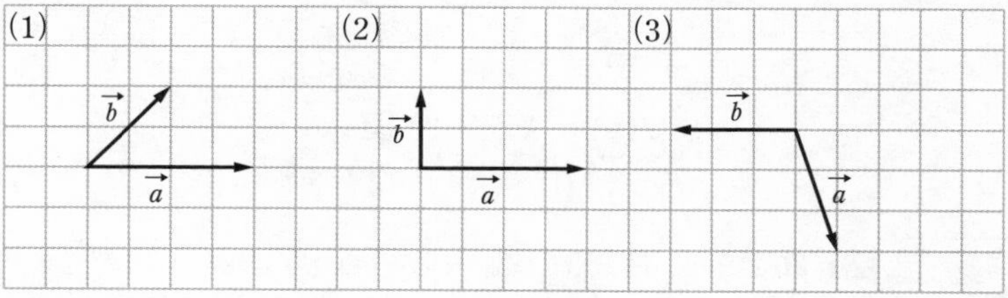


**解説&解答**

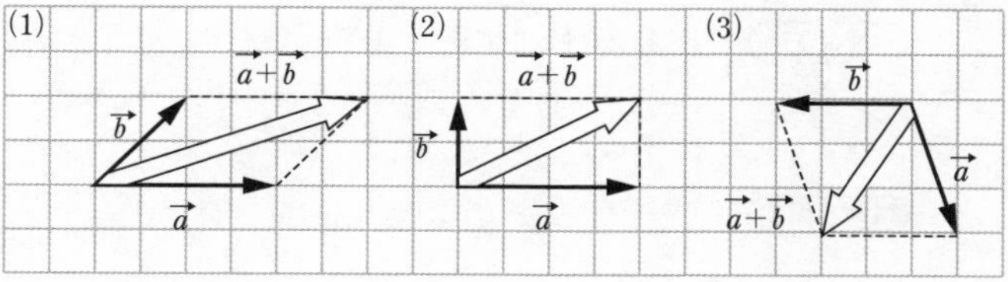


**問b**（教 p.19）　次の各場合について，2つのベクトルの差 $\vec{a}-\vec{b}$ を図示せよ。

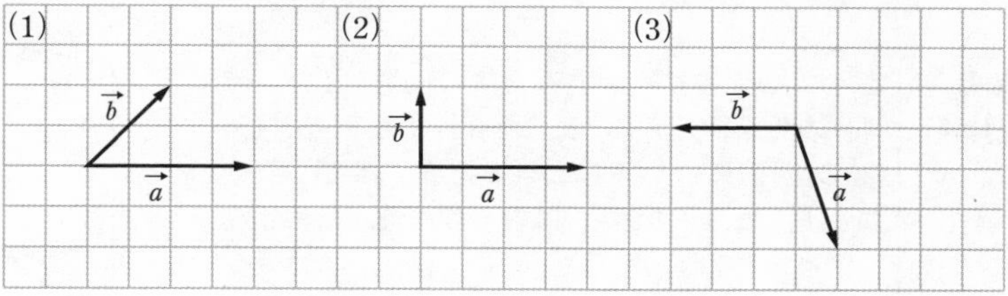

**解説&解答**

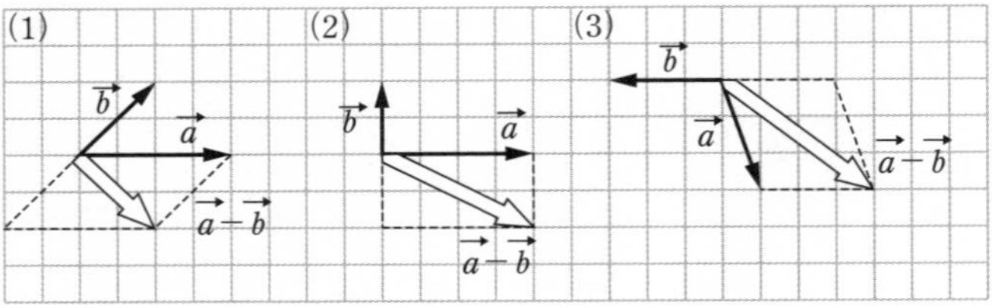


**問c** (教 p.19)

図のベクトル$\vec{a}$，$\vec{b}$について，次の問いに答えよ。

(1) 各ベクトルの$x$成分，$y$成分をそれぞれ求めよ。

(2) 各ベクトルの大きさをそれぞれ求めよ。

(3) ベクトル$\vec{a}+\vec{b}$の$x$成分，$y$成分を求めよ。

(4) ベクトル$\vec{a}+\vec{b}$の大きさを求めよ。

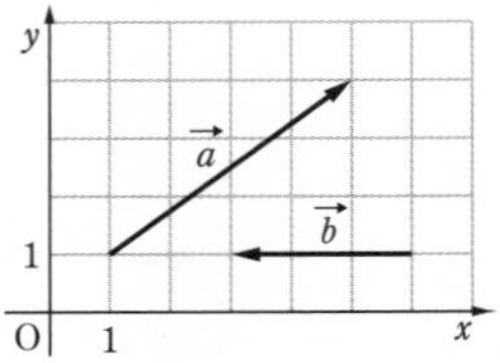


**解説&解答** (1) $\vec{a}=(5-1,\ 4-1)=(4,\ 3)$より　$x$成分は**4**，$y$成分は**3** 答

$\vec{b}=(3-6,\ 1-1)=(-3,\ 0)$より

$x$成分は**−3**，$y$成分は**0** 答

(2) $|\vec{a}|=\sqrt{4^2+3^2}=\mathbf{5}$ 答　　$|\vec{b}|=\sqrt{(-3)^2+0^2}=\mathbf{3}$ 答

(3) $\vec{a}+\vec{b}=(4,\ 3)+(-3,\ 0)=(4-3,\ 3+0)=(1,\ 3)$より

$x$成分は**1**，$y$成分は**3** 答

(4) $|\vec{a}+\vec{b}|=\sqrt{1^2+3^2}=\boldsymbol{\sqrt{10}}$ 答

**問8** (教 p.20)

教 p.20 図9で，時刻3.0秒から時刻4.0秒の間の平均の速度は何m/sか。また，時刻5.0秒からゴールするまでの間の平均の速度は何m/sか。

**考え方** 時刻3.0秒の位置は10.8mであり，時刻4.0秒の位置は18.6mである。時刻5.0秒の位置は26.9mであり，時刻13.6秒の位置は100.0mである。

**解説&解答** 時刻3.0秒までの平均の速度$\overline{v_1}$は，$\dfrac{18.6-10.8}{4.0-3.0}=\mathbf{7.8\,m/s}$ 答

時刻5.0秒からゴールするまでの平均の速度$\overline{v_2}$は

$\dfrac{100.0-26.9}{13.6-5.0}=\mathbf{8.5\,m/s}$ 答

**問9** (教 p.21)

図は，$x$軸上を運動する物体の位置$x$と経過時間$t$の関係をグラフに表したものである($x$-$t$図)。図の直線Lは，点Pにおける接線である。

(1) 時刻2.0〜4.0秒の間の平均の速度は何m/sか。

(2) 時刻2.0秒における瞬間の速度は何m/sか。

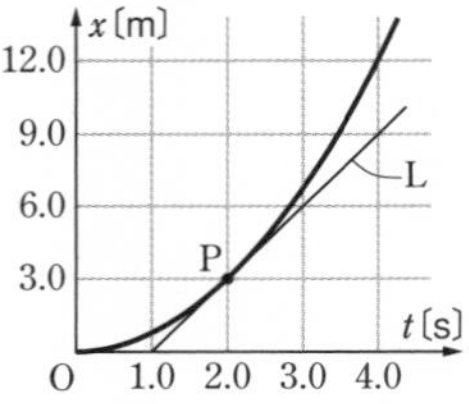

考え方　平均の速度は最初の位置と終わりの位置から，瞬間の速度は接線の傾きから求める。

解説&解答　(1)　時刻2.0秒の位置は3.0mであり，時刻4.0秒の位置は12.0mであるから，平均の速度は$\frac{12.0-3.0}{4.0-2.0}=$**4.5m/s**　答

(2)　時刻2.0秒における接線の傾きが瞬間の速度であるから

$\frac{3.0-0}{2.0-1.0}=$**3.0m/s**　答

考 **問10**
(教 p.21)

ある選手の100m走の記録が10秒であった。この選手が走っている最中に，瞬間の速さは10m/sをこえることはあるだろうか。

考え方　$x$-$t$グラフを描いて実現可能かを考える。

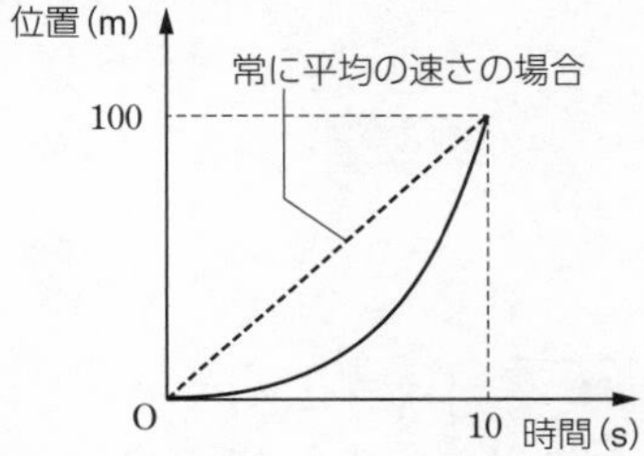


解説&解答　スタート地点を原点Oとして，選手が走る向きに$x$軸をとると，常に平均の速さで走った場合のグラフは右図の破線のようになる。右図の実線のように，初めは平均の速さよりも遅く走り始めたとすると，ゴールするまでに平均の速さよりも速く走ったこととなる。したがって，このように**瞬間の速さは10m/sをこえることはある。**　答

**問11**
(教 p.22)

流水の速さが1.5m/sのまっすぐな川を静水時の速さが5.0m/sの船が進んでいる。下流に向かって進んでいるときと，上流に向かって進んでいるときの，川岸で静止している人から見た船の速さ(速度の大きさ)はそれぞれ何m/sか。

考え方　船が下流に向かって進んでいるときは船の速さと流水の速さの和になり，船が上流に向かって進んでいるときは船の速さと流水の速さの差になる。

解説&解答　川の流れる向きを正の向きとする。

下流に向かって進んでいるとき　$v=5.0+1.5=$**6.5m/s**　答

上流に向かって進んでいるとき

$v=(-5.0)+1.5=-3.5$m/s

よって　速さは**3.5m/s**　答

**問12**
(教 p.23)

流水の速さが1.2m/sのまっすぐな川を，船が川岸に対して垂直な方向へ船首を向けて出発する。静水時の船の速さを1.6m/sとするとき，川岸で静止している人から見た船の速さは何m/sか。

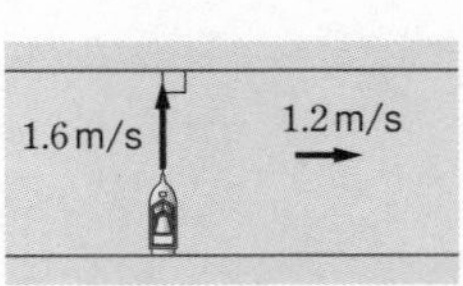

考え方 船の速度の向きと流水の速度の向きがちがうことに着目する。

解説&解答 川岸から見た船の速度 $\vec{v}$〔m/s〕は図のようになるので

$v^2 = 1.2^2 + 1.6^2$ より $v =$ **2.0m/s** 答

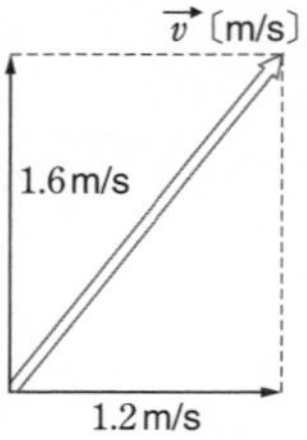


問13 (教 p.23) 水の流れがない水路を，船が図のような向きに速さ2.0m/sで進む。座標軸を図のように定めるとき，船の速度の$x$成分$v_x$〔m/s〕，$y$成分$v_y$〔m/s〕を求めよ。

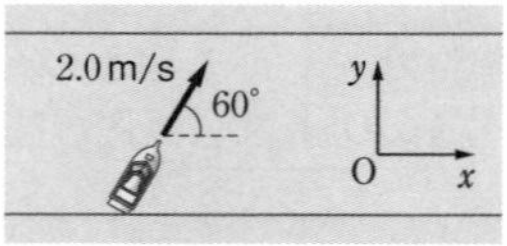


解説&解答 $v_x = v\cos\theta = 2.0 \times \cos 60° = 2.0 \times \dfrac{1}{2} =$ **1.0m/s** 答

$v_y = v\sin\theta = 2.0 \times \sin 60° = 2.0 \times \dfrac{\sqrt{3}}{2} \fallingdotseq$ **1.7m/s** 答

問14 (教 p.24) 東西に通じる道路上を，次のように自転車A，Bが進むとき，自転車Aに対する自転車Bの相対速度はどの向きに何m/sか。

(1) Aは東向きに3.0m/sの速さ，Bは東向きに4.0m/sの速さ。

(2) Aは東向きに3.0m/sの速さ，Bは西向きに4.0m/sの速さ。

解説&解答 東向きを正とする。

(1) $v_{AB} = v_B - v_A = 4.0 - 3.0 = 1.0$m/s

よって **東向きに1.0m/s** 答

(2) $v_{AB} = v_B - v_A = -4.0 - 3.0 = -7.0$m/s

よって **西向きに7.0m/s** 答

例題1 (教 p.25) 雨が鉛直(真下)に降る中を，電車がまっすぐな線路上を一定の速さ10m/sで水平に走っている。雨滴の落下の速さを10m/sとすると，電車内の人が窓から見るときの，雨滴の速さと，雨滴の落下方向と鉛直方向とがなす角の大きさを求めよ。

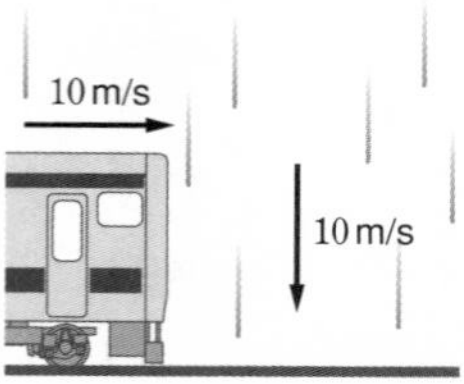


解説&解答 電車の速度を$\vec{v_A}$，雨滴の速度を$\vec{v_B}$とすると，電車内の人から見た雨滴の相対速度は$\vec{v_{AB}} = \vec{v_B} - \vec{v_A}$となる。

図より，雨滴の落下方向と鉛直方向がなす角の大きさは**45°** 答

$\vec{v_{AB}}$の大きさは

$10 \times \sqrt{2} = 10 \times 1.41 \cdots \fallingdotseq$ **14m/s** 答

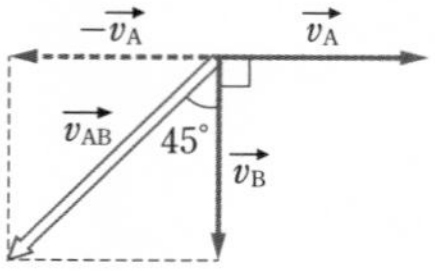

**類題1**
(教 p.25)

雨が鉛直に降る中を，電車がまっすぐな線路上を一定の速さで水平に走っている。このとき，電車内の人が見る雨滴の落下方向は，鉛直方向と60°の角をなしていた。雨滴の落下の速さを10m/sとするとき，電車の速さを求めよ。

**考え方**　電車の速度を$\overrightarrow{v_A}$，雨滴の落下速度を$\overrightarrow{v_B}$として考える。

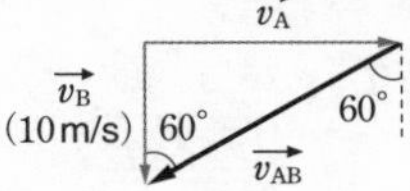


**解説&解答**　電車，雨滴，電車から見た雨滴，それぞれの速度を$\overrightarrow{v_A}$，$\overrightarrow{v_B}$，$\overrightarrow{v_{AB}}$〔m/s〕とすると，これらのベクトルの関係は図のようになる。

$|\overrightarrow{v_A}| = |\overrightarrow{v_B}|\tan 60° = 10 \times \sqrt{3} \fallingdotseq$ **17m/s** 答

**ドリル**

**問a**
(教 p.26)

自動車Aが東向きに30km/hで進み，自動車Bが東向きに40km/hで進んでいる。

(1)　自動車Aに対する自動車Bの相対速度はどの向きに何km/hか。

(2)　自動車Bに対する自動車Aの相対速度はどの向きに何km/hか。

**考え方**　東向きを正として考える(以降の問b〜eも同様)。

**解説&解答**　(1)　$v_{AB} = v_B - v_A = 40 - 30 = 10$km/hより

**東向きに10km/h**　答

(2)　$v_{BA} = v_A - v_B = 30 - 40 = -10$km/hより

**西向きに10km/h**　答

**問b**
(教 p.26)

自動車Aが東向きに20km/hで進み，自動車Bが西向きに50km/hで進んでいる。

(1)　自動車Aに対する自動車Bの相対速度はどの向きに何km/hか。

(2)　自動車Bに対する自動車Aの相対速度はどの向きに何km/hか。

**解説&解答**　(1)　$v_{AB} = v_B - v_A = -50 - 20 = -70$km/hより

**西向きに70km/h**　答

(2)　$v_{BA} = v_A - v_B = 20 - (-50) = 70$km/hより

**東向きに70km/h**　答

**問c**
(教 p.26)

西向きに25km/hで進む自動車Pから，東向きに15km/hで進む自動車Qを見たときの速度はどの向きに何km/hか。

**解説&解答**　$v_{PQ} = v_Q - v_P = 15 - (-25) = 40$km/hより　**東向きに40km/h** 答

**問d**
(教 p.26)

東向きに30km/hで進む自動車Pを，東向きに50km/hで進む自動車Qから見たときの速度はどの向きに何km/hか。

**解説&解答**　$v_{QP} = v_P - v_Q = 30 - 50 = -20$km/hより　**西向きに20km/h**　答

**問e**
(教 p.26)

東向きに30km/hで進む自動車Pから，東向きに30km/hで進む自動車Qを見たときの速さは何km/hか。

解説&解答　$v_{PQ}=v_Q-v_P=30-30=0$km/hより　**0km/h(静止して見える)** 答

**問f**
(教 p.26)

自動車Aが北向きに40km/h，自動車Bが東向きに30km/hで進む。自動車Aから見た自動車Bの速さは何km/hか。

考え方　相対速度の式を使う。→⑬式 $\overrightarrow{v_{AB}}=\overrightarrow{v_B}-\overrightarrow{v_A}$（問g，hも同様）

解説&解答　自動車A, 自動車Bの速度をそれぞれ$\overrightarrow{v_A}$, $\overrightarrow{v_B}$, 自動車Aから見た自動車Bの相対速度を$\overrightarrow{v_{AB}}$とすると右図のようになる。図より

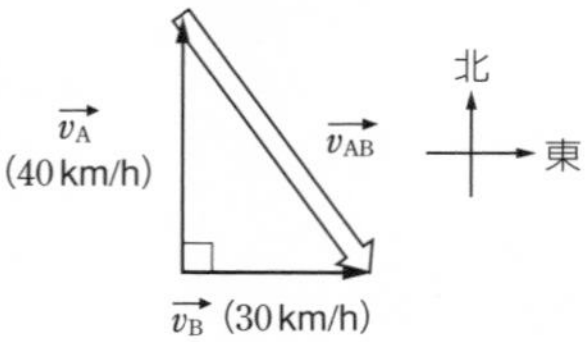


$|\overrightarrow{v_{AB}}|=\sqrt{40^2+30^2}=$ **50km/h** 答

**問g**
(教 p.26)

自動車Aが南向きに20km/h，自動車Bが東向きに40km/hで進む。自動車Aから見た自動車Bの速さは何km/hか。ただし，$\sqrt{5}=2.24$とする。

解説&解答　自動車A，自動車Bの速度をそれぞれ$\overrightarrow{v_A}$，$\overrightarrow{v_B}$，自動車Aから見た自動車Bの相対速度を$\overrightarrow{v_{AB}}$とすると右図のようになる。図より

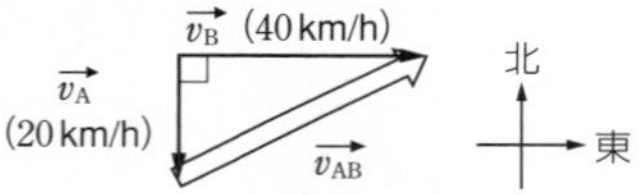


$|\overrightarrow{v_{AB}}|=\sqrt{20^2+40^2}=20\sqrt{5}=44.8\fallingdotseq$ **45km/h** 答

**問h**
(教 p.26)

自動車Aが西向きに20km/h，自動車Bが北向きに20km/hで進む。自動車Aから見た自動車Bの速度はどの向きに何km/hか。

解説&解答　自動車A，自動車Bの速度をそれぞれ$\overrightarrow{v_A}$，$\overrightarrow{v_B}$，自動車Aから見た自動車Bの相対速度を$\overrightarrow{v_{AB}}$とすると右図のようになる。図より

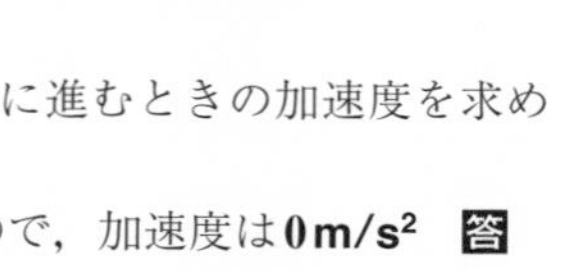


$|\overrightarrow{v_{AB}}|=\sqrt{20^2+20^2}=20\sqrt{2}$

$=20\times1.41\cdots\fallingdotseq$ **28km/h** 答　向きは**北東の向き** 答

**問15**
(教 p.27)

新幹線が速さ50m/sのままで10秒間まっすぐに進むときの加速度を求めよ。

解説&解答　速度(速さと向き)が変化していないので，加速度は**0m/s²** 答

**問16**
(教 p.27)

一直線上を正の向きに4.0m/sの速さで進む物体が，2.0秒後に正の向きに7.0m/sの速さになった。このときの物体の平均の加速度$\overline{a}$〔m/s²〕を求めよ。

考え方　速度の変化を経過時間でわって平均の加速度を求める。

解説&解答　$\overline{a}=\dfrac{\Delta v}{\Delta t}=\dfrac{7.0-4.0}{2.0}=$ **1.5m/s²** 答

**問17**
（教 p.28）

次の各場合について，物体の平均の加速度 $\overline{a}$〔m/s²〕を求めよ。

（1）一直線上を正の向きに 8.0 m/s の速さで進む物体が，2.0 秒後に正の向きに 5.0 m/s の速さになったとき。

（2）一直線上を正の向きに 2.5 m/s の速さで進む物体が，3.0 秒後に負の向きに 2.0 m/s の速さになったとき。

**考え方**　速度の変化を経過時間でわって平均の加速度を求める。

**解説&解答**

（1）$\overline{a}=\dfrac{\Delta v}{\Delta t}=\dfrac{5.0-8.0}{2.0}=\mathbf{-1.5\,m/s^2}$ 答

（2）$\overline{a}=\dfrac{\Delta v}{\Delta t}=\dfrac{(-2.0)-2.5}{3.0}=\mathbf{-1.5\,m/s^2}$ 答

**ドリル**

**問a**
（教 p.29）

次の各場合について，時刻 $t_1$ ～ $t_2$ 間の平均の加速度を求めよ。ただし，図で，「正の向き」と示した矢印の向きを正の向きとする。

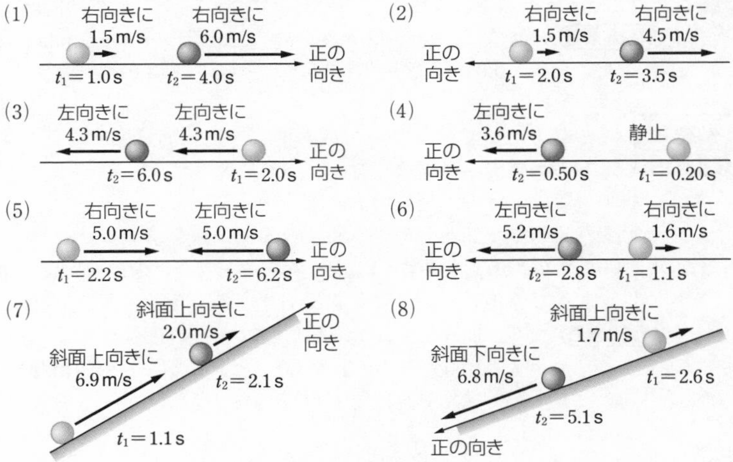


**解説&解答**

（1）$\overline{a}=\dfrac{6.0-1.5}{4.0-1.0}=\dfrac{4.5}{3.0}=\mathbf{1.5\,m/s^2}$ 答

（2）$\overline{a}=\dfrac{(-4.5)-(-1.5)}{3.5-2.0}=\dfrac{-3.0}{1.5}=\mathbf{-2.0\,m/s^2}$ 答

（3）$\overline{a}=\dfrac{(-4.3)-(-4.3)}{6.0-2.0}=\dfrac{0}{4.0}=\mathbf{0\,m/s^2}$ 答

（4）$\overline{a}=\dfrac{3.6-0}{0.50-0.20}=\dfrac{3.6}{0.30}=\mathbf{12\,m/s^2}$ 答

（5）$\overline{a}=\dfrac{(-5.0)-5.0}{6.2-2.2}=\dfrac{-10}{4.0}=\mathbf{-2.5\,m/s^2}$ 答

（6）$\overline{a}=\dfrac{5.2-(-1.6)}{2.8-1.1}=\dfrac{6.8}{1.7}=\mathbf{4.0\,m/s^2}$ 答

（7）$\overline{a}=\dfrac{2.0-6.9}{2.1-1.1}=\dfrac{-4.9}{1.0}=\mathbf{-4.9\,m/s^2}$ 答

(8)　$\overline{a} = \dfrac{6.8 - (-1.7)}{5.1 - 2.6} = \dfrac{8.5}{2.5} = \mathbf{3.4\,m/s^2}$ 答

**問18**
(教 p.33)
1.0m/sの速さで動いていた物体が一定の加速度1.5m/s²で速さを増した。
(1)　2.0秒後の物体の速さは何m/sか。
(2)　2.0秒後までに物体が進んだ距離は何mか。

**考え方**　⒃, ⒄式を使う。

**解説&解答**　(1)　⒃式で，$v_0 = 1.0$m/s，$a = 1.5$m/s²，$t = 2.0$s とおくと
$v = 1.0 + 1.5 \times 2.0 = \mathbf{4.0\,m/s}$ 答
(2)　⒄式で，$v_0 = 1.0$m/s，$t = 2.0$s，$a = 1.5$m/s² とおくと
$x = 1.0 \times 2.0 + \dfrac{1}{2} \times 1.5 \times 2.0^2 = \mathbf{5.0\,m}$ 答

**問19**
(教 p.33)
4.0m/sの速さで動いていた物体が，一定の加速度2.5m/s²で速さを増し，6.0m/sの速さになった。この間に物体が進んだ距離は何mか。

**解説&解答**　⒅式で，$v_0 = 4.0$m/s，$a = 2.5$m/s²，$v = 6.0$m/s とおくと
$6.0^2 - 4.0^2 = 2 \times 2.5 \times x$ から　$x = \mathbf{4.0\,m}$ 答

**例題 2**
(教 p.35)
速さ10.0m/sで進んでいた自動車が一定の加速度で速さを増し，3.0秒後に16.0m/sの速さになった。
(1)　このときの加速度の大きさを求めよ。
(2)　自動車が加速している間に進んだ距離を求めよ。
(3)　このの ち自動車が急ブレーキをかけて，一定の加速度で減速し，40m進んで停止した。このときの加速度の向きと大きさを求めよ。

**解説&解答**　(1)　加速度を $a$〔m/s²〕(運動の向きを正)とする。⒃式より
$16.0 = 10.0 + a \times 3.0$　　よって　$a = \mathbf{2.0\,m/s^2}$ 答
(2)　進んだ距離を $x$〔m〕とする。⒄式より
$x = 10.0 \times 3.0 + \dfrac{1}{2} \times 2.0 \times 3.0^2$　　よって　$x = \mathbf{39\,m}$ 答
(3)　加速度を $a'$〔m/s²〕(運動の向きを正)とする。⒅式より
$0^2 - 16.0^2 = 2a' \times 40$　　よって　$a' = -3.2$m/s²
したがって，**運動の向きと逆向き**に大きさ**3.2m/s²** 答

**類題 2**
(教 p.35)
速さ4.0m/sで右向きに進み始めた物体が，等加速度直線運動をして3.0秒後に左向きに速さ2.0m/sとなった。
(1)　物体の加速度の向きと大きさを求めよ。
(2)　物体の速さが0m/sになるのは，物体が進み始めてから何秒後か。
(3)　物体が速さ0m/sになるまでに進む距離を求めよ。

**考え方**　右向きを正とする。

**解説&解答**　(1)　⒃式で，$v_0=4.0\,\text{m/s}$，$v=-2.0\,\text{m/s}$，$t=3.0\,\text{s}$ とおくと，

$-2.0=4.0+a\times3.0$　$a=-2.0\,\text{m/s}^2$　**左向きに 2.0 m/s²**　答

(2)　$0=v_0+at$ より　$t=-\dfrac{v_0}{a}=-\dfrac{4.0}{-2.0}=2.0\,\text{s}$　**2.0秒後**　答

(3)　$x=v_0t+\dfrac{1}{2}at^2=4.0\times2.0+\dfrac{1}{2}\times(-2.0)\times2.0^2=$ **4.0 m**　答

**例題 3**
(教 p.36)

図は，$x$軸上を等加速度直線運動している物体が，原点を時刻0sに通過した後の6.0秒間の速度と時間の関係を表す$v$-$t$図である。

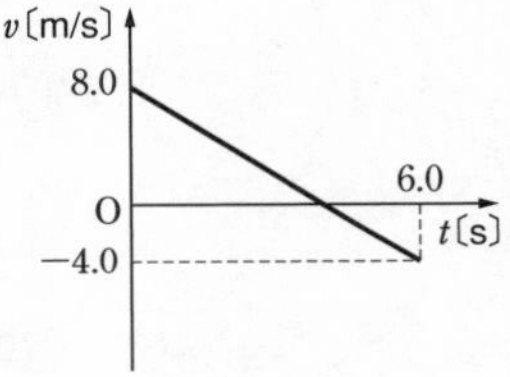


(1)　物体の加速度$a$〔m/s²〕を求めよ。
(2)　物体が原点から最も遠ざかるときの時刻$t_1$〔s〕と，その位置$x_1$〔m〕を求めよ。
(3)　6.0秒後の物体の位置$x_2$〔m〕を求めよ。
(4)　経過時間$t$〔s〕と物体の位置$x$〔m〕の関係をグラフに表せ。

**解説&解答**　(1)　$a$は，$v$-$t$図の傾きで表されるので

$$a=\frac{(-4.0)-8.0}{6.0-0}=\frac{-12.0}{6.0}=\mathbf{-2.0\,m/s^2}$$　答

(2)　速度が0m/sとなるとき，物体は原点から最も遠ざかる。

⒃式より，$0=8.0+(-2.0)\times t_1$

よって　$t_1=$ **4.0 s**　答

$x_1$は，図aの(ア)の面積に等しく

$x_1=\dfrac{1}{2}\times4.0\times8.0=$ **16 m**　答

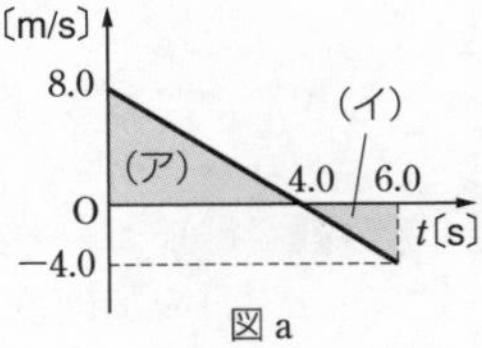


図a

(3)　$x_2$は，図aの「(ア)の面積−(イ)の面積」より

$x_2=16-\dfrac{1}{2}\times2.0\times4.0=$ **12 m**　答

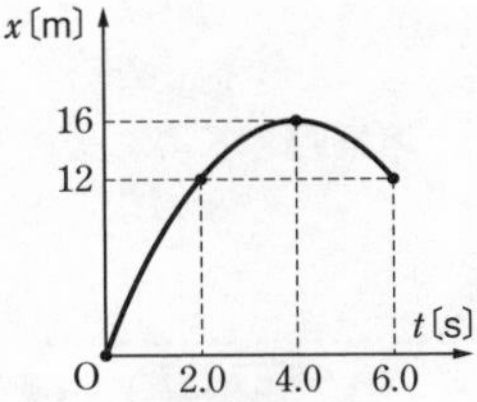


図b

(4)　$t=0\,\text{s}$，$2.0\,\text{s}$，$4.0\,\text{s}$，$6.0\,\text{s}$での$x$の値を求め，$x$-$t$図に点を記して各点を結ぶ。$x$-$t$図は，上に凸の放物線の一部となる。**図b**　答

**類題 3**
(教 p.36)

図は，エレベーターが上昇するときの速度と経過時間の関係を表す$v$-$t$図である。

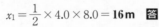

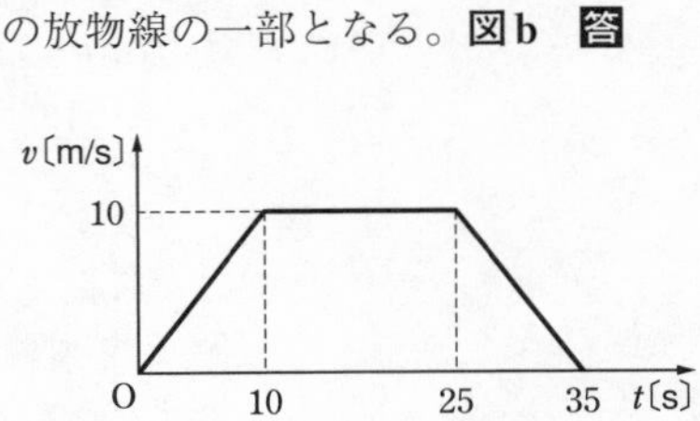


(1)　この運動の，加速度と時間の関係を表す$a$-$t$図をつくれ。
(2)　エレベーターが35秒間に上昇した高さ$h$〔m〕を求めよ。

**考え方**　$v$-$t$図の直線の傾きは加速度を示す。

**解説&解答**　(1)　問題の$v$-$t$図の傾きより

0〜10秒では　$a=\frac{10}{10}=1.0\,\mathrm{m/s^2}$

10〜25秒では　$a=\frac{0}{15}=0\,\mathrm{m/s^2}$

25〜35秒では　$a=\frac{-10}{10}=-1.0\,\mathrm{m/s^2}$

よって，**右図**のような$a$-$t$図が得られる。 **答**

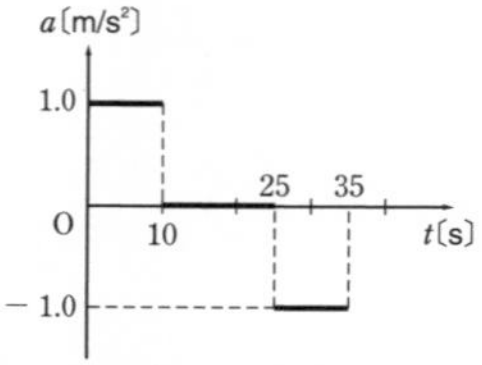


(2)　$h$〔m〕は$v$-$t$図が囲む台形の面積であるから

$h=\frac{(15+35)\times 10}{2}=\mathbf{2.5\times 10^2\,m}$ **答**

## 思考学習　電車の走行区間の推定　教 p.37

Kさんは，スマートフォンの機能を利用して，電車の速さと経過時間の関係を記録しようと考えた。Kさんが乗車した電車は，P駅から発車したのち，Q駅，R駅，S駅，T駅で停車をした。**教 p.37 図A**は，これらの駅を地図上に表している。

Kさんは，ある駅からある駅の区間でデータを記録した。それをグラフに表すと図のようになった。

| 駅名 | P駅からの距離(km) |
|---|---|
| P駅 | 0 |
| Q駅 | 3.9 |
| R駅 | 5.8 |
| S駅 | 8.0 |
| T駅 | 10.5 |

**考察1**　電車が停車しようとして減速する間の加速度の大きさは，ほぼ一定とみなせる。その大きさはおよそ何m/s²だろうか。

**考察2**　Kさんがデータを記録した区間はどの駅とどの駅の間だろうか。

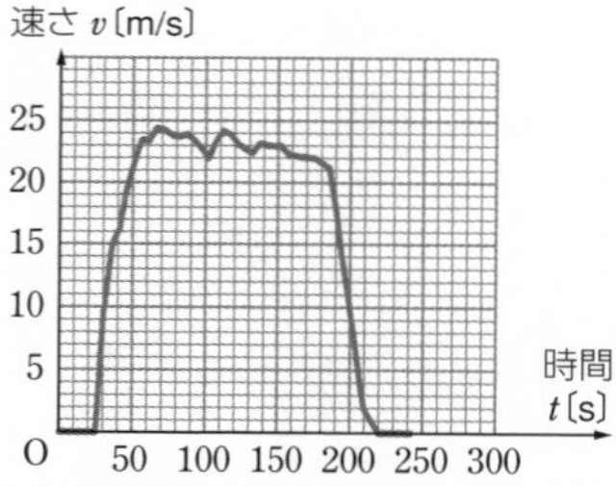


**解説&解答**　**1**　電車が一定の加速度で減速しているのは，時間185s〜210sである。時間185sでの速さを21.0m/s，時間210sでの速さを2.0m/sと読み取ると，この間の加速度の大きさは

$\left|\frac{2.0-21.0}{210-185}\right|=0.76\fallingdotseq\mathbf{0.8\,m/s^2}$ **答**

**2**　データを右図のような直線で近似して考える。移動距離はグラフと$t$軸で囲まれる台形の面積として求めると

$\frac{(130+200)\times 23}{2}$

$=3795\,\mathrm{m}\fallingdotseq 3.8\,\mathrm{km}$

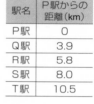

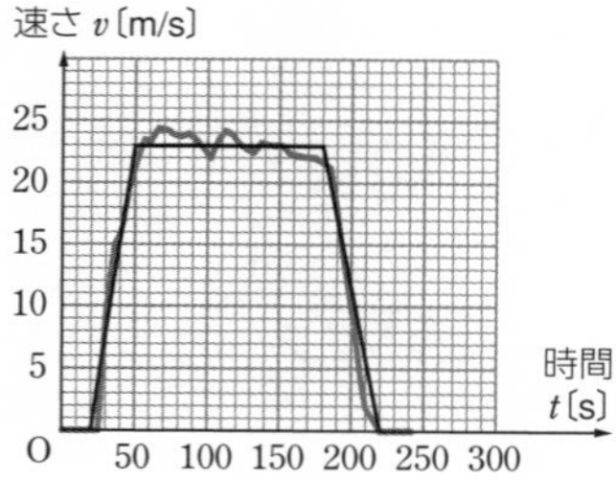

これはP駅とQ駅の間の距離に近い。したがって，Kさんがデータを記録した区間は**P駅とQ駅の間**だと考えられる。 **答**



ドリル

**問a**
(教 p.38)

$x$軸上を等加速度直線運動する物体について，次の問いに答えよ。

(1) 加速度が正の向きに1.5 m/s²とする。正の向きに2.0 m/sの速さで原点を通過してから4.0秒後の速度はどの向きに何m/sか。

(2) 加速度が負の向きに3.0 m/s²とする。正の向きに8.0 m/sの速さで原点を通過してから2.0秒間運動した。この間の変位はどの向きに何mか。

(3) 正の向きに10.0 m/sの速さで原点を通過してから8.0 m進んだとき，正の向きに6.0 m/sの速さであった。この運動の加速度はどの向きに何m/s²か。

**解説&解答** (1) $v_0 = 2.0\,\mathrm{m/s}$，$a = 1.5\,\mathrm{m/s^2}$，$t = 4.0\,\mathrm{s}$として

$v = v_0 + at = 2.0 + 1.5 \times 4.0 = 8.0\,\mathrm{m/s}$

よって，**正の向きに8.0 m/s** **答**

(2) $v_0 = 8.0\,\mathrm{m/s}$，$a = -3.0\,\mathrm{m/s^2}$，$t = 2.0\,\mathrm{s}$として

$$x = v_0 t + \frac{1}{2}at^2 = 8.0 \times 2.0 + \frac{1}{2} \times (-3.0) \times 2.0^2 = 10\,\mathrm{m}$$

よって，**正の向きに10 m** **答**

(3) $v_0 = 10.0\,\mathrm{m/s}$，$v = 6.0\,\mathrm{m/s}$，$x = 8.0\,\mathrm{m}$として

「$v^2 - v_0{}^2 = 2ax$」より　$6.0^2 - 10.0^2 = 2 \times a \times 8.0$

よって　$a = -4.0\,\mathrm{m/s^2}$　ゆえに，**負の向きに4.0 m/s²** **答**

**問b**
(教 p.39)

$x$軸上を等加速度直線運動する物体について，次の問いに答えよ。

(1) 静止していた物体が正の向きに5.0 m/s²の加速度で動き始めた。速度が正の向きに16 m/sとなるまでの時間は何秒か。

(2) 加速度が負の向きに1.2 m/s²のとき，原点を通過してから5.0秒後の速度が負の向きに2.0 m/sとなった。初速度はどの向きに何m/sか。

**解説&解答** (1) $v_0 = 0\,\mathrm{m/s}$，$v = 16\,\mathrm{m/s}$，$a = 5.0\,\mathrm{m/s^2}$として

「$v = v_0 + at$」より　$16 = 0 + 5.0 \times t$　$t =$ **3.2 s** **答**

(2) $v = -2.0\,\mathrm{m/s}$，$a = -1.2\,\mathrm{m/s^2}$，$t = 5.0\,\mathrm{s}$として

「$v = v_0 + at$」より　$-2.0 = v_0 + (-1.2) \times 5.0$

よって　$v_0 = 4.0\,\mathrm{m/s}$　ゆえに，**正の向きに4.0 m/s** **答**

**問c**
(教 p.39)

$x$軸上を等加速度直線運動する物体について，次の問いに答えよ。

(1) 正の向きに10 m/sの速さで原点を通過してから，4.0秒間で60 m進んだ。この運動の加速度はどの向きに何m/s²か。

(2) 正の向きに20 m/sの速さで原点を通過してから5.0秒後にもとの位置にもどった。この運動の加速度はどの向きに何m/s²か。

**解説&解答** (1) $x=60\,\mathrm{m}$, $v_0=10\,\mathrm{m/s}$, $t=4.0\,\mathrm{s}$として

「$x=v_0t+\frac{1}{2}at^2$」より $60=10\times4.0+\frac{1}{2}\times a\times4.0^2$

よって $a=2.5\,\mathrm{m/s^2}$ ゆえに，**正の向きに2.5 m/s²** 答

(2) $x=0\,\mathrm{m}$, $v_0=20\,\mathrm{m/s}$, $t=5.0\,\mathrm{s}$として

「$x=v_0t+\frac{1}{2}at^2$」より $0=20\times5.0+\frac{1}{2}\times a\times5.0^2$

よって $a=-8.0\,\mathrm{m/s^2}$ ゆえに，**負の向きに8.0 m/s²** 答

**問d**
(教 p.39)

$x$軸上を等加速度直線運動する物体について，次の問いに答えよ。

(1) 正の向きに4.0 m/sの速さで原点を通過してから16 m進んだ所で停止した。この運動の加速度はどの向きに何m/s²か。

(2) 正の向きに5.0 m/sの速さで原点を通過した物体が，負の向きに4.0 m/s²の加速度で運動し，やがて速度は負の向きに3.0 m/sになった。この間の変位はどの向きに何mか。

**解説&解答** (1) $v_0=10\,\mathrm{m/s}$, $v=0\,\mathrm{m/s}$, $x=16\,\mathrm{m}$として

「$v^2-v_0{}^2=2ax$」より $0^2-4.0^2=2\times a\times16$

よって $a=-0.50\,\mathrm{m/s^2}$ ゆえに，**負の向きに0.50 m/s²** 答

(2) $v_0=5.0\,\mathrm{m/s}$, $v=-3.0\,\mathrm{m/s}$, $a=-4.0\,\mathrm{m/s^2}$として

「$v^2-v_0{}^2=2ax$」より $(-3.0)^2-5.0^2=2\times(-4.0)\times x$

よって $x=2.0\,\mathrm{m}$ ゆえに，**正の向きに2.0 m** 答

**問e**
(教 p.39)

$x$軸上を運動する物体を考える。正の向きに6.0 m/sの速さで原点を通過した物体が，一定の加速度で運動し，12 m進んで停止した。

(1) このときの加速度はどの向きに何m/s²か。

(2) 12 m進むのにかかる時間は何秒か。

**解説&解答** (1) $v_0=6.0\,\mathrm{m/s}$, $v=0\,\mathrm{m/s}$, $x=12\,\mathrm{m}$として「$v^2-v_0{}^2=2ax$」より $0^2-6.0^2=2\times a\times12$ よって $a=-1.5\,\mathrm{m/s^2}$

ゆえに，**負の向きに1.5 m/s²** 答

(2) $v_0=6.0\,\mathrm{m/s}$, $v=0\,\mathrm{m/s}$, $a=-1.5\,\mathrm{m/s^2}$として

「$v=v_0+at$」より $0=6.0+(-1.5)\times t$ よって $t=$**4.0 s** 答

**問20**
(教 p.41)

2階の窓から小球を静かにはなすと，1.0秒後に地面に達した。小球をはなした点の高さと，地面に達する直前の小球の速さを求めよ。重力加速度の大きさを9.8 m/s²とする。

**考え方** 静かにはなす→初速度0→自由落下運動

解説&解答　小球をはなした点の高さを $h$〔m〕，地面に達する直前の小球の速さを $v$〔m/s〕とする。

「$h=\frac{1}{2}gt^2$」より　$h=\frac{1}{2}\times 9.8\times 1.0^2=$ **4.9 m** 答

「$v=gt$」より　$v=9.8\times 1.0=$ **9.8 m/s** 答

**問21**（教 p.43）小球をある高さから初速度5.0 m/sで鉛直下向きに投げると，2.0秒後に地面に達した。小球を投げた点の高さと，地面に達する直前の小球の速さを求めよ。重力加速度の大きさを9.8 m/s²とする。

考え方　鉛直下向きを正として鉛直投げ下ろしの式を用いる。

解説&解答　求める高さを $h$，速さを $v$ とする。

「$y=v_0t+\frac{1}{2}gt^2$」より

$h=5.0\times 2.0+\frac{1}{2}\times 9.8\times 2.0^2=29.6\fallingdotseq$ **30 m** 答

「$v=v_0+gt$」より　$v=5.0+9.8\times 2.0=24.6\fallingdotseq$ **25 m/s** 答

**問22**（教 p.43）ビルの屋上から，小球Aを自由落下させ，その1.0秒後に同じ所から小球Bを鉛直下向きに投げた。Bを投げてから1.0秒後に，BがAに追いついたとすると，Bの初速度の大きさは何m/sか。重力加速度の大きさを9.8 m/s²とする。

考え方　小球Bが小球Aに追いついたとき，A，Bの位置が等しくなる。

解説&解答　Bの初速度の大きさを $v_0$ とする。小球Bが小球Aに追いついたとき，A，Bの位置が等しい。自由落下の位置の式「$y=\frac{1}{2}gt^2$」と，鉛直投げ下ろしの位置の式「$y=v_0t+\frac{1}{2}gt^2$」より

$$\frac{1}{2}\times 9.8\times 2.0^2=v_0\times 1.0+\frac{1}{2}\times 9.8\times 1.0^2$$

よって　$v_0=14.7\fallingdotseq$ **15 m/s** 答

**問23**（教 p.45）小球を鉛直上向きに投げた。重力加速度の大きさを9.8 m/s²とする。

(1)　最高点での小球の速さは何m/sか。

(2)　最高点での小球の加速度の大きさは何m/s²か。

考え方　最高点では速度が0 m/sとなること，加速度が一定であることを用いる。

解説&解答　(1)　最高点での速さは **0 m/s** 答

(2)　加速度は一定で，大きさは重力加速度の大きさに等しいから，**9.8 m/s²** 答

**問24**
(教 p.45)　小球を初速度30 m/sで地面から真上に投げる。投げてから5.0秒後の小球の速度はどの向きに何m/sか。重力加速度の大きさを9.8 m/s²とする。

**解説&解答**　鉛直上向きを正とすると，「$v=v_0-gt$」より

$v=30-9.8\times5.0=-19$ m/s　よって，**鉛直下向きに19 m/s**　答

**例題 4**
(教 p.45)　小球を初速度9.8 m/sで真上に向けて投げるとき，次の値を求めよ。ただし，鉛直上向きを正とし，重力加速度の大きさを9.8 m/s²とする。

(1)　最高点に達するまでの時間$t_1$〔s〕とその高さ$h_1$〔m〕

(2)　もとの位置にもどるまでの時間$t_2$〔s〕とそのときの速度$v_2$〔m/s〕

**解説&解答**　(1)　最高点は速度が0 m/sとなる。

㉕式より　$0=9.8-9.8t_1$

よって　$t_1=$ **1.0 s**　答

㉖式より

$h_1=9.8\times1.0-\frac{1}{2}\times9.8\times1.0^2$

$=$ **4.9 m**　答

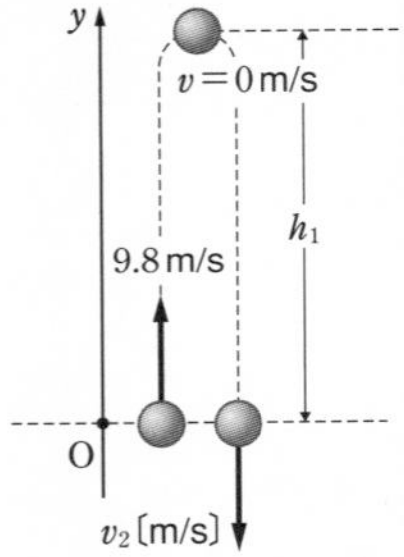


(2)　もとの位置にもどると，変位(高さ)が0 mとなる。

㉖式より　$0=9.8t_2-\frac{1}{2}\times9.8t_2^2$

$t_2$は0 sではないので　$t_2=$ **2.0 s**　答

㉕式より　$v_2=9.8-9.8\times2.0=$ **−9.8 m/s**　答

〈別解〉運動の対称性より　$t_2=2t_1=$ **2.0 s**

初速度を$v_0$とすると　$v_2=-v_0=$ **−9.8 m/s**

**類題 4**
(教 p.45)　小球を初速度の大きさ$v_0$〔m/s〕で真上に向けて投げるとき，次の値を求めよ。ただし，鉛直上向きを正とし，重力加速度の大きさを$g$〔m/s²〕とする。

(1)　最高点に達するまでの時間$t_1$〔s〕とその高さ$h_1$〔m〕

(2)　もとの位置にもどるまでの時間$t_2$〔s〕とそのときの速度$v_2$〔m/s〕

**考え方**　鉛直上向きを正として鉛直投げ上げの式を用いる。

**解説&解答**　(1)　最高点では速度が0となるから，「$v=v_0-gt$」より

$0=v_0-gt_1$　よって　$t_1=\boldsymbol{\frac{v_0}{g}}$　答

また，「$y=v_0t-\frac{1}{2}gt^2$」より　$h_1=v_0t_1-\frac{1}{2}gt_1^2=\boldsymbol{\frac{v_0^2}{2g}}$　答

(2)　もとの位置にもどるとき変位は0 mとなるから，

「$y=v_0t-\frac{1}{2}gt^2$」より　$0=v_0t_2-\frac{1}{2}gt_2^2$

よって，$t_2>0$より　$t_2=\boldsymbol{\frac{2v_0}{g}}$　答

また，「$v=v_0-gt$」より　$v_2=v_0-gt_2=\boldsymbol{-v_0}$　答

ドリル

**問a**（教 p.46）　点Pから物体を自由落下させた。重力加速度の大きさを9.8m/s²とする。

(1)　2.0秒後の物体の速さは何m/sか。

(2)　2.0秒間の物体の落下距離は何mか。

**考え方**　鉛直下向きを正として自由落下の式を用いる。

**解説&解答**　(1)　2.0秒後の速さを$v$とすると，「$v=gt$」より

$v=9.8\times2.0=19.6\fallingdotseq$ **20m/s** 答

(2)　2.0秒間の落下距離を$h$とすると，「$y=\frac{1}{2}gt^2$」より

$h=\frac{1}{2}\times9.8\times2.0^2=19.6\fallingdotseq$ **20m** 答

**問b**（教 p.46）　高さ4.9mの点から物体を自由落下させた。重力加速度の大きさを9.8m/s²とする。

(1)　地面に達する直前の速さは何m/sか。

(2)　地面に達するまでの時間は何秒か。

**考え方**　鉛直下向きを正として自由落下の式を用いる。

**解説&解答**　(1)　地面に達する直前の速さを$v$とすると，「$v^2=2gy$」より

$v^2=2\times9.8\times4.9$　よって　$v=$ **9.8m/s** 答

(2)　地面に達するまでの時間を$t$とすると，「$v=gt$」より

$9.8=9.8\times t$　よって　$t=$ **1.0s** 答

**問c**（教 p.47）　点Pから物体を鉛直下向きに10m/sの速さで投げた。重力加速度の大きさを9.8m/s²とする。

(1)　2.0秒後の物体の速さは何m/sか。

(2)　2.0秒間の物体の落下距離は何mか。

**考え方**　鉛直下向きを正として鉛直投げ下ろしの式を用いる。

**解説&解答**　(1)　2.0秒後の速さを$v$とすると，「$v=v_0+gt$」より

$v=10+9.8\times2.0=29.6\fallingdotseq$ **30m/s** 答

(2)　2.0秒間の落下距離を$h$とすると，「$y=v_0t+\frac{1}{2}gt^2$」より

$h=10\times2.0+\frac{1}{2}\times9.8\times2.0^2=39.6\fallingdotseq$ **40m** 答

**問d**（教 p.47）　高さ6.0mの点から物体を鉛直下向きに投げたところ，1.0秒後に地面に達した。初速度の大きさは何m/sか。重力加速度の大きさを9.8m/s²とする。

**考え方**　鉛直下向きを正として鉛直投げ下ろしの式を用いる。

**解説&解答**　初速度の大きさを$v_0$とすると，「$y=v_0t+\frac{1}{2}gt^2$」より

$6.0=v_0\times1.0+\frac{1}{2}\times9.8\times1.0^2$　よって　$v_0=$ **1.1m/s** 答

**問e**
(教 p.47)
地面から物体を鉛直上向きに速さ4.9m/sで投げた。重力加速度の大きさを$9.8\,\mathrm{m/s^2}$とする。
(1) 最高点に達するまでの時間は何秒か。
(2) 最高点の高さは何mか。
(3) 地面にもどるまでの時間は何秒か。
(4) 地面にもどったときの速度はどの向きに何m/sか。

**考え方** 鉛直上向きを正として鉛直投げ上げの式を用いる。

**解説&解答** (1) 最高点に達するまでの時間を$t_1$とすると，最高点では速度が0m/sとなるから，「$v=v_0-gt$」より　$0=4.9-9.8\times t_1$
よって　$t_1=$ **0.50s** 答

(2) 最高点の高さを$h$とすると，「$y=v_0t-\frac{1}{2}gt^2$」より

$$h=4.9\times0.50-\frac{1}{2}\times9.8\times0.50^2=1.225\fallingdotseq\mathbf{1.2\,m}$$ 答

(3) 地面にもどるまでの時間を$t_2$とすると，もとの位置にもどるとき変位は0mとなるから，「$y=v_0t-\frac{1}{2}gt^2$」より

$$0=4.9\times t_2-\frac{1}{2}\times9.8\times t_2{}^2$$

よって，$t_2>0$より　$t_2=$ **1.0s** 答

(4) 地面にもどったときの速度を$v$とすると，「$v=v_0-gt$」より
$v=4.9-9.8\times1.0=-4.9\,\mathrm{m/s}$
よって，**鉛直下向きに4.9m/s** 答

**問f**
(教 p.47)
ビルの屋上の点Pから物体を鉛直上向きに速さ9.8m/sで投げたところ，3.0秒後に地面に達した。点Pの地面からの高さは何mか。重力加速度の大きさを$9.8\,\mathrm{m/s^2}$とする。

**考え方** 鉛直上向きを正として鉛直投げ上げの式を用いる。

**解説&解答** 点Pの地面からの高さを$h$とすると，「$y=v_0t-\frac{1}{2}gt^2$」より

$$-h=9.8\times3.0-\frac{1}{2}\times9.8\times3.0^2=-14.7\fallingdotseq15\,\mathrm{m}$$

よって　$h\fallingdotseq$ **15m** 答

**問g**
(教 p.47)
高さ8.0mの点から物体を鉛直上向きに投げたところ，2.0秒後に地面に達した。初速度の大きさは何m/sか。重力加速度の大きさを$9.8\,\mathrm{m/s^2}$とする。

**考え方** 鉛直上向きを正として鉛直投げ上げの式を用いる。

**解説&解答** 初速度の大きさを$v_0$とすると，「$y=v_0t-\frac{1}{2}gt^2$」より

$$-8.0=v_0\times2.0-\frac{1}{2}\times9.8\times2.0^2$$　よって　$v_0=$ **5.8m/s** 答

**例題 5**
(教 p.49)

ある高さの所から小球を速さ 7.0 m/s で水平に投げ出すと，2.0 秒後に地面に達した。重力加速度の大きさを $9.8\,m/s^2$ とする。

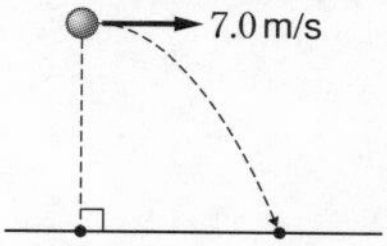


(1)　投げ出した所の真下の地面上の点から，小球の落下地点までの距離 $l$〔m〕を求めよ。

(2)　投げ出した所の，地面からの高さ $h$〔m〕を求めよ。

**考え方**　水平投射では，水平方向は等速直線運動，鉛直方向は自由落下と同様の運動をする。

**解説&解答**　(1)　水平方向は，速さ 7.0 m/s の等速直線運動と同様の運動を行う。

「$x = v_0t$」(㉙式) より　$l = 7.0 \times 2.0 =$ **14 m**　答

(2)　鉛直方向は，自由落下と同様の運動を行う。

「$y = \dfrac{1}{2}gt^2$」(㉛式) より

$$h = \frac{1}{2} \times 9.8 \times 2.0^2 = 19.6 \fallingdotseq \mathbf{20\,m}$$ 答

**類題 5**
(教 p.49)

地面より 9.8 m の高さから，小球を速さ 3.0 m/s で水平に投げ出した。投げ出した所の真下の地面上の点から，小球の落下地点までの水平距離 $l$〔m〕を求めよ。重力加速度の大きさを $9.8\,m/s^2$ とする。

**考え方**　投げ出してから地面に達するまでの時間を $t$〔s〕として㉙，㉛式を使う。

**解説&解答**　㉛式より　$9.8 = \dfrac{1}{2} \times 9.8\,t^2$ ……①

㉙式より　$l = 3.0\,t$ ……②

①，②式より　$l = 3.0 \times \sqrt{2} = 4.24\cdots \fallingdotseq$ **4.2 m**　答

**例題 6**
(教 p.52)

地上の点から小球を，水平方向と角 $\theta$ をなす向きに大きさ $v_0$〔m/s〕の初速度で投げる。重力加速度の大きさを $g$〔m/s²〕とし，必要があれば $2\sin\theta\cos\theta = \sin 2\theta$ を用いよ。

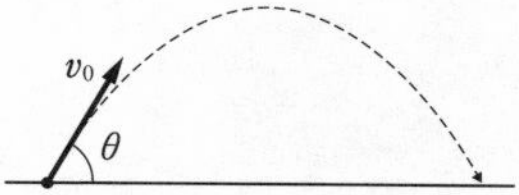


(1)　最高点に達するまでの時間 $t_1$〔s〕とその高さ $h$〔m〕を求めよ。

(2)　落下点に達するまでの時間 $t_2$〔s〕と水平到達距離 $l$〔m〕を求めよ。

(3)　初速度の大きさを変えずに，角 $\theta$ を変えて投げるとき，小球を最も遠くまで投げるための角 $\theta_0$ を求めよ。

**考え方**　斜方投射では，水平方向は等速直線運動，鉛直方向は鉛直投げ上げと同様の運動をする。

**解説&解答**　(1)　最高点では速度の鉛直成分（$y$ 成分）が 0 となる。

㉟式より　$0 = v_0\sin\theta - gt_1$　よって　$t_1 = \boldsymbol{\dfrac{v_0\sin\theta}{g}}$〔s〕　答

㊱式より　$h = v_0\sin\theta\cdot t_1 - \dfrac{1}{2}gt_1{}^2 = \boldsymbol{\dfrac{v_0{}^2\sin^2\theta}{2g}}$〔m〕　答

(2)　落下点では鉛直方向の変位が0となる。

㊱式より　$0=v_0\sin\theta\cdot t_2-\dfrac{1}{2}gt_2{}^2$

$t_2>0$ より　$t_2=\boldsymbol{\dfrac{2v_0\sin\theta}{g}}$〔s〕 **答**

〈別解〉運動の対称性より，$t_2=2t_1$ として求めることもできる。
水平方向については，㉞式より

$$l=v_0\cos\theta\cdot t_2=\frac{2v_0{}^2\sin\theta\cos\theta}{g}=\boldsymbol{\frac{v_0{}^2\sin 2\theta}{g}}\text{〔m〕}$$ **答**

(3)　(2)の $l$ が最大になる $\theta$ を求めればよい。$0°\leqq\theta\leqq 90°$ の範囲では $0\leqq\sin 2\theta\leqq 1$ となり，$l$ は $\sin 2\theta=1$ のとき最大となる。
よって　$2\theta_0=90°$　より　$\theta_0=\mathbf{45°}$ **答**

**類題 6**
(教 p.52)

地上の点から小球を，速さ24.5m/sで図のような向きに斜方投射させた。重力加速度の大きさを9.80m/s²とする。

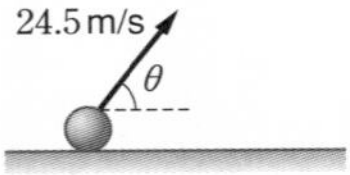


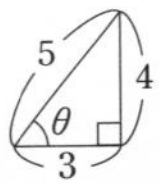


(1)　初速度の水平成分と鉛直成分の大きさ $v_{0x}$，$v_{0y}$〔m/s〕を求めよ。
(2)　最高点に達するまでの時間 $t_1$〔s〕とその高さ $h$〔m〕を求めよ。
(3)　落下点に達するまでの時間 $t_2$〔s〕と水平到達距離 $l$〔m〕を求めよ。

**解説&解答**　(1)　$v_{0x}=v_0\cos\theta=24.5\times\dfrac{3}{5}=\mathbf{14.7\,m/s}$ **答**

$v_{0y}=v_0\sin\theta=24.5\times\dfrac{4}{5}=\mathbf{19.6\,m/s}$ **答**

(2)　最高点では速度の鉛直成分（$y$成分）が0m/sとなる。
$v_y=v_0\sin\theta-gt$ より，$0=19.6-9.80\times t_1$

よって　$t_1=\dfrac{19.6}{9.80}=\mathbf{2.00\,s}$ **答**

$y=v_0\sin\theta\cdot t-\dfrac{1}{2}gt^2$ より

$h=19.6\times 2.00-\dfrac{1}{2}\times 9.80\times 2.00^2=\mathbf{19.6\,m}$ **答**

(3)　落下点では鉛直方向の変位が0mとなる。

$y=v_0\sin\theta\cdot t-\dfrac{1}{2}gt^2$ より

$0=19.6\times t_2-\dfrac{1}{2}\times 9.80\times t_2{}^2=4.90\times t_2\times(4.00-t_2)$

$t_2>0$ より，$t_2=\mathbf{4.00\,s}$ **答**
水平方向については，$x=v_0\cos\theta\cdot t$ より
$l=14.7\times 4.00=\mathbf{58.8\,m}$ **答**

ドリル

**問 a**
(教 p.53)

地面からの高さ 29.4 m のがけの上から，小球を 4.00 m/s の速さで水平に打ち出した。重力加速度の大きさを 9.80 m/s² とする。必要であれば，$\sqrt{6} \fallingdotseq 2.45$ を用いてよい。

(1)　小球が地面に達するまでの時間 $t$〔s〕を求めよ。

(2)　小球の落下地点までの水平到達距離 $l$〔m〕を求めよ。

**考え方**　水平投射では，水平方向は等速直線運動，鉛直方向は自由落下と同様の運動をする。

**解説&解答**　(1)　「$y=\frac{1}{2}gt^2$」より　$29.4=\frac{1}{2}\times 9.80\times t^2$

よって　$t=\sqrt{\frac{29.4}{4.90}}=\sqrt{6.00}\fallingdotseq$ **2.45 s** 答

(2)　「$x=v_0t$」より　$l=4.00\times t=4.00\times\sqrt{6.00}\fallingdotseq$ **9.80 m** 答

**問 b**
(教 p.53)

水平な地面のある点から小球を，水平方向と上方に 45° をなす向きに 19.6 m/s の速さで打ち出した。重力加速度の大きさを 9.8 m/s² とする。

(1)　最高点の高さ $h$〔m〕を求めよ。

(2)　小球が落下した点までの水平到達距離 $l$〔m〕を求めよ。

**考え方**　斜方投射では，水平方向は等速直線運動，鉛直方向は鉛直投げ上げと同様の運動をする。

**解説&解答**　(1)　小球を打ち出してから最高点に達するまでの時間を $t_1$〔s〕とする。「$v_y=v_0\sin\theta-gt$」より　$0=19.6\times\sin 45°-9.8\times t_1$

よって　$t_1=\sqrt{2}$ s　　「$y=v_0\sin\theta\cdot t-\frac{1}{2}gt^2$」より

$h=19.6\times\sin 45°\times t_1-\frac{1}{2}\times 9.8\times t_1{}^2$

$=19.6\times\frac{1}{\sqrt{2}}\times\sqrt{2}-\frac{1}{2}\times 9.8\times(\sqrt{2})^2=$ **9.8 m** 答

〈別解〉　$y$ 軸方向には鉛直投げ上げと同様の運動をするから，鉛直投げ上げの式「$v^2-v_0{}^2=-2gy$」より

$0^2-(19.6\sin 45°)^2=-2\times 9.8\times h$

よって　$h=\frac{19.6^2\times\frac{1}{2}}{2\times 9.8}=19.6\times\frac{1}{2}=$ **9.8 m** 答

(2)　落下点に達するまでの時間を $t_2$〔s〕とすると

「$y=v_0\sin\theta\cdot t-\frac{1}{2}gt^2$」より

$0=19.6\times\frac{1}{\sqrt{2}}\times t_2-\frac{1}{2}\times 9.8\times t_2{}^2$　$t_2>0$ より　$t_2=2\sqrt{2}$ s

水平方向については「$x=v_0\cos\theta\cdot t$」より

$l=19.6\times\cos 45°\times t_2=19.6\times\frac{1}{\sqrt{2}}\times 2\sqrt{2}$

$=39.2\fallingdotseq$ **39 m** 答

**問c**（教 p.53）　水平な地面のある点から小球を，水平方向と上方に60°をなす向きに7.0m/sの速さで打ち出した。重力加速度の大きさを$9.8\,\mathrm{m/s^2}$とする。

(1)　最高点の高さ$h$〔m〕を求めよ。

(2)　小球が落下した点までの水平到達距離$l$〔m〕を求めよ。

**考え方**　斜方投射では，水平方向は等速直線運動，鉛直方向は鉛直投げ上げと同様の運動をする。また，最高点では速度の鉛直成分が0，落下点では鉛直方向の変位が0となる。

**解説&解答**　(1)　小球を打ち出してから最高点に達するまでの時間を$t_1$〔s〕とすると「$v_y = v_0\sin\theta - gt$」より

$$0 = 7.0 \times \sin 60° - 9.8 \times t_1 \qquad \text{よって} \quad t_1 = \frac{\sqrt{3}}{2.8}\,\mathrm{s}$$

「$y = v_0\sin\theta \cdot t - \dfrac{1}{2}gt^2$」より

$$h = 7.0 \times \sin 60° \times t_1 - \frac{1}{2} \times 9.8 \times t_1^2$$

$$= 7.0 \times \frac{\sqrt{3}}{2} \times \frac{\sqrt{3}}{2.8} - \frac{1}{2} \times 9.8 \times \left(\frac{\sqrt{3}}{2.8}\right)^2$$

$$= 1.875 \fallingdotseq \mathbf{1.9\,m}$$ 答

(2)　落下点に達するまでの時間を$t_2$〔s〕とすると

「$y = v_0\sin\theta \cdot t - \dfrac{1}{2}gt^2$」より

$$0 = 7.0 \times \frac{\sqrt{3}}{2} \times t_2 - \frac{1}{2} \times 9.8 \times t_2^2 \quad t_2 > 0 \text{ より} \quad t_2 = \frac{\sqrt{3}}{1.4}\,\mathrm{s}$$

水平方向については「$x = v_0\cos\theta \cdot t$」より

$$l = 7.0 \times \cos 60° \times t_2 = 7.0 \times \frac{1}{2} \times \frac{\sqrt{3}}{1.4} \fallingdotseq \mathbf{4.3\,m}$$ 答

## 演　習　問　題　　教 p.55～p.57

考 **1**　Tさんは，家の門から郵便ポストまで走り，手紙をすぐに投函（とうかん）し，同じ経路で家の門まで歩いてもどった。行きの平均の速さは4.0m/sで，帰りの平均の速さは1.0m/sであった。往復の間のTさんの平均の速さは何m/sか。なお，Tさんの通った経路の片道の距離は100mであったとする。

**考え方**　行きと帰りにそれぞれかかった時間から，全体の平均の速さを求める。

**解説&解答**　行きにかかった時間は$\dfrac{100}{4.0} = 25\,\mathrm{s}$，帰りにかかった時間は$\dfrac{100}{1.0} = 100\,\mathrm{s}$

であるから，往復の間の平均の速さは　$\dfrac{2 \times 100}{25 + 100} = \mathbf{1.6\,m/s}$　答

**2**　図は，$x$軸上を一定の速さで運動する物体Aと物体Bの，位置$x$〔m〕と経過時間$t$〔s〕の関係を表すグラフである。

(1)　AとBの速度$v_A$, $v_B$〔m/s〕をそれぞれ求めよ。

(2)　AとBの間の距離が120mとなるまでの時間$t_1$〔s〕を求めよ。

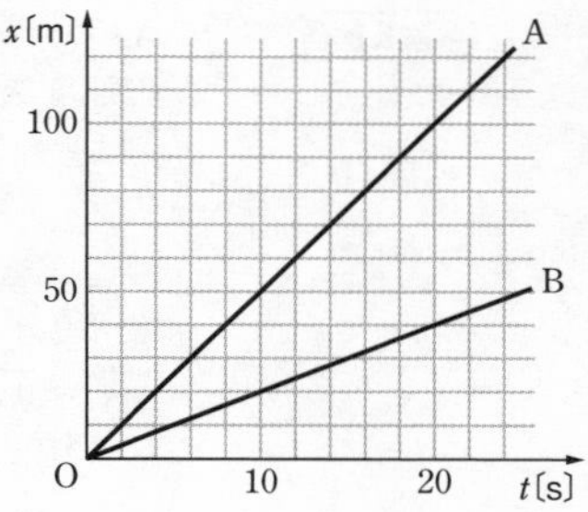


考え方　$x$-$t$図の傾きから速度を求め，等速直線運動の式を用いる。

解説&解答　(1)　グラフの傾きが速度であるから

$$v_A = \frac{50\,\mathrm{m}}{10\,\mathrm{s}} = \mathbf{5.0\,m/s}$$ 答　　$$v_B = \frac{20\,\mathrm{m}}{10\,\mathrm{s}} = \mathbf{2.0\,m/s}$$ 答

(2)　AとBの移動距離の差が120mとなるから，$v_A t_1 - v_B t_1 = 120$

よって　$5.0 \times t_1 - 2.0 \times t_1 = 120$　ゆえに　$t_1 = $ **40s** 答

**3**　東西方向のまっすぐな線路を走る電車Aと，それに平行な線路を走る電車Bがある。Aは東向きに速さ30m/sで走っているとする。

(1)　Aに乗っている人からは，Bが西向きに速さ48m/sで走っているように見えたとする。Bの速さとその向きを求めよ。

(2)　Bが，(1)のBと逆向きに同じ速さで走っているとする。このとき，Aに乗っている人から見たBの相対速度の大きさとその向きを求めよ。

考え方　相対速度の式を使う。

解説&解答　(1)　東向きを速度の正の向きとし，Aの速度を$v_A$，Aから見たBの速度を$v_{AB}$とすると　$v_A = 30\,\mathrm{m/s}$，$v_{AB} = -48\,\mathrm{m/s}$

$v_{AB} = v_B - v_A$ より　　$-48 = v_B - 30$

よって，$v_B = -18\,\mathrm{m/s}$　ゆえに，**西向きに18m/s** 答

(2)　$v_B = 18\,\mathrm{m/s}$ より　$v_{AB} = 18 - 30 = -12\,\mathrm{m/s}$

よって，**西向きに12m/s** 答

**4**　東向きに速さ10m/sで走行している自動車Aがある。

(1)　自動車Bから見ると，自動車Aは東向きに速さ25m/sで走行しているように見えた。このときの自動車Bの速度はどの向きに何m/sか。

(2)　自動車Cから見ると，自動車Aは東向きから南へ60°の向きに速さ20m/sで走行しているように見えた。自動車Cの速度はどの向きに何m/sか。

考え方　(1)　一直線上を逆向きに進むときの相対速度である。

(2)　教 p.25 類題1と同様の方法で解く。

**解説&解答** (1)　Aの速度を $\overrightarrow{v_A}$〔m/s〕，Bから見たAの速度を $\overrightarrow{v_{BA}}$〔m/s〕とすると，$\overrightarrow{v_A}$，$\overrightarrow{v_{BA}}$ はそれぞれ図a，図bのようになる。

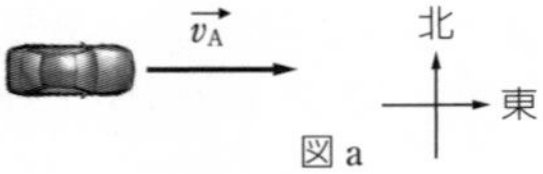

図a

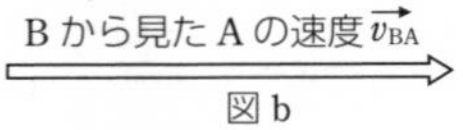

図b

Bの速度を $\overrightarrow{v_B}$〔m/s〕とすると，相対速度の式より

$$\overrightarrow{v_{BA}} = \overrightarrow{v_A} - \overrightarrow{v_B}$$

これより

$$\overrightarrow{v_B} = \overrightarrow{v_A} - \overrightarrow{v_{BA}} = \overrightarrow{v_A} + (-\overrightarrow{v_{BA}})$$

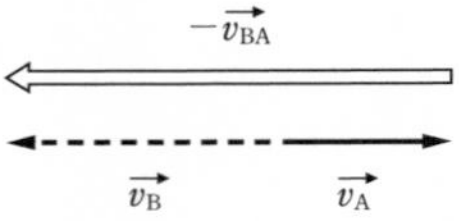

図c

図cより，$\overrightarrow{v_B}$ の向きは**西向き**である。

Bの速さ $v_B = 25 - 10 =$ **15m/s** 答

(2)　Cの速度を $\overrightarrow{v_C}$〔m/s〕とすると，題意よりCから見たAの速度 $\overrightarrow{v_{CA}}$ は図dのようになる。

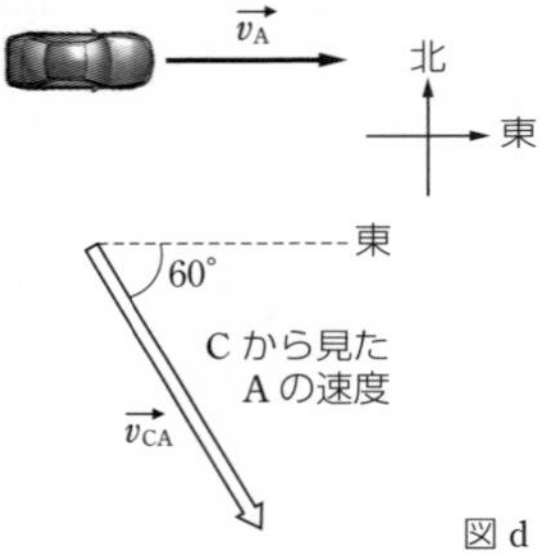

図d

相対速度の式より

$$\overrightarrow{v_{CA}} = \overrightarrow{v_A} - \overrightarrow{v_C}$$

これより

$$\overrightarrow{v_C} = \overrightarrow{v_A} - \overrightarrow{v_{CA}} = \overrightarrow{v_A} + (-\overrightarrow{v_{CA}})$$

図eより，$\overrightarrow{v_C}$ の向きは**北向き**。 答

Cの速さ $v_C = 10\tan 60°$

$$= 10 \times \sqrt{3} \fallingdotseq \textbf{17m/s}$$ 答

図e

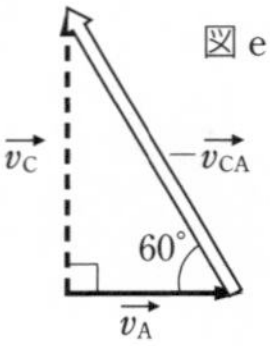


***5***　記録タイマーに通した紙テープを力学台車の後部につける。この台車を斜面上に置いてはなすと，台車の運動につれて紙テープに図のような打点が記録された。記録タイマーの5打点ごとの時間間隔は0.10秒である。台車の加速度の大きさを求めよ。

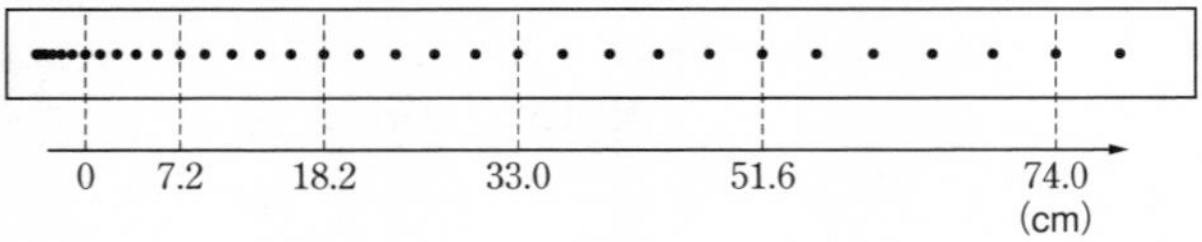


**考え方**　5打点ごとの移動距離と経過時間から各区間の速さを求め，加速度を求める。

解説&解答　5打点ごとの時間間隔は0.10秒であるから，各区間の平均の速さは右のようになる。どの区間でも速さは0.38m/sずつ増加しているから，台車の加速度は

$\frac{0.38}{0.10}=\mathbf{3.8\,m/s^2}$　答

| 区間(cm) | 0〜7.2 | 7.2〜18.2 | 18.2〜33.0 | 33.0〜51.6 | 51.6〜74.0 |
|---|---|---|---|---|---|
| 移動距離(m) | 0.072 | 0.11 | 0.148 | 0.186 | 0.224 |
| 速さ(m/s) | 0.72 | 1.1 | 1.48 | 1.86 | 2.24 |

**6**　まっすぐな道路を一定の速度で進む自動車が，あるとき一定の加速度で加速し始めた。その後2.0秒間で28.0m進み，そのときの速さは16.0m/sであった。自動車の加速度の大きさは何m/s²か。

考え方　等加速度直線運動の式に各値を代入する。

解説&解答　初速度を$v_0$，加速度を$a$とする。

「$v=v_0+at$」より　$16.0=v_0+a\times2.0$

また，「$x=v_0t+\frac{1}{2}at^2$」より　$28.0=v_0\times2.0+\frac{1}{2}\times a\times2.0^2$

2式より，$v_0$を消去して$a$について解くと　$a=\mathbf{2.0\,m/s^2}$　答

**7**　$x$軸上を運動する物体を考える。時刻$t=0$s のとき原点を初速度0m/sで出発した物体は，次のように速度を変化させながら運動したとする。

①$0\,\mathrm{s}\leqq t<5.0\,\mathrm{s}$　　等加速度直線運動(加速度0.40m/s²)

②$5.0\,\mathrm{s}\leqq t<15.0\,\mathrm{s}$　　等速直線運動(加速度0m/s²)

③$15.0\,\mathrm{s}\leqq t\leqq25.0\,\mathrm{s}$　　等加速度直線運動(加速度−0.20m/s²)

(1)　区間②での物体の速度$v_2$〔m/s〕を求めよ。

(2)　物体の速度$v$〔m/s〕と経過時間$t$〔s〕の関係を表すグラフをかけ。

(3)　$t=5.0$s，15.0s，25.0sでの物体の位置$x_1$，$x_2$，$x_3$〔m〕をそれぞれ求めよ。

考え方　各区間での運動のようすを表すと，次のようになる。

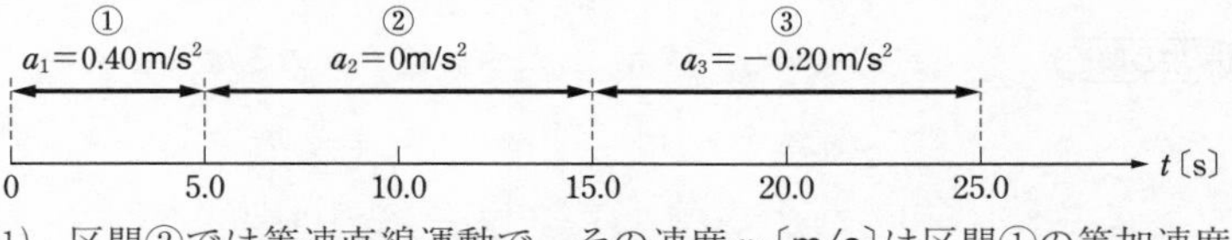


解説&解答　(1)　区間②では等速直線運動で，その速度$v_2$〔m/s〕は区間①の等加速度直線運動によって得られたものであるから，

$v_2=a_1t=0.40\times5.0=\mathbf{2.0\,m/s}$　答

(2)　加速度は$v$-$t$図のグラフの傾きを表す。よって，**右図**。 **答**

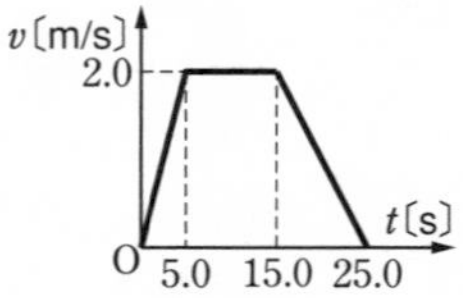


(3)　(2)の$v$-$t$図で，グラフと$t$軸とで囲まれた部分の面積が移動距離に等しい。

$$x_1 = \frac{1}{2} \times 5.0 \times 2.0 = \mathbf{5.0\,m}$$ **答**

$$x_2 = x_1 + 2.0 \times (15.0 - 5.0) = \mathbf{25\,m}$$ **答**

$$x_3 = x_2 + \frac{1}{2} \times (25.0 - 15.0) \times 2.0 = \mathbf{35\,m}$$ **答**

***8***　小球を初速度14.7m/sで地面から真上に向けて投げるとき，高さ9.8mの地点を上向きの速度で通過するまでの時間$t_1$〔s〕と，下向きの速度で通過するまでの時間$t_2$〔s〕を求めよ。重力加速度の大きさを9.8m/s²とする。

**考え方**　(26)式を使う。

**解説&解答**　「$y = v_0t - \frac{1}{2}gt^2$」に$y = 9.8$，$v_0 = 14.7$，$g = 9.8$を代入すると

$9.8 = 14.7t - 4.9t^2$となる。左右の辺を4.9で割ると，$2.0 = 3.0t - t^2$

これより$t = 1.0$，$2.0$　　したがって　$t_1 = \mathbf{1.0\,s}$，$t_2 = \mathbf{2.0\,s}$ **答**

***9***　地上から高さ8.0mの所より小球Aを自由落下させると同時に，地上から小球Bを初速度8.0m/sで鉛直上方へ投射した。2球は地上に落下する前，同時に同じ高さの点を通過した。重力加速度の大きさを9.8m/s²，鉛直上向きを正とする。

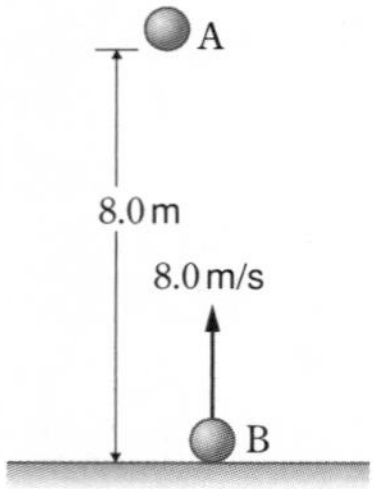


(1)　同じ高さの点を通過するまでの時間$t$〔s〕と，その高さ$h$〔m〕を求めよ。

(2)　同じ高さの点を通過するときのAとBの速度$v_A$，$v_B$〔m/s〕を求めよ。

**考え方**　すれ違うときは，AとBは同じ高さにある。すなわちAが落下する距離とBが上昇したときの高さの和が8.0mとなる。

**解説&解答**　(1)　$t$〔s〕後に2小球A，Bがすれ違うものとする。Aが$t$〔s〕間に自由落下する距離を$y_1$〔m〕とすると　$y_1 = \frac{1}{2}gt^2$

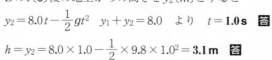

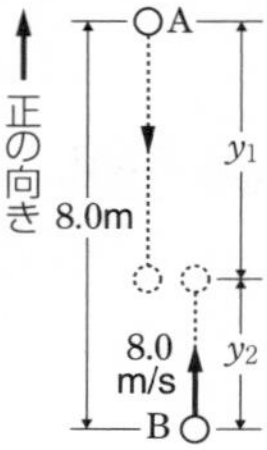


Bの$t$〔s〕後の地上からの高さを$y_2$〔m〕とすると

$y_2 = 8.0t - \frac{1}{2}gt^2$　$y_1 + y_2 = 8.0$　より　$t = \mathbf{1.0\,s}$ **答**

$h = y_2 = 8.0 \times 1.0 - \frac{1}{2} \times 9.8 \times 1.0^2 = \mathbf{3.1\,m}$ **答**

(2)　$v_A = -gt = -9.8 \times 1.0 = \mathbf{-9.8\,m/s}$ **答**

$v_B = 8.0 - gt = 8.0 - 9.8 \times 1.0 = \mathbf{-1.8\,m/s}$ **答**

**10** 水平より 45° 傾いた斜面の頂上の点Oから，小球を斜面方向に水平投射したところ，2.00 秒後に斜面上の点Pに到達した。重力加速度の大きさを $9.80\,\mathrm{m/s^2}$ とする。

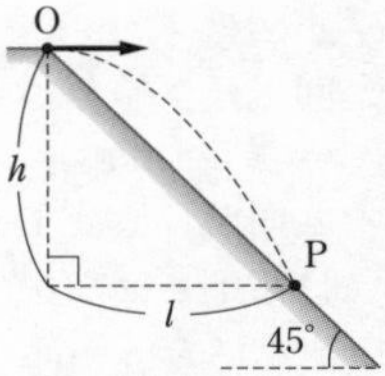


(1)　OP間の鉛直方向の距離 $h$〔m〕と水平方向の距離 $l$〔m〕を求めよ。

(2)　小球の初速度の大きさ $v_0$〔m/s〕を求めよ。

**考え方**　水平投射では，水平方向は等速直線運動，鉛直方向は自由落下と同様の運動をする。

**解説&解答**　(1)　鉛直方向には自由落下と同様の運動をするから

$$h = \frac{1}{2} \times 9.80 \times 2.00^2 = \mathbf{19.6\,m}$$ **答**

また，$h$，$l$ の間には　$\dfrac{h}{l} = \tan 45° = 1$ の関係が成りたつので

$$l = h = \mathbf{19.6\,m}$$ **答**

(2)　水平方向には等速直線運動と同様の運動をするから

$$19.6 = v_0 \times 2.00 \qquad よって \quad v_0 = \mathbf{9.80\,m/s}$$ **答**

**11** 図のように，高さ 14.7 m の地点から，小球を水平方向より 30° をなす向きに速さ 4.9 m/s で投げ出した。地面に達するまでの時間 $t$〔s〕と，水平到達距離 $l$〔m〕を求めよ。重力加速度の大きさを $9.8\,\mathrm{m/s^2}$ とし，答えは小数第1位まで求めよ。

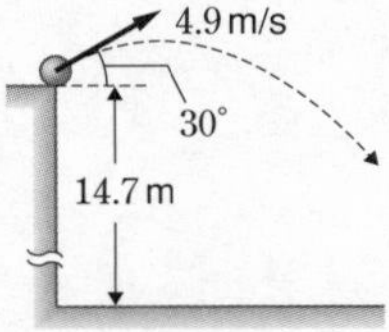


**考え方**　斜方投射では，水平方向は等速直線運動，鉛直方向は鉛直投げ上げと同様の運動をする。

**解説&解答**　初速度の鉛直成分 $v_{0y}$ は，

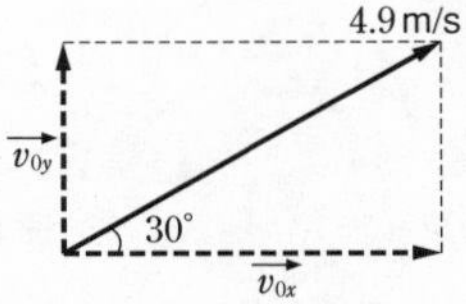


$$v_{0y} = 4.9 \times \sin 30° = 4.9 \times \frac{1}{2}\,\mathrm{m/s}$$

鉛直方向には鉛直投げ上げと同様の運動をするから，「$y = v_{0y}t - \dfrac{1}{2}gt^2$」より

$$-14.7 = 4.9 \times \frac{1}{2} \times t - \frac{1}{2} \times 9.8 \times t^2$$

$$(2.0t + 3.0)(t - 2.0) = 0$$

$t > 0$ より　$t = \mathbf{2.0\,s}$ **答**

初速度の水平成分 $v_{0x}$ は　$v_{0x} = 4.9 \times \cos 30° = 4.9 \times \dfrac{\sqrt{3}}{2}\,\mathrm{m/s}$

水平方向には等速直線運動と同様の運動をしているので

「$x = v_0 \cos\theta \cdot t$」((34)式) より

$$l = v_{0x}t = 4.9 \times \frac{\sqrt{3}}{2} \times 2.0 \fallingdotseq \mathbf{8.5\,m}$$ **答**

**12** 図のように，水平方向右向きに $x$ 軸，鉛直方向上向きに $y$ 軸をとる。原点にある小球1を，初速度の大きさ $v_0$〔m/s〕，$x$ 軸の正の向きとなす角 $\theta$ で投げ出すと同時に，点P($x_0$〔m〕，$y_0$〔m〕)にある小球2を静かに落下させた(ただし $x_0 > 0$，$y_0 > 0$)。重力加速度の大きさを $g$〔m/s²〕とする。

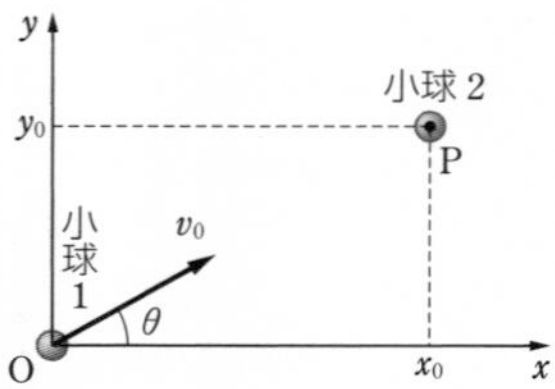


(1)　小球1が点Pの真下の点を通過するまでの時間 $t$〔s〕を求めよ。

(2)　(1)のときの，小球1の $y$ 座標 $y_1$〔m〕と小球2の $y$ 座標 $y_2$〔m〕をそれぞれ求めよ。

(3)　角 $\theta$ がある値 $\theta_0$ のとき，小球1と小球2が衝突したとする。このとき，$\tan\theta_0$ を求めよ。

**考え方**　小球1は斜方投射，小球2は自由落下である。
(3)　小球1と小球2が衝突するとき，$y_1 = y_2$ となる。

**解説&解答**

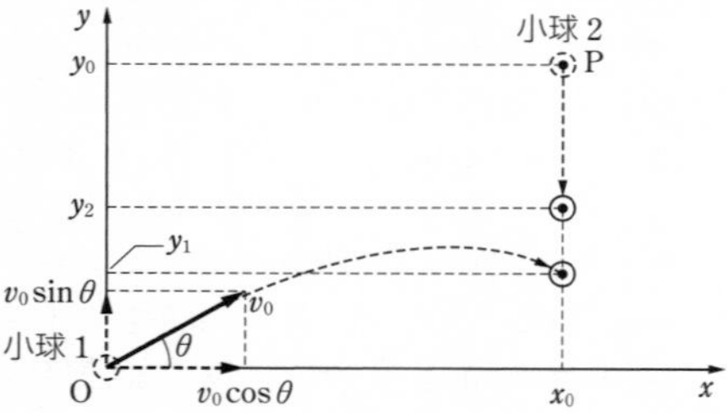


(1)　小球1は斜方投射なので，水平方向には等速直線運動と同様の運動をするから

$$x_0 = v_0\cos\theta\cdot t$$

よって　$t = \dfrac{\boldsymbol{x_0}}{\boldsymbol{v_0\cos\theta}}$〔s〕　…①　**答**

(2)　小球1は斜方投射なので，鉛直方向には鉛直投げ上げと同様の運動をするから，小球1の $y$ 座標($y_1$)は

$$y_1 = v_0\sin\theta\cdot t - \frac{1}{2}gt^2$$

これに①式を代入して

$$y_1 = v_0\sin\theta\cdot\frac{x_0}{v_0\cos\theta} - \frac{1}{2}g\left(\frac{x_0}{v_0\cos\theta}\right)^2$$

$$= \boldsymbol{\tan\theta\cdot x_0 - \frac{gx_0^2}{2v_0^2\cos^2\theta}}\text{〔m〕}$$　**答**

また，小球2は $y = y_0$ の高さから自由落下する。(1)のとき，小球2の $y$ 座標 $y_2$ を用いると落下距離は，$y_0 - y_2$ と表すことができ，　$y_0 - y_2 = \dfrac{1}{2}gt^2$ となる。これに①式を代入して

$$y_0 - y_2 = \frac{1}{2}g\left(\frac{x_0}{v_0\cos\theta}\right)^2$$

よって　$y_2 = \boldsymbol{y_0 - \dfrac{gx_0{}^2}{2v_0{}^2\cos^2\theta}}$〔**m**〕 答

(3)　題意より，$\theta=\theta_0$ で $y_1 = y_2$ となる。

よって

$$\tan\theta_0\cdot x_0 - \frac{gx_0{}^2}{2v_0{}^2\cos^2\theta_0} = y_0 - \frac{gx_0{}^2}{2v_0{}^2\cos^2\theta_0}$$

$$\tan\theta_0 = \boldsymbol{\frac{y_0}{x_0}}$$ 答　（小球1の初速度は，O → P の向き）

## 考 考えてみよう！

**13** (1)　AさんとBさんが100 m走で勝負したところ，ゴールした瞬間の速さはAさんのほうが大きかった。勝ったのはどちらか判断できるだろうか。

(2)　Aさんが長さ15 cmの棒の上端をもち，Bさんの親指と人差し指の間に棒がくるようにする。Aさんが予告なしに静かに棒を手ばなしたのを見てから，Bさんは棒をつかもうとする。Bさんは棒をつかむことができるだろうか。空気の抵抗は無視できるものとし，重力加速度の大きさを9.8 m/s²とする。なお，人の反応時間は約0.20秒であるといわれている。

(3)　水平面上で小球を速さ $v_0$〔m/s〕で斜方投射したとき，投げ出す方向を水平方向より30°をなす向きにしたときと，60°にしたときで水平到達距離は同じであった。このように，水平到達距離が等しくなる2つの角の組は他にも存在するだろうか。教 **p.52**の例題6 (2)を参考に，理由とともに答えよ。

**考え方**　(1)　速さと時間の関係を考える。 (2)　0.20秒での落下距離と棒の長さを比較する。 (3)　水平到達距離の式における $\sin 2\theta$ に注目する。

**解説&解答**　(1)　ゴールした瞬間の速さだけでは，100 m移動するまでの時間は決まらないので，勝ったのはどちらか**判断できない**。 答

(2)　反応時間の0.20秒での棒の落下距離を $h$ とする。鉛直下向きを正とすると，自由落下の式「$y=\dfrac{1}{2}gt^2$」より

$h=\dfrac{1}{2}\times 9.8\times 0.20^2 = 0.196\,\text{m} = 19.6\,\text{cm}$ であり，$h > 15\,\text{cm}$ となる。よって，**Bさんは棒をつかむことができない**。 答

(3)　**例題6(2)より，水平到達距離 $l$ は**

$$\boldsymbol{l = \frac{v_0{}^2\sin 2\theta}{g}}$$

**また　$\sin 2\theta = \sin(180° - 2\theta) = \sin 2(90° - \theta)$**

**したがって，投げ出す角が $\theta$ のときと $90° - \theta$ のときで水平到達距離は等しくなる。$\theta$ は $0° < \theta < 90°$ の範囲でどの値もとれるため，水平到達距離が等しくなる2つの角の組み合わせは無数に存在する。** 答

# 第2章 運動の法則

教 p.58 ~ p.115

## 1 力とそのはたらき

### A 力

物体を変形させたり，物体の運動の状態を変えたりする原因となるものを**力**という。ある物体に力がはたらくとき，力がはたらく点を**作用点**といい，作用点を通り力の向きに引いた直線を**作用線**という。力は大きさと向きをもつベクトルであり，矢印を用いて図示する。矢印は，作用点から作用線上にかき，矢印の長さは力の大きさを，矢印の向きは力の向きをそれぞれ表す。力を記号で表すときは，$\vec{F}$のように矢印をつけてかく。また，力の大きさを表す単位は**ニュートン**(**N**)である。

### B いろいろな力

**❶重力―地球から物体にはたらく力**　物体が地球に引かれる力を**重力**といい，その大きさを物体の**重さ**という。物体にはたらく重力の大きさ(物体の重さ)は次のように表せる。なお，地球上では重力加速度の大きさは約9.8m/s²である。

**重力の大きさ**

$$W = mg \tag{38}$$

$W$〔N〕 重力の大きさ(重さ)　$m$〔kg〕 質量　$g$〔m/s²〕 重力加速度の大きさ

**❷糸が引く力―糸から物体にはたらく力**　おもりに糸をつけてつるし，静止させると，糸はおもりに対して上向きに力を及ぼす。張った糸に対し，ほかから引き伸ばそうとする力がはたらくとき，糸は物体に対し引く力を及ぼす。この力は糸の**張力**ともよばれる。

**❸垂直抗力と摩擦力―面から物体にはたらく力**　面が物体に対して，面と垂直な方向に及ぼす力を**垂直抗力**という。また，物体を水平なあらい面上に置き，水平方向に力を加えると，面は物体に対して，運動を妨げる向きに力を及ぼす。この力を**摩擦力**といい，これには**静止摩擦力**と**動摩擦力**がある。

**❹弾性力―ばねから物体にはたらく力**　ばねの伸び(または縮み)に対して，ばねがもとの長さ(**自然の長さ**)にもどろうとする力をばねの**弾性力**という。ばねの弾性力の大きさは次式のように表せる。これを**フックの法則**という。

**フックの法則**

$$F = kx \tag{39}$$

$F$〔N〕 弾性力の大きさ　$k$〔N/m〕 ばね定数　$x$〔m〕 ばねの伸び(または縮み)

フックの法則の比例定数$k$はばねによって定まる定数で，**ばね定数**といい，単位は**ニュートン毎メートル**(記号**N/m**)である。

**❺静電気力と磁気力**　下敷きを布でこすって髪の毛に近づけると，**静電気力**により，下敷きに髪の毛が引き寄せられる。また，磁石は**磁気力**により，鉄製のクリップを引き寄せる。

# 2 力のつりあい

## A 力の合成・分解

**❶力の合成**　1つの物体にはたらく複数の力と同じはたらきをする1つの力を求めることを，**力の合成**といい，合成された力を**合力**という。

2力$\vec{F_1}$，$\vec{F_2}$が平行でないとき，2力$\vec{F_1}$，$\vec{F_2}$の合力は，$\vec{F_1}$，$\vec{F_2}$を隣りあう辺とする平行四辺形の対角線によって表され，合力を式で書くと次のようになる。

$$\vec{F}=\vec{F_1}+\vec{F_2} \tag{40}$$

**❷力の分解**　1つの力$\vec{F}$をそれと同じはたらきをするいくつかの力の組に分けることを**力の分解**といい，分けられた力を力$\vec{F}$の**分力**という（**教 p.62図47**）。

**❸力の成分**　図のように，力$\vec{F}$を，互いに垂直な$x$軸，$y$軸方向に分解する。分力$\vec{F_x}$，$\vec{F_y}$の大きさに，向きを表す正・負の符号をつけた値$F_x$，$F_y$を，それぞれ$\vec{F}$の**$x$成分**，**$y$成分**という。

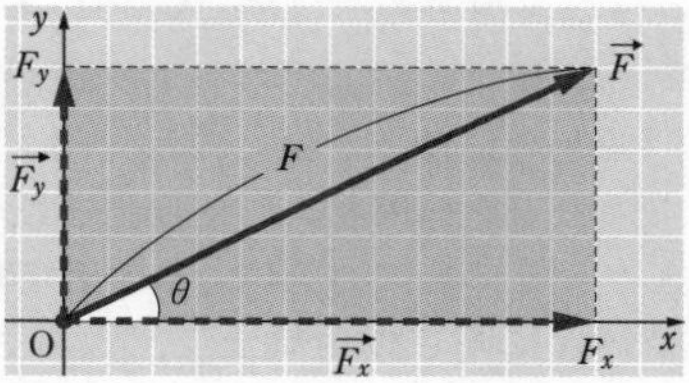


$\vec{F}$（大きさ$F$）が$x$軸の正の向きとなす角を$\theta$とするとき

$$F_x=F\cos\theta,\ F_y=F\sin\theta \tag{41}$$　　$$F=\sqrt{F_x^2+F_y^2} \tag{42}$$

また2力$\vec{F_1}$，$\vec{F_2}$の合力を$\vec{F}$とし，力$\vec{F_1}$，$\vec{F_2}$，$\vec{F}$の成分をそれぞれ，$(F_{1x},\ F_{1y})$，$(F_{2x},\ F_{2y})$，$(F_x,\ F_y)$とすると

$$F_x=F_{1x}+F_{2x},\ F_y=F_{1y}+F_{2y} \tag{43}$$

## B 力のつりあい

1つの物体にいくつかの力が同時にはたらいていても，それらの合力が$\vec{0}$であるとき，これらの**力はつりあっている**という。

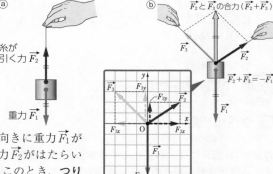

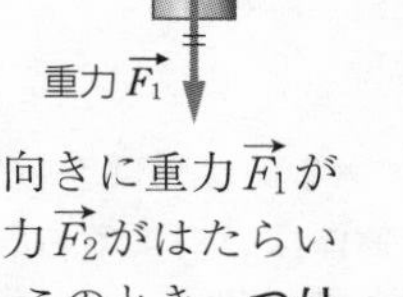


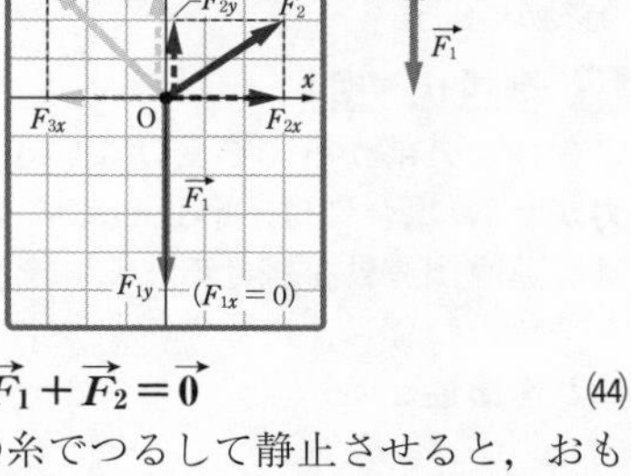


**❶2力のつりあい**　図ⓐのように，糸におもりをつるして静止させると，おもりには下向きに重力$\vec{F_1}$がはたらき，上向きに糸が引く力$\vec{F_2}$がはたらいて，これらの2力はつりあう。このとき，**つりあう2力は，同じ作用線上にあり，大きさが等しく，反対向きである。**つまり，$\vec{F_1}=-\vec{F_2}$より　$\vec{F_1}+\vec{F_2}=\vec{0}$　(44)

**❷3力のつりあい**　図ⓑのように，おもりを2本の糸でつるして静止させると，おもりには下向きに重力$\vec{F_1}$および，2本の糸が引く力$\vec{F_2}$，$\vec{F_3}$の3力がはたらき，これら3力がつりあう。3力の合力は$\vec{0}$だから　$\vec{F_1}+\vec{F_2}+\vec{F_3}=\vec{0}$　(45)

力を水平方向の成分と鉛直方向の成分とに分解することにより，(45)式は

水平方向 $F_{1x}+F_{2x}+F_{3x}=0$ (46)　　鉛直方向 $F_{1y}+F_{2y}+F_{3y}=0$ (47)

と表される。一般に，物体にいくつかの力がはたらくとき，次の関係が同時に成りたつと，これらの力はつりあっている。

| 力のつりあい | |
|---|---|
| **力の総和(合力)が $\vec{0}$**　$\vec{F_1}+\vec{F_2}+\vec{F_3}+\cdots=\vec{0}$ | (48) |
| → **力の $x$ 成分の総和が0**　$F_{1x}+F_{2x}+F_{3x}+\cdots=0$ | (49) |
| 　 **力の $y$ 成分の総和が0**　$F_{1y}+F_{2y}+F_{3y}+\cdots=0$ | (50) |

## C 作用と反作用

**❶作用反作用の法則**　右図のように，人Aが人Bを押すと，Bは動き出すが，同時にAも動き出す。このように，力は1つの物体に一方的にはたらくのではなく，必ず2つの物体の間で互いに及ぼしあってはたらく。このとき，2つの力のうちの一方を**作用**といい，他方を**反作用**という。一般に，**物体Aから物体Bに力をはたらかせているときには，物体Bから物体Aに同じ作用線上で，大きさが等しく，向きが反対の力がはたらいている**。これを**作用反作用の法則**(または**運動の第三法則**)という。

**❷力のつりあいと作用・反作用**　つりあう2力も，作用・反作用の2力も，同じ作用線上にあり，大きさが等しく，向きが反対である。つりあう2力はどちらも同じ物体にはたらき，作用点が同一物体側にある。一方，作用・反作用の2力はそれぞれ異なる相手の物体にはたらき，作用点もそれぞれ異なる物体側にある。

# 3 運動の法則

## A 慣性の法則

物体が**外部から力を受けないか，あるいは外部から受ける力がつりあっている**(**合力が $\vec{0}$ の**)**場合には，静止している物体はいつまでも静止を続け，運動している物体は等速直線運動を続ける**。これを**慣性の法則**(または**運動の第一法則**)という。

一般に物体は，静止の場合を含めて，その速度を保とうとする性質をもっている。これを**慣性**という。

## B 運動の法則

**❶力と加速度の関係**　**教 p.76** 図55，56より，**加速度の大きさ $a$ は加えた力の大きさ $F$ に比例する**。

$a=k_1F$　($k_1$ は $F$ によらない比例定数)　(51)

**❷質量と加速度の関係**　**教 p.77図57，58より，加速度の大きさ$a$は質量$m$に反比例する。**

$$a = k_2 \frac{1}{m} \quad (k_2\text{はFによらない比例定数}) \tag{52}$$

**❸運動の法則**　❶，❷をまとめると，次のようになる。

**物体にいくつかの力がはたらくとき，物体にはそれらの合力の向きに加速度が生じる。その加速度$\vec{a}$の大きさは合力$\vec{F}$の大きさに比例し，物体の質量$m$に反比例する。** これを**運動の法則**といい，式で表すと次のようになる。

$$\vec{a} = k\frac{\vec{F}}{m} \quad (k\text{は}m\text{や}\vec{F}\text{によらない比例定数}) \tag{53}$$

慣性の法則を**運動の第一法則**，運動の法則を**運動の第二法則**，作用反作用の法則を**運動の第三法則**といい，これらの法則を**ニュートンの運動の3法則**という。

## C 運動方程式

(53)式の比例定数$k$の値を1とし，質量1 kgの物体に1 m/s²の大きさの加速度を生じさせる力の大きさを1**ニュートン**(記号**N**)と定め，(54)式が得られる。

| 運動方程式 |
| --- |
| $m\vec{a} = \vec{F}$　　(54) |
| $m$〔kg〕　質量　　$\vec{a}$〔m/s²〕　加速度　　$\vec{F}$〔N〕　合力 |

これを**運動方程式**という。力の単位Nについては1N＝1kg·m/s²の関係が成りたつ。

一直線上の運動の場合には，加速度$a$と力$F$の向きを正・負の符号で区別することにより，運動方程式は次のように書くことができる。

$$ma = F \tag{55}$$

## D 重さと質量

**❶重さ**　重力加速度の大きさ$g$は，地球上では約9.8m/s²であるが，月面上では約1.6 m/s²(地球上のおよそ$\frac{1}{6}$倍)であり，月面上での物体の重さ(重力の大きさ)は，地球上での重さのおよそ$\frac{1}{6}$倍になる。重さは場所によって異なる量である。

**❷質量**　質量と重さは単位(または次元)の異なる別の物理量である。(53)式より，質量が大きいほど，物体は加速しにくくなるので，質量が大きい物体ほど慣性(速度を保とうとする性質)が大きい。質量は，場所によって変わらない物体に固有の量である。

## 特集 運動方程式の立て方

**●物体を糸で上向きに引くときの運動**

Step 0.　どの物体について運動方程式を立てるかを決める。

Step 1.　その物体が受けている力をかきこむ。重力を見落とさないように注意する。

Step 2.　正の向きを定め，その向きの加速度を$a$とする。

Step 3.　物体が受ける力について，運動の方向の成分の和を求め，運動方程式 $ma = F$の右辺に代入する。

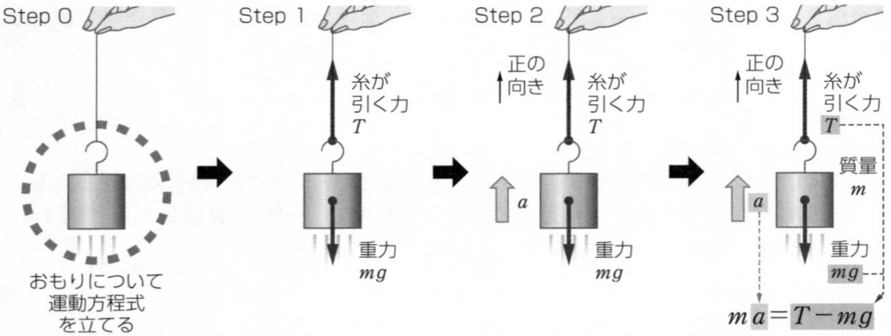


## ●斜面上の物体の運動

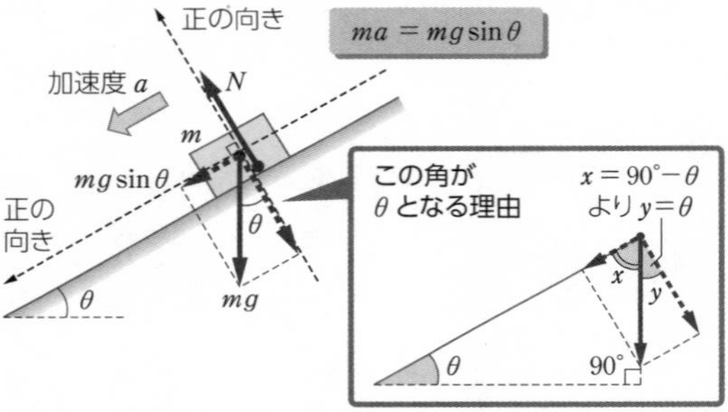


物体の運動の方向がわかっている場合,「運動の方向」と「それに垂直な方向」とに分けて考えるとよい。斜面上の運動では,斜面方向については運動方程式,斜面に垂直な方向については力のつりあいの式を立てる。

## ●力を及ぼしあう２物体の運動

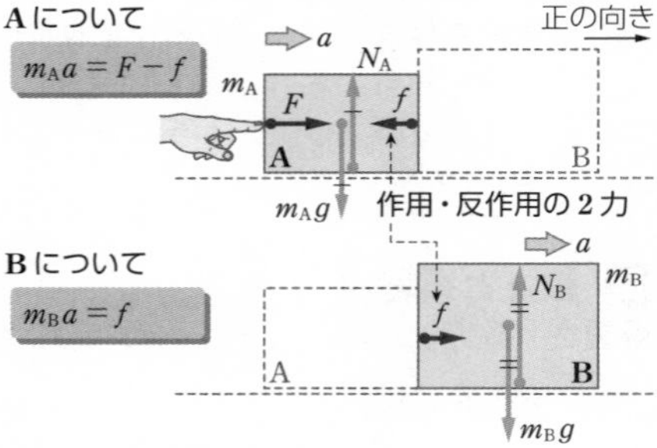


物体がいくつかある場合は,物体ごとに分けて考え,各物体が受ける力だけをかきこむ。物体が及ぼしあう力の大きさは,$f$〔N〕など共通の文字を用いる。また,2物体の加速度の大きさが等しいとわかっている場合,$a$〔m/s²〕など共通の文字を用いる。

## ●糸でつながれた物体の運動

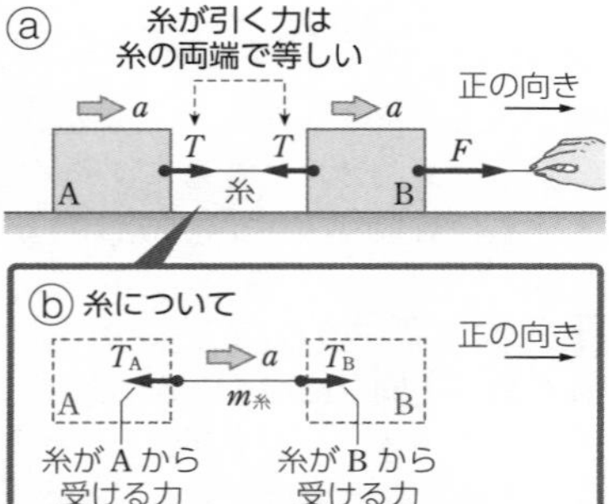


軽い糸が物体を引く力の大きさは,糸の両端で等しくなる。図ⓑのように,糸が両端で受ける力の大きさを $T_A$, $T_B$ とおくと,糸の運動方程式は $m_{糸}a = T_B - T_A$ となり,軽い糸では $m_{糸} = 0$ より,$T_A = T_B$ となる。

# 4 摩擦を受ける運動

## A 静止摩擦力

**❶静止摩擦力**　図ⓐのように，あらい水平面上にある物体を水平に引いても，力が小さいと動かない。これは，面から物体に対して，すべりだすのを妨げる向きに摩擦力がはたらくからである。この力を**静止摩擦力**という。

引く力を大きくしていくと，静止摩擦力も大きくなっていき，やがて物体はすべりだす。図ⓑのように，すべりだす直前の静止摩擦力を**最大摩擦力**という。実験によると，最大摩擦力の大きさ$F_0$は垂直抗力の大きさ$N$に比例することがわかっている。

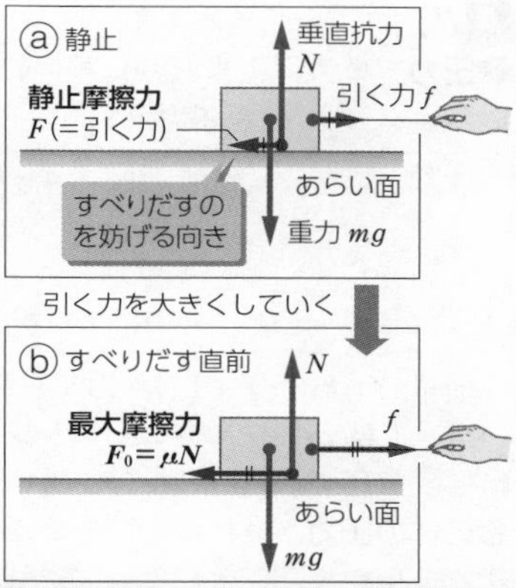


| 静止摩擦力 |
|---|
| **物体が静止→静止摩擦力は他の力とつりあいの関係にある**<br>**(すべりだす直前を含む)**<br><br>**すべりだす直前→最大摩擦力$F_0=\mu N$**　(56)<br>$F_0$〔N〕　最大摩擦力の大きさ　　$\mu$　静止摩擦係数　　$N$〔N〕　垂直抗力の大きさ |

(56)式は，面と面が強く押しあうほど，最大摩擦力が大きくなることを示している。$\mu$は**静止摩擦係数**という定数で，2つの面のすべりだしにくさを表す量である。

物体が面から受ける力をまとめて**抗力**という。

**❷摩擦角**　板の上に物体をのせて板の傾きを徐々に大きくしていく。傾きの角がある大きさをこえると，物体は板上をすべり始める。この角$\theta_0$を**摩擦角**という。物体と板の面との間の静止摩擦係数を$\mu$とすると，次の関係が成りたつ(**教 p.87 図64**)。

$$\mu=\tan\theta_0 \tag{57}$$

## B 動摩擦力

物体はすべりだした後も，あらい面から運動を妨げる向きに摩擦力を受ける。この運動する物体にはたらく摩擦力を**動摩擦力**という。実験によると，動摩擦力の大きさ$F'$も垂直抗力の大きさ$N$に比例する。

| 動摩擦力 |
|---|
| **すべっているときは常に　$F'=\mu' N$**　(58)<br>$F'$〔N〕　動摩擦力の大きさ　　$\mu'$　動摩擦係数　　$N$〔N〕　垂直抗力の大きさ |

(58)式は，面と面が強く押しあうほど，動摩擦力が大きくなることを示している。$\mu'$は**動摩擦係数**という定数で，2つの面のすべりにくさを表す量である。一般に動摩擦力は最大摩擦力よりも小さい。したがって，動摩擦係数は静止摩擦係数よりも小さい。

# 5 液体や気体から受ける力

## A 圧力

**❶圧力** 単位面積当たりに垂直に加わる力の大きさ(1 $m^2$当たり何Nの力を及ぼしているかを表す量)を圧力という。圧力は次の式で表される。

**圧力**

$$p=\frac{F}{S} \tag{59}$$

$p$〔Pa〕 圧力　$F$〔N〕 力の大きさ　$S$〔$m^2$〕 面積

面積1 $m^2$当たりに1 Nの力を垂直に加えたときの圧力を1**パスカル**(記号**Pa**)という。1 Pa = 1 **N/m²**(読み方**ニュートン毎平方メートル**)である。他に**ヘクトパスカル**(記号**hPa**),**気圧**(記号**atm**)などが用いられ,1 hPa = $10^2$ Pa,1 atm ≒ $1.013\times10^5$ Paである。

**❷気体の圧力** 気体は空間を飛んでいる多数の分子からなる。この多数の分子が壁に次々と衝突することによって,気体の圧力が生じる。

気体の圧力のうち,特に大気による圧力を**大気圧**という。大気圧は,空気の重さによって生じる。海面の高さでの大気圧は1気圧($1.013\times10^5$ Pa)である。これは,面積1 $m^2$の地面に,質量が約$1.0\times10^4$ kgの空気が乗っていることを意味する。

**❸液体の圧力** 水の重さにより生じる圧力を水圧という。実験より次のことがわかる。

**①同じ深さでは,水圧はどの方向にも同じ大きさである**

**②深くなるほど水圧は大きい**

水の密度を$\rho$〔kg/m³〕とすると,水深$h$〔m〕での圧力$p$〔Pa〕は次の式で表される。

**水圧**

$$p=\rho hg \tag{60}$$

$p$〔Pa〕 水圧　$\rho$〔kg/m³〕 水の密度　$h$〔m〕 水深　$g$〔m/s²〕 重力加速度の大きさ

なお,水圧は水の入っている容器の形や大きさとは関係がない。

水面での大気圧($p_0$〔Pa〕)を考えると,水深$h$〔m〕で物体が受ける圧力$p'$〔Pa〕は

$$p'=p_0+\rho hg \tag{61}$$

である。水圧による力は,注目する面に対して垂直に押す向きにはたらく。

## B 浮力

気体と液体を総称して**流体**という。流体中にある物体に,流体から,重力と反対向きの力がはたらく。この力を**浮力**といい,次の**アルキメデスの原理**が成りたつ。

**流体中の物体は,それが排除している流体の体積に等しい大きさの浮力を受ける。**

**浮力**

$$F=\rho Vg \tag{62}$$

$F$〔N〕 浮力の大きさ　$\rho$〔kg/m³〕 水(流体)の密度
$V$〔m³〕 物体が排除した水(流体)の体積　$g$〔m/s²〕 重力加速度の大きさ

## C 空気の抵抗

**❶空気の抵抗を受ける運動**　雨粒が1000 m落下したときの速さ$v$〔m/s〕を(21)式より計算すると，$v=140$ m/s（約500 km/h）となるが，実際は速くても10 m/s程度である。これは，雨粒が空気の抵抗を受けるためである。空気の抵抗による力が運動を妨げる向きにはたらくため，雨粒はさほど加速されずに地面に到達する。なお，真空中では，物体は空気の抵抗を受けないため，その質量にかかわらず，自由落下する。

**❷空気の抵抗力と終端速度**　小さな球が空気中を落下する場合，球の速さが大きくない範囲では，抵抗力の大きさは速さに比例することが知られている。落下する球の速さが増していくと，やがて抵抗力が重力とつりあうため，球は一定の速度$v_f$で落下するようになる。この速度$v_f$を**終端速度**という。

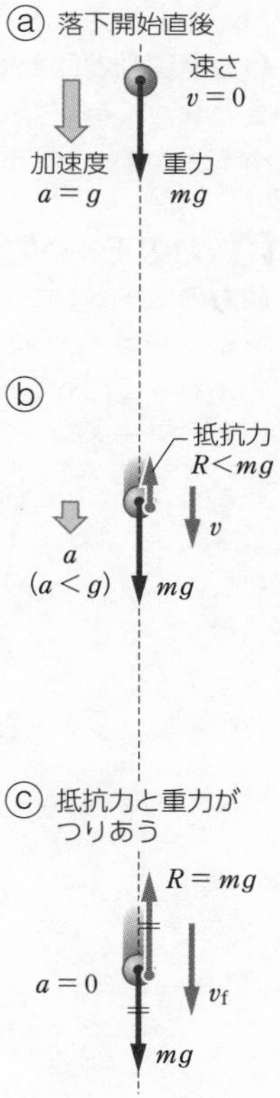


下のグラフは，終端速度$v_f$に達するまでの$v$-$t$図である。この曲線の接線の傾きが加速度$a$〔m/s²〕を表している。雨粒の場合，地面に達するまでには，終端速度になっていると考える。

小さな球では，質量$m$〔kg〕が大きいほど終端速度が大きい。これは，質量が大きいほうが重力$mg$〔N〕が大きく，大きな落下速度にならないと重力と抵抗力$R$〔N〕がつりあわないからである。球の運動方程式は，次のように表せる。

$$ma=mg-R \tag{63}$$

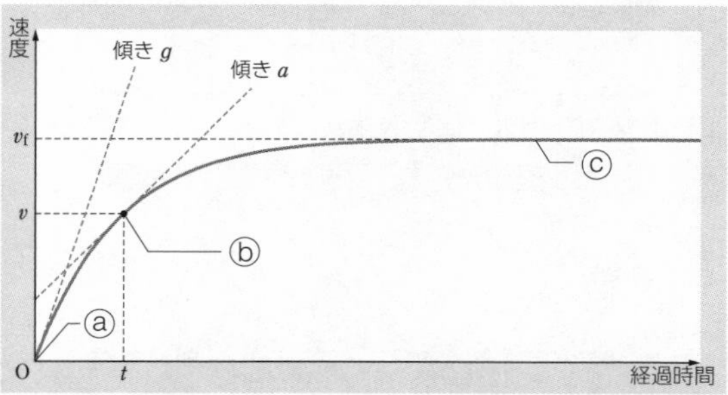


**❸終端速度の式**　抵抗力の大きさが速さ$v$〔m/s〕に比例する場合，$R=kv$（$k$は比例定数）と表され，球の運動方程式は次のようになる。

$$ma=mg-kv \tag{64}$$

$v$が終端速度$v_f$に達したとき，$kv_f=mg$となるので，

$$v_f=\frac{mg}{k} \tag{65}$$

# 6 剛体にはたらく力のつりあい

## A 剛体にはたらく力

**❶剛体** 物体の大きさを考えると，同じ大きさ，同じ向きの力を加えても，力の作用線が異なると物体に対する力の効果が変わる。一般に，物体に力を加えると変形するが，力を加えても変形しない理想的な物体を考えて，これを**剛体**という。

**❷並進運動と回転運動** どのような複雑な剛体の運動も，2つの基本的な運動を組み合わせたものになっている。物体全体が向きを変えずに平行に移動する**並進運動**と，ある点のまわりの**回転運動**である(**教 p.98 図 74**)。

## B 力のモーメント

**❶力のモーメント** 一般に，剛体に力$\vec{F}$がはたらいているとき，その大きさ$F$〔N〕と，ある点Oからこの力の作用線までの距離$l$〔m〕（うでの長さ）の積$Fl$は，剛体を点Oのまわりに回転させようとする能力の大きさを表している。この$Fl$を点Oのまわりの**力のモーメント**という。

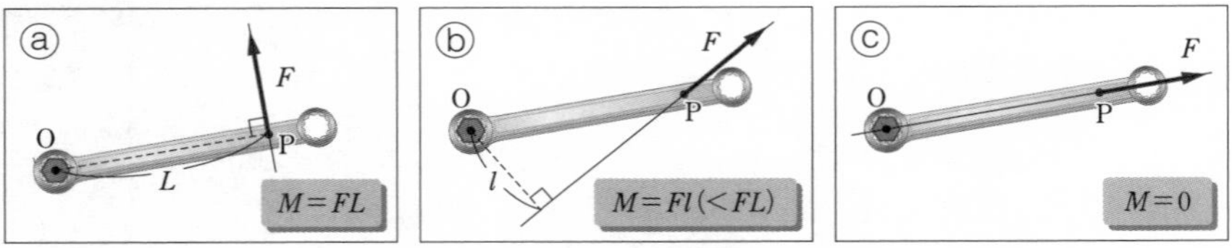


力のモーメントの単位は**ニュートンメートル**(記号 **N·m**)である。

**力のモーメント**

$$M = Fl \quad (66)$$

$M$〔N·m〕 力のモーメント
$F$〔N〕 力の大きさ
$l$〔m〕 うでの長さ

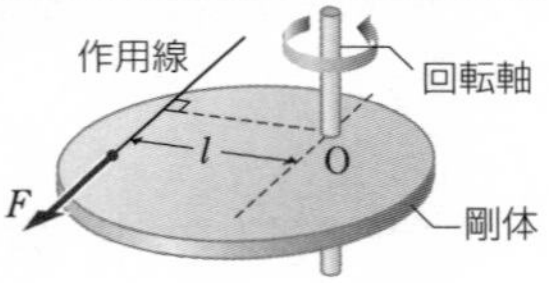


力のモーメントの符号は，回転の向きが反時計回りのときを正とすると，時計回りのときは負として考える。剛体に複数の力がはたらいている場合，それらの合力のモーメントはそれぞれの力のモーメントの和で求められる。

また，**教 p.100 図 77** で，点Oのまわりの力のモーメント$M$〔N·m〕は

$$M\ (= Fl) = FL\sin\theta \quad (67)$$

と表すことができる。この式は

$$M = (F\sin\theta) \times L = FL\sin\theta \quad (68)$$

のように考えることもできる。力のモーメントは，(67)，(68)式のどちらで考えてもよい。

**❷剛体にはたらく力の移動**

剛体にはたらく力を作用線上で移動させても，力のモーメントは変わらない。また，並進運動させる力としての効果も変わらない。つまり，剛体にはたらく力の効果は，大きさ・向き・作用線によって決まる。

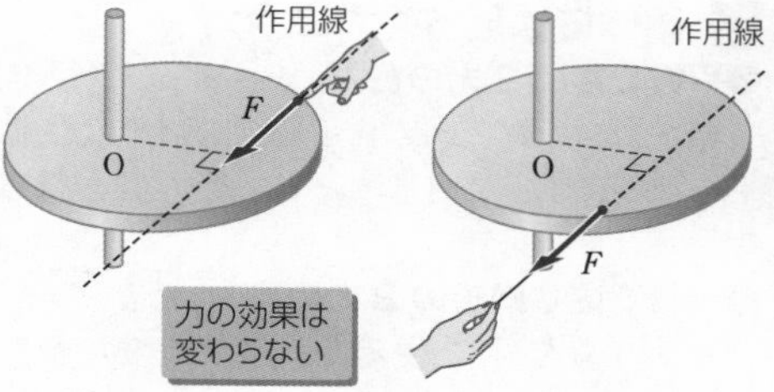


## C 剛体のつりあい

剛体のつりあいの条件は，並進運動し始めないための条件である「物体にはたらく力のベクトルの和$=\vec{0}$」と，回転し始めないための条件である「力のモーメントの和$=0$」である。つまり，剛体のつりあいの条件は次のようになる。

**①力のベクトルの和が $\vec{0}$**

**（並進運動し始めない条件）**

$$\vec{F_1}+\vec{F_2}+\vec{F_3}+\cdots=\vec{0} \qquad (69)$$

**②任意の点のまわりの力のモーメントの和が 0**

**（回転運動し始めない条件）**

$$M_1+M_2+M_3+\cdots=0 \qquad (70)$$

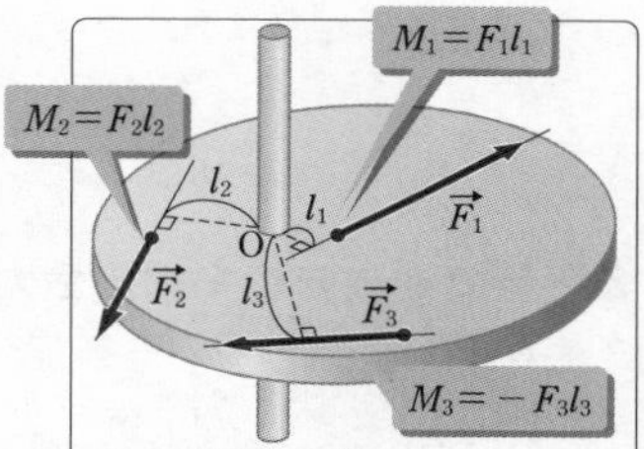

$F_1$〜$F_3$ はそれぞれの力の大きさ

剛体のつりあいの条件が成立しているときは，②の「任意の点」をどこにとっても，(70)式は成りたつ。

**「任意の点」と力のモーメントの和**

右図の３つの力が剛体のつりあいの条件を満たしているとき，(69)式より

$$F_1-F_2+F_3=0 \qquad \cdots\cdots ⓐ$$

(70)式より，点Oのまわりの力のモーメントについて

$$F_1l_1-F_2l_2+F_3l_3=0 \qquad \cdots\cdots ⓑ$$

ここで，点Pのまわりの力のモーメントの和 $M_\mathrm{P}$ は

$$M_\mathrm{P}=F_1(l_1-x)-F_2(l_2-x)+F_3(l_3-x)$$
$$=(F_1l_1-F_2l_2+F_3l_3)-(F_1-F_2+F_3)x$$

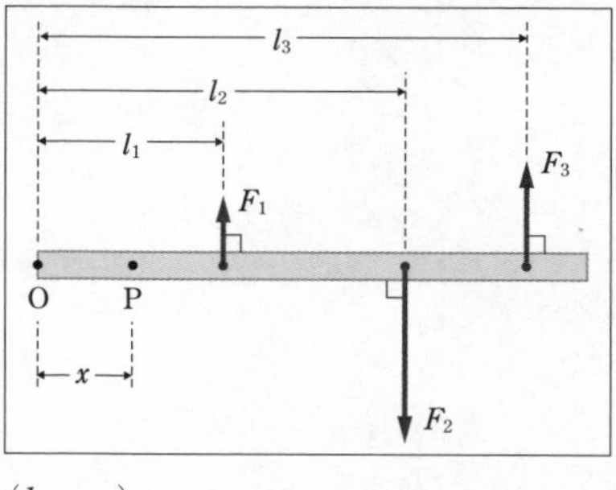


これにⓐ，ⓑ式を代入すると，$M_\mathrm{P}=0$，つまり，点Pのとり方（$x$ の値）によらず，常に(70)式が成りたつ。

## D 剛体にはたらく力の合力

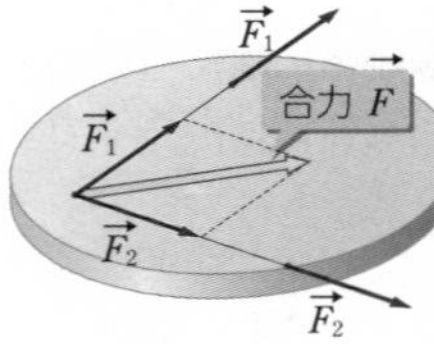


**❶平行でない２力の合力**　$\vec{F_1}$, $\vec{F_2}$ が平行でない場合，これらの２力をそれぞれの作用線の交点まで移動して，平行四辺形の法則によって合成すると，合力 $\vec{F}$ が得られる（右図）。

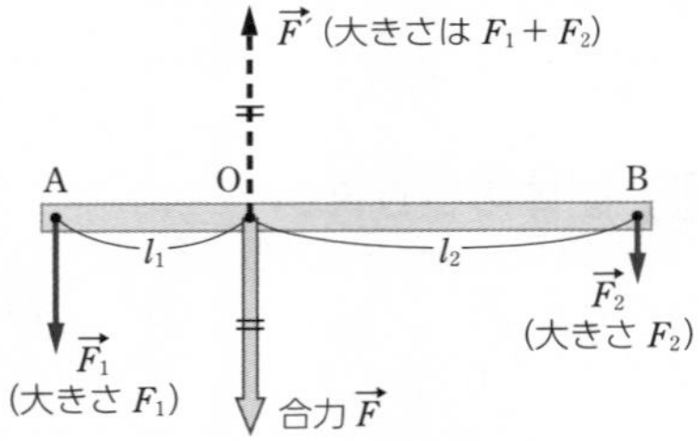


**❷平行で同じ向きの２力の合力**　$\vec{F_1}$, $\vec{F_2}$ とつりあう力を $\vec{F'}$ とすると，合力 F の大きさは，$\vec{F'}$ の大きさと同じ $F_1 + F_2$，向きは逆向きで，同一作用線上にある。また，合力 $\vec{F}$ の作用線は，線分 AB を力の大きさの逆比 $F_2 : F_1$ に内分する。右図で $l_1 : l_2 = F_2 : F_1$ である。

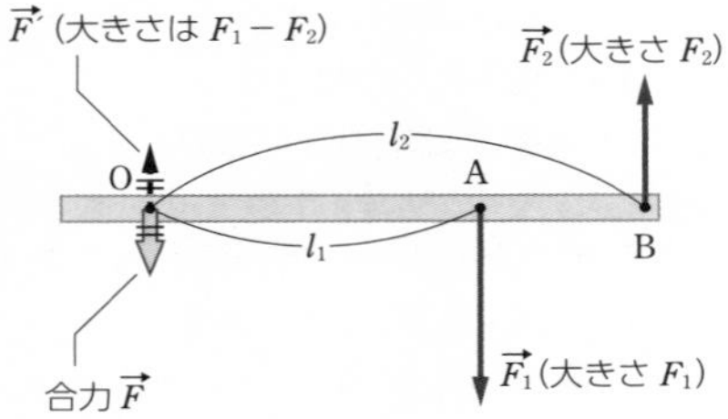


**❸平行で逆向きの２力の合力**　$F_1 > F_2$ とすると，合力 F の大きさは，$\vec{F'}$ の大きさと同じ $F_1 - F_2$，向きは逆向きで，同一作用線上にある。また，合力 $\vec{F}$ の作用線は，線分 AB を力の大きさの逆比 $F_2 : F_1$ に外分する。右図で $l_1 : l_2 = F_2 : F_1$ である。

## E 偶力

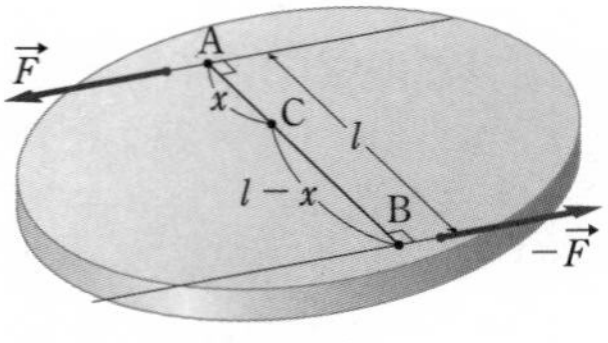


大きさは等しいが，平行で逆向きの２力 $\vec{F}$, $-\vec{F}$ が剛体に加わっている場合には，線分 AB を $F : F = 1 : 1$ に外分する点は存在せず，この２力を１つの力に合成することはできない。この２力を１対のものと考えて**偶力**という。

図のように，偶力の作用線間の距離を $l$ とすると，どの点のまわりの力のモーメントを考えても，その和は

$$M = Fl \tag{71}$$

となる。この $Fl$ を**偶力のモーメント**という。偶力は，剛体を回転させるはたらきをもつが，移動（並進運動）させるはたらきはもたない。

## F 重心

物体の各部分にはたらく重力の和が，その物体にはたらく重力となり，この合力の作用点を**重心**という。重心は物体全体を代表する点であり，物体の各部分にはたらく重力が，重心の１点にはたらくものとして扱うことができる。

**❶重心の座標**　図のように，軽い棒で結ばれた小物体A，Bの重心を考える。A，Bの質量を $m_1$，$m_2$〔kg〕，位置を $x_1$，$x_2$〔m〕とすると，重心の位置 $x_G$〔m〕は，次の式で表される。

$$x_G = \frac{m_1x_1 + m_2x_2}{m_1 + m_2} \tag{72}$$

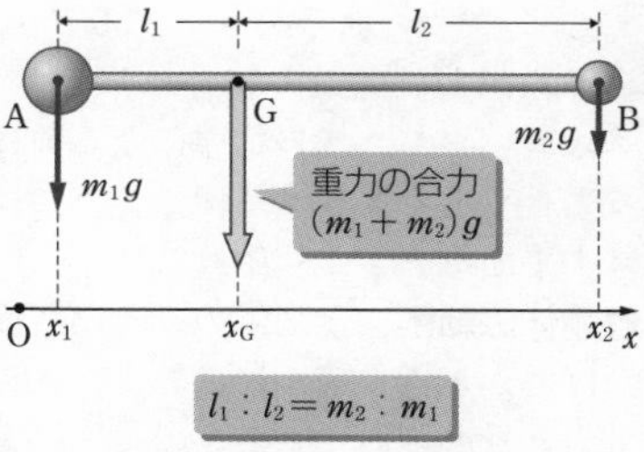


$xy$ 平面上にある2物体の重心の座標を求めるときは，$x$ 座標，$y$ 座標ごとに(72)式を用いる(右図)。

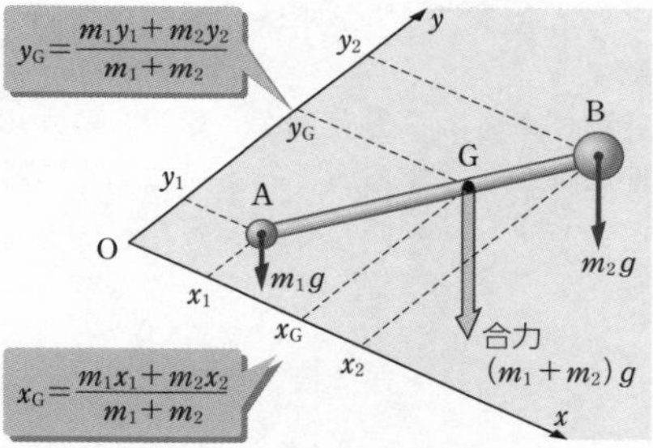


3つ以上の小物体や，一般の剛体の重心の座標を求めるときは，2物体の重心を求める操作をくり返す。一般に重心の座標 $(x_G,\ y_G)$ は次の式で表すことができる。

$$\boldsymbol{x_G = \frac{m_1x_1 + m_2x_2 + m_3x_3 + \cdots}{m_1 + m_2 + m_3 + \cdots}} \tag{73}$$

$$\boldsymbol{y_G = \frac{m_1y_1 + m_2y_2 + m_3y_3 + \cdots}{m_1 + m_2 + m_3 + \cdots}} \tag{74}$$

**❷重心の位置**　物体を糸でつるすと，糸が引く力と重力がつりあうから，重心は糸の延長線上にある。よって，2つの異なる点でつるし，それぞれの場合の糸の延長線が交わる点が重心である(教 p.108 図86)。重心は必ずしも物体内にあるとは限らない(教 p.108 図87)。

**❸重心の運動**　大きさのある物体の運動は，回転も考える必要があるので一見複雑に見えるが，物体の重心の動きに注目してみると，放物運動など単純な運動をしていることがある(教 p.108 図88)。

## G 剛体の傾きと転倒

**❶剛体の傾き**　図ⓐのように，あらい水平な面上に，一様な材質でできた直方体の物体を置き，水平方向に指で押す。ここで，押す力と，物体にはたらく重力との合力は，図の $\vec{F_1}$ のように表される。

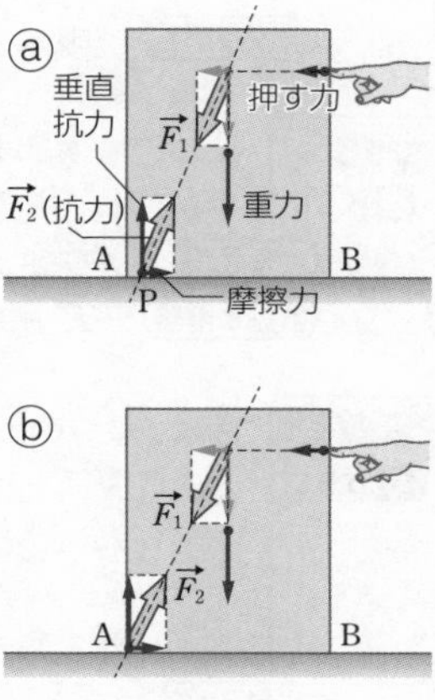


物体にはこのほかに，面から抗力(垂直抗力と摩擦力の合力) $\vec{F_2}$ がはたらく。このとき，物体が静止している，すなわち，剛体のつりあいの条件を満たすためには，$\vec{F_1}$ と $\vec{F_2}$ が，同じ大きさで同一作用線上にあればよい。したがって，$\vec{F_2}$ の作用点は，$\vec{F_1}$ の作用線が物体の下面ABと交わる点Pになる。

押す力を大きくしていくと，$\vec{F_2}$ の作用点は点Aに向かって移動していき，やがて点Aに達する(図ⓑ)。

さらに押す力を大きくすると，$\vec{F_1}$の作用線は下面ABをはみ出し(図ⓒ)，物体は点Aのまわりに回転して傾き始める。なお，ⓑの状態になる前に押す力が最大摩擦力より大きくなるときは，傾くまでには至らず，その前に物体は水平面上をすべり始める。

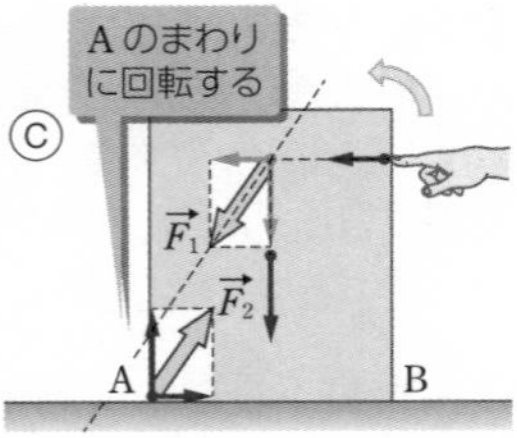


**❷剛体の転倒**　下図ⓐのように，直方体の物体を少し左に傾けてから指を静かにはなす。このとき，物体にはたらく重力と垂直抗力による力のモーメントの和が0にならず，物体は右回りに回転してもとにもどる。一方，下図ⓒのように傾きが大きい場合は，物体は左回りに回転して転倒する。

物体がもとにもどるか，転倒するかの境界は，下図ⓑのように，重力と垂直抗力の作用線が一致する所である。このときは剛体のつりあいの条件を満たしているが，そこから少しでも傾くとどちらかに回転するので，不安定なつりあいである。

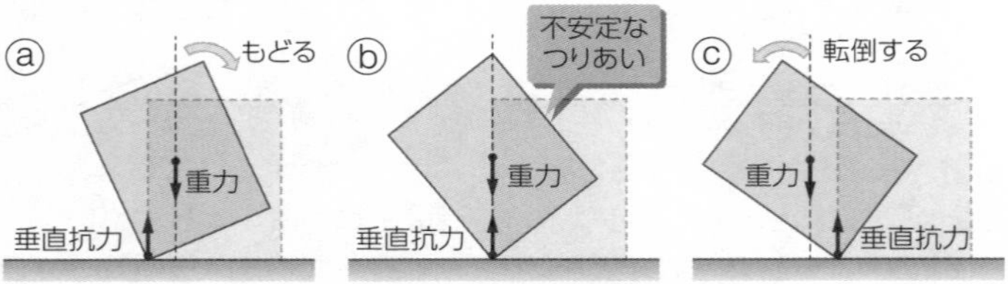

**不安定なつりあいと転倒**

## 問　題

**問25**（教 p.59）　質量10kgの物体にはたらく重力の大きさは何Nか。重力加速度の大きさを$9.8\,m/s^2$とする。

**解説&解答**　(38)式より，$10 \times 9.8 = $ **98N**　答

**問26**（教 p.61）　ばね定数が20N/mのつる巻きばねを手で引いて0.15m伸ばした。このとき，手がばねから受ける力の大きさは何Nか。

**考え方**　フックの法則$F = kx$を使う。

**解説&解答**　$F = 20 \times 0.15 = $ **3.0N**　答

考 **問27**（教 p.61）　図は，2つのばねA，Bの，伸び$x$と弾性力の大きさ$F$の関係を示したグラフである。

(1)　ばねA，Bのうち，伸ばしやすいばねはどちらか。

(2)　ばね定数が大きいのは，ばねA，Bのいずれか。

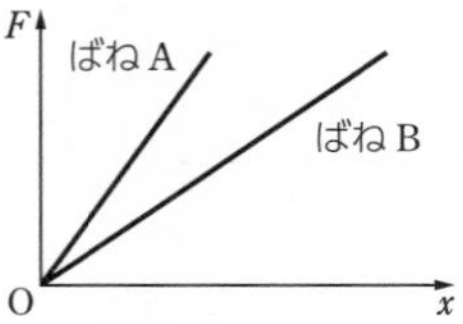


**解説&解答**　(1)　グラフより，同じ大きさの力を加えたときに伸びが大きいのは，**ばねB**である。　答

(2)　ばね定数は$F$-$x$図の直線の傾きで表されるので，ばね定数が大きいのは，**ばねA**である。 **答**

**問28**
(**教** p.63)

①〜③について，合力を図にかきこめ。

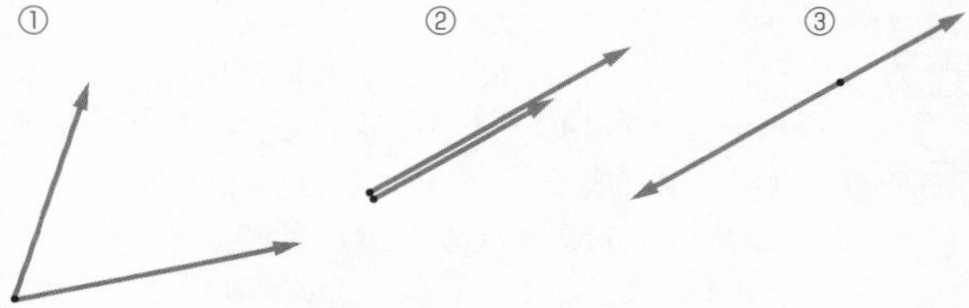


**解説&解答**

①　力の矢印をそれぞれ$\vec{F_1}$，$\vec{F_2}$とすると，合力は$\vec{F_1}$，$\vec{F_2}$を2辺とする平行四辺形の対角線で表される。

②　力の矢印をそれぞれ$\vec{F_3}$，$\vec{F_4}$とすると，合力は$\vec{F_3}$，$\vec{F_4}$と同じ向きで大きさはこれらの和に等しい。

③　力の矢印をそれぞれ$\vec{F_5}$(短いほう)，$\vec{F_6}$とすると，合力は$\vec{F_6}$の向きで大きさは$\vec{F_6}$と$\vec{F_5}$の長さの差に等しい。

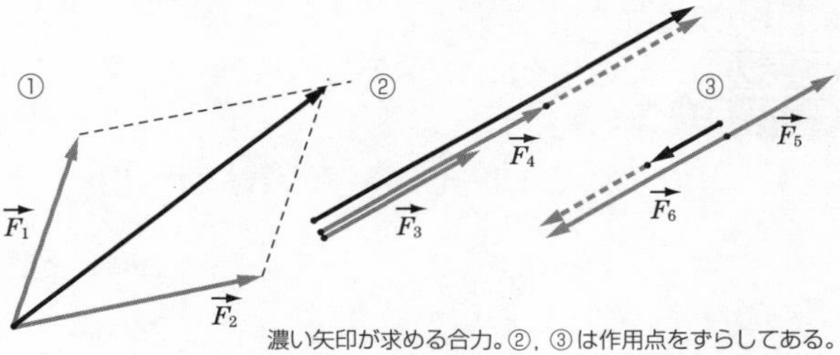


濃い矢印が求める合力。②，③は作用点をずらしてある。

**問29**
(**教** p.63)

①〜③について，力$\vec{F}$を破線の2方向に分解し，分力をかきこめ。

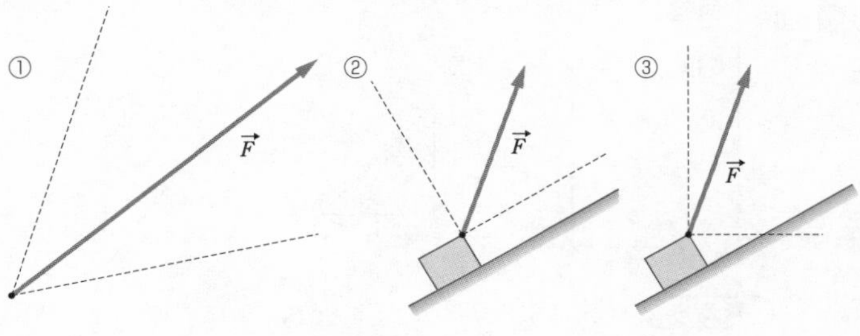


**解説&解答**

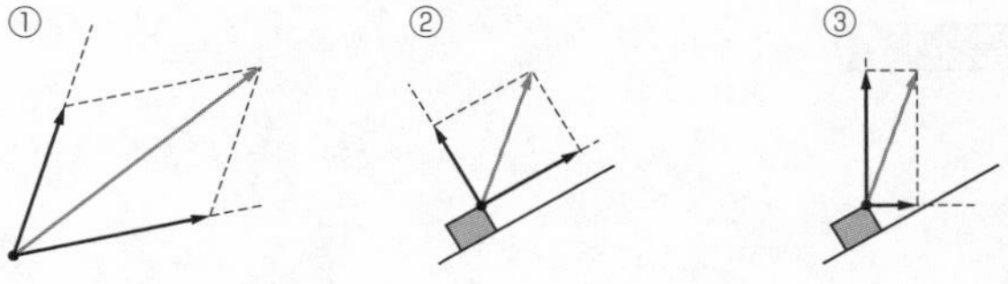

**問30**
(教 p.63)

(1) 図の力$\vec{F_1}$，$\vec{F_2}$について，$x$成分，$y$成分をそれぞれ求めよ。ただし，方眼の1目盛りが1Nに対応しており，整数値で答えてよい。

(2) 力$\vec{F_1}$，$\vec{F_2}$の合力の$x$成分，$y$成分と，合力の大きさをそれぞれ求めよ。

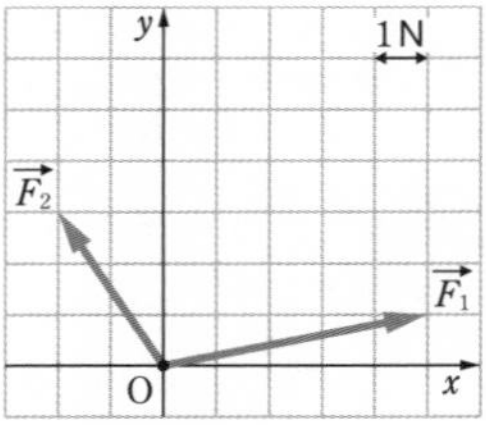


**考え方** $x$成分，$y$成分を求めて，ベクトルの和やベクトルの大きさを求める。

**解説&解答** (1) $\vec{F_1}$の$x$成分，$y$成分はどちらも正であり，

$x$成分：**5 N**，$y$成分：**1 N** 答

$\vec{F_2}$は$x$成分は負，$y$成分は正であり，

$x$成分：**−2 N**，$y$成分：**3 N** 答

(2) $\vec{F_1}$，$\vec{F_2}$それぞれの$x$成分どうし，$y$成分どうしの和をとって，

合力の$x$成分は$5+(-2)=$**3 N** 答 $y$成分は$1+3=$**4 N** 答

また，三平方の定理より，合力の大きさは$\sqrt{3^2+4^2}=$**5 N** 答

**問31**
(教 p.63)

図の力$\vec{F}$(大きさ6.0 N)の$x$成分，$y$成分をそれぞれ求めよ。

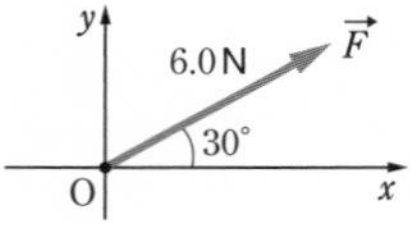


**考え方** 三角比を用いて$x$成分，$y$成分を求める。

**解説&解答** $x$成分：

$6.0\times\cos 30^\circ=6.0\times\dfrac{\sqrt{3}}{2}\fallingdotseq$ **5.2 N** 答

$y$成分：$6.0\times\sin 30^\circ=6.0\times\dfrac{1}{2}=$ **3.0 N** 答

## Zoom 三角比と力の成分

**問A**
(教 p.65)

次の角$\theta$について，$\sin\theta$，$\cos\theta$，$\tan\theta$を求めよ(答えの分数，根号はそのままでよい)。

(1)

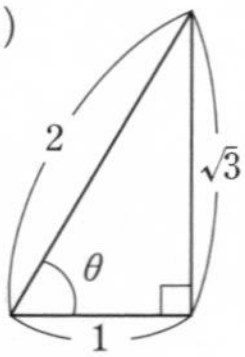


(2)

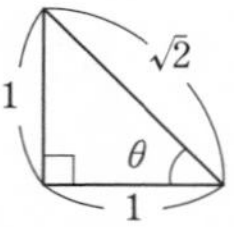


(3)

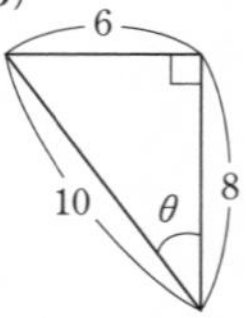


(4)

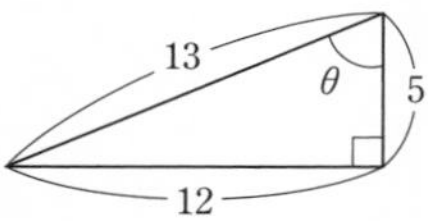


**考え方** 該当する辺の比から$\sin\theta$，$\cos\theta$，$\tan\theta$を求める。

**解説&解答** (1) $\sin\theta=\boldsymbol{\dfrac{\sqrt{3}}{2}}$，$\cos\theta=\boldsymbol{\dfrac{1}{2}}$，$\tan\theta=\boldsymbol{\sqrt{3}}$ 答

(2) $\sin\theta=\boldsymbol{\dfrac{1}{\sqrt{2}}}$，$\cos\theta=\boldsymbol{\dfrac{1}{\sqrt{2}}}$，$\tan\theta=\boldsymbol{1}$ 答

(3) $\sin\theta=\boldsymbol{\dfrac{3}{5}}$，$\cos\theta=\boldsymbol{\dfrac{4}{5}}$，$\tan\theta=\boldsymbol{\dfrac{3}{4}}$ 答

(4)　$\sin\theta = \mathbf{\frac{12}{13}}$, $\cos\theta = \mathbf{\frac{5}{13}}$, $\tan\theta = \mathbf{\frac{12}{5}}$　答

**問B**
(教 p.65)

次の力の$x$成分，$y$成分をそれぞれ求めよ。

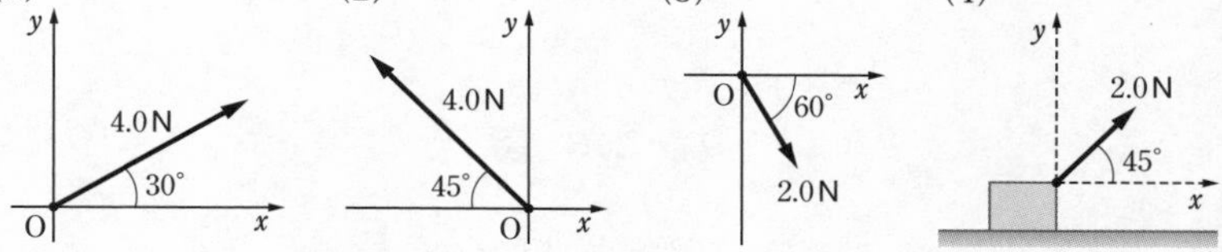


**考え方**　三角比を用いて$x$成分，$y$成分を求める。

**解説&解答**　(1)　$x$成分：$4.0 \times \cos 30° = 4.0 \times \frac{\sqrt{3}}{2} \fallingdotseq \mathbf{3.5\,N}$　答

$y$成分：$4.0 \times \sin 30° = 4.0 \times \frac{1}{2} = \mathbf{2.0\,N}$　答

(2)　$x$成分：$4.0 \times (-\cos 45°) = 4.0 \times \left(-\frac{1}{\sqrt{2}}\right) \fallingdotseq \mathbf{-2.8\,N}$　答

$y$成分：$4.0 \times \sin 45° = 4.0 \times \frac{1}{\sqrt{2}} \fallingdotseq \mathbf{2.8\,N}$　答

(3)　$x$成分：$2.0 \times \cos 60° = 2.0 \times \frac{1}{2} = \mathbf{1.0\,N}$　答

$y$成分：$2.0 \times (-\sin 60°) = 2.0 \times \left(-\frac{\sqrt{3}}{2}\right) \fallingdotseq \mathbf{-1.7\,N}$　答

(4)　$x$成分：$2.0 \times \cos 45° = 2.0 \times \frac{1}{\sqrt{2}} \fallingdotseq \mathbf{1.4\,N}$　答

$y$成分：$2.0 \times \sin 45° = 2.0 \times \frac{1}{\sqrt{2}} \fallingdotseq \mathbf{1.4\,N}$　答

**例題7**
(教 p.67)

軽い糸1に重さ(重力の大きさ)10Nの小球をつけ，天井からつるす。小球を軽い糸2で水平方向に引き，糸1が天井と30°の角をなす状態で静止させた。糸1，糸2が小球を引く力の大きさ$T_1$〔N〕，$T_2$〔N〕をそれぞれ求めよ。

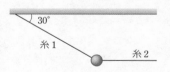

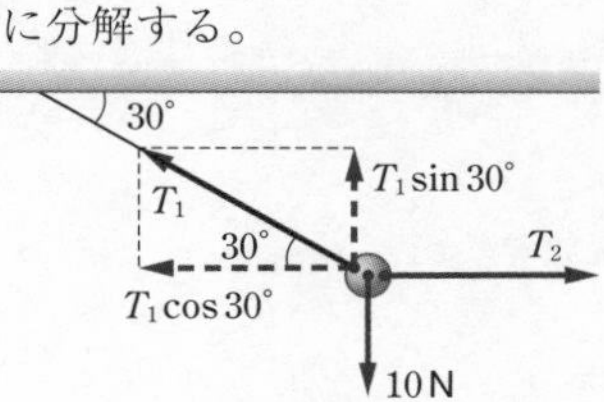


**考え方**　糸1が引く力を水平方向と鉛直方向に分解する。

**解説&解答**　糸1が小球を引く力$T_1$を水平方向と鉛直方向に分解すると，小球が受ける力は右図のようになる。




鉛直方向の力のつりあいより，

$$T_1 \sin 30° - 10 = 0$$

よって，$T_1 = $ **20N** 答

水平方向の力のつりあいより，

$$T_2 - T_1\cos 30° = 0 \quad よって，T_2 = 20 \times \frac{\sqrt{3}}{2} \fallingdotseq \mathbf{17N}$$ 答

〈別解〉　２本の糸が引く力の合力が重力とつりあう。直角三角形の辺の長さの比より　$T_1 : 10 = 2 : 1$

よって　$T_1 = $ **20N** 答

$T_2 : 10 = \sqrt{3} : 1$

よって　$T_2 = 10\sqrt{3} \fallingdotseq$ **17N** 答

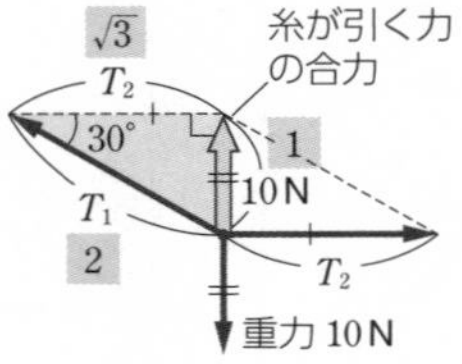


**類題 7**（教 p.67）　重さ（重力の大きさ）20Nの小球に軽い糸1，糸2をつけ，図のように天井からつるして小球を静止させた。糸1，2が小球を引く力の大きさ $T_1$〔N〕，$T_2$〔N〕をそれぞれ求めよ。

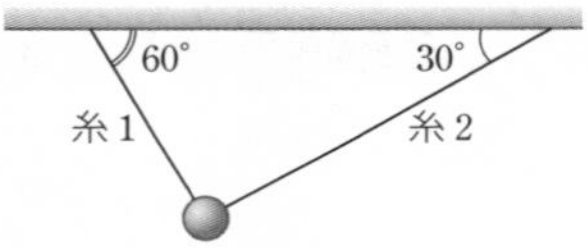


**考え方**　$T_1$，$T_2$ の $x$ 成分と $y$ 成分を求め，3力のつりあいを考える。

**解説&解答**　水平右向きに $x$ 軸，鉛直上向きに $y$ 軸をとる。

糸1，2が引く力の $x$ 成分と $y$ 成分の大きさは，それぞれ右図のようになる。

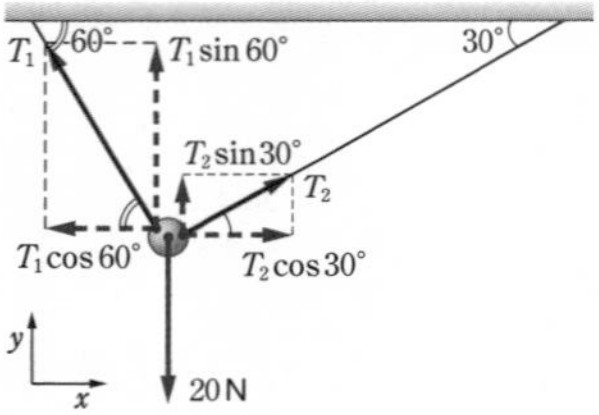


$x$ 軸方向の力のつりあいより

$$-T_1\cos 60° + T_2\cos 30° = 0 \cdots ①$$

$y$ 軸方向の力のつりあいより

$$T_1\sin 60° + T_2\sin 30° - 20 = 0 \cdots\cdots ②$$

①式と②式より

$T_1 = 10\sqrt{3} \fallingdotseq$ **17N** 答　　　$T_2 = $ **10N** 答

〈別解〉　２本の糸が引く力の合力が重力とつりあう。直角三角形の辺の長さの比より　$T_1 : 20 = \sqrt{3} : 2$

よって　$T_1 = 20 \times \dfrac{\sqrt{3}}{2} = 10\sqrt{3}$

$\fallingdotseq$ **17N** 答

$T_2 : 20 = 1 : 2$

よって　$T_2 = $ **10N** 答

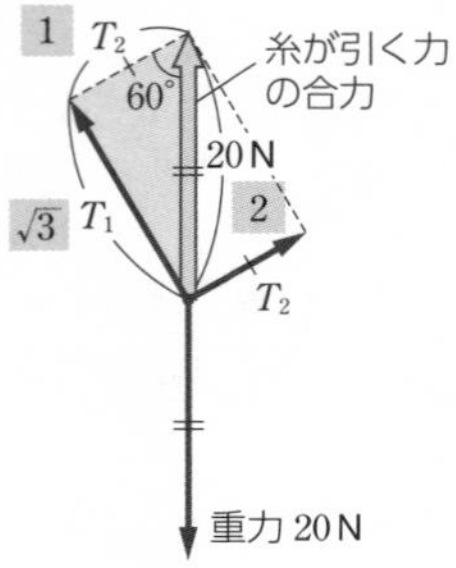

**例題 8**
(教 p.68)

傾きの角30°のなめらかな斜面上に重さ20Nの物体を置き，斜面にそって上向きに糸で引いて静止させる。糸が引く力の大きさ$T$〔N〕と，物体が斜面から受ける垂直抗力の大きさ$N$〔N〕を求めよ。

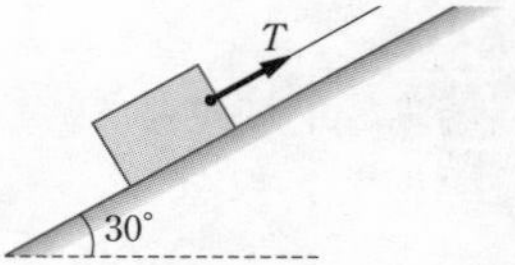


**解説&解答**　物体の重力を斜面に平行な方向と垂直な方向に分解すると，物体が受ける力は右図のようになる。

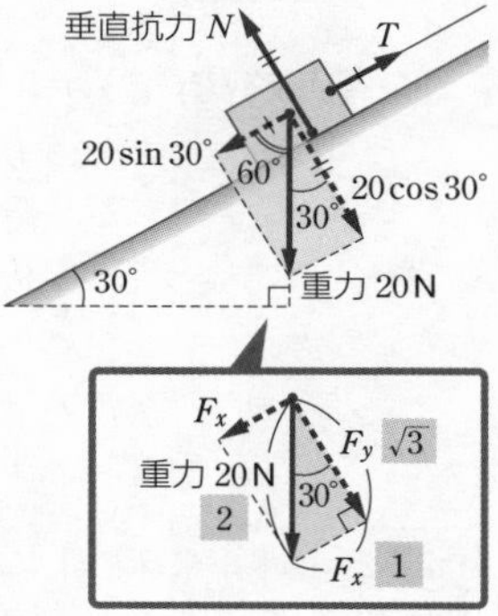


斜面に平行な方向の力のつりあいより　$T-20\sin 30°=0$

よって　$T=$**10N** 答

斜面に垂直な方向の力のつりあいより　$N-20\cos 30°=0$

よって　$N=20\times\dfrac{\sqrt{3}}{2}\fallingdotseq$**17N** 答

〈別解〉　重力の，斜面に平行な成分の大きさ$F_x$と，垂直な方向の成分の大きさ$F_y$は　$F_x:20=1:2$より　$F_x=$**10N** 答

$F_y:20=\sqrt{3}:2$より　$F_y=10\sqrt{3}\fallingdotseq$**17N** 答

これらを用いて，力のつりあいの式を立てる。

**類題 8**
(教 p.68)

傾きの角$\theta$のなめらかな斜面上に質量$m$〔kg〕の物体を置き，斜面にそって上向きに力を加えて静止させる。加えた力の大きさ$F$〔N〕と，物体が斜面から受ける垂直抗力の大きさ$N$〔N〕を求めよ。重力加速度の大きさを$g$〔m/s²〕とする。

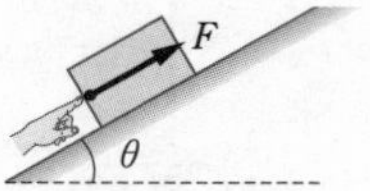


**考え方**　力を斜面に平行な方向と垂直な方向に分解して考える。

**解説&解答**　斜面にそって上向きを正とすると，斜面に平行な方向の力のつりあいは　$F-mg\sin\theta=0$　よって　$F=$$\boldsymbol{mg\sin\theta}$ 答

斜面に対して垂直に上向きを正とすると，斜面に垂直な方向の力のつりあいは　$N-mg\cos\theta=0$　よって　$N=$$\boldsymbol{mg\cos\theta}$ 答

〈別解〉　$F$と$N$の合力が重力とつりあう。

直角三角形の辺の長さの比より

$N:mg=\cos\theta:1$

よって　$N=\boldsymbol{mg\cos\theta}$

$F:mg=\sin\theta:1$

よって　$F=\boldsymbol{mg\sin\theta}$

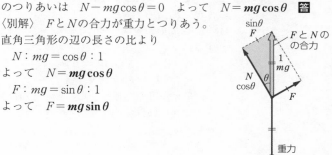

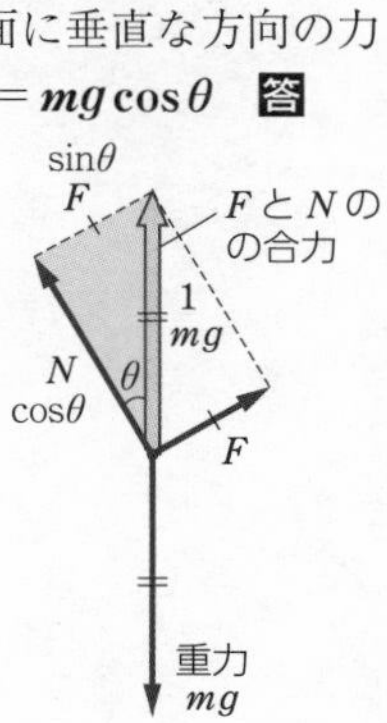

参考

**問a** (教 p.68) 図のような定滑車と動滑車を用いて，重さ4.0Nのおもりを支えて静止させるには，糸1を何Nの力で引けばよいか。滑車と糸の質量は無視する。

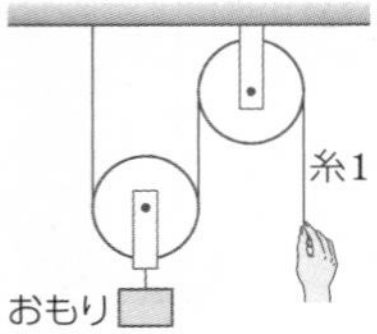


**考え方** 糸1を引く力を文字におき，力のつりあいの式を立てる。

**解説&解答** 糸1を引く力の大きさを$T$とすると，動滑車とおもりにはたらく力は右図のようになる。鉛直上向きを正とすると，力のつりあいより　$2T-4.0=0$

よって　$T=\mathbf{2.0\,N}$ 答

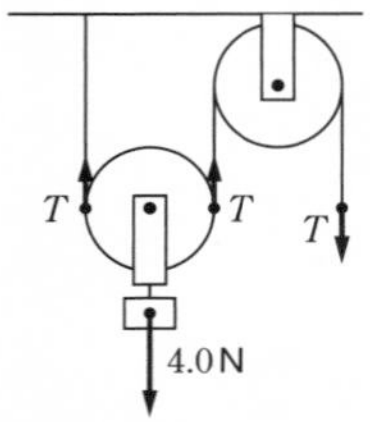


**問32** (教 p.70) 水平な床の上にある物体Aの上に，物体Bが置かれている。図の$\vec{F_1}$～$\vec{F_6}$は，物体A，物体Bおよび床が受ける力である。

(1) $\vec{F_1}$～$\vec{F_6}$は，何が何に及ぼす力か。

(2) 作用・反作用の関係にある2力の組をすべてあげよ。

(3) 物体Aが受ける力をすべてあげよ。

(4) $\vec{F_1}$の大きさを20N，$\vec{F_4}$の大きさを30Nとして，$\vec{F_2}$，$\vec{F_3}$，$\vec{F_5}$，$\vec{F_6}$の大きさをそれぞれ求めよ。

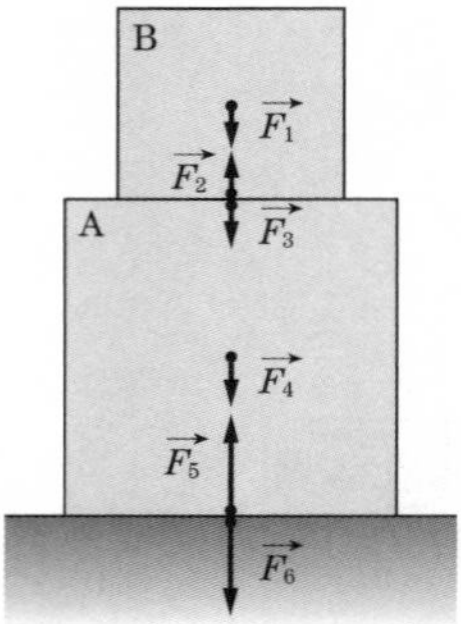


**考え方** 物体Pから物体Qに力がはたらくとき，作用点は物体Q内にある。(3)の物体Aについては，物体Aは静止しているから，(3)で求めた力の合力が0になっている。

**解説&解答** (1) $\vec{F_1}$…**地球が物体B**　$\vec{F_2}$…**物体Aが物体B**

$\vec{F_3}$…**物体Bが物体A**　$\vec{F_4}$…**地球が物体A**

$\vec{F_5}$…**床が物体A**　$\vec{F_6}$…**物体Aが床** 答

(2) $\vec{F_2}$**と**$\vec{F_3}$，$\vec{F_5}$**と**$\vec{F_6}$ 答

(3) $\vec{F_3}$，$\vec{F_4}$，$\vec{F_5}$ 答

(4) $\vec{F_1}$～$\vec{F_6}$の大きさをそれぞれ$F_1$～$F_6$とし，鉛直上向きを正とする。

物体Bにはたらく力のつりあいより　$F_2-F_1=0$

よって　$F_2=F_1=\mathbf{20\,N}$ 答

作用反作用の法則より　$F_3=F_2=\mathbf{20\,N}$ 答

物体Aにはたらく力のつりあいより

$F_5-F_3-F_4=0$　よって　$F_5=F_3+F_4=20+30=\mathbf{50\,N}$ 答

作用反作用の法則より　$F_6=F_5=\mathbf{50\,N}$ 答

考 **問33**（教 p.70） 図の①～③でのS, S′は軽いつる巻きばねで，おもりの重さはすべて等しく，ばねとおもりは静止している。各場合のばねSの伸びの大小を比較せよ。

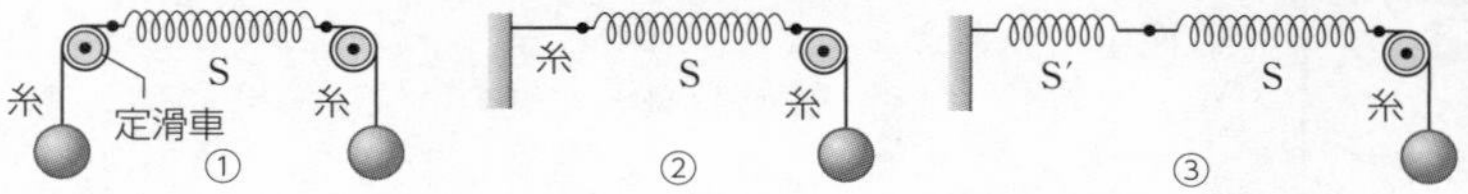


**考え方** おもりにはたらく力のつりあいから弾性力の大きさを求めて比較する。

**解説&解答** おもりの重さを$W$とすると，おもりにはたらく力のつりあいより，いずれの場合も糸の張力の大きさは$W$である。したがって，ばねSの弾性力の大きさはいずれの場合も等しいので，ばねSの伸びは**すべて等しい**。 答

## Zoom 物体が「受ける力」に注目

**問A**（教 p.71） 図を見て，次の[　　]の中に，正しい語句を入れよ。

①力$\vec{F_1}$：[　　　　]が受ける力
②力$\vec{F_2}$：[　　　　]が受ける力
③力$\vec{F_3}$：[　　　　]が受ける力
④力$\vec{F_4}$：[　　　　]が受ける力
⑤力$\vec{F_5}$：[　　　　]が受ける力
⑥力$\vec{F_6}$：[　　　　]が受ける力

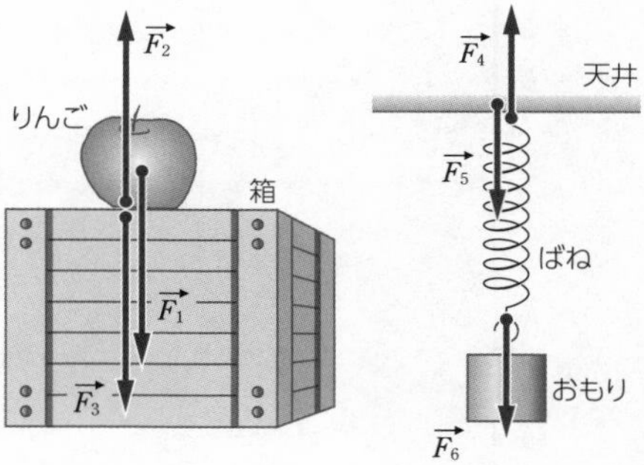


**考え方** 作用点がどの物体内にあるか，物体が引かれているか押されているか，からどの物体が受けている力かを判断する。

**解説&解答** ①作用点がりんご内にあるから，**りんご** 答
②作用点がりんご内にあり，りんごが箱から押される力であるから，**りんご** 答
③作用点が箱内にあり，箱がりんごから押される力であるから，**箱** 答
④作用点がばね内にあり，ばねが天井から引かれる力であるから，**ばね** 答
⑤作用点が天井内にあり，天井がばねから引かれる力であるから，**天井** 答
⑥ばねがおもりから引かれる力であるから，**ばね** 答

ドリル

**問 a**

(教 p.72)

次の(1)〜(9)の各場合について，各物体が受ける力のベクトル(矢印)をそれぞれ図中に記入せよ。また，〈例〉にならって，記入した各力を用語で説明せよ。ただし，ばねや糸の質量と空気の抵抗は無視する。

〈例〉

Aが受ける力

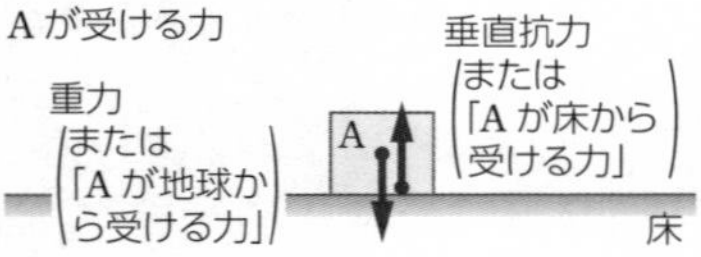


(1)

① Aが受ける力

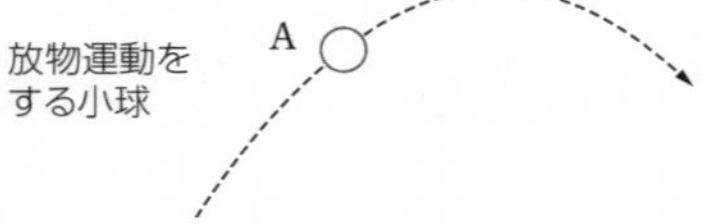


(2)

② Aが受ける力　③ Bが受ける力

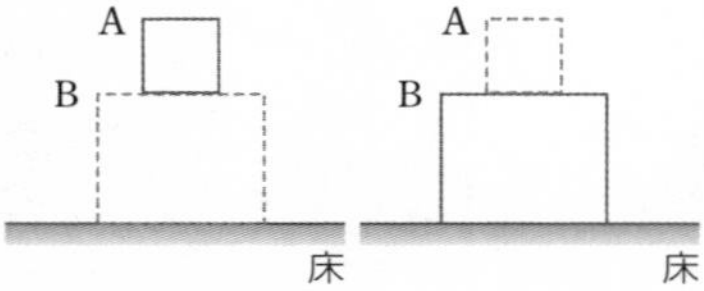


(3)

④ Aが受ける力　⑤ ばねが受ける力

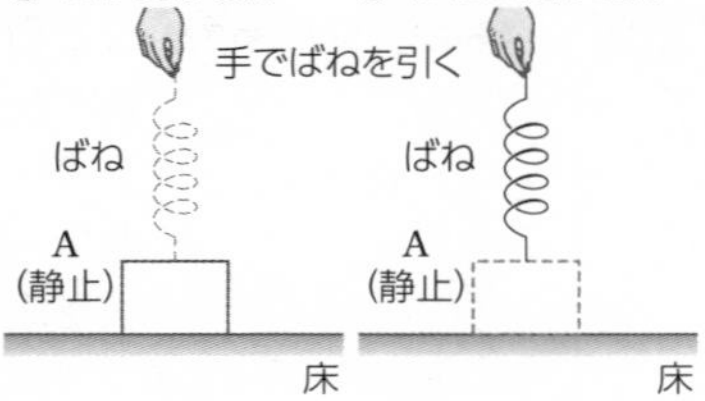


(4)

⑥ Bが受ける力　⑦ 糸2が受ける力　⑧ Aが受ける力　⑨ 糸1が受ける力

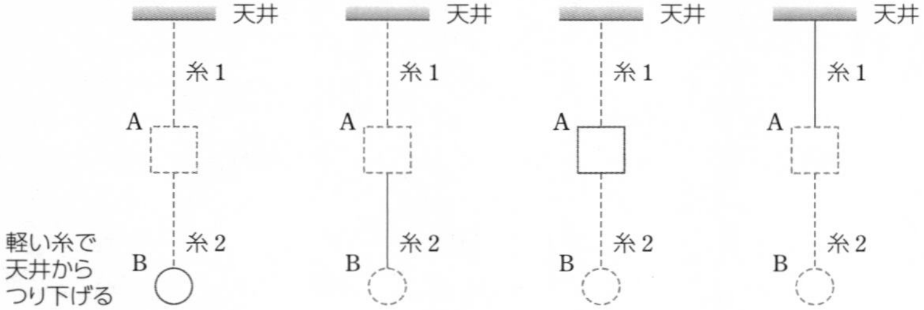


(5)

⑩ Aが受ける力

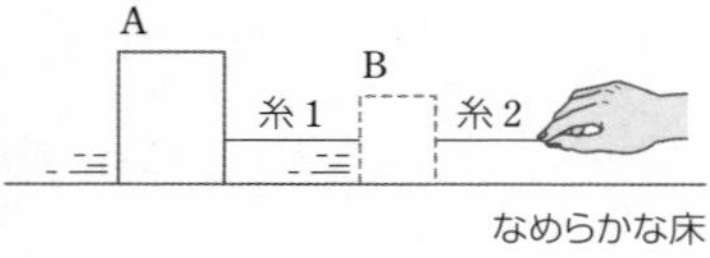


⑪ Bが受ける力

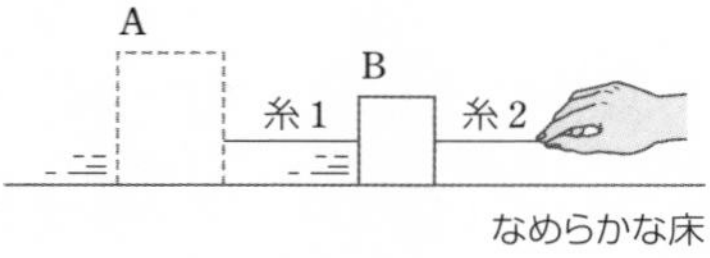

(6)

⑫ Aが受ける力

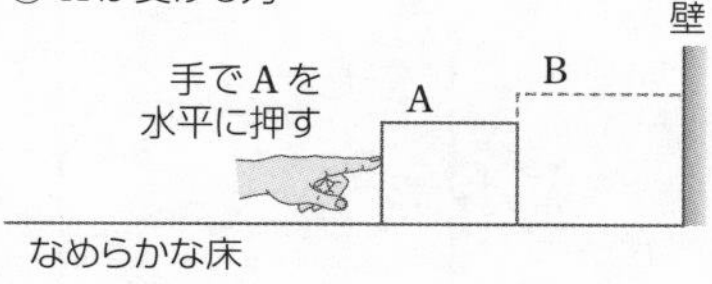


⑬ Bが受ける力

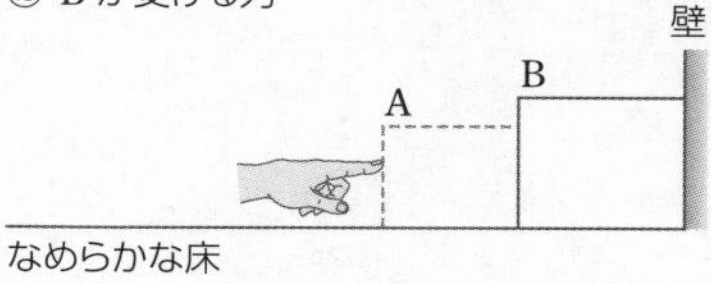


(7)

⑭ Bが受ける力

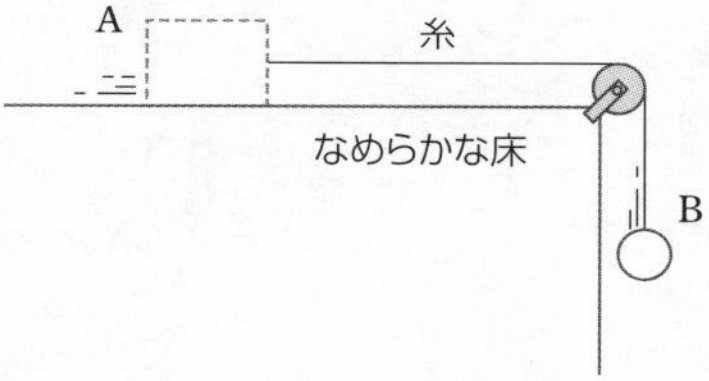


⑮ Aが受ける力

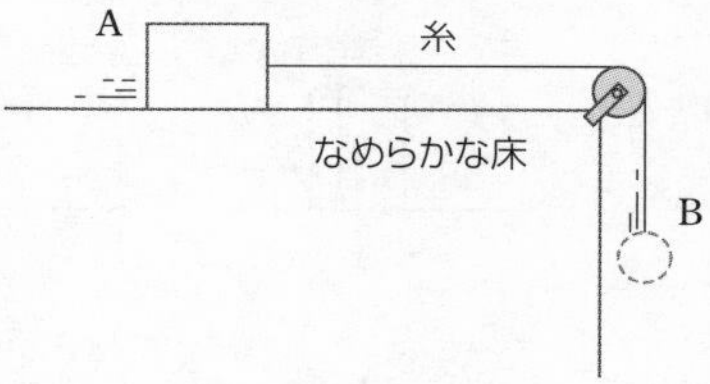


(8)

⑯ Aが受ける力

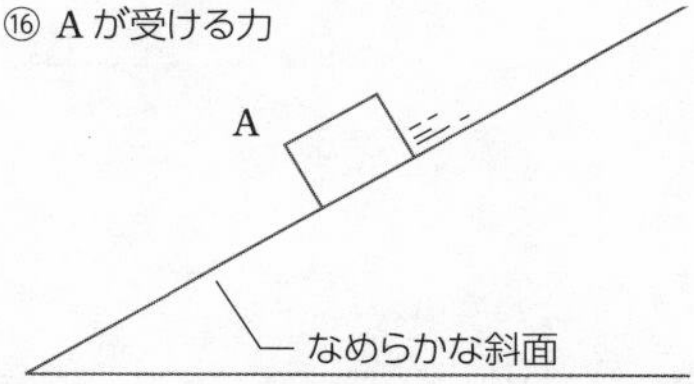


(9)

⑰ Aが受ける力

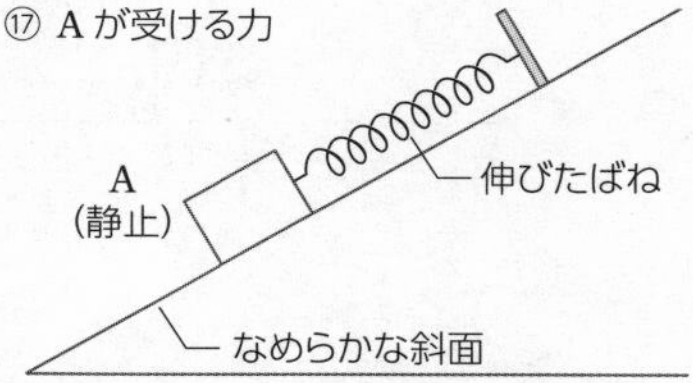


**考え方**　まず重力をかき，次に接触している物体から受ける力をかく。

**解説&解答**

(1) ①

(2) ②　③

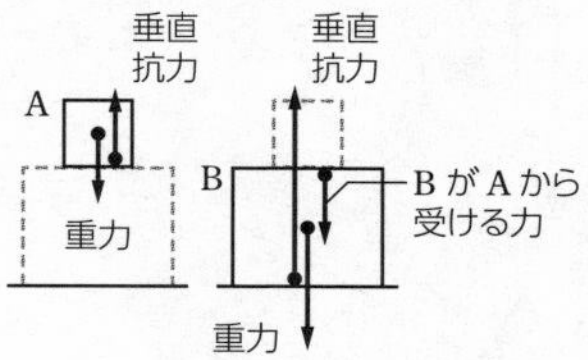


(3) ④

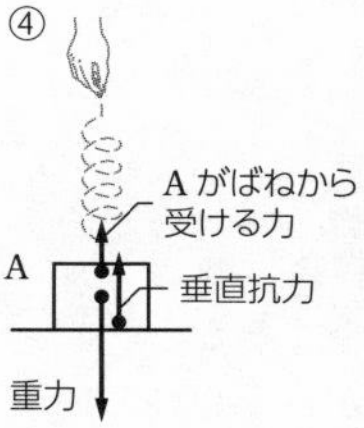


⑤

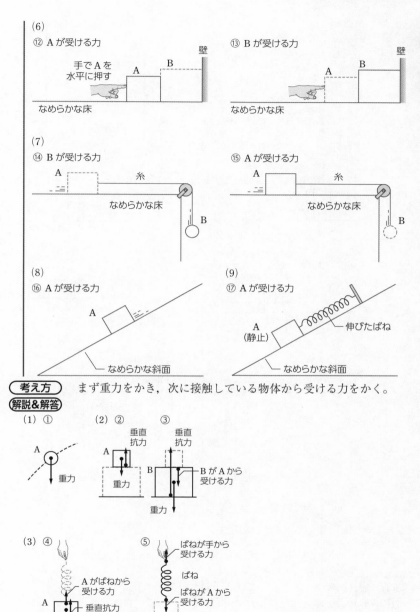

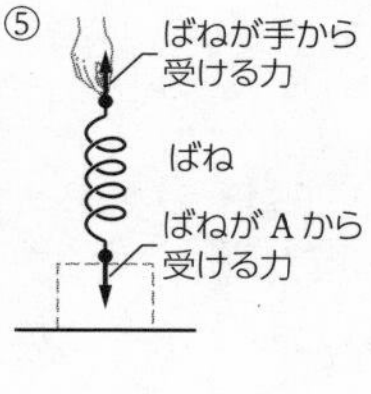

(4)

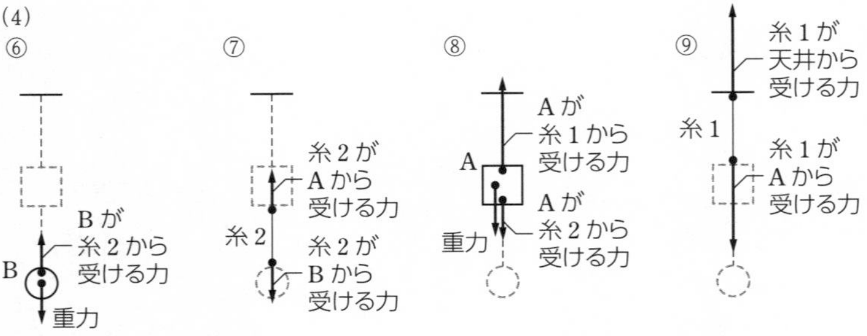


(5)

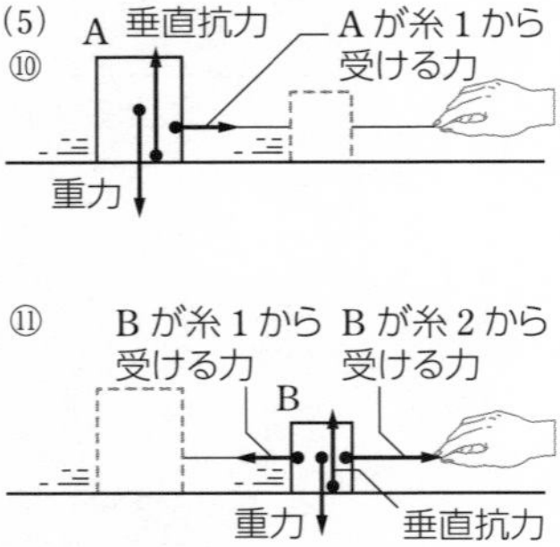


(6)

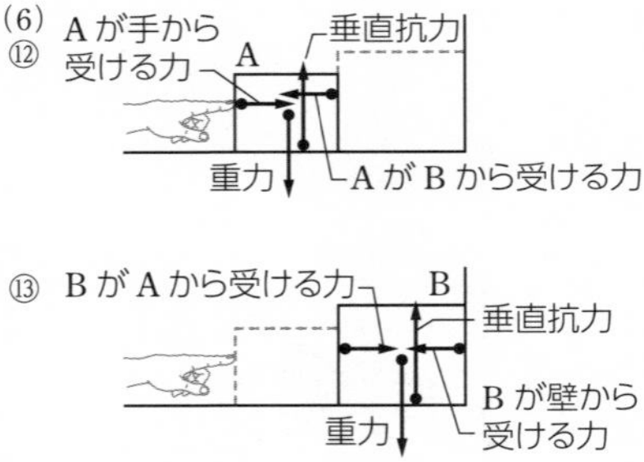


(7)

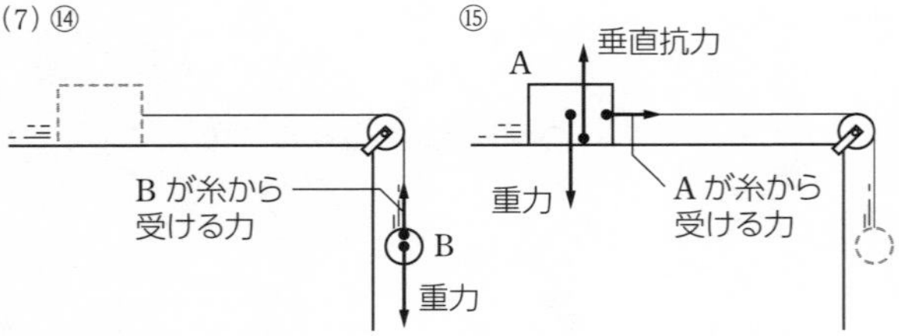


(8)　(9)

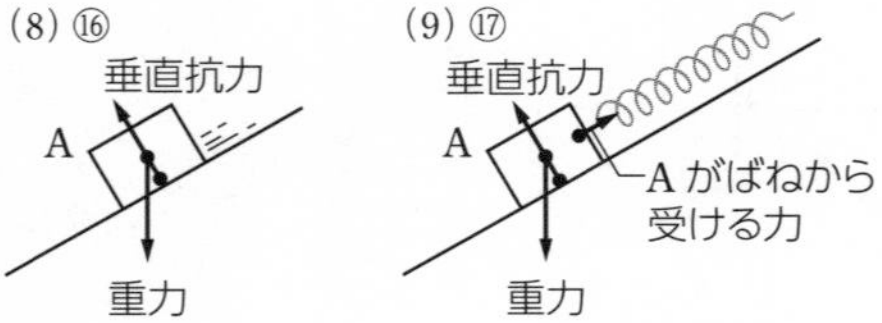


**問34**
(**教** p.75)

次の①～③について，正しいものをすべて選べ。
①物体にはたらく力の合力が$\vec{0}$であれば，物体は静止している。
②静止している物体にはたらく力の合力は$\vec{0}$である。
③運動している物体には，運動の向きに力がはたらいている。

**解説&解答**　①物体にはたらく力の合力が$\vec{0}$であっても，運動している物体は等速直線運動を続けるので，誤り。

②静止している物体にはたらく力の合力は$\vec{0}$になるので，正しい。
③摩擦のない水平面上を等速直線運動している物体には，運動の向きに力がはたらいていないので，誤り。
よって，②　**答**



**問35**（教 p.79）　自動車が東向きに一定の速さ50km/hで走行しているとき，自動車にはたらく力の合力の大きさは何Nか。

**考え方**　加速度を求めて運動方程式を用いる。

**解説&解答**　速度の向きと大きさが変化していないので加速度は0m/s²である。よって，運動方程式より合力の大きさは**0N**である。　**答**

**問36**（教 p.79）　質量2.0 kgの物体にはたらく力の合力が，右向きに一定の大きさ7.0Nであるとき，物体の加速度はどの向きに何m/s²か。

**考え方**　正の向きを設定し，運動方程式を用いる。

**解説&解答**　右向きを正として加速度を$a$とすると，運動方程式より
$2.0 \times a = 7.0$　　よって，$a = 3.5\,\mathrm{m/s^2}$　**右向きに3.5m/s²**　**答**

**問37**（教 p.79）　質量5.0kgの物体の重さ(重力の大きさ)は，地球上で何Nか。また，月面上では何Nか。地球上での重力加速度の大きさを9.8m/s²，月面上での重力加速度の大きさを1.6m/s²とする。

**解説&解答**　地球上では　$5.0 \times 9.8 =$ **49N**　**答**
月面上では　$5.0 \times 1.6 =$ **8.0N**　**答**

考　**問38**（教 p.79）　もし，重力がはたらかない空間にいたとすると，質量の異なる2つの物体のうち，どちらの質量が大きいかを知ることはできるだろうか。

**考え方**　質量と慣性の関係性を用いる。

**解説&解答**　**質量が大きい物体ほど，加速しにくいので，2つの物体に同じ力を加えたときに生じる加速度を比較することで，加速度が小さい方が質量が大きいことがわかる。**　**答**

**例題9**（教 p.80）　なめらかな水平面上にある質量2.0kgの物体に，右向きに8.0Nの力と，左向きに5.0Nの力を加えて運動させた。物体の加速度はどの向きに何m/s²か。

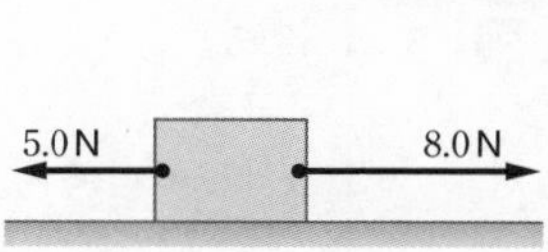


**解説&解答**　Step 1.　物体が受ける力は，右向きの8.0Nと左向きの5.0Nである。
Step 2.　右向きを正とし，物体の加速度を$a$〔m/s²〕とする。
Step 3.　物体が受ける力の合力は，右向きに$8.0 - 5.0 = 3.0\,\mathrm{N}$

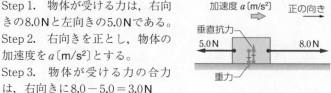

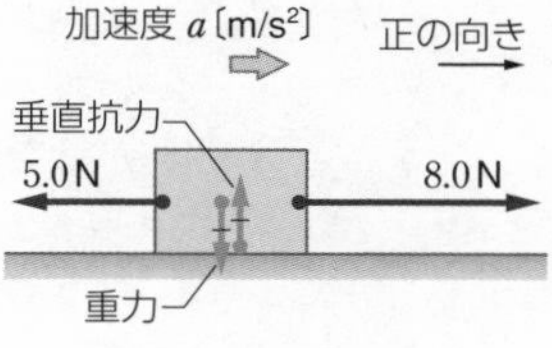

よって，運動方程式は $2.0 \times a = 3.0$ より　$a = 1.5\,\mathrm{m/s^2}$

**右向きに $1.5\,\mathrm{m/s^2}$**　答

**類題 9**
(教 p.80)

なめらかな水平面上にある質量0.50kgの物体に，右向きに4.0Nの力と，左向きに6.0Nの力を加えて運動させた。物体の加速度はどの向きに何 $\mathrm{m/s^2}$ か。

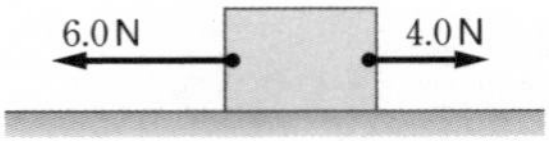


**解説&解答**

Step 1.　物体は，右向きの4.0Nと左向きの6.0Nの力を受ける。

Step 2.　右向きを正とし，物体の加速度を $a$〔$\mathrm{m/s^2}$〕とする。

Step 3.　物体が受ける力の合力は，右向きに $4.0 - 6.0 = -2.0\,\mathrm{N}$

よって，運動方程式は $0.50 \times a = -2.0$ より　$a = -4.0\,\mathrm{m/s^2}$

**左向きに $1.5\,\mathrm{m/s^2}$**　答

**例題10**
(教 p.81)

質量0.50kgの小球をつるした軽い糸の上端を持って，6.0Nの力で鉛直上向きに引き上げた。小球の加速度はどの向きに何 $\mathrm{m/s^2}$ か。重力加速度の大きさを $9.8\,\mathrm{m/s^2}$ とする。

**解説&解答**

Step 1.　小球が受ける力は図のようになる。

小球には，鉛直下向きに重力 $0.50 \times 9.8\,\mathrm{N}$，鉛直上向きに糸が引く力6.0Nがはたらく。

Step 2.　鉛直上向きを正とし，小球の加速度を $a$〔$\mathrm{m/s^2}$〕とする。

Step 3.　小球が受ける力の合力は

$$6.0 - 0.50 \times 9.8 = 1.1\,\mathrm{N}$$

これを(55)式に代入して

$$0.50a = 1.1 \qquad よって \quad a = 2.2\,\mathrm{m/s^2}$$

加速度は**鉛直上向きに $2.2\,\mathrm{m/s^2}$**　答

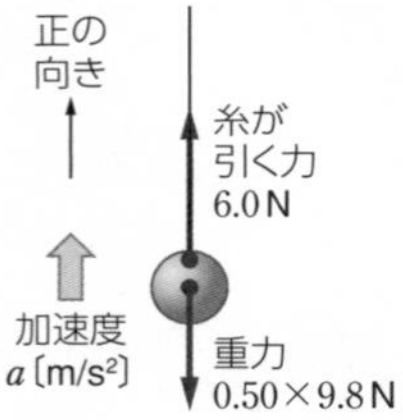


**類題10**
(教 p.81)

図のように，質量1.5kgの物体を板の上にのせて，鉛直上向きに一定の加速度 $0.20\,\mathrm{m/s^2}$ で板を動かす。このとき，物体が板から受ける垂直抗力の大きさ $N$〔N〕を求めよ。重力加速度の大きさを $9.8\,\mathrm{m/s^2}$ とする。

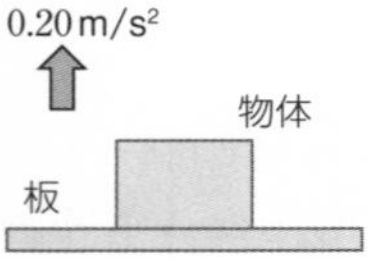


**解説&解答**

Step 1.　物体には，鉛直下向きに重力 $1.5 \times 9.8\,\mathrm{N}$，鉛直上向きに板から加わる垂直抗力 $N$〔N〕がはたらいている。

Step 2.　鉛直上向きを正とする。

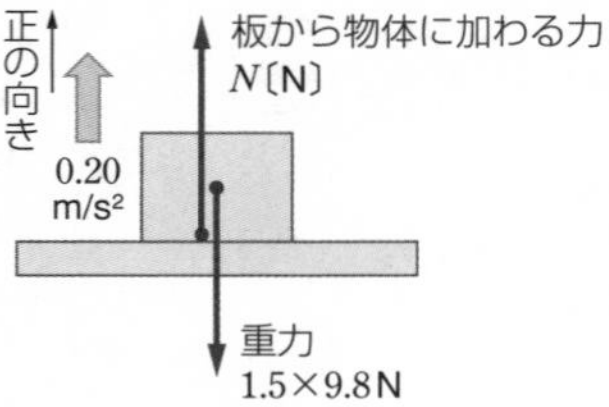

Step 3.　物体にはたらく力の合力は$N-1.5\times9.8$ N　これを(55)式に代入して

$1.5\times0.20=N-1.5\times9.8$　よって　$N=$ **15 N**　答



**例題11**
(教 p.82)

傾きの角が30°のなめらかな斜面上を，質量0.20 kgの小物体がすべり下りている。このときの小物体の加速度の大きさ$a$〔m/s²〕を求めよ。重力加速度の大きさを9.8 m/s²とする。

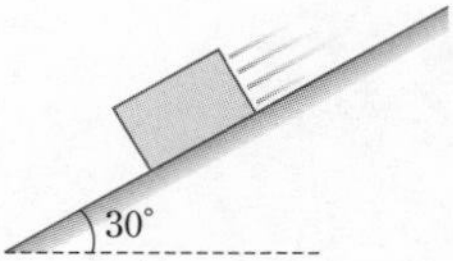


**解説&解答**　小物体の質量を$m$〔kg〕，重力加速度の大きさを$g$〔m/s²〕とする。

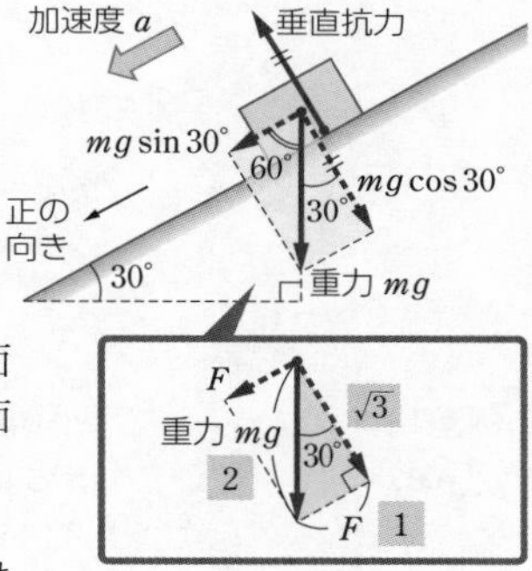


Step 1.　小物体が受ける力は，重力$mg$〔N〕と垂直抗力である。

Step 2.　斜面方向下向き（小物体の運動の向き）を正とする。

Step 3.　重力の斜面方向の成分は$mg\sin30°$〔N〕，垂直抗力の斜面方向の成分は0 Nであるから，斜面方向の合力は$\frac{1}{2}mg$〔N〕

したがって，小物体の運動方程式は

$ma=\frac{1}{2}mg$　　よって　$a=\frac{1}{2}g=\frac{1}{2}\times9.8=$ **4.9 m/s²**　答

注）斜面に垂直な方向の力はつりあっている。垂直抗力の大きさを$N$〔N〕とすると

$N-mg\cos30°=0$　より　$N=\frac{\sqrt{3}}{2}mg$〔N〕

〈別解〉　重力の斜面方向の成分を$F$とし，直角三角形の辺の長さの比から　$F:mg=1:2$　　よって　$F=\frac{1}{2}mg$

小物体の運動方程式は　$ma=\frac{1}{2}mg$

よって　$a=9.8\times\frac{1}{2}=$ **4.9 m/s²**

**類題11**
(教 p.82)

傾きの角が45°のなめらかな斜面上を，質量$m$〔kg〕の小物体がすべり上がっている。このときの小物体の加速度の大きさ$a$〔m/s²〕を求めよ。重力加速度の大きさを$g$〔m/s²〕とする。

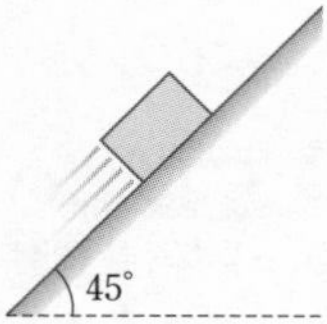


**解説&解答**　Step 1.　小物体が受ける力は，鉛直下向きの重力$mg$〔N〕と斜面からの垂直抗力である。

Step 2.　斜面方向上向きを正とし，小物体の加速度を$a$〔m/s²〕とする。

Step 3.　重力の斜面方向の成分は$-mg\sin 45°$〔N〕，垂直抗力の斜面方向の成分は0Nであるから，斜面方向の合力は，

$-mg\sin 45°$〔N〕

よって，運動方程式は$ma=-mg\sin 45°$より

$a=-\dfrac{g}{\sqrt{2}}$〔m/s²〕　　よって，加速度の大きさは　$\boldsymbol{\dfrac{g}{\sqrt{2}}}$〔**m/s²**〕 **答**

〈別解〉　重力の斜面方向の成分の大きさを$F$とし，直角三角形の長さの比から　$F:mg=1:\sqrt{2}$　　よって　$F=\dfrac{1}{\sqrt{2}}mg$

小物体の運動方程式は，力と運動の向きが逆であるため

$$ma=-F=-\frac{1}{\sqrt{2}}mg \qquad \text{よって} \quad a=-\frac{g}{\sqrt{2}}$$

加速度の大きさは　$\boldsymbol{\dfrac{g}{\sqrt{2}}}$〔**m/s²**〕 **答**

**例題12**
(**教** **p.83**)

なめらかな水平面上に質量2.0kgの物体Aと質量3.0kgの物体Bを接触させ，図のようにAを8.0Nの力で水平に押す。

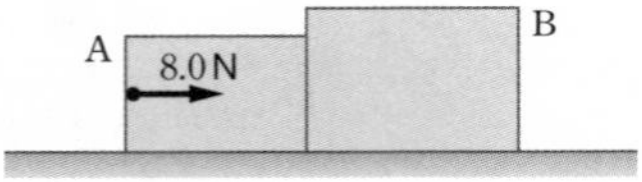


(1)　A，Bの加速度の大きさ$a$〔m/s²〕を求めよ。

(2)　AがBを押す力の大きさ$f$〔N〕を求めよ。

**解説&解答**

(1)　Step 1.　作用反作用の法則より，AがBを押す力と，BがAを押す力は，同じ大きさ($f$〔N〕)で互いに逆向きとなる。よって，A，Bにはたらく水平方向の力は図のようになる。

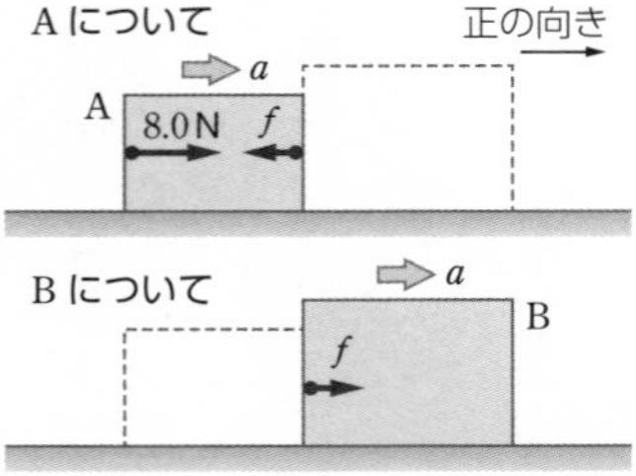


Step 2.　右向きを正の向きとする。

Step 3.　各物体の運動方程式は

A：$2.0a=8.0-f$ ……①　　B：$3.0a=f$ ……②

①式＋②式より　$5.0a=8.0$　　よって　$a=$ **1.6m/s²** **答**

(2)　②式に$a=1.6$m/s²を代入して　$f=$ **4.8N** **答**

**類題12**
(**教** **p.83**)

なめらかな水平面上に質量$M$〔kg〕の物体Aと質量$m$〔kg〕の物体Bを接触させ，図のようにAを$F_0$〔N〕の力で水平に押す。A，Bの加速度の大きさと，AがBを押す力の大きさをそれぞれ求めよ。

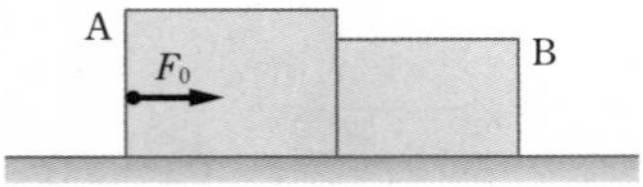

**解説&解答**　AがBを押す力を$f$〔N〕とする。

Step 1.　Aが受ける力は，$F_0$〔N〕とBから受ける反作用の力$f$〔N〕である。Bが受ける力はAから受ける$f$〔N〕である。

Step 2.　右向きを正とし，A，Bの加速度を$a$〔m/s²〕とする。

Step 3.　A，Bの運動方程式は

A：$Ma=F_0-f$ ……①　　B：$ma=f$ ……②

①式＋②式より　$(M+m)a=F_0$

よって　$a=\dfrac{\boldsymbol{F_0}}{\boldsymbol{M+m}}$〔m/s²〕 **答**

②式より　$f=ma=\dfrac{\boldsymbol{m}}{\boldsymbol{M+m}}\boldsymbol{F_0}$〔N〕 **答**

**例題13**（教 p.84）

なめらかな水平面上に質量0.20 kgの物体Aと質量0.30 kgの物体Bを置いて，軽い糸1でつなぐ。図のようにBを2.1 Nの力で水平に引いたところ，2つの物体は運動を始めた。

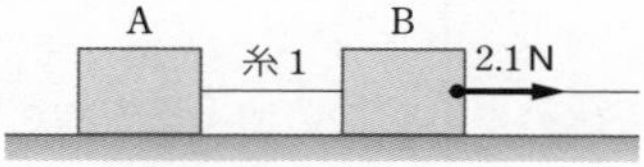


(1)　A，Bの加速度の大きさ$a$〔m/s²〕を求めよ。

(2)　糸1がAを引く力の大きさ$T$〔N〕を求めよ。

**解説&解答**　Step 1.　A，Bが受ける水平方向の力は，それぞれ右図のようになる。

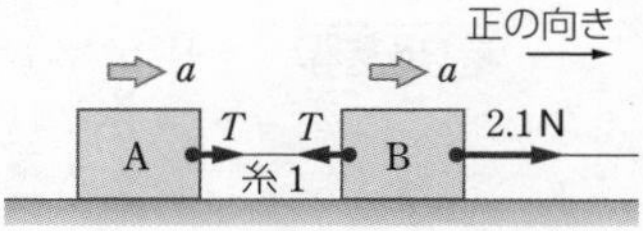


Step 2.　右向きを正の向きとする。

Step 3.　A，Bの運動方程式は

A：$0.20\times a=T$ …①　　B：$0.30\times a=2.1-T$ …②

(1)　①式＋②式より　$0.50a=2.1$　よって，$a=$ **4.2 m/s²** **答**

(2)　①式より　$T=0.20\times4.2=$ **0.84 N** **答**

**類題13**（教 p.84）

図のように，質量が0.20 kgと0.30 kgの小球A，Bを軽い糸でつなぎ，Aを大きさ7.0 Nの力で鉛直上向きに引き上げた。重力加速度の大きさを9.8 m/s²とする。

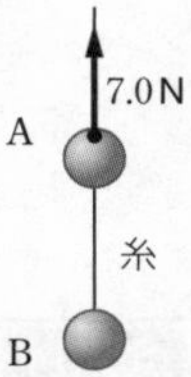


(1)　A，Bの加速度の大きさ$a$〔m/s²〕を求めよ。

(2)　糸がBを引く力の大きさ$T$〔N〕を求めよ。

**解説&解答**　Step 1.　A，B間の糸がAを引く力とBを引く力は，大きさが等しく，逆向きである。A，Bにはたらく力は次の図のようになる。

Step 2.　鉛直上向きを正の向きとする。

Step 3.　A，Bそれぞれの運動方程式は

A：$0.20a = 7.0 - 0.20 \times 9.8 - T$ ……①

B：$0.30a = -0.30 \times 9.8 + T$ ……②

(1)　①式＋②式より　$0.50a = 2.1$

よって　$a =$ **4.2 m/s²**　答

(2)　②式に $a = 4.2$ を代入すると

$T =$ **4.2 N**　答

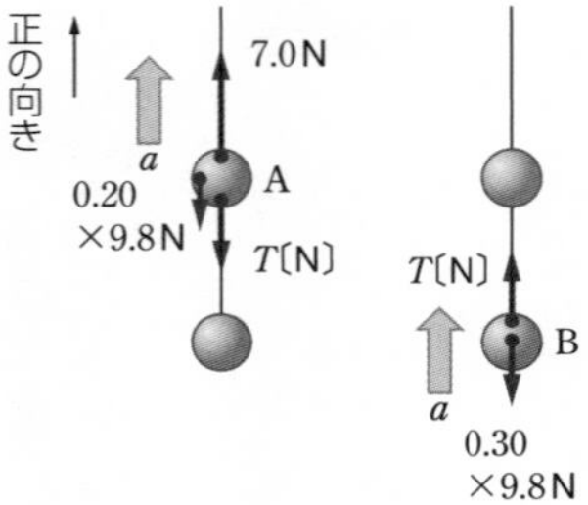


**例題14**
(教 p.85)

質量 $m$〔kg〕の物体をなめらかで水平な机の面上に置く。物体に軽くて伸びないひもをつけ，これを机の端に固定した軽い滑車に通し，ひもの端に質量 $M$〔kg〕のおもりをつるす。重力加速度の大きさを $g$〔m/s²〕とする。

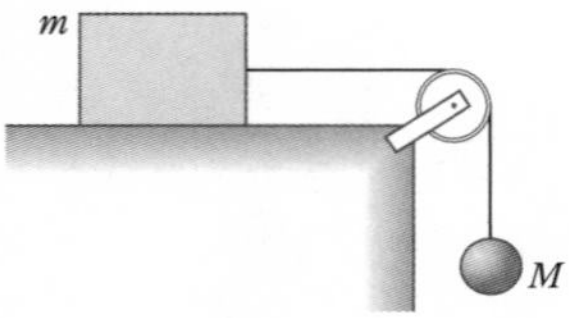


(1)　物体とおもりの加速度の大きさ $a$〔m/s²〕を求めよ。

(2)　ひもが物体を引く力の大きさ $T$〔N〕を求めよ。

**解説&解答**　(1)　Step 1.　ひもが物体を引く力の大きさを $T$〔N〕とすると，物体とおもりにはたらく力は図のようになる。

Step 2.　物体については水平方向右向きを正，おもりについては鉛直方向下向きを正とする。

Step 3.　それぞれの運動方程式は次のようになる。

物体：$ma = T$ ……①

おもり：$Ma = Mg - T$ ……②

①式＋②式より

$(M + m)a = Mg$

よって　$a = \dfrac{M}{M + m}g$〔m/s²〕　答

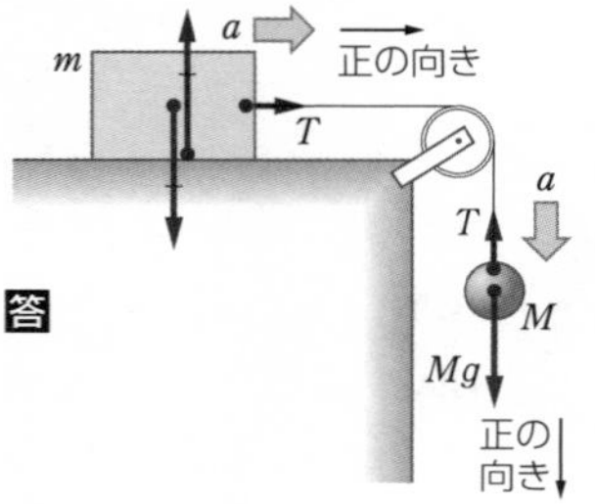


(2)　①式に(1)の答えを代入して

$T = \dfrac{mM}{M + m}g$〔N〕　答

**類題14**
(教 p.85)

軽い定滑車に軽い糸をかけ，その両端に質量がそれぞれ $m_A$, $m_B$〔kg〕($m_A > m_B$)のおもりA, Bをつけて静かに手をはなす。重力加速度の大きさを $g$〔m/s²〕とする。

(1)　おもりの加速度の大きさ $a$〔m/s²〕を求めよ。

(2)　糸がおもりを引く力の大きさ $T$〔N〕を求めよ。

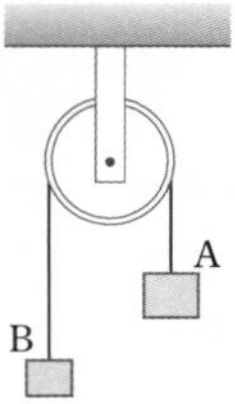

**解説&解答**　$m_A > m_B$なので，おもりAが下降し，Bは上昇する。

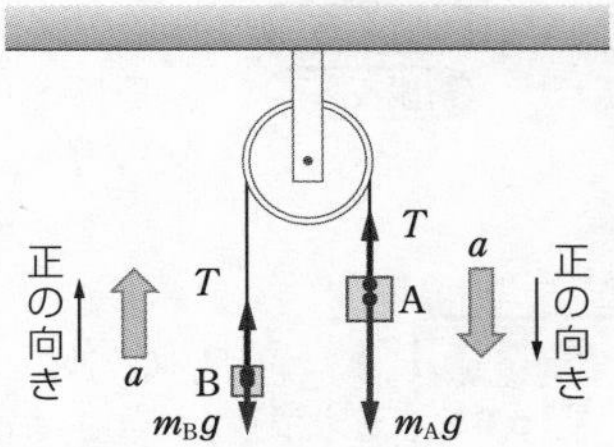


Step 1.　糸がAを引く力の大きさとBを引く力の大きさは等しく，A，Bにはたらく力は図のようになる。

Step 2.　Aについては，鉛直下向きを正にとる。Bについては，鉛直上向きを正にとる。

Step 3.　A，Bの運動方程式はそれぞれ次のようになる。

A：$m_Aa = m_Ag - T$ …①　　B：$m_Ba = -m_Bg + T$ …②

(1)　①式＋②式より　$(m_A + m_B)a = (m_A - m_B)g$

これより，加速度の大きさは　$a = \dfrac{m_A - m_B}{m_A + m_B}g$〔m/s²〕 **答**

(2)　②式×$m_A$－①式×$m_B$より　$0 = -2m_Am_Bg + (m_A + m_B)T$

これより糸がおもりを引く力の大きさは

$T = \dfrac{2m_Am_B}{m_A + m_B}g$〔N〕 **答**

**問39**
（教 p.87）

あらい水平面上に置かれた重さ20Nの物体を水平に引く。物体と面との間の静止摩擦係数を0.40とする。

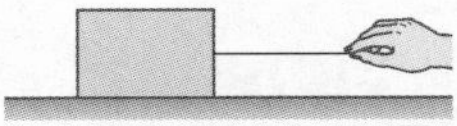

あらい面

(1)　5.0Nの力で引いたところ，物体は動かなかった。このとき物体にはたらく静止摩擦力の大きさは何Nか。

(2)　水平に引く力がある値$f_0$〔N〕をこえた直後に物体は動きだした。$f_0$〔N〕を求めよ。

**考え方**　動きだす直前の摩擦力は最大摩擦力となっている。

**解説&解答**　(1)　静止摩擦力の大きさを$F$とすると，水平方向の力のつりあいより　$F - 5.0 = 0$　よって　$F = $ **5.0N** **答**

(2)　垂直抗力の大きさを$N$とすると，鉛直方向の力のつりあいより　$N - 20 = 0$　よって　$N = 20$N

引く力が$f_0$となったとき，摩擦力は最大摩擦力であるから，水平方向の力のつりあいより　$0.40 \times 20 - f_0 = 0$

よって　$f_0 = $ **8.0N** **答**

**問40**
（教 p.87）

傾きの角が30°のあらい斜面上にある重さ10Nの物体を，斜面にそって上向きに2.0Nの力で引いて静止させる。物体にはたらく静止摩擦力はどの向きに何Nか。

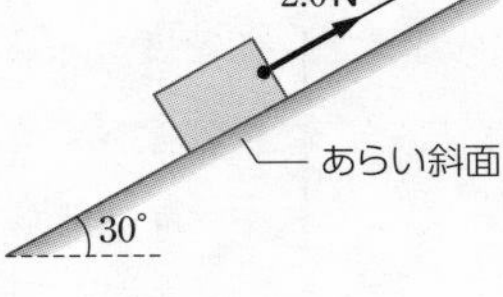

**考え方**　静止しているときには静止摩擦力と他の力がつりあっている。

**解説&解答**　斜面にそって上向きを正として，静止摩擦力を$F$とする。斜面方向の力のつりあいより　$F+2.0-10\times\sin30°=0$

よって　$F=3.0$ N　ゆえに，**斜面にそって上向きに3.0N**　答

**問41**
(教 p.89)　重さ30Nの物体があらい水平面上をすべっているとき，物体が受ける動摩擦力の大きさは何Nか。物体と面との間の動摩擦係数を0.20とする。

**考え方**　静止しているときには静止摩擦力と他の力がつりあっている。

**解説&解答**　垂直抗力の大きさを$N$とすると，鉛直方向の力のつりあいより

$N-30=0$　よって　$N=30$ N

ゆえに，動摩擦力の大きさは　$0.20\times N=0.20\times30=$ **6.0N**　答

**例題15**
(教 p.89)　傾きの角30°のあらい斜面上を物体がすべり下りるとき，物体に生じる加速度$a$〔m/s²〕を求めよ。重力加速度の大きさを9.8 m/s²，斜面と物体との間の動摩擦係数を$\dfrac{1}{2\sqrt{3}}$とし，斜面にそって下向きを正とする。

**解説&解答**　物体の質量を$m$〔kg〕，重力加速度の大きさを$g$〔m/s²〕，動摩擦係数を$\mu'$とする。斜面に平行な方向について，物体の運動方程式を立てると

$ma=mg\sin30°-\mu'N$　……①

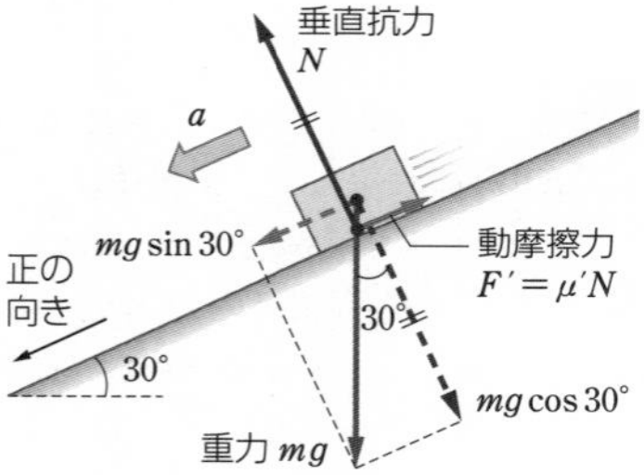


一方，斜面に垂直な方向の力はつりあっているから

$N-mg\cos30°=0$

よって　$N=mg\cos30°$　これを①式に代入して整理すると

$$a=g(\sin30°-\mu'\cos30°)=9.8\times\left(\frac{1}{2}-\frac{1}{2\sqrt{3}}\times\frac{\sqrt{3}}{2}\right)$$

$$=\frac{9.8}{4}\fallingdotseq\mathbf{2.5\,m/s^2}$$　答

**類題15**
(教 p.89)　傾きの角30°のあらい斜面上にある物体に初速度を与え，斜面にそってすべり上がらせた。このとき，物体に生じる加速度$a$〔m/s²〕を求めよ。重力加速度の大きさを9.8 m/s²，斜面と物体との間の動摩擦係数を$\dfrac{1}{2\sqrt{3}}$とし，斜面にそって上向きを正とする。

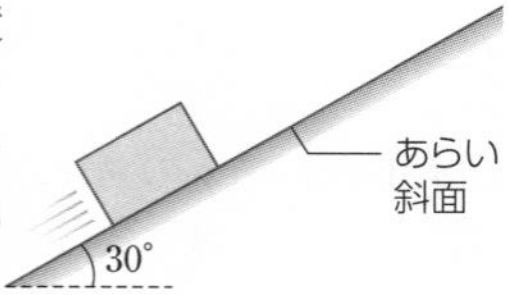

**解説&解答**　物体にはたらく力は図のようになる。図のような2方向に正の向きをとり，斜面に平行な方向について運動方程式を立てると

$ma = -mg\sin 30^\circ - \mu' N$　…①

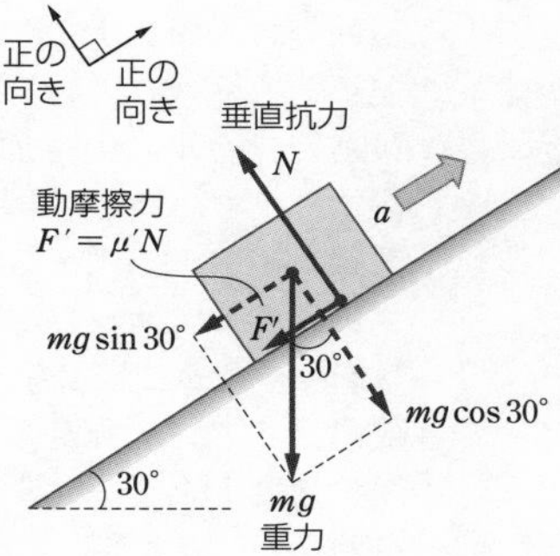


斜面に垂直な方向の力はつりあっているので

$N - mg\cos 30^\circ = 0$　…②

②式より，$N = mg\cos 30^\circ$

これを①式に代入して整理すると，物体に生じる加速度は

$$a = -g(\sin 30^\circ + \mu' \cos 30^\circ) = -9.8 \times \left(\frac{1}{2} + \frac{1}{2\sqrt{3}} \times \frac{\sqrt{3}}{2}\right)$$

$$= -9.8 \times \frac{3}{4} = -7.35 \fallingdotseq \mathbf{-7.4\,m/s^2}$$ **答**

## 思考学習　記録タイマーで生じる抵抗力　教 p.90

運動方程式を学んだTさんは，運動方程式が実際に成りたっているかをあらためて調べてみようと思い，記録タイマーを用いた実験を行った。

図Aのように，水平面上の台車（質量 $m = 1.0$ kg）を一定の大きさの力で引き，台車に加えた力の大きさ $F$〔N〕と加速度の大きさ $a$〔m/s²〕の関係を調べたところ，図Bのようになった。

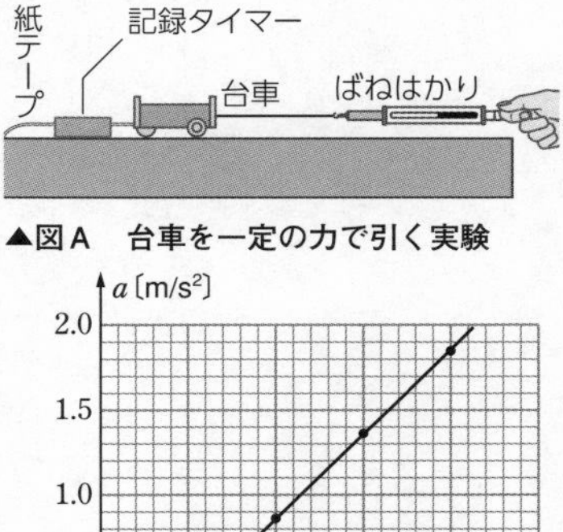


▲図A　台車を一定の力で引く実験

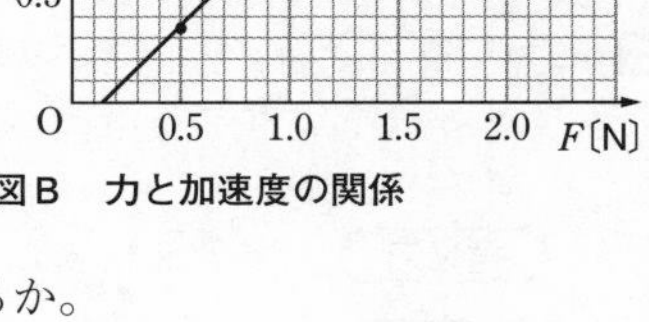


▲図B　力と加速度の関係

**考察1**　図Bのグラフは原点を通っていない。その理由としてTさんは，「台車には，台車の進む向きとは反対向きに，運動を妨げる一定の力がはたらいている」という仮説を立てた。この仮説に基づくと，運動を妨げる力の大きさは何Nと推定されるか。

**考察2**　Tさんは，運動を妨げる力はおもに次の２力であると推定した。

（ア）水平面から受ける摩擦力　（イ）記録タイマーで生じる抵抗力

次のうち，適切な考察を選べ。なお，この台車には速度センサーが内蔵されており，その測定値から加速度が求められる。記録タイマーと速度センサーによる加速度の測定における誤差は無視できるものとする。

①最初だけ台車に力を加えて，減速するときの加速度の大きさ$a_0$を，記録タイマーで測定すると，(ア)の大きさは$ma_0$と推定できる。
②最初だけ台車に力を加えて，減速するときの加速度の大きさ$a_0$を，記録タイマーで測定すると，(イ)の大きさは$ma_0$と推定できる。
③記録タイマーで測定した加速度の大きさ$a_1$と，記録タイマーを用いずに速度センサーで測定した加速度の大きさ$a_2$から，(ア)の大きさは$m(a_2-a_1)$と推定できる。
④記録タイマーで測定した加速度の大きさ$a_1$と，記録タイマーを用いずに速度センサーで測定した加速度の大きさ$a_2$から，(イ)の大きさは$m(a_2-a_1)$と推定できる。

**解説&解答**　**1**　運動を妨げる力の大きさを$f$とすると，運動方程式は

$ma=F-f$ …(あ)

(あ)式より，$a=0$のとき$f=F$であるから，測定点から引いた直線に着目して，グラフから$a=0$のときの$F$を読み取ると　$f=F=\mathbf{0.15\,N}$　**答**

なお，$F=2.00\,\mathrm{N}$のとき$a=1.85\,\mathrm{m/s^2}$と読み取り，(あ)式に代入して$f=0.15\,\mathrm{N}$を得ることもできるが，一つの測定点を用いるよりも，すべての測定点の近くを通るように引いた直線を用いる方がより正確な値を得られる。

**2**　(ア)，(イ)の力の大きさをそれぞれ$R_ア$，$R_イ$とする。記録タイマーで測定した加速度の大きさ$a_1$を用いると，運動方程式は　$ma_1=F-R_ア-R_イ$ …(い)

また，記録タイマーを用いずに，速度センサーで測定した加速度の大きさ$a_2$を用いると，運動方程式は

$ma_2=F-R_ア$ …(う)

(う)式−(い)式より，$R_イ=m(a_2-a_1)$

よって，適切な考察は④　**答**

**問42**
(教 p.91)

図のような重さ2.4 Nの直方体の物体を机の上に置く。面aを下にする場合と，面bを下にする場合では，机の接触面が物体から受ける圧力はそれぞれ何Paか。

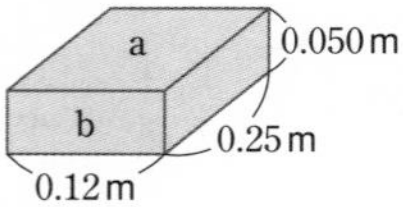


**考え方**　単位面積当たりの力の大きさを求める。

**解説&解答**　(59)式より　面aを下にする場合：$\dfrac{2.4}{0.12\times0.25}=\mathbf{80\,Pa}$　**答**

面bを下にする場合：$\dfrac{2.4}{0.12\times0.050}=\mathbf{4.0\times10^2\,Pa}$　**答**

**問43**（教 p.93）　水深50mにおける物体が受ける圧力は何Paか。大気圧を$1.0 \times 10^5$Pa，水の密度を$1.0 \times 10^3$kg/m³，重力加速度の大きさを9.8m/s²とする。

**解説&解答**　(61)式より　$p = 1.0 \times 10^5 + (1.0 \times 10^3) \times 50 \times 9.8 =$ **$5.9 \times 10^5$ Pa** 答

**問44**（教 p.93）　断面積が$S$〔m²〕の円筒に，円筒の断面と同じ大きさの質量$m$〔kg〕の薄い板を図のようにあてて，水中に十分深く沈め，円筒を上げていくと，ある深さで板が外れた。このときの板の深さ$h$〔m〕を求めよ。水の密度を$\rho$〔kg/m³〕とする。

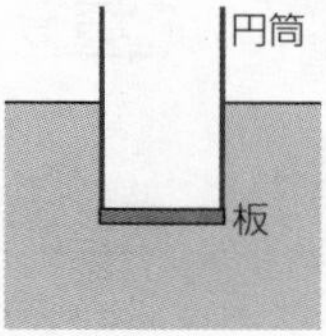


**考え方**　板が外れるとき，板が円筒から受ける力は0となる。

**解説&解答**　大気圧を$p_0$〔Pa〕とすると，板が外れるときに，板が水から受ける圧力$p$は，$p = p_0 + \rho hg$となる。板が外れるとき，板が水と大気から受ける力と重力がつりあうから，鉛直上向きを正とすると，

$$pS - p_0S - mg = 0 \quad よって \quad h = \frac{m}{\rho S}〔m〕$$ 答

**問45**（教 p.94）　1辺が10cm（＝0.10m）の立方体の物体が水中に沈んでいるとき，物体が受ける浮力の大きさは何Nか。水の密度を1000kg/m³，重力加速度の大きさを9.8m/s²とする。

**解説&解答**　(62)式より　$1000 \times 0.10^3 \times 9.8 =$ **9.8N** 答

考 **問46**（教 p.94）　水中では，深い所ほど水圧が大きい。水中の物体を深く沈めると，物体にはたらく浮力の大きさはどうなるだろうか。物体は変形しないものとする。

**考え方**　物体が排除する水の体積を考える。

**解説&解答**　物体は変形しないので，物体が排除する水の体積は変わらない。よって，水の密度が一様であるとすると，(62)式より，**浮力の大きさは変わらない。** 答

**例題16**（教 p.95）　1辺が10cm（＝0.10m）の立方体の物体を水に浮かべたところ，物体の体積の半分が水面下に沈んだ。このとき，物体が受ける浮力の大きさ$F$〔N〕と，物体の質量$m$〔kg〕を求めよ。水の密度を1000kg/m³，重力加速度の大きさを9.8m/s²とする。

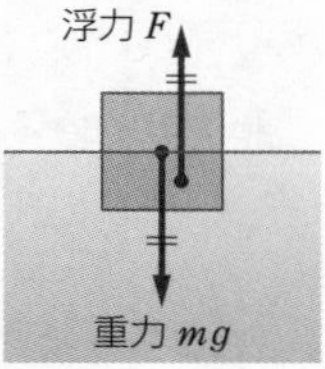


**解説&解答**　物体の水面下に沈んだ部分の体積は，

$0.10^3 \div 2 = 5.0 \times 10^{-4}$m³

よって，物体が受ける浮力は(62)式より

$F = 1000 \times 5.0 \times 10^{-4} \times 9.8 =$ **4.9N** 答

この浮力と物体の重力がつりあうので

$4.9 = m \times 9.8$　よって，$m =$ **0.50 kg** 答

**類題16**（教 p.95）

(1)　密度が $1.00\times10^3$ kg/m³ の水に，密度が $9.2\times10^2$ kg/m³ の氷を浮かせたとき，水面より上の部分の氷の体積は氷全体の何％か。

(2)　密度が $\rho'$〔kg/m³〕の直方体の物体を，密度が $\rho$〔kg/m³〕の液体に入れたとき，この物体が浮くための条件を求めよ。

**考え方**　(1)　氷には，重力と浮力の2力がはたらいてつりあっている。

(2)　物体が完全に沈んでいるときの浮力の大きさが，重力の大きさよりも大きいときである。

**解説&解答**　(1)　氷全体の体積を $V$〔m³〕とし，その水面より上の部分の体積の割合を $x$〔%〕とする。また，水の密度を $\rho$〔kg/m³〕，氷の密度を $\rho'$〔kg/m³〕，重力加速度の大きさを $g$〔m/s²〕とし，はじめは文字式で考える。すると，氷全体の重さは $\rho' Vg$〔N〕，氷にはたらく浮力の大きさは $\rho\times\left(1-\frac{x}{100}\right)V\times g$〔N〕となる。

図①のように，鉛直方向上向きを正にとれば，氷にはたらく力のつりあいは次のようになる。

$$\left(1-\frac{x}{100}\right)\rho Vg-\rho' Vg=0$$

$$x=\frac{\rho-\rho'}{\rho}\times100=\frac{1.00\times10^3-9.2\times10^2}{1.0\times10^3}\times100=\mathbf{8\%}$$　**答**

(2)　図②のように，物体を手で液体に沈めた状態で考える。おさえている手を放したときに物体が浮上する条件は，物体にはたらいている浮力の大きさが重力の大きさよりも大きいことである。物体の体積を $V$〔m³〕，重力加速度の大きさを $g$〔m/s²〕とすれば，重力は $\rho' Vg$〔N〕，浮力は $\rho Vg$〔N〕となり，$\rho' Vg<\rho Vg$

したがって，物体が浮くための条件は　$\boldsymbol{\rho'<\rho}$　**答**

図①

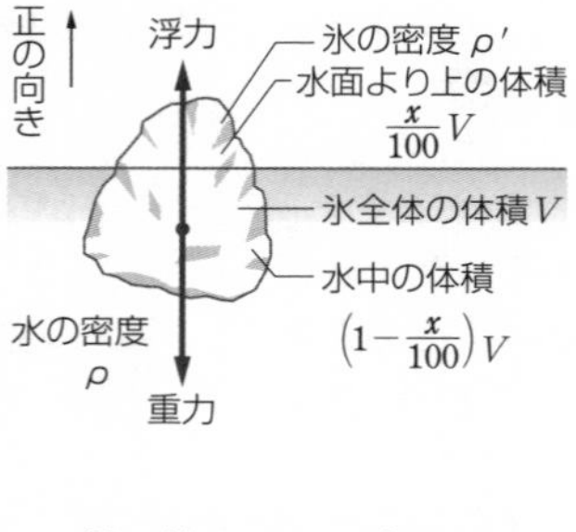


図②

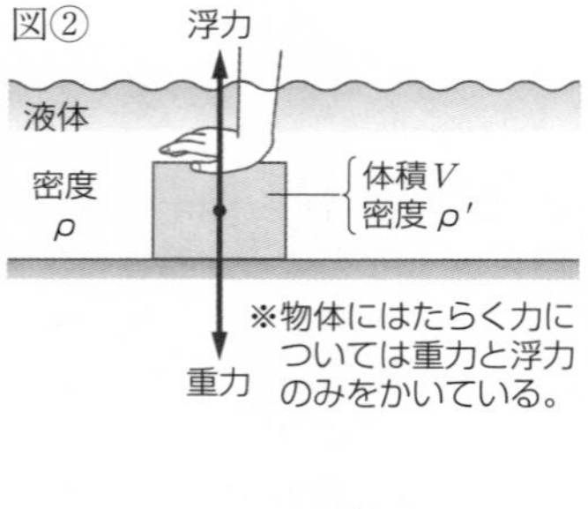


**問47**（教 p.100）

図のように，軽い棒に3つの力がはたらいている。このとき，点Oのまわりの力のモーメントの和は何 N·m か。反時計回りを正とする。

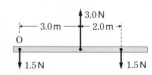

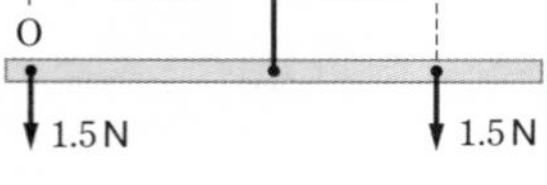

考え方 それぞれの力について点Oのまわりの力のモーメントを求め，その和を計算する。

解説&解答 $M = 3.0 \times 3.0 - 1.5 \times (3.0 + 2.0) = $ **1.5N·m** 答

考 問48 (教p.100)

2人で野球のバットの両端付近を持ち，互いに逆向きに回転させようとしたとき，グリップ側（細いほう）とヘッド側（太いほう）ではどちらが有利だろうか。理由を説明してみよう。

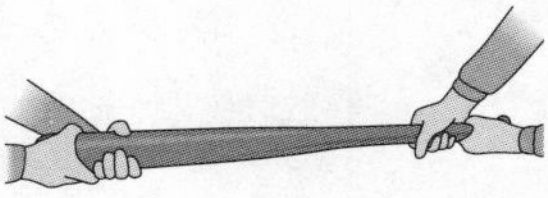

考え方 同じ大きさの力を加えていると仮定して力のモーメントを比較する。

解説&解答 **同じ大きさの力を加えたとき，「$M = Fl$」より，うでの長さ $l$ が長いほうが力のモーメントの大きさ $M$ が大きくなる。すなわち，剛体を回転させる能力が大きい。バットの場合，太いヘッド側のほうがうでの長さ $l$ を長くできるため，より回転させやすく，有利といえる。** 答

例題17 (教p.103)

重さ6.0Nの一様な棒ABがある。棒の両端にそれぞれ軽い糸を結び，糸の他端を鉛直な壁の1点Cにそれぞれ結びつけて棒が水平になるようにつるす。このとき，A，Cを結ぶ糸は鉛直で，B，Cを結ぶ糸は水平方向と30°の角をなしてつりあっている。棒と壁の間の摩擦は無視でき，棒にはたらく重力は，すべて棒の中点Oに加わるものとする。

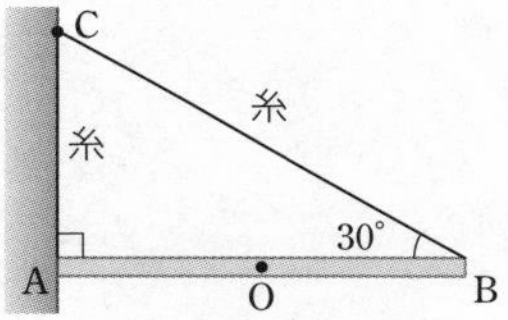


(1) B，Cを結ぶ糸が棒を引く力の大きさ $T_B$〔N〕を求めよ。

(2) A，Cを結ぶ糸が棒を引く力の大きさ $T_A$〔N〕を求めよ。

(3) Aにおいて，壁から棒にはたらく力の大きさ $N_A$〔N〕を求めよ。

考え方 点Aのまわりの力のモーメントの和が0となることを用いる。

解説&解答 棒ABの長さを $2l$〔m〕とする。

棒ABにはたらく力は図のようになる。

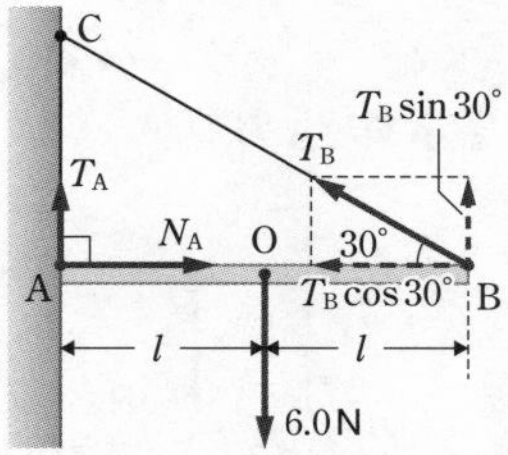


並進運動し始めない条件より

$$N_A - T_B \cos 30° = 0 \quad \cdots\cdots ①$$

$$T_A + T_B \sin 30° - 6.0 = 0 \quad \cdots\cdots ②$$

回転運動し始めない条件より，点Aのまわりの力のモーメントを考えて

$$T_B \sin 30° \times 2l - 6.0 \times l = 0 \quad \cdots\cdots ③$$

(1) ③式より　$T_B = $ **6.0N** 答

(2) ②式より　$T_A = 6.0 - T_B \sin 30° = $ **3.0N** 答

(3) ①式より　$N_A = T_B \cos 30° = 6.0 \times \dfrac{\sqrt{3}}{2} \fallingdotseq$ **5.2N** 答

**類題17** (教p.103)

図のように，重さ 8.0 N の一様な棒 AB を水平であらい床と 60° の角をなすように立てかけた。鉛直な壁はなめらかである。棒にはたらく重力は，すべて棒の中点 O に加わるものとする。

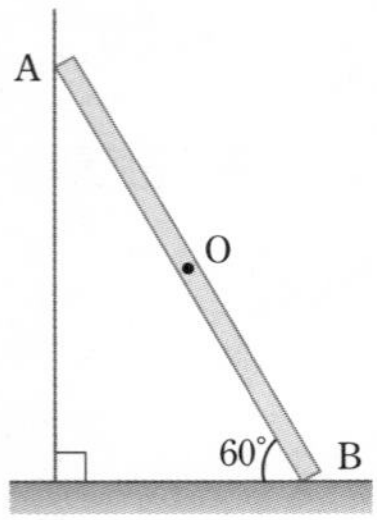


(1) 床が棒の下端 B を垂直方向に押す力の大きさ $N_B$〔N〕を求めよ。

(2) 壁が棒の上端 A を垂直方向に押す力の大きさ $N_A$〔N〕と，棒の下端 B が床から受ける摩擦力の大きさ $f_B$〔N〕をそれぞれ求めよ。

**考え方** 図のように，棒にはたらく力は，上端 A が壁から受ける垂直抗力 $N_A$〔N〕，下端 B が床から受ける垂直抗力 $N_B$〔N〕と，左向きの静止摩擦力 $f_B$〔N〕，重力 8.0 N である。

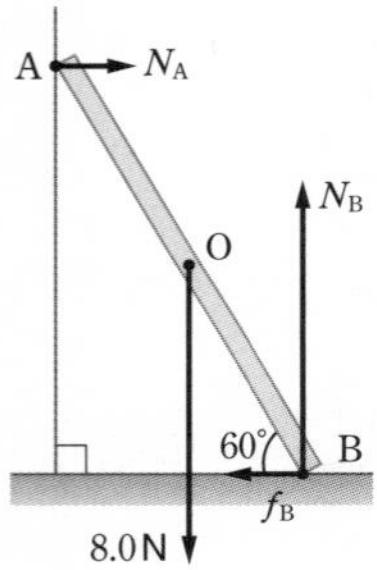


**解説&解答** 棒の長さを $2l$〔m〕とする。

並進運動をし始めない条件((69)式)より

$$N_A - f_B = 0 \quad \cdots\cdots ①$$

$$N_B - 8.0 = 0 \quad \cdots\cdots ②$$

回転運動をし始めない条件((70)式)より，点 B のまわりの力のモーメントを考えて

$$8.0 \times l\cos 60° - N_A \times 2l\sin 60° = 0 \quad \cdots\cdots ③$$

(1) ②式より $N_B = \mathbf{8.0\,N}$ **答**

(2) ③式より $8.0 \times \frac{1}{2} - N_A \times \sqrt{3} = 0$

よって $N_A = \frac{4.0}{\sqrt{3}} \fallingdotseq \mathbf{2.3\,N}$ **答**

これと①式より $f_B = N_A \fallingdotseq \mathbf{2.3\,N}$ **答**

**問49** (教p.105)

(1)〜(3)のように，剛体に 2 つの平行な力がはたらいている。それぞれ，合力の向き，大きさ，および点 O から作用線までの距離を求めよ。

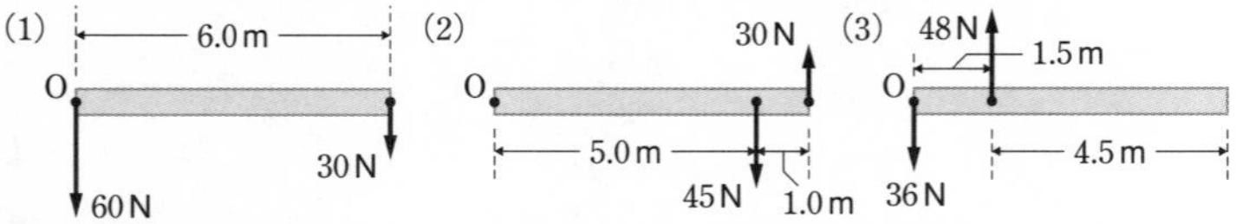


**考え方** 2 力の向きから，力の大きさの逆比に内分する点か，力の大きさの逆比に外分する点かを考える。

**解説&解答**

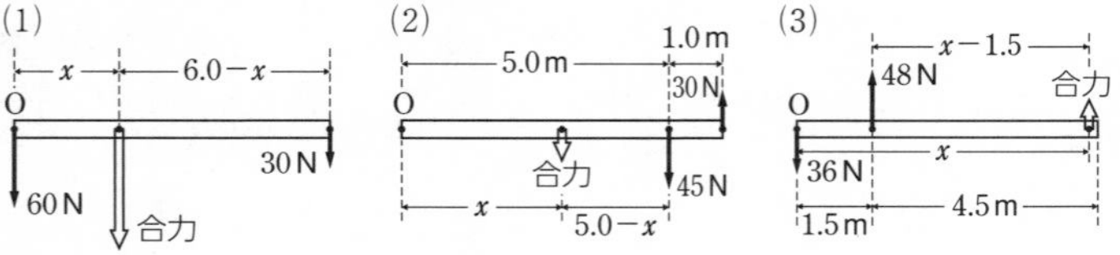

点Oから合力の作用線までの距離を $x$〔m〕とする。

(1)　2力とも下向きだから，合力も**下向き**である。 答

大きさは　$60+30=$ **90N** 答

前図(1)より　$x:(6.0-x)=30:60$ が成りたつ。

よって　$60x=30(6.0-x)$　　$x=$ **2.0m** 答

(2)　上向きを正とすると，合力は　$30-45=-15$N

よって，合力の向きは**下向き**で，大きさは**15N**である。 答

前図(2)より　$(5.0-x):(5.0-x)+1.0=30:45$ が成りたつ。

よって　$45(5.0-x)=30(6.0-x)$　　$x=$ **3.0m** 答

(3)　上向きを正とすると，合力は　$48-36=12$N

よって，合力の向きは**上向き**で，大きさは**12N**である。 答

前図(3)より　$(x-1.5):x=36:48$　が成りたつ。

よって　$48(x-1.5)=36x$　　$x=$ **6.0m** 答

**問50**
(教p.106)
図のように，直径7.0cmのドアノブの両端に，平行で逆向きに大きさ20Nの2力を加えて回転させる。このとき，偶力のモーメントの大きさは何N·mか。

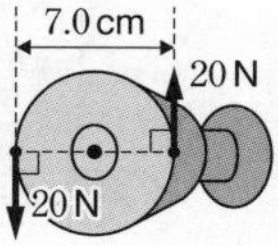


**考え方**　偶力のモーメントの式を使う。→(71)式 $M=Fl$

**解説&解答**　偶力の作用線間の距離が $l=7.0$cm であるから

$$M=Fl=20\times(7.0\times10^{-2})=\mathbf{1.4N\cdot m}$$ 答

**問51**
(教p.107)
図のように，長さ0.70mの軽い棒の両端に，質量1.5kgの小球Aと，質量1.0kgの小球Bを固定した。このとき，小球Aから重心までの距離は何mか。ただし，小球の大きさは無視する。

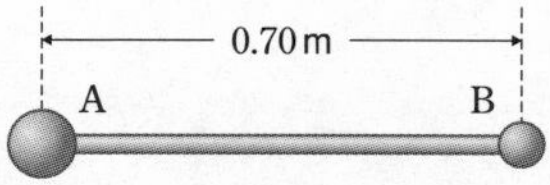


**考え方**　2物体の重心を求める(72)式を用いる。

**解説&解答**　図のように，$x$ 軸をとり，重心の座標を $x_G$〔m〕とすると，(72)式より

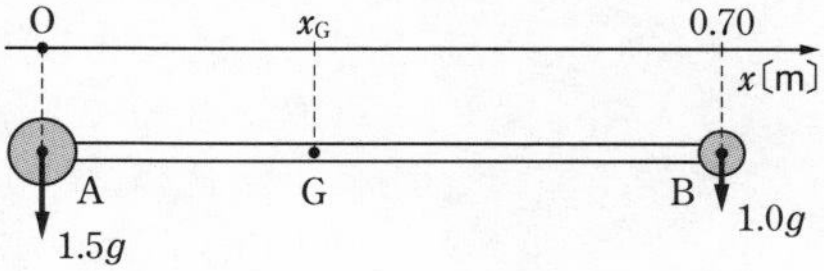


$$x_G=\frac{1.5\times0+1.0\times0.70}{1.5+1.0}=\mathbf{0.28m}$$ 答

**問52**
(教p.107)
図のように，細い一様な針金をL字型に曲げた物体がある。曲げた点を原点Oとし，図のように座標軸を定めるとき，物体の重心Gの座標を求めよ。

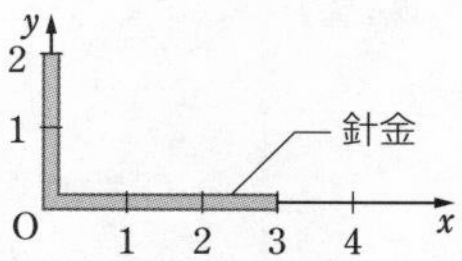


**考え方**　2つの物体に分割して重心の座標の式(73)，(74)を用いる。

**解説&解答**　物体全体の質量を $m$ とし，$x$ 軸に平行な部分を物体1（質量 $\frac{3}{5}m$），

$y$ 軸に平行な部分を物体2（質量 $\frac{2}{5}m$）とする。物体1，2の重心の座標はそれぞれ (1.5, 0)，(0, 1) であるから，物体全体の重心Gの座標 $(x_G, y_G)$ は

$$x_G = \frac{\frac{3}{5}m \times 1.5 + \frac{2}{5}m \times 0}{m} = 0.9$$

$$y_G = \frac{\frac{3}{5}m \times 0 + \frac{2}{5}m \times 1}{m} = 0.4$$

よって　**G(0.9, 0.4)**　答

**問53**
（教p.109）

図のABは，太さが無視できる長さ3.0mのまっすぐな棒であるが，重心は中点にはない。A端を地面につけたまま，B端に鉛直上向きの力を加えて少し持ち上げるには24Nより大きな力が必要だった。また，B端を地面につけたまま，A端を少し持ち上げるには12Nより大きな力が必要だった。A端から棒の重心までの距離と，棒の重さを求めよ。

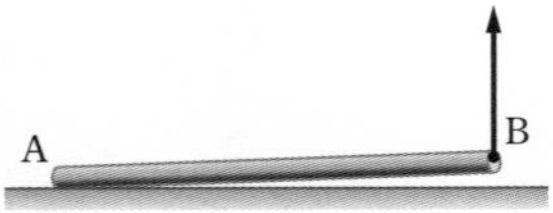


**考え方**　棒の重心の位置と重さが未知数であるから，力のモーメントのつりあいの式を2つ立てる。

**解説&解答**

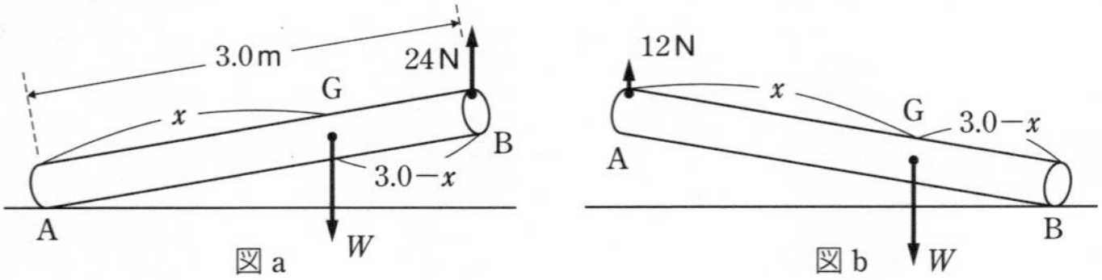


図a　　図b

A端から棒の重心までの距離を $x$〔m〕，棒の重さを $W$〔N〕とすると

図aで，点Aのまわりの力のモーメントの和＝0　より

$24 \times 3.0 - W \cdot x = 0$　……①

図bで，点Bのまわりの力のモーメントの和＝0　より

$W(3.0 - x) - 12 \times 3.0 = 0$　……②

①，②式より　　$x =$ **2.0m**，$W =$ **36N**　答

**問54**
（教p.109）

質量 $m$，半径 $r$（中心 $O_1$）の一様な厚さの円板から，図のように半径 $\frac{r}{2}$（中心 $O_2$）の円板aをくり抜き，残りの部分をbとする。図の点Oを原点とし，$O_1$，$O_2$ を通る $x$ 軸をとる。

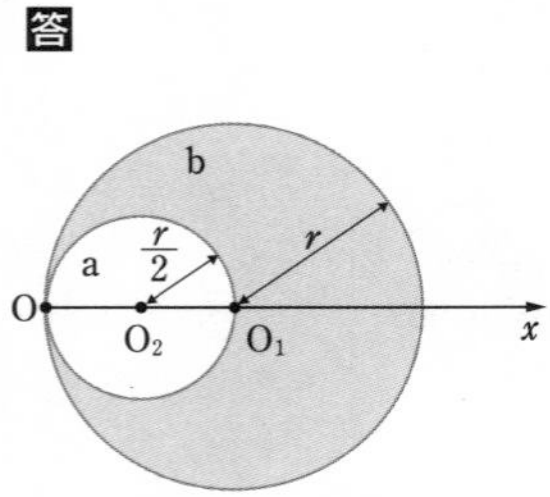


(1)　a，bの質量はそれぞれいくらか。

(2)　aをもとの位置に置いたとき，aとbからなる全体の重心が，もとの円板の重心 $O_1$ に一致する。このことを利用して，bの重心の $x$ 座標を求めよ。

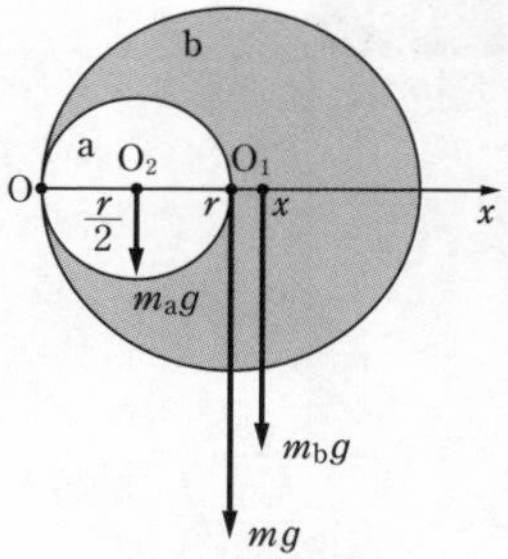


**考え方**　(1)　円板は一様な厚さなので，質量（あるいは重さ）は面積に比例する。

(2)　2物体の重心を求める(72)式を用いる。

**解説&解答**　(1)　半径$r$の円板の面積　$S_1 = \pi r^2$

半径$\frac{r}{2}$の円板の面積

$$S_2 = \pi\left(\frac{r}{2}\right)^2 = \frac{\pi r^2}{4}$$

b部分の面積

$$S_3 = S_1 - S_2 = \pi r^2 - \frac{\pi r^2}{4} = \frac{3\pi r^2}{4}$$

ゆえに　aの質量 $m_a = m\dfrac{S_2}{S_1} = m\cdot\dfrac{\frac{\pi r^2}{4}}{\pi r^2} = \boldsymbol{\dfrac{m}{4}}$ **答**

bの質量 $m_b = m\dfrac{S_3}{S_1} = m\cdot\dfrac{\frac{3\pi r^2}{4}}{\pi r^2} = \boldsymbol{\dfrac{3m}{4}}$ **答**

(2)　a部分（重心の位置は$x = \frac{r}{2}$）とb部分（重心の位置を$x$とする）の2つの部分からなるものの全体の重心の位置$x_G$が，$x_G = r$（点$O_1$）であるから

「$x_G = \dfrac{m_1x_1 + m_2x_2}{m_1 + m_2}$」より

$$r = \frac{m_a\cdot\frac{r}{2} + m_bx}{m_a + m_b} = \frac{\frac{m}{4}\cdot\frac{r}{2} + \frac{3m}{4}\cdot x}{m} = \frac{r}{8} + \frac{3x}{4}$$

$\dfrac{(8-1)r}{8} = \dfrac{3x}{4}$　　ゆえに，$x$軸上で　$x = \boldsymbol{\dfrac{7r}{6}}$ **答**

**例題18**
（教p.111）

あらい水平面上にある重さ20Nの一様な直方体の物体を，図の点Oにつけたひもで水平方向に引く。引く力を大きくしていくと，引く力の大きさが$F_0$〔N〕をこえた直後に，物体は水平面上をすべることなく傾き始めた。$F_0$を求めよ。

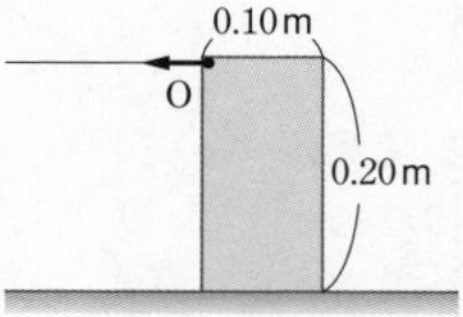


**考え方**　引く力の大きさが$F_0$〔N〕のとき，垂直抗力と静止摩擦力の作用点は下の図の点Aにある。

**解説&解答**　引く力の大きさが$F_0$〔N〕のとき，物体にはたらく力は図のようになる。このとき，点Aのまわりの力のモーメントを考えると

$$F_0 \times 0.20 - 20 \times 0.050 = 0$$

よって　$F_0 = \mathbf{5.0N}$ **答**

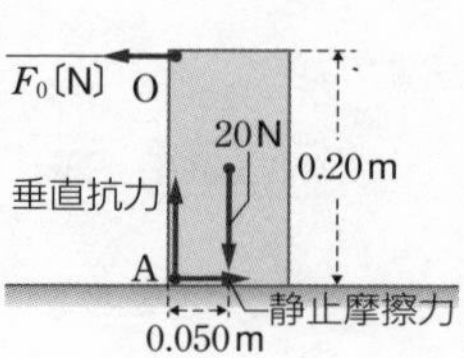

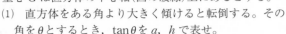

**類題18** (教p.111) 図のように，直方体を傾けてから静かにはなす。底面の横の長さを $a$〔m〕，底面から重心Gまでの高さを $h$〔m〕とし，重心Gは直方体の中心軸（図の破線）上にあるとする。

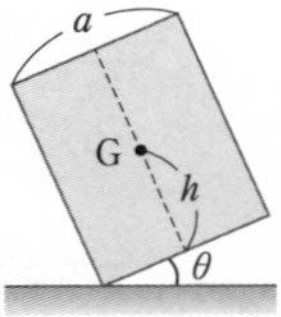


(1) 直方体をある角より大きく傾けると転倒する。その角を $\theta$ とするとき，$\tan\theta$ を $a$，$h$ で表せ。

考 (2) 直方体が転倒しにくいのは，重心の位置が高い場合か，低い場合か。理由とともに説明してみよう。

**考え方** 転倒するときの垂直抗力と重力の作用線に注目する。

**解説&解答** (1) 右図のように垂直抗力と重力の作用線が一致するときが不安定なつりあいであり，これより大きく傾けると転倒する。図より

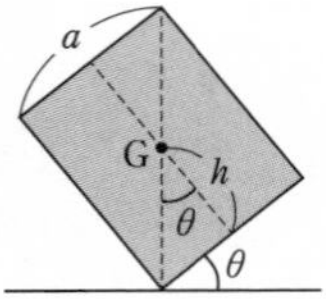


$$\tan\theta=\frac{\frac{a}{2}}{h}=\boldsymbol{\frac{a}{2h}}$$ 答

(2) **(1)より重心Gの高さ $h$ が小さいほど $\tan\theta$ が大きく，すなわち，転倒するときの角 $\theta$ が大きい。つまり，重心の位置が低いほうが転倒しにくい。** 答

## 思考学習 糸巻きの転がり方 教 p.111

Bさんは，図のように糸巻きから出た糸を水平に引いてみた。糸巻きはどちらの方向に転がるかを考えてみよう。このとき，糸巻きは床に対してすべらず，床から離れないものとする。

**考察1** Bさんは，「糸が引く力が，糸巻きの中心に対して反時計回りに加わるので，左に転がる」と考えた。しかし，実際は右に転がる。中心ではない他の点のまわりの力のモーメントを考えて，なぜ右に転がるかを理由とともに説明してみよう。

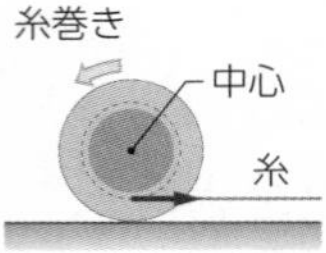


**考察2** 糸の引く方向を水平方向から徐々に上に傾けていくと，ある角度を境に転がる方向が逆になった。なぜだろうか，理由とともに考えよう。

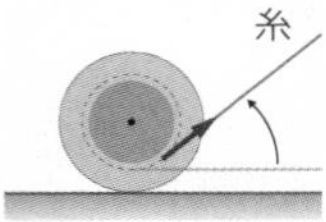


**考え方** 糸巻きと床との接点をPとし，点Pのまわりの力のモーメントを考えると，重力，垂直抗力，摩擦力のモーメントは0なので，糸が引く力のモーメントだけを考えればよい。

**解説&解答** **1** **次図のように，糸が引く力のモーメントは0ではなく時計回りである。したがって，糸巻きは点Pを軸に時計回りに回転し，右向きに転がる。** 答

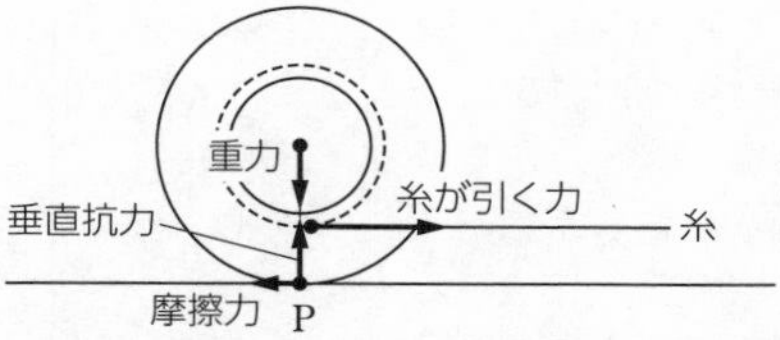


**❷　次図のように，糸の引く方向が床と交わる点をQとする。糸の引く方向を水平方向から徐々に上に傾けていくと，点Qは左からしだいに点Pに近づいていき，やがて点Pの右側となる。点Qが点Pの左にあるときは，点Pのまわりの力のモーメントは時計回りで糸巻きは右に転がるが，点Qが点Pの右になると，点Pのまわりの力のモーメントは反時計回りとなり，糸巻きは左に転がる。　答**

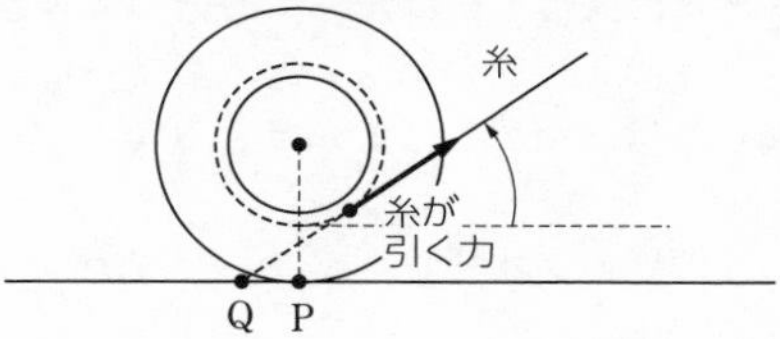


## 演　習　問　題

教 p.113～p.115

***1***　傾きの角$\theta$のなめらかな斜面上に質量$m$〔kg〕の物体をのせ，図のような水平方向の力を加えて静止させる。このとき，加えた力の大きさ$F$〔N〕と，物体が斜面から受ける垂直抗力の大きさ$N$〔N〕を求めよ。重力加速度の大きさを$g$〔m/s²〕とする。

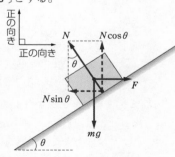

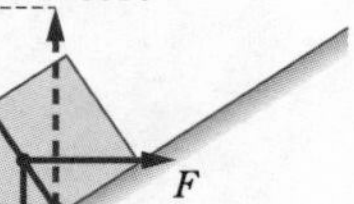


（解説&解答）　斜面上の物体には，重力，水平方向の力，垂直抗力の3つの力が図のようにはたらきつりあっている。
これらの力を水平方向（右向きを正）と鉛直方向（上向きを正）に分解して，それぞれの力の成分のつりあいを考える。

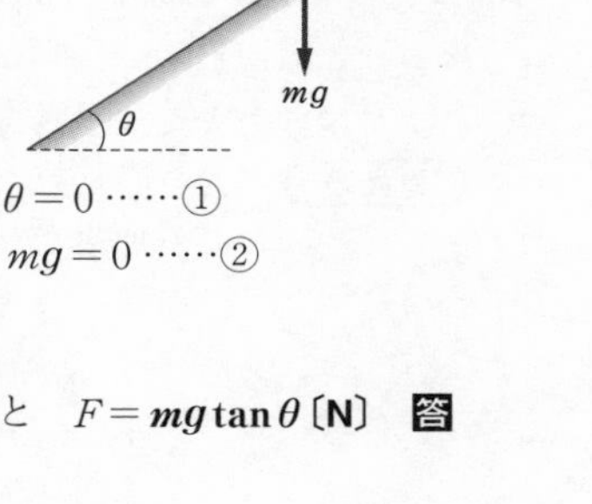


水平方向のつりあい：$F - N\sin\theta = 0$ ……①
鉛直方向のつりあい：$N\cos\theta - mg = 0$ ……②

②式より　$N = \dfrac{mg}{\cos\theta}$〔N〕　答

これを①式に代入して整理すると　$F = mg\tan\theta$〔N〕　答

**2**　生徒A，Bが斜面上の台車の運動に関する実験を行った。静止していた台車を，斜面にそって上向きに手で押して，斜面上をすべり上がらせる。台車から手をはなしたのち，台車は最高点に達し，その後，斜面を降下した。台車に内蔵されている速度センサーにより，台車の運動を調べたところ，速さ$v$と経過時間$t$の関係を表すグラフは図のようになった。次の会話を読み，空欄に当てはまる適切な語句を下の選択肢から選べ。

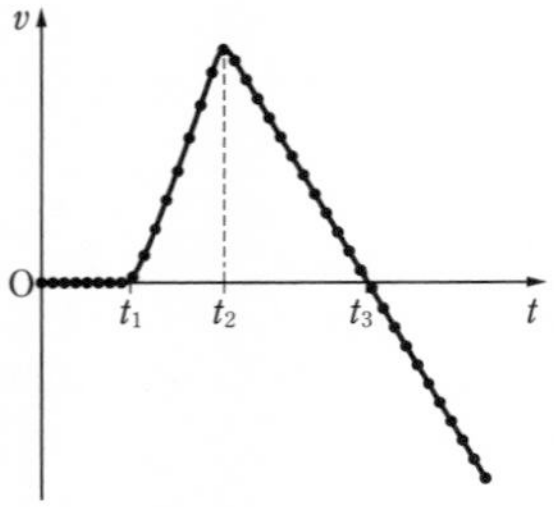


A：「グラフは特徴的な形をしているね。特に，時刻$t_1$，$t_2$，$t_3$に着目するとよさそうだよ。」

B：「そうだね。台車が最高点に達するのは，［ 1 ］と考えられるね。」

A：「台車が降下するときに，台車にはたらく合力の大きさはわかるかな。」

B：「台車が降下するときのグラフの傾きの大きさから［ 2 ］がわかるから，あとは［ 3 ］を調べれば，求めることができるね。」

〔［ 1 ］の選択肢〕

①時刻$t_1$の瞬間　②時刻$t_2$の瞬間　③時刻$t_3$の瞬間

〔［ 2 ］，［ 3 ］の選択肢〕

①台車の移動距離　②台車の速さ　③台車の加速度の大きさ　④台車の質量

**考え方**　運動方程式から合力を求めるために必要なものを考える。

**解説&解答**　［ 1 ］　最高点では速度が0となるので，最高点に達した時刻は$t_3$である。**答**　③

［ 2 ］　$v$-$t$図の傾きは加速度を表す。**答**　③

［ 3 ］　加速度はグラフの傾きから求められるので，質量がわかれば，運動方程式より，合力の大きさを求められる。**答**　④

**3**　質量0.90kgの物体Aを，傾きの角$\theta$のなめらかな斜面上に置く。物体Aに軽くて伸びないひもをつけ，これを斜面の上端に固定した軽い滑車に通し，ひもの端に質量0.50kgの物体Bをつるす。重力加速度の大きさを9.8m/s²，$\sin\theta=\dfrac{1}{3}$とする。

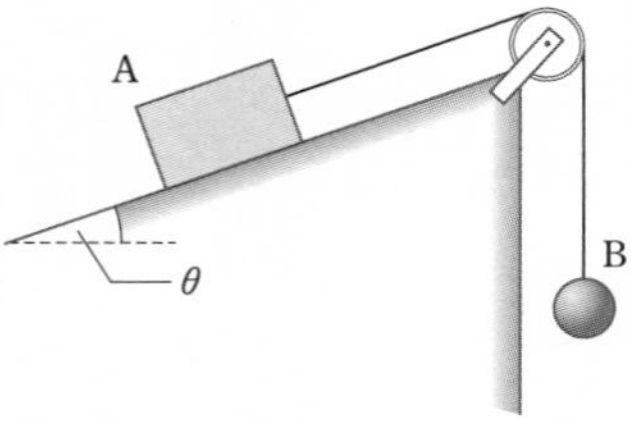


(1)　Aは斜面を上昇するか，下降するか。

(2)　Aの加速度の大きさ$a$〔m/s²〕と，ひもがAを引く力の大きさ$T$〔N〕を求めよ。

**考え方**　Aを引く力の大きさとBを引く力の大きさは等しい。A，Bに生じる加速度の大きさは等しい。

**解説&解答**　物体A，Bにはそれぞれ図のように力がはたらいている。

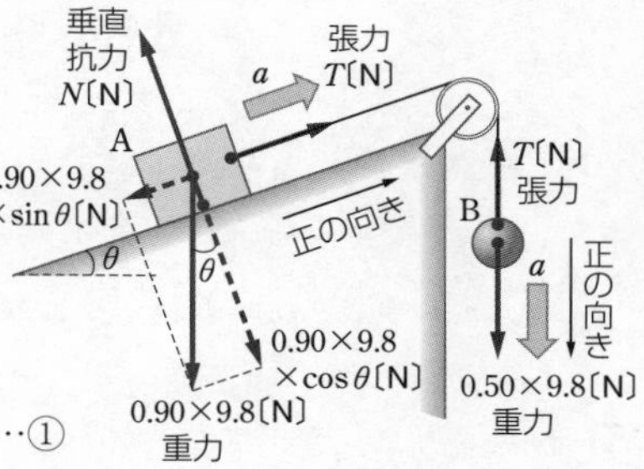


Aについては斜面方向上向きを正にとり，運動方程式を立てると

$$0.90a = T - 0.90\times 9.8\times\frac{1}{3}\ \cdots\cdots①$$

Bについては鉛直方向下向きを正にとり，運動方程式を立てると

$$0.50a = 0.50\times 9.8 - T\ \cdots\cdots②$$

①式＋②式より

$$1.40a = 0.20\times 9.8$$
$$a = 1.4\,\mathrm{m/s^2}$$

これを②に代入して計算すると

$$T = 4.2\,\mathrm{N}$$

(1)　$a$の値は正となるので，Aは斜面を**上昇する**。 **答**

(2)　加速度の大きさは$a=$ **1.4 m/s²** **答**
　　引く力の大きさは$T=$ **4.2 N** **答**

***4***　水平であらい床面上にある質量5.0 kgの物体に対し，図のような角で力を加える。力を徐々に大きくしていったところ，大きさ15 Nをこえたときに物体は静かにすべり始めた。重力加速度の大きさを9.8 m/s²とする。

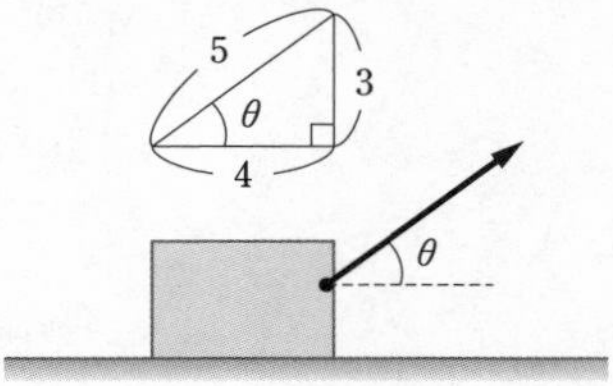


(1)　物体がすべり始めるとき，物体が床面から受ける垂直抗力の大きさ$N$〔N〕を求めよ。

(2)　物体が床面から受ける最大摩擦力の大きさ$F_0$〔N〕を求めよ。

(3)　物体と床面との間の静止摩擦係数$\mu$を求めよ。

**解説&解答**　物体がすべり始める直前にはたらく力は図のようになる。

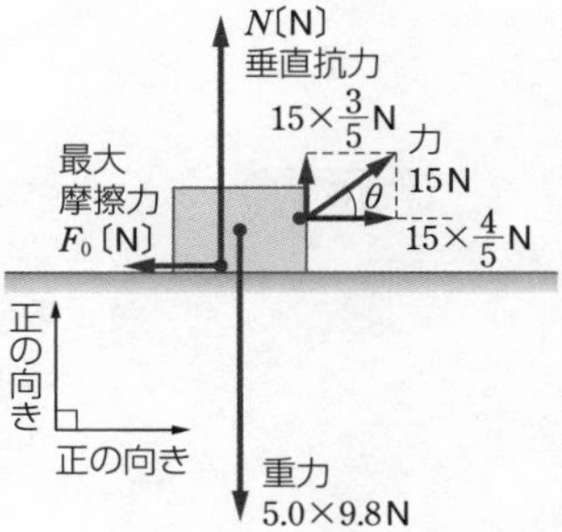


物体がすべり始める直前までは，物体にはたらく力はつりあっている。

このとき水平方向（右向きを正）の力のつりあいより

$$15\times\frac{4}{5} - F_0 = 0\ \cdots\cdots①$$

また，鉛直方向(上向きを正)の力のつりあいより

$$-5.0\times9.8+15\times\frac{3}{5}+N=0 \cdots\cdots②$$

(1)　②式より　$N=\mathbf{40\,N}$　答

(2)　①式より　$F_0=\mathbf{12\,N}$　答

(3)　$F_0=\mu N$ より　$\mu=\dfrac{F_0}{N}=\dfrac{12}{40}=\mathbf{0.30}$　答

**5**　図のように，水平でなめらかな床上に置かれた板A(質量$m_A$〔kg〕)の上面に，物体B(質量$m_B$〔kg〕)がのっている。Aに大きさ$F$〔N〕の水平な力を，図のように右向きに加え続けたところ，BがAの上面ですべりながら，A，Bともに運動した。AとBとの間の動摩擦係数を$\mu'$，重力加速度の大きさを$g$〔m/s²〕とし，図の右向きを正とする。

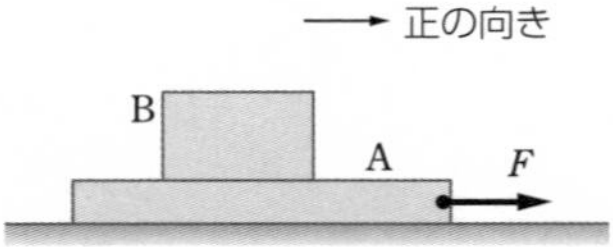


(1)　Bにはたらく摩擦力の向きを答えよ。

(2)　Bの床に対する加速度$a_B$〔m/s²〕を求めよ。

(3)　Aの床に対する加速度$a_A$〔m/s²〕を求めよ。

解説&解答　Aが床面から受ける垂直抗力の大きさを$N_A$〔N〕，BがAから受ける垂直抗力の大きさを$N_B$〔N〕とする。

A，Bにはたらく力は，それぞれ図のようになる。

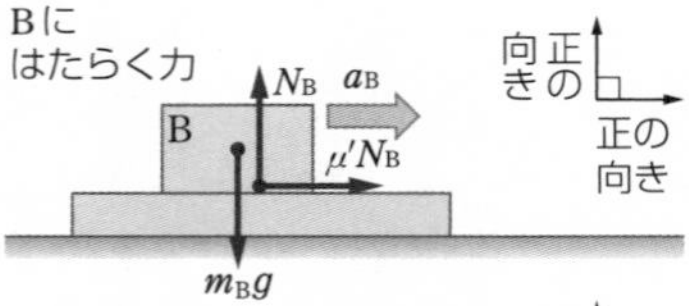


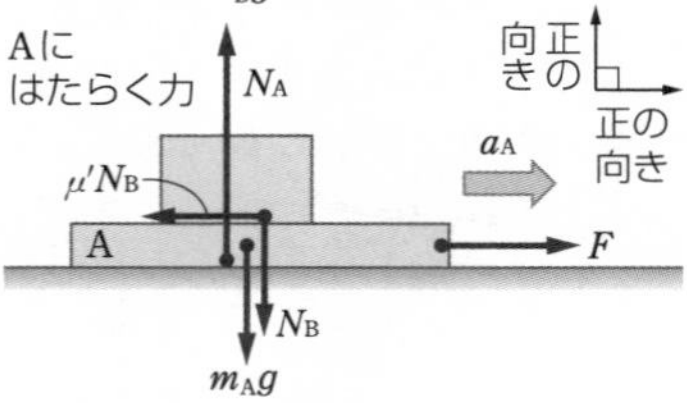


まずBにはたらく力について考える。

水平方向(右向きを正)の運動方程式は

$$m_B a_B=\mu' N_B \cdots\cdots①$$

鉛直方向(上向きを正)の力のつりあいより

$$-m_B g+N_B=0 \cdots\cdots②$$

次に，Aについて，水平方向(右向きを正)の運動方程式は

$$m_A a_A=F-\mu' N_B \cdots\cdots③$$

解説&解答　(1)　Aにはたらく摩擦力は，運動を妨げる向きであるから左向きである。よって，作用反作用の法則より，Bにはたらく摩擦力は**正の向き(右向き)**。　答

(2)　②式より　$N_B=m_B g$　これを①式に代入して

$m_B a_B=\mu' m_B g$　よって　$a_B=\boldsymbol{\mu' g}$〔m/s²〕　答

(3)　③式に　$N_B=m_B g$　を代入して

$m_A a_A=F-\mu' m_B g$　よって　$a_A=\boldsymbol{\dfrac{F-\mu' m_B g}{m_A}}$〔m/s²〕　答

**6** 長さ$l$〔m〕，質量$m$〔kg〕の一様な棒ABがある。棒のA端をちょうつがいで壁につけ，B端は軽い糸で鉛直な壁の1点Cに結びつけて，棒が水平と30°をなすように固定した。このとき，B，Cを結ぶ糸は水平でつりあっている。重力加速度の大きさを$g$〔m/s²〕とする。

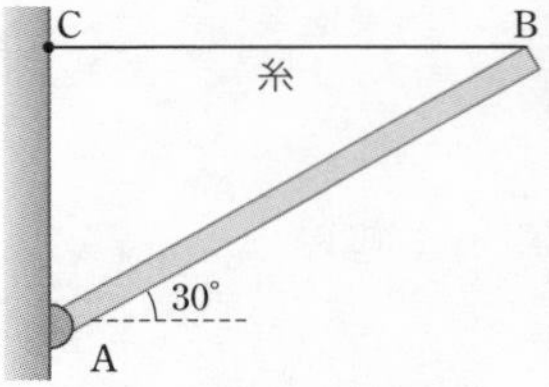


(1) 糸が棒を引く力の大きさ$T$〔N〕を求めよ。

(2) ちょうつがいから棒にはたらく力の水平成分の大きさ$F_A$〔N〕と鉛直成分の大きさ$F_B$〔N〕を求めよ。

**考え方** 剛体のつりあいの条件(69)，(70)式を用いる。

**解説&解答** 棒ABにはたらく力は右図のようになる。

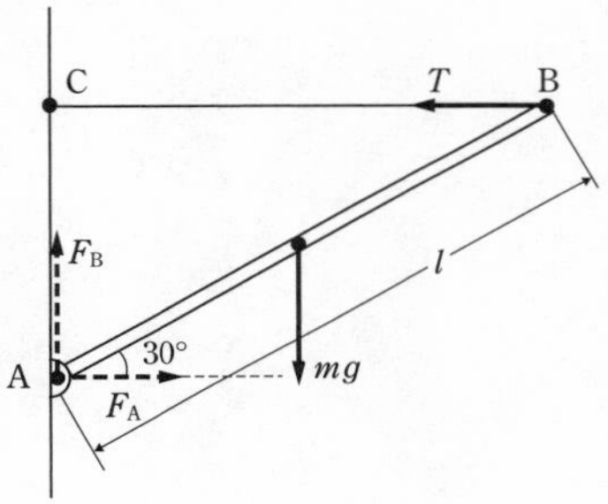


並進運動し始めない条件より

$$F_A - T = 0 \quad \cdots\cdots ①$$

$$F_B - mg = 0 \quad \cdots\cdots ②$$

回転運動し始めない条件より，点Aのまわりの力のモーメントを考えて

$$T \times l\sin 30° - mg \times \frac{l}{2}\cos 30° = 0 \quad \cdots\cdots ③$$

(1) ③式より

$$T = \frac{mg\cos 30°}{2\sin 30°} = \frac{\sqrt{3}}{2}mg \text{〔N〕}$$ **答**

(2) ①式より　$F_A = T = \frac{\sqrt{3}}{2}mg$〔N〕 **答**

②式より　$F_B = mg$〔N〕 **答**

**7** 図のように，重さ10Nの一様な板が支柱C，Dによって水平に支えられ，その上に重さ20Nのおもりが置かれている。

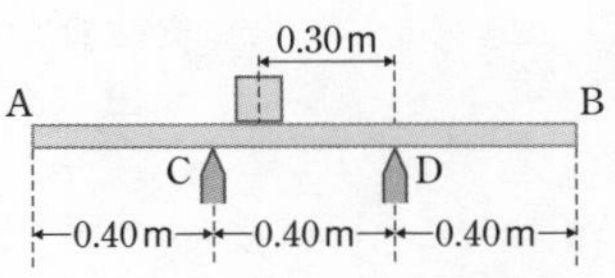


(1) 板が支柱C，Dから受ける力はそれぞれ何Nか。

(2) おもりを右へ移動させるとき，ある所まで行くと板がひっくり返った。このときおもりを何m右へ移動させたか。

**考え方** 剛体のつりあいの条件(69)，(70)式を用いる。

**解説&解答** (1) 板が支柱C，Dから受ける垂直抗力の大きさをそれぞれ$N_C$，$N_D$〔N〕とすると板にはたらく力は次図のようになる。

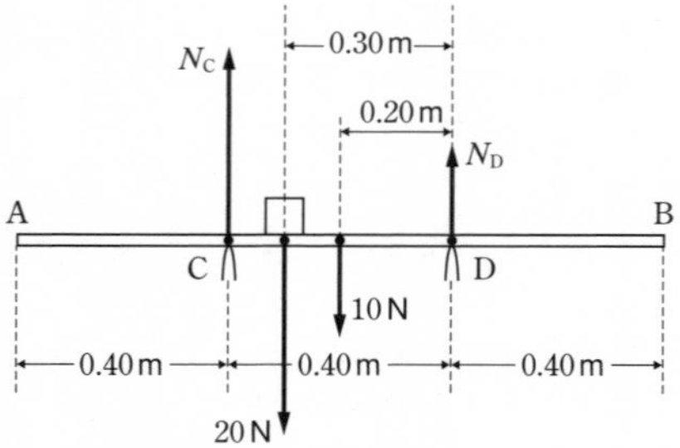


支柱Dのまわりの力のモーメントを考えると

$$20\times0.30+10\times0.20-N_C\times0.40=0$$

よって　$N_C=$ **20N** 答

また，合力が0になるので　$N_C+N_D-20-10=0$

よって　$N_D=$ **10N** 答

(2)　おもりを元の位置から距離$x(>0.30)$〔m〕右に移動させたときに板がひっくり返るとすると，おもりと支柱Dの距離は$x-0.30$〔m〕となる。また，このとき$N_C=0$Nとなり，板はCから浮く。

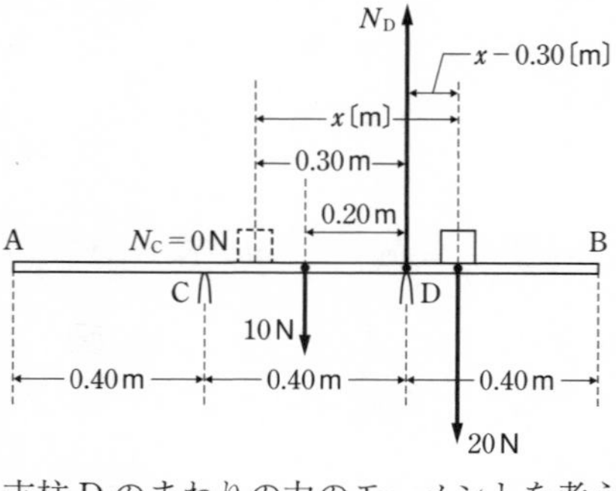


支柱Dのまわりの力のモーメントを考えると

$10\times0.20-20\times(x-0.30)=0$　よって　$x=$ **0.40m** 答

**8**　高さ0.16mで密度が一様な直方体を，長さ0.12mの底辺が斜面にそう向きに平行になるようにして，あらい斜面上に置く。

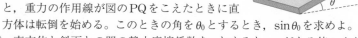

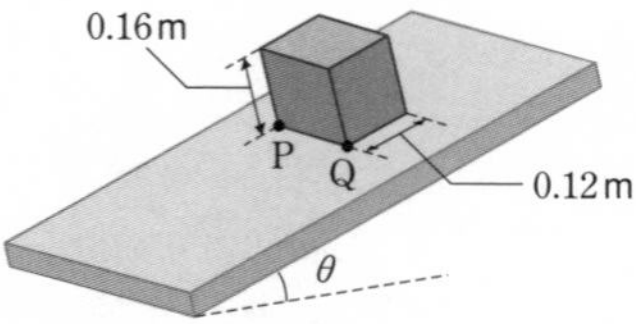


(1)　斜面の傾きの角$\theta$を徐々に大きくしていくと，重力の作用線が図のPQをこえたときに直方体は転倒を始める。このときの角を$\theta_0$とするとき，$\sin\theta_0$を求めよ。

(2)　直方体と斜面との間の静止摩擦係数を$\mu$とすると，$\mu$がある値$\mu_0$より小さいときは，直方体は(1)の状態になる前に斜面をすべり始める。$\mu_0$を求めよ。

**考え方**　(1)　剛体の転倒する条件について考える。

(2)　直方体がすべり始めるとき，角$\theta_0$は摩擦角になっている。こ

のときの直方体と斜面の間の摩擦係数を$\mu_0$とすると，

$\mu_0 = \tan\theta_0$　……①　の関係がある。

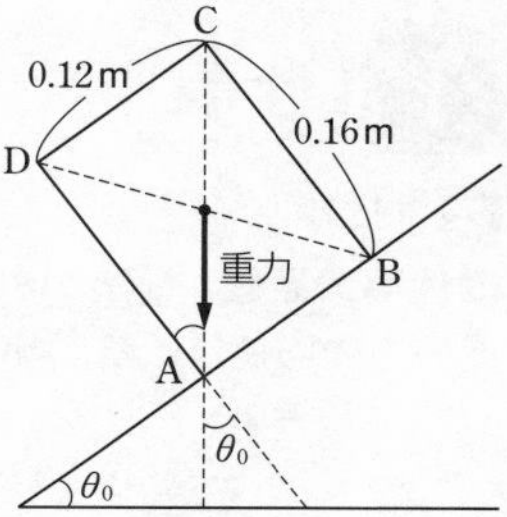


**解説&解答**　(1)　$\sin\theta_0 = \dfrac{CD}{AC} = \dfrac{0.12}{\sqrt{0.12^2 + 0.16^2}}$

$= \mathbf{0.60}$　**答**

(2)　①式より

$$\mu_0 = \tan\theta_0 = \frac{0.12}{0.16} = 0.75$$

したがって，$\mu$が**0.75**より小さいとき，直方体は斜面の傾きが$\theta_0$となる前に斜面をすべり始める。　**答**

## 考 考えてみよう！

**9**　(1)「1Nとは？」そう聞かれたら，どう答えるか。学んだ知識を用いて，表現してみよう。

(2)　氷上で，スケートをはいた子どものAさん（体重40kg）と大人のBさん（体重80kg）が押しあったところ，2人はそれぞれ後方にすべったが，Aさんのほうが速くなった。作用反作用の法則によれば，AさんがBさんを押す力と，BさんがAさんを押す力の大きさは同じであるのに，Aさんの速さのほうが大きくなったのはなぜだろうか。

(3)　水の入ったコップに氷を浮かべる。氷がすべてとけると，水面の高さはどうなるだろうか。

(4)　図のようなクレーン車は，重いものをつり上げて運ぶときに転倒しやすくなるので，転倒を防止するため，車両本体におもりをのせて作業することが多い。重いものをつり上げたときに転倒しやすくなる理由を説明してみよう。

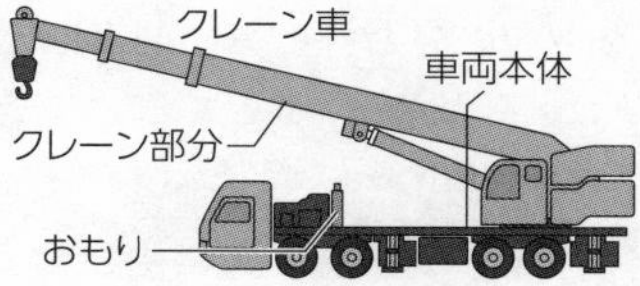


**考え方**　運動の法則，運動方程式，アルキメデスの原理，力のモーメントをもとに考える。

**解説&解答**　(1)　例）**質量1kgの物体に大きさ1m/s²の加速度を生じさせる力の大きさ**

(2)　例）**運動方程式より，合力の大きさが同じ場合，質量が小さいほうが大きな加速度が生じる。よって，Bさんと比べて質量の小さいAさんの速さの方が大きくなった。**

(3)　氷にはたらく浮力と重力はつりあっているので，氷の重さと氷が排除している水の重さは等しい。よって，氷がとけると排除していた水と同じ体積となるから，水面の高さは**変わらない**。

(4)　**重いものをつり上げるとき，クレーン部分の先端に加わる力は大きく，クレーン部分の根元の点のまわりの力のモーメントが大きくなるため。**　**答**

# 第3章 仕事と力学的エネルギー

教 p.116〜p.139

## 1 仕事

### A 仕事

**❶仕事の定義** 教 p.116図91ⓐのように，物体を一定の大きさの力$F$〔N〕で押して，その力の向きに距離$x$〔m〕だけ動かすとき

$$W = Fx \tag{75}$$

をその力のした**仕事**という。

物体に1Nの力をはたらかせて，その向きに物体を1mだけ動かすときの仕事を1**ジュール**(記号**J**)という。1J＝1N·mである。

同図ⓑのように，仕事$W$は力$F$と位置$x$の関係を表すグラフ($F$−$x$図)が$x$軸との間につくる面積に等しい。

**❷力の向きと仕事** 力が物体の動く向きと垂直な場合，仕事は0となる。

力の向きが物体の動く向きと反対の場合，仕事は負の値となる。このとき，力の大きさを$F$，移動距離を$x$とすると，仕事$W$は

$$W = -Fx \tag{76}$$

仕事はベクトルではないので，負の仕事は「負の向きの仕事」ではない。

右図のように，一定の力$F$で斜めに引き続ける場合，力$F$を物体の移動方向の分力と，これと垂直な方向の分力とに分解する。垂直な方向の分力$F\sin\theta$の仕事は0なので，分力$F\cos\theta$だけが仕事をする。よって，この力$F$のした仕事$W$は次の式で表される。

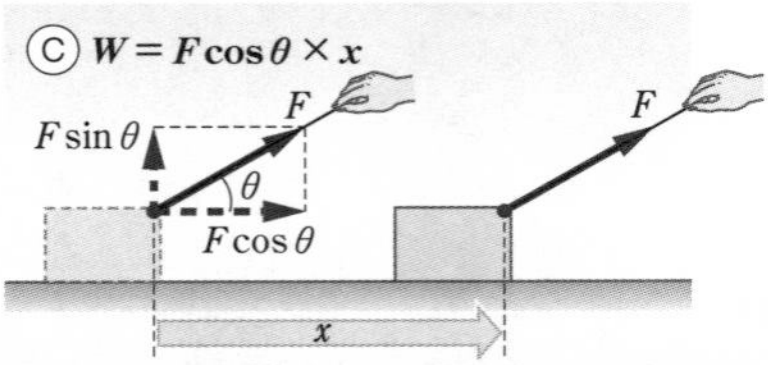


**仕事**

$$W = Fx\cos\theta \tag{77}$$

$W$〔J〕 仕事　$F$〔N〕 力の大きさ　$x$〔m〕 移動距離
$\theta$〔°〕 力の向きと移動の向きがなす角

**❸仕事をしない力** 力が物体の動く向きと垂直な場合($\theta=90°$，つまり$\cos\theta=0$の場合)や，物体が動かない場合($x=0$)，仕事は0となる。

**❹力の大きさが変化する場合の仕事** 一般にはたらく力の大きさが変化する場合においても，仕事$W$は$F$−$x$図の面積によって表される。

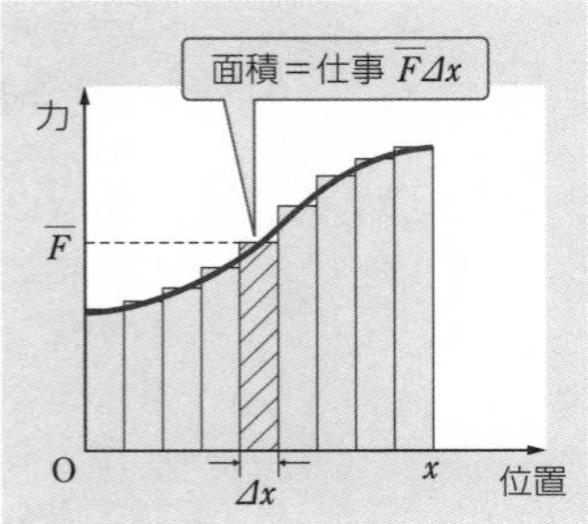

## B 仕事の原理

図ⓐのように，定滑車を用いて質量$m$〔kg〕の荷物を$h$〔m〕の高さまでゆっくりと持ち上げるとき，人は$mg$〔N〕の力で$h$〔m〕だけひもを引くので，$mg\times h=mgh$〔J〕の仕事をする。

一方，図ⓑのように，軽い動滑車を用いて，同じ高さまで荷物をゆっくり持ち上げるときは，ひもを引く力は$\frac{1}{2}mg$〔N〕，ひもを引く距離は$2h$〔m〕になるから，必要な仕事は　$\frac{1}{2}mg\times 2h=mgh$〔J〕　となる。

滑車などの道具を使うと，力は小さくなるが，動かす距離は長くなるので仕事を減らすことはできない。これを**仕事の原理**という。

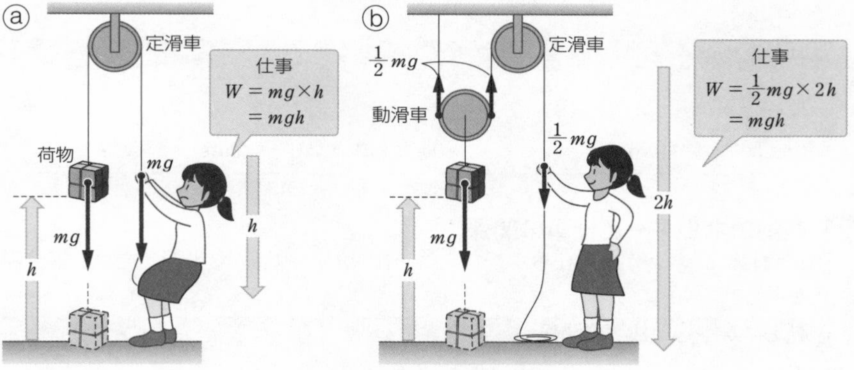


## C 仕事率

**❶仕事率**　**仕事率**とは単位時間当たりの仕事である。仕事率は，次の式で表せる。

| 仕事率 |
|---|
| $$\boldsymbol{P=\frac{W}{t}}\qquad(78)$$ $P$〔W〕　仕事率　　$W$〔J〕　仕事　　$t$〔s〕　時間 |

1秒当たり1Jの割合で仕事をするときの仕事率を1**ワット**(記号**W**)という。

1W＝1J/sである。また，1000Wを1**キロワット**(記号**kW**)という。(78)式より，$W=Pt$であるから，仕事＝仕事率×時間。1kWの仕事率で1時間にする仕事を1キロワット時(記号kWh)といい，仕事の単位として用いることもある。

**❷仕事率と速さの関係**　物体が一直線上で$F$〔N〕の一定の力を受けて，短い時間$\Delta t$〔s〕の間に$\Delta x$〔m〕だけ進むとき，力がする仕事は$F\Delta x$で，速さ$v$〔m/s〕は$\frac{\Delta x}{\Delta t}$であるから，仕事率$P$〔W〕は次のように表すこともできる。

$$\boldsymbol{P}=\frac{\text{仕事}}{\text{時間}}=\frac{F\Delta x}{\Delta t}=\boldsymbol{Fv}\qquad(79)$$

# 2 運動エネルギー

## A エネルギー

物体が仕事をする能力をもつとき,物体は**エネルギー**をもつという。エネルギーは,物体がすることのできる仕事に等しい。そのため,エネルギーの単位にもJ(ジュール)が用いられる。

## B 運動エネルギー

運動をしている物体がもつエネルギーを**運動エネルギー**という。

**教 p.122図**100のように台車が運動してるとき，台車の運動エネルギーは次のように表される。

**運動エネルギー**

$$K = \frac{1}{2}mv^2 \tag{81}$$

$K$〔J〕　物体がもつ運動エネルギー　　$m$〔kg〕　物体の質量　　$v$〔m/s〕　物体の速さ

## C 運動エネルギーと仕事の関係

**教 p.124図**101のように，仕事を受けたことで物体の速さが変化したとき，次の関係式が得られる。

**運動エネルギーと仕事の関係**

$$\frac{1}{2}mv^2 - \frac{1}{2}mv_0{}^2 = W \tag{82}$$

$m$〔kg〕　物体の質量　　$v$〔m/s〕　変化後の速さ　　$v_0$〔m/s〕　変化前の速さ
$W$〔J〕　物体がされた仕事

物体が運動の向きと逆向きに力を受ける場合も(82)式は成りたつ。また，力が変化する場合も(82)式は成りたつ。一般に，**物体の運動エネルギーの変化は，物体がされた仕事に等しい。**

# 3 位置エネルギー

## A 重力による位置エネルギー

**❶重力による位置エネルギー**　高い所にある物体はエネルギーをもっている。このエネルギーを**重力による位置エネルギー**といい，次のように表される。

**重力による位置エネルギー**

$$U = mgh \tag{83}$$

$U$〔J〕　重力による位置エネルギー　　$m$〔kg〕　物体の質量
$g$〔m/s²〕　重力加速度の大きさ　　$h$〔m〕　基準水平面からの高さ

**❷基準水平面**　高さをはかるときに基準となる水平面を**基準水平面**(高さ$h=0$である水平面)という。基準水平面はどの高さに定めてもよい。物体の位置が同じでも基準水平面のとり方によって重力による位置エネルギーの値は異なるので，必ず基準水平面がどこかを示さなければならない。

重力による位置エネルギーの値は，物体が基準水平面にあるときは0であり，それよりも上にあるときは正，下にあるときは負である。

### B 弾性力による位置エネルギー

縮んだばねにつけられた物体は，ばねが伸びて自然の長さにもどるときに仕事をすることができるのでエネルギーをもっている(教 p.127図106)。このエネルギーを**弾性力による位置エネルギー**といい，次のように表される。

**弾性力による位置エネルギー**

$$U=\frac{1}{2}kx^2 \tag{84}$$

$U$〔J〕　弾性力による位置エネルギー　　$k$〔N/m〕　ばね定数
$x$〔m〕　ばねの伸び(または縮み)

ばね定数が大きいほど，また，伸び(または縮み)の量が大きいほど，弾性力による位置エネルギーは大きい。また，このエネルギーは，変形したばね自身に蓄えられているエネルギーと考えることもでき，これを**弾性エネルギー**という。

### C 保存力と位置エネルギー

物体が移動するとき，物体にはたらく力のする仕事が途中の経路に関係なく，始点と終点の位置だけで決まる場合，その力のことを**保存力**という。保存力には重力，弾性力，静電気力などがある。一方，動摩擦力や人が加える力などは，その仕事が途中の経路によって変わるので，保存力ではない。

物体が，点Aから基準点Oまで移動するときに保存力がする仕事を，点Oを基準点とした点Aにおける物体の**位置エネルギー**という。

さて，物体が点Aから点Bまで移動するとき，保存力のする仕事$W_{AB}$は，2点の位置エネルギーを$U_A$，$U_B$とすると，途中の経路によらず，次のように表される。

$$W_{AB}=U_A-U_B \tag{85}$$

## 4 力学的エネルギーの保存

### A 力学的エネルギー保存則

**❶自由落下の場合**　小球を自由落下させるとき，運動エネルギーと重力による位置エネルギーの和は常に一定であることがわかる。この運動エネルギーと位置エネルギーを足したもの($K+U$)を**力学的エネルギー**という。

質量$m$〔kg〕の小球が，高さ$h_A$，$h_B$〔m〕($h_A>h_B$)の点A，Bを通過するときの速さを$v_A$, $v_B$〔m/s〕とする。小球が点Aから点Bまで落下する間に重力のする仕事$W_{AB}$〔J〕は，(85)式より　$W_{AB}=mgh_A-mgh_B$　(86)

物体の運動エネルギーの変化は，物体がされた仕事に等しいから

$$\frac{1}{2}mv_B{}^2-\frac{1}{2}mv_A{}^2=W_{AB} \tag{87}$$

(86)，(87)式より力学的エネルギーが一定であることが示される。

$$\boldsymbol{\frac{1}{2}mv_A{}^2+mgh_A=\frac{1}{2}mv_B{}^2+mgh_B} \tag{88}$$

**❷力学的エネルギー保存則** 一般に，重力や弾性力のような保存力だけが仕事をする場合，物体が点Aから点Bまで動く間に保存力のする仕事 $W_{AB}$ は，位置エネルギーの差で表されるから，(87)式は

$$\frac{1}{2}mv_B{}^2-\frac{1}{2}mv_A{}^2=U_A-U_B \tag{89}$$

よって

$$\boldsymbol{\frac{1}{2}mv_A{}^2+U_A=\frac{1}{2}mv_B{}^2+U_B} \tag{90}$$

すなわち力学的エネルギーは，一定に保たれる。

一般に，**物体に保存力だけがはたらくとき，または保存力以外の力がはたらいても仕事をしないとき，力学的エネルギーは一定に保たれる。**これを**力学的エネルギー保存則**という。この法則は，位置エネルギーの基準点のとり方によらず成りたつ。

### 特集 力学的エネルギー保存則の式の立て方

Step 1. 力学的エネルギー保存則が成りたつか確認する。
Step 2. 2つの場所のエネルギーを書きだす。
Step 3. 力学的エネルギー保存則の式を立てる。

## B 保存力以外の力が仕事をする場合

高い所に引き上げられたジェットコースターは，重力による位置エネルギーを運動エネルギーに変えることによって，動力なしで動くことができる。しかし，実際のジェットコースターでは，走行中に力学的エネルギーがしだいに減少し，再びもとの高さまで上がることができなくなる。これは動摩擦力や空気の抵抗が，ジェットコースターに対して負の仕事をするためである。

一般に，**物体に保存力以外の力が仕事をすると，その仕事の量だけ物体の力学的エネルギーが変化する。**

運動前後での物体の力学的エネルギーを $E_1$，$E_2$〔J〕とし，この間に保存力以外の力がする仕事を $W_{1\to2}$〔J〕とすると，次の式が成りたつ。

$$\boldsymbol{E_2-E_1=W_{1\to2}} \tag{91}$$

エネルギーには力学的エネルギー以外にもいろいろな種類があり，それらは互いに移り変わることができる。力学的エネルギーが減少する際，減少した分のエネルギーは別の種類のエネルギーに変わる。

## 問　題

**問55**（教 p.117）　物体に2.0Nの力を加え続けて，その力の向きに6.0m動かすとき，その力のした仕事は何Jか。

**解説&解答**　(75)式より　$W = 2.0 \times 6.0 = \mathbf{12\,J}$　答

**問56**（教 p.118）　水平より30°傾いたあらい斜面にそって，物体が距離2.0mすべり下りるとする。物体にはたらく重力，垂直抗力，動摩擦力の大きさをそれぞれ8.0N，6.9N，2.5Nとするとき，それぞれの力が物体にする仕事$W_1$，$W_2$，$W_3$〔J〕を求めよ。

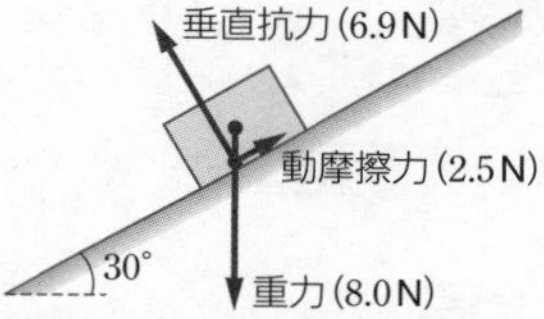


**解説&解答**　物体の動く向き（斜面にそって下向き）に対し，各力がなす角は
重力：60°，垂直抗力：90°，
動摩擦力：180°　であるから

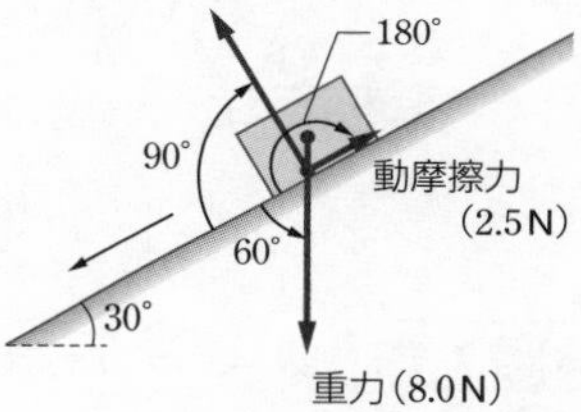


$W_1 = 8.0 \times 2.0 \times \cos 60° = \mathbf{8.0\,J}$　答

$W_2 = 6.9 \times 2.0 \times \cos 90° = \mathbf{0\,J}$　答

$W_3 = 2.5 \times 2.0 \times \cos 180° = \mathbf{-5.0\,J}$　答

**問57**（教 p.120）　重さ10Nの物体をゆっくりと5.0mの高さまで持ち上げる。

(1)　鉛直方向に持ち上げる場合について，持ち上げるのに必要な力の大きさ$F_1$〔N〕と，この力がする仕事$W_1$〔J〕を求めよ。

(2)　なめらかな斜面にそって持ち上げる場合について，持ち上げるのに必要な力の大きさ$F_2$〔N〕と，この力がする仕事$W_2$〔J〕を求めよ。

(1)
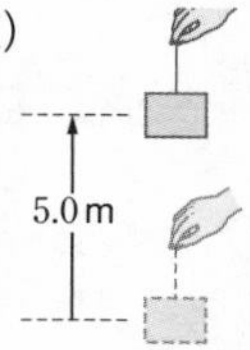


(2)
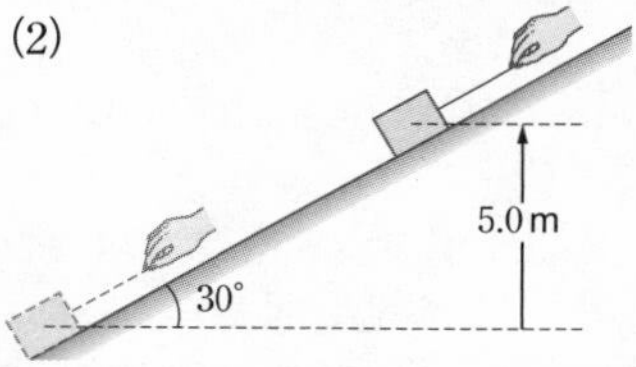


**考え方**　物体を持ち上げるときの力の大きさと物体の移動距離を求める。

**解説&解答**　(1)　ゆっくり持ち上げるので，鉛直方向の力はつりあっているから　$F_1 - 10 = 0$

よって　力 $F_1 = \mathbf{10\,N}$　答　　　仕事 $W_1 = 10 \times 5.0 = \mathbf{50\,J}$　答

(2)　ゆっくり持ち上げるので斜面に平行な力はつりあっている。

$F_2 - 10 \times \sin 30° = 0$　　よって　力 $F_2 = \mathbf{5.0\,N}$　答

また，移動距離は$5.0 \times 2 = 10\,m$

したがって，仕事 $W_2 = 5.0 \times 10 = \mathbf{50\,J}$　答

**問58**
(教p.121)
床に置かれた重さ50Nの荷物を，人が一定の速さで2.0秒間かけて1.2mだけ持ち上げた。このとき，人がした仕事$W$〔J〕とその仕事率$P$〔W〕を求めよ。

**解説&解答** $W = 50 \times 1.2 = \mathbf{60\,J}$ 答　$P = \dfrac{60}{2.0} = \mathbf{30\,W}$ 答

**問59**
(教p.123)
質量0.15kgのボールが20m/sの速さで飛んでいる。このとき，ボールのもつ運動エネルギーは何Jか。

**解説&解答** $K = \dfrac{1}{2} \times 0.15 \times 20^2 = \mathbf{30\,J}$ 答

**問60**
(教p.124)
なめらかな水平面上を速さ2.0m/sで進む質量2.0kgの物体に，運動の向きに6.0Nの力を加え続け，10m移動させた。このとき，物体の速さは何m/sになるか。

**解説&解答** 物体の運動エネルギーの変化は，物体にされた仕事に等しい。

$\dfrac{1}{2} \times 2.0 \times v^2 - \dfrac{1}{2} \times 2.0 \times 2.0^2 = 6.0 \times 10$ より　$v = \mathbf{8.0\,m/s}$ 答

**問61**
(教p.126)
地上4.0mの2階の床に置いた質量2.5kgの物体について，基準水平面を次のように定めるとき，物体の重力による位置エネルギー$U$〔J〕をそれぞれ求めよ。重力加速度の大きさを9.8m/s²とする。

(1) 地面　(2) 2階の床　(3) 地上8.0mの3階の床

**考え方** 重力による位置エネルギーの基準水平面は任意であり，物体が基準水平面より下にあるとき，重力による位置エネルギーは負となる。

**解説&解答**
(1) $U = mgh = 2.5 \times 9.8 \times 4.0 = \mathbf{98\,J}$ 答
(2) $U = mgh = 2.5 \times 9.8 \times 0 = \mathbf{0\,J}$ 答
(3) 物体の高さ $h = -4.0\,\mathrm{m}$ となるから
$U = mgh = 2.5 \times 9.8 \times (-4.0) = \mathbf{-98\,J}$ 答

**問62**
(教p.127)
ばね定数50N/mのつる巻きばねに物体をつけ，ばねを0.20mだけ伸ばした。
(1) このとき，物体にはたらく弾性力の大きさは何Nか。
(2) このとき，物体がもつ弾性力による位置エネルギーは何Jか。

**解説&解答**
(1) $F = kx = 50 \times 0.20 = \mathbf{10\,N}$ 答
(2) $U = \dfrac{1}{2}kx^2 = \dfrac{1}{2} \times 50 \times 0.20^2 = \mathbf{1.0\,J}$ 答

考 **問63**
(教p.127)
あるばねの伸びが20cmであった。ばねが蓄える弾性エネルギーは，伸びが10cmのときと比べて何倍か。

**解説&解答** 弾性エネルギーは，ばねの伸びの2乗に比例するので，その比は

$\dfrac{20^2}{10^2}$ ＝ **4倍**　答

**問64**（教 p.128）　質量0.25 kgの小球が高さ3.6 mから1.6 mまで落下するとき，重力のする仕事は何Jか。重力加速度の大きさを9.8 m/s² とする。

**解説&解答**　はじめの位置エネルギー　$U_A = 0.25 \times 9.8 \times 3.6$

落下後の位置エネルギー　$U_B = 0.25 \times 9.8 \times 1.6$

したがって，重力のする仕事 $W_{AB}$ は，(85)式より

$W_{AB} = U_A - U_B = 0.25 \times 9.8 \times (3.6 - 1.6) = $ **4.9 J**　答

考 **問65**（教 p.131）　図のように，水平面からある高さの点Pから，小球を同じ速さで，3つの向き（①斜め上方，②水平，③真下）にそれぞれ投げる。小球が水平面に到達したときの速さの大小を比較せよ。空気の抵抗は無視できるものとする。

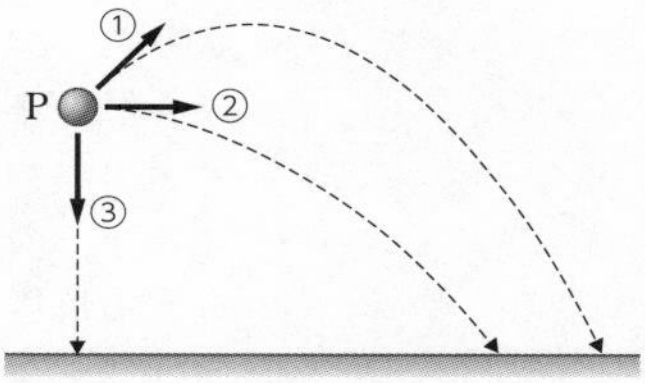


**考え方**　運動エネルギーと位置エネルギーを比較して考える。

**解説&解答**　小球を投げた瞬間は，いずれも運動エネルギーが等しく，重力による位置エネルギーも等しい。水平面に達した瞬間も，いずれも重力による位置エネルギーが等しいから，力学的エネルギー保存則より，**すべて同じ速さ**となる。答

**例題19**（教 p.132）　図のように，なめらかな水平面上の点Aを速さ7.0 m/sで通過した小球が，なめらかな曲面をすべり上がった。小球が達する最高点Bの高さ $h$〔m〕を求めよ。重力加速度の大きさを9.8 m/s² とする。

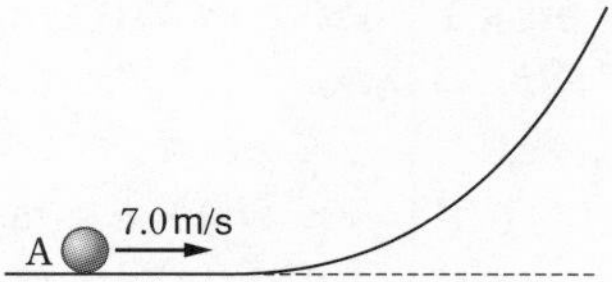


**解説&解答**　Step 1.　小球には重力（保存力）と垂直抗力がはたらく。垂直抗力の向きは，常に小球の運動の向きと垂直なので，垂直抗力は仕事をしない。よって，力学的エネルギー保存則が成りたつ。

Step 2.　小球の質量を $m$〔kg〕，点Aの高さを重力による位置エネルギーの基準とすると，点A，Bでの運動エネルギーと重力による位置エネルギーは，表のようになる。

| 点 | 運動エネルギー | 重力による位置エネルギー |
|---|---|---|
| A | $\dfrac{1}{2}m \times 7.0^2$ | 0 |
| B | 0 | $m \times 9.8 \times h$ |

Step 3.　点Aと点Bの間での力学的エネルギー保存則より

$\dfrac{1}{2}m \times 7.0^2 + 0 = 0 + m \times 9.8 \times h$　よって　$h = $ **2.5 m**　答

**類題19**
(教 p.132)

図のように，小球を点Aで静かにはなしたところ，なめらかな曲面にそって，B→Cへすべったとする。このとき，小球が点Bと点Cを通過するときの速さ $v_B$，$v_C$〔m/s〕を求めよ。重力加速度の大きさを $g$〔m/s²〕とする。

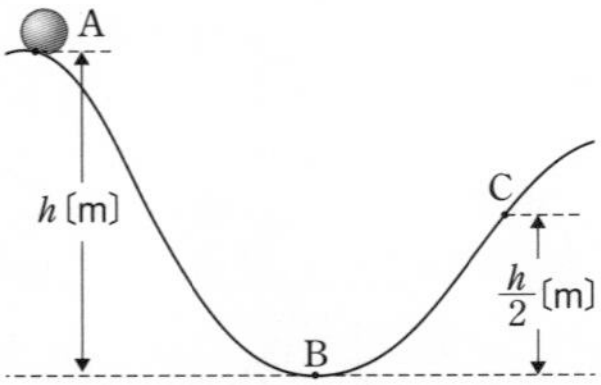


**解説&解答**　Step 1.　小球には重力(保存力)と曲面からの垂直抗力がはたらく。垂直抗力は仕事をしないので，力学的エネルギー保存則が成りたつ。

Step 2.　小球の質量を $m$〔kg〕，点Bの高さを重力による位置エネルギーの基準水平面とすると，各点での運動エネルギーと重力による位置エネルギーは，表のようになる。

| 点 | 運動エネルギー | 重力による位置エネルギー |
|---|---|---|
| A | $\frac{1}{2}m\cdot 0^2$ | $mgh$ |
| B | $\frac{1}{2}mv_B{}^2$ | $mg\cdot 0$ |
| C | $\frac{1}{2}mv_C{}^2$ | $mg\cdot\frac{h}{2}$ |

Step 3.　点Aと点Bの間での力学的エネルギー保存則より

$$\frac{1}{2}m\times 0^2+mgh=\frac{1}{2}mv_B{}^2+mg\times 0 \quad よって \quad v_B=\sqrt{2gh} \quad \text{答}$$

点Aと点Cの間での力学的エネルギー保存則より

$$\frac{1}{2}m\times 0^2+mgh=\frac{1}{2}mv_C{}^2+mg\times\frac{h}{2} \quad よって \quad v_C=\sqrt{gh} \quad \text{答}$$

**例題20**
(教 p.133)

長さ $l$〔m〕の軽い糸に小球をつけた振り子がある。図のように，糸が鉛直方向と60°をなす点Aから，小球を静かにはなす。このとき，小球が最下点Bを通過するときの速さ $v$〔m/s〕を求めよ。重力加速度の大きさを $g$〔m/s²〕とする。

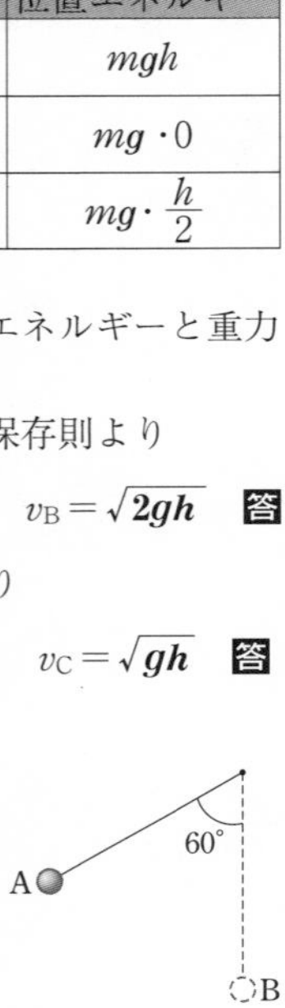


**解説&解答**　Step 1.　小球には重力(保存力)と糸が引く力がはたらく。糸が引く力の向きは，常に小球の運動の向きと垂直なので，糸が引く力は仕事をしない。よって，力学的エネルギー保存則が成りたつ。

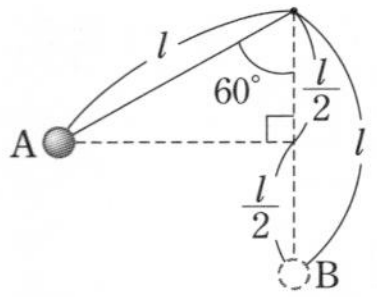


Step 2.　小球の質量を $m$〔kg〕，点Bの高さを重力による位置エネルギーの基準とすると，点A，Bでの運動エネルギーと重力による位置エネルギーは，表のようになる。

| 点 | 運動エネルギー | 重力による位置エネルギー |
|---|---|---|
| A | 0 | $mg\times\frac{l}{2}$ |
| B | $\frac{1}{2}mv^2$ | 0 |

Step 3.　点Aと点Bの間での力学的エネルギー保存則より

$$0+mg\times\frac{l}{2}=\frac{1}{2}mv^2+0 \qquad \text{よって}\quad v=\sqrt{gl}\,\text{〔m/s〕}$$ 答



**類題20**
(教 p.133)

(教 p.133)

長さ$l$〔m〕の軽い糸に小球をつけた振り子がある。図のように，糸が鉛直方向と$\theta$をなす点Aから，小球を静かにはなす。このとき，小球が最下点Bを通過するときの速さ$v$〔m/s〕を求めよ。重力加速度の大きさを$g$〔m/s²〕とする。

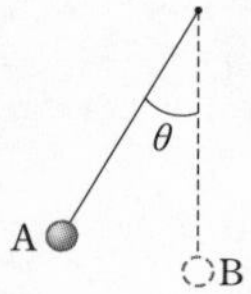


**解説&解答**　Step 1.　小球には重力(保存力)と糸が引く力がはたらく。糸が引く力の向きは，常に小球の運動の向きと垂直なので，糸が引く力は仕事をしない。よって，力学的エネルギー保存則が成りたつ。

Step 2.　小球の質量を$m$〔kg〕，点Bの高さを重力による位置エネルギーの基準とすると，点A，Bでの運動エネルギーと重力による位置エネルギーは，表のようになる。

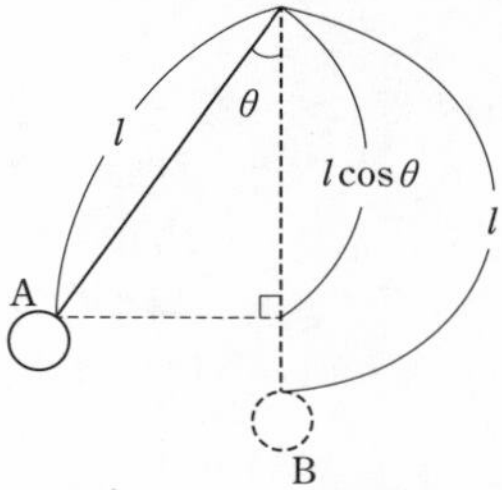


| 点 | 運動エネルギー | 重力による位置エネルギー |
|---|---|---|
| A | 0 | $mg\times(l-l\cos\theta)$ |
| B | $\frac{1}{2}mv^2$ | 0 |

Step 3.　点Aと点Bの間での力学的エネルギー保存則より

$$0+mg\times(l-l\cos\theta)=\frac{1}{2}mv^2+0$$

よって　$v=\sqrt{2gl(1-\cos\theta)}$〔m/s〕 答

**例題21**
(教 p.134)

図のように，水平でなめらかな床上で，ばね定数25 N/mのばねの一端を固定し，他端に質量1.0 kgの物体をつけて置く。物体に力を加えてばねが0.50 m伸びた位置で静かに手をはなす。ばねの縮みが0.30 mになったときの物体の速さ$v$〔m/s〕を求めよ。

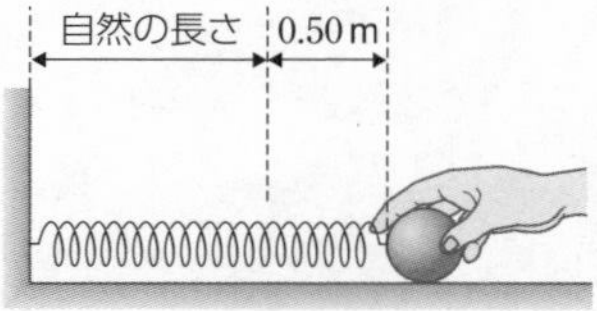


**解説&解答**　Step 1.　物体には重力(保存力)，垂直抗力，弾性力(保存力)がはたらく。垂直抗力の向きは，常に物体の運動の向きと垂直なので，垂直抗力は仕事をしない。よって，力学的エネルギー保存則が成りたつ。

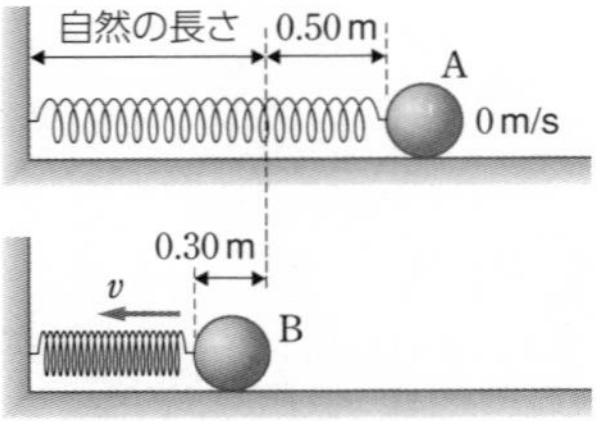


Step 2.　物体の質量を$m$〔kg〕，ばね定数を$k$〔N/m〕とする。点A，Bを図のように定めると，各点での運動エネルギーと弾性力による位置エネルギーは表のようになる。

Step 3.　点Aと点Bの間での力学的エネルギー保存則より

| 点 | 運動エネルギー | 弾性力による位置エネルギー |
|---|---|---|
| A | 0 | $\frac{1}{2}k\times0.50^2$ |
| B | $\frac{1}{2}mv^2$ | $\frac{1}{2}k\times0.30^2$ |

$$0+\frac{1}{2}k\times0.50^2=\frac{1}{2}mv^2+\frac{1}{2}k\times0.30^2$$

$$\frac{1}{2}k\times(0.50^2-0.30^2)=\frac{1}{2}mv^2$$

よって　$v=\sqrt{0.16\times\frac{k}{m}}=0.40\times\sqrt{\frac{25}{1.0}}=$ **2.0 m/s**　答

**類題21**
(教 p.134)
図のように，ばね定数$k$〔N/m〕のばねの上端を固定し，下端に質量$m$〔kg〕のおもりを取りつけると，ばねは伸びておもりは静止した。この点をAとする。この後，ばねが自然の長さになる所までおもりを持ち上げ，静かにはなした。重力加速度の大きさを$g$〔m/s²〕とし，ばねは鉛直方向にのみ運動するとする。

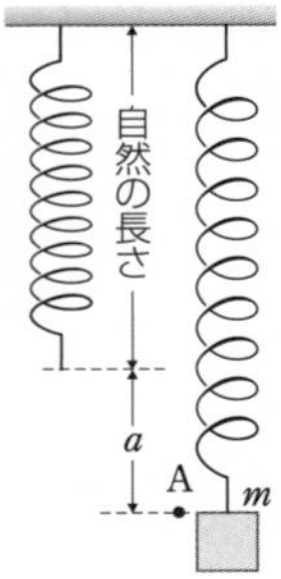


(1)　点Aでのばねの伸び$a$〔m〕を求めよ。

(2)　おもりが点Aを通過するときの速さ$v$〔m/s〕を$m$，$g$，$k$で表せ。

(3)　おもりが最下点に達するときのばねの伸び$x$〔m〕を$a$で表せ。

**解説&解答**　(1)　鉛直方向の力のつりあいより

$$ka-mg=0 \qquad \text{よって}\quad a=\frac{mg}{k}\text{〔m〕}$$　答

(2)　自然の長さの位置を基準水平面とすると，各点における力学的エネルギーは表のようになる。

| 点 | 運動エネルギー | 重力による位置エネルギー | 弾性力による位置エネルギー |
|---|---|---|---|
| 自然の長さ | 0 | 0 | 0 |
| A | $\frac{1}{2}mv^2$ | $-mga$ | $\frac{1}{2}ka^2$ |
| 最下点 ($x>0$) | 0 | $-mgx$ | $\frac{1}{2}kx^2$ |

自然の長さの点と点Aの間の力学的エネルギー保存則より

$$0=\frac{1}{2}mv^2-mga+\frac{1}{2}ka^2$$　これに $a=\frac{mg}{k}$ を代入して

$$0=\frac{1}{2}mv^2-\frac{m^2g^2}{k}+\frac{m^2g^2}{2k}$$　よって　$v=\boldsymbol{g\sqrt{\frac{m}{k}}}$ **〔m/s〕** 答

(3)　自然の長さの点と最下点の力学的エネルギー保存則より

$$0=-mgx+\frac{1}{2}kx^2,\ 0=\frac{1}{2}kx\left(x-\frac{2mg}{k}\right)$$

よって　$x=0,\ \frac{2mg}{k}$

このうち，最下点の伸びを表すのは　$x=\frac{2mg}{k}$

$a=\frac{mg}{k}$ を代入して　$x=\boldsymbol{2a}$ **〔m〕** 答



**例題22**
（教 p.137）

図のように，なめらかな曲面上の高さ0.50 mの所から質量0.10 kgの小物体が静かにすべりだした。小物体は水平面上のあらい部分を通過し，速さが2.0 m/sになった。動摩擦力がした仕事は何Jか。重力加速度の大きさを9.8 m/s²とする。

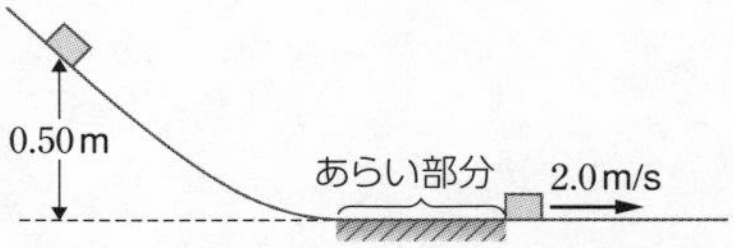


**解説&解答**　物体には重力(保存力)，垂直抗力，動摩擦力がはたらく。垂直抗力は仕事をしないが，動摩擦力は仕事をするので，力学的エネルギー保存則は成りたたない。

水平面の高さを重力による位置エネルギーの基準とすると，移動前後での運動エネルギーと重力による位置エネルギーは表のようになる。

| | 運動エネルギー | 重力による位置エネルギー |
|---|---|---|
| 前 | 0 | $0.10\times9.8\times0.50$ |
| 後 | $\frac{1}{2}\times0.10\times2.0^2$ | 0 |

動摩擦力がした仕事を $W$〔J〕とすると，力学的エネルギーの変化が $W$〔J〕に等しいので

$$W=\left(\frac{1}{2}\times0.10\times2.0^2+0\right)-(0+0.10\times9.8\times0.50)$$

$=0.20-0.49=$ **$-$0.29 J** 答

**類題22** (教 p.137) 図のように，傾きの角30°のあらい斜面上を，質量4.0kgの物体が静かにすべりだした。斜面にそって距離0.50mだけすべったとき，物体の速さは2.0m/sであったとする。重力加速度の大きさを$9.8\,m/s^2$とする。

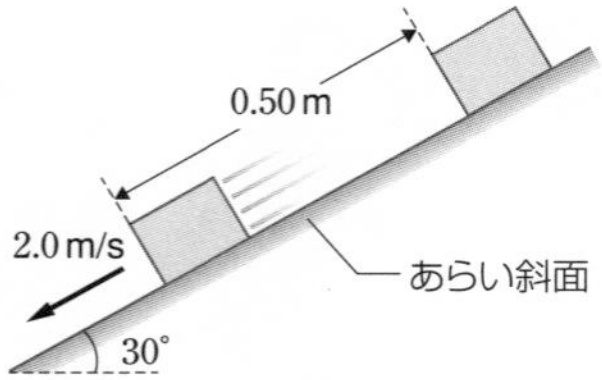


(1) この間に動摩擦力がした仕事$W$〔J〕を求めよ。
(2) 物体にはたらく動摩擦力の大きさ$F'$〔N〕を求めよ。

**解説&解答** 移動後の高さを重力による位置エネルギーの基準水平面とすると，移動前の高さは $0.50\,m \times \sin 30° = 0.25\,m$ となる。よって，移動前後での物体の力学的エネルギーは表のようになる。

| | 運動エネルギー | 重力による位置エネルギー |
|---|---|---|
| 前 | $\frac{1}{2}m\times0^2$ | $mg\times0.25$ |
| 後 | $\frac{1}{2}m\times2.0^2$ | $mg\times0$ |

※ $m=4.0\,kg$，$g=9.8\,m/s^2$

(1) 力学的エネルギーの変化が動摩擦力のした仕事に等しいので

$$\left(\frac{1}{2}m\times2.0^2+mg\times0\right)-\left(\frac{1}{2}m\times0^2+mg\times0.25\right)=W$$

$$W=\frac{1}{2}m\times2.0^2-mg\times0.25=8.0-9.8=\mathbf{-1.8\,J}$$ **答**

注）動摩擦力は物体の運動の向きと逆向きにはたらく。よって，動摩擦力のする仕事は負である。

(2) 「$W=Fx\cos\theta$」((77)式)より

$-1.8=F'\times0.50\times\cos180°=-0.50F'$

よって　$F'=\mathbf{3.6\,N}$ **答**

注）物体と斜面との間の動摩擦係数を$\mu'$とすると，物体にはたらく垂直抗力の大きさは$N=mg\cos30°$であるから「$F'=\mu'N$」より　$\mu'=\frac{F'}{N}=\frac{F'}{mg\cos30°}\fallingdotseq0.11$　と求められる。

## 演習問題

教 p.139

**1** 水平なあらい床の上で，質量2.5kgの物体を軽いロープで引く。物体は常に一定の速さ0.50m/sで水平に移動しているとする。また，物体と床との間の動摩擦係数を0.40，重力加速度の大きさを$9.8\,m/s^2$とする。

(1) ロープを水平に引く場合，ロープを引く力がする仕事の仕事率$P_1$〔W〕を求めよ。また，20秒間でロープを引く力のする仕事$W$〔J〕を求めよ。

(2) ロープを水平に対して45°だけ上向きに引く場合，ロープを引く力がする仕事の仕事率$P_2$〔W〕求めよ。

**考え方** 等速度運動しているときは合力＝0であるから力のつりあいの式を求める。等速度運動での仕事率は$P=Fv$である。

**解説&解答**　(1)　ロープを引く力を $T_1$〔N〕とすると，一定の速さで運動しているので，これと動摩擦力 $f_1' = \mu' N_1$ がつりあっている（$N_1$ は垂直抗力）。よって

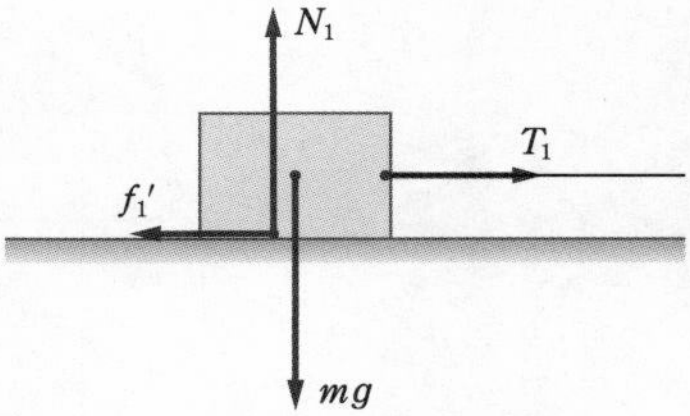


$T_1 = \mu' N_1 = \mu' mg$
$= 0.40 \times 2.5 \times 9.8 = 9.8$ N

「$P = Fv$」より　$P_1 = 9.8 \times 0.50 =$ **4.9 W**　答

「$W = Pt$」より　$W = 4.9 \times 20 =$ **98 J**　答

(2)　物体にはたらく力は図のようになる。水平方向の力のつりあいより

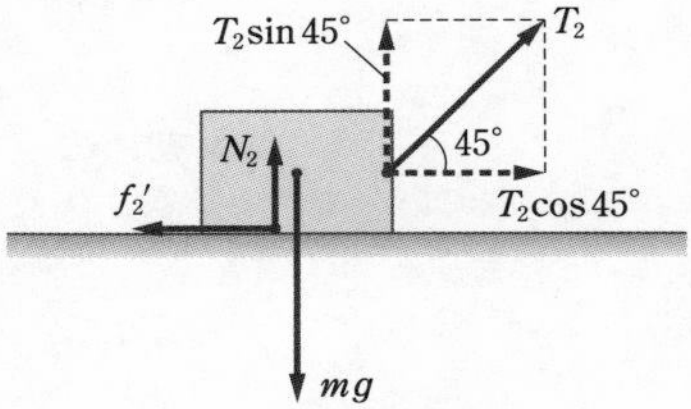


$T_2 \cos 45° - f_2' = 0$　……①

鉛直方向の力のつりあいより

$T_2 \sin 45° + N_2 - mg = 0$　……②

①，②式と $f_2' = \mu' N_2$ より

$T_2(\cos 45° + \mu' \sin 45°) = \mu' mg$

$$T_2 = \frac{\mu' mg}{\cos 45° + \mu' \sin 45°} = 7.0\sqrt{2}\ \text{N}$$

よって　$P_2 = T_2 v \cos 45° = 7.0\sqrt{2} \times 0.50 \times \dfrac{1}{\sqrt{2}} =$ **3.5 W**　答

***2***　なめらかな水平面上に置いたばね定数32 N/mのばねがある。図のように，ばねの一端を固定し，他端に質量2.0 kgの物体を押しつけ，自然の長さから0.70 mだけ縮めた状態から，物体を静かにはなす。物体はばねが自然の長さになった位置でばねから離れ，水平面と点Aでつながったなめらかな曲面上をすべり上がり，水平面からの高さが $h$〔m〕の最高点Bに達した。重力加速度の大きさを9.8 m/s²とする。

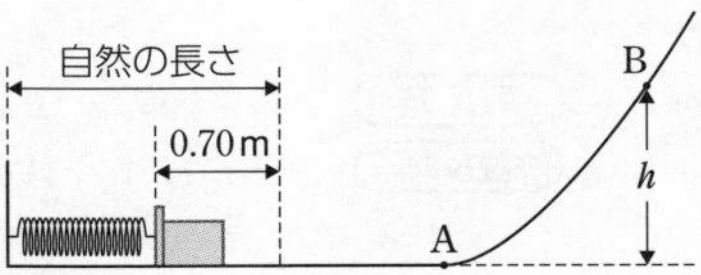


(1)　点Aでの物体の速さ $v_A$〔m/s〕を求めよ。　(2)　点Bの高さ $h$〔m〕を求めよ。

**考え方**　物体が面から受ける垂直抗力は仕事をしないので，力学的エネルギー保存則が成りたつ。

| 点 | 運動エネルギー | 弾性力による位置エネルギー | 重力による位置エネルギー |
|---|---|---|---|
| 初めの点 | 0 | $\frac{1}{2}\times 32\times 0.70^2$ | 0 |
| A | $\frac{1}{2}\times 0.20\times v_A{}^2$ | 0 | 0 |
| B | 0 | 0 | $2.0\times 9.8\times h$ |

**解説&解答**　水平面を重力による位置エネルギーの基準水平面とする。

(1)　初めの点と点Aの間での力学的エネルギー保存則より

$$0+\frac{1}{2}\times 32\times 0.70^2+0=\frac{1}{2}\times 2.0\times v_A{}^2+0+0$$

よって　$v_A=$ **2.8 m/s**　**答**

(2)　初めの点と点Bの間での力学的エネルギー保存則より

$$0+\frac{1}{2}\times 32\times 0.70^2+0=0+0+2.0\times 9.8\times h$$

よって　$h=$ **0.40 m**　**答**

***3***　図のように，傾きの角$\theta$のあらい斜面の下端から，物体を斜面にそって速さ$v_0$〔m/s〕ですべり上がらせた。物体と斜面との間の動摩擦係数を$\mu'$，重力加速度の大きさを$g$〔m/s²〕とする。

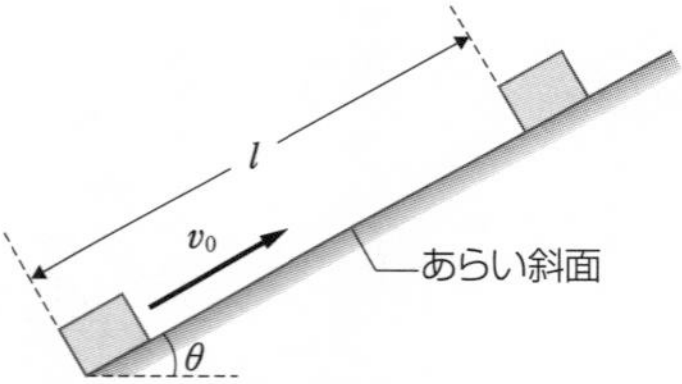


(1)　斜面下端から物体が達する最高点までの，斜面にそった距離$l$〔m〕を求めよ。

(2)　物体は最高点に達した後，ただちに斜面をすべり下り，下端までもどってきたとする。このとき，下端にもどってきたときの物体の速さは，$v_0$の何倍になるか求めよ。

**考え方**　動摩擦力のする仕事によって力学的エネルギーが変化する。

**解説&解答**　(1)　物体の質量を$m$〔kg〕とする。はじめの力学的エネルギー（斜面の下端を基準水平面とする）は

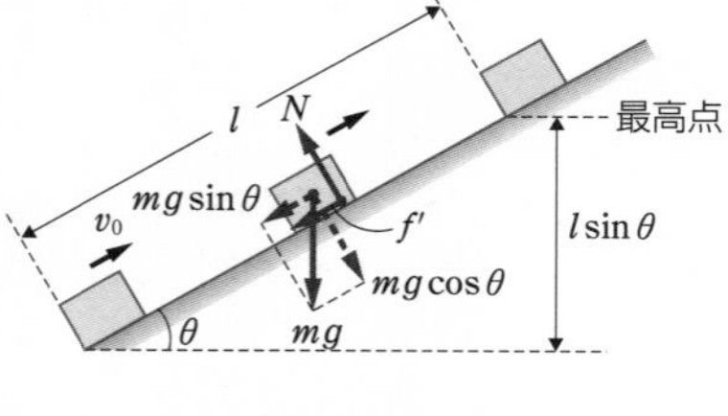


$$E_1=\frac{1}{2}mv_0{}^2$$

最高点での力学的エネルギーは　$E_2=mgl\sin\theta$

であり，動摩擦力のした仕事は　$W=-f'l=-\mu' mgl\cos\theta$

である。力学的エネルギーの変化が$W$に等しいので

$E_2-E_1=W$　　よって　$mgl\sin\theta-\frac{1}{2}mv_0{}^2=-\mu' mgl\cos\theta$

ゆえに　$l=\dfrac{\boldsymbol{v_0{}^2}}{\boldsymbol{2g(\sin\theta+\mu'\cos\theta)}}$ **〔m〕**　**答**

(2)　もとにもどってきたときの速さを$v'$〔m/s〕とすると，そのときの力学的エネルギーは　$E_3=\frac{1}{2}mv'^2$

最高点からもとの位置にもどるまでに動摩擦力のする仕事は(1)と同じく$W$であるから

$$E_3-E_2=W$$

$$\frac{1}{2}mv'^2-mgl\sin\theta=-\mu'mgl\cos\theta$$

$$v'=\sqrt{2gl(\sin\theta-\mu'\cos\theta)}$$

ここで，(1)の$l$を代入すると

$v'=v_0\sqrt{\dfrac{\sin\theta-\mu'\cos\theta}{\sin\theta+\mu'\cos\theta}}$　よって　$\boldsymbol{\sqrt{\dfrac{\sin\theta-\mu'\cos\theta}{\sin\theta+\mu'\cos\theta}}}$ **倍** 答



## 考 考えてみよう！

*4*　自動車の運転手が危険を感じてから，ブレーキをかけブレーキがきき始めるまでに自動車が進む距離を空走距離という。また，自動車のブレーキがきき始めてから停止するまでに滑走する距離を制動距離という。自動車が停止するまでに進む距離は，「空走距離＋制動距離」となる。空走距離は速さに比例し，制動距離は速さの2乗に比例するという。制動距離が速さの2乗に比例するのはなぜだろうか。自動車が滑走するときに受ける動摩擦力の大きさは一定とする。

考え方　運動エネルギーと仕事の関係から考える。

解説&解答　例）**ブレーキがきき始めてから停止するまでの運動エネルギーの変化と動摩擦力の仕事は等しい。運動エネルギーの変化は速さの2乗に比例し，動摩擦力の仕事は制動距離に比例する。よって，制動距離は速さの2乗に比例する。** 答

# 第4章　運動量の保存　教 p.140 〜 p.161

## 1　運動量と力積

### A　運動量

**運動量**とは，「質量×速度」であり，物体の運動の勢い（激しさ）を表す量の一つである。

運動量は速度と同じ向きをもつベクトルであり，単位には**キログラムメートル毎秒（記号 kg·m/s）**が用いられ，運動量 $\vec{p}$〔kg·m/s〕は右のように表される。

**運動量**

$$\vec{p} = m\vec{v} \qquad (92)$$

$\vec{p}$〔kg·m/s〕　運動量
$m$〔kg〕　質量
$\vec{v}$〔m/s〕　速度

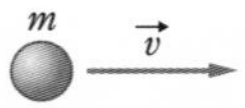


### B　運動量と力積の関係

**❶直線運動における運動量と力積**　教 p.141 図 113 のように，水平な床の上を走っている質量 $m$〔kg〕の台車に，時間 $\Delta t$〔s〕の間だけ水平方向に一定の力 $F$〔N〕を加えたとする。力を加える前の台車の速度を $v$〔m/s〕，加えた後の速度を $v'$〔m/s〕とすると

$$mv' - mv = F\Delta t \qquad (95)$$

この式の左辺は運動量の変化を表す。右辺の，力と力がはたらく時間の積 $F\Delta t$ を**力積**という。力積は力と同じ向きをもつベクトルであり，単位は**ニュートン秒**（記号 N·s）である。(95)式から次のことがいえる。

**物体の運動量の変化は，**
**その間に物体が受けた力積に等しい**

このときの，力と時間との関係を表すグラフ（$F$–$t$ 図）は右図のようになる。ここで，斜線をつけた部分の面積が，物体が受けた力積の大きさを表し，(95)式より，それと同じ大きさの運動量の変化があったことがわかる。

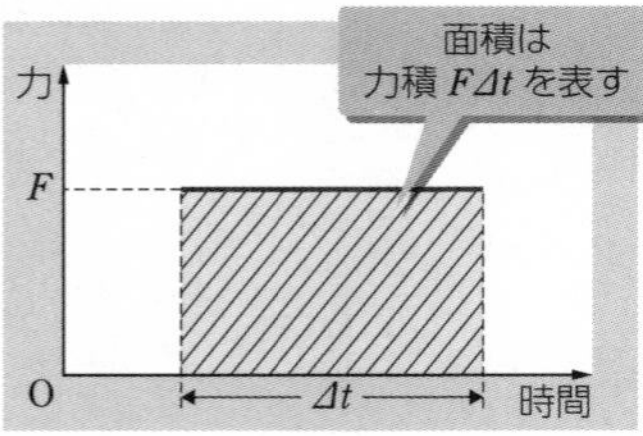


**❷力が変化する場合の力積**　わずかな時間 $\Delta t$〔s〕の間に力が複雑に変化する場合，その間の力積 $I$〔N·s〕は，運動量の変化から求めることができる。

$$I = mv' - mv \qquad (96)$$

ここで，力積 $I$ は「力×時間」で求められるから，$\Delta t$〔s〕間の平均の力 $\overline{F}$〔N〕は

$$\overline{F} = \frac{mv' - mv}{\Delta t} \qquad (97)$$

となるので，次のことがいえる（教 p.142 図 115）。

**物体が受けた平均の力は，その物体の単位時間当たりの運動量の変化に等しい**

**❸平面運動における運動量と力積**　教 p.142 図 116 ⓐのように，物体の運動方向と力のはたらく方向が異なるときは，運動量の大きさだけでなくその向きも変わる。

**運動量と力積の関係**

$$m\vec{v}' - m\vec{v} = \vec{F}\Delta t \quad (98)$$

（運動量の変化）（力積）

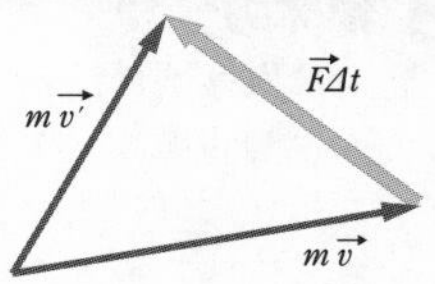


| | |
|---|---|
| $m$〔kg〕 | 質量 |
| $m\vec{v}$〔kg·m/s〕 | 変化前の運動量（$\vec{v}$〔m/s〕：変化前の速度） |
| $m\vec{v}'$〔kg·m/s〕 | 変化後の運動量（$\vec{v}'$〔m/s〕：変化後の速度） |
| $\vec{F}\Delta t$〔N·s〕 | 力積（$\vec{F}$〔N〕：受けた力，$\Delta t$〔s〕：時間） |

# 2 運動量保存則

## A 直線運動における運動量保存則

速度 $v_1$〔m/s〕で直線上を運動するA（質量 $m_1$〔kg〕）が，同じ直線上を速度 $v_2$〔m/s〕で運動するB（質量 $m_2$〔kg〕）に追いついて衝突し，速度がそれぞれ $v_1'$，$v_2'$〔m/s〕になったとする。接触時間を $\Delta t$〔s〕，BがAから受ける（平均の）力を $F$〔N〕とすると，(95)式から，このときの運動量の変化と力積の関係は

Aについて　$m_1v_1' - m_1v_1 = -F\Delta t$　(99)

Bについて　$m_2v_2' - m_2v_2 = F\Delta t$　(100)

となる。この2式を辺々加えると，

$$m_1v_1 + m_2v_2 = m_1v_1' + m_2v_2' \quad (101)$$

つまり，衝突する前後でA，Bの運動量の和は変わらない。

A，Bからなる**物体系**で，$F$，$-F$のように，A，Bが互いに及ぼしあう力を**内力**といい，重力などのように，A，B以外からはたらく力を**外力**という。

一般に，**物体系が内力を及ぼしあうだけで外力を受けていないとき，全体の運動量は変化しない**。これを**運動量保存則**という。

## B 平面運動における運動量保存則

教 p.146 図 119 のように2物体A，Bが斜めの衝突をしたときには，運動量保存則は次の式で表される。

$$m_1\vec{v_1} + m_2\vec{v_2} = m_1\vec{v_1}' + m_2\vec{v_2}' \quad (102)$$

**運動量保存則**

**運動量の和＝一定**

条件　外力がはたらかない（あるいは，はたらいてもその力積が無視できる）

斜めの衝突では，2物体の運動を含む平面上に互いに垂直な $x$，$y$ 軸をとり，$x$ 成分と $y$ 成分とに分解して考えると，運動量の $x$，$y$ 成分はそれぞれ保存される。

$$\boldsymbol{m_1 v_{1x} + m_2 v_{2x} = m_1 v_{1x}' + m_2 v_{2x}'} \tag{103}$$

$$\boldsymbol{m_1 v_{1y} + m_2 v_{2y} = m_1 v_{1y}' + m_2 v_{2y}'} \tag{104}$$

### C 物体の分裂

運動量保存則は，1つの物体がいくつかの物体に分裂するときにも成りたつ。次図のように静止していた台車A（質量 $m_1$〔kg〕）と台車B（質量 $m_2$〔kg〕）が，互いに力をはたらかせて離れた場合を考える。離れた後のA，Bの速度をそれぞれ $\overrightarrow{v_1'}$，$\overrightarrow{v_2'}$〔m/s〕とすると，運動量保存則は次のように表される。

$$\vec{0} = m_1\overrightarrow{v_1'} + m_2\overrightarrow{v_2'} \tag{105}$$

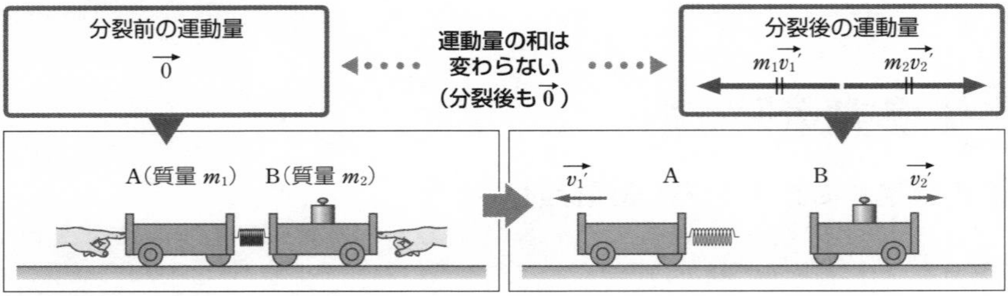


## 3 反発係数

### A 床との衝突

右図のように鉛直下向きを正の向きとして，小球が床に衝突する直前の速度を $v$〔m/s〕（$v>0$），衝突した直後の速度を $v'$〔m/s〕（$v'<0$）とする。ここで，衝突直前の速さは $|v|=v$，衝突直後の速さは $|v'|=-v'$ と表されるので，衝突前後の速さの比を $e$ とすると

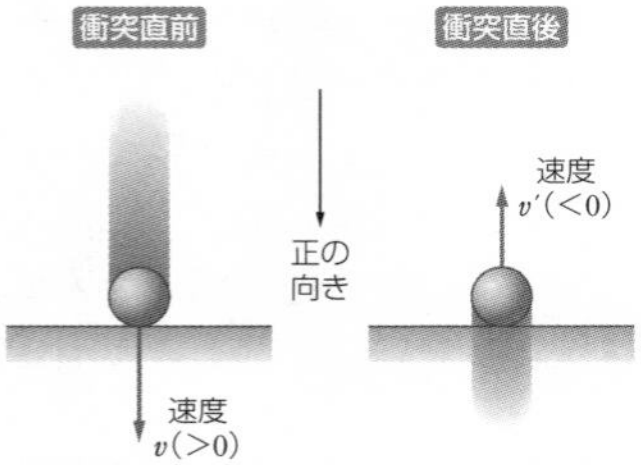


$$\boldsymbol{e = \frac{|v'|}{|v|} = -\frac{v'}{v}} \tag{106}$$

が成りたつ。$e$ を**反発係数（はねかえり係数）**という（$0 \leqq e \leqq 1$）。

$e=1$ の衝突を**弾性衝突**（完全弾性衝突）といい，このとき $|v'|=|v|$ で，最もよくはねかえる。また，$0 \leqq e < 1$ の衝突を**非弾性衝突**という。$e=0$ の場合を特に**完全非弾性衝突**といい，このとき $|v'|=0$ で，はねかえらない。

### 参考　自由落下した小球のはねかえり

小球を高さ $h$〔m〕の所から自由落下させ，床に衝突した後に小球が到達する最高点の高さ $h'$〔m〕を考える。小球と床との間の反発係数を $e$ とする。

このとき，(106)式と力学的エネルギー保存則を用いると，次の式が得られる。

$$e=\sqrt{\frac{h'}{h}}$$

この式を用いると，$h$ と $h'$ から反発係数 $e$ を求めることができる。

## B 直線上の2物体の衝突

同一直線上を運動する2つの小球A，Bが衝突するとき，一方から見て他方が，衝突後に遠ざかる相対的な速さと，衝突前に近づく相対的な速さとの比の値 $e$ を，2球の間の反発係数とする。

$$e=\frac{\text{衝突後に遠ざかる速さ}}{\text{衝突前に近づく速さ}}=\frac{|\text{衝突後の相対速度}|}{|\text{衝突前の相対速度}|} \quad (107)$$

教 p.153 図123 のように，衝突前のAの運動の向きを正とし，A，Bの衝突直前の速度をそれぞれ $v_1$，$v_2$〔m/s〕，衝突直後の速度をそれぞれ $v_1'$，$v_2'$〔m/s〕とする。衝突前，Bに対するAの相対速度は $v_1-v_2$ で，これは正である。また，衝突後，Bに対するAの相対速度は $v_1'-v_2'$ で，これは負である。

**反発係数**

$$e=-\frac{v_1'-v_2'}{v_1-v_2} \quad (108)$$

| | |
|---|---|
| $e$ | 物体Aと物体Bの間の反発係数 |
| $v_1$〔m/s〕 | 衝突前の物体Aの速度 |
| $v_2$〔m/s〕 | 衝突前の物体Bの速度 |
| $v_1'$〔m/s〕 | 衝突後の物体Aの速度 |
| $v_2'$〔m/s〕 | 衝突後の物体Bの速度 |

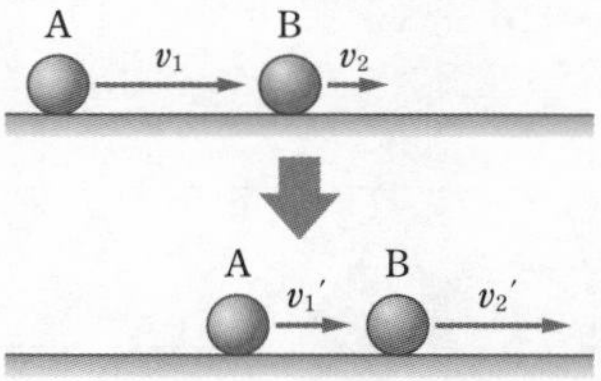


## C 床との斜めの衝突

右図のような衝突の場合，小球は床に平行な方向には力を受けないため，$v_x'$ は $v_x$ に等しい。一方，$v_y$，$v_y'$ について (106)式を用いると

$$e=-\frac{v_y'}{v_y} \quad (109)$$

以上より，次の式が成りたつ。

$$\boldsymbol{v_x'=v_x,\ v_y'=-ev_y} \quad (110)$$

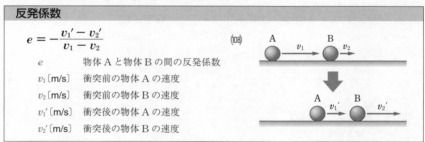

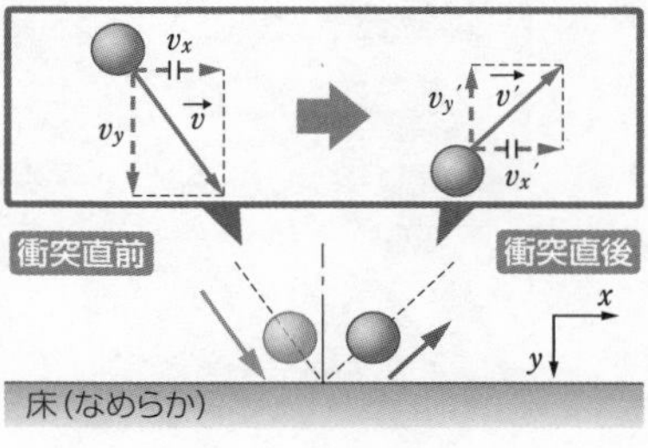

## D 運動量と力学的エネルギー

**❶質量の等しい2球の衝突**　なめらかな水平面上で静止している質量 $m$〔kg〕の小球Bに，速度 $v_1$〔m/s〕で進む同じ質量の小球Aが一直線上で正面衝突するときを考える。

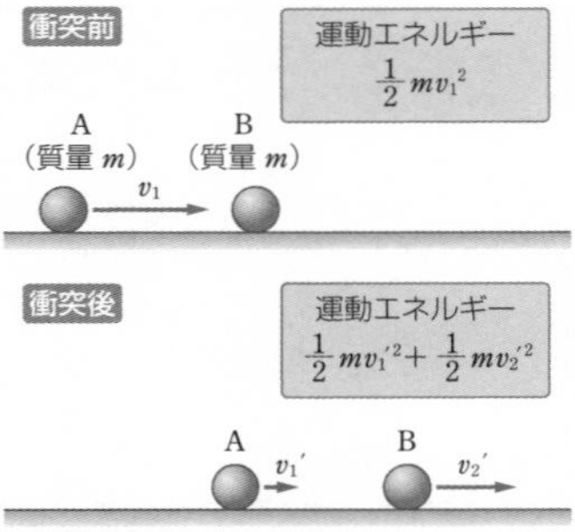


衝突後の小球A, Bの速度をそれぞれ $v_1'$, $v_2'$〔m/s〕，2球の間の反発係数を $e$ とすると，(101)，(108)式より

$$mv_1 + m \times 0 = mv_1' + mv_2' \tag{111}$$

$$e = -\frac{v_1' - v_2'}{v_1 - 0} \tag{112}$$

(111)，(112)式を連立させて解くと，$v_1'$，$v_2'$ は

$$v_1' = \frac{1-e}{2}v_1 \qquad v_2' = \frac{1+e}{2}v_1 \tag{113}$$

これを用いると，衝突前後での力学的エネルギーの変化 $\Delta E$〔J〕は

$$\Delta E = -\frac{1}{4}mv_1^2(1-e^2) \tag{114}$$

であり，$e=1$（弾性衝突）のときは，力学的エネルギーが保存される（$\Delta E = 0$）。また，$0 \leqq e < 1$（非弾性衝突）のときは，力学的エネルギーは減少する（$\Delta E < 0$）。

**❷衝突による力学的エネルギーの変化**　質量の等しくない一般の場合についても，力学的エネルギーと反発係数の間に❶と同様に次の関係が成りたつ（下図）。つまり，衝突する2物体において

**弾性衝突（$e=1$）では，力学的エネルギーが保存され，**
**非弾性衝突（$0 \leqq e < 1$）では，力学的エネルギーは減少する**

非弾性衝突で失われた力学的エネルギーは，熱の発生や物体の変形などに使われる。

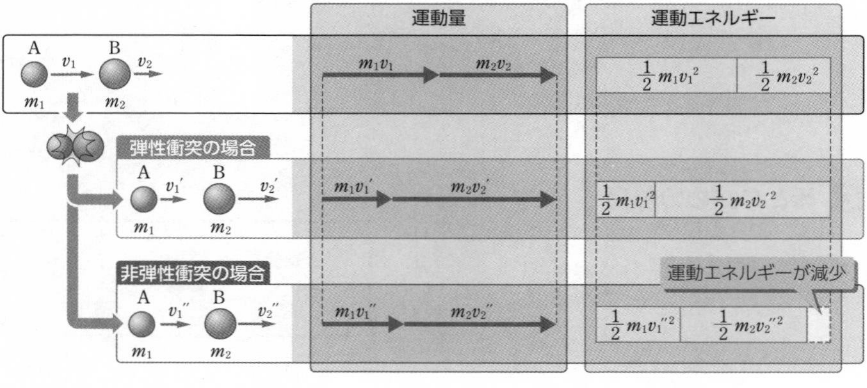

## 問　題

**問66**
(教p.140)

質量 3.0kg の物体が東に向かって 1.5m/s の速さで進んでいるときの，運動量の大きさと向きを求めよ。

**考え方** 運動量〔kg·m/s〕は，「質量〔kg〕×速度〔m/s〕」で表すことができる。

**解説&解答** 運動量の大きさを $p$〔kg·m/s〕とすると

$p = mv = 3.0 \times 1.5 =$ **4.5kg·m/s**　向きは**東向き**　答

**問67**
(教p.141)

速さ 1.0m/s で走っている質量 2.0kg の台車に対し，進んでいる向きに 2.5N の大きさの力を 0.40 秒間加えたとする。このときの台車の速さは何 m/s になるか。

**考え方** 物体の運動量の変化は，その間に物体に与えられた力積に等しい。$mv' - mv = F\Delta t$ (95)式)を用いる。

**解説&解答** 力を加える前後の台車の速さをそれぞれ $v$，$v'$〔m/s〕とすると，(95)式より

$$mv' - mv = F\Delta t$$
$$2.0 \times v' - 2.0 \times 1.0 = 2.5 \times 0.40$$

よって　$v' =$ **1.5m/s**　答

**問68**
(教p.142)

速さ 40m/s で飛んできた，質量 0.14kg のボールを，グラブで受け止めた。ボールが止まるまでのグラブとボールの接触時間が $2.0 \times 10^{-2}$ 秒であったとき，ボールがグラブに加える平均の力の大きさは何 N か。

**考え方** $I = mv' - mv$ ((96)式)を用いて力積を求め，力積の式により，平均の力を求める。

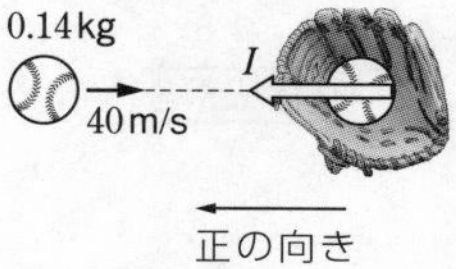


**解説&解答** 右図のように，ボールが受けた力積を $I$〔N·s〕とし，その向きを正とする。

(96)式より　$I = mv' - mv = 0 - 0.14 \times (-40) = 5.6$N·s

求める平均の力の大きさを $\overline{F}$〔N〕，グラブとボールの接触時間を $\Delta t$〔s〕とすると，$I = \overline{F}\Delta t$ より

$$\overline{F} = \frac{I}{\Delta t} = \frac{5.6}{2.0 \times 10^{-2}} = \mathbf{2.8 \times 10^2\,N}$$ 答

**例題23**
(教p.143)

東向きに速さ 20m/s で飛んできた質量 0.15kg のボールをバットで打ったところ，ボールは同じ速さで別の向きにはねかえったとする。ボールのはねかえった向きが (1) 西向き，(2) 北向き のとき，ボールが受けた力積の大きさと向きを求めよ。

**考え方** (1)　打つ前のボールの速度の向きを正とする。
(2)　運動量ベクトルの変化を図で考える。

**解説&解答** (1) 東向きを正の向きとする。

力積を $F\Delta t$〔N·s〕とすると，

「$mv' - mv = F\Delta t$」より

$0.15 \times (-20) - 0.15 \times 20 = F\Delta t$

ゆえに　$F\Delta t = -6.0$ N·s

力積の大きさは **6.0N·s**，向きは**西向き** 答

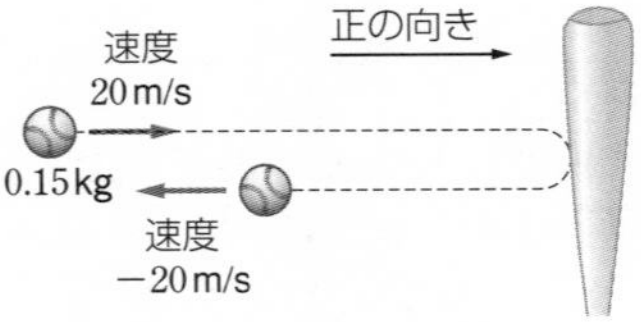


(2) 初めと終わりの運動量ベクトルと，力積ベクトル $\vec{F}\Delta t$〔N·s〕の関係は図のようになる。これより，力積の大きさは

$0.15 \times 20 \times \sqrt{2}$

$\fallingdotseq$ **4.2N·s**

向きは**北西向き** 答

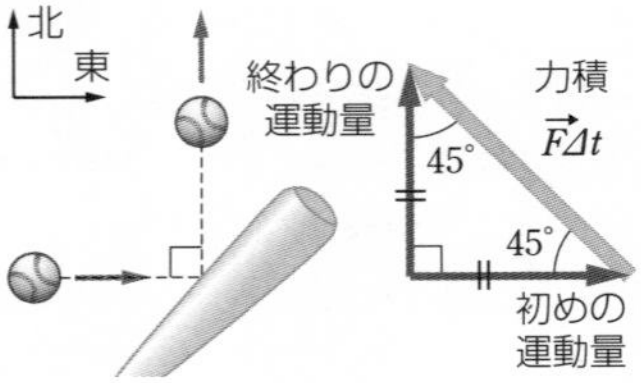


**類題23** (教p.143)

正の向きに速さ10m/sで飛んできた質量0.40kgのサッカーボールをヘディングしたところ，ボールは正の向きに対し120°をなす向きに同じ速さではねかえったとする。このとき，ボールが受けた力積の大きさと，力積の向きが正の向きとなす角度を求めよ。

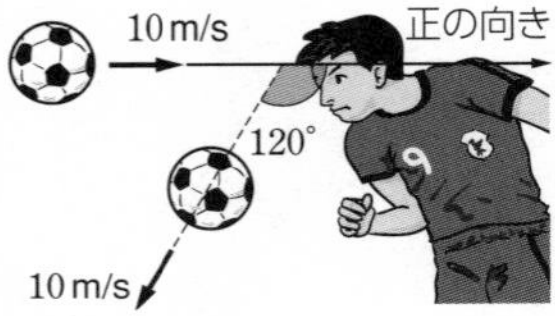


**考え方** 物体の運動量の変化は，その間に物体が受けた力積に等しい。
$m\vec{v'} - m\vec{v} = \vec{F}\Delta t$ (98式)を用いる。

**解説&解答** 初めと終わりの運動量ベクトルと，力積 $F\Delta t$〔N·s〕の関係は，右図のようになる。右図より，力積 $F\Delta t$ の向きが正の向きとなす角は，**150°** である。 答

ボールの初めの運動量は，$0.40 \times 10$ kg·m/s であるから，力積の大きさ $F\Delta t$ は

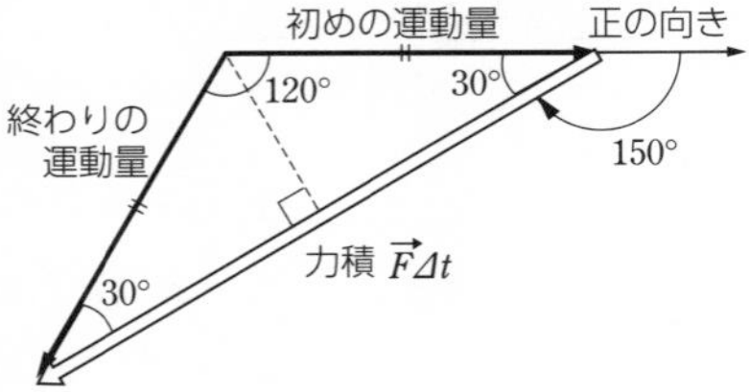


$F\Delta t = (4.0 \times \cos 30°) \times 2 = 4.0 \times \sqrt{3} \fallingdotseq$ **6.9N·s** 答

**例題24** (教p.145)

一直線上を，質量2.0kgの小球Aが正の向きに4.0m/sの速さで進み，その前方を質量3.0kgの小球Bが負の向きに4.0m/sの速さで進んできて小球Aと衝突した。衝突後の小球Bの速さが正の向きに2.0m/sであるとき，小球Aの速度 $v$〔m/s〕を求めよ。

**考え方** 速度の正負に注意して，運動量保存則の式を立てる。

**解説&解答** 衝突前後の小球A，Bの速度は次の図のようになる。

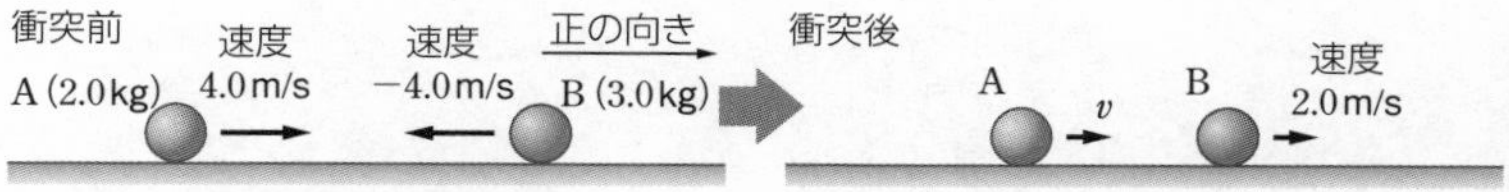


よって，運動量保存則より

$$2.0 \times 4.0 + 3.0 \times (-4.0) = 2.0v + 3.0 \times 2.0$$

これより　$2.0 \times 4.0 + 3.0 \times (-4.0) - 3.0 \times 2.0 = 2.0v$

ゆえに　$v = \mathbf{-5.0\,m/s}$　**答**

注）$v < 0$ なので，負の向きの速度である。



**類題24**（教p.145）　一直線上を，正の向きに 3.0 m/s の速さで進む質量 1.2 kg の小球 A と，負の向きに 2.0 m/s の速さで進む質量 2.8 kg の小球 B が衝突し，一体となった。一体となった後の速度 $v$〔m/s〕を求めよ。

**考え方**　全体の質量は　$1.2 + 2.8 = 4.0$ kg

衝突前の小球 A の進む向きを正として，運動量保存則を適用する。

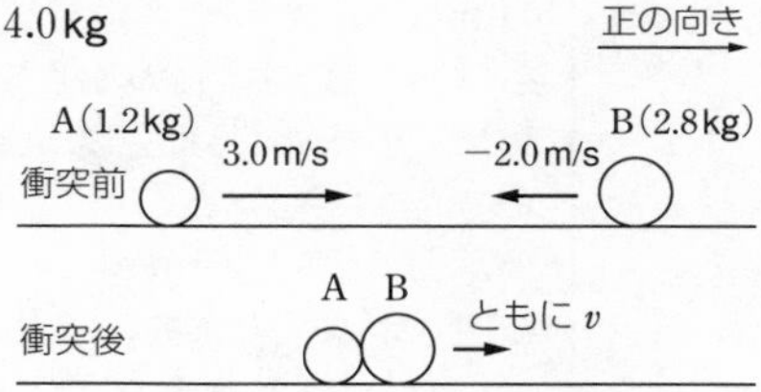


**解説&解答**

$m_A v_A + m_B v_B = m_{A+B} v$

$1.2 \times 3.0 + 2.8 \times (-2.0)$

$= (1.2 + 2.8) \times v$

$v = \mathbf{-0.50\,m/s}$　**答**

**例題25**（教p.147）　図のように，なめらかな水平面上を，質量 0.20 kg の小球 A が速さ 2.0 m/s で進んできて，静止していた質量 0.80 kg の小球 B と衝突した。衝突後の小球 A，B の運動の向きが図のようであるとき，衝突後の小球 A の速さ $v_1'$〔m/s〕と小球 B の速さ $v_2'$〔m/s〕を求めよ。

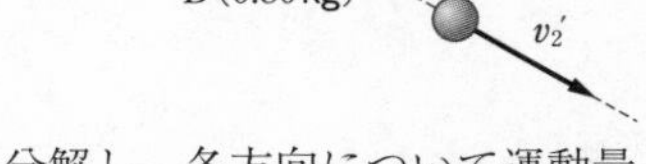


**考え方**　速度を互いに垂直な 2 方向の成分に分解し，各方向について運動量保存則の式を立てる。

**解説&解答**　図のように $x$，$y$ 軸を定め，それぞれの方向について運動量保存則の式を立てる。

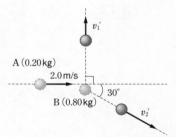

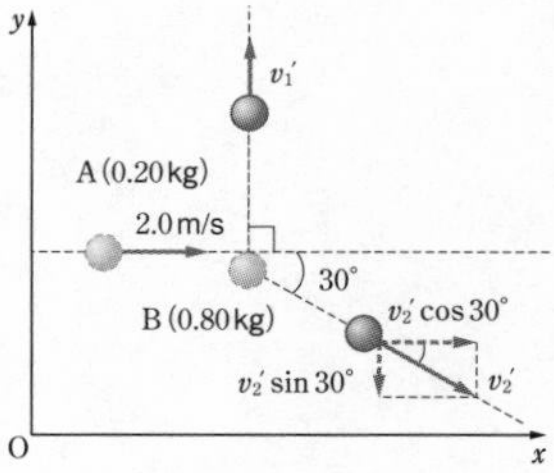


$x$ 成分について

$0.20 \times 2.0 + 0.80 \times 0$

$= 0.20 \times 0 + 0.80 \times v_2' \cos 30^\circ$ …①

$y$ 成分について

$$0.20 \times 0 + 0.80 \times 0$$
$$= 0.20 \times v_1' + 0.80 \times (-v_2' \sin 30°) \quad \cdots\cdots ②$$

①式より　$v_2' = \dfrac{0.20 \times 2.0}{0.80 \times \cos 30°} = \dfrac{0.40}{0.80 \times \dfrac{\sqrt{3}}{2}} = \dfrac{\sqrt{3}}{3.0} \fallingdotseq$ **0.58 m/s** 答

これを②式に代入して　$0 = 0.20 \times v_1' - 0.80 \times \dfrac{\sqrt{3}}{3.0} \times \dfrac{1}{2}$　より

$v_1' = \dfrac{2.0 \times \sqrt{3}}{3.0} \fallingdotseq$ **1.2 m/s** 答

**類題25**
(教p.147)

$x$ 軸上を速さ2.0 m/sで正の向きに進む質量0.20 kgの小球Aと，$y$ 軸上を速さ6.0 m/sで正の向きに進む質量0.10 kgの小球Bとが座標軸の原点で衝突し，衝突後，小球Aは速さ1.0 m/sで $y$ 軸上を正の向きに進んだ。このとき，衝突後の小球Bの速さ $v'$〔m/s〕と，小球Bの進む向きが $x$ 軸の正の向きとなす角 $\theta$〔°〕を求めよ。$\sqrt{2} = 1.41$ とする。

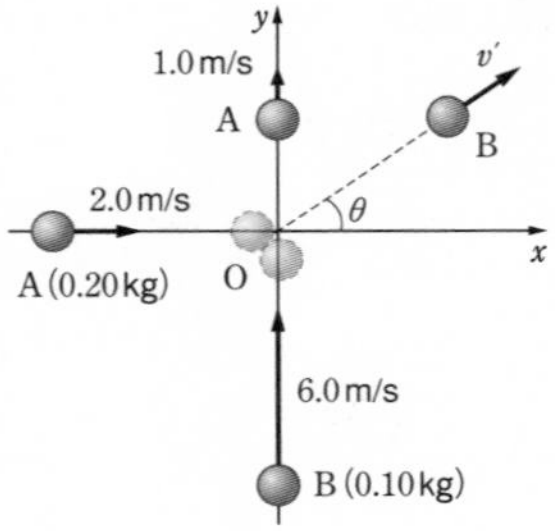


**考え方**　**例題25**と同様に，平面上の運動量を $x$ 成分と $y$ 成分に分解するとき，(103)，(104)式が成りたつ(運動量保存則)。

**解説&解答**　衝突後のBの速度を $\vec{v'}$〔m/s〕とし，$\vec{v'}$ の $x$ 成分，$y$ 成分をそれぞれ $v_x'$，$v_y'$〔m/s〕とする。$x$ 成分，$y$ 成分それぞれについての運動量保存則の式を立てると

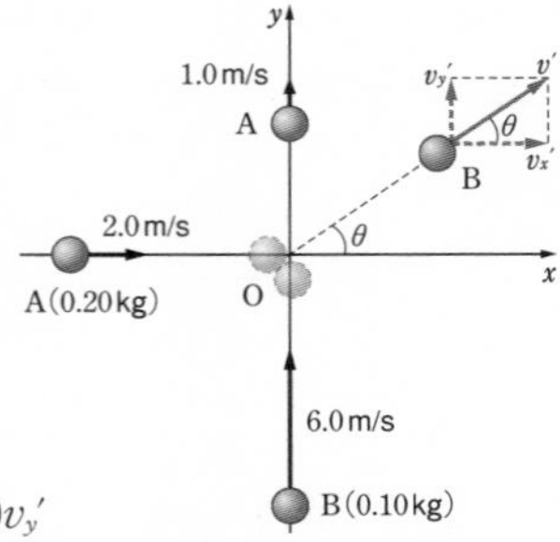


$x$ 成分について

$$0.20 \times 2.0 = 0.10 v_x'$$

$y$ 成分について

$$0.10 \times 6.0 = 0.20 \times 1.0 + 0.10 v_y'$$

この両式から　$v_x' = 4.0$ m/s，$v_y' = 4.0$ m/s

ゆえに　$v' = \sqrt{v_x'^2 + v_y'^2} = 4.0\sqrt{2} \fallingdotseq$ **5.6 m/s** 答

また，$\vec{v'}$ の向きが $x$ 軸の正の向きとなす角 $\theta$ は，次の関係を満たす。

$\tan\theta = \dfrac{v_y'}{v_x'} = \dfrac{4.0}{4.0} = 1.0$　　ゆえに　$\theta =$ **45°** 答

**例題26**
(教p.149)

静止していた質量 5.0 kg の物体が，質量 3.0 kg の物体A，質量 2.0 kg の物体Bの２つに分裂した。分裂後の物体Aは東向きに速さ 4.0 m/s で進んだとする。分裂後の物体Bの速さとその向きを求めよ。

**考え方** 正の向きを定め，速度の正負に注意して，運動量保存則の式を立てる。

**解説&解答** 東向きを正の向きにとり，分裂後の物体Bの速度を $v_2'$〔m/s〕とする。運動量保存則より　$0 = 3.0 \times 4.0 + 2.0 \times v_2'$

よって　$v_2' = -\dfrac{3.0 \times 4.0}{2.0} = -6.0\,\text{m/s}$

ゆえに，Bの速さは **6.0 m/s**，向きは**西向き**　**答**

**類題26**
(教p.149)

速さ $V$〔m/s〕で進んでいた質量 $M$〔kg〕(燃料を含む)のロケットから，質量 $m$〔kg〕の燃料を，地上で静止している人から見てロケットの進む向きと反対の向きに速さ $v$〔m/s〕ですべて瞬間的に噴射した。噴射後のロケットの速さ $V'$〔m/s〕を求めよ。

**考え方** 一直線上での物体の分裂の問題で，**例題26** と同様に運動量保存則を適用する。ロケット本体の質量は $M - m$〔kg〕に減少する。

**解説&解答** ロケットの進む向きを正とする。運動量保存則より

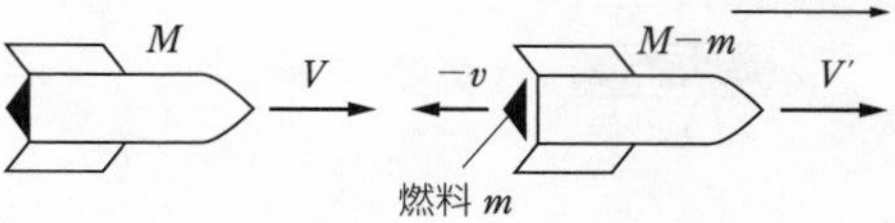


$$MV = m \times (-v) + (M - m)V'$$

よって　$V' = \dfrac{\boldsymbol{MV + mv}}{\boldsymbol{M - m}}$〔m/s〕　**答**

**問69**
(教p.151)

水平面上を進む小球が，壁と垂直に衝突してはねかえった。衝突直前の小球の速さが 2.0 m/s，衝突直後の小球の速さが 1.5 m/s であるとき，小球と壁との間の反発係数はいくらか。

**考え方** 衝突前の速さの向きを正とすると，衝突後の向きは負である。衝突前後の速さの比の関係式(⑽式)を用いる。

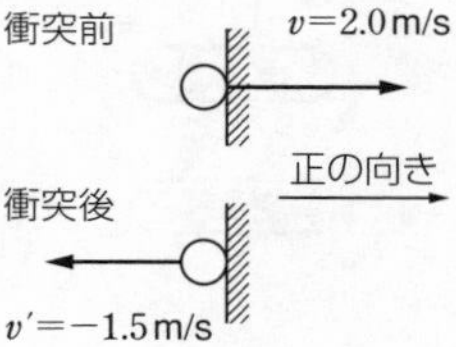


**解説&解答** 衝突前後の小球の速度を $v$，$v'$〔m/s〕，反発係数を $e$ とすると

$$e = \frac{\text{衝突後の速さ}}{\text{衝突前の速さ}} = \frac{|v'|}{|v|} = -\frac{v'}{v}$$

$$= -\frac{-1.5}{2.0} = \mathbf{0.75}$$　**答**

**問70** (教p.151) 水平な机の面より 80cm の高さの所から，小球を自由落下させた。机の面と小球との間の反発係数を 0.50 とするとき，小球は衝突後何cm の高さまではね上がるか。

**考え方** 反発係数は速さの比であるが，下降距離と上昇距離の比の平方根(教p.152 参考(E)式)からも求められる。

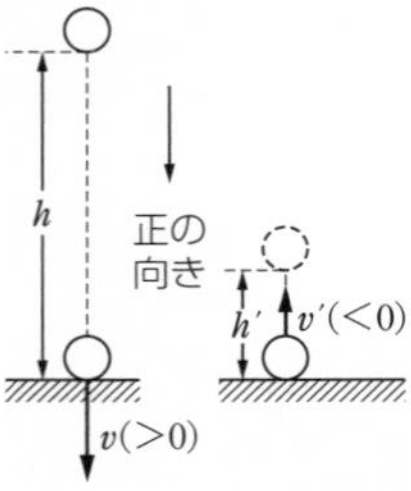


**解説&解答** 初めの高さを $h$，はね上がる高さを $h'$，衝突前後の小球の速度を $v$，$v'$ とすると

$e=-\dfrac{v'}{v}=\sqrt{\dfrac{h'}{h}}$　より　$0.50=\sqrt{\dfrac{h'}{80}}$

よって　$h'=$ **20cm** 答

**問71** (教p.154) 一直線上を互いに反対の向きに進んできた 2 物体 A，B が正面衝突し，衝突後はどちらも初めと反対の向きに進んだ。衝突前の A，B の速さはそれぞれ 4.0m/s，1.6m/s であり，衝突後はそれぞれ 1.5m/s，1.3m/s であった。2 物体の間の反発係数を求めよ。

**考え方** 反発係数の式(⒃式)を用いる。

**解説&解答** A が進んできた向きを正にとり，「$e=-\dfrac{v_1'-v_2'}{v_1-v_2}$」に各数値を代入して　$e=-\dfrac{(-1.5)-1.3}{4.0-(-1.6)}=\dfrac{2.8}{5.6}=$ **0.50** 答

**例題27** (教p.154) 一直線上を正の向きに進んできた小球 A と，負の向きに進んできた小球 B が正面衝突した。衝突前の小球 A の速度が 4.0m/s，小球 B の速度が −1.0m/s であり，小球 A，B の質量は等しいとする。2 球の間の反発係数 $e$ の値が次の(1)，(2)のとき，衝突後の小球 A，B の速度 $v_1'$，$v_2'$〔m/s〕をそれぞれ求めよ。

(1)　$e=1$　　(2)　$e=0$

**考え方** 運動量保存則の式と反発係数の式の 2 式を立て，2 式の連立方程式を解く。

**解説&解答** 小球 A，B の質量を $m$〔kg〕とすると，運動量保存則(⒁式)より

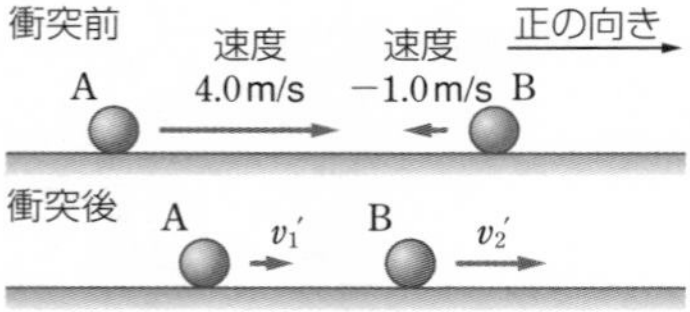


$m\times4.0+m\times(-1.0)$
$=mv_1'+mv_2'$

よって　$3.0=v_1'+v_2'$　……①

反発係数の式（⒃式）より

$$e=-\frac{v_1'-v_2'}{4.0-(-1.0)}=-\frac{v_1'-v_2'}{5.0}\quad\cdots\cdots②$$

(1)　②式で $e=1$ とすると

$5.0=-(v_1'-v_2')$　より　$v_2'=5.0+v_1'$　……③

これを①式に代入して

$3.0 = v_1' + (5.0 + v_1')$　よって　$v_1' =$ **−1.0 m/s** 答

③式より　$v_2' = 5.0 + (-1.0)$　よって　$v_2' =$ **4.0 m/s** 答

注）同じ質量の2物体が弾性衝突（$e = 1$）するときは，衝突後，それぞれの速度が入れかわる。

(2)　②式で $e = 0$ とすると

$0 = -(v_1' - v_2')$　より　$v_2' = v_1'$　……④

これを①式に代入して

$3.0 = v_1' + v_1'$　　よって　$v_1' =$ **1.5 m/s** 答

④式より　$v_2' = v_1' =$ **1.5 m/s** 答

注）完全非弾性衝突（$e = 0$）のときは，衝突後，2物体の速度は同じになる。すなわち，一体となって運動する。

**類題27**（教p.154）　一直線上を正の向きに進む小球A（質量0.050 kg，速度3.0 m/s）と，負の向きに進む小球B（質量0.10 kg，速度−2.0 m/s）が正面衝突した。衝突後の小球A，Bの速度 $v_1'$，$v_2'$〔m/s〕をそれぞれ求めよ。2球の間の反発係数を0.80とする。

**考え方**　運動量保存則（⑽式），反発係数の式（⑽式）を用いる。

**解説&解答**　⑽式より　$0.050 \times 3.0 + 0.10 \times (-2.0) = 0.050 v_1' + 0.10 v_2'$　…①

⑽式より　$0.80 = -\dfrac{v_1' - v_2'}{3.0 - (-2.0)}$　……②

①，②式より　$v_1' =$ **− 3.0 m/s**，$v_2' =$ **1.0 m/s** 答

**例題28**（教p.155）　水平でなめらかな床に，小球が床面と60°の角をなす方向から衝突し，はねかえった。小球と床の間の反発係数が $\dfrac{1}{\sqrt{3}}$ であるとき，小球がはねかえる向きと床面がなす角 $\theta$〔°〕（$0° \leqq \theta \leqq 90°$）を求めよ。

**考え方**　速度を床面に平行な成分と垂直な成分に分解し，垂直な成分に反発係数の式を用いる。

**解説&解答**　図のように $x$，$y$ 軸を定める。衝突直前の小球の速度の大きさを $v$〔m/s〕とすると，速度の $x$ 成分，$y$ 成分は

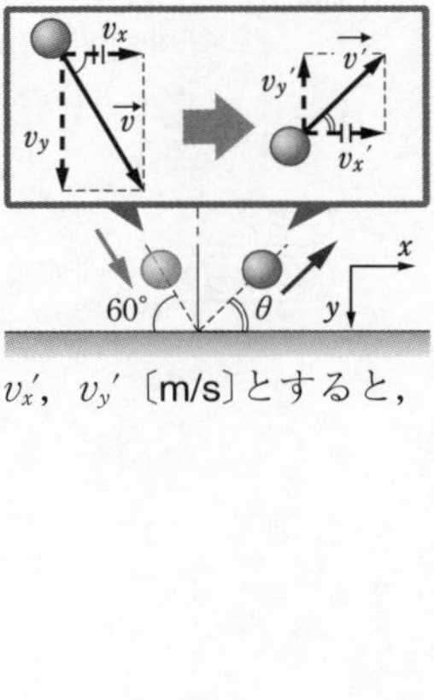


$$v_x = v\cos 60° = \frac{1}{2}v$$

$$v_y = v\sin 60° = \frac{\sqrt{3}}{2}v$$

衝突直後の小球の速度の $x$ 成分，$y$ 成分を $v_x'$，$v_y'$〔m/s〕とすると，

「$v_x' = v_x$」（⑾式より）　$v_x' = \dfrac{1}{2}v$

「$v_y' = -ev_y$」((110)式より)　$v_y' = -\dfrac{1}{\sqrt{3}} \times \dfrac{\sqrt{3}}{2} v = -\dfrac{1}{2} v$

よって　$\tan\theta = \dfrac{|v_y'|}{v_x'} = 1$　　したがって　$\theta = \mathbf{45°}$　**答**

**類題28**
(教p.155)

水平でなめらかな床に，小球が床面と60°の角をなす方向から衝突し，床面と30°の角をなす方向にはねかえった。このとき，小球と床の間の反発係数$e$を求めよ。答えの分数はそのままでよい。

**考え方**　水平方向の速度は変化しないので，鉛直方向の速さの比によって反発係数$e$を決める。

**解説&解答**　床に衝突する直前，直後の速度の水平成分を$v_x$，$v_x'$〔m/s〕，鉛直成分(下向きを正とする)を$v_y$，$v_y'$〔m/s〕とすると

$$v_x' = v_x$$

$$\tan 60° = \frac{v_y}{v_x} \qquad よって \quad v_y = \sqrt{3}\, v_x$$

$$\tan 30° = \frac{-v_y'}{v_x} \qquad よって \quad v_y' = -\frac{1}{\sqrt{3}} v_x$$

$$e = -\frac{v_y'}{v_y} = -\frac{-\frac{1}{\sqrt{3}} v_x}{\sqrt{3}\, v_x} = \mathbf{\frac{1}{3}} \qquad \textbf{答}$$

**ドリル**

**問a**
(教p.156)

一直線上を運動する小球A，Bが衝突，または合体，分裂する。次の各場合について，衝突，合体，分裂後の小球Aの速度$v_1'$〔m/s〕を求めよ。なお，右向きを正の向きとする。

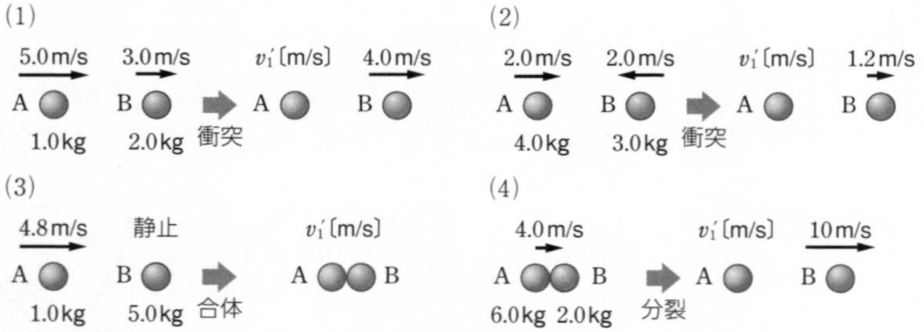


**考え方**　速度の正負に注意して，運動量保存則の式を立てる。

**解説&解答**　(1)　運動量保存則より

$1.0 \times 5.0 + 2.0 \times 3.0 = 1.0 \times v_1' + 2.0 \times 4.0$

ゆえに　$v_1' = \mathbf{3.0\,m/s}$　**答**

(2)　運動量保存則より

$4.0 \times 2.0 + 3.0 \times (-2.0) = 4.0 \times v_1' + 3.0 \times 1.2$

ゆえに　$v_1' = \mathbf{-0.40\,m/s}$　**答**

(3)　運動量保存則より

$1.0 \times 4.8 + 5.0 \times 0 = (1.0 + 5.0) \times v_1'$

ゆえに　$v_1' = \mathbf{0.80\,m/s}$　答

(4)　運動量保存則より

$(6.0 + 2.0) \times 4.0 = 6.0 \times v_1' + 2.0 \times 10$

ゆえに　$v_1' = \mathbf{2.0\,m/s}$　答

**問b**
(教p.156)

なめらかな水平面上を運動する小球A，Bが衝突する。次の各場合について，衝突後の小球Aの速さ $v_1'$〔m/s〕，および小球Bの速さ $v_2'$〔m/s〕を求めよ。

(1)

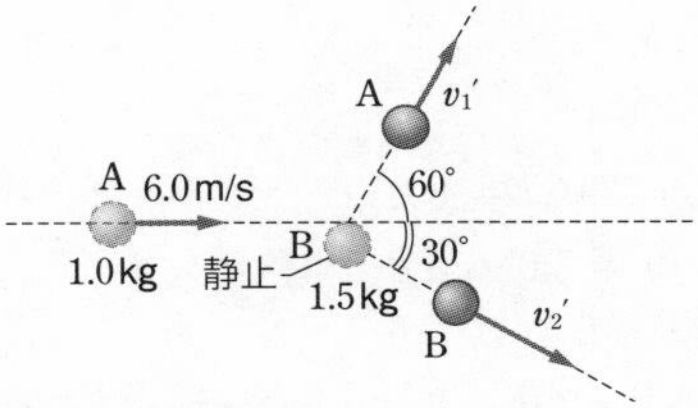


(2)

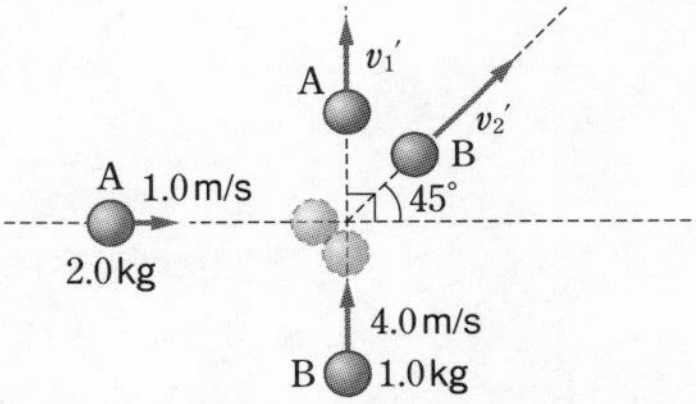


**考え方**　水平面上に互いに垂直な $x$，$y$ 軸をとり，運動量を $x$ 成分と $y$ 成分に分解して考える。

**解説&解答**　(1)　図のように $x$，$y$ 軸を定める。

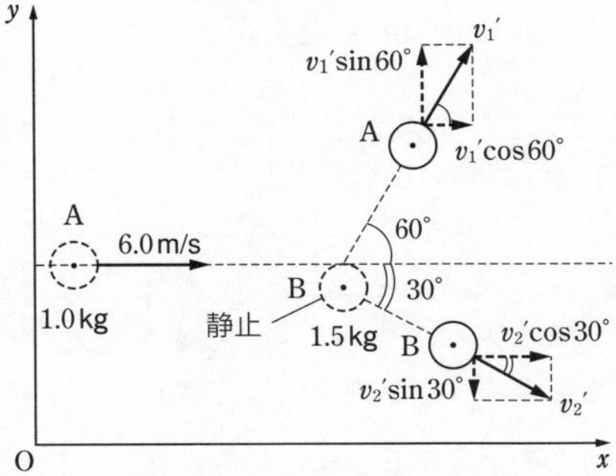


$x$ 成分について，運動量保存則より

$$1.0 \times 6.0 + 1.5 \times 0 = 1.0 \times v_1'\cos 60° + 1.5 \times v_2'\cos 30° \quad \cdots\cdots①$$

$y$ 成分について，運動量保存則より

$$1.0 \times 0 + 1.5 \times 0 = 1.0 \times v_1'\sin 60° + 1.5 \times (-v_2'\sin 30°) \quad \cdots\cdots②$$

②式より　$v_2' = \dfrac{\sqrt{3}}{1.5} v_1'$　……③

これを①式に代入して

$$1.0 \times 6.0 + 1.5 \times 0 = 1.0 \times v_1' \times \frac{1}{2} + 1.5 \times \frac{\sqrt{3}}{1.5} v_1' \times \frac{\sqrt{3}}{2}$$

よって　$v_1' = \mathbf{3.0\,m/s}$ **答**

③式より　$v_2' = \dfrac{\sqrt{3}}{1.5} \times 3.0 \fallingdotseq \mathbf{3.5\,m/s}$ **答**

(2)　図のように $x$, $y$ 軸を定める。

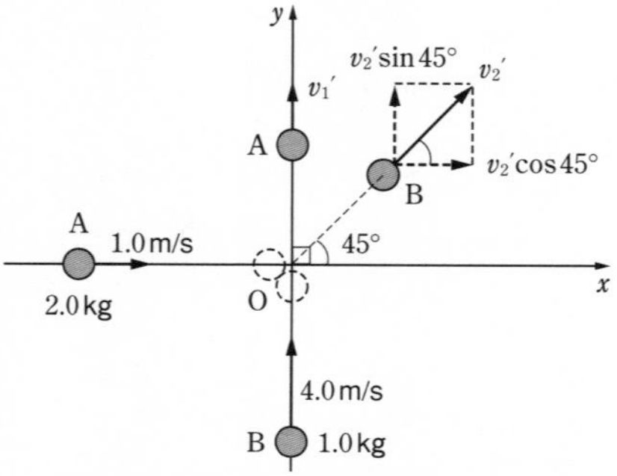


$x$ 成分について，運動量保存則より

$2.0 \times 1.0 + 1.0 \times 0 = 2.0 \times 0 + 1.0 \times v_2'\cos 45°$　……④

$y$ 成分について，運動量保存則より

$2.0 \times 0 + 1.0 \times 4.0 = 2.0 \times v_1' + 1.0 \times v_2'\sin 45°$　……⑤

④式より　$v_2' = 2\sqrt{2} \fallingdotseq \mathbf{2.8\,m/s}$ **答**

これを⑤式に代入して

$2.0 \times 0 + 1.0 \times 4.0 = 2.0 \times v_1' + 1.0 \times 2$

よって　$v_1' = \mathbf{1.0\,m/s}$ **答**

**問C**
(教p.157)　一直線上を運動する小球Aが小球B，あるいは床に衝突する。次の各場合について，2物体の間の反発係数を求めよ。

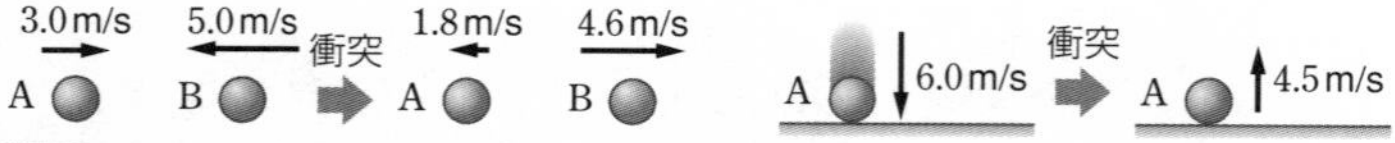


**考え方**　正の向きを定め，速度の正負に注意して，反発係数の式を立てる。

**解説&解答**　(1)　右向きを正とする。反発係数の式「$e = -\dfrac{v_1' - v_2'}{v_1 - v_2}$」より

$$e = -\frac{(-1.8) - 4.6}{3.0 - (-5.0)} = \mathbf{0.80}$$ **答**

(2)　鉛直下向きを正とする。反発係数の式「$e = -\dfrac{v'}{v}$」より

$$e = -\frac{-4.5}{6.0} = \mathbf{0.75}$$ **答**

**問 d**（教p.157）　一直線上を運動する小球A，Bが衝突する。次の各場合について，衝突後の小球Aの速度 $v_1'$〔m/s〕，および小球Bの速度 $v_2'$〔m/s〕を求めよ。なお，右向きを正の向きとする。

(1)　2球の間の反発係数が 0.60

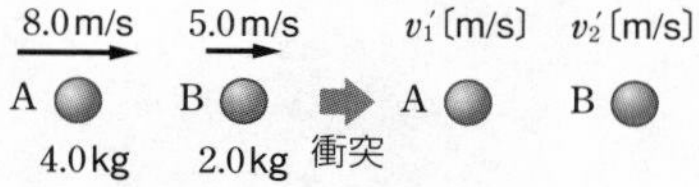


(2)　2球の間の反発係数が 0.20

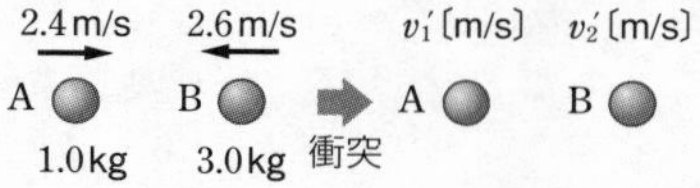


(3)　2球の間の反発係数が 1.0

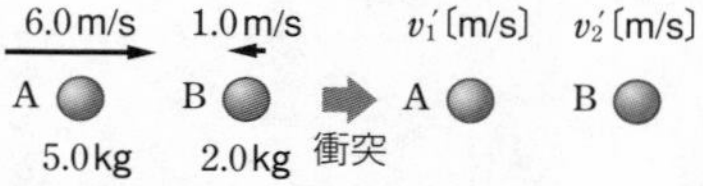


(4)　2球の間の反発係数が 1.0

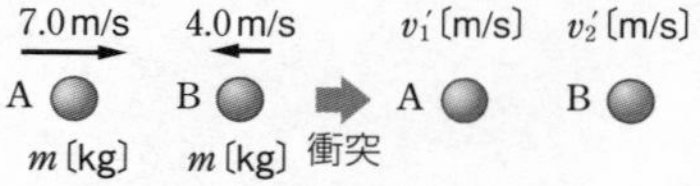


**考え方**　運動量保存則の式と反発係数の式の2式を立て，2式の連立方程式を解く。

**解説&解答**　(1)　運動量保存則より

$$4.0 \times 8.0 + 2.0 \times 5.0 = 4.0 \times v_1' + 2.0 \times v_2'$$

反発係数の式「$e = -\dfrac{v_1' - v_2'}{v_1 - v_2}$」より　$0.60 = -\dfrac{v_1' - v_2'}{8.0 - 5.0}$

上記2式を連立して $v_1'$，$v_2'$ について解くと

$v_1' =$ **6.4 m/s**，$v_2' =$ **8.2 m/s**　答

(2)　運動量保存則より

$$1.0 \times 2.4 + 3.0 \times (-2.6) = 1.0 \times v_1' + 3.0 \times v_2'$$

反発係数の式「$e = -\dfrac{v_1' - v_2'}{v_1 - v_2}$」より　$0.20 = -\dfrac{v_1' - v_2'}{2.4 - (-2.6)}$

上記2式を連立して $v_1'$，$v_2'$ について解くと

$v_1' =$ **− 2.1 m/s**，$v_2' =$ **− 1.1 m/s**　答

(3)　運動量保存則より

$$5.0 \times 6.0 + 2.0 \times (-1.0) = 5.0 \times v_1' + 2.0 \times v_2'$$

反発係数の式「$e = -\dfrac{v_1' - v_2'}{v_1 - v_2}$」より　$1.0 = -\dfrac{v_1' - v_2'}{6.0 - (-1.0)}$

上記2式を連立して $v_1'$，$v_2'$ について解くと

$v_1' =$ **2.0 m/s**，$v_2' =$ **9.0 m/s**　答

(4)　運動量保存則より

$$m \times 7.0 + m \times (-4.0) = mv_1' + mv_2'$$

反発係数の式「$e = -\dfrac{v_1' - v_2'}{v_1 - v_2}$」より　$1.0 = -\dfrac{v_1' - v_2'}{7.0 - (-4.0)}$

上記2式を連立して $v_1'$，$v_2'$ について解くと

$v_1' =$ **− 4.0 m/s**，$v_2' =$ **7.0 m/s**　答

**問72**（教p.159）　一直線上を4.0m/sの速さで進む質量1.0kgの小球Aが，静止している質量1.5kgの小球Bと正面衝突し，一体となって進み始めた。この過程での力学的エネルギーの変化$\Delta E$〔J〕を求めよ。

**考え方**　衝突前後での力学的エネルギーの変化を求める。

**解説&解答**　一体となった後の速さを$V$〔m/s〕とすると，運動量保存則より

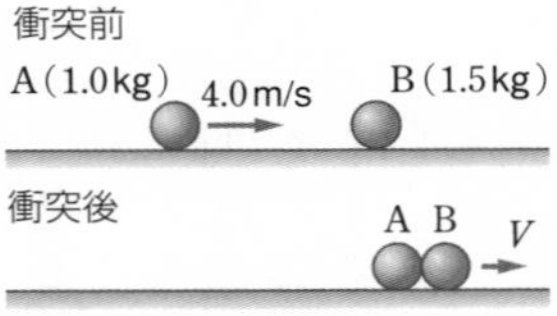


$$1.0\times 4.0+1.5\times 0=(1.0+1.5)\times V$$

よって　$V=1.6$m/s

したがって

$$\Delta E=\frac{1}{2}\times(1.0+1.5)\times 1.6^2-\left(\frac{1}{2}\times 1.0\times 4.0^2+\frac{1}{2}\times 1.5\times 0^2\right)$$
$$=3.2-8.0=\mathbf{-4.8\,J}$$ 答

## 演　習　問　題

教p.160 〜 p.161

***1***　力積と運動量に関する実験を行った。静止している質量$m$〔kg〕の台車Aに，一直線上を速さ$v$〔m/s〕で進む同じ質量の台車Bを衝突させる。台車に内蔵された力センサーにより台車の運動を調べると，台車Aにはたらく力の大きさ$f$〔N〕と経過時間$t$〔s〕の関係を表すグラフは図のようになった。

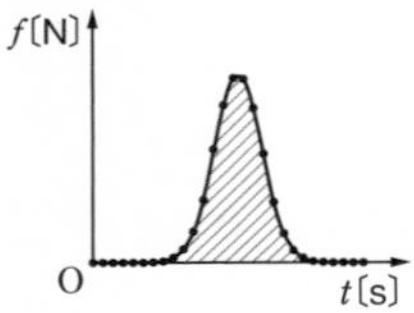


(1)　図の斜線部分の面積は何と等しいと考えられるか。次の選択肢から選べ。

①台車Aがされる仕事　②衝突後の台車Aの運動量の大きさ
③衝突前の台車Bの運動エネルギー　④台車Aに力がはたらいている間の平均の加速度

(2)　斜線部分の面積が$mv$となったとする。台車間の反発係数はいくらか。

**考え方**　(1)　運動量と力積の関係に着目する。

(2)　正の向きを定め，運動量保存則と反発係数の式の2式を立てる。

**解説&解答**　(1)　台車Aにはたらく力の大きさ$f$と経過時間$t$の関係を表すグラフと時間軸とで囲まれた斜線部分の面積は，台車Aが受けた力積の大きさを表す。力積は運動量の変化に等しく，台車Aは最初静止していたので，図の斜線部分の面積は，衝突後の台車Aの運動量の大きさに等しいとわかる。よって，正しいのは②。 答

(2)　台車Bが初めに進む向きを正とし，衝突後の台車A，Bの速度をそれぞれ$v_1'$，$v_2'$〔m/s〕とする。

(1)より$mv_1'=mv$であるから$v_1'=v$となる。運動量保存則より

$m\times 0+mv=mv+mv_2'$　　よって　$v_2'=0$

反発係数の式「$e=-\dfrac{v_1'-v_2'}{v_1-v_2}$」より　$e=-\dfrac{v-0}{0-v}=\mathbf{1}$ 答

**2**　質量 1.4 kg の台 A がなめらかで水平な床の上に置かれている。この台 A の上面に，質量 0.60 kg の小物体 B が上面と同じ高さの水平面から乗り移った。小物体 B が台 A の上面を動きだすと同時に，台 A も床の上を動きだし，やがて，小物体 B と台 A は一体となって動き続けたとする。乗り移った瞬間の小物体 B の速さを 0.70 m/s，台 A の上面と小物体 B との間の動摩擦係数を 0.25，重力加速度の大きさを 9.8 m/s² とする。

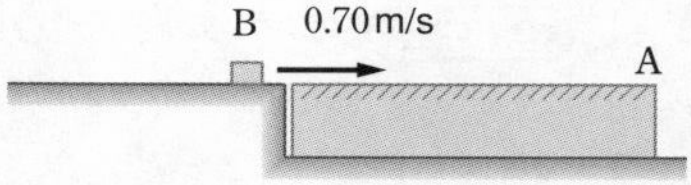


(1)　一体となった後の小物体 B と台 A の速さ $V$〔m/s〕を求めよ。

(2)　一体になるまでに小物体 B が失った運動量の大きさは，動摩擦力が小物体 B に与えた力積の大きさに等しい。このことを用いて，小物体 B が台 A に乗り移ってから一体になるまでの時間 $\Delta t$〔s〕を求めよ。

**考え方**　運動量保存則 (伽)式）$m_1v_1 + m_2v_2 = m_1v_1' + m_2v_2'$　を用いる。
動摩擦力の大きさ $F'$ は，動摩擦係数を $\mu'$ とすると
$F' = \mu'N = \mu'mg$ である。

**解説&解答**　(1)　運動量保存則より

$$0.60 \times 0.70 = (0.60 + 1.4) \times V$$

よって　$V = \mathbf{0.21\,m/s}$　**答**

(2)　小物体 B が失った運動量の大きさは

$$0.60 \times 0.70 - 0.60 \times 0.21 = 0.294\,\mathrm{kg \cdot m/s} \quad \cdots\cdots①$$

動摩擦力の大きさ $F'$ は

$$F' = \mu'mg = 0.25 \times 0.60 \times 9.8 = 1.47\,\mathrm{N}$$

よって，動摩擦力が小物体 B に与えた力積の大きさ $F'\Delta t$ は

$$F'\Delta t = 1.47 \times \Delta t \quad \cdots\cdots②$$

①，②式より

$$0.294 = 1.47 \times \Delta t$$　よって　$\Delta t = \mathbf{0.20\,s}$　**答**

**3**　総質量 $M$〔kg〕のロケットが速さ $V$〔m/s〕で進んでいる。燃焼ガスをすべて瞬間的に後方へ噴射したとき，噴射後のロケットの速さ $V'$〔m/s〕を求めよ。噴射した燃焼ガスの質量を $m$〔kg〕，ロケットに対する燃焼ガスの相対的な速さを $u$〔m/s〕とする。

**考え方**　相対速度の式から求めたロケットの速度を用いて，運動量保存則の式を立てる。

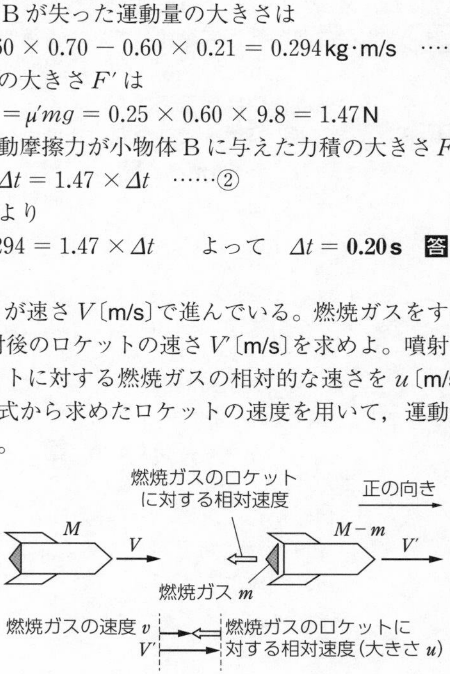

(解説&解答) ロケットの進む向きを正，地上で静止している人から見た燃焼ガスの速度を $v$〔m/s〕とすると，相対速度の式「$\overrightarrow{v_{AB}}=\overrightarrow{v_B}-\overrightarrow{v_A}$」より

$-u=v-V'$　　よって　$v=-u+V'$

したがって，運動量保存則より

$MV=(M-m)V'+m(-u+V')$

よって　$V'=\boldsymbol{V+\frac{m}{M}u}$〔**m/s**〕 答

**4** 床面から 10m の高さの地点から，小球を速さ 5.0m/s で水平に投げ出した。図のように $x$，$y$ 軸を定める。重力加速度の大きさを 9.8m/s² とする。

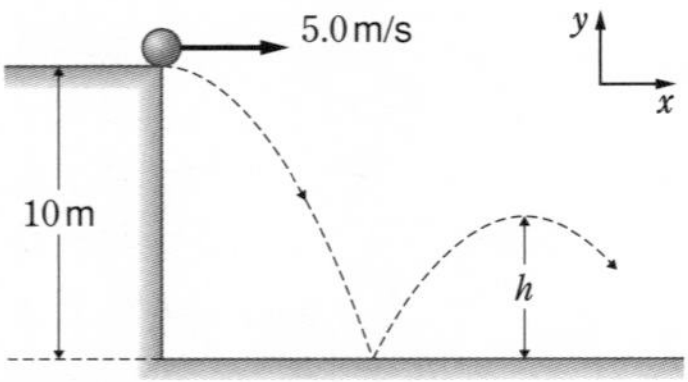


(1) 小球が床面に達する直前の，速度の $x$ 成分と $y$ 成分 $v_x$，$v_y$〔m/s〕をそれぞれ求めよ。

(2) 小球が床面からはねかえった直後の，速度の $x$ 成分と $y$ 成分 $v_x'$，$v_y'$〔m/s〕をそれぞれ求めよ。小球と床面との間の反発係数を 0.70 とし，床面はなめらかであるとする。

(3) 小球がはねかえった後に達する最高点の高さ $h$〔m〕を求めよ。

(考え方) 水平方向は等速直線運動であり，衝突前後の速度変化はないので，$v_x'=v_x$ (⑽式)。 鉛直方向は等加速度直線運動であり，衝突前後の速度変化は反発係数 $e$ による。$v_y'=-ev_y$ (⑽式)

(解説&解答) (1) 水平投射では水平方向の速度成分は変わらないので

$v_x=\mathbf{5.0m/s}$ 答

また，床面に達するまでの時間を $t$〔s〕とすると

$10=\frac{1}{2}\times 9.8\times t^2$　より　$t=\frac{10}{7}$ s

したがって，床面に達する直前の速度の $y$ 成分の大きさは

$gt=9.8\times\frac{10}{7}=14$ m/s (鉛直下向き)

$y$ 軸の正の向きは鉛直上向きであるから　$v_y=\mathbf{-14m/s}$ 答

(2) 床はなめらかであるから，衝突の際に速度の $x$ 成分の変化はない。

よって　$v_x'=v_x=\mathbf{5.0m/s}$ 答

また　$v_y'=-ev_y=-0.70\times(-14)=\mathbf{9.8m/s}$ 答

(3) はねかえった後，小球の鉛直方向の運動は，初速度 $v_0$ が 9.8m/s の鉛直投げ上げ運動である。最高点での速度 $v_h$ は 0m/s であるから，㉗式より

$0^2-9.8^2=2\times(-9.8)\times h$　よって　$h=\mathbf{4.9m}$ 答

**5**　なめらかな水平面上に質量 $M$〔kg〕の物体が静止している。これに質量 $m$〔kg〕の弾丸を速さ $v$〔m/s〕で水平に打ちこんだところ，弾丸は物体と一体になり，一定の速さで進んだ。

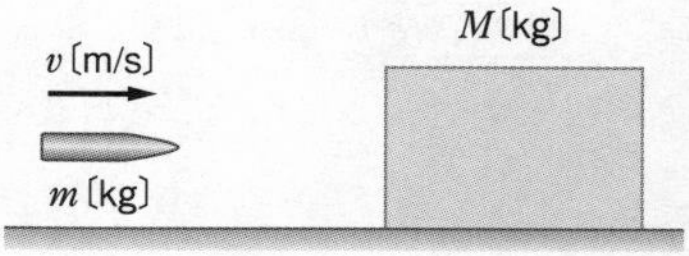


(1)　一体となった後の速さ $V$〔m/s〕を求めよ。

(2)　このとき失われた運動エネルギー $\Delta E$〔J〕を，$M$，$m$，$v$ を用いて表せ。

(3)　弾丸がめりこんだ距離を $l$〔m〕とする。弾丸が物体にめりこむときに受ける抵抗力の大きさ $f$〔N〕を $M$，$m$，$v$，$l$ を用いて表せ。このとき，$f$ は一定の値をとるものとする。

**考え方**　(1)　正の向きを定め，運動量保存則の式を立てる。
(2)(3)　運動エネルギーと仕事の関係に着目する。

**解説&解答**　(1)　弾丸が初めに進む向きを正とすると，運動量保存則より

$$M\times 0+mv=(M+m)V \qquad よって \quad V=\boldsymbol{\frac{m}{M+m}v}〔\mathrm{m/s}〕 \ 答$$

(2)　失われた運動エネルギーは，(1)の結果を代入して

$$\Delta E=\left|\frac{1}{2}(M+m)V^2-\left(\frac{1}{2}M\times 0^2+\frac{1}{2}mv^2\right)\right|$$

$$=\left|\frac{1}{2}(M+m)\left(\frac{m}{M+m}v\right)^2-\left(\frac{1}{2}M\times 0^2+\frac{1}{2}mv^2\right)\right|$$

$$=\left|-\frac{Mmv^2}{2(M+m)}\right|=\boldsymbol{\frac{Mmv^2}{2(M+m)}}〔\mathrm{J}〕 \ 答$$

(3)　弾丸が物体と一体となるまでに物体が移動した距離を $L$〔m〕とすると，物体にはたらく抵抗力の仕事と，弾丸にはたらく抵抗力の仕事の和は $fL-f(L+l)=-fl$ となり，これが物体と弾丸の運動エネルギーの変化 $-\Delta E$ に等しい。

$$-fl=-\frac{Mmv^2}{2(M+m)} \qquad よって \quad f=\boldsymbol{\frac{Mmv^2}{2(M+m)l}}〔\mathrm{N}〕 \ 答$$

**6**　図のように，曲面と水平面からなる質量 4.0kg の台Bが，なめらかな床の上に置かれている。ここで，台Bの水平面から高さ 0.50m の曲面上から，質量 1.0kg の小球Aを静かにすべらせた。この後，小球Aが台Bの水平面上を動いているときの，床に対する小球Aと台Bの速さ $v_\mathrm{A}$，$v_\mathrm{B}$〔m/s〕をそれぞれ求めよ。小球Aと台Bの間に摩擦はなく，運動の前後で力学的エネルギーが保存されているとしてよい。また，重力加速度の大きさを 9.8m/s² とする。

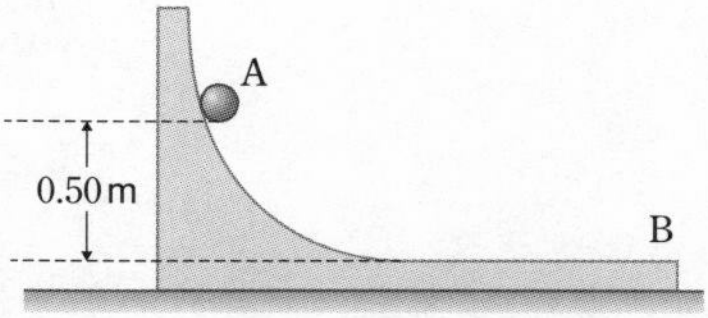


**考え方**　図1での小球Aの位置エネルギーと，図2でのA，Bの運動エネルギーの総和は等しい。また，図2で運動量の総和は0である。

図1

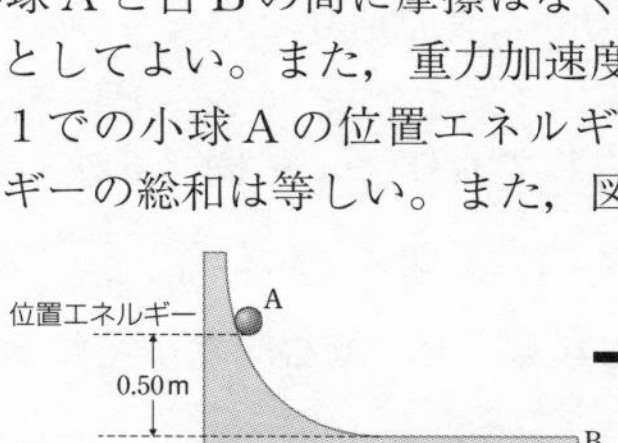


図2

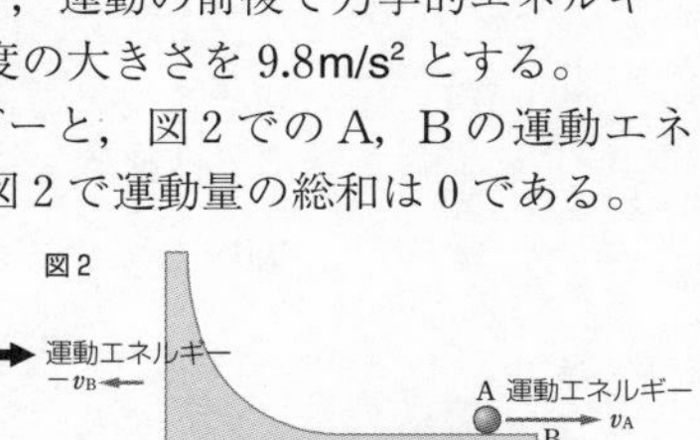

**解説&解答** 図1と図2とで，力学的エネルギー保存則が成りたつから

$$1.0 \times 9.8 \times 0.50 = \frac{1}{2} \times 1.0 \times v_A{}^2 + \frac{1}{2} \times 4.0 \times v_B{}^2 \quad \cdots\cdots①$$

運動量保存則より　$0 = 1.0 \times v_A + 4.0 \times (-v_B)$　……②

①式と②式より　$v_A = \mathbf{2.8\,m/s}$，$v_B = \mathbf{0.70\,m/s}$ 答

## 考 考えてみよう！

**7** 一直線上において，速さ $v$〔m/s〕で進む質量 $m_1$〔kg〕の小球Aを，静止する質量 $m_2$〔kg〕の小球Bに衝突させた。衝突前に小球Aが進む向きを正の向きとし，衝突は弾性衝突であるとする。

(1) 衝突後の小球Aの速度 $v_1'$〔m/s〕を求めよ。

求めた $v_1'$ の式についてのPさんとQさんの会話文を読んで，次の問いに答えよ。

Pさん：「衝突後に小球Aが静止することはあるのかな。」

Qさん：「$v_1'$ の式を見ると，[ 1 ]のときに小球Aが静止することがわかるね。」

Pさん：「[ 1 ]ではないとき，衝突後の小球Aが進む向きはどうなるかな。」

Qさん：「$v_1'$ の式に $v$ が含まれているから，衝突後の小球Aの進む向きは，衝突前の小球Aが進む向きと同じなんじゃないかな。」

(2) [ 1 ]に当てはまる適切な式を答えよ。

(3) 下線部は間違っている。その理由と，衝突の前後で小球Aが進む向きが変わるのはどのようなときか説明してみよう。

**考え方** (1) 衝突後の小球Bの速度を文字におき，運動量保存則の式と反発係数の式の2式を立てる。

(2)(3) $v_1'$ が正・負・0のどれになるかを決めるのは，式のどの部分かを考える。

**解説&解答** (1) 衝突後の小球Bの速度を $v_2'$〔m/s〕とすると，運動量保存則より

$$m_1 v + m_2 \times 0 = m_1 v_1' + m_2 v_2' \quad \cdots\cdots①$$

弾性衝突 $(e = 1)$ であるから，反発係数の式「$e = -\dfrac{v_1' - v_2'}{v_1 - v_2}$」より

$$1 = -\frac{v_1' - v_2'}{v - 0} \quad \cdots\cdots②$$

①，②式より $v_2'$ を消去して $v_1'$ について解くと

$$v_1' = \boldsymbol{\frac{m_1 - m_2}{m_1 + m_2} v}\ \text{〔m/s〕} \quad \text{答}$$

(2) $v>0$ かつ $m_1 + m_2 > 0$ より，$v_1' = 0$ となるのは $m_1 - m_2 = 0$ のときである。　よって　$\boldsymbol{m_1 = m_2}$ 答

(3) **$v$ は速さを表しており，$v_1'$ の向きを決める要素ではないため間違っている。向きを決めるのは $\dfrac{m_1 - m_2}{m_1 + m_2}$ の部分で，$m_1 < m_2$ のとき，$v_1' < 0$ となるので，進む向きが変わる。** 答

# 第5章　円運動と万有引力　教 p.162 ～ p.202

## 1　等速円運動

### A　角速度

物体が円周上を一定の速さで回る運動を**等速円運動**という。

円運動をする物体の単位時間当たりの回転角を**角速度**という。角の単位に**ラジアン**(記号 **rad**)を用い，時間 $t$〔s〕の間の回転角を $\theta$〔rad〕とすると(右図ⓑ)，これらと角速度 $\omega$ の関係は

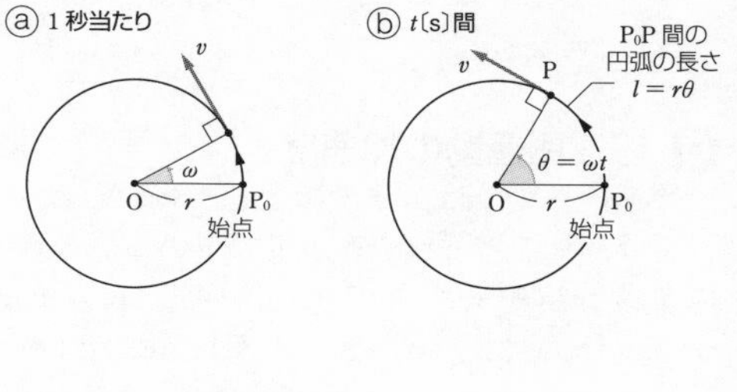


$$\boldsymbol{\omega = \frac{\theta}{t},\ \theta = \omega t}$$ 角速度 $\omega$ の単位は**ラジアン毎秒**(記号 **rad/s**) (115)

等速円運動の円の半径を $r$〔m〕，物体の速さを $v$〔m/s〕とすると，時間 $t$ の間に物体が移動する距離 $l$〔m〕は $l = r\theta$ と表されるから

$$v = \frac{l}{t} = r\frac{\theta}{t} \qquad (116)$$

となり，(116)式に(115)式を代入すると，次の式が得られる。

$$\boldsymbol{v = r\omega} \qquad (117)$$

等速円運動は，角速度が一定の円運動ともいえる。等速円運動をする物体の速度の方向は，円の接線方向であり，円の中心を向く方向に対し垂直である。

> **参考　弧度法**
>
> 半径と等しい長さの円弧に対する中心角を**1ラジアン**(記号 rad)という(右図ⓐ)。このような角度の表し方を**弧度法**という。半径を $r$〔m〕，円弧の長さを $l$〔m〕，中心角を $\theta$〔rad〕とすると，次のようになる。
>
> $$\theta = \frac{l}{r} \qquad \text{これより} \quad l = r\theta$$
>
> $l = 2\pi r$ のとき，$\theta = 2\pi$ より，$360° = 2\pi$ rad であるから
>
> $$1° = \frac{\pi}{180}\,\text{rad} \quad \text{あるいは} \quad 1\,\text{rad} = \frac{180°}{\pi}\,(\fallingdotseq 57.3°)$$
>
> 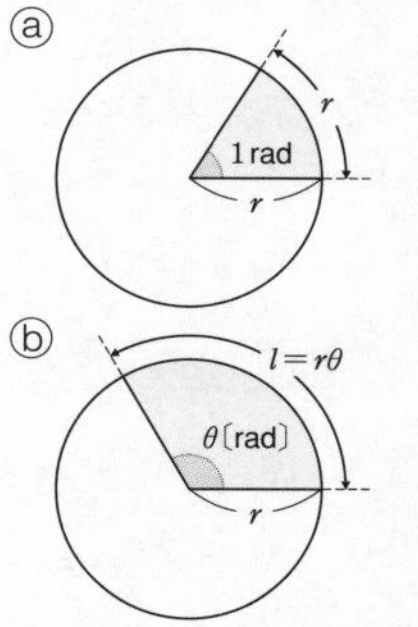
> 

### B　周期と回転数

等速円運動する物体が1回転する時間を**周期**という。等速円運動の半径を $r$〔m〕，角速度を $\omega$〔rad/s〕，速さを $v$〔m/s〕，周期を $T$〔s〕とすると，次の式が得られる。

$$T = \frac{2\pi r}{v} = \frac{2\pi}{\omega} \tag{118}$$

1秒当たりの回転の回数を**回転数**という。回転数の単位には**ヘルツ**(記号 **Hz**)を用いる。回転数 $n$〔Hz〕と周期 $T$ の関係は次のようになる。

$$n = \frac{1}{T} \tag{119}$$

また，(118)，(119)式より，$\omega$ と $n$ の関係は次のようになる。

$$\omega = 2\pi n \tag{120}$$

## C 等速円運動の加速度

等速円運動では，速度の大きさ(速さ)は一定だが，その向きは常に変化している。つまり，加速度 $\vec{a}$〔m/s²〕が生じている。半径 $r$〔m〕の円周上を角速度 $\omega$〔rad/s〕で等速円運動する物体が，時間 $\Delta t$〔s〕の間に角 $\Delta\theta$〔rad〕$(=\omega\Delta t)$ だけ回転し，速度が $\vec{v}$〔m/s〕から $\vec{v'}$〔m/s〕になったとする(**教 p.165 図 128** 参照)。経過時間 $\Delta t$ を短くしていくと，$\Delta\vec{v} = \vec{v'} - \vec{v}$ は円の中心を向く。よって，等速円運動の加速度 $\vec{a} = \dfrac{\Delta\vec{v}}{\Delta t}$ は，円の中心方向を向き，その大きさは　$a = \dfrac{\Delta v}{\Delta t} = v\omega$　となる。これに(117)式を代入すると

$$a = r\omega^2 = \frac{v^2}{r} \tag{121}$$

となる。つまり，等速円運動の加速度は，大きさは変化せず，向きは常に円の中心を向くように変化する。

## D 等速円運動に必要な力

等速円運動をしている物体の質量を $m$〔kg〕，受けている力を $\vec{F}$〔N〕とすると，運動方程式　$m\vec{a} = \vec{F}$　から，物体は円の中心へ向かう向きに一定の大きさの力を受けていることがわかる(**教 p.166 図 129** 参照)。この力を**向心力**という。

向心力の大きさを $F$〔N〕とし(121)式を用いると，等速円運動の中心方向に対する運動方程式は次のように表すことができる。

$$mr\omega^2 = F \quad \text{または} \quad m\frac{v^2}{r} = F \tag{122}$$

**等速円運動の式**

周期　$T = \dfrac{2\pi r}{v} = \dfrac{2\pi}{\omega}$

速さ　$v = r\omega$

加速度の大きさ　$a = r\omega^2 = \dfrac{v^2}{r}$

運動方程式(中心方向)

$mr\omega^2 = F$　または　$m\dfrac{v^2}{r} = F$

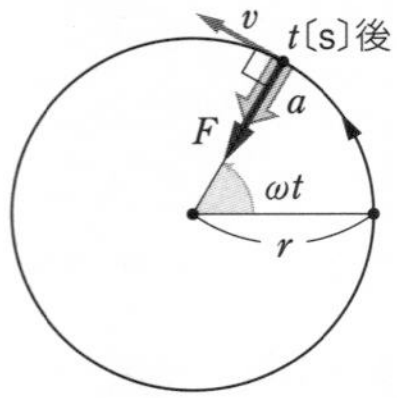


$r$〔m〕　半径　　$\omega$〔rad/s〕　角速度　　$a$〔m/s²〕　加速度の大きさ
$v$〔m/s〕　速さ　　$T$〔s〕　周期　　$m$〔kg〕　質量　　$F$〔N〕　向心力

# 2 慣性力

## A 慣性力

右図のように電車を一定の加速度$\vec{a}$で走らせると糸は斜めに傾く。これは，小球の慣性によるものである。このとき，小球にはたらいている力は，糸が引く力$\vec{S_2}$〔N〕と重力$m\vec{g}$〔N〕である。

地上に静止している観測者Aは，これら2力の合力$\vec{F}=\vec{S_2}+m\vec{g}$によって小球が加速度$\vec{a}$〔m/s²〕の運動をしていると考え，運動方程式$m\vec{a}=\vec{F}$を立てることができる。

一方，電車内の観測者Bにとっては，小球は合力$\vec{F}$を受けながら静止して見えるので，慣性の法則は成りたたない。しかし，この場合でも，小球には合力$\vec{F}$のほかに，これとつりあう力$-m\vec{a}$〔N〕がはたらいていると考えれば，慣性の法則が成りたつようにみえる。この$-m\vec{a}$は小球の慣性にもとづくみかけの力で，**慣性力**という。

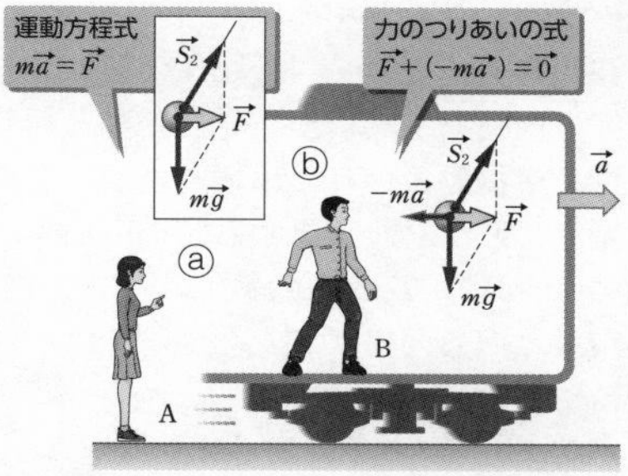


▲**電車が等加速度運動をしている場合の２人の観測者の立場**

ⓐ Aの立場では小球は$\vec{S_2}$と$m\vec{g}$の合力$\vec{F}$によって加速度$\vec{a}$の運動をしている。

ⓑ Bの立場では小球は静止している。$\vec{a}$と反対向きの力$-m\vec{a}$を考えると，この力と，$\vec{S_2}$と$m\vec{g}$の合力$\vec{F}$とのつりあいの式を立てることができる。

加速度$\vec{a}$で運動する観測者が，力$\vec{F}$を受けて運動する質量$m$の物体を観測するとき，その加速度を$\vec{a'}$とする。このとき，実際にはたらく力$\vec{F}$のほかに慣性力$-m\vec{a}$を考えれば，運動方程式は次のようになる。

$$\boldsymbol{m\vec{a'}=\vec{F}+(-m\vec{a})} \qquad (123)$$

## B 遠心力

教 p.174 図 132のような，なめらかな回転板上での，質量$m$〔kg〕の小球の等速円運動を考える。地上に静止している観測者Aから見ると，小球にはたらく水平方向の力は，ばねの弾性力(大きさ$F$〔N〕)のみであり(同図ⓐ)，等速円運動の半径を$r$〔m〕，角速度を$\omega$〔rad/s〕，速さを$v$〔m/s〕とすると，次の運動方程式が成りたつ。

$$mr\omega^2=F \qquad \text{または} \qquad m\frac{v^2}{r}=F \qquad ((122)\text{式})$$

一方，小球とともに回転している観測者Bから見ると，小球が静止して見えるので，小球にはたらく水平方向の力は，弾性力だけでなく，それとつりあう外向きの慣性力がはたらいていると観測する(同図ⓑ)。このような，物体とともに円運動する立場から見たときの慣性力を，特に**遠心力**という。遠心力の向きは，向心力の向き(等速円運動の加速度の向き)と逆向きで，その大きさ$f$〔N〕は次の式で表される。

$$\boldsymbol{f=mr\omega^2} \qquad \text{または} \qquad \boldsymbol{f=m\frac{v^2}{r}} \qquad (124)$$

# 3 単振動

## A 単振動

ばねにおもりをつけ，つりあいの位置より下に引いてから手をはなすと，おもりは往復運動を始める。教 p.177 図 133 ⓑのように，ばねにつけたおもりの往復運動は，等速円運動を真横から見た運動と同じ運動のように見える。このような一直線上の振動を**単振動**という。単振動において，振動の中心から振動の端までの長さ $A$〔m〕を**振幅**，1回の振動に要する時間 $T$〔s〕を**周期**，1秒当たりの往復回数 $f$〔Hz〕を**振動数**という。周期 $T$ と振動数 $f$ は，等速円運動の周期と回転数の関係と同じであるから，(119)式と同じ関係が成りたつ。

$$f = \frac{1}{T} \tag{125}$$

## B 単振動の変位・速度・加速度

**❶変位** 教 p.179 図 135 ⓐのように半径 $A$〔m〕，角速度 $\omega$〔rad/s〕の等速円運動をしている物体Pを考え，Pから $x$ 軸に下ろした垂線の交点（正射影）をQとする。Qは，時刻0に原点Oを $x$ 軸の正の向きに出発したとすると，$t$〔s〕後におけるQの変位（座標）$x$〔m〕は次のように表される。

$$x = A\sin\omega t \tag{126}$$

横軸に時間 $t$，縦軸に変位 $x$ をとって(126)式を表すと，同図ⓑのような $x$–$t$ 図が得られる。このような曲線を**正弦曲線**という。ここで，$\omega$〔rad/s〕を単振動の**角振動数**といい，(126)式の角を表す部分 $\omega t$〔rad〕を**位相**という。位相が $2\pi$ rad 進むごとに1回の振動が行われる。(118)，(125)式より，角振動数 $\omega$ と，周期 $T$〔s〕および振動数 $f$〔Hz〕の間には次の関係が成りたつ。

$$\omega = \frac{2\pi}{T} = 2\pi f \tag{127}$$

**❷速度と加速度** Qの速度 $v$〔m/s〕は，Pの速度（大きさ $A\omega$〔m/s〕）の $x$ 成分で表せる。

$$v = A\omega\cos\omega t \tag{128}$$

Qの加速度 $a$〔m/s²〕は，Pの加速度（大きさ $A\omega^2$〔m/s²〕）の $x$ 成分で表せる。

$$a = -A\omega^2\sin\omega t \tag{129}$$

(126)，(129)式から

$$a = -\omega^2 x \tag{130}$$

## C 単振動に必要な力

質量 $m$〔kg〕の物体が，$x$ 軸上を原点Oを中心として角振動数 $\omega$〔rad/s〕で単振動しているとき，物体にはたらいている力を $F$〔N〕とすると，運動方程式「$ma = F$」と(130)式より，次の式が得られる。

$$F = ma = -m\omega^2 x \qquad (131)$$

$m\omega^2$ は正の定数であるから，$m\omega^2 = K$ とおくと，(131)式は

$$\boldsymbol{F = -Kx} \quad (K：正の定数) \qquad (132)$$

となり，$F$ は変位 $x$ に比例することがわかる。また，$F$ と $x$ は正負が反対であるから，$F$ は常に振動の中心Oに向く。単振動を起こすこのような力を**復元力**という。

一般に，単振動の運動方程式は次のように表すことができる。

$$\boldsymbol{ma = -Kx} \qquad (133)$$

単振動の角振動数 $\omega$〔rad/s〕は，$m\omega^2 = K$ より

$$\boldsymbol{\omega = \sqrt{\frac{K}{m}}} \qquad (134)$$

と表される。また，単振動の周期 $T$〔s〕は，(134)式と(127)式より次のようになる。

$$\boldsymbol{T = 2\pi\sqrt{\frac{m}{K}}} \qquad (135)$$

**単振動の式**

| | | |
|---|---|---|
| **運動方程式** | $\boldsymbol{ma = -Kx}$ （$K$：正の定数） | |
| **変位** | $\boldsymbol{x = A\sin\omega t}$ | → $\boldsymbol{\omega = \sqrt{\frac{K}{m}}}$ |
| **速度** | $\boldsymbol{v = A\omega\cos\omega t}$ | |
| **加速度** | $\boldsymbol{a = -A\omega^2\sin\omega t = -\omega^2 x}$ | |

$m$〔kg〕　質量　　$t$〔s〕　時間　　$A$〔m〕　振幅
$x$〔m〕　変位　　$v$〔m/s〕　速度　　$a$〔m/s²〕　加速度
$\omega$〔rad/s〕　角振動数

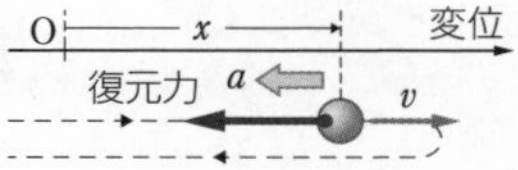


## D ばね振り子

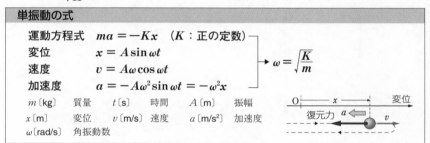

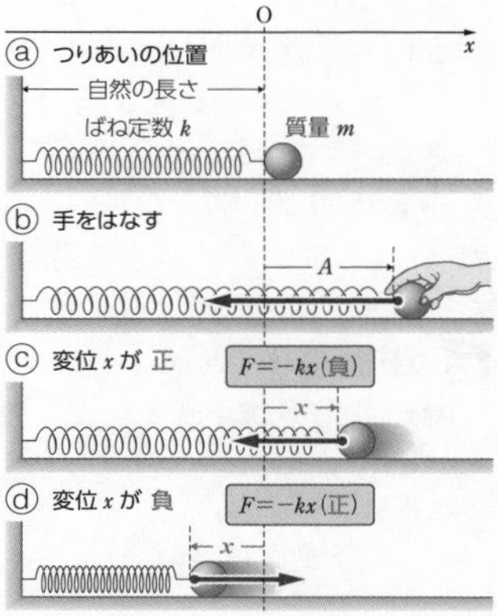


軽いばねに小球をつけたものを**ばね振り子**という。

**❶水平ばね振り子**　自然の長さのときの小球の位置をOとし，点Oを原点として $x$ 軸をとり，ばねが伸びる向き(右図の右向き)を正の向きとする。

小球の質量を $m$〔kg〕，ばね定数を $k$〔N/m〕とすると，変位が $x$〔m〕のとき小球にはたらく水平方向の力 $F$〔N〕は $F = -kx$ となり，復元力である。よって，小球の加速度を $a$〔m/s²〕として運動方程式を書くと

$$ma = -kx \qquad (136)$$

となる。したがって，小球は点Oを中心として振幅 $A$ の単振動をする。

また，周期 $T$〔s〕は，(135)式より

$$T = 2\pi\sqrt{\frac{m}{k}} \qquad (137)$$

となる。ばね振り子の振動の周期 $T$ は，振幅 $A$ によらず，質量 $m$ とばね定数 $k$ のみで決まることがわかる。

**❷鉛直ばね振り子**　小球がつりあいの位置で静止しているときのばねの伸びを $d$〔m〕とする(次図ⓐ)。このとき小球にはたらく力は，負の向きに大きさ $kd$〔N〕の弾性力と正の向きに大きさ $mg$〔N〕の重力の2力であり，これらがつりあっている。したがって，次の式が成りたつ。

$$-kd + mg = 0 \qquad (138)$$

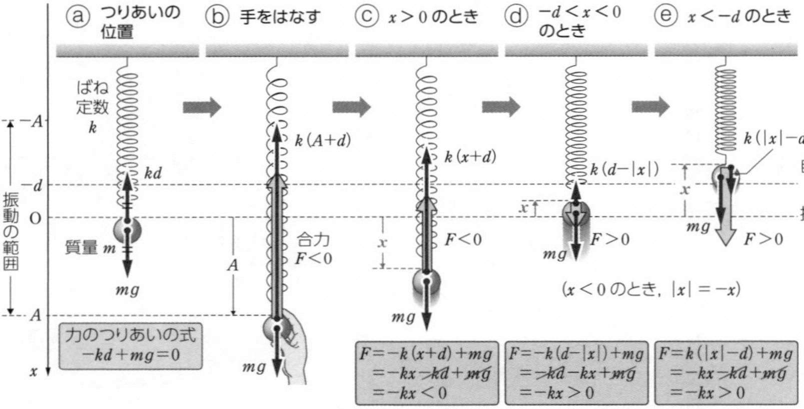


小球を上下に振動させる。つりあいの位置を原点Oとして，変位 $x$〔m〕($x>0$)のときに小球にはたらく力は(図ⓒ)，負の向きに大きさ $k(x+d)$〔N〕の弾性力と正の向きに大きさ $mg$〔N〕の重力の2力である。したがって，小球の運動方程式は

$$ma = -k(x+d) + mg = -kx \qquad (139)$$

$x < 0$ の場合についても同じ運動方程式が得られる(図ⓓ，ⓔ)。これは，小球がつりあいの位置(原点O)を中心として単振動をすることを表している。また，周期 $T$〔s〕は水平ばね振り子の場合と同じく(137)式で表される。

## E 単振り子

軽い糸に小球をつるして，鉛直面内で振動させたものを**単振り子**という。

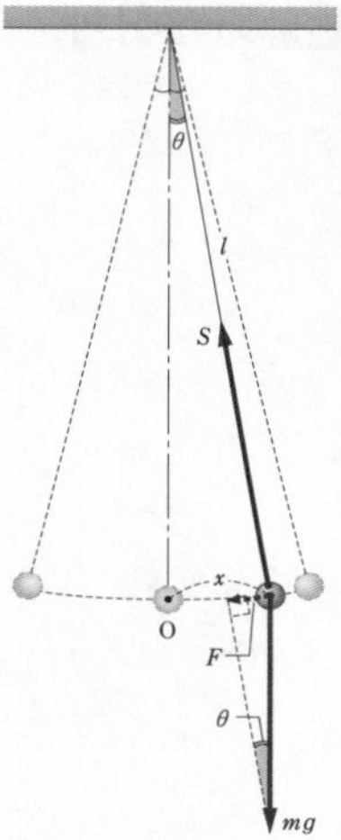


糸の長さを $l$〔m〕，小球の質量を $m$〔kg〕とする。小球にはたらく力は，糸が引く力(大きさ $S$〔N〕)と重力(大きさ $mg$〔N〕)であり，糸が引く力は小球の運動方向に垂直である。

小球を最下点Oへ引きもどすはたらきをするのは，重力の接線方向の成分 $F$〔N〕である(右図)。糸が鉛直方向となす角を $\theta$〔rad〕(反時計回りを正)，小球の点Oからの円弧にそった変位を $x$〔m〕(右向きを正)とする。振れが小さいとき，単振り子は一直線上を往復するとみなせるので

$$F = -mg\sin\theta \fallingdotseq -\frac{mg}{l}x \qquad (140)$$

したがって，小球は $F$ が復元力となって単振動をすると考えてよい。また，この振動の周期 $T$〔s〕は，(135)式で $K = \frac{mg}{l}$ とおくと

$$\boldsymbol{T = 2\pi\sqrt{\frac{l}{g}}} \qquad (141)$$

振れが小さいとき，周期は糸の長さと重力加速度の大きさだけで決まり，振幅に無関係である。これを，振り子の**等時性**という。

# 4 万有引力

## A 惑星の運動

かつて人々は，太陽や惑星を含む天体は地球を中心に回転しているという**天動説**を信じていた。

16世紀半ば，コペルニクスは天動説に対し，地球も惑星も太陽を中心に円運動するという**地動説**を唱えた。地動説を用いると，惑星の複雑な運動を単純に説明することができる(**教 p.188 図 139**)。その後，ケプラーは，惑星がだ円軌道を運行していることに気づいて，次の結論を得た。これを**ケプラーの法則**という(**教 p.189 図 140, 141**)。

**ケプラーの法則**

**第一法則　惑星は太陽を1つの焦点とするだ円上を運動する**

**第二法則　惑星と太陽とを結ぶ線分が単位時間当たりに通過する面積は一定である(面積速度一定の法則)**

**第三法則　惑星の公転周期 $T$ の2乗と軌道だ円の長半径(半長軸の長さ) $a$ の3乗の比は，すべての惑星で一定になる**

$$\frac{T^2}{a^3} = k \quad (k\text{ は定数}) \qquad (142)$$

## B 万有引力

ケプラーの法則の発見から約半世紀後，ニュートンは，惑星の公転は惑星に太陽が引力を及ぼすためと考えた。

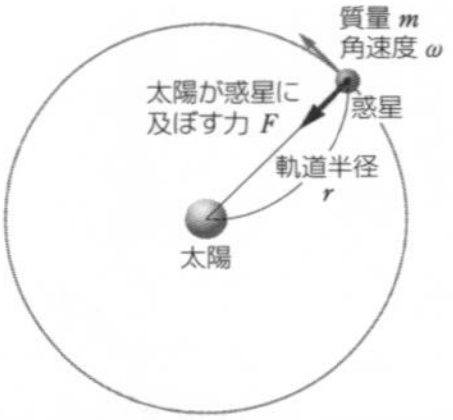

▲太陽が惑星に及ぼす力

右図のように，惑星の公転軌道を近似的に円と考えると，ケプラーの第二法則から，惑星は等速円運動をする。太陽が惑星に及ぼす力 $F$〔N〕が向心力であるから，惑星の質量を $m$〔kg〕，角速度を $\omega$〔rad/s〕，軌道半径を $r$〔m〕とすると，運動方程式

$$mr\omega^2 = F \tag{143}$$

が成りたつ。ここで，公転周期を $T$〔s〕とすると，(118)式より $\omega = \frac{2\pi}{T}$ であるから，これを(143)式に代入すると

$$mr\left(\frac{2\pi}{T}\right)^2 = F \tag{144}$$

となる。さらにケプラーの第三法則より

$$\frac{T^2}{r^3} = k \quad (k \text{ は定数}) \tag{145}$$

が成りたつので，(144)，(145)式より

$$F = mr\frac{4\pi^2}{kr^3} = \frac{4\pi^2}{k}\cdot\frac{m}{r^2} \tag{146}$$

となり，惑星にはたらく向心力の大きさ $F$ は，惑星の質量 $m$ に比例し，軌道半径 $r$ の2乗に反比例することがわかる。一方，作用反作用の法則から考えると，太陽も惑星から，大きさが等しく向きが反対の引力を受けており，それは太陽の質量にも比例していると考えられる。この引力はすべての物体の間ではたらくので，**万有引力**といわれる。ニュートンは，

**2つの物体が及ぼしあう万有引力の大きさ $F$ は，2物体の質量 $m_1$，$m_2$ の積に比例し，距離 $r$ の2乗に反比例する**

と結論づけた。これを**万有引力の法則**といい，(148)式で表される。$G$ は物体によらない定数で，**万有引力定数**とよばれる。

$$G = 6.67 \times 10^{-11}\,\mathrm{N\cdot m^2/kg^2} \tag{147}$$

**万有引力の法則**

$$F = G\frac{m_1 m_2}{r^2} \tag{148}$$

| | |
|---|---|
| $F$〔N〕 | 万有引力の大きさ |
| $G$〔N·m²/kg²〕 | 万有引力定数 |
| $m_1$，$m_2$〔kg〕 | 物体1と2の質量 |
| $r$〔m〕 | 物体1と2の距離 |

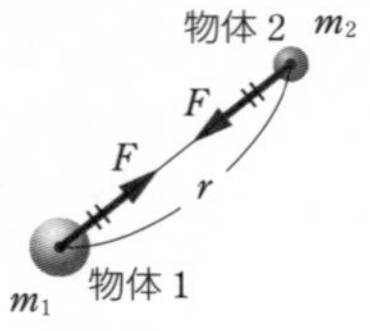

## C 重力

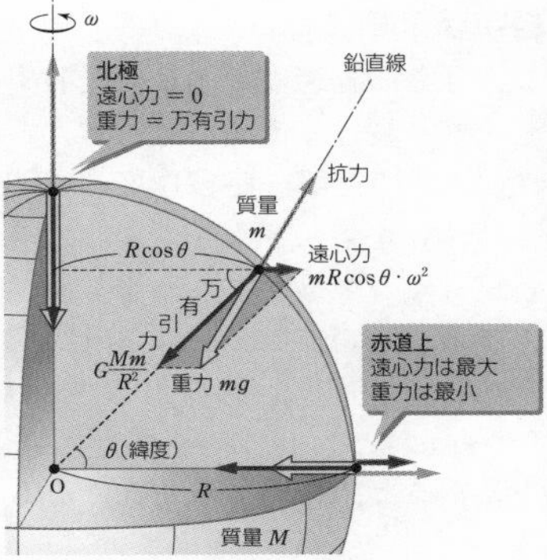


地球が地球上の物体に及ぼす引力は，地球各部が及ぼす万有引力の合力で，これは地球の全質量が地球の中心（重心）に集まったときに及ぼす万有引力に等しい。

物体を地上から見ると，物体には万有引力のほかに，地球の自転による遠心力がはたらくが，万有引力に比べ無視できるほど小さいので，通常は，重力は万有引力と等しく，重力の方向（鉛直線）は地球の中心を通る，と考えてよい。

地球を質量 $M$〔kg〕，半径 $R$〔m〕の球とし，地上での重力加速度の大きさを $g$〔m/s²〕とする。地上の質量 $m$〔kg〕の物体にはたらく重力は万有引力と等しいと考えると，(148)式より

$$mg = G\frac{Mm}{R^2} \tag{149}$$

となる。したがって，次の式が得られる。

$$\boldsymbol{g = \frac{GM}{R^2}} \qquad \text{または} \qquad \boldsymbol{GM = gR^2} \tag{150}$$

## D 万有引力による位置エネルギー

重力がする仕事と同様に，万有引力がする仕事も経路に関係なく，始点と終点の位置だけで決まる。したがって，万有引力も保存力であり，位置エネルギー，すなわち**万有引力による位置エネルギー**を考えることができる（**教 p.195 図 144 ⓑ**）。

**万有引力による位置エネルギー**

$$\boldsymbol{U = -G\frac{Mm}{r}} \tag{151}$$

Point　無限遠を基準としているので無限遠で $U = 0$ となる。

| | |
|---|---|
| $U$〔J〕 | 万有引力による位置エネルギー（基準点：無限遠） |
| $G$〔N・m²/kg²〕 | 万有引力定数 |
| $M$，$m$〔kg〕 | 物体の質量 |
| $r$〔m〕 | 物体（の重心）間距離 |

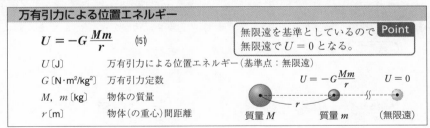

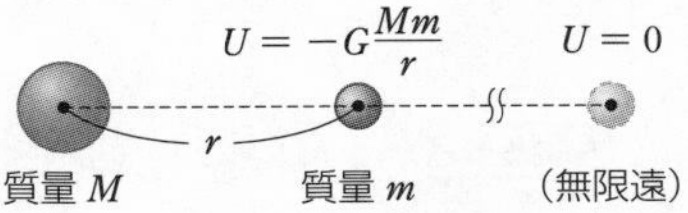


## E 万有引力を受ける物体の運動

**❶力学的エネルギーの保存**　質量 $m$〔kg〕の物体が，静止している質量 $M$〔kg〕の物体からの万有引力だけを受けて，速さ $v$〔m/s〕で運動しているときは，力学的エネルギー保存則が成りたつ。よって，物体間の距離を $r$〔m〕とすると，次の式が成りたつ。

$$\boldsymbol{\frac{1}{2}mv^2 + \left(-G\frac{Mm}{r}\right) = \text{一定}} \tag{152}$$

**❷宇宙速度** ニュートンは，物体を高い山から十分な大きさの初速度で水平に発射すると，地球のまわりを回り続けるであろうと考えた。その最小の初速度の大きさを**第一宇宙速度**(約 7.91 km/s)という。

初速度が第一宇宙速度より大きくなると，物体の軌道はだ円を描くようになる。さらに初速度が大きくなると，物体は無限の遠方に飛んでいく。このときの最小の初速度の大きさを**第二宇宙速度**(約 11.2 km/s)という。初速度の大きさが第二宇宙速度をこえると，軌道は双曲線になる。

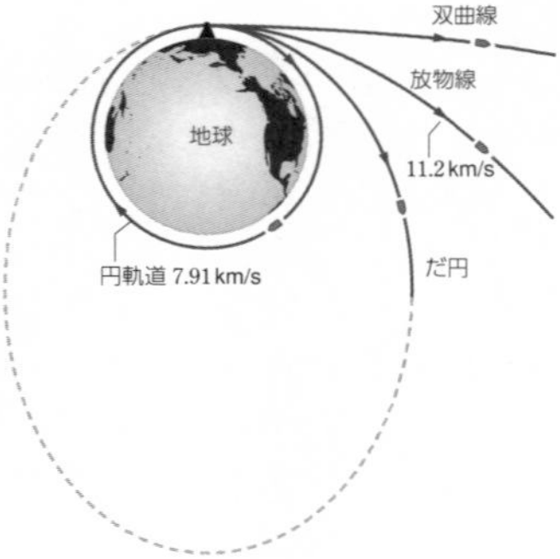


## 問 題

**問73** (教p.163) 半径 8.0 m の円周上を等速円運動する物体が 5.0 秒間で 180° 回転した。この物体の角速度 $\omega$〔rad/s〕，速さ $v$〔m/s〕を求めよ。

(考え方) 角速度$\omega$は単位時間当たりの回転角のことで $\omega = \dfrac{\theta}{t}$

$v = r\omega$ （速さと半径と角速度の関係）

(解説&解答) $t = 5.0\,\text{s}$ で $\theta = 180° = \pi$〔rad〕の回転だから

$$\omega = \frac{\theta}{t} = \frac{\pi}{5.0} = 0.20\pi \fallingdotseq \mathbf{0.63\,rad/s}$$ 答

$$v = r\omega = 8.0 \times 0.20\pi = 1.6\pi \fallingdotseq \mathbf{5.0\,m/s}$$ 答

**問74** (教p.164) 半径 0.40 m の円周上を 1 分間に 15 回転する等速円運動を考える。このときの，周期 $T$〔s〕，回転数 $n$〔Hz〕，角速度 $\omega$〔rad/s〕，速さ $v$〔m/s〕を求めよ。

(考え方) 周期 $T$ と角速度 $\omega$ の関係は $T = \dfrac{2\pi}{\omega}$ ……①

周期 $T$ と回転数 $n$ の関係は $n = \dfrac{1}{T}$ ……②

(解説&解答) 1 分間に 15 回転するので $T = \dfrac{60}{15} = \mathbf{4.0\,s}$ 答

②式より $n = \dfrac{1}{T} = \dfrac{1}{4.0} = \mathbf{0.25\,Hz}$ 答

①式より $\omega = \dfrac{2\pi}{T} = \dfrac{2\pi}{4.0} = 0.50\pi \fallingdotseq \mathbf{1.6\,rad/s}$ 答

(11)式より $v = r\omega = 0.40 \times 0.50\pi = 0.20\pi \fallingdotseq \mathbf{0.63\,m/s}$ 答

**問75** (教p.165) 半径 $5.0 \times 10^2$ m の円周上を，60 m/s の速さで等速円運動している飛行機の，角速度 $\omega$〔rad/s〕および加速度の大きさ $a$〔m/s²〕を求めよ。

(考え方) 速さ $v$ と半径 $r$，角速度 $\omega$ の関係は $v = r\omega$ ……①

加速度の大きさ $a$ と速さ $v$，角速度 $\omega$ の関係は $a = v\omega$ ……②

解説&解答　①式より　$\omega = \frac{v}{r} = \frac{60}{5.0 \times 10^2} = $ **0.12 rad/s** 答

②式より　$a = v\omega = 60 \times 0.12 = $ **7.2 m/s²** 答

考 問76 (教p.166)　等速円運動をしている物体の質量と，円運動の半径を変えずに，角速度や速さを2倍にするためには，何倍の向心力が必要か。

考え方　向心力 $F$ と質量 $m$，角速度 $\omega$，半径 $r$ の関係は $F = mr\omega^2$　……①

解説&解答　①式に　$\omega = \frac{v}{r}$　を代入すると　$F = m\frac{v^2}{r}$　……②

①式より，角速度 $\omega$ を2倍にすると，向心力 $F$ は，**4倍**。答

②式より，速さ $v$ を2倍にすると，向心力 $F$ は，**4倍**。答

例題29 (教p.167)　自然の長さ 0.15 m，ばね定数 20 N/m の軽いばねの一端に質量 0.50 kg の小球を取りつけ，ばねの他端を中心にしてなめらかな水平面上で等速円運動をさせたところ，ばねの長さは 0.25 m となった。

(1)　このときのばねの弾性力の大きさ $F$〔N〕を求めよ。

(2)　等速円運動の速さ $v$〔m/s〕，加速度の大きさ $a$〔m/s²〕，周期 $T$〔s〕を求めよ。

考え方　ばねの弾性力が，等速円運動の向心力の役割をしている。

解説&解答　(1)　ばねの伸びは　$0.25 - 0.15 = 0.10$ m

であるから，「$F = kx$」より　$F = 20 \times 0.10 = $ **2.0 N** 答

(2)　等速円運動の中心方向の運動方程式

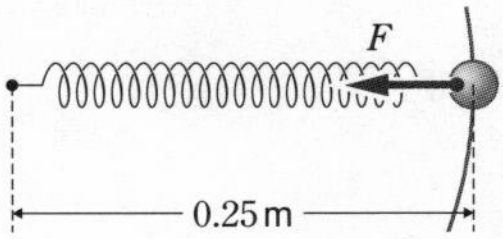


「$m\frac{v^2}{r} = F$」((122)式)より

$0.50 \times \frac{v^2}{0.25} = 2.0$　よって

$v = \sqrt{\frac{2.0 \times 0.25}{0.50}} = $ **1.0 m/s** 答

「$a = \frac{v^2}{r}$」((121)式)より　$a = \frac{1.0^2}{0.25} = $ **4.0 m/s²** 答

「$T = \frac{2\pi r}{v}$」((118)式)より　$T = \frac{2 \times 3.14 \times 0.25}{1.0} \fallingdotseq $ **1.6 s** 答

類題29 (教p.167)　水平なあらい回転台に置かれた質量 2.0 kg の物体が，回転台とともに半径 0.20 m の等速円運動をしている。物体と回転台との間の静止摩擦係数を 0.25，重力加速度の大きさを 9.8 m/s² とする。

(1)　等速円運動の角速度が 1.5 rad/s であるとき，物体にはたらく静止摩擦力の大きさ $F$〔N〕を求めよ。

(2)　角速度を徐々に大きくしていくと，物体が回転台上をすべり始めたとする。このときの角速度 $\omega_{max}$〔rad/s〕を求めよ。

**考え方**　等速円運動の中心方向の運動方程式は　$F = mr\omega^2$　……①
最大摩擦力を$F_0$，静止摩擦係数を$\mu$とすると
$F_0 = \mu N$　……②　である。

**解説&解答**　(1)　物体にはたらく静止摩擦力が向心力$F$のはたらきをしているので，①式より
$F = mr\omega^2 = 2.0 \times 0.20 \times 1.5^2 =$ **0.90 N** 答

(2)　すべり始める直前，向心力は最大摩擦力$F_0$となっている。
②式より　$F_0 = \mu N = \mu mg = 0.25 \times 2.0 \times 9.8 = 4.9$ N
したがって，①式より
$2.0 \times 0.20 \times \omega_{max}{}^2 = 4.9$　よって　$\omega_{max} =$ **3.5 rad/s** 答

**例題30**
(教p.168)
長さ$l$〔m〕の軽い糸の上端を固定し，下端につるした質量$m$〔kg〕の小球を，水平面内で等速円運動させる(これを**円錐振り子**という)。糸が鉛直方向と$\theta$の角をなすとき，糸が小球を引く力の大きさ$S$〔N〕と，小球の等速円運動の周期$T$〔s〕をそれぞれ求めよ。重力加速度の大きさを$g$〔m/s²〕，円周率を$\pi$とする。

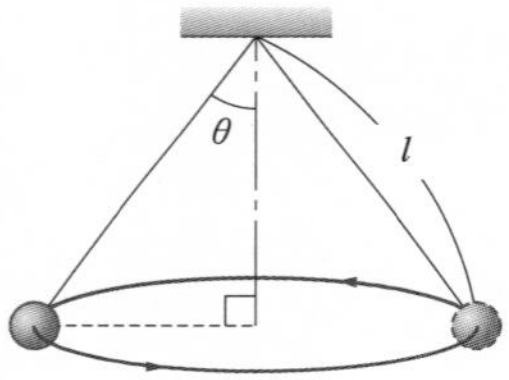


**考え方**　糸が引く力と重力の合力が，等速円運動の向心力の役割をしている。

**解説&解答**　等速円運動の半径を$r$〔m〕，角速度を$\omega$〔rad/s〕とする。
小球には，重力$mg$〔N〕と糸が引く力$S$〔N〕がはたらき，小球はこの合力を向心力として水平面内を等速円運動している。よって，運動方程式は，次のようになる。

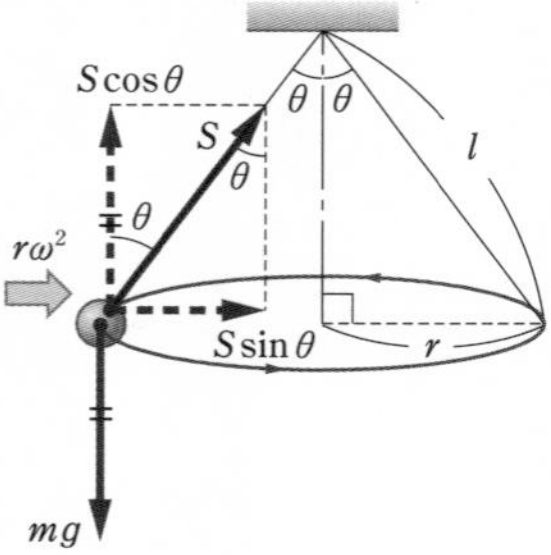


水平方向：$mr\omega^2 = S\sin\theta$　……①
鉛直方向：$0 = S\cos\theta - mg$　……②

②式より　$S = \dfrac{mg}{\cos\theta}$〔N〕 答

これを①式に代入すると　$mr\omega^2 = mg\tan\theta$

ここで，$r = l\sin\theta$より　$\omega = \sqrt{\dfrac{g}{l\cos\theta}}$

「$T = \dfrac{2\pi}{\omega}$」((118)式)より　$T = 2\pi\sqrt{\dfrac{l\cos\theta}{g}}$〔s〕 答

〈別解〉　**遠心力(教p.174)を用いた考え方**　小球とともに回転する立場で考えると，小球にはたらく力は，重力$mg$〔N〕，糸が引く力$S$〔N〕，遠心力$mr\omega^2$〔N〕であり，これらがつりあって静止しているように見える。

よって，力のつりあいの式は次のようになる。

水平方向：$S\sin\theta - mr\omega^2 = 0$

鉛直方向：$S\cos\theta - mg = 0$

これを解くと，同じ答えが得られる。

**類題30**
(教p.168)

自然の長さ$l$〔m〕，ばね定数$k$〔N/m〕の軽いばねの上端を固定し，下端につるした質量$m$〔kg〕の小球を水平面内で等速円運動させたところ，ばねは鉛直方向と$\theta$の角をなしていたとする。このとき，ばねの伸び$x$〔m〕と，小球の角速度$\omega$〔rad/s〕をそれぞれ求めよ。重力加速度の大きさを$g$〔m/s²〕とする。

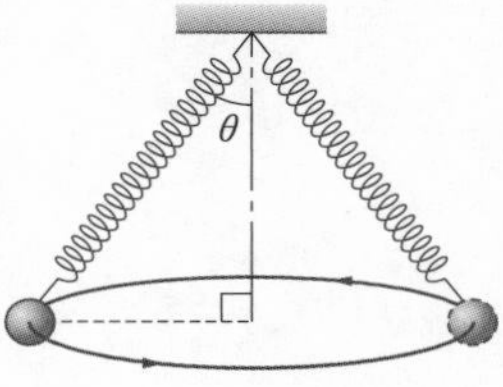


**考え方**　弾性力と重力の合力が，等速円運動の向心力の役割をしている。

**解説&解答**　小球にはたらく力は右図のようになる。鉛直方向の運動方程式より

$0 = kx\cos\theta - mg$

よって　$x = \dfrac{mg}{k\cos\theta}$〔m〕 **答**

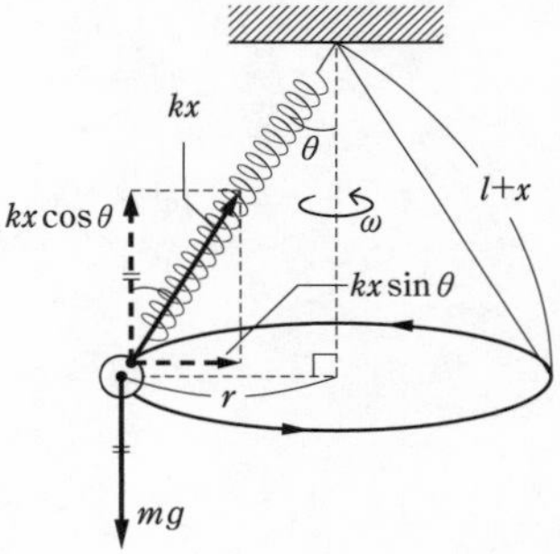


等速円運動の半径を$r$〔m〕とすると，水平方向の運動方程式は

$mr\omega^2 = kx\sin\theta$

これに半径$r = (l + x)\sin\theta$と$x$の式を代入すると

$$m\left(l + \frac{mg}{k\cos\theta}\right)\sin\theta\cdot\omega^2 = k\sin\theta\cdot\frac{mg}{k\cos\theta}$$

よって　$\omega = \sqrt{\dfrac{kg}{kl\cos\theta + mg}}$〔rad/s〕 **答**

**例題31**
(教p.172)

エレベーターの天井に軽いばねはかりを固定し，質量0.50kgの物体をつるした状態でエレベーターを上昇させた。エレベーターが(1)〜(3)の状態で，エレベーター内から見て物体が静止していたとするとき，ばねはかりが示す目盛り$F'$〔N〕を求めよ。重力加速度の大きさを9.8m/s²とする。

(1)　上向きの加速度（大きさ0.80m/s²）で加速中

(2)　等速度で上昇中

(3)　下向きの加速度（大きさ0.80m/s²）で減速中

**考え方**　エレベーター内の人から見ると，エレベーターの加速度の向きとは反対に慣性力がはたらくように見える。

**解説&解答**　エレベーター内の人から見た立場で考える。

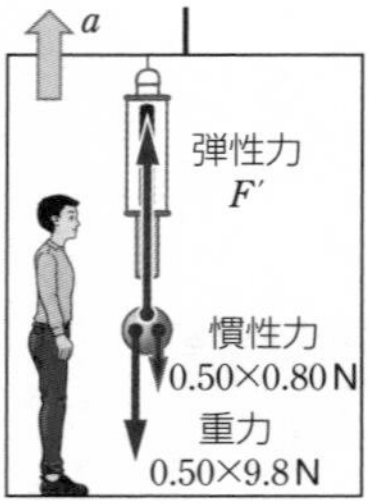


(1)　物体には，ばねはかりが物体を引く弾性力(上向き)，重力(下向き)，慣性力(下向き)の3力がはたらき，これらがつりあって静止しているように見える。したがって，力のつりあいより

$$F' - 0.50 \times 9.8 - 0.50 \times 0.80 = 0$$

よって

$$F' = 0.50 \times 9.8 + 0.50 \times 0.80 = \mathbf{5.3N}$$ **答**

〈別解〉　地上に静止している人から見た立場で考えると，物体には，ばねはかりが物体を引く力と重力がはたらき，物体はこの合力によって鉛直上向きに加速度 0.80 m/s² で運動しているように見える。よって，運動方程式より

$$0.50 \times 0.80 = F' + (-0.50 \times 9.8)$$

これを解くと，上と同じ答えが得られる。

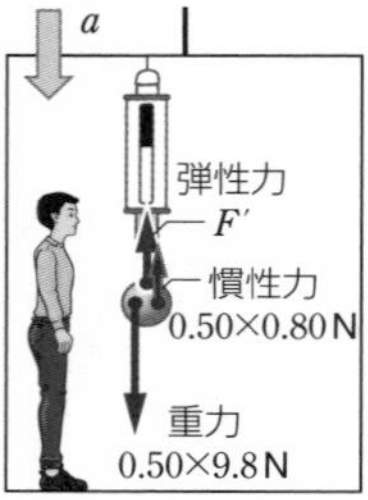


(2)　慣性力がはたらかないので，ばねはかりの目盛りは物体の重さ(重力の大きさ)を正しく示す。よって

$$F' = 0.50 \times 9.8 = \mathbf{4.9N}$$ **答**

(3)　慣性力は，(1)とは逆に上向きにはたらく。(1)と同様に考えて

$$F' = 0.50 \times 9.8 - 0.50 \times 0.80$$
$$= \mathbf{4.5N}$$ **答**

**類題31**
(教p.172)

エレベーターの天井に軽いばねを固定し，質量 0.10 kg の物体をつるした状態でエレベーターを運動させたところ，ばねの伸びが 0.042 m になり，エレベーター内から見て物体が静止していたとする。ばねのばね定数を 20 N/m，重力加速度の大きさを 9.8 m/s² とする。

(1)　エレベーター内の人から見たときに，物体が受けているとみなせる慣性力の大きさ $F$〔N〕と向きを求めよ。

(2)　エレベーターの加速度の大きさ $a$〔m/s²〕と向きを求めよ。

**考え方**　弾性力 $F'$ とばねの伸び $x$ の関係は，ばね定数を $k$ とすると

$$F' = kx \quad \cdots\cdots①$$

**解説&解答**　(1)　物体には，ばねが物体を引く弾性力 $F'$，重力 $mg$，慣性力 $F$ の3力がはたらいている。下向きを正とすると

①式より　$F' = -kx = -20 \times 0.042 = -0.84$ N

また，重力 $mg = 0.10 \times 9.8 = 0.98$ N

3力がつりあっていることより　$F' + mg + F = 0$

したがって　$-0.84+0.98+F=0$

よって　$F=0.84-0.98=-0.14$ N

大きさ **0.14N**，向きは**鉛直上向き**　答

(2)　エレベーターの加速度の向きは，慣性力の逆向きであるから，**鉛直下向き**である。　答

地上に静止した人から見た立場で運動方程式を考える（下向きを正）と，物体にはたらく力は弾性力 $F'$ と重力 $mg$ の2力なので

$$0.10a=0.98-0.84 \quad よって \quad a=\frac{0.14}{0.10}=\mathbf{1.4\,m/s^2}$$ 答

**例題32**
（教p.173）

図のように，水平に等加速度直線運動をする電車の中で，天井から質量 $m$〔kg〕のおもりをつるした軽いひもが鉛直に対して $\theta$ 傾いて静止していた。このとき，ひもがおもりを引く力の大きさ $S$〔N〕，および，地上から見た電車の加速度の大きさ $a$〔m/s²〕をそれぞれ求めよ。重力加速度の大きさを $g$〔m/s²〕とする。

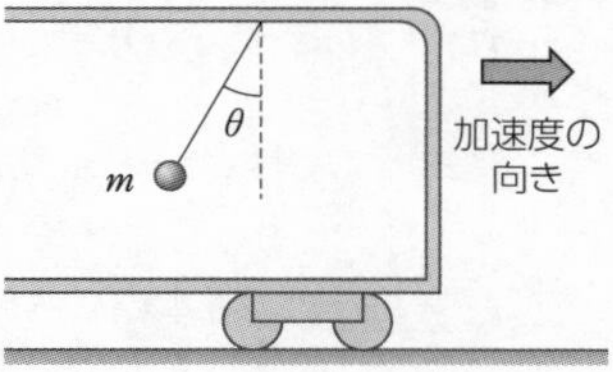


**考え方**　電車内の人から見ると，電車の加速度の向きとは反対に慣性力がはたらくように見える。

**解説&解答**　電車内の人から見た立場で考えると，おもりには，重力 $m\vec{g}$，ひもが引く力 $\vec{S}$，慣性力 $\vec{f}$ の3力がはたらき，これらがつりあって静止しているように見える。

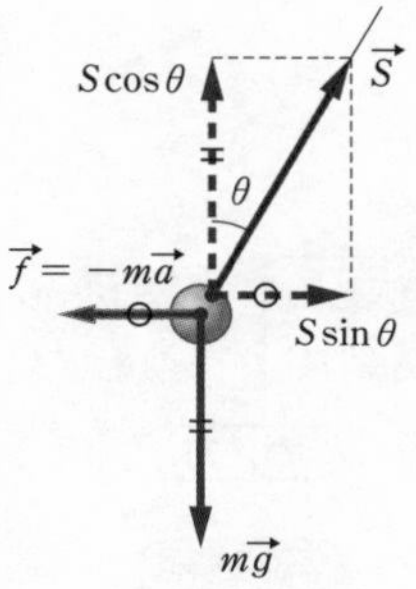


地上の人から見た電車の加速度を $\vec{a}$ とすると，$\vec{f}=-m\vec{a}$ である。

よって，水平方向，鉛直方向の力のつりあいの式は次のようになる。

水平方向：$S\sin\theta-ma=0$ ……①

鉛直方向：$S\cos\theta-mg=0$ ……②

②式より　$S=\dfrac{\boldsymbol{mg}}{\mathbf{cos}\,\boldsymbol{\theta}}$〔N〕　答

これを①式に代入して整理すると

$$a=\frac{S\sin\theta}{m}=\frac{mg\sin\theta}{m\cos\theta}=\boldsymbol{g\tan\theta}\,[\mathbf{m/s^2}]$$ 答

〈別解〉　地上に静止している人の立場で考えると，おもりには，重力 $m\vec{g}$ とひもが引く力 $\vec{S}$ がはたらき，おもりはこの合力によって水

平方向に加速度$\vec{a}$で運動しているように見える。よって，運動方程式は

$$m\vec{a} = m\vec{g} + \vec{S}$$

となる。これを水平方向，鉛直方向についてそれぞれ書くと

水平方向：$ma = S\sin\theta$

鉛直方向：$0 = S\cos\theta - mg$

これを解くと，同じ答えが得られる。

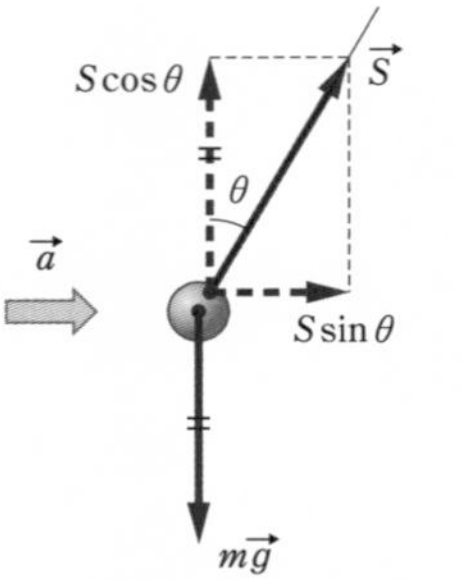


**類題32**
(教p.173)

水平に等加速度直線運動をする電車の中で，天井から軽いひもで質量$m$〔kg〕のおもりをつるし，静止させた。地上から見た電車の加速度の大きさを$a$〔m/s²〕，重力加速度の大きさを$g$〔m/s²〕とする。

(1) ひもが鉛直方向となす角を$\theta$とするとき，$\tan\theta$を求めよ。

(2) ひもがおもりを引く力の大きさ$S$〔N〕を，$m$，$a$，$g$を用いて表せ。

**考え方** 電車内の人から見た立場で考えると，おもりにはたらく力は，重力，ひもがおもりを引く力，慣性力の3力である。

**解説&解答** (1) 右図より

$$\tan\theta = \frac{ma}{mg} = \boldsymbol{\frac{a}{g}} \quad \text{答}$$

(2) $S^2 = (mg)^2 + (ma)^2$ より

$$S = \boldsymbol{m\sqrt{g^2 + a^2}}〔\text{N}〕 \quad \text{答}$$

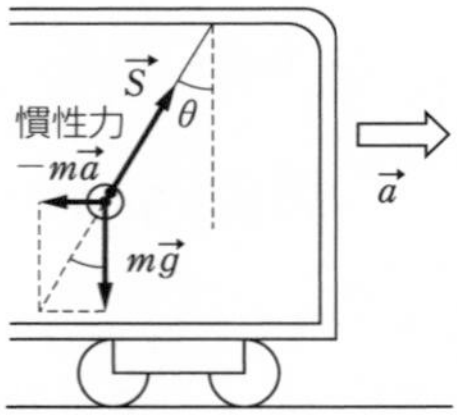


**問77**
(教p.174)

半径100mの円形の道路上を，自動車が一定の速さ54km/hで進むとき，自動車に乗っている質量60kgの人にはたらく遠心力の大きさは何Nか。

**考え方** 遠心力の式「$f = m\dfrac{v^2}{r}$」((124)式)を用いる。

**解説&解答** 速さは $54\,\text{km/h} = \dfrac{54\,\text{km}}{1\,\text{h}} = \dfrac{54 \times 10^3\,\text{m}}{3600\,\text{s}} = 15\,\text{m/s}$

(124)式より $f = 60 \times \dfrac{15^2}{100} = 135 \fallingdotseq \boldsymbol{1.4 \times 10^2\,\text{N}}$ 答

**例題33**
(教p.176)

図の半径$r$〔m〕のなめらかな半円筒の内面の最下点Aに向かって，質量$m$〔kg〕の小球を水平方向に速さ$v_0$〔m/s〕ですべらせた。重力加速度の大きさを$g$〔m/s²〕とする。

(1) 小球が図の点Bを通るときの速さ$v_B$〔m/s〕と，面から受ける垂直抗力の大きさ$N_B$〔N〕を求めよ。

(2) 小球が半円筒の最高点Cを通過するためには，$v_0$がある大きさ$v_{min}$以上である必要がある。$v_{min}$〔m/s〕を求めよ。

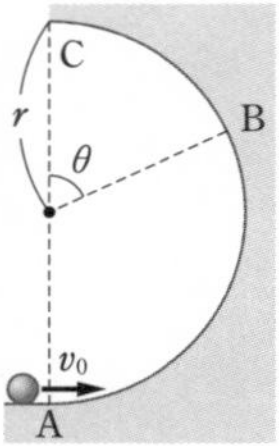

**考え方**　(2)　垂直抗力が0にならなければ，小球は面から離れない。

**解説&解答**　(1)　点Aを含む水平面を重力による位置エネルギーの基準水平面とすると，点Aと点B間での力学的エネルギー保存則より

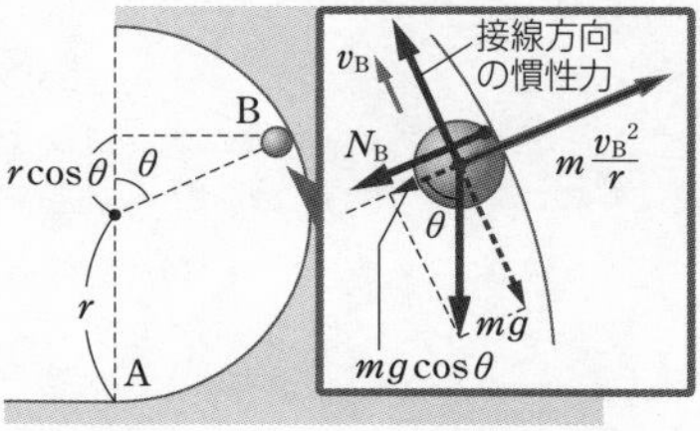


$$\frac{1}{2}mv_0{}^2=\frac{1}{2}mv_B{}^2+mgr(1+\cos\theta)$$

よって　$v_B=\boldsymbol{\sqrt{v_0{}^2-2gr(1+\cos\theta)}}$ **〔m/s〕**　……①　**答**

小球とともに円運動する立場で考えると，半円筒の中心方向にはたらく力のつりあいより

$$mg\cos\theta+N_B-m\frac{v_B{}^2}{r}=0 \quad \cdots\cdots②$$

①，②式より　$N_B=\boldsymbol{m\frac{v_0{}^2}{r}-mg(2+3\cos\theta)}$ **〔N〕**　……③　**答**

(2)　点Cで小球が受ける垂直抗力の大きさ$N_C$〔N〕は，③式で$\theta=0$とおくと$\cos\theta=1$なので　$N_C=m\frac{v_0{}^2}{r}-5mg$

$N_C\geqq0$であれば，小球は半円筒を離れずに点Cを通過することができる。よって

$$m\frac{v_{min}{}^2}{r}-5mg=0 \quad より \quad v_{min}=\boldsymbol{\sqrt{5gr}}\text{〔m/s〕}$$ **答**

**類題33**
(教p.176)
図のように，水平な床に固定された半径$r$〔m〕のなめらかな半円筒の頂点Aから質量$m$〔kg〕の小球を静かにすべらせたところ，図の点Bで小球は円筒面を離れたとする。このとき，$\cos\theta_0$の値を求めよ。

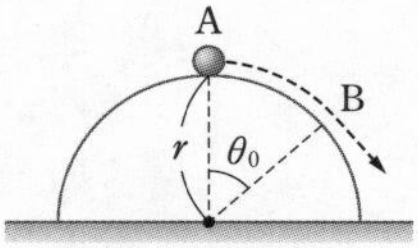


**考え方**　力学的エネルギー保存則を考える。

**解説&解答**　床を含む水平面を重力による位置エネルギーの基準水平面とする。点Bでの小球の速さを$v_B$〔m/s〕，重力加速度の大きさを$g$〔m/s²〕とすると，点Aと点B間での力学的エネルギー保存則より

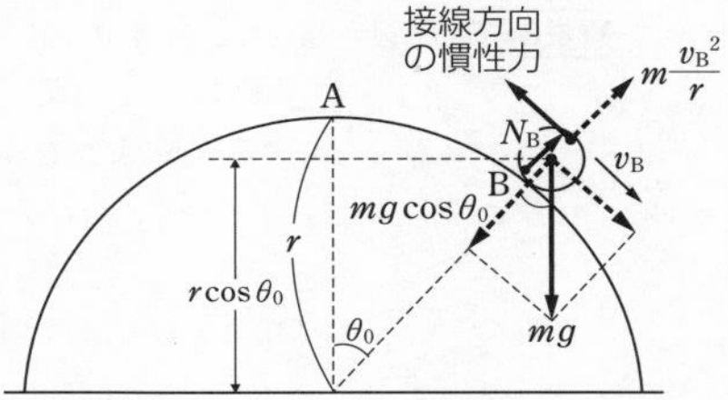

$$mgr = \frac{1}{2}mv_B^2 + mgr\cos\theta_0$$

よって　$v_B = \sqrt{2gr(1-\cos\theta_0)}$　……①

小球とともに円運動する立場で考えると，点Bで小球にはたらく力は，重力，垂直抗力，遠心力，接線方向の慣性力である。垂直抗力を$N_B$〔N〕とすると，半円筒の中心方向にはたらく力のつりあいより

$$m\frac{v_B^2}{r} + N_B - mg\cos\theta_0 = 0 \quad ……②$$

①，②式より　$N_B = mg(3\cos\theta_0 - 2)$

小球は点Bで円筒面から離れたので，$N_B = 0$ より　$\cos\theta_0 = \mathbf{\frac{2}{3}}$ 答

**問78**
(教p.178)

時刻 $t$〔s〕における変位 $x$〔m〕が $x = 0.50\sin 4.0\pi t$ と表される単振動の，振幅 $A$〔m〕，周期 $T$〔s〕，振動数 $f$〔Hz〕をそれぞれ求めよ。

**考え方**　単振動の変位と時間の基本式 $x = A\sin\omega t$ と比較する。

**解説&解答**　$x = 0.50\sin 4.0\pi t = A\sin\omega t$

振幅 $A =$ **0.50 m** 答

角振動数 $\omega = 4.0\pi$〔rad/s〕$= 2\pi f$　　よって　$f =$ **2.0 Hz** 答

周期 $T = \frac{1}{f} =$ **0.50 s** 答

**問79**
(教p.179)

時刻 $t$〔s〕における変位 $x$〔m〕が $x = 2.0\sin 0.40t$ と表される単振動を考える。

(1)　時刻 $t$〔s〕における速度 $v$〔m/s〕と加速度 $a$〔m/s²〕を，$t$ を用いて表せ。

(2)　速度が正の向きに最大になるときの変位 $x_1$〔m〕と加速度 $a_1$〔m/s²〕を求めよ。

(3)　加速度が正の向きに最大になるときの変位 $x_2$〔m〕と速度 $v_2$〔m/s〕を求めよ。

**考え方**　$t$〔s〕後における変位(座標) $x$〔m〕は $x = A\sin\omega t$

**解説&解答**　(1)　$x = 2.0\sin 0.40t$　と，　$x = A\sin\omega t$　を比較して

振幅 $A = 2.0$ m　また，角振動数 $\omega = 0.40$ rad/s

よって，時刻 $t$〔s〕における速度 $v$〔m/s〕は

$$v = A\omega\cos\omega t = 2.0 \times 0.40\cos 0.40t$$
$$= \mathbf{0.80\cos 0.40t} \text{〔m/s〕} \quad ……① \text{ 答}$$

また，時刻 $t$〔s〕における加速度 $a$〔m/s²〕は

$$a = -A\omega^2\sin\omega t = -2.0 \times 0.40^2 \times \sin 0.40t$$
$$= \mathbf{-0.32\sin 0.40t} \text{〔m/s}^2\text{〕} \quad ……② \text{ 答}$$

(2)　速度が最大になるのは，①式より　$0.40t = 2\pi n$ ($n$ は整数)のときである。

このとき　$x_1 = 2.0\sin 2\pi n = \mathbf{0\,m}$　答

$a_1 = -0.32\sin 2\pi n = \mathbf{0\,m/s^2}$　答

(3)　加速度が最大になるのは，②式より　$0.40t = \dfrac{3\pi}{2} + 2\pi n$（$n$ は整数）のときである。

このとき　$x_2 = 2.0\sin\left(\dfrac{3\pi}{2} + 2\pi n\right) = \mathbf{-2.0\,m}$　答

$v_2 = 0.80\cos\left(\dfrac{3\pi}{2} + 2\pi n\right) = \mathbf{0\,m/s}$　答

**問80**（教p.180）一直線上を運動する質量0.30kgの物体が，変位 $x$〔m〕のとき $F = -30x$ で表される力 $F$〔N〕を受けて単振動をしている。この単振動の角振動数 $\omega$〔rad/s〕と周期 $T$〔s〕を求めよ。

**考え方**　$F$ は復元力である。単振動の運動方程式は，$ma = -Kx$ と表され，$K = 30\,\text{N/m}$ である。

**解説&解答**　$\omega = \sqrt{\dfrac{K}{m}} = \sqrt{\dfrac{30}{0.30}} = \mathbf{10\,rad/s}$　答

$T = \dfrac{2\pi}{\omega} = \dfrac{2\pi}{10} = 0.20\pi \fallingdotseq \mathbf{0.63\,s}$　答

**問81**（教p.182）ばね定数50N/mの軽いばねの一端に質量2.0kgの小球をつけたばね振り子を，なめらかな水平面上に置いて他端を固定し，ばねを伸ばしてから静かに手をはなす。このとき，小球の振動の周期 $T$〔s〕を求めよ。

**考え方**　ばね振り子の周期は　$T = 2\pi\sqrt{\dfrac{m}{k}}$　……①である。

**解説&解答**　①式に，$k = 50\,\text{N/m}$，$m = 2.0\,\text{kg}$ を代入すると

$$T = 2\pi\sqrt{\frac{2.0}{50}} = \frac{2\pi}{5} = 0.40\pi \fallingdotseq \mathbf{1.3\,s}\quad 答$$

**問82**（教p.182）図のように，なめらかな水平面上の質量 $m$〔kg〕の小球に，ばね定数 $k_1$，$k_2$〔N/m〕の軽いばねが連結され，どちらも自然の長さである。小球を面にそって少し右に動かしてからはなしたときの，小球の振動の周期 $T$〔s〕を求めよ。円周率を $\pi$ とする。

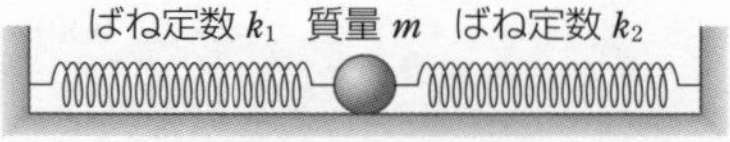


**考え方**　物体にはたらいている力を $F$〔N〕とすると，運動方程式は

$F = ma = -kx$　（$k$ は，正の定数）

**解説&解答**　小球の静止の位置を原点Oとし，右向きを正にとる。

小球にはたらく（水平向きの）力 $F$ は，変位が $x$〔m〕のとき

$F = -k_1x - k_2x = -(k_1 + k_2)x$

よって，単振動をする。

$$T = 2\pi\sqrt{\frac{m}{k_1 + k_2}}\,〔\text{s}〕\quad 答$$

**例題34** (教p.184)

軽いばねの一端に質量 0.80kg の小球をつけたばね振り子を鉛直につるしたところ，ばねは 9.8cm 伸びて静止した。重力加速度の大きさを 9.8m/s² とする。

(1) ばね定数 $k$〔N/m〕を求めよ。

(2) ばねが自然の長さになるように手で支えてから手を静かにはなしたところ，小球は単振動を始めた。このとき，単振動の振幅 $A$〔m〕，周期 $T$〔s〕，速さの最大値 $v$〔m/s〕を求めよ。

**考え方** ばね振り子では，つりあいの位置が振動の中心となる。

**解説&解答** (1) つりあいの位置での力のつりあいより

$$-k(9.8\times10^{-2})+0.80\times9.8=0$$

よって $k=\dfrac{0.80\times9.8}{9.8\times10^{-2}}=\mathbf{80\,N/m}$ 答

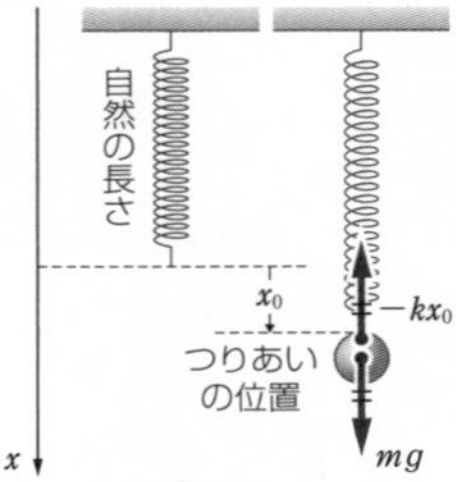


※ $m=0.80$kg, $g=9.8$m/s², $x_0=9.8\times10^{-2}$m

(2) 小球はつりあいの位置を中心として単振動をする。よって，その振幅は

$$A=9.8\,\text{cm}=\mathbf{9.8\times10^{-2}\,m}$$ 答

「$T=2\pi\sqrt{\dfrac{m}{k}}$」((137)式)より

$$T=2\pi\sqrt{\frac{0.80}{80}}\fallingdotseq\mathbf{0.63\,s}$$ 答

速さの最大値は「$A\omega$($\omega=\sqrt{\dfrac{k}{m}}$ は角振動数)」で与えられるから

$$v=(9.8\times10^{-2})\times\sqrt{\frac{80}{0.80}}=\mathbf{0.98\,m/s}$$ 答

〈別解〉 $v$ は力学的エネルギー保存則を用いて求めることもできる。自然の長さの位置と，振動の中心(つりあいの位置)の間での力学的エネルギー保存則より(振動の中心を重力による位置エネルギーの基準水平面とする)

$$0.80\times9.8\times(9.8\times10^{-2})$$
$$=\frac{1}{2}\times0.80\times v^2+\frac{1}{2}\times80\times(9.8\times10^{-2})^2$$

これを解くと $v$ が求められる。

**類題34** (教p.184)

ばね定数 $k$〔N/m〕の軽いばねの一端に，質量 $m$〔kg〕の小球をつけたばね振り子を鉛直につるした。重力加速度の大きさを $g$〔m/s²〕とする。

(1) 小球がつりあいの位置で静止しているときのばねの伸び $x_0$〔m〕を求めよ。

(2) ばねの伸びを $3x_0$〔m〕にし，手を静かにはなしたところ，小球は単振動を始めた。このとき，単振動の振幅 $A$〔m〕，周期 $T$〔s〕，速さの最大値 $v$〔m/s〕を，$k$，$m$，$g$ で表せ。円周率を $\pi$ とする。

考え方　小球はつりあいの位置を中心として単振動をする。

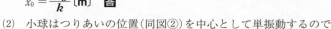

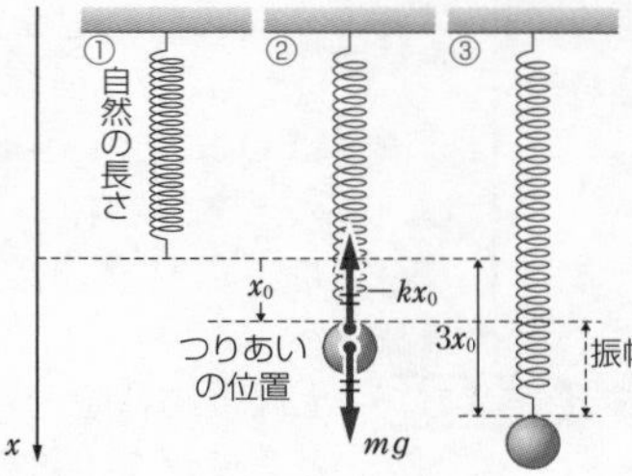


解説&解答　(1)　小球にはたらく重力とばねからの力の2力はつりあっているから(右図②)

$$mg - kx_0 = 0$$

よって

$$x_0 = \frac{mg}{k}\text{〔m〕}$$ 答

(2)　小球はつりあいの位置(同図②)を中心として単振動するので

$$A = 3x_0 - x_0 = 2x_0 = \frac{2mg}{k}\text{〔m〕}$$ 答

$$T = 2\pi\sqrt{\frac{m}{k}}\text{〔s〕}$$ 答

$$v = A\omega = A\cdot\frac{2\pi}{T} = \frac{2mg}{k}\cdot 2\pi\cdot\frac{1}{2\pi}\sqrt{\frac{k}{m}}$$

$$= 2g\sqrt{\frac{m}{k}}\text{〔m/s〕}$$ 答

**問83** (教p.186)　糸の長さが5.0mである単振り子の周期は何秒か。重力加速度の大きさを9.8m/s²とする。

考え方　単振り子の長さと周期の関係は，次の式で表される。

$$T = 2\pi\sqrt{\frac{l}{g}} \quad \cdots\cdots①$$

解説&解答　①式より　$T = 2\pi\sqrt{\frac{5.0}{9.8}} = \frac{10}{7}\pi \fallingdotseq$ **4.5s** 答

考 **問84** (教p.186)　月面での重力加速度の大きさは，地球上のおよそ6分の1である。月面で単振り子を振らせたときの周期は，同じ単振り子を地球上で振らせたときの周期のおよそ何倍になるか。答えの根号はそのままでよい。

考え方　問83の単振り子の長さと周期の関係の①式で考える。重力加速度が大きくなるほど，周期は短くなる。

解説&解答　地球上と月面での重力加速度の大きさをそれぞれ $g$，$g'$〔m/s²〕とし，単振り子の地球上と月面での周期をそれぞれ $T$，$T'$〔s〕とすると

$$T = 2\pi\sqrt{\frac{l}{g}},\quad T' = 2\pi\sqrt{\frac{l}{g'}} = 2\pi\sqrt{\frac{l}{g/6}} = 2\pi\sqrt{\frac{6l}{g}} = \sqrt{6}\,T$$

したがって　$\sqrt{6}$ **倍** 答

**問85** (教p.190)

図のようなだ円軌道を周回する物体を考える。太陽から図の点Pまでの距離を1.5天文単位，点Qまでの距離を2.5天文単位とする。このとき，物体が点Qを通過するときの速さは，点Pを通過するときの速さの何倍か。

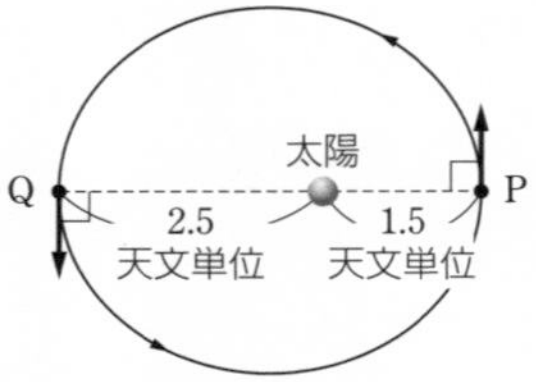


**考え方** 太陽と物体を結ぶ線分の長さを$r$，物体の速度の大きさを$v$，線分と速度がなす角を$\theta$とすると，ケプラーの第二法則より，面積速度

$\dfrac{1}{2}rv\sin\theta$ ……① が一定である。物体は太陽に近づくほど速さを増す。

**解説&解答** 点Q，Pでの物体の速さをそれぞれ$v_Q$，$v_P$とし，太陽から点Q，Pまでの距離をそれぞれ$r_Q$，$r_P$〔天文単位〕とする。点Qと点Pにおける面積速度が等しいから，①式より

$$\frac{1}{2}r_Qv_Q\sin 90^\circ = \frac{1}{2}r_Pv_P\sin 90^\circ$$

したがって $\dfrac{r_P}{r_Q} = \dfrac{v_Q}{v_P}$

$\dfrac{r_P}{r_Q} = \dfrac{1.5}{2.5}$ であるから $\dfrac{v_Q}{v_P} = \dfrac{r_P}{r_Q} = \dfrac{1.5}{2.5} = $ **0.60倍** 答

**問86** (教p.190)

ハレー彗(すい)星は，太陽を1つの焦点とするだ円軌道上を運動する。軌道だ円の長半径を18天文単位とする。地球の公転軌道の長半径が1.0天文単位，公転周期が1.0年であることを用いて，ハレー彗星の公転周期が何年になるか求めよ。

**考え方** ケプラーの第三法則より，惑星の公転周期$T$と軌道だ円の長半径$a$(半長軸の長さ)の関係は，次の式で表される。

「$\dfrac{T^2}{a^3} = k$ ($k$は定数)」 ……①

**解説&解答** ハレー彗星と地球の公転周期をそれぞれ$T_H$，$T_E$(＝1.0年)とし，軌道だ円の長半径をそれぞれ$a_H$(＝18天文単位)，$a_E$(＝1天文単位)とする。

①式から $\dfrac{{T_H}^2}{{a_H}^3} = \dfrac{{T_E}^2}{{a_E}^3}$

これに，数値を代入して $\dfrac{{T_H}^2}{18^3} = \dfrac{1.0^2}{1.0^3}$

よって $T_H = \sqrt{18^3} = 54\sqrt{2} \fallingdotseq$ **76年** 答

問87
(教p.192)
質量 $2.0 \times 10^{30}$ kg の太陽と質量 $6.0 \times 10^{24}$ kg の地球とが及ぼしあう万有引力の大きさは何 N か。地球と太陽の距離を $1.5 \times 10^{11}$ m，万有引力定数を $6.7 \times 10^{-11}$ N·m²/kg² とする。

考え方　万有引力の法則(⒁⒅式)を用いる。

解説&解答
$$F = G\frac{m_1m_2}{r^2} = (6.7 \times 10^{-11}) \times \frac{(2.0 \times 10^{30}) \times (6.0 \times 10^{24})}{(1.5 \times 10^{11})^2}$$
$$\fallingdotseq \mathbf{3.6 \times 10^{22}\,N}$$ 答

考　問88
(教p.194)
火星の半径は地球の半径の 0.5 倍，火星の質量は地球の質量の 0.1 倍であるとする。地球上での重力加速度の大きさを $g$〔m/s²〕として，火星の表面上での重力加速度の大きさ $g'$〔m/s²〕は $g$ の何倍になるか求めよ。

考え方　地上の物体にはたらく重力が万有引力と等しいとして得られた式(93)を用いる。

解説&解答　地球と火星の質量を $M$，$M'$〔kg〕，半径を $R$，$R'$〔m〕，万有引力定数 $G$〔N·m²/kg²〕とすると

$$g = \frac{GM}{R^2},\quad g' = \frac{GM'}{R'^2} \qquad \text{よって} \quad \frac{g'}{g} = \frac{M'}{M}\left(\frac{R}{R'}\right)^2$$

ここで，$R' = 0.5R$，$M' = 0.1M$ より　$\dfrac{g'}{g} = \dfrac{0.1}{0.5^2} = 0.4$

よって　**0.4 倍**　答

例題35
(教p.194)
惑星が，質量 $M$〔kg〕の太陽を中心として半径 $r$〔m〕の等速円運動をしているとする。このとき，惑星の等速円運動の速さ $v$〔m/s〕と周期 $T$〔s〕を求めよ。万有引力定数を $G$〔N·m²/kg²〕，円周率を $\pi$ とする。

考え方　万有引力「$F = G\dfrac{m_1m_2}{r^2}$」が向心力となり，惑星は半径 $r$ の等速円運動をする。

解説&解答　惑星の質量を $m$〔kg〕とする。

万有引力が向心力となっているので，運動方程式「$m\dfrac{v^2}{r} = F$」(⑿⑵式)，および万有引力の式「$F = G\dfrac{m_1m_2}{r^2}$」(⒁⒅式)より

$$m\frac{v^2}{r} = G\frac{Mm}{r^2} \qquad \text{よって} \quad v = \sqrt{\frac{GM}{r}}\,\text{〔m/s〕}$$ 答

「$T = \dfrac{2\pi r}{v}$」(⑾⒅式)より　$T = 2\pi r\sqrt{\dfrac{r}{GM}}$〔s〕　答

類題35
(教p.194)
半径 $R$〔m〕の地球を中心として，等速円運動をしている人工衛星がある。等速円運動の半径を $r$〔m〕，周期を $T$〔s〕とすると，ケプラーの第三法則より，「$\dfrac{T^2}{r^3} = k$」($k$ は定数)が成りたつ。地上での重力加速度の大きさを $g$〔m/s²〕，円周率を $\pi$ として，定数 $k$ を $R$，$g$ を用いて表せ。

考え方 等速円運動の速さを求め，周期 $T$ を $r$ を用いて表す。

解説&解答 地球の質量を $M$〔kg〕，人工衛星の質量を $m$〔kg〕，等速円運動の速さを $v$〔m/s〕とする。万有引力が向心力となっているので，万有引力定数を $G$〔N·m²/kg²〕として，運動方程式は

$$m\frac{v^2}{r} = G\frac{Mm}{r^2} \quad より \quad v = \sqrt{\frac{GM}{r}}〔m/s〕$$

よって　$T = \dfrac{2\pi r}{v} = 2\pi r\sqrt{\dfrac{r}{GM}}$〔s〕

したがって　$k = \dfrac{T^2}{r^3} = \dfrac{4\pi^2}{GM}$〔s²/m³〕

「$GM = gR^2$」((150)式)より

$$k = \frac{4\pi^2}{GM} = \boldsymbol{\frac{4\pi^2}{gR^2}}〔\mathbf{s^2/m^3}〕$$ 答

考 問89 (教p.194) 静止衛星とは，地上から見て静止しているように見える人工衛星であり，静止衛星の周期は24時間となる。静止衛星より高い高度で等速円運動する人工衛星と，低い高度で等速円運動する人工衛星の周期は，静止衛星の周期と比べてそれぞれどうなるだろうか。理由とともに答えよ。

考え方 静止衛星の周期は，地球の自転周期と一致している必要がある。

解説&解答 **ケプラーの第三法則より，円運動の半径が大きいほど，周期も大きくなる。よって，静止衛星より高い高度の人工衛星の周期は，静止衛星の周期より大きく，低い高度の人工衛星の周期は、静止衛星より小さい。** 答

例題36 (教p.198) 地球の半径を $R$〔m〕，重力加速度の大きさを $g$〔m/s²〕とする。

(1) 地球の表面すれすれの円軌道を回っている物体の速さ(第一宇宙速度) $v_1$〔m/s〕を求めよ。

(2) 地上から打ち上げた人工衛星が，無限の遠方へ飛んでいくための最小の初速度の大きさ(第二宇宙速度) $v_2$〔m/s〕を求めよ。

考え方 (1) 物体は万有引力を向心力として等速円運動している。

(2) 無限の遠方に飛んでいくためには，無限遠で速さが0 以上であればよい。

解説&解答 (1) 地球の質量を $M$〔kg〕，物体の質量を $m$〔kg〕とする。
万有引力が向心力となり，地表での万有引力は重力 $mg$ と等しいので，運動方程式「$m\dfrac{v^2}{r} = F$」((122)式)より

$$m\frac{{v_1}^2}{R} = mg \quad よって \quad v_1 = \boldsymbol{\sqrt{gR}}〔\mathbf{m/s}〕$$ 答

注) $g = 9.8$ m/s²，$R = 6.4 \times 10^6$ m を代入すると

$$v_1 = \sqrt{9.8 \times (6.4 \times 10^6)} \fallingdotseq 7.9 \times 10^3 \text{ m/s} = 7.9 \text{ km/s}$$

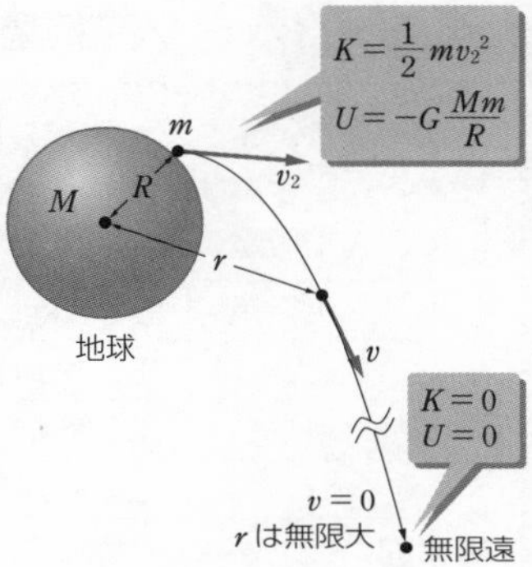


(2)　無限遠の地点で速さが0になればよい。
無限遠の地点を万有引力による位置エネルギーの基準点とし，人工衛星の質量を $m$〔kg〕とすると，力学的エネルギー保存則「$\frac{1}{2}mv^2+\left(-G\frac{Mm}{r}\right)=$一定」((152)式)より

$$\frac{1}{2}mv_2{}^2+\left(-G\frac{Mm}{R}\right)=0$$

よって　$v_2=\sqrt{\frac{2GM}{R}}$〔m/s〕

これに「$GM=gR^2$」((150)式)を代入して

$$v_2=\boldsymbol{\sqrt{2gR}}\textbf{〔m/s〕}$$ **答**

注）$g=9.8\,\mathrm{m/s^2}$，$R=6.4\times10^6\,\mathrm{m}$ を代入すると

$$v_2=\sqrt{2\times9.8\times(6.4\times10^6)}\fallingdotseq1.1\times10^4\,\mathrm{m/s}=11\,\mathrm{km/s}$$

**類題36**
(**教**p.198)

質量 $m$〔kg〕の人工衛星が，地球を中心として半径 $r$〔m〕の円軌道を回っている。地球の質量を $M$〔kg〕，万有引力定数を $G$〔N·m²/kg²〕とし，無限遠を万有引力による位置エネルギーの基準点とする。

(1)　人工衛星がもつ運動エネルギー $K$〔J〕と，万有引力による位置エネルギー $U$〔J〕を求めよ。

(2)　軌道上で人工衛星にエネルギーを与えて瞬間的に加速させ，地球から無限の遠方へ飛ばすことを考える。このとき，人工衛星に与えるべき最小のエネルギー $E$〔J〕を求めよ。

**考え方**　(1)　万有引力を向心力として，運動方程式を立てる。

(2)　**例題36**(2)と同様に，無限遠の地点を基準点として，力学的エネルギー保存則を用いる。

**解説&解答**　(1)　人工衛星の速さを $v$〔m/s〕として，(122)，(148)式より運動方程式を立てると

$$m\frac{v^2}{r}=G\frac{Mm}{r^2}\qquad よって\quad v=\sqrt{\frac{GM}{r}}$$

したがって　$K=\frac{1}{2}mv^2=\frac{1}{2}m\cdot\frac{GM}{r}=\boldsymbol{G\frac{Mm}{2r}}$〔J〕 **答**

また　$U=\boldsymbol{-G\frac{Mm}{r}}$〔J〕 **答**

(2)　無限遠の地点で人工衛星の力学的エネルギーが0Jになればよいから

$$G\frac{Mm}{2r}+\left(-G\frac{Mm}{r}\right)+E=0\quad よって\quad E=\boldsymbol{G\frac{Mm}{2r}}\text{〔J〕}$$ **答**

## 思考学習 人工衛星の公転周期と地上からの高さ

教 p.200

次の表は，Sさんが地球の周囲を回る人工衛星のデータを調べてまとめたものである。Sさんは，「人工衛星は地球を中心とした等速円運動をしている」と仮定して，人工衛星の運動について考察した。

| 人工衛星 | 質量(kg) | 地上からの高さ(km) | 公転周期(分) |
|---|---|---|---|
| A | $1.7 \times 10^3$ | $5.5 \times 10^2$ | 96 |
| B | $1.5 \times 10^3$ | $2.0 \times 10^4$ | 720 |
| C | $2.4 \times 10^3$ | $3.6 \times 10^4$ | 1440 |

**考察1** 地上から見て静止しているように見える人工衛星を静止衛星という。静止衛星はA～Cのうちどれと考えられるか。理由とともに答えよ。

**考察2** Sさんは，運動方程式を立てて，人工衛星の運動を考察しようと考えた。人工衛星の運動方程式を書け。ただし，人工衛星の質量を$m$〔kg〕，地上からの高さを$h$〔m〕，公転周期を$T$〔s〕とし，地球の質量を$M$〔kg〕，半径を$R$〔m〕，また，万有引力定数を$G$〔N・m²/kg²〕，円周率を$\pi$とする。
また，運動方程式を整理すると，次の式が得られる。空欄(ア)～(ウ)を式または数値で埋めよ。

$$\frac{T^{\boxed{ア}}}{(h+R)^{\boxed{イ}}}=\boxed{\quad ウ \quad}$$

**考察3** **考察2**の運動方程式を整理して得られた式より，Sさんは人工衛星の周期$T$について考察した。次のうち，適切な考察を選べ。

〔選択肢〕
①地上からの高さ$h$だけで決まり，高さ$h$が大きいほど周期$T$は短くなる
②地上からの高さ$h$だけで決まり，高さ$h$が小さいほど周期$T$は短くなる
③人工衛星の質量$m$と地上からの高さ$h$によって決まり，質量$m$が小さいほど，また，高さ$h$が小さいほど周期$T$は短くなる

**考察4** **考察3**と表より，静止衛星の地上からの高さについてどのようなことがいえるか。理由とともに説明せよ。

**考え方** 万有引力による等速円運動では，周期が決まると，半径も1つに定まる。静止衛星の公転周期は地球の自転周期と等しいことから，運動方程式を用いて半径について考察する。

**解説&解答** **1** **静止衛星が地上から見て静止しているように見えるのは，地球の自転周期と同じ周期で，地球のまわりを公転しているからである。地球の自転周期は**

**24(時間) × 60(分) = 1440(分)**

**なので，人工衛星Cが静止衛星と考えられる。** 答

**2** 等速円運動の半径は $r = h + R$〔m〕と表される。等速円運動の角速度を $\omega$〔rad/s〕とすると，等速円運動の運動方程式「$mr\omega^2 = F$」，および万有引力の式「$F = G\dfrac{Mm}{r^2}$」より

$$m\cdot(h+R)\cdot\omega^2 = G\frac{Mm}{(h+R)^2}$$

これに $\omega = \dfrac{2\pi}{T}$ を代入すると

$$\boldsymbol{m\cdot(h+R)\cdot\left(\frac{2\pi}{T}\right)^2 = G\frac{Mm}{(h+R)^2}}$$ **答**

よって　$\dfrac{T^2}{(h+R)^3} = \dfrac{4\pi^2}{GM}$　……ⓐ

**答**　**（ア）2　（イ）3　（ウ）$\boldsymbol{\dfrac{4\pi^2}{GM}}$**

**3** ⓐ式の右辺と地球の半径 $R$ は定数であるから，公転周期 $T$ は地上からの高さ $h$ だけで決まる。また，$h$ が小さいほど $T$ は短くなる。よって　② **答**

**4** **考察3より，公転周期 $T$ が決まれば，地上からの高さ $h$ が1つに定まる。静止衛星の公転周期は，必ず地球の自転周期（1日）に等しいので，地上からの高さもすべて等しく，表より，その高さは $3.6\times10^4$ km であることがわかる。** **答**

## 演　習　問　題

教 p.201 ～ p.202

***1*** 自然の長さ 0.10 m，ばね定数 30 N/m の軽いばねの一端に質量 0.50 kg の小球を取りつけ，ばねの他端を中心にしてなめらかな水平面上で等速円運動をさせた。このときの角速度が 6.0 rad/s であったときの，ばねの伸び $x$〔m〕を求めよ。

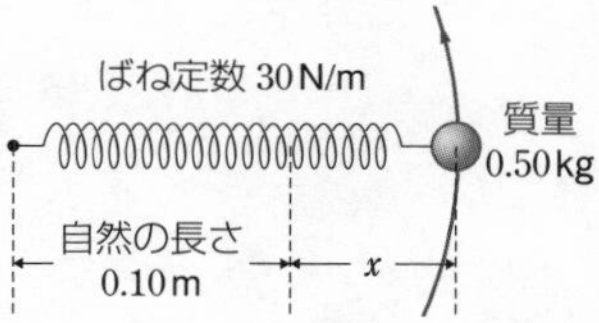


**考え方**　等速円運動の運動方程式は，$mr\omega^2 = F$　……①　である。

**解説&解答**　このときの小球の円運動の半径を $r$〔m〕として，運動方程式を立てると，①式より，$mr\omega^2 = F$ である。
この式に，$m = 0.50$ kg，$r = (0.10 + x)$〔m〕，$\omega = 6.0$ rad/s，$F = kx = 30x$〔N〕を代入して

$0.50 \times (0.10 + x) \times 6.0^2 = 30x$　　よって　$x = $ **0.15 m** **答**

**2**　図のように，電車内の水平な床の上に傾きの角$\theta$のなめらかな斜面を固定して置き，その上に台車をのせる。地面に静止した人から見た電車の加速度を$a$〔m/s²〕（右向きを正とする），重力加速度の大きさを$g$〔m/s²〕とする。

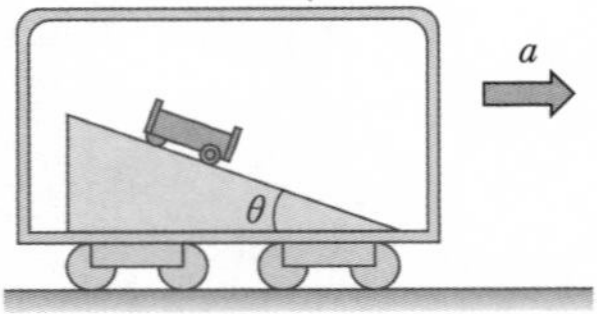


(1)　車内の人から見たときの，台車の斜面方向の加速度$a'$〔m/s²〕を求めよ。斜面方向下向きを正の向きとする。

(2)　電車の加速度$a$がある値$a_0$であったとき，車内の人から見て台車は静止しているように見えた。$a_0$〔m/s²〕を求めよ。

**考え方**　慣性力がはたらいている場合の運動方程式は

$ma' = F + (-ma)$　……①　である。

**解説&解答**　(1)　台車の質量を$m$〔kg〕とする。

電車内の人から見ると台車には，右図のように，重力$mg$〔N〕，慣性力$ma$〔N〕，斜面からの垂直抗力$N$〔N〕の3力がはたらいている。

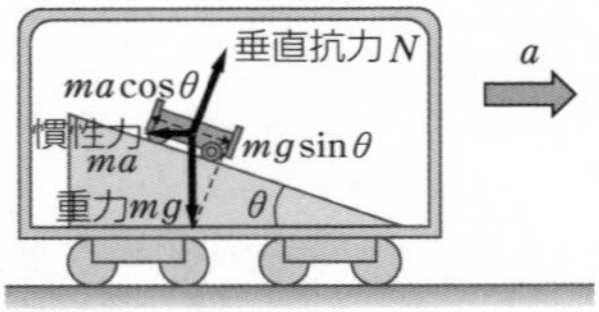


斜面方向の成分の和は$(mg\sin\theta - ma\cos\theta)$〔N〕であるから，運動方程式（①式）は

$$ma' = mg\sin\theta - ma\cos\theta$$

よって　$a' = \boldsymbol{g\sin\theta - a\cos\theta}$〔m/s²〕　**答**

(2)　車内の人から見て，台車が静止しているように見えるときは$a' = 0$であり，このときの電車の加速度$a$が求める$a_0$である。

$a' = g\sin\theta - a_0\cos\theta = 0$　よって　$a_0 = \boldsymbol{g\tan\theta}$〔m/s²〕　**答**

**3**　点Oに固定した長さ$2r$〔m〕の軽い糸に，質量$m$〔kg〕の小球をつける。糸がたるまないように小球を水平の位置Aまで持ち上げ，静かにはなす。小球が最下点Bを通る瞬間，糸はBの真上$r$〔m〕の距離の点Cにある釘（くぎ）に触れ，その後，小球は点Cを中心とする円運動を始める。重力加速度の大きさを$g$〔m/s²〕とする。

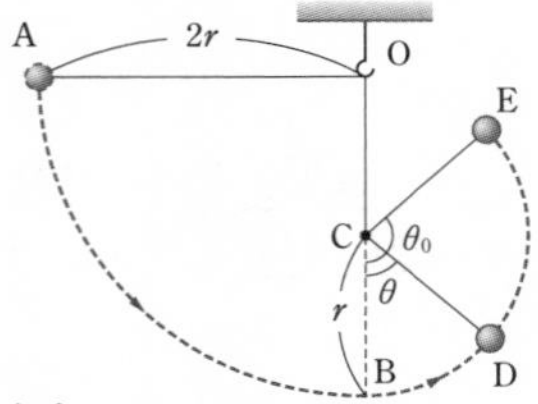


(1)　小球が点Bを通るときの，小球の速さ$v_B$〔m/s〕を求めよ。

(2)　小球が点Bを通る直前の糸が小球を引く力の大きさ$T_{B1}$〔N〕と，点Bを通った直後の糸が小球を引く力の大きさ$T_{B2}$〔N〕を求めよ。

(3)　小球が点Dを通るときの，小球の速さ$v_D$〔m/s〕と糸が小球を引く力の大きさ$T_D$〔N〕を求めよ。鉛直方向とCDのなす角（図の∠BCD）を$\theta$とする。

(4)　小球が点Eに達したとき，糸がたるんだとする。鉛直方向とCEのなす角（図の∠BCE）を$\theta_0$とするとき，$\cos\theta_0$を求めよ（分数で答えてよい）。

**考え方**　点Aと点B，点D，点Eでの力学的エネルギー保存則を考える。

**解説&解答**　点Bを位置エネルギーの高さの基準水平面とする。

(1)　点A，Bでの小球の力学的エネルギー保存則より

$mg \times 2r = \dfrac{1}{2}mv_B{}^2$　　よって　$v_B = \boldsymbol{2\sqrt{gr}}$ **〔m/s〕** 答

(2)　小球とともに円運動する立場で考えると，点Bを通る直前に小球にはたらく遠心力は下向きで大きさ $m\dfrac{v_B{}^2}{2r}$〔N〕で，点Bを通過した直後に大きさ $m\dfrac{v_B{}^2}{r}$〔N〕となる。

力のつりあいの式より

$$T_{B1} = mg + m\frac{v_B{}^2}{2r} = mg + m\cdot\frac{4gr}{2r} = \boldsymbol{3mg}\ \textbf{〔N〕}$$ 答

$$T_{B2} = mg + m\frac{v_B{}^2}{r} = mg + m\cdot\frac{4gr}{r} = \boldsymbol{5mg}\ \textbf{〔N〕}$$ 答

(3)　点Bを基準とした点Dの高さは
$r - r\cos\theta = r(1-\cos\theta)$〔m〕であるから
点Aと点Dとの力学的エネルギー保存則より

$$mg \times 2r = mgr(1-\cos\theta) + \frac{1}{2}mv_D{}^2$$

よって　$v_D = \boldsymbol{\sqrt{2gr(1+\cos\theta)}}$ **〔m/s〕** 答

円運動の中心方向の運動方程式は

$$m\frac{v_D{}^2}{r} = T_D - mg\cos\theta$$

よって　$T_D = \boldsymbol{mg(2+3\cos\theta)}$ **〔N〕** 答

(4)　小球が点Eに達したとき，糸を引く力が0となるから

$mg(2+3\cos\theta_0) = 0$　　よって　$\cos\theta_0 = \boldsymbol{-\dfrac{2}{3}}$ 答

***4***　図のように，傾きの角 $\theta$ のなめらかな斜面上にばね定数 $k$〔N/m〕の軽いばねの一端を固定し，他端に質量 $m$〔kg〕の小球をつなぐ。小球は斜面の方向にそってのみ運動するとする。また，重力加速度の大きさを $g$〔m/s²〕とする。

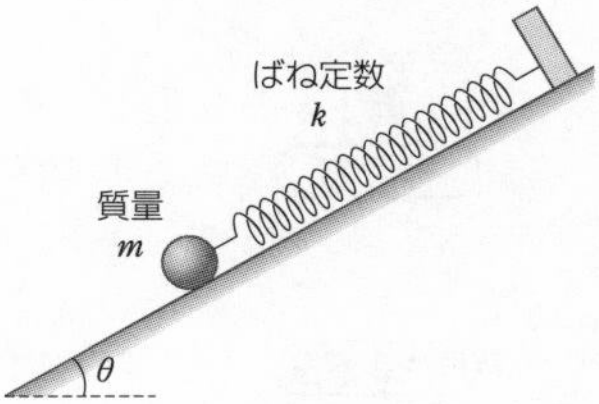


(1)　小球が斜面上に静止しているときのばねの伸び $x_0$〔m〕を求めよ。

(2)　ばねの伸びが $x$〔m〕であるとき，小球にはたらく斜面方向の力 $F$〔N〕を $k$，$x$，$x_0$ を用いて表せ。斜面方向下向きを正とする。

(3)　小球を手で支え，ばねを自然の長さにしてから手を静かにはなすと，小球は振動を始めた。このとき，振動の周期 $T$〔s〕と，小球の速さの最大値 $v_{max}$〔m/s〕を $m$，$k$，$x_0$ を用いて表せ。円周率を$\pi$とする。

**考え方**　斜面に静止しているとき，小球にはたらく重力の斜面方向の成分と，ばねから受ける力がつりあっている。

**解説&解答** (1)　小球にはたらく重力の斜面方向の成分は　$mg\sin\theta$〔N〕で，これとばねから受ける力 $kx_0$〔N〕とでつりあっているから

$$mg\sin\theta - kx_0 = 0 \qquad よって \quad x_0 = \frac{\boldsymbol{mg\sin\theta}}{\boldsymbol{k}}〔\mathrm{m}〕$$ 答

(2)　$F = mg\sin\theta - kx = kx_0 - kx = \boldsymbol{-k(x - x_0)}$〔N〕 答

(3)　(2)で求めた $F$ の式から，このときの小球の運動は，$x = x_0$〔m〕を振動の中心とした，振幅 $x_0$〔m〕，周期 $T = 2\pi\sqrt{\dfrac{m}{k}}$〔s〕の単振動であることがわかる。

$$v_{\max} = x_0\omega = x_0\cdot\frac{2\pi}{T} = x_0\cdot 2\pi\cdot\frac{1}{2\pi}\cdot\sqrt{\frac{k}{m}}$$
$$= \boldsymbol{x_0\sqrt{\frac{k}{m}}}〔\mathrm{m/s}〕$$ 答

**5**　図のように，地球（質量 $M$〔kg〕）のまわりを半径 $r$〔m〕の円状の軌道1で周回する人工衛星（質量 $m$〔kg〕）がある。軌道1上の点Pにおいて，人工衛星にエネルギーを与えて瞬間的に加速したところ，人工衛星は地球を焦点とするだ円状の軌道2 に移行した。万有引力定数を $G$〔N・m²/kg²〕とする。

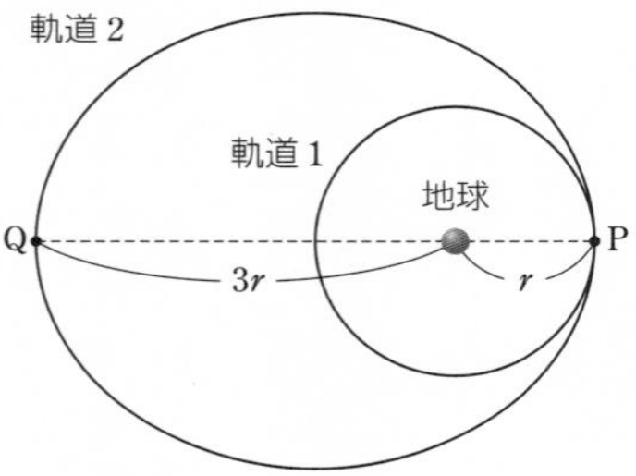


(1)　軌道1を周回しているときの，人工衛星の速さ $v_1$〔m/s〕と周期 $T_1$〔s〕を求めよ。円周率を $\pi$ とする。

(2)　軌道2に移行後の人工衛星の周期 $T_2$〔s〕は $T_1$ の何倍か。

(3)　軌道2に移行後，図の点P，Qでの人工衛星の速さをそれぞれ $v_P$，$v_Q$〔m/s〕とする。このとき，$v_P$ は $v_Q$ の何倍か。

(4)　$v_P$，$v_Q$ を求めよ。

(5)　軌道1から軌道2に移行する際に人工衛星に与えたエネルギー $E$〔J〕を求めよ。

**考え方**　軌道1では等速円運動をしている。軌道2の周期はケプラーの第三法則から，速さはケプラーの第二法則と力学的エネルギー保存則から求める。

**解説&解答** (1)　万有引力が向心力となっているので，運動方程式より

$$m\frac{v_1^2}{r} = G\frac{Mm}{r^2} \qquad よって \quad v_1 = \sqrt{\frac{\boldsymbol{GM}}{\boldsymbol{r}}}〔\mathrm{m/s}〕$$ 答

また　$T_1 = \dfrac{2\pi r}{v_1} = \boldsymbol{2\pi r\sqrt{\dfrac{r}{GM}}}$〔s〕 答

(2)　軌道2の長半径は $\dfrac{3r + r}{2} = 2r$〔m〕であるから，ケプラーの第三法則より

$$\frac{T_1^2}{r^3} = \frac{T_2^2}{(2r)^3} \quad これより \quad \frac{T_2}{T_1} = 2\sqrt{2} \quad よって \quad \boldsymbol{2\sqrt{2}}\ 倍$$ 答

(3)　ケプラーの第二法則より，点P，Qにおける面積速度は等しいので

$$\frac{1}{2}rv_{\mathrm{P}}=\frac{1}{2}\times 3r\times v_{\mathrm{Q}}\quad これより\quad \frac{v_{\mathrm{P}}}{v_{\mathrm{Q}}}=3\quad よって\quad \mathbf{3倍}$$ 答

(4)　点P，Qでの力学的エネルギーは等しいから

$$\frac{1}{2}mv_{\mathrm{P}}{}^2+\left(-G\frac{Mm}{r}\right)=\frac{1}{2}mv_{\mathrm{Q}}{}^2+\left(-G\frac{Mm}{3r}\right)$$

上式と，$v_{\mathrm{P}}=3v_{\mathrm{Q}}$ より

$$v_{\mathrm{P}}=\sqrt{\frac{3GM}{2r}}\,\text{〔m/s〕},\quad v_{\mathrm{Q}}=\sqrt{\frac{GM}{6r}}\,\text{〔m/s〕}$$ 答

(5)　軌道1，2のときの力学的エネルギーをそれぞれ$E_1$，$E_2$〔J〕とすると

$$E_1=\frac{1}{2}mv_1{}^2+\left(-G\frac{Mm}{r}\right),\quad E_2=\frac{1}{2}mv_{\mathrm{P}}{}^2+\left(-G\frac{Mm}{r}\right)$$

よって

$$E=E_2-E_1=\frac{1}{2}mv_{\mathrm{P}}{}^2-\frac{1}{2}mv_1{}^2$$

$$=\frac{1}{2}m\cdot\frac{3GM}{2r}-\frac{1}{2}m\cdot\frac{GM}{r}=\boldsymbol{G\frac{Mm}{4r}}\,\text{〔J〕}$$ 答

## 考　考えてみよう！

*6*　高速道路のカーブで，路面が水平よりもやや傾いているのはなぜだろうか。また，その路面は，カーブの内側と外側のどちらが高くなるように傾いているだろうか。理由とともに説明してみよう。

（考え方）　車とともにカーブを曲がる立場で考え，遠心力を含めて路面に平行な方向の力について考える。

（解説&解答）　**車とともにカーブを曲がる立場で考えると，車にはカーブの外側に向かって遠心力がはたらく。カーブの外側が高くなるように路面を傾けると，重力と遠心力の合力が路面に対して垂直に近づき，路面に平行でカーブの外側方向の力が小さくなり，車が外に飛び出しにくくなる。以上の理由により，路面は，カーブの外側が高くなるように傾いている。**　答

# 第 1 章 熱と物質

教 p.204〜p.215



## 1 熱と物質の状態

### A 温度

**❶熱運動** 水で薄めた絵具を顕微鏡で見ると，絵の具の微粒子が小刻みに複雑な動きをしているようすが観察できる。これは，水分子が不規則な運動をして絵の具の微粒子に衝突するために生じる現象である。このような運動を**ブラウン運動**という。一般に，物質を構成している個々の原子や分子はこのような不規則な運動をしている。この運動を**熱運動**という。

**❷セルシウス温度と絶対温度** 熱運動の激しさを表す物理量が**温度**である。高温の物体ほど熱運動が激しく，個々の原子や分子の運動エネルギーが大きい。気温などで用いられる温度は**セルシウス温度（セ氏温度）**とよばれ，単位の記号は℃を用いる。1気圧のもとで水が氷になる温度が0℃，水が沸騰する温度が100℃である。

どのような物質でも温度を下げていくと熱運動がにぶくなり，約−273℃で熱運動が停止するので，これより低い温度は存在しない。この温度を**絶対零度**という。絶対零度を基準(ゼロ)とし，目盛りの間隔はセルシウス温度と等しくなるように定めた温度目盛りを**絶対温度**または，**熱力学温度**という。単位には**ケルビン**(記号**K**)を用いる。絶対温度 $T$〔K〕とセルシウス温度 $t$〔℃〕の関係は次の式で表される。

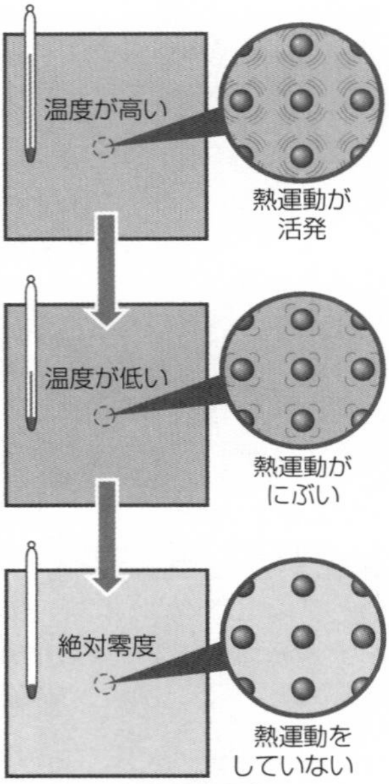

**温度と熱運動**

$$T = t + 273 \qquad (1)$$

### B 熱量

フライパンを火にかけると，熱運動のエネルギーが増加して，温度が上昇する。また，食品を冷蔵庫にいれておくと，熱運動のエネルギーが減少して，温度が下がる。このとき，物体が得たり，失ったりしたエネルギーを**熱**といい，移動した熱の量を**熱量**という。熱量の単位には，仕事やエネルギーと同じ単位であるジュール(J)が用いられる。

### C 熱容量と比熱

**❶熱容量** 一般に，物体に同じ熱量をあたえても，その温度変化は物体の質量やそれを構成する物質によって異なる。

ある物体の温度を1Kだけ上昇させるのに必要な熱量を，その物体の**熱容量**という。熱容量の単位には，**ジュール毎ケルビン**(記号**J/K**)が用いられる。

熱容量$C$〔J/K〕の物体の温度を$\Delta T$〔K〕だけ変化させるために必要な熱量$Q$〔J〕は

$$\boldsymbol{Q = C\Delta T} \tag{2}$$

❷**比熱**　同じ質量でも，同じ温度上昇に必要な熱量は，物質によって異なる。単位質量の物質の温度を1Kだけ上昇させるのに必要な熱量を，その物質の**比熱**(または**比熱容量**)という。質量$m$〔g〕の物質の温度を$\Delta T$〔K〕だけ変化させるのに必要な熱量が$Q$〔J〕であるとき，その物質の比熱$c$は

$$c = \frac{Q}{m\Delta T} \tag{3}$$

と表され，その単位は**ジュール毎グラム毎ケルビン**(記号**J/(g·K)**)である。

また，比熱$c$〔J/(g·K)〕の物質からなる，質量$m$〔g〕の物体の熱容量$C$〔J/K〕は

$$C = mc \tag{4}$$

となる。以上より，次の式が得られる。

**熱容量と比熱**

$$\boldsymbol{Q = C\Delta T = mc\Delta T} \tag{5}$$

$C$〔J/K〕　熱容量　　$c$〔J/(g·K)〕　比熱　　$Q$〔J〕　熱量
$\Delta T$〔K〕　温度変化　　$m$〔g〕　質量

## D 熱量の保存

高温にした銅球を断熱容器中の低温の水に入れると，しだいに銅球の温度が下がり，水の温度が上がる。十分に時間がたつと，両者の温度は等しくなり，それ以後は，温度は変わらなくなる。この状態を銅球と水は**熱平衡**にあるという。

一般に，物体Aと物体Bの間だけで熱の移動が起こる場合，Aが得た熱量は，Bが失った熱量に等しい。これを**熱量の保存**という。

## E 物質の三態と潜熱

❶**物質の三態**　一般に，物質には温度によって固体，液体，気体の3つの状態がある。これを**物質の三態**という。

固体では，物質を構成する粒子がしっかりと結合し，つりあいの位置を中心にして振動している。

液体では，粒子間の結びつきは弱くなるが，各粒子はばらばらにならずほぼ一定の距離を保ちながら熱運動をする。

気体では，各粒子がさまざまな速度で自由に空間を飛びまわっており，固体，液体に比べて体積が著しく大きい。

0℃よりも低温の氷を1気圧のもとで加熱していくと氷の温度は上昇していくが，0℃に達すると，氷がすべてとけて水になるまでは0℃のままである。これは固体と液体が共存した状態であり，このときの温度を**融点**という。

融点に達した後も加熱し続けると再び温度が上昇していくが，100℃に達すると，水は沸騰して水蒸気になっていく。水がすべて水蒸気になるまでは100℃のままである。これは液体と気体が共存した状態であり，このときの温度を**沸点**という。

**❷潜熱** 氷から水，水から水蒸気になるときのように，加熱しても温度が上昇しないとき，与えた熱量は分子の熱運動を激しくするのではなく，分子どうしの結びつきをゆるめたり，切り離したりするために使われる。

物質を固体から液体に変えるのに必要な熱量を**融解熱**という。また，物質を液体から気体に変えるのに必要な熱量を**蒸発熱**という。

融解熱や蒸発熱のように，物質の状態変化に伴う熱量のことを一般に**潜熱**という。潜熱は通常，1gなどの単位質量に対する熱量で表され，その単位には**J/g**などが用いられる。

### F 熱膨張

ほとんどの物質は，温度が上がると長さや体積が大きくなる。これを**熱膨張**という。

参考 ある固体の0℃のときの長さを$l_0$〔m〕とすると，$t$〔℃〕のときの長さ$l$〔m〕は $l=l_0(1+\alpha t)$ で表される。$\alpha$（アルファ）〔1/K〕を**線膨張率**という。

また，ある固体の0℃のときの体積を$V_0$〔m³〕とすると，$t$〔℃〕のときの体積$V$〔m³〕は $V=V_0(1+\beta t)$ で表される。$\beta$（ベータ）〔1/K〕を**体膨張率**という。

## 2 熱と仕事

### A 熱と仕事の関係

**❶仕事による熱の発生** あらい水平面上で物体をすべらせると，物体はしだいに減速し，接触面は温まる。このとき，物体が失った運動エネルギーは，接触部分でぶつかりあう原子や分子の熱運動のエネルギーに変わる。このように，物体が摩擦力を受けると，物体の力学的エネルギーが減少し，摩擦熱が発生する。

**❷ジュールの実験** 19世紀，イギリスのジュールは教 **p.215図**10のような装置を使って，羽根車を回す仕事$W$〔J〕と水の温度上昇に相当する熱量$Q$〔cal〕の関係を調べ，両者は常に比例していることがわかった。

ジュールはさまざまな方法で仕事と熱量の関係を調べ，いずれも1calに相当する仕事が約4.2Jになることを確かめた。

ジュールの実験は，熱がエネルギーの一形態であることの根拠の一つとなっている。このため，現在では熱量の単位にもJ(ジュール)が使われている。

## 問　題

**問1**
(教 p.205)　15℃は何Kか。また，300Kは何℃か。

**考え方**　絶対温度＝セルシウス温度＋273

**解説&解答**　「$T = t + 273$」より

$T = 15 + 273 =$ **288 K** 答

$300 = t + 273$　よって　$t =$ **27℃** 答

**問2**
(教 p.206)　ある物体に500Jの熱量を与えたら，温度が20Kだけ上昇した。この物体の熱容量は何J/Kか。

**解説&解答**　「$Q = C\Delta T$」より　$C = \dfrac{Q}{\Delta T} = \dfrac{500}{20} =$ **25 J/K** 答

**問3**
(教 p.207)　質量100gの鉄球を加熱し，$1.8 \times 10^3$ J の熱量を与えたところ，鉄球の温度が20℃から60℃に上昇した。鉄の比熱は何J/(g・K)か。

**解説&解答**　「$Q = mc\Delta T$」より，$1.8 \times 10^3 = 100 \times c \times (60 - 20)$

よって　$c = \dfrac{1.8 \times 10^3}{100 \times (60 - 20)} =$ **0.45 J/(g・K)** 答

考 **問4**
(教 p.207)　身のまわりの物質の中では，水が特に比熱が大きい。水は，「温まりやすく冷めやすい物質」,「温まりにくく冷めにくい物質」のどちらといえるだろうか。

**解説&解答**　比熱が大きい物質は小さい物質に比べ，同じ熱量の出し入れがあった際の温度の変化が小さい。すなわち，比熱の大きい水は，**「温まりにくく冷めにくい物質」**であるといえる。 答

**例題1**
(教 p.209)　100℃に熱した200gの鉄製の容器に，10℃の水50gを入れた。熱平衡になったときの温度$t$〔℃〕を求めよ。ただし，熱は容器と水の間だけで移動し，鉄の比熱を0.45J/(g・K)，水の比熱を4.2J/(g・K)とする。

**解説&解答**　鉄製の容器が失った熱量を$Q_1$〔J〕とすると

$Q_1 = 200 \times 0.45 \times (100 - t) = 90(100 - t)$

同様に，水が得た熱量を$Q_2$〔J〕とすると

$Q_2 = 50 \times 4.2 \times (t - 10) = 210(t - 10)$

熱量の保存より $Q_1 = Q_2$ であるので　$90(100 - t) = 210(t - 10)$

よって　$t = \dfrac{9000 + 2100}{210 + 90} =$ **37℃** 答

**類題1**
(教 p.209)

熱容量が84 J/Kの容器中に170 gの水を入れ，全体の温度を24.0℃とした。この中に，90.0℃に熱した質量100 gの金属球を入れたところ，全体の温度が27.0℃になった。金属の比熱$c$〔J/(g･K)〕を求めよ。ただし，熱は水，容器，金属球の間だけで移動し，水の比熱を4.2 J/(g･K)とする。

**考え方** 容器，水，金属球の間での熱量の保存を考える。

**解説&解答** 熱量の保存より，

$$100 \times c \times (90.0 - 27.0) = (84 + 170 \times 4.2) \times (27.0 - 24.0)$$

よって　$c =$ **0.38 J/(g･K)** 答



## 思考学習 水の状態図

教 p.211

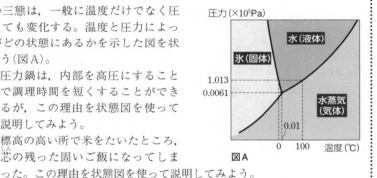

物質の三態は，一般に温度だけでなく圧力によっても変化する。温度と圧力によって物質がどの状態にあるかを示した図を状態図という(図A)。

**考察1** 圧力鍋は，内部を高圧にすることで調理時間を短くすることができるが，この理由を状態図を使って説明してみよう。

**考察2** 標高の高い所で米をたいたところ，芯(しん)の残った固いご飯になってしまった。この理由を状態図を使って説明してみよう。

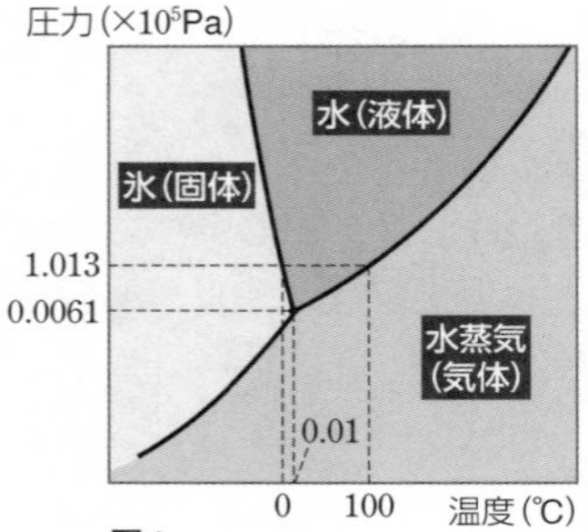


図A

**考え方** 状態図から圧力と水の沸点の関係を読み取って考察する。

**解説&解答**

**1** 例)**状態図より，圧力が高くなると，水の沸点が高くなる。圧力鍋の内部を高圧にすることで，水を100℃以上の高温にできるため調理時間を短くすることができる。** 答

**2** 例)**状態図より，圧力が低くなると，水の沸点が低くなる。標高の高い所では大気圧が低く，水が100℃より低い温度で沸騰してしまい，十分な調理ができないため，芯の残った固いご飯になってしまう。** 答

**問5**
(教 p.212)

融点にある氷20 gをすべて同温度の水にするために必要な熱量は何Jか。水の融解熱を$3.3 \times 10^2$ J/gとする。

**解説&解答** $20 \times (3.3 \times 10^2) =$ **$6.6 \times 10^3$ J** 答

**問6**
(教 p.212)

沸点にある水30 gがすべて同温度の水蒸気になるとき，吸収される熱量は何Jか。水の蒸発熱を$2.3 \times 10^3$ J/gとする。

考え方　吸収される熱量＝液体の水が水蒸気になるのに必要な熱量

解説&解答　$30\times(2.3\times10^3)=\mathbf{6.9\times10^4\,J}$　答

## 演習問題

教 p.215

***1*** 熱容量が無視できる容器の中に，0℃の氷14.0gがある。ここに40.0℃の水(湯)36.0gを加えてしばらく置いたところ，氷はすべてとけて一定温度の水になった。水の比熱を4.20J/(g·K)，氷の融解熱を$3.30\times10^2$J/g　とし，熱は氷と水の間だけでやりとりされるとする。

(1)　0℃の氷がすべて融解し，0℃の水になるまでに得る熱量$Q$〔J〕を求めよ。

(2)　熱平衡になったときの温度$t$〔℃〕を求めよ(答えは小数第1位まで求めよ)。

考え方　熱容量と比熱の式((5)式)を使う。

解説&解答　(1)　$Q=14.0\times(3.30\times10^2)=\mathbf{4.62\times10^3\,J}$　答

(2)　熱平衡の状態になるまでに水が失った熱量は

$36.0\times4.20\times(40.0-t)$

氷が得た熱量は

$Q+14.0\times4.20\times(t-0)$

これらが等しいので

$36.0\times4.20\times(40.0-t)=(4.62\times10^3)+14.0\times4.20\times t$

よって

$$t=\frac{(6.048\times10^3)-(4.62\times10^3)}{210}=\mathbf{6.8℃}$$　答

***2*** 粒状の金属2.0kgを詰めた袋がある。この袋を，高さ1.0mの位置からくり返し50回落下させたところ，金属の温度が1.4℃上昇した。この金属の熱容量$C$〔J/K〕と比熱$c$〔J/(g·K)〕を求めよ。重力加速度の大きさを9.8m/s²とし，落下する際に重力がする仕事はすべて金属の温度上昇に使われたとする。空気の抵抗は無視する。

考え方　重力による仕事を求め，それが何Jの熱量に相当するかを求める。

解説&解答　重力がする仕事は　$2.0\times9.8\times1.0\times50=9.8\times10^2$J

これと「$Q=C\Delta T$」より

$9.8\times10^2=C\times1.4$　　よって　$C=\mathbf{7.0\times10^2\,J/K}$　答

「$C=mc$」より　$c=\dfrac{C}{m}=\dfrac{7.0\times10^2}{2.0\times10^3}=\mathbf{0.35\,J/(g\cdot K)}$　答

第2編　熱と気体

# 第2章　気体のエネルギーと状態変化 教 p.216 ~ p.251



## 1 気体の法則

### A 気体の圧力

気体が単位面積当たりに及ぼす力のことを，気体の**圧力**という。面積が$S$〔m²〕の面を気体が大きさ$F$〔N〕の力で押しているとき，圧力$p$は次の式で表される。

$$p=\frac{F}{S} \tag{6}$$

面積 1m² 当たりに 1N の力が加わるときの圧力を**1パスカル**（記号 **Pa**）という。1Pa ＝ 1N/m² である。

気体の圧力のうち，特に大気による圧力を**大気圧**という。大気圧などは，**気圧**（記号 **atm**）という単位を用いて表すこともある。1atm ≒ $1.013\times10^5$Pa である。

### B ボイル・シャルルの法則

**❶ボイルの法則**　**温度が一定のとき，一定質量の気体の体積$V$は圧力$p$に反比例する。**これを**ボイルの法則**という（教 p.217 図 12，13）。

$$pV=\text{一定} \tag{7}$$

**❷シャルルの法則**　**圧力が一定のとき，一定質量の気体の体積$V$は絶対温度$T$に比例する。**これを**シャルルの法則**という（教 p.219 図 14，15）。

$$\frac{V}{T}=\text{一定} \tag{10}$$

**❸ボイル・シャルルの法則**　ボイルの法則とシャルルの法則は，1つにまとめて考えることができる。これを**ボイル・シャルルの法則**という。

**一定質量の気体の体積$V$は，圧力$p$に反比例し，絶対温度$T$に比例する**

分子間にはたらく力や分子の大きさが無視でき，ボイル・シャルルの法則に正確に従う気体を**理想気体**という。

**ボイル・シャルルの法則**

$$\frac{pV}{T}=\text{一定} \tag{11}$$

$p$〔Pa〕　圧力　　$V$〔m³〕　体積

$T$〔K〕　絶対温度

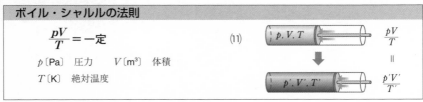

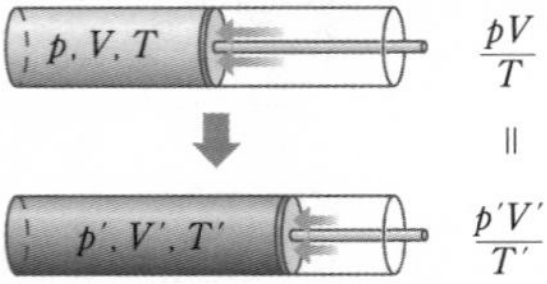

### C 理想気体の状態方程式

原子・分子・イオンなどの粒子 $6.02\times10^{23}$ 個の集まりを1**モル**(記号 mol)といい，これを単位として表した物質の量を**物質量**という。また，$6.02\times10^{23}$/mol を**アボガドロ定数**という。

温度と圧力が，それぞれ 273K(＝0℃)，$1.013\times10^5$ Pa(＝1atm)の状態において，物質量1mol当たりの理想気体の体積は，気体の種類によらず $2.24\times10^{-2}$ m³/mol(＝22.4L/mol)である。よって，物質量 $n$〔mol〕の理想気体を考えると

$$\frac{pV}{T}=\frac{(1.013\times10^5\,\mathrm{Pa})\times(2.24\times10^{-2}\,\mathrm{m^3/mol}\times n)}{273\,\mathrm{K}}\fallingdotseq 8.31\,\frac{\mathrm{Pa\cdot m^3}}{\mathrm{mol\cdot K}}\times n \qquad (12)$$

ここで，定数 $R=8.31\,\frac{\mathrm{Pa\cdot m^3}}{\mathrm{mol\cdot K}}=8.31\,\mathrm{J/(mol\cdot K)}$ とおくと，(13)式が得られる。これを**理想気体の状態方程式**といい，$R$ を**気体定数**という。

**理想気体の状態方程式**

$$pV=nRT \qquad (13)$$

$p$〔Pa〕　圧力　　$V$〔m³〕　体積　　$n$〔mol〕　物質量
$R$〔J/(mol·K)〕　気体定数　　$T$〔K〕　絶対温度

## 2 気体分子の運動

### A 分子運動と圧力

1辺の長さ $L$〔m〕，体積 $V$〔m³〕(＝$L^3$)の立方体の容器に質量 $m$〔kg〕の分子 $N$ 個からなる理想気体を入れる。教 p.225 図16ⓐのように $x$，$y$，$z$ 軸をとり，$x$ 軸に垂直な壁Sが受ける圧力を考える。分子は，他の分子とは衝突せず，容器の壁に衝突するまでは等速直線運動をしていると仮定する。また,分子と壁との衝突は弾性衝突とし,衝突の前後で分子の速度の大きさは変わらないとする。

**❶ 1回の衝突で壁Sが分子から受ける力積**　壁Sに衝突する直前の分子の速度を $\vec{v}=(v_x,\ v_y,\ v_z)$ とする(同図ⓑ)。衝突直後の分子の速度は $\vec{v'}=(-v_x,\ v_y,\ v_z)$ となる。よって，壁Sとの衝突による分子の運動量の変化，すなわち，分子が壁Sから受ける力積は

$$m\vec{v'}-m\vec{v}=(-2mv_x,\ 0,\ 0) \qquad (14)$$

作用反作用の法則より，壁Sは分子から反対向きの力積を受けるので，その大きさは $2mv_x$〔N·s〕で，壁と垂直な向き($x$ 軸の正の向き)である(同図ⓒ)。

**❷分子が再び壁Sと衝突するまでの時間**　$x$ 軸方向のみに着目すると，壁Sと衝突した後，再び壁Sと衝突するまで，分子は距離 $2\times L$〔m〕を速さ $v_x$〔m〕で進む。したがって，衝突の周期(同じ壁に再び衝突するまでの時間)は，$\frac{2L}{v_x}$〔s〕となる(教 p.225 図17)。

**❸壁 S が 1 つの分子から受ける平均の力**　壁 S は，1 つの分子から $\frac{2L}{v_x}$ の周期で大きさ $2mv_x$ の力積を受ける。時間 $t$〔s〕の間に分子が壁 S に衝突する回数は $t \div \frac{2L}{v_x} = \frac{v_x t}{2L}$ であるから，時間 $t$ の間に壁 S が 1 つの分子から受ける力積の合計は

$$2mv_x \times \frac{v_x t}{2L} = \frac{m{v_x}^2}{L}t \tag{15}$$

となる。この間に壁 S が 1 つの分子から受ける平均の力の大きさを $\overline{f}$〔N〕とすると，(15)式は $\overline{f}t$ に等しい（教 p.225 図 18）。したがって，$\overline{f}$ は

$$\overline{f} = \frac{m{v_x}^2}{L} \tag{16}$$

と表すことができる。

**❹壁 S が *N* 個の分子から受ける圧力**　壁 S が $N$ 個の分子から受ける平均の力の大きさ $F$〔N〕は，気体分子全体の ${v_x}^2$ の平均を $\overline{{v_x}^2}$ とすると，(16)式より

$$F = N \times \frac{m\overline{{v_x}^2}}{L} = \frac{Nm\overline{{v_x}^2}}{L} \tag{17}$$

となる。気体の圧力 $p$〔Pa〕は，$L^3 = V$ を用いて，次のように表される。

$$p = \frac{F}{L^2} = \frac{Nm\overline{{v_x}^2}}{L^3} = \frac{Nm\overline{{v_x}^2}}{V} \tag{18}$$

ここで，$\overline{{v_x}^2}$ について考える。教 p.226 図 19 のように，1 個の分子の速度に対して $v^2 = {v_x}^2 + {v_y}^2 + {v_z}^2$ が成りたち，それぞれの平均に対しても

$$\overline{v^2} = \overline{{v_x}^2} + \overline{{v_y}^2} + \overline{{v_z}^2} \tag{19}$$

の関係が成りたつ。また，$N$ はきわめて大きく，すべての分子は特定の方向にかたよることなく不規則に運動しているから，どの方向の平均値も等しい。つまり

$$\overline{{v_x}^2} = \overline{{v_y}^2} = \overline{{v_z}^2} \tag{20}$$

と考えることができる。(19)，(20)式より

$$\overline{{v_x}^2} = \frac{1}{3}\overline{v^2} \tag{21}$$

が導かれる。これを(18)式に代入すると，圧力 $p$ に対する次の式が得られる。

$$p = \frac{Nm\overline{v^2}}{3V} \tag{22}$$

これは巨視的な量である圧力 $p$ が，個々の分子の微視的な量を用いて表されることを示している。

## B 平均運動エネルギーと絶対温度

(22)式を変形すると

$$pV = \frac{Nm\overline{v^2}}{3} \tag{23}$$

となる。(23)式と，理想気体の状態方程式「$pV = nRT$」（(13)式）を比較すると

$$\frac{Nm\overline{v^2}}{3} = nRT \tag{24}$$

の関係が得られる。この式を変形して，気体分子 1 個当たりの平均運動エネルギーを

求める。気体分子の個数 $N$ は，物質量 $n$〔mol〕とアボガドロ定数 $N_A$ によって $N = nN_A$ と表されることを用いると，(24)式より

$$\frac{1}{2}m\overline{v^2} = \frac{3nRT}{2N} = \frac{3}{2} \times \frac{R}{N_A} \times T = \frac{3}{2}kT \quad (25)$$

ここで，定数 $k$ は，気体定数 $R$ をアボガドロ定数 $N_A$ でわったもので，**ボルツマン定数**という。

$$k = \frac{R}{N_A} = \frac{8.31\,\text{J/(mol·K)}}{6.02 \times 10^{23}/\text{mol}} \fallingdotseq 1.38 \times 10^{-23}\,\text{J/K} \quad (26)$$

(25)式から，理想気体では平均運動エネルギーが気体の種類によらず，温度だけで決まり，絶対温度に比例することがわかる。

気体のモル質量（1mol 当たりの質量）を $M$〔kg/mol〕とすると，$mN_A = M$ であるから，(25)式より，次の式が得られる。

$$\sqrt{\overline{v^2}} = \sqrt{\frac{3R}{mN_A}T} = \sqrt{\frac{3R}{M}T} \quad (27)$$

これを**二乗平均速度**（または根平均二乗速度）といい，分子の速さを表すひとつのめやすとなる（教 p.228 表3）。

### C 単原子分子と二原子分子

ヘリウム（He）のように1個の原子からなる分子を**単原子分子**，酸素（$O_2$）のように2個の原子からなる分子を**二原子分子**という。二原子分子理想気体の場合，分子の運動には，並進運動のほかに回転運動や振動運動がある。

## 3 気体の状態変化

### A 内部エネルギー

**❶内部エネルギー**　物質を構成する粒子（原子・分子・イオン）は，熱運動による運動エネルギーをもっている。また，粒子どうしは互いに力を及ぼしあっている。この力は保存力であり，位置エネルギーをもっている。これらのエネルギーの，物体中のすべての粒子についての総和を，物体の**内部エネルギー**という。

**❷気体の内部エネルギー**　実在の気体では，分子どうしがある距離より離れると引きあう向きに，近づくとしりぞけあう向きに力がはたらく。一方，理想気体では，分子間にはたらく力は無視できるので，位置エネルギーは0である。したがって，内部エネルギーは気体分子の熱運動による運動エネルギーの合計と考えてよい。

(25)式より，絶対温度 $T$〔K〕の単原子分子理想気体1mol 当たりの内部エネルギーは $N_A \times \frac{1}{2}m\overline{v^2} = \frac{3}{2}RT$　になる。したがって，$n$〔mol〕の単原子分子理想気体の内部エネルギー $U$〔J〕は，次の式で表される。

**単原子分子理想気体の内部エネルギー**

$$U=\frac{3}{2}nRT \quad (28)$$

| | | | |
|---|---|---|---|
| $U$〔J〕 | 内部エネルギー | $R$〔J/(mol・K)〕 | 気体定数 |
| $n$〔mol〕 | 物質量 | $T$〔K〕 | 絶対温度 |



つまり，単原子分子理想気体の内部エネルギーは絶対温度と物質量(分子の個数)に比例する。温度が$\Delta T$〔K〕だけ高くなったとき，内部エネルギーが$\Delta U$〔J〕だけ増加したとすると，(28)式から次の関係が成りたつ。

$$\Delta U=\frac{3}{2}nR(T+\Delta T)-\frac{3}{2}nRT=\frac{3}{2}nR\Delta T \quad (29)$$

## B 熱力学第一法則

物体の内部エネルギーが増加するのは，次の2つの場合である。

①外部から熱量を受け取る　②外部から仕事をされる

このとき，次の関係が成りたつ。これを**熱力学第一法則**という。

**物体の内部エネルギーの変化$\Delta U$〔J〕は，物体が受け取った熱量$Q$〔J〕と，物体がされた仕事$W$〔J〕の和に等しい**

**熱力学第一法則**

$$\Delta U=Q+W \quad (30)$$

| | |
|---|---|
| $\Delta U$〔J〕 | 内部エネルギーの変化 |
| $Q$〔J〕 | 物体が受け取った熱量 |
| $W$〔J〕 | 物体がされた仕事 |

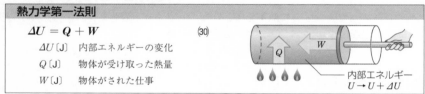

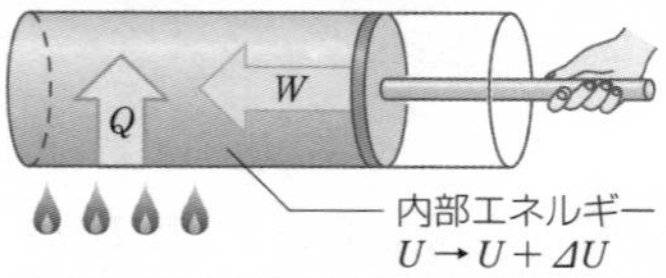


**注意！**

熱量$Q$と仕事$W$の符号に注意。気体の場合は…

$Q$ { 気体が**熱を吸収**(吸熱) → $Q>0$ ／ 気体が**熱を放出**(放熱) → $Q<0$

$W$ { 気体が圧縮されて**体積が減少** → $W>0$ ／ 気体が膨張して**体積が増加** → $W<0$

## C 気体の状態変化

**❶定積変化**　体積を一定に保って行う状態の変化を**定積変化**(または**等積変化**)という。**教 p.234 図21**のように，ピストンを固定した円筒内の気体に熱量$Q$〔J〕を与える定積変化では，気体は仕事をされないから，与えた熱量だけ気体の内部エネルギーが増加する。つまり

$$W=0 \quad (31) \qquad \Delta U=Q \quad (32)$$

この結果，気体の温度は上昇し，圧力も大きくなる。

**❷定圧変化**　圧力を一定に保って行う状態の変化を**定圧変化**(または**等圧変化**)という。**教 p.234 図22**のように，ピストンが$\Delta l$〔m〕移動し，気体が$\Delta V=S\Delta l$〔$m^3$〕膨張したとすると，気体が外部にした仕事$W'$〔J〕は

$$W'=pS\cdot\Delta l=p\Delta V \quad (33)$$

であり，これは同図の斜線で示した面積に等しい。気体がされた仕事は $W=-W'$ であるから，次の式が成りたつ。

$\boldsymbol{W=-p\Delta V}$ ⑶④　　$\Delta U = Q + W \boldsymbol{= Q - p\Delta V}$ ⑶⑤

⑶②，⑶⑤式から，同じ熱量を加えたときの気体の温度上昇は，定積変化の場合より定圧変化の場合のほうが小さいことがわかる。

**❸等温変化**　温度を一定に保って行う状態の変化を**等温変化**という。理想気体をゆっくり等温変化させる場合(教 p.235 図 23)，気体の圧力は体積に反比例する(ボイルの法則)。理想気体の等温変化では，外部と熱のやりとりをしても気体の内部エネルギーは変化しないので，次の式が成りたつ。

$\boldsymbol{\Delta U = 0}$ ⑶⑥　　$\boldsymbol{Q = -W\ (= W')}$ ⑶⑦

理想気体の等温膨張では，吸収した熱量をすべて膨張の際の仕事に使い，等温圧縮では，圧縮の際にされた仕事をすべて熱量として外部に放出する。

**❹断熱変化**　熱の出入りがないようにして行う状態の変化を**断熱変化**という。このときは次の式が成りたつ。

$\boldsymbol{Q = 0}$ ⑶⑧　　$\boldsymbol{\Delta U = W}$ ⑶⑨

教 p.236 図 24 のように気体を断熱膨張させたとき，気体がされた仕事 $W$ は負であるから，$\Delta U < 0$ である。つまり，内部エネルギーが減少するので，温度が下がる。反対に，気体を断熱圧縮したとき，内部エネルギーが増加するので，温度が上がる。

## D 気体のモル比熱

物質 1mol の温度を 1K 高めるのに必要な熱量を**モル比熱**(または**モル熱容量**)という。物質 $n$〔mol〕の温度を $\Delta T$〔K〕高めるのに必要な熱量 $Q$〔J〕は，モル比熱 $C$〔J/(mol·K)〕を用いて次のように表される。

$Q = nC\Delta T$ ⑷⓪

**❶定積モル比熱**　体積を一定に保つ場合のモル比熱を**定積モル比熱**(または**定容モル比熱**)といい，$C_V$〔J/(mol·K)〕で表す。このとき，外部から与えた熱量はすべて内部エネルギーの増加になることから，次の式が成りたつ。

$\boldsymbol{\Delta U = nC_V\Delta T}$ ⑷①

**❷定圧モル比熱**　圧力を一定に保つ場合のモル比熱を**定圧モル比熱**といい，$C_p$〔J/(mol·K)〕で表す。⑷⓪式よりこのときに外部から与えた熱量は

$Q = nC_p\Delta T$ ⑷②

定圧変化なので，理想気体がされた仕事は⑴③式を用いて

$W = -p\Delta V = -nR\Delta T$ ⑷③

理想気体の内部エネルギーは変化の過程に関係なく，温度だけで定まるから熱力学第一法則(⑶⓪式)に⑷①～⑷③式を代入して　$nC_V\Delta T = nC_p\Delta T - nR\Delta T$

両辺を $n\Delta T$ でわると

$\boldsymbol{C_p = C_V + R}$ ⑷④

これを**マイヤーの関係**という。気体の種類に関係なく，理想気体の定圧モル比熱は定積モル比熱より気体定数 $R$ だけ大きくなる。

第2編 熱と気体

**❸単原子分子理想気体のモル比熱**　単原子分子理想気体の定積モル比熱は(29)，(41)式より，また定圧モル比熱は，(44)，(45)式より，次のようになる。

$$C_V = \frac{3}{2}R \quad (\fallingdotseq 12.5\,\mathrm{J/(mol \cdot K)}) \tag{45}$$

$$C_p = \frac{5}{2}R \quad (\fallingdotseq 20.8\,\mathrm{J/(mol \cdot K)}) \tag{46}$$

**❹比熱比**　定圧モル比熱 $C_p$ と定積モル比熱 $C_V$ の比

$$\overset{ガンマ}{\gamma} = \frac{C_p}{C_V} \tag{47}$$

のことを**比熱比**という。単原子分子理想気体では次のようになる。

$$\gamma = \frac{\frac{5}{2}R}{\frac{3}{2}R} = \frac{5}{3} \tag{48}$$

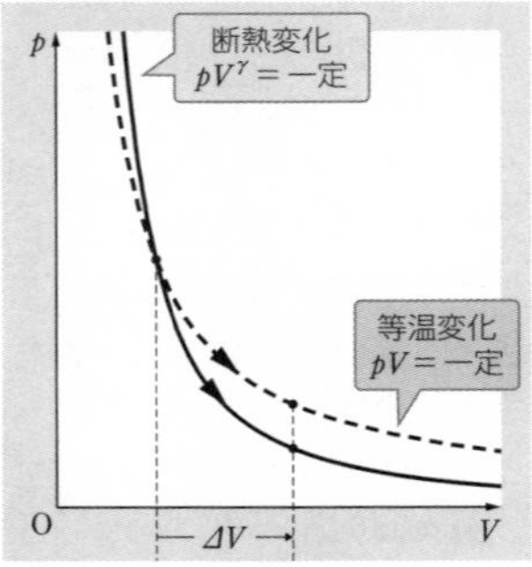

▲断熱変化と等温変化

**❺ポアソンの法則**　理想気体を同じ状態からゆっくり膨張させる場合，等温膨張では気体の温度は変わらないが，断熱膨張では気体の温度が下がる。これをふまえると，理想気体での等温変化と断熱変化を表す $p$-$V$ 図は右図のようになる。理想気体では，断熱変化するときの圧力 $p$〔Pa〕と体積 $V$〔m³〕に

$$pV^\gamma = 一定 \tag{49}$$

の関係があることが知られている。これを**ポアソンの法則**という。

## E 不可逆変化

あらい面上で物体をすべらせると，物体の運動エネルギーは摩擦熱になり，やがて止まる。しかし，逆に物体が自然に熱を吸収して動きだすことはない。

このように，時間の流れを逆向きにした現象が起こらない変化のことを**不可逆変化**という。

## F 熱機関と熱効率

**❶熱機関**　熱の吸収，放出をくり返して熱を仕事に変換する装置を**熱機関**という。

**教 p.244** 図 27 のような定積変化と定圧変化を組み合わせたサイクルでは，1回のくり返しで，気体は高温の物体から熱量 $Q_{in} = Q_{AB} + Q_{BC}$ を吸収し，低温の物体へ熱量 $Q_{out} = Q_{CD} + Q_{DA}$ を放出する。また，気体は外部に対し実質的に仕事 $W' = W_{BC}' - W_{DA}$ をし，その大きさは同図ⓑの経路で囲まれた斜線部分の面積に等しい。

**❷熱効率**　一般に熱機関は，高温の物体から熱量 $Q_{in}$〔J〕を吸収し，その一部を仕事 $W'$〔J〕に変換して残りの熱量 $Q_{out}$〔J〕を低温の物体に放出する。サイクルを1周するともとの状態にもどるので内部エネルギーの変化 $\Delta U$ は 0 である。気体が吸収した熱量は $Q = Q_{in} - Q_{out}$，気体がされた仕事は $W = -W'$ であるから，熱力学第一法則より

$$\Delta U = (Q_{\mathrm{in}} - Q_{\mathrm{out}}) - W' = 0 \tag{50}$$

となる。したがって

$$W' = Q_{\mathrm{in}} - Q_{\mathrm{out}} \tag{51}$$

の関係がある。1サイクルで，高温の物体から吸収した熱量 $Q_{\mathrm{in}}$ のうち，仕事 $W'$ に変換された割合 $e$ を**熱効率**(または**熱機関の効率**)という。

**熱効率**

$$e = \frac{W'}{Q_{\mathrm{in}}} = \frac{Q_{\mathrm{in}} - Q_{\mathrm{out}}}{Q_{\mathrm{in}}} \tag{52}$$

$e$　熱効率　　$W'$〔J〕　熱機関がした仕事

$Q_{\mathrm{in}}$〔J〕　高温の物体から吸収した熱量

$Q_{\mathrm{out}}$〔J〕　低温の物体へ放出した熱量

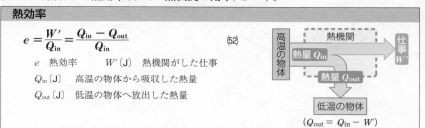

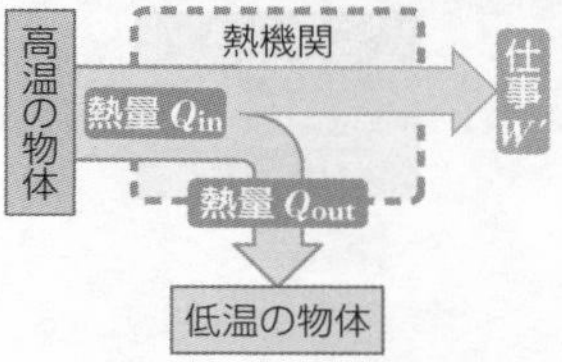


$(Q_{\mathrm{out}} = Q_{\mathrm{in}} - W')$

熱機関は必ず低温の物体へ熱量 $Q_{\mathrm{out}}$ を放出する。よって，常に $e < 1$ となる(教 p.245 表5)。

### G 熱力学第二法則

熱は，高温の物体から低温の物体へ移動し，自然に低温の物体から高温の物体へ移動することはない。これを**熱力学第二法則**という。熱力学第二法則は，「熱をすべて仕事に変える，すなわち，熱効率が1(100%)の熱機関(これを**第二種永久機関**という)は存在しない」と表現することもある。

## 4 エネルギーの移り変わり

### A いろいろなエネルギー

エネルギーには，すでに学んだ力学的エネルギー，熱エネルギー，電気エネルギーのほかにも，いろいろな種類のエネルギーがある。

### B エネルギーの変換と保存

摩擦によって，力学的エネルギーは熱エネルギーに変わる。乾電池は化学エネルギーを電気エネルギーに変え，逆に，電気分解は電気エネルギーを物質の化学エネルギーに変える。ホタルは体内の発光物質の化学エネルギーを光エネルギーに変えて発光する。このように，いろいろな形のエネルギーは互いに移り変わることができる。

**エネルギーの変換においては，それに関係したすべてのエネルギーの和が一定に保たれる。**

これを**エネルギー保存則**という。

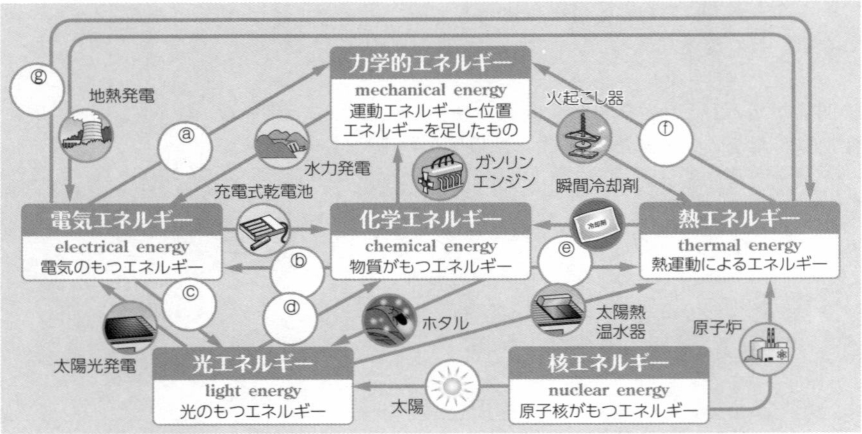


▲エネルギー変換の例

## C エネルギー資源

**❶一次エネルギー**　自然界に存在するままの形のエネルギー資源から直接利用することのできるエネルギーを**一次エネルギー**という。一次エネルギーのうち，石油，石炭，天然ガスなどの化石燃料や，天然ウランなどの原子力は，地球上に存在する量に限りがあるため，いずれ枯渇する可能性がある。このようなエネルギー資源から得られるエネルギーを**枯渇性エネルギー**という。一方，太陽光，地熱，バイオマスなどのエネルギー資源は，今後も枯渇するおそれが少ない。このようなエネルギー資源から得られるエネルギーを**再生可能エネルギー**という。

**❷二次エネルギー**　私たちは一次エネルギーを，電気やガソリン，都市ガスなどのように使いやすく加工して利用している。このようなエネルギーを**二次エネルギー**という。

### 問　題

**問7**（教p.217）　なめらかに動く軽いピストン付きの容器に気体を閉じこめ，ピストンが鉛直方向に動くように立てる。このピストンにおもりを静かにのせたとき，閉じこめた気体の圧力は何 Pa になるか。おもりの質量を 10kg，ピストンの断面積を $4.9\times10^{-3}\,\mathrm{m^2}$，大気圧を $1.0\times10^{5}\,\mathrm{Pa}$，重力加速度の大きさを $9.8\,\mathrm{m/s^2}$ とする。

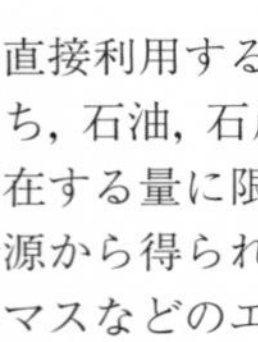


**考え方**　閉じこめた気体の圧力による力は，大気圧による力とおもりの重力の和とつりあう。

第❷編 熱と気体

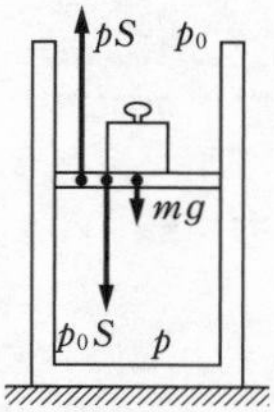


解説&解答　気体の圧力を $p$〔Pa〕，大気圧を $p_0$〔Pa〕，おもりの質量を $m$〔kg〕，ピストンの断面積を $S$〔m²〕，重力加速度を $g$〔m/s²〕とすると，ピストンにはたらく力のつりあいより

$$pS - mg - p_0S = 0$$

$$p = p_0 + \frac{mg}{S} = 1.0 \times 10^5 + \frac{10 \times 9.8}{4.9 \times 10^{-3}}$$

$$= (1.0 \times 10^5) + (2.0 \times 10^4) = \mathbf{1.2 \times 10^5\,Pa}$$ 答



**問8**（教p.217）　圧力 $1.0 \times 10^5$ Pa，体積 0.55 m³ の気体の温度を一定に保って，体積を 0.50 m³ にする。このときの圧力は何 Pa か。

考え方　ボイルの法則（(7)式）を使う。

解説&解答　求める圧力を $p$〔Pa〕とすると，ボイルの法則「$pV$ ＝一定」（(7)式）より

$$(1.0 \times 10^5) \times 0.55 = p \times 0.50$$

よって　$p = \frac{0.55}{0.50} \times 1.0 \times 10^5 = \mathbf{1.1 \times 10^5\,Pa}$ 答

**問9**（教p.219）　温度 300 K, 体積 1.0 m³ の気体の圧力を一定に保って，温度を 360 K にする。このときの体積は何 m³ か。

考え方　シャルルの法則（(10)式）を使う。

解説&解答　求める体積を $V$〔m³〕とすると，シャルルの法則「$\frac{V}{T}$ ＝一定」（(10)式）より　$\frac{1.0}{300} = \frac{V}{360}$　　よって　$V = \frac{360}{300} = \mathbf{1.2\,m^3}$ 答

考 **問10**（教p.219）　卓球ボールには空気口がなく，後から空気を足せない。球がへこんだ場合，どのようにして直せばよいか。ただし，球内の圧力は一定と仮定してよい。

考え方　球内の圧力は一定と仮定するのでシャルルの法則（(10)式）が成りたつと考えてよい。

解説&解答　**球を湯の中に入れ，中の空気を温めると，シャルルの法則により，中の空気の体積が増加するため，へこみを直すことができる。** 答

**問11**（教p.220）　圧力 $1.0 \times 10^5$ Pa，体積 1.5 m³，温度 300 K の理想気体がある。気体の体積を 1.0 m³，温度を 320 K にしたとき，気体の圧力は何 Pa か。

考え方　ボイル・シャルルの法則（(11)式）を使う。

解説&解答　求める圧力を $p$〔Pa〕とおく。ボイル・シャルルの法則「$\frac{pV}{T}$ ＝一定」より

$$\frac{(1.0 \times 10^5) \times 1.5}{300} = \frac{p \times 1.0}{320}$$

$$p = \frac{(1.0 \times 10^5) \times 1.5 \times 320}{1.0 \times 300} = \mathbf{1.6 \times 10^5\,Pa}$$ 答

## 思考学習 夜空に浮かぶランタン

教 p.220

ランタンを夜空に飛ばすお祭りに参加したSさんは，その原理に興味をもった。

**考察1** ランタンが浮かぶのは，ランタン内部の空気が温められて膨張し，空気の密度が小さくなるからである。お祭りの日，地上の気温は21℃，ランタン内部の空気の温度は80℃であった。一定質量の空気の温度を，圧力一定のまま21℃から80℃まで変化させると，体積と密度はそれぞれ何倍になるか。ただし，空気は理想気体として扱ってよい。

**考察2** ランタンの容積は0.20 m³であった。気温21℃での空気の密度を1.2 kg/m³とすると，ランタン本体(空気を除く)の質量は何g以下だったと考えられるか。ランタン内外の空気の圧力は等しいとする。

**考え方** (ランタンにはたらく浮力)≧(ランタン本体にはたらく重力)＋(ランタン内の空気にはたらく重力)となるとき，ランタンは浮く。

**解説&解答** **1** ランタン内部の空気の質量を$M$〔kg〕とし，21℃と80℃のときのこの空気の体積と密度を，それぞれ$V_0$, $V_1$〔m³〕, $\rho_0$, $\rho_1$〔kg/m³〕とする。

21℃ = 294 K，80℃ = 353 K であるから，シャルルの法則より

$$\frac{V_0}{294}=\frac{V_1}{353}$$

よって　$\frac{V_1}{V_0}=\frac{353}{294}=1.200\cdots\fallingdotseq$ **1.20倍** 答

また，$\rho_0=\frac{M}{V_0}$，$\rho_1=\frac{M}{V_1}$　より

$$\frac{\rho_1}{\rho_0}=\frac{V_0}{V_1}=\frac{294}{353}=0.8328\cdots\fallingdotseq \textbf{0.833倍}$$ 答

**2** ランタン本体の質量を$m$〔kg〕，ランタン内の空気の質量を$M_1$〔kg〕，ランタンにはたらく空気の浮力を$f$〔N〕，重力加速度の大きさを$g$〔m/s²〕とする。

**考察1**の結果より

$$M_1=\rho_1\times 0.20=0.833\,\rho_0\times 0.20=0.833\times 1.2\times 0.20$$
$$\fallingdotseq 0.20\,\text{kg}$$

浮力は　$f=1.2\times 0.20\times g=0.24g$〔N〕

ランタンが浮かぶには$f\geqq (M_1+m)g$を満たせばよい。$M_1$，$f$の計算結果を代入して

$$0.24g\geqq (0.20+m)g$$

ゆえに　$m\leqq 0.24-0.20=0.04\,\text{kg}=$ **40 g** 答

**例題 2**
(教p.221)

なめらかに動くピストン付きの容器に理想気体を閉じこめ，図のように水平な床の上に置く。このときの気体の圧力は $1.0 \times 10^5$ Pa，体積は $0.45\,\mathrm{m^3}$，温度は $2.7 \times 10^2$ K であった。容器を温めたところピストンは右に移動し，ストッパーで止められた状態になった。温めた後の気体の体積は $0.50\,\mathrm{m^3}$，温度は $3.6 \times 10^2$ K であった。

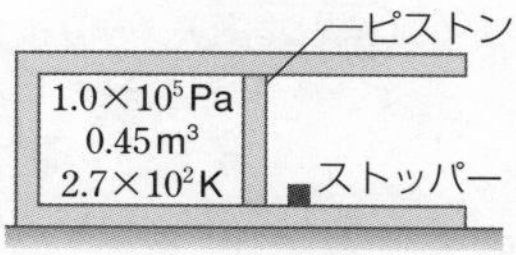


(1)　温めた後の気体の圧力 $p_1$〔Pa〕を求めよ。

(2)　その後，気体を放置したところ，ピストンは左に動き始めた。ピストンが動き始めたときの気体の圧力 $p_2$〔Pa〕と温度 $T_2$〔K〕を求めよ。

**考え方**　気体の圧力・体積・温度についての情報を整理して，ボイル・シャルルの法則を用いる。

**解説&解答**

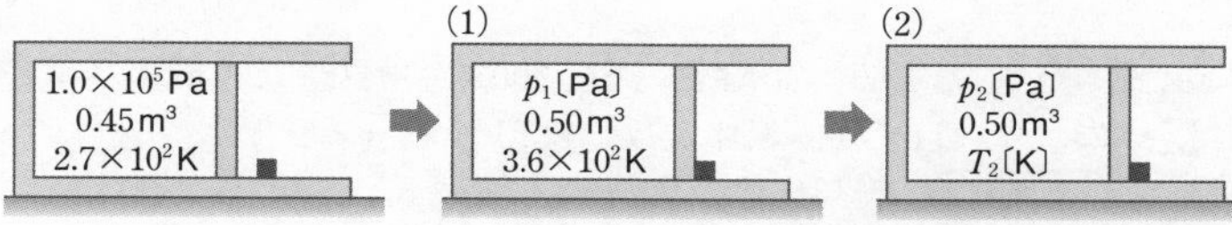


(1)　ボイル・シャルルの法則より　$\dfrac{(1.0 \times 10^5) \times 0.45}{2.7 \times 10^2} = \dfrac{p_1 \times 0.50}{3.6 \times 10^2}$

よって　$p_1 = \dfrac{(1.0 \times 10^5) \times 0.45}{2.7 \times 10^2} \times \dfrac{3.6 \times 10^2}{0.50} = \mathbf{1.2 \times 10^5\,Pa}$ **答**

(2)　気体の圧力がもとの値にもどったとき，ピストンは動き始める。

よって　$p_2 = \mathbf{1.0 \times 10^5\,Pa}$ **答**

最初の状態と比較すると，2 つの状態で圧力が等しいので，シャルルの法則より

$$\frac{0.45}{2.7 \times 10^2} = \frac{0.50}{T_2}$$

よって　$T_2 = (2.7 \times 10^2) \times \dfrac{0.50}{0.45} = \mathbf{3.0 \times 10^2\,K}$ **答**

注）気体の出入りがなければ，どの状態と比較してもよい。(1)と(2)の状態を比較して，ボイル・シャルルの法則から $T_2$ を求めることもできる。

**類題 2**
(教p.221)

なめらかに動くピストン付きの容器に理想気体を閉じこめる。初め，容器をⓐのように水平な床の上に置いたところ，気体の圧力，体積，温度はそれぞれ $p_0$〔Pa〕，$V_0$〔m³〕，$T_0$〔K〕であった。

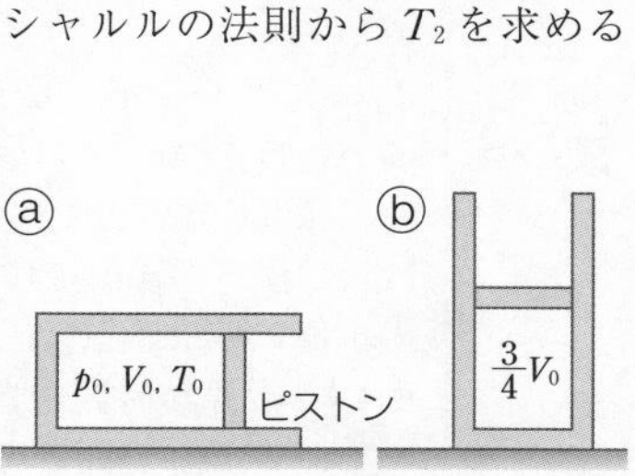


次に，容器をⓑのように鉛直方向に立てたところ，気体の体積は $\dfrac{3}{4}V_0$〔m³〕になった。このときの気体の圧力 $p$〔Pa〕と温度 $T$〔K〕を求めよ。ピストンの質量を $m$〔kg〕，断面積を $S$〔m²〕，重力加速度の大きさを $g$〔m/s²〕とする。

**考え方**　ボイル・シャルルの法則((11)式)を使う。

**解説&解答**　ⓐの状態では，大気圧と容器内の気体の圧力 $p_0$〔Pa〕がつりあっている。よって，大気圧は $p_0$〔Pa〕である。

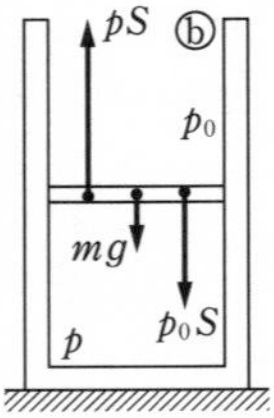


ⓑの状態では，ピストンにはたらく力のつりあいより

$$pS - p_0S - mg = 0$$

よって　$p = \boldsymbol{p_0 + \frac{mg}{S}}$〔Pa〕 **答**

また，ボイル・シャルルの法則より

$$\frac{p_0V_0}{T_0} = \frac{p \times \frac{3}{4}V_0}{T}$$

よって　$T = \left(p_0 + \frac{mg}{S}\right) \times \frac{3}{4}V_0 \times \frac{T_0}{p_0V_0} = \boldsymbol{\frac{3(p_0S + mg)}{4p_0S}T_0}$〔K〕 **答**

**問12**
(教p.223)　圧力 $1.66 \times 10^5$ Pa，温度 300 K，物質量 0.20 mol の理想気体が占める体積は何 $m^3$ か。気体定数を 8.3 J/(mol·K) とする。

**考え方**　理想気体の状態方程式(⒀式)を使う。

**解説&解答**　求める体積を $V$〔$m^3$〕とすると，理想気体の状態方程式より

$$(1.66 \times 10^5) \times V = 0.20 \times 8.3 \times 300$$

よって　$V = \frac{0.20 \times 8.3 \times 300}{1.66 \times 10^5} = \boldsymbol{3.0 \times 10^{-3}\,m^3}$ **答**

**問13**
(教p.229)　理想気体とみなすことのできる He ガスがある。温度が 273℃のときの He 1 原子当たりの平均運動エネルギーは，温度が 0℃のときに比べて何倍になるか。

**考え方**　気体分子 1 個当たりの平均運動エネルギーの式(㉕式)を用いる。

**解説&解答**　平均運動エネルギーは $\frac{1}{2}m\overline{v^2} = \frac{3}{2}kT$ より，温度 $T$ に比例するので，

$$\frac{273 + 273}{273} = 2$$　ゆえに　**2 倍** **答**

**例題 3**
(教p.231)　それぞれ 0.62 $m^3$，0.21 $m^3$ の容積をもつ容器 A，B をコックのついた細管でつなぎ，A には温度が $3.0 \times 10^2$ K，物質量が 15 mol，B には温度が $4.0 \times 10^2$ K，物質量が 10 mol の単原子分子理想気体を入れる。コックを開いて十分な時間がたったときの温度 $T$〔K〕と圧力 $p$〔Pa〕を求めよ。ただし，容器と周囲との熱のやりとりはなく，気体の内部エネルギーの合計は一定に保たれるとする。また，細管の体積は無視する。気体定数を 8.3 J/(mol·K) とする。

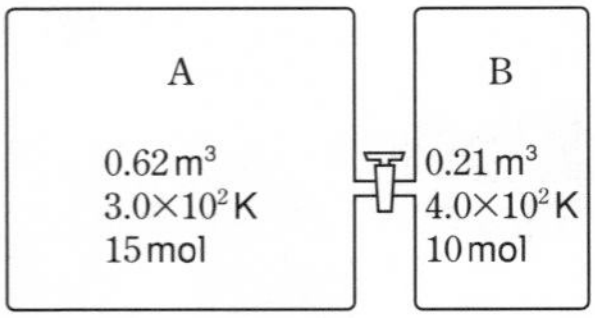


**考え方**　気体の混合で，外部と熱のやりとりがなければ全体の内部エネルギーは保存される。単原子分子理想気体とあることから，㉘式を用いてよい。

**解説&解答**　内部エネルギー「$U=\frac{3}{2}nRT$」((28)式)の合計が一定であるから

$$\frac{3}{2}\times 15\times 8.3\times(3.0\times 10^2)+\frac{3}{2}\times 10\times 8.3\times(4.0\times 10^2)$$
$$=\frac{3}{2}\times(15+10)\times 8.3\times T$$

よって

$$T=\frac{15\times(3.0\times 10^2)+10\times(4.0\times 10^2)}{15+10}=\mathbf{3.4\times 10^2\,K}$$ 答

混合後の気体の状態方程式「$pV=nRT$」((13)式)は

$$p\times(0.62+0.21)=(15+10)\times 8.3\times(3.4\times 10^2)$$

よって

$$p=\frac{(15+10)\times 8.3\times(3.4\times 10^2)}{0.62+0.21}=\mathbf{8.5\times 10^4\,Pa}$$ 答



**類題 3**
(教p.231)
それぞれ$0.24\,\mathrm{m^3}$，$0.40\,\mathrm{m^3}$の容積をもつ容器A，Bをコックのついた細管でつなぎ，Aには温度が$3.2\times 10^2\,\mathrm{K}$，物質量が20 molの単原子分子理想気体を入れ，Bは真空にする。コックを開いて十分な時間がたったときの温度$T$〔K〕と圧力$p$〔Pa〕を求めよ。ただし，容器と周囲との熱のやりとりはなく，気体の内部エネルギーの合計は一定に保たれるとする。また，細管の体積は無視する。気体定数を8.3 J/(mol·K)とする。

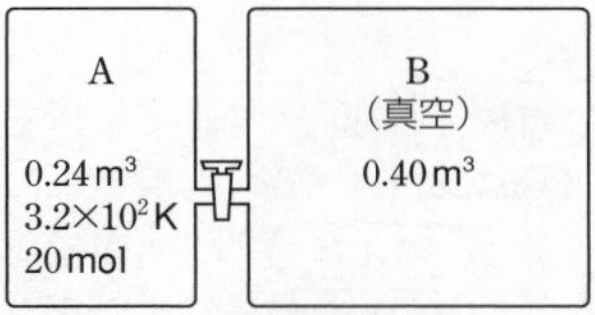


**考え方**　単原子分子理想気体の内部エネルギーの式((28)式)を用いる。

**解説&解答**　内部エネルギー「$U=\frac{3}{2}nRT$」((28)式)の合計が一定であるから

$$\frac{3}{2}\times 20\times 8.3\times(3.2\times 10^2)=\frac{3}{2}\times 20\times 8.3\times T$$

よって　$T=\mathbf{3.2\times 10^2\,K}$ 答

また，混合後の気体の状態方程式「$pV=nRT$」((13)式)より

$$p\times(0.24+0.40)=20\times 8.3\times(3.2\times 10^2)$$

よって

$$p=\frac{20\times 8.3\times(3.2\times 10^2)}{0.64}=\mathbf{8.3\times 10^4\,Pa}$$ 答

**問14**
(教p.234)
気体に対し，体積を一定に保った状態で75 Jの熱量を与えた。このとき，気体がされた仕事$W$〔J〕と，内部エネルギーの変化$\Delta U$〔J〕を求めよ。

**考え方**　体積を一定に保って行う状態変化なので定積変化である。

**解説&解答**　定積変化の式((31)式，(32)式)より　$W=\mathbf{0\,J}$ 答

$\Delta U=Q=\mathbf{75\,J}$ 答

**問15**
(教p.235) 気体に対し，一定の圧力 $1.0 \times 10^5$ Pa のまま，75 J の熱量を与えたところ，気体は $3.0 \times 10^{-4}$ m³ だけ膨張した。このとき，気体がされた仕事 $W$〔J〕と，内部エネルギーの変化 $\Delta U$〔J〕を求めよ。

**考え方** 圧力を一定に保って行う状態変化なので定圧変化である。

**解説&解答** 定圧変化では，気体がした仕事は「$W' = p\Delta V$」(㉝式)で与えられるので　$W' = (1.0 \times 10^5) \times (3.0 \times 10^{-4}) = 30$ J

$W = -W' = \mathbf{-30\,J}$ 答

「$\Delta U = Q + W$」より　$\Delta U = 75 + (-30) = \mathbf{45\,J}$ 答

**問16**
(教p.235) 理想気体に対し，温度一定のまま 75 J の熱量を与えた。このとき，気体がされた仕事 $W$〔J〕と，内部エネルギーの変化 $\Delta U$〔J〕を求めよ。

**考え方** 等温変化なので，㊱，㊲式を用いる。

**解説&解答** 等温変化の式(㊱式，㊲式)より　$\Delta U = \mathbf{0\,J}$ 答

$W = -Q = \mathbf{-75\,J}$ 答

**問17**
(教p.236) 断熱容器に気体を入れ，気体を膨張させた。気体がした仕事が 65 J のとき，内部エネルギーの変化は何 J か。

**考え方** 断熱変化なので，㊳，㊴式を用いる。

**解説&解答** 断熱変化なので，㊳式より　$Q = 0$ J

また，気体がされた仕事 $W = -65$ J である。

よって，㊴式より　$\Delta U = W = \mathbf{-65\,J}$ 答

**例題 4**
(教p.237) なめらかに動くピストンがついた容器に $n$〔mol〕の単原子分子理想気体を閉じこめたところ，温度が $T_0$〔K〕になった。この気体に対し次のような操作をしたときの，気体の内部エネルギーの変化 $\Delta U$〔J〕，気体がされた仕事 $W$〔J〕，気体が受け取った熱量 $Q$〔J〕をそれぞれ求めよ。気体定数を $R$〔J/(mol·K)〕とする。

(1) 体積を一定に保ったまま，温度を $T_1$〔K〕に変化させた。
(2) 圧力を一定に保ったまま，温度を $T_1$〔K〕に変化させた。

**考え方** 気体がされた仕事は定積変化では 0 J であり，定圧変化では「$W = -p\Delta V$」より求められる。

**解説&解答** (1) 定積変化であるので，気体と外部の間に仕事のやりとりはない。

$W = \mathbf{0\,J}$ 答

単原子分子理想気体であるから，「$\Delta U = \frac{3}{2} nR\Delta T$」(㉙式)より

$$\Delta U = \frac{3}{2} \boldsymbol{nR(T_1 - T_0)}\,〔\mathrm{J}〕$$ 答

熱力学第一法則「$\Delta U = Q + W$」(㉚式)より

$$Q = \Delta U - W = \frac{3}{2} \boldsymbol{nR(T_1 - T_0)}\,〔\mathrm{J}〕$$ 答

(2)　気体の圧力を $p_0$〔Pa〕，変化前後での気体の体積をそれぞれ $V_0$，$V_1$〔m³〕とすると，理想気体の状態方程式「$pV = nRT$」より

変化前：$p_0V_0 = nRT_0$　……①

変化後：$p_0V_1 = nRT_1$　……②

「$W = -p\Delta V$」(㉞式)より　$W = -p_0(V_1 - V_0)$

これに①，②式を代入して　$\boldsymbol{W = -nR(T_1 - T_0)}$〔J〕 答

温度変化は(1)と同じなので，$\Delta U$ も等しい。

$$\Delta U = \boldsymbol{\frac{3}{2}nR(T_1 - T_0)}\text{〔J〕}$$ 答

熱力学第一法則「$\Delta U = Q + W$」(㉚式)より

$$Q = \Delta U - W = \frac{3}{2}nR(T_1 - T_0) - \{-nR(T_1 - T_0)\}$$

$$= \boldsymbol{\frac{5}{2}nR(T_1 - T_0)}\text{〔J〕}$$ 答

**類題 4**
(教p.237)

なめらかに動くピストンがついた容器に単原子分子理想気体を閉じこめたところ，気体の圧力が $p_0$〔Pa〕，体積が $V_0$〔m³〕になった。この気体に対し次のような操作をしたときの，気体の内部エネルギーの変化 $\Delta U$〔J〕，気体がされた仕事 $W$〔J〕，気体が受け取った熱量 $Q$〔J〕をそれぞれ求めよ。

(1)　体積を一定に保ったまま加熱し，圧力を $\Delta p$〔Pa〕上昇させた。

(2)　圧力を一定に保ったまま加熱し，体積を $\Delta V$〔m³〕増やした。

**考え方**　変化前・変化後のそれぞれで，理想気体の状態方程式を立てる。

**解説&解答**　変化前の温度を $T_0$〔K〕，温度変化を $\Delta T$〔K〕，気体の物質量を $n$〔mol〕，気体定数を $R$〔J/(mol·K)〕とする。

(1)　変化前，変化後のそれぞれについて状態方程式を立てると

$p_0V_0 = nRT_0$　……①

$(p_0 + \Delta p)V_0 = nR(T_0 + \Delta T)$　……②

②式−①式より　$\Delta pV_0 = nR\Delta T$

気体の内部エネルギーの変化は，「$\Delta U = \frac{3}{2}nR\Delta T$」(㉙式)より

$$\Delta U = \frac{3}{2}nR\Delta T = \boldsymbol{\frac{3}{2}\Delta pV_0}\text{〔J〕}$$ 答

定積変化より，気体がされた仕事　$W = \boldsymbol{0}$ **J** 答

気体が受け取った熱量は　$Q = \Delta U = \boldsymbol{\frac{3}{2}\Delta pV_0}$〔J〕 答

(2)　変化後について状態方程式を立てると

$p_0(V_0 + \Delta V) = nR(T_0 + \Delta T)$　……③

③式−①式より　$p_0\Delta V = nR\Delta T$

気体の内部エネルギーの変化は，「$\Delta U = \frac{3}{2}nR\Delta T$」(㉙式)より

$$\Delta U = \frac{3}{2}nR\Delta T = \boldsymbol{\frac{3}{2}p_0\Delta V}\text{〔J〕}$$ 答

定圧変化より，気体がされた仕事 $W=-\boldsymbol{p_0\Delta V}$〔J〕 答

気体が受け取った熱量は

$$Q=\Delta U-W=\frac{3}{2}p_0\Delta V-(-p_0\Delta V)=\boldsymbol{\frac{5}{2}p_0\Delta V}\text{〔J〕}$$ 答



ドリル

問a

(教p.239)

$n$〔mol〕の単原子分子理想気体を，(1)〜(6)の $p$–$V$ 図のように状態変化させた。状態Aでの気体の温度を $T$〔K〕とする。また，気体定数を $R$〔J/(mol·K)〕とする。$n$，$R$，$T$，$Q_0$ の文字を使って，気体の内部エネルギーの変化 $\Delta U$〔J〕，気体がされた仕事 $W$〔J〕，気体が受け取った熱量 $Q$〔J〕をそれぞれ求めよ。

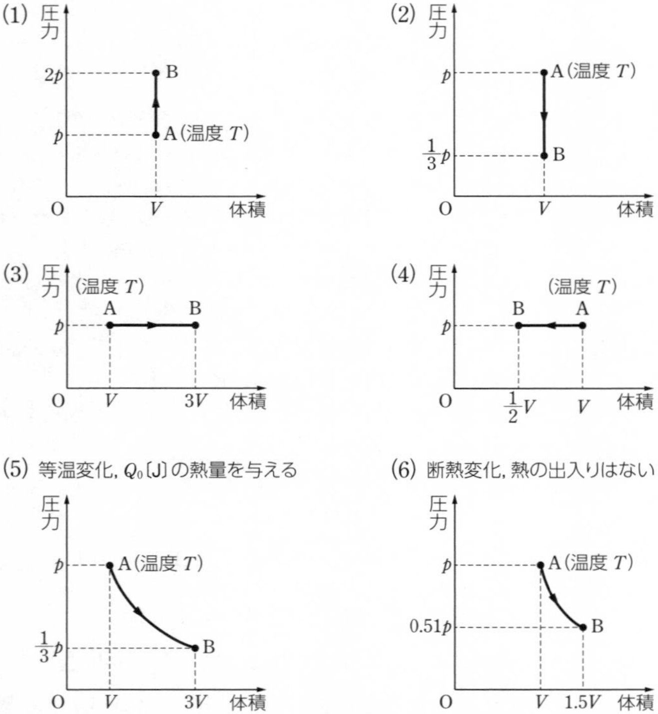


**考え方** 状態Bでの温度を $T_B$ として，まず $T_B$ を求める。次に，内部エネルギーの変化の式(㉙式)，各状態変化の式を用いる。

**解説&解答** (1) ボイル・シャルルの法則より $\dfrac{pV}{T}=\dfrac{2pV}{T_B}$ よって $T_B=2T$

㉙式に $T_B$ を代入して $\Delta U=\dfrac{3}{2}nR(T_B-T)=\boldsymbol{\dfrac{3}{2}nRT}$〔J〕 答

定積変化なので(31)，(32)式より

$W = \mathbf{0\,J}$，$Q = \Delta U = \boldsymbol{\frac{3}{2}nRT}$〔J〕 答

(2)　ボイル・シャルルの法則より　$\dfrac{pV}{T} = \dfrac{\frac{1}{3}pV}{T_B}$

よって　$T_B = \dfrac{1}{3}T$

(29)式に $T_B$ を代入して　$\Delta U = \dfrac{3}{2}nR(T_B - T) = \boldsymbol{-nRT}$〔J〕 答

定積変化なので(31)，(32)式より

$W = \mathbf{0\,J}$，$Q = \Delta U = \boldsymbol{-nRT}$〔J〕 答

(3)　シャルルの法則より　$\dfrac{V}{T} = \dfrac{3V}{T_B}$　　よって　$T_B = 3T$

(29)式より　$\Delta U = \dfrac{3}{2}nR(T_B - T) = \boldsymbol{3nRT}$〔J〕 答

定圧変化なので(34)式と，理想気体の状態方程式((13)式)より

$W = -\,p(3V - V) = -\,2pV = \boldsymbol{-2nRT}$〔J〕 答

熱力学第一法則((30)式)より

$Q = \Delta U - W = 3nRT - (-2nRT) = \boldsymbol{5nRT}$〔J〕 答

(4)　シャルルの法則より　$\dfrac{V}{T} = \dfrac{\frac{1}{2}V}{T_B}$　　よって　$T_B = \dfrac{1}{2}T$

(29)式より　$\Delta U = \dfrac{3}{2}nR(T_B - T) = \boldsymbol{-\frac{3}{4}nRT}$〔J〕 答

定圧変化なので(34)式と，理想気体の状態方程式((13)式)より

$W = -p\left(\dfrac{1}{2}V - V\right) = \dfrac{1}{2}pV = \boldsymbol{\frac{1}{2}nRT}$〔J〕 答

熱力学第一法則((30)式)より

$Q = \Delta U - W = -\dfrac{3}{4}nRT - \dfrac{1}{2}nRT = \boldsymbol{-\frac{5}{4}nRT}$〔J〕 答

(5)　等温変化であるから(36)式より　$\Delta U = \mathbf{0\,J}$ 答

$Q_0$〔J〕の熱を与えたので　$Q = \boldsymbol{Q_0}$〔J〕 答

熱力学第一法則((30)式)より

$W = \Delta U - Q = 0 - Q_0 = \boldsymbol{-Q_0}$〔J〕 答

(6)　ボイル・シャルルの法則より　$\dfrac{pV}{T} = \dfrac{0.51p \times 1.5V}{T_B}$

よって　$T_B = 0.765T$　　(29)式に $T_B$ を代入して

$\Delta U = \dfrac{3}{2}nR(T_B - T) \fallingdotseq \boldsymbol{-\,0.35nRT}$〔J〕 答

断熱変化なので(38)，(39)式より

$Q = \mathbf{0\,J}$，$W = \Delta U = \boldsymbol{-0.35nRT}$〔J〕 答

**問b**
(教p.239)

単原子分子理想気体に対して次のいずれかの操作を十分ゆっくりと行い，体積を2倍にしたい。

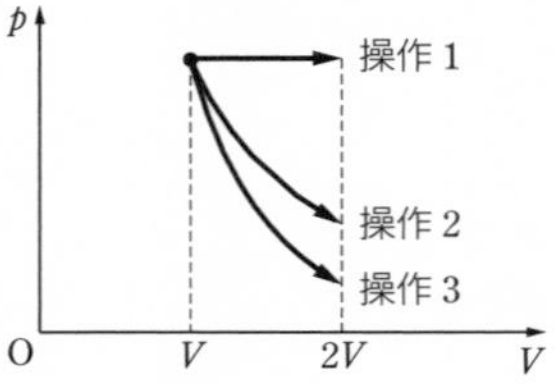


**操作1**　圧力を一定に保ったまま膨張させる
**操作2**　温度を一定に保ったまま膨張させる
**操作3**　外部との熱のやりとりを遮断して膨張させる

(1) 操作後の理想気体の温度をそれぞれ $T_1$，$T_2$，$T_3$ とするとき，これらの大小関係を求めよ。

(2) 操作中に理想気体がした仕事をそれぞれ $W_1'$，$W_2'$，$W_3'$ とするとき，これらの大小関係を求めよ。

(3) 操作中に理想気体が吸収した熱量をそれぞれ $Q_1$，$Q_2$，$Q_3$ とするとき，これらの大小関係を求めよ。

**考え方**　$p$–$V$ 図上でグラフが $V$ 軸との間につくる面積が，気体がする仕事に等しいことを用いて仕事の大小関係を求める。また，(1)(2)の結果と熱力学第一法則から気体が吸収した熱量の大小関係を求める。

**解説&解答**　(1) 操作後の気体の体積はいずれの場合も等しいので，$p$–$V$ 図上で上にある点ほど温度が高い。よって　$\boldsymbol{T_3<T_2<T_1}$　答

(2) $p$–$V$ 図の面積の大小より　$\boldsymbol{W_3'<W_2'<W_1'}$　答

(3) 操作前後での内部エネルギーの変化をそれぞれ $\Delta U_1$，$\Delta U_2$，$\Delta U_3$ とおくと，「$\Delta U=\dfrac{3}{2}nR\Delta T$」と(1)の結果より　$\Delta U_3<\Delta U_2<\Delta U_1$

上式と(2)の結果，および熱力学第一法則
「$Q=\Delta U+W'$」(教 p.232 参考)より　$\boldsymbol{Q_3<Q_2<Q_1}$　答

**問18**
(教p.240)

ある理想気体1.5mol に，体積一定のもとで熱量75J を与えたところ，温度が4.0K 上昇した。この気体の定積モル比熱は何 J/(mol·K)か。

**考え方**　熱量と定積モル比熱の関係式「$Q=nC_V\Delta T$」(㊵式)を用いる。

**解説&解答**　定積モル比熱を $C_V$〔J/(mol·K)〕とすると「$Q=nC_V\Delta T$」(㊵式)より

$75=1.5\times C_V\times 4.0$　よって　$C_V\fallingdotseq$ **13J/(mol·K)**　答

**問19**
(教p.241)

ある理想気体1.5mol に，圧力一定のもとで熱量63J を与えたところ，温度が2.0K 上昇した。この気体の定圧モル比熱 $C_p$〔J/(mol·K)〕と定積モル比熱 $C_V$〔J/(mol·K)〕を求めよ。気体定数を8.3J/(mol·K)とする。

**考え方**　「$Q=nC_p\Delta T$」(㊷式)とマイヤーの関係(㊹式)を用いる。

**解説&解答**　「$Q=nC_p\Delta T$」(㊷式)より　$63=1.5\times C_p\times 2.0$

よって　$C_p=\dfrac{63}{1.5\times 2.0}=$ **21J/(mol·K)**　答

マイヤーの関係「$C_p=C_V+R$」(㊹式)より

$C_V=C_p-R=21-8.3=12.7\fallingdotseq$ **13J/(mol·K)**　答

**問20**
(教p.241)

理想気体を断熱圧縮し，体積を $\dfrac{1}{n}$ 倍にしたとき，気体の圧力は何倍になるか。比熱比を $\gamma$ とする。

**考え方**　ポアソンの法則「$pV^{\gamma}=$一定」((49)式)を用いる。

**解説&解答**　圧縮後の気体の圧力を $p'$ とすると，ポアソンの法則より

$pV^{\gamma}=p'\left(\dfrac{V}{n}\right)^{\gamma}$　より　$\dfrac{p'}{p}=n^{\gamma}$　よって　$\boldsymbol{n^{\gamma}}$**倍** 答

**問21**
(教p.245)

熱機関が，高温の物体から熱量500Jを吸収し，低温の物体に熱量425Jを放出した。得られた仕事 $W'$〔J〕と，熱効率 $e$ を求めよ。

**考え方**　仕事と熱効率についての式((51)，(52)式)を用いる。

**解説&解答**　得られた仕事　$W'=Q_{\rm in}-Q_{\rm out}=500-425=\mathbf{75\,J}$ 答

熱効率　$e=\dfrac{W'}{Q_{\rm in}}=\dfrac{75}{500}=\mathbf{0.15}$ 答

**例題5**
(教p.247)

単原子分子理想気体 $n$〔mol〕に対して，図の3つの過程をくり返して状態をゆっくり変化させた。状態Aの気体の温度を $T$〔K〕，気体定数を $R$〔J/(mol·K)〕とする。B→Cは等温変化であり，その際，気体は外部から $1.4nRT$〔J〕の熱量を吸収した。次の各量を $n$，$R$，$T$ を用いて表せ。

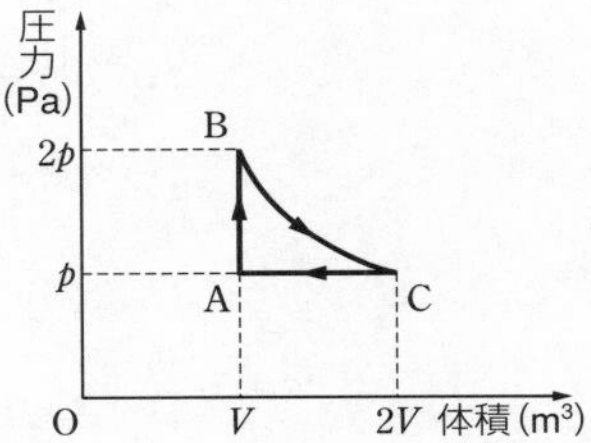


(1)　状態Bの温度 $T_{\rm B}$〔K〕

(2)　A→Bで，気体がされた仕事 $W_{\rm AB}$〔J〕と気体が吸収した熱量 $Q_{\rm AB}$〔J〕

(3)　C→Aで，気体がされた仕事 $W_{\rm CA}$〔J〕と気体が吸収した熱量 $Q_{\rm CA}$〔J〕

(4)　このサイクルを熱機関とみなしたときの熱効率 $e$（有効数字2桁）

**考え方**　A→Bは定積変化，B→Cは等温変化，C→Aは定圧変化である。

**解説&解答**　(1)　ボイル・シャルルの法則((11)式)より　$T_{\rm B}=\boldsymbol{2T}$〔K〕 答

(2)　A→Bは定積変化であるから

$W_{\rm AB}=\mathbf{0\,J}$，$Q_{\rm AB}=\varDelta U_{\rm AB}=\boldsymbol{\dfrac{3}{2}nRT}$〔J〕 答

(3)　C→Aは定圧変化であるから，状態Aでの状態方程式 $pV=nRT$ を用いると，気体が外部にした仕事 $W_{\rm CA}'$〔J〕は

$W_{\rm CA}'=p(V-2V)=-pV=-nRT$

よって，気体がされた仕事は　$W_{\rm CA}=-W_{\rm CA}'=\boldsymbol{nRT}$〔J〕 答

また，気体が吸収した熱量は，熱力学第一法則((30)式)より

$Q_{\rm CA}=\varDelta U_{\rm CA}-W_{\rm CA}=-\dfrac{3}{2}nRT-nRT=\boldsymbol{-\dfrac{5}{2}nRT}$〔J〕 答

(4)　B→Cは等温変化であるから，気体が外部にした仕事 $W_{\rm BC}'$〔J〕は

$W_{\rm BC}'=Q_{\rm BC}=1.4nRT$〔J〕

よって，熱効率の式「$e=\dfrac{W'}{Q_{\mathrm{in}}}$」（㊵式）より

$$e=\frac{W_{\mathrm{AB}}'+W_{\mathrm{BC}}'+W_{\mathrm{CA}}'}{Q_{\mathrm{AB}}+Q_{\mathrm{BC}}}=\frac{0+1.4nRT-nRT}{(3/2)nRT+1.4nRT}=\frac{4}{29}$$

$\fallingdotseq$ **0.14** **答**



**類題5**（教 p.247）　単原子分子理想気体に対して，図の4つの過程をくり返して状態を変化させた。このサイクルを熱機関とみなしたとき，1サイクルでの熱効率 $e$ を有効数字2桁で求めよ。

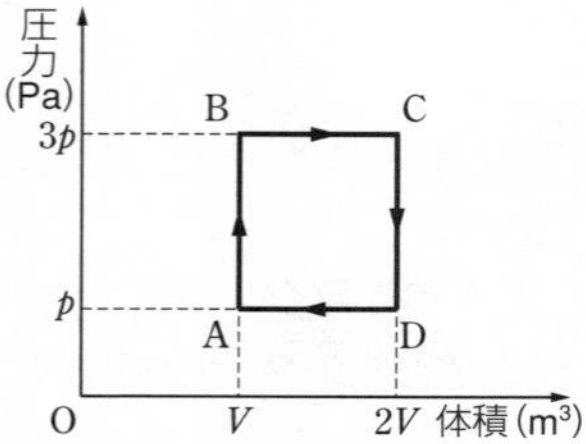


**考え方**　A → B，C → D は定積変化，B → C，D → A は定圧変化である。

**解説&解答**　気体定数を $R$〔J/(mol·K)〕，気体の物質量を $n$〔mol〕とする。A，B，C，D での温度をそれぞれ $T_{\mathrm{A}}$，$T_{\mathrm{B}}$，$T_{\mathrm{C}}$，$T_{\mathrm{D}}$〔K〕として状態方程式を立てると

A：$pV=nRT_{\mathrm{A}}$　より　$T_{\mathrm{A}}=\dfrac{pV}{nR}$〔K〕

B：$3pV=nRT_{\mathrm{B}}$　より　$T_{\mathrm{B}}=\dfrac{3pV}{nR}$〔K〕

C：$3p\times 2V=nRT_{\mathrm{C}}$　より　$T_{\mathrm{C}}=\dfrac{6pV}{nR}$〔K〕

D：$p\times 2V=nRT_{\mathrm{D}}$　より　$T_{\mathrm{D}}=\dfrac{2pV}{nR}$〔K〕

各過程で気体が得る熱量を $Q_{\mathrm{A\to B}}$〔J〕のように表す。

A → B，C → D は定積変化であるから

$$Q_{\mathrm{A\to B}}=\frac{3}{2}nR(T_{\mathrm{B}}-T_{\mathrm{A}})=\frac{3}{2}nR\left(\frac{3pV}{nR}-\frac{pV}{nR}\right)=3pV$$

$$Q_{\mathrm{C\to D}}=\frac{3}{2}nR(T_{\mathrm{D}}-T_{\mathrm{C}})=\frac{3}{2}nR\left(\frac{2pV}{nR}-\frac{6pV}{nR}\right)=-6pV$$

B → C，D → A は定圧変化であるから

$$Q_{\mathrm{B\to C}}=\frac{5}{2}nR(T_{\mathrm{C}}-T_{\mathrm{B}})=\frac{5}{2}nR\left(\frac{6pV}{nR}-\frac{3pV}{nR}\right)=\frac{15}{2}pV$$

$$Q_{\mathrm{D\to A}}=\frac{5}{2}nR(T_{\mathrm{A}}-T_{\mathrm{D}})=\frac{5}{2}nR\left(\frac{pV}{nR}-\frac{2pV}{nR}\right)=-\frac{5}{2}pV$$

以上より　$Q_{\mathrm{in}}=Q_{\mathrm{A\to B}}+Q_{\mathrm{B\to C}}=\dfrac{21}{2}pV$〔J〕

$Q_{\mathrm{out}}=-(Q_{\mathrm{C\to D}}+Q_{\mathrm{D\to A}})=\dfrac{17}{2}pV$〔J〕

$$e=\frac{Q_{\mathrm{in}}-Q_{\mathrm{out}}}{Q_{\mathrm{in}}}=\frac{4}{21}\fallingdotseq \mathbf{0.19}$$ **答**

**問22**（教 p.248）　教 p.249 図29の ⓐ〜ⓖ の空欄に適した現象の例をあげてみよう。

(解説&解答)　ⓐの例：**電車，リニアモーターカー，エレベーター**
ⓑの例：**乾電池，燃料電池**
ⓒの例：**白熱電灯，蛍光灯，発光ダイオード**
ⓓの例：**植物の光合成**
ⓔの例：**石油ストーブ，ガスコンロ，使い捨てカイロ**
ⓕの例：**蒸気機関，蒸気タービン**
ⓖの例：**電気ストーブ，電気湯わかし器，電気アイロン**　答



考　問23（教 p.248）　湯をわかすための方法をいくつか考え，それぞれがどの種類のエネルギーを熱エネルギーに変換しているか，考えてみよう。

(解説&解答)　**電気ポット：電気エネルギーを変換**
**やかんをガスコンロにかける：化学エネルギーを変換**　答

## 演　習　問　題

教 p.250 ～ p.251

***1***　断面積が等しく，なめらかに動くピストン付き容器A，B内に等量の理想気体を入れ，A，Bを図のように水平な床の上に固定し，ピストンどうしをつなぐ。このとき，両気体とも圧力は$1.0\times10^5$ Pa，体積は$0.60$ m³，温度は$3.0\times10^2$ Kであった。次に，A内の気体の温度を$3.0\times10^2$ Kに保ったまま，B内の気体の温度を上げたところ，B内の気体の圧力が$1.2\times10^5$ Paになったとする。

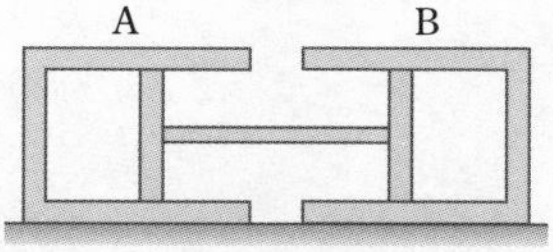


(1)　A内の気体の圧力$p_A$〔Pa〕を求めよ。
(2)　それぞれの気体の体積$V_A$，$V_B$〔m³〕を求めよ。
(3)　B内の気体の温度$T_B$〔K〕を求めよ。

(考え方)　ボイルの法則((7)式)，ボイル・シャルルの法則((11)式)を用いる。

(解説&解答)　(1)　ピストンはA，B両方の気体から同じ大きさの力で逆向きに押されている。ピストンの断面積が等しいので，A，Bの気体の圧力は等しい。よって　$p_A = \mathbf{1.2\times10^5\ Pa}$　答

(2)　A内の気体について，ボイルの法則より

$$(1.0\times10^5)\times0.60=(1.2\times10^5)\times V_A$$

$$V_A=\frac{1.0\times10^5}{1.2\times10^5}\times0.60=\mathbf{0.50\ m^3}$$　答

A，Bのピストンは連結されており，ピストンの断面積が等しいので，Aの体積が減少した分($0.60-0.50=0.10$ m³)だけBの体積が増加する。よって　$V_B=0.60+0.10=\mathbf{0.70\ m^3}$　答

(3)　Bの気体について，ボイル・シャルルの法則より

$$\frac{(1.0\times10^5)\times0.60}{3.0\times10^2}=\frac{(1.2\times10^5)\times0.70}{T_B}$$

$$T_B=\frac{(1.2\times10^5)\times0.70}{(1.0\times10^5)\times0.60}\times3.0\times10^2=\mathbf{4.2\times10^2\ K}$$　答

**2**　半径 $r$〔m〕の球形の中空容器の中に，質量 $m$〔kg〕の分子 $N$ 個からなる気体を入れる。気体分子は器壁と弾性衝突をする。

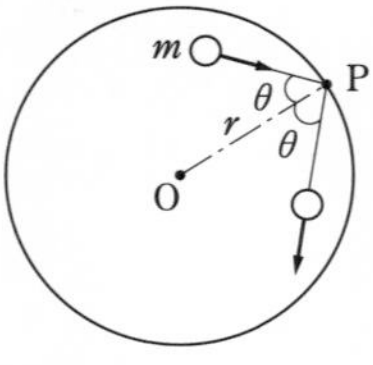


(1)　1個の分子が速さ $v$〔m/s〕で器壁の点Pに，点Pと球の中心Oとを結ぶ線(法線)と $\theta$ の角をなして衝突した。

(a)　1回の衝突で分子が壁に与える力積の大きさ $I$〔N·s〕を求めよ。

(b)　この分子が時間 $t$〔s〕の間に壁に衝突する回数 $n$〔回〕を求めよ。

(c)　この分子が時間 $t$〔s〕の間に壁に与える力積の大きさの和 $nI$ を，$r$，$m$，$v$，$t$ で表せ。

(2)　容器内の分子の速さはすべて $v$ だとする。容器内の気体の圧力 $p$〔Pa〕を，容器の体積を $V$〔m³〕として，$r$ を用いずに求めよ。

**考え方**　気体分子の運動を法線方向と接線方向に分けて考える。

**解説&解答**　(1)(a)　右図より，衝突前後で気体分子の法線方向の速度は $2v\cos\theta$ 変化する。運動量の変化の大きさが，分子が壁に与える力積の大きさ $I$ と等しいので　$I = \boldsymbol{2mv\cos\theta}$〔N·s〕 **答**

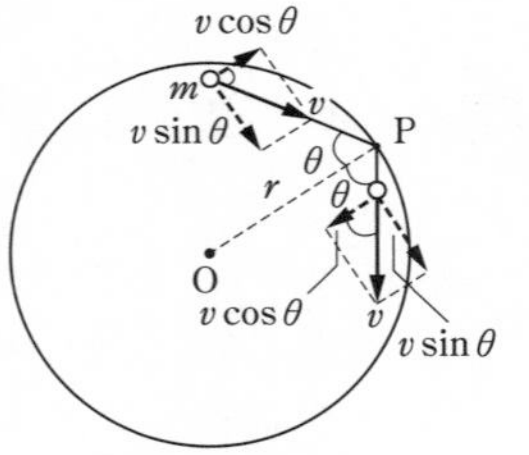


(b)　右下の図より，気体分子が衝突と衝突の間に進む距離は，$2r\cos\theta$〔m〕である。時間 $t$ に進む距離は $vt$〔m〕であるからこの間に壁に衝突する回数は　$n = \boldsymbol{\dfrac{vt}{2r\cos\theta}}$〔回〕 **答**

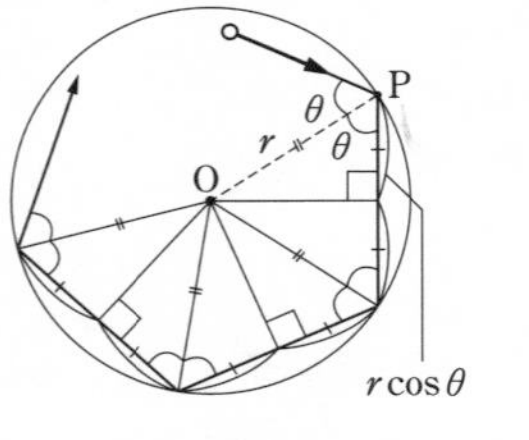


(c)　(1)(a)の結果と(b)の結果から

$$nI = \left(\frac{vt}{2r\cos\theta}\right) \times (2mv\cos\theta)$$

$$= \boldsymbol{\frac{mv^2}{r}t}$$ **答**

(2)　(c)の結果より，$N$ 個の気体分子が単位時間当たりに壁に与える力積の大きさ，すなわち力の大きさは $\dfrac{Nmv^2}{r}$〔N〕で表される。

よって

$$p = \frac{力}{表面積} = \frac{\dfrac{Nmv^2}{r}}{4\pi r^2} = \frac{Nmv^2}{4\pi r^3} = \frac{Nmv^2}{3\cdot\dfrac{4\pi r^3}{3}} = \boldsymbol{\frac{Nmv^2}{3V}}$$〔Pa〕 **答**

**3**　気体の状態変化に関する次の会話を読み，空欄に当てはまる適切な文章または語句を下の選択肢から選べ。ただし，同じものをくり返し選んでもよい。

**Aさん**　自転車の空気入れで，レバーを一気に押しこむと，空気入れの根元が少し温かくなりました。

**Bさん**　一気に押しこむので，押しこんでいる間には熱の出入りがなく，［ア］変化とみなせますね。このとき，気体(空気)の内部エネルギーは［イ］と考えられるので，気体の温度が上がったのではないでしょうか。ところで，レバーを十分にゆっくりと押しこむ場合はどうなるのでしょうか？

**Aさん**　内部の気体は十分にゆっくり変化しているので，温度は一定に保たれ，［ウ］変化とみなせます。このとき，気体の内部エネルギーは［エ］ので，気体がされた仕事はすべて熱として外部に放出されます。

〔選択肢〕
①定積　②定圧　③等温　④断熱　⑤増加する　⑥減少する　⑦変わらない

**考え方**　断熱変化における熱力学第一法則，等温変化における内部エネルギー変化を考える。

**解説&解答**　**(ア)**　熱の出入りがないので，気体は断熱変化していると考えられる。よって　④　**答**

**(イ)**　断熱圧縮のとき，熱力学第一法則「$\Delta U = Q + W$」において，$Q = 0$，$W > 0$ であるから，$\Delta U > 0$，つまり，内部エネルギーは増加する。よって　⑤　**答**

**(ウ)**　温度が一定に保たれるので，気体は等温変化していると考えられる。よって　③　**答**

**(エ)**　等温変化では内部エネルギーならびに温度は変化しない。よって　⑦　**答**

***4***　円筒容器にピストンで単原子分子理想気体を封じ，容器内外の圧力を $1.0 \times 10^5$ Pa，気体の温度を $3.0 \times 10^2$ K，体積を $2.0 \times 10^{-3}$ m³ とした。このときの気体の状態をAとして，次の手順で気体の状態を変化させた。

**過程Ⅰ**　ピストンを固定したまま気体に熱量を与えたところ，気体の圧力は $2.2 \times 10^5$ Pa になった(状態B)。

**過程Ⅱ**　次に，容器を断熱材で囲み，熱の出入りがないようにしてピストンをゆっくりと操作したところ，気体の圧力は $1.0 \times 10^5$ Pa にもどり，体積は $3.2 \times 10^{-3}$ m³ になった(状態C)。

**過程Ⅲ**　断熱材を外し，状態Cで気体を放置したところ，気体はゆっくりと収縮し，状態Aにもどった。

(1)　過程Ⅰ→Ⅱ→Ⅲの変化を，横軸に体積 $V$，縦軸に圧力 $p$ をとったグラフに示せ。なお，グラフには変化の向きを示す矢印を入れ，状態A～Cでの横軸と縦軸の値を明記せよ。
(2)　各過程での気体の内部エネルギーの変化 $\Delta U_{\mathrm{I}}$〔J〕，$\Delta U_{\mathrm{II}}$〔J〕，$\Delta U_{\mathrm{III}}$〔J〕を求めよ。
(3)　各過程で気体がされた仕事 $W_{\mathrm{I}}$〔J〕，$W_{\mathrm{II}}$〔J〕，$W_{\mathrm{III}}$〔J〕を求めよ。
(4)　各過程で気体が外部から吸収した熱量 $Q_{\mathrm{I}}$〔J〕，$Q_{\mathrm{II}}$〔J〕，$Q_{\mathrm{III}}$〔J〕を求めよ。
(5)　この1サイクルにおける熱効率を有効数字2桁で求めよ。

**考え方** 状態方程式によって式を書き換えて，与えられた圧力，体積の値を用いて計算する。

**解説&解答** (1) A→Bは定積変化，B→Cは断熱変化，C→Aは定圧変化であることから $p$-$V$ 図は右図のようになる。 **答**

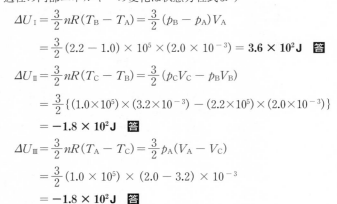

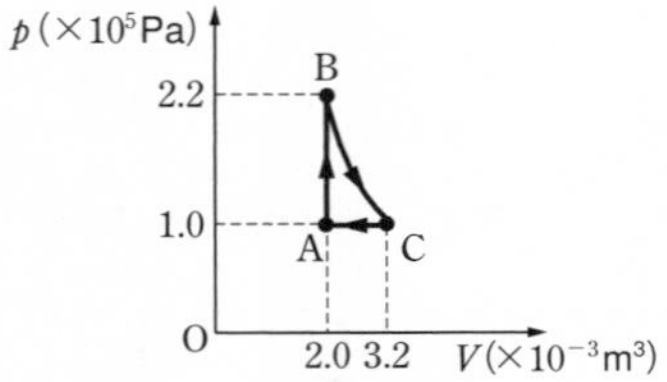


(2) 状態A，B，Cの圧力をそれぞれ $p_A$，$p_B$，$p_C$，体積をそれぞれ $V_A$，$V_B$，$V_C$，温度をそれぞれ $T_A$，$T_B$，$T_C$ とすると，各過程の内部エネルギーの変化は状態方程式より

$$\Delta U_{\mathrm{I}} = \frac{3}{2}nR(T_B - T_A) = \frac{3}{2}(p_B - p_A)V_A$$

$$= \frac{3}{2}(2.2 - 1.0) \times 10^5 \times (2.0 \times 10^{-3}) = \mathbf{3.6 \times 10^2\,J}$$ **答**

$$\Delta U_{\mathrm{II}} = \frac{3}{2}nR(T_C - T_B) = \frac{3}{2}(p_C V_C - p_B V_B)$$

$$= \frac{3}{2}\{(1.0\times10^5)\times(3.2\times10^{-3}) - (2.2\times10^5)\times(2.0\times10^{-3})\}$$

$$= \mathbf{-1.8 \times 10^2\,J}$$ **答**

$$\Delta U_{\mathrm{III}} = \frac{3}{2}nR(T_A - T_C) = \frac{3}{2}p_A(V_A - V_C)$$

$$= \frac{3}{2}(1.0 \times 10^5) \times (2.0 - 3.2) \times 10^{-3}$$

$$= \mathbf{-1.8 \times 10^2\,J}$$ **答**

(3) 定積変化であるから $W_{\mathrm{I}} = \mathbf{0\,J}$ **答**

断熱変化であるから $W_{\mathrm{II}} = \Delta U_{\mathrm{II}} = \mathbf{-1.8 \times 10^2\,J}$ **答**

定圧変化であるから

$$W_{\mathrm{III}} = -p_A(V_A - V_C) = -(1.0 \times 10^5) \times (2.0 - 3.2) \times 10^{-3}$$

$$= \mathbf{1.2 \times 10^2\,J}$$ **答**

(4) 熱力学第一法則より $Q_{\mathrm{I}} = \Delta U_{\mathrm{I}} - W_{\mathrm{I}} = \mathbf{3.6 \times 10^2\,J}$ **答**

断熱変化であるから $Q_{\mathrm{II}} = \mathbf{0\,J}$ **答**

熱力学第一法則より

$$Q_{\mathrm{III}} = \Delta U_{\mathrm{III}} - W_{\mathrm{III}} = (-1.8 - 1.2) \times 10^2 = \mathbf{-3.0 \times 10^2\,J}$$ **答**

(5) 1サイクルの間に高温の物体から吸収した $Q_{in}$〔J〕は

$$Q_{in} = Q_{\mathrm{I}} = 3.6 \times 10^2\,\mathrm{J}$$

1サイクルの間に気体が外部にした仕事 $W'$〔J〕は

$$W' = -(W_{\mathrm{I}} + W_{\mathrm{II}} + W_{\mathrm{III}}) = -\{0 + (-1.8) + 1.2\} \times 10^2 = 60\,\mathrm{J}$$

熱効率 $e$ は(52)式より

$$e = \frac{W'}{Q_{in}} = \frac{60}{3.6 \times 10^2} = \frac{1}{6} \fallingdotseq \mathbf{0.17}$$ **答**

## 考えてみよう！

**5** (1)　未開封のスナック菓子を平地から標高の高い所に持っていくと，袋がはちきれんばかりに膨らむ。Aさんはこの現象を不思議に感じ，物理で学んだ知識を用いて考察することにした。

(a)　少量の空気を入れて密閉した袋を，東京(とうきょう)(気温30℃，気圧1010 hPa)から富士山頂(気温8℃，気圧650 hPa)まで持っていくことを考える。袋がいくらでも膨張できると仮定すると，袋の体積は何倍に膨張するだろうか。ただし，袋の中の空気は理想気体と考えてよいものとする。

(b)　実際には袋の体積には上限があり，(a)の状況ほど膨らむことはできない。富士山頂で袋が上限まで膨らんでいるとき，内部の空気の圧力は周囲の気圧と比べてどのようになっているだろうか。

(2)　真夏の暑い日，部屋の窓や扉を閉め切って冷蔵庫の扉を開けたままにしておくと，室温を下げることができるだろうか。また，冷蔵庫とエアコンとの違いについて，それぞれの熱機関が熱を放出する場所に着目して説明してみよう。

**考え方**　(1)　ボイル・シャルルの法則を用いる。

(2)　熱の出入りに注目する。

**解説&解答**　(1)(a)　東京と富士山頂での袋の体積をそれぞれ $V_0$，$V_1$〔m³〕とすると，ボイル・シャルルの法則より　$\dfrac{1010 \times V_0}{273 + 30} = \dfrac{650 \times V_1}{273 + 8}$

よって　$\dfrac{V_1}{V_0} = \dfrac{281 \times 1010}{303 \times 650} = 1.441 \cdots \fallingdotseq$ **1.44倍**　答

(b)　(a)の状況では，内部の空気の圧力は周囲の気圧と等しい。しかし，袋の体積に上限がある場合，空気はそれ以上膨張できないため，(a)の場合と山頂での状態を比較してボイルの法則を考えると，**内部の空気の圧力は周囲の気圧より高くなる。**　答

(2)　**冷蔵庫は庫内から吸収した熱を室内に放出するので，冷蔵庫の扉を開けたままにしても室温を下げることはできない。一方，エアコンは室内から吸収した熱を室外に放出するので，冷蔵庫とは違い，室温を下げることができる。**　答

注）冷蔵庫の場合は，室外から供給される電力を消費するので，その分が熱として室内に放出され，むしろ室温が上がることになる。エアコンも電力を消費するが，それ以上に熱を室外に放出することができるので室温を下げることができる。

# 第1章 波の性質

教 p.8〜p.44

## 1 波と媒質の運動

### A 波動

ある点で生じた振動が次々と周囲に伝わる現象を**波**または**波動**といい，振動を伝える物質を**媒質**，振動が始まった点を**波源**という。



### B 波の発生

水平に張ったひもやばねの一端を上下に動かすとき，ごく短い間振動させると単独の波(パルス)が生じ，たえず振動させると連続的な波が生じる。

**❶波の発生** 教 p.9図3の波では，ひもの変形した部分は平行移動しているように見える。しかし，ひもの各点は上下に振動しているだけで，ひも自体は平行移動していない。このとき，ひもの各点の，もとの位置からのずれを**変位**という。

**❷正弦波の発生** ばねにおもりをつけ，つりあいの位置から少しずらして手をはなすときのおもりの往復運動を**単振動**という。また，一定の速さで円周上を運動する物体の動きを，1つの座標軸上に投影した運動も単振動である。物体が1回の振動に要する時間 $T$〔s〕を**周期**，1秒当たりに振動する回数 $f$〔1/s〕を**振動数**という。振動数の単位〔1/s〕にはヘルツ(記号Hz)を用いる。周期 $T$ と振動数 $f$ の間には次の関係がある。

$$f=\frac{1}{T} \qquad (1)$$

物体の変位の時間変化を示す教 p.10図4ⓔのような曲線を**正弦曲線**という。また，振動の中心から振動の端までの長さ $A$〔m〕を**振幅**という。

波源が単振動する場合，波源の単振動は周囲の媒質に伝わり，各点は波源よりも遅れて単振動をする(右図)。その振幅と周期は，波源の振幅と周期に等しい。

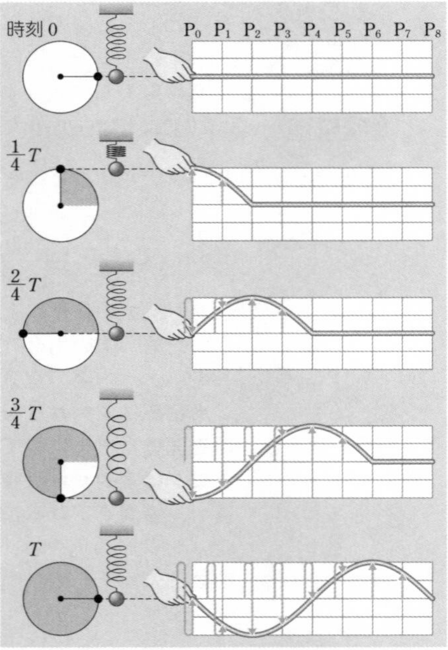


**正弦波の発生** 水平に張ったひもの端 $P_0$ を周期 $T$ の単振動と同様に振るときの波形を時刻0から4分の1周期ごとに表している。$P_8$ は1周期後に波の先端が到達する点である。

振動する媒質の各点を連ねた線を**波形**という。図の波形は正弦曲線で表される。波形が正弦曲線となる波を**正弦波**という。単振動をしている波源からは正弦波が生じる。

## C 波の表し方

**❶波の要素**　波形の最も高い所を**山**，最も低い所を**谷**，山の高さあるいは谷の深さは，単振動の**振幅**に一致する。また，隣りあう山と山の間隔など，波１つ分の長さを**波長**といい，山や谷が進む速さを**波の速さ**という(右図)。

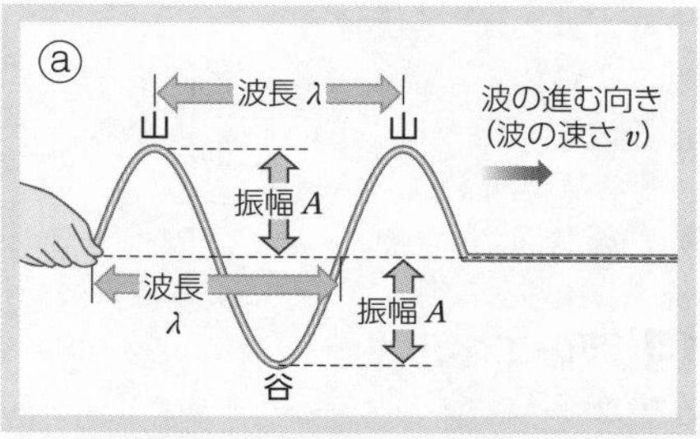


**波の要素**　波は波形を変えずに，速さ$v$で進む。

波の速さ$v$〔m/s〕は，周期$T$〔s〕，波長$\lambda$〔m〕，振動数$f$〔Hz〕を用いると，次のように表せる。

$$v=\frac{\lambda}{T} \quad (2) \qquad v=f\lambda \quad (3)$$

**❷波のグラフ**　波の位置($x$)と媒質の変位($y$)の関係を表すグラフを$y$-$x$図という(教 p.13図7ⓐ)。これは，ある時刻での波形を表す。一方，ある位置における，時間($t$)と媒質の変位($y$)の関係を表すグラフを$y$-$t$図という(教 p.13図7ⓑ)。正弦波の場合，いずれのグラフも正弦曲線で表される。

**❸波と媒質の運動**　教 p.14図8のように，波の進む向きに波形をわずかに進めると，媒質の各点の動きが分かる。正弦波では，媒質の変位方向の運動の速さは，山と谷の位置で0，変位が0の位置で最大となる。

**❹位相**　媒質がどのような振動状態にあるかを示す量を**位相**という。

右図ⓑの点B，Fのように，同じ振動状態にある点の振動は互いに**同位相**であるという。一方，同図ⓒの点B，Dのように，点Bと点Dは変位の大きさが等しく，符号が逆である２点の振動は**逆位相**であるという。

逆位相である２点の変位は，一方が最大のとき，他方は最小となっている。

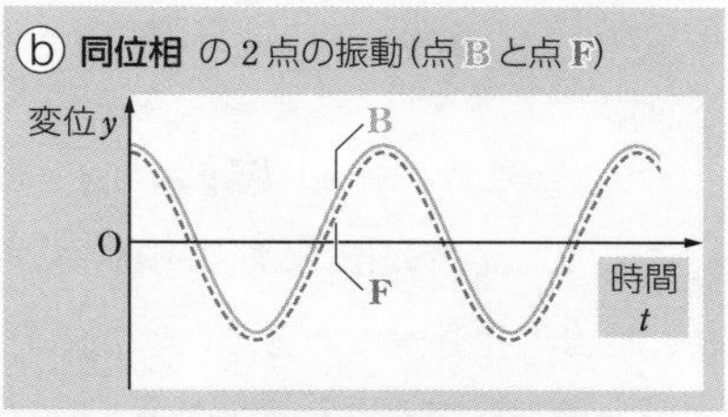


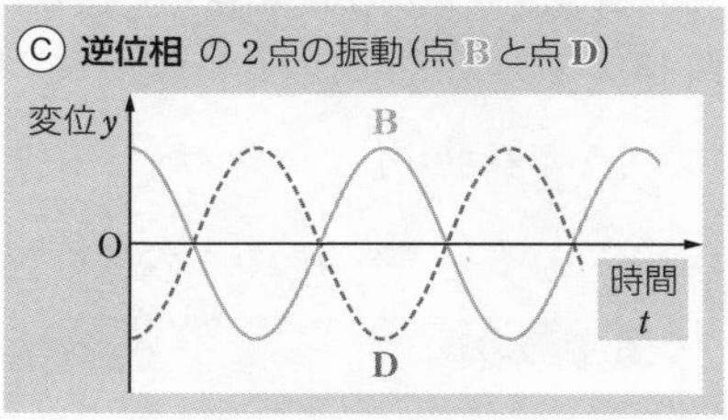


## D 横波と縦波

媒質の振動方向が波の進行方向に対して垂直になる波を**横波**という(教 p.20図10ⓐ)。

一方, 媒質の振動方向が波の進む向きに対して平行になる波を**縦波**という(同図ⓑ)。

縦波は，媒質が密集した部分(**密部**)とまばらな部分(**疎部**)のくり返しが伝わるので**疎密波**ともいわれる。音波は空気などの媒質の疎密が伝わる縦波である。

一般に，縦波は，固体中，液体中，気体中のいずれにおいても伝わるが，横波は固体中しか伝わらない。

縦波では，媒質の振動方向が波の進む向きと平行になるので，横波のような波形が見られず波の状態がわかりにくい。そのため右図のように，変位を90度回転させることによって縦波を横波のように表すことがある。

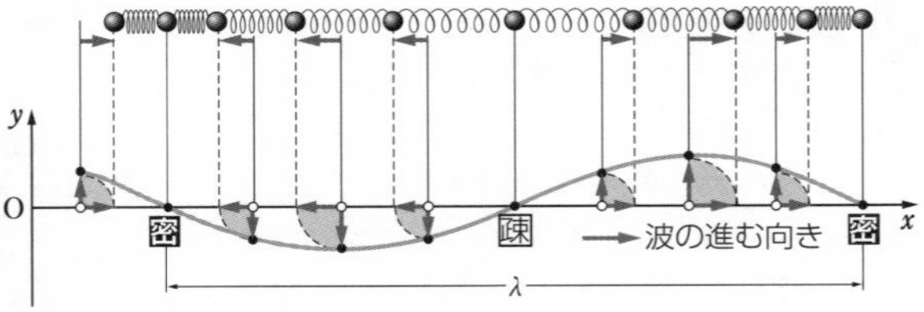


## E 波のエネルギー

波が進むとき，波はエネルギーを運ぶ。波の進む向きに垂直な単位面積を，単位時間に通過する波のエネルギーを**波の強さ**という。



# 2 正弦波の式

## A 正弦波の式

**❶正の向きに進む正弦波**　単振動をする波源から，$x$ 軸の正の向きに速さ $v$〔m/s〕で伝わる正弦波を考える。正弦波の振幅を $A$〔m〕，周期を $T$〔s〕，波長を $\lambda$〔m〕とし，原点 $(x=0)$ にある波源の時刻 $t$〔s〕での変位 $y$〔m〕は，次の単振動の式で表されるとする。

$$y = A\sin\frac{2\pi}{T}t \quad \text{（教 p.27 (F)，(G)式より）} \tag{4}$$

ここで，位置 $x$〔m〕にある媒質の点Pの時刻 $t$〔s〕における変位 $y$〔m〕を考える。点Pに原点の振動が伝わるのにかかる時間 $t_0$〔s〕は $t_0 = \dfrac{x}{v}$〔s〕である。したがって，時刻 $t$〔s〕での点Pの変位 $y$〔m〕は，時刻 $(t-t_0)$〔s〕での原点の変位と同じである（教 p.23 図13）。よって，(4)式の $t$ を，$t-t_0$ で置きかえて

$$y = A\sin\frac{2\pi}{T}(t-t_0) = A\sin\frac{2\pi}{T}\left(t-\frac{x}{v}\right) \tag{5}$$

ここで，$v=\dfrac{\lambda}{T}$ であるから，次のような**正弦波の式**が得られる。

**正弦波の式**

$$\boldsymbol{y = A\sin 2\pi\left(\frac{t}{T}-\frac{x}{\lambda}\right)} \tag{6}$$

| | | | |
|---|---|---|---|
| $y$〔m〕 | 媒質の変位 | $T$〔s〕 | 周期 |
| $A$〔m〕 | 振幅 | $x$〔m〕 | 媒質の位置 |
| $t$〔s〕 | 時間 | $\lambda$〔m〕 | 波長 |

条件 ①　波が $x$ 軸の正の向きに進むとき
②　原点 $(x=0)$ での媒質が，時刻0に $y=0$ の位置を $y$ 軸の正の向きに通過するとき

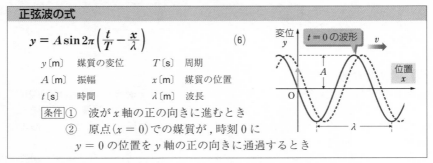

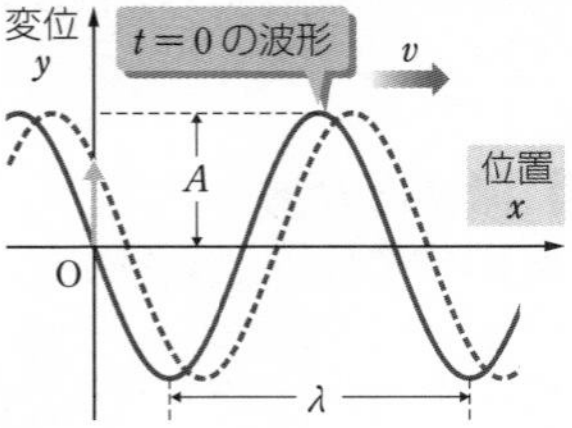


**❷負の向きに進む正弦波**　正弦波の速さを $v$〔m/s〕，波長を $\lambda$〔m〕とし，原点の単振動は(4)式で表されるとする。(4)式の $t$ を，$t+t_0$ で置きかえて

$$y = A\sin\frac{2\pi}{T}(t+t_0) \tag{7}$$

$t_0 = \frac{x}{v}$，$v = \frac{\lambda}{T}$であるから　$\boldsymbol{y = A\sin\frac{2\pi}{T}\left(t+\frac{x}{v}\right) = A\sin 2\pi\left(\frac{t}{T}+\frac{x}{\lambda}\right)}$　(8)

これは，(6)式の－(マイナス)を＋(プラス)で置きかえた式である。

**❸正弦波が伝わるようす**　(6)式で表される$x$軸の正の向きに進む正弦波は，教 p.25 図15のように周囲に伝わっていく。同図ⓐのように，$t$，$x$がともに決まれば，変位$y$は一つに定まる。

**❹正弦波の位相**　媒質がどのような振動状態にあるかを表す量を**位相**という。

正弦波の場合，媒質の各点は単振動をするので，単振動と同様に位相を角で表す。

教 p.28 図16ⓐのような正弦波において，点$P_0$からの距離が$|m\lambda|$($m$は整数)である点$P_m$は点$P_0$と同じ振動を行う。このとき，$P_0$と$P_m$は**同位相**であるといい，位相の差は$\pi$の偶数倍となる。

一方，点$P_0$からの距離が$\left|\left(m+\frac{1}{2}\right)\lambda\right|$である点$Q_m$は，常に点$P_0$と変位が逆になっている(同図ⓑ)。このとき，$P_0$と$Q_m$は**逆位相**であるといい，位相の差は$\pi$の奇数倍となる。

**❺正弦波の一般式**　一般の正弦波では，原点の振動が(2)式のように変位0から正の向きに増加し始めるとは限らない。そこで，原点($x=0$)の，時刻$t=0$での位相(**初期位相**)を$\phi$(ファイ)で表す。これを用いると，正弦波の一般式は次のようになる。

$x$軸の正の向きに進む正弦波：$y = A\sin\left\{2\pi\left(\frac{t}{T}-\frac{x}{\lambda}\right)+\phi\right\}$　(9)

$x$軸の負の向きに進む正弦波：$y = A\sin\left\{2\pi\left(\frac{t}{T}+\frac{x}{\lambda}\right)+\phi\right\}$　(10)

# 3　波の伝わり方

## A　重ねあわせの原理

2つの波が出あうと重なりあって波の形が変わるが，その後は波はもとの形を崩さず，何ごともなかったかのように進む。このとき，2つの波が出あった場所における変位$y$は，それぞれの波が単独で伝わるときの変位$y_1$，$y_2$の和になっており

$$\boldsymbol{y = y_1 + y_2} \tag{11}$$

が成りたつことがわかる。これを波の**重ねあわせの原理**という。重ねあわせによってできた波を**合成波**という。波が重なりあう現象は，媒質の各点に複数の波の変位が同時に伝わるだけであって，互いに他の波の進行を妨げたり，他の波に影響を与えたりすることはない。これを**波の独立性**という。

## B　定在波

反対の向きに同じ速さで進む，波長・振幅の等しい正弦波が重なると，まったく振動しない所(**節**)と大きく振動する所(**腹**)が交互に並び，合成波はどちらにも進んでいないように見える(教 p.32 図20)。このような波を**定在波**(**定常波**)という。一方，波形が進む波を**進行波**という。

## C 自由端による反射・固定端による反射

ウェーブマシンの一端から発生させた波は，反対側の端の点まで達したのち，その点で折り返してもどってくる。このような現象を**反射**という。反射する前の波を**入射波**といい，反射した後の波を**反射波**という。

**❶自由端と固定端** ウェーブマシンによる波の反射のしかたは，反射が起こる端の媒質の性質によって異なる。

教 p.33 図21ⓐの右端は媒質が自由に振動できる端で，**自由端**という。自由端では波の山がそのまま山として反射される。同図ⓑの右端は媒質が振動できない端で，**固定端**という。固定端では波の山が反転して谷となって反射される。上向きの波が固定端に到達すると，固定端に上向きの力が加わる。このとき，作用反作用の法則によって，固定端から媒質に下向きの力が加わる。この力によって，媒質に下向きの波が生じ，媒質を伝わる。そのため，反射波は入射波と変位の向きが反転した波形となる。

**❷波の反射** 反射波の波形と進行は次の図のようにして作図できる。自由端の場合には，入射波を延長し，自由端を軸にして折り返す。固定端の場合には，入射波を延長し，上下を反転させたのち，固定端を軸にして折り返す。



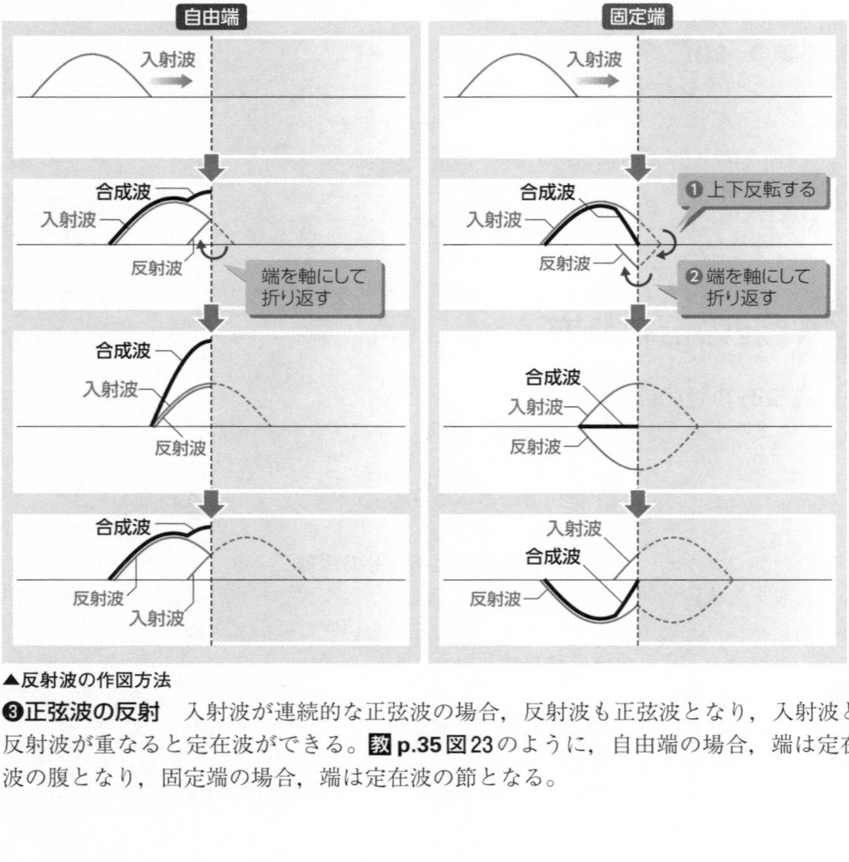


▲反射波の作図方法

**❸正弦波の反射** 入射波が連続的な正弦波の場合，反射波も正弦波となり，入射波と反射波が重なると定在波ができる。教 p.35 図23のように，自由端の場合，端は定在波の腹となり，固定端の場合，端は定在波の節となる。

## D 波の波面

水面上の1点を振動させると，波源を中心に円形の波紋が広がる。このとき，同じ円周上の各点では位相が等しい。これらの位相が等しい点を連ねた面を**波面**といい，波面が平面になる波を**平面波**，波面が球面になる波を**球面波**という。波面は波の進む向きと常に垂直である。

## E 波の干渉

**教 p.36 図 25**のように，波が重なって振動を強めあったり弱めあったりする現象を**波の干渉**という。振幅$A$で同位相で振動する2つの波源$S_1$，$S_2$から出る波の波長を$\lambda$とする。波源$S_1$，$S_2$からの距離がそれぞれ$l_1$，$l_2$である点を考える(**教 p.37 図 26**)。このとき，強めあう場所と弱めあう場所の条件を式で表すと，次のようになる(波源が逆位相で振動する場合，条件式が入れかわる)。

**強めあう点：** $$|l_1 - l_2| = m\lambda = 2m \times \frac{\lambda}{2} \tag{12}$$

**弱めあう点：** $$|l_1 - l_2| = \left(m + \frac{1}{2}\right)\lambda = (2m+1) \times \frac{\lambda}{2} \tag{13}$$

$(m = 0,\ 1,\ 2,\ \cdots)$

第③編　波

## F 波の反射と屈折

**❶波の反射**　波が壁で反射して進むとき，壁(境界面)に垂直な直線(境界面の法線)と入射波の進行方向のなす角$i$を**入射角**という。また，境界面の法線と反射波の進行方向のなす角$j$を**反射角**という。波の反射では，入射角$i$と反射角$j$の間に，次の**反射の法則**が成りたつ。

**反射の法則**

$$i = j \tag{14}$$

$i$　入射角
$j$　反射角

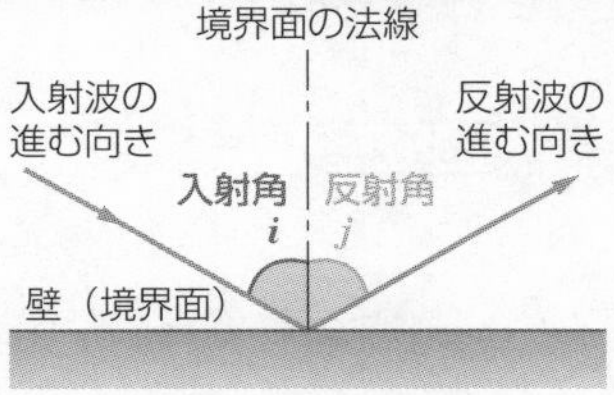


**❷波の屈折**　波の速さが異なる2つの媒質の境界面に波が斜めに入射すると，波の進む向きが変わる。この現象を**屈折**という。このとき反射波も同時に生じている。

屈折波の進行方向と境界面の法線のなす角$r$を**屈折角**という。波が媒質1から媒質2へ進むとき，次の**屈折の法則**が成りたつ。

**屈折の法則**

$$\frac{\sin i}{\sin r} = \frac{v_1}{v_2} = \frac{\lambda_1}{\lambda_2} = n_{12} \tag{15}$$

$i$　入射角　　$r$　屈折角
$v_1$，$v_2$〔m/s〕　媒質1，媒質2での波の速さ
$\lambda_1$，$\lambda_2$〔m〕　媒質1，媒質2での波の波長
$n_{12}$　媒質1に対する媒質2の屈折率

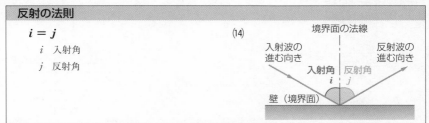

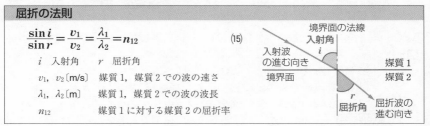

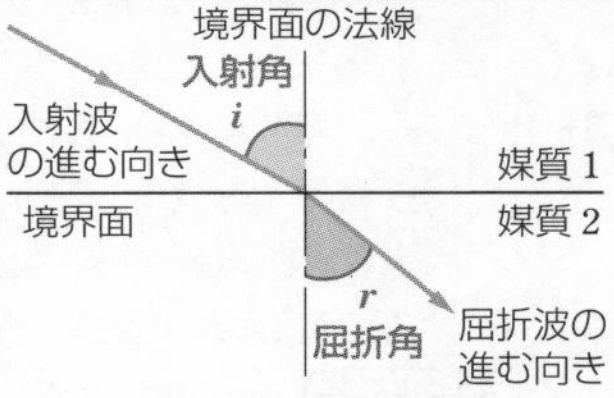

波の振動数$f$は屈折しても変化しないが，波の速さ$v$と波長$\lambda$は媒質が異なると変化する。$n_{12}$は2つの媒質によって決まる一定値で，媒質1に対する媒質2の**屈折率**(**相対屈折率**)という。

**❸ホイヘンスの原理**　波の波面を無数の波源の集まりであるとみなし，そこから送り出される球面波(これを特に**素元波**という)をもとにすると，波面の進み方について

**波面の各点からは，波の進む前方に素元波が出る。これらの素元波に共通に接する面が，次の瞬間の波面になる。**

と説明できる。これを**ホイヘンスの原理**という(**教 p.41 図 29**)。

## G 波の回折

波が障害物の背後にまわりこむ現象を**波の回折**という。回折は，すき間や障害物の幅に対して波長が同程度以上になると目立つようになる(**教 p.42 図 30**)。



## 問　題

**問1** (**教 p.10**)　単振動の周期が0.10秒のとき，振動数は何Hzか。

**解説&解答**　「$f=\dfrac{1}{T}$」より　$f=\dfrac{1}{0.10}=$ **10 Hz**　**答**

**問2** (**教 p.11**)　**教 p.11 図5**をもとにして，時刻$\dfrac{12}{8}T$における波形のグラフをかけ。

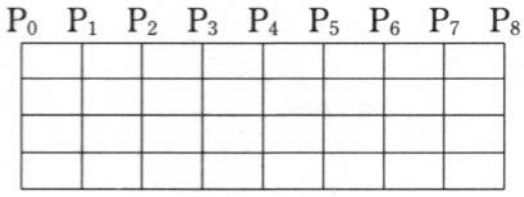


**解説&解答**　$\dfrac{12}{8}T=T+\dfrac{4}{8}T$であるから，波は時刻$T$の状態からさらに$P_0P_4$の長さ分だけ進む。

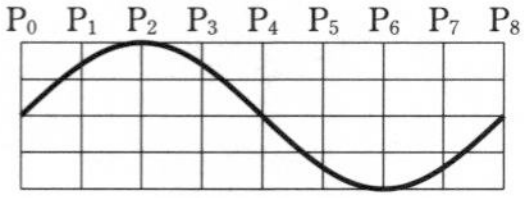


時刻$\dfrac{12}{8}T$での波形は図のようになる。　**答**

**問3** (**教 p.12**)　正弦波の波長が1.5m，振動数が3.0Hzのとき，波の速さは何m/sか。

**解説&解答**　「$v=f\lambda$」より　$v=3.0\times1.5=$ **4.5 m/s**　**答**

**問4** (**教 p.13**)　水平に張ったひもの一端を上下に一回動かした後に写真を撮影したところ，図のようになった。この写真におけるひもの形は，$y$-$x$図(位置$x$と媒質の変位$y$の関係を表す)，$y$-$t$図(時間$t$と媒質の変位$y$の関係を表す)のどちらといえるだろうか。

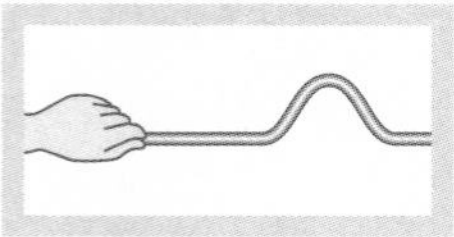

**解説&解答**　写真は動いているひものある時刻での形をとらえたものであるため，**$y$-$x$図**であるといえる。　**答**

**問5**
（教p.13）

$x$軸上を正の向きに進む正弦波がある。

(1)　図aは時刻$t=0$sでの波形を表している。この波の振幅$A$〔m〕，波長$\lambda$〔m〕を求めよ。

(2)　図bは位置$x=1.5$mの媒質の振動のようすを表している。この波の振動の周期$T$〔s〕を求めよ。

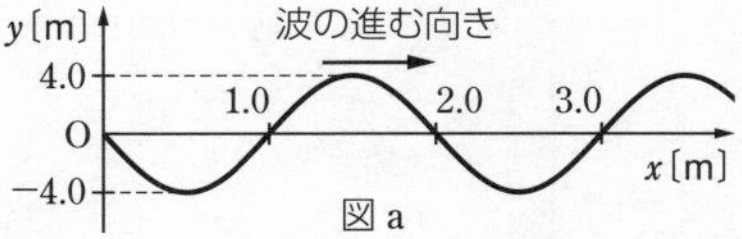

図a

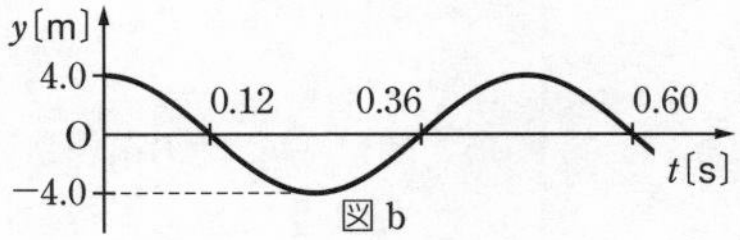

図b

**解説&解答**　(1)　振幅$A=$ **4.0m** 答　　波長$\lambda=$ **2.0m** 答

(2)　周期$T=0.60-0.12=$ **0.48s** 答

**問6**
（教p.14）

正弦波の波形が図のように表される瞬間について，次の問いに答えよ。

(1)　媒質の速さが最大の点を，A～Eからすべて選べ。

(2)　媒質の速度が$y$軸の正の向きである点を，A～Eからすべて選べ。

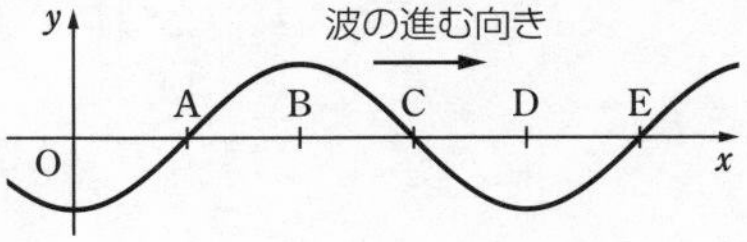


**解説&解答**　(1)　媒質の速さが最大となるのは，変位が0の位置である。したがって，点**A，C，E**となる。答

(2)　波形をわずかに進めたときの媒質の動きを調べる。山と谷の位置では媒質の速度が0であることに注意して，速度が正の向きであるのは点**C**である。答

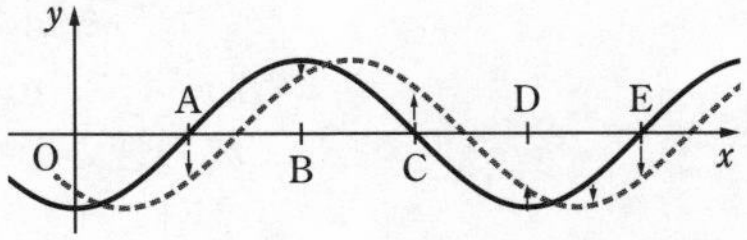


**問7**
（教p.15）

教p.14図9ⓐについて，次の点をA～Jからすべて選べ。

(1)　点Cと同位相の点　　(2)　点Cと逆位相の点

**解説&解答**　(1)　同位相の点：**G** 答　　(2)　逆位相の点：**A，E，I** 答

**ドリル**

**問a**
（教p.16）

次の正弦波の波形をグラフに作図せよ。ただし，波は$x$軸上を正の向きに進んでいるものとする。

(1)　図は，速さ1.0m/sで進む正弦波の，時刻$t=0$sでの波形である。

時刻$t=2.0$sでの波形を図にかきこめ。

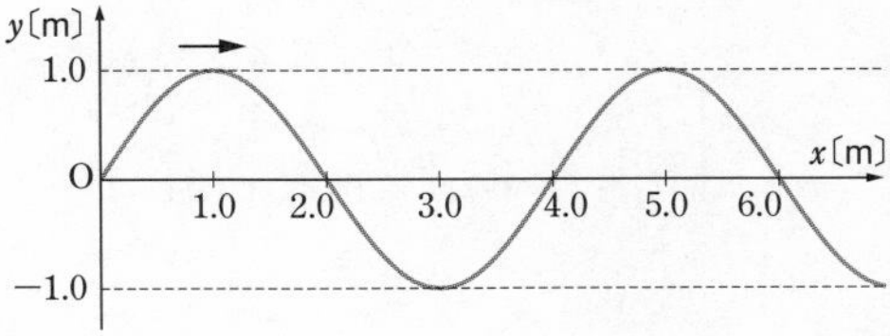

(2)　図は，速さ0.40 m/s で進む正弦波の，時刻 $t=0$ s での波形である。
　時刻 $t=5.0$ s での波形を図にかきこめ。

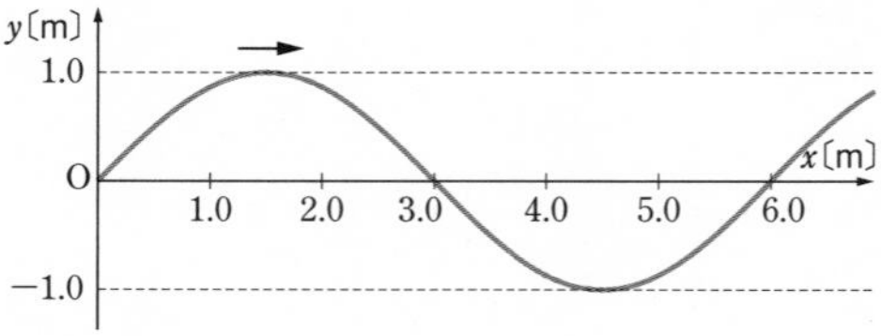


(3)　図は，速さ2.0 m/s で進む正弦波の，時刻 $t=0$ s での波形である。
　時刻 $t=6.0$ s での波形を図にかきこめ。

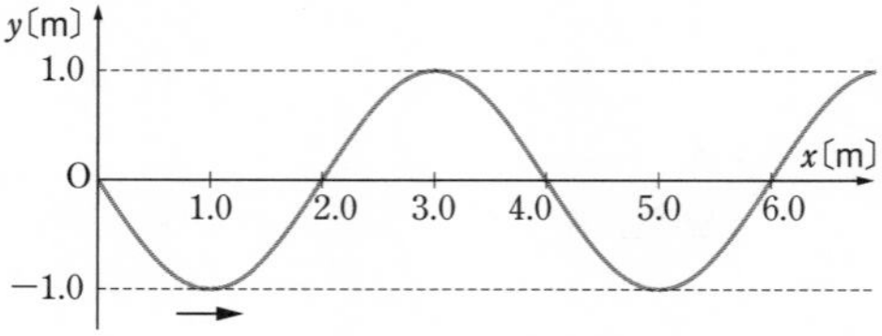




**解説&解答**　(1)　波の速さは1.0 m/s なので，2.0秒間に波形の進む距離は

$1.0 \times 2.0 = 2.0$ m

　よって，**右図**のように波の進む正の向きに2.0 m平行移動すればよい。 **答**

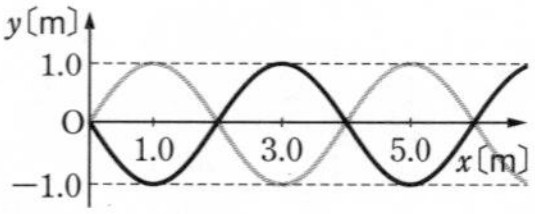


(2)　波の速さは0.40 m/s なので，5.0秒間に波形の進む距離は

$0.40 \times 5.0 = 2.0$ m

よって，**右図**のように波の進む正の向きに2.0 m平行移動すればよい。 **答**

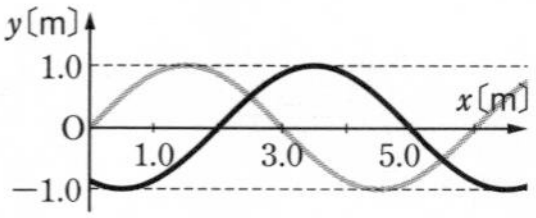


(3)　波の速さは2.0 m/s であり，波長は図より4.0 m である。
また，(2)式より波の周期 $T$〔s〕は

$$T = \frac{\lambda}{v} = \frac{4.0}{2.0} = 2.0 \text{ s}$$

よって，6.0秒間はちょうど波の周期3つ分であり，このときの波形は $t=0$ s での波形と等しくなる(**右上図**)。 **答**

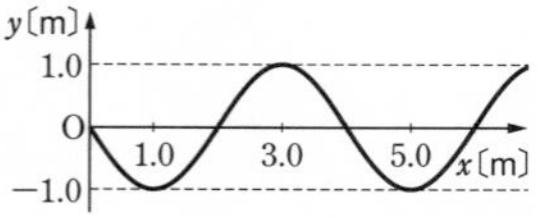


**問b**
(**教** p.17)

右の $y$-$x$ 図は，$x$ 軸上を正の向きに速さ2.0 m/s で進む正弦波の $t=0$ s での波形である。次の(1)〜(4)で示された位置における媒質の変位の時間変化を $y$-$t$ 図に示せ。

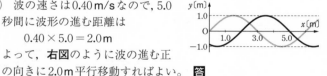

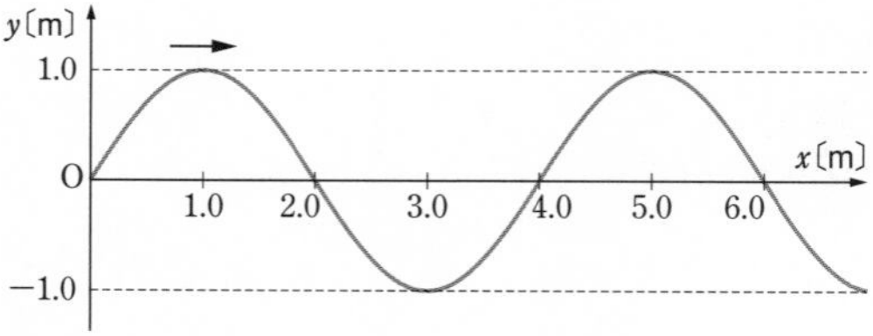

(1)　$x=2.0\,\mathrm{m}$

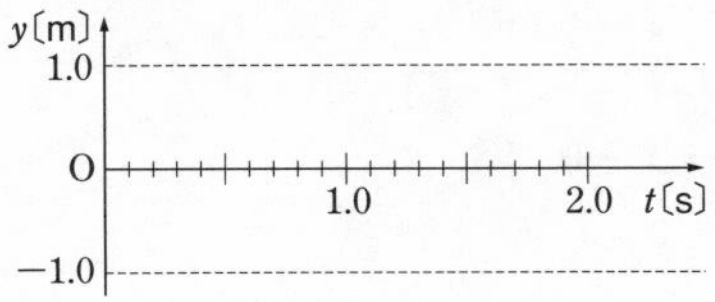


(2)　$x=3.0\,\mathrm{m}$

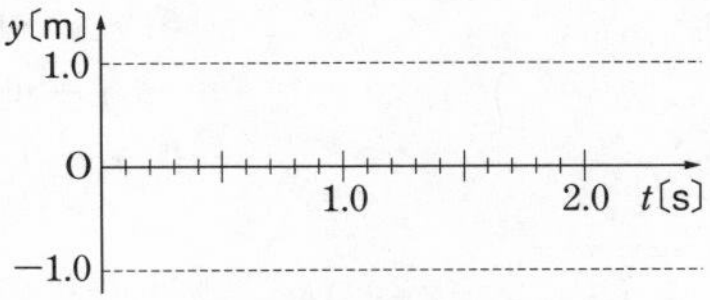


(3)　$x=4.0\,\mathrm{m}$

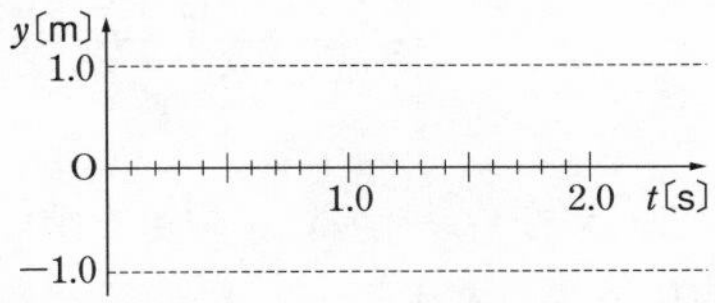


(4)　$x=5.0\,\mathrm{m}$

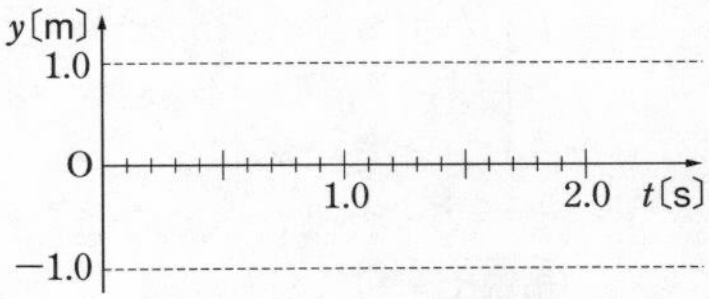




**解説&解答**　$y$-$x$図より，波長は$\lambda=4.0\,\mathrm{m}$，波の速さは$2.0\,\mathrm{m/s}$である。

(2)式より　$T=\dfrac{\lambda}{v}=\dfrac{4.0}{2.0}=2.0\,\mathrm{s}$

(1)　位置$x=2.0\,\mathrm{m}$の媒質は，$t=0\,\mathrm{s}$での変位が$y$-$x$図より$y=0\,\mathrm{m}$であり，次の瞬間には上向きに動く。以上より，$y$-$t$図をかく。**答**

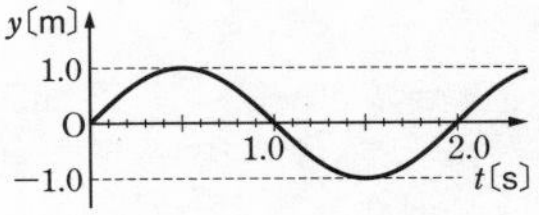


(2)　位置$x=3.0\,\mathrm{m}$の媒質は，$t=0\,\mathrm{s}$での変位が$y$-$x$図より$y=-1.0\,\mathrm{m}$であり，次の瞬間には上向きに動く。以上より，$y$-$t$図をかく。**答**

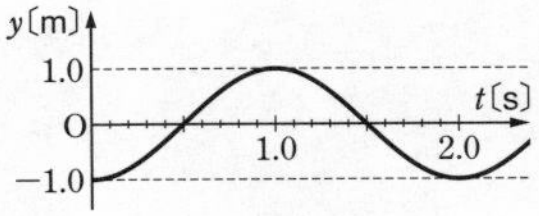


(3)　位置$x=4.0\,\mathrm{m}$の媒質は，$t=0\,\mathrm{s}$での変位が$y$-$x$図より$y=0\,\mathrm{m}$であり，次の瞬間には下向きに動く。以上より，$y$-$t$図をかく。**答**

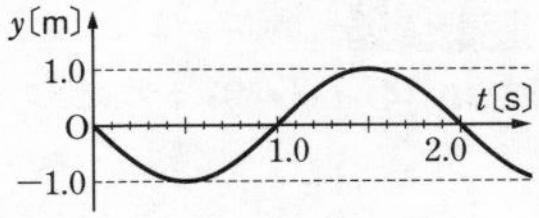


(4)　位置$x=5.0\,\mathrm{m}$の媒質は，$t=0\,\mathrm{s}$での変位が$y$-$x$図より$y=1.0\,\mathrm{m}$であり，次の瞬間には下向きに動く。以上より，$y$-$t$図をかく。**答**

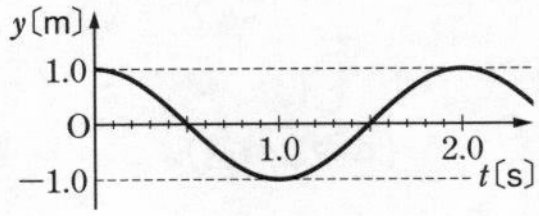


**問8**
(教p.18)

$x$軸上を正の向きに正弦波が進んでいる。②〜④の位置での媒質の変位は，図のような波形となる時刻から4分の1周期ごとに，どのように変化するか。例にしたがい，変位の時間変化をそれぞれ1周期分示せ。例：①…$A\to0\to-A\to0\to A$

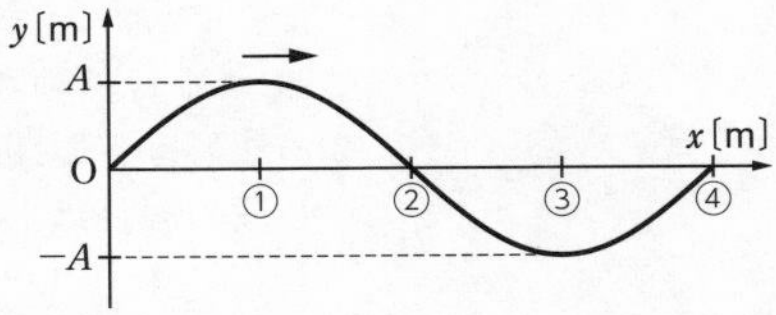


**解説&解答**　正弦波では，各媒質の変位は4分の1周期ごとに原点→山→原点→谷→…という変化をくり返す。

したがって，②～④の位置での媒質の変位は次のようになる。

② … $\boldsymbol{0 \to A \to 0 \to -A \to 0}$ **答**

③ … $\boldsymbol{-A \to 0 \to A \to 0 \to -A}$ **答**

④ … $\boldsymbol{0 \to -A \to 0 \to A \to 0}$ **答**

**例題 1**
（**教** p.18）

図は，$x$軸上を正の向きに速さ0.10m/sで進む正弦波の時刻$t=0$sでの波形を表す。

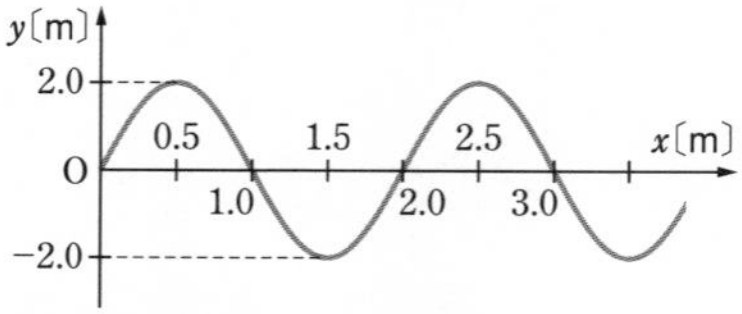


(1)　時刻$t=5.0$sでの波形を図にかきこめ。

(2)　時刻$t=0$sのときと同じ波形になる最初の時刻$t_0$〔s〕を求めよ。

**解説&解答**　(1)　波の速さは0.10m/sなので，5.0秒間の波の移動距離は

$0.10 \times 5.0 = 0.50$m

よって，波の進む正の向きに0.50m平行移動させればよい。 **答**

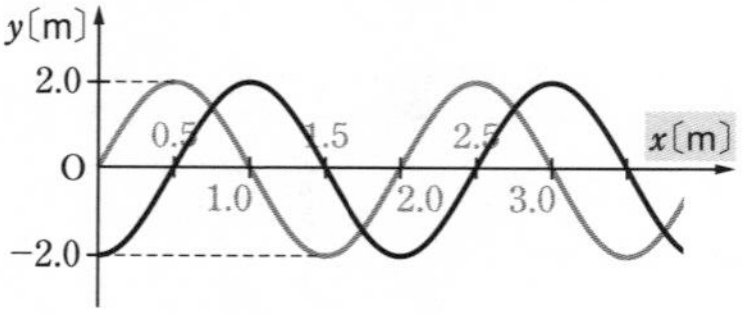


(2)　波形は1周期経過するごとに，同じ形状となる。

問題の図より，波長は$\lambda=2.0$mと読み取ることができる。波の速さは$v=0.10$m/sであるから，周期$T$〔s〕は

「$v=\dfrac{\lambda}{T}$」より　$t_0 = T = \dfrac{\lambda}{v} = \dfrac{2.0}{0.10} = \mathbf{20\,s}$ **答**

**類題 1**
（**教** p.18）

図は，$x$軸上を負の向きに速さ1.0m/sで進む正弦波の時刻$t=0$sでの波形を表す。

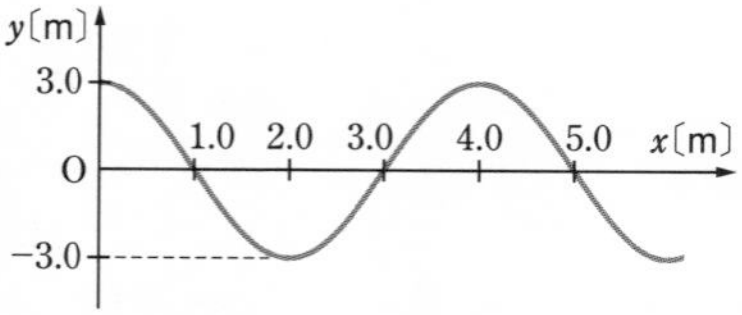


(1)　時刻$t=3.0$sでの波形を図にかきこめ。

(2)　時刻$t=0$sのときと同じ波形になる最初の時刻$t_0$〔s〕を求めよ。

**解説&解答**　(1)　波の速さは1.0m/sなので，3.0秒間の波の移動距離は

$1.0 \times 3.0 = 3.0$m

よって，波の進む負の向きに3.0m平行移動させればよい。 **答**

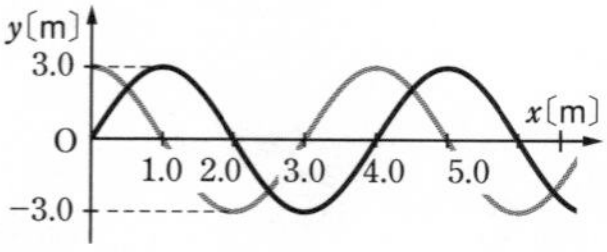


(2)　波形は1周期経過するごとに，同じ形状になる。図より，正弦波の波長は$\lambda=4.0$m，波の速さは$v=1.0$m/sなので

$T = \dfrac{\lambda}{v} = \dfrac{4.0}{1.0} = 4.0$s　　よって　$t_0 = T = \mathbf{4.0\,s}$ **答**

**例題 2**
(教p.19)

図は，$x$軸上を正の向きに速さ1.5 m/sで進む正弦波の時刻$t=0$ sでの波形を表す。位置$x=3.0$ mでの媒質の振動のようすを$y$-$t$図に表せ。

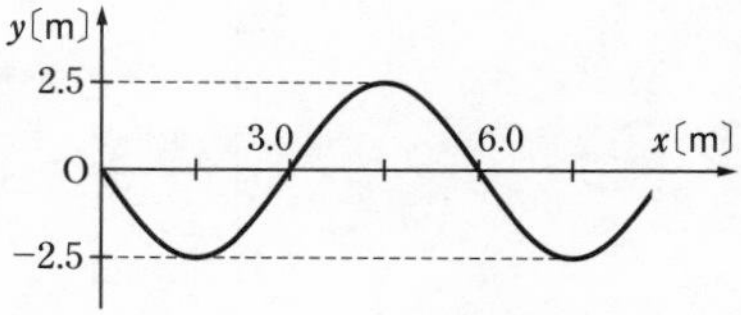


**解説&解答**　$y$-$x$図より波長は$\lambda=6.0$ m，波の速さは$v=1.5$ m/sであるから，(2)式より，周期$T$は

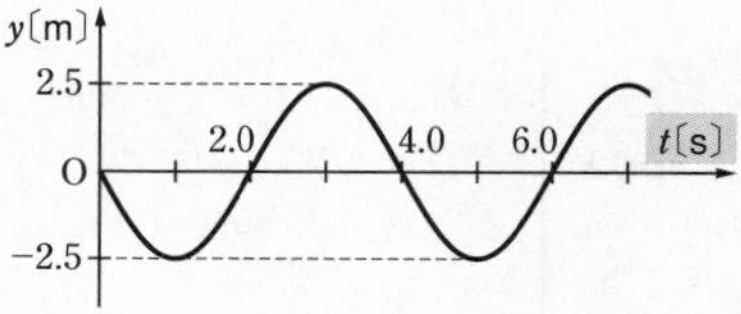


$$T=\frac{\lambda}{v}=\frac{6.0}{1.5}=4.0\,\text{s}$$

次に，位置$x=3.0$ mの媒質がどのように時間変化するかを調べる。$t=0$ sでの変位は$y$-$x$図より$y=0$ mである。そしてその次の瞬間には下向きに動く。以上より，$y$-$t$図をかく。**答**

**類題 2**
(教p.19)

図は，$x$軸上を正の向きに速さ8.0 m/sで進む正弦波の時刻$t=0$ sでの波形を表す。位置$x=2.0$ mでの媒質の振動のようすを$y$-$t$図に表せ。

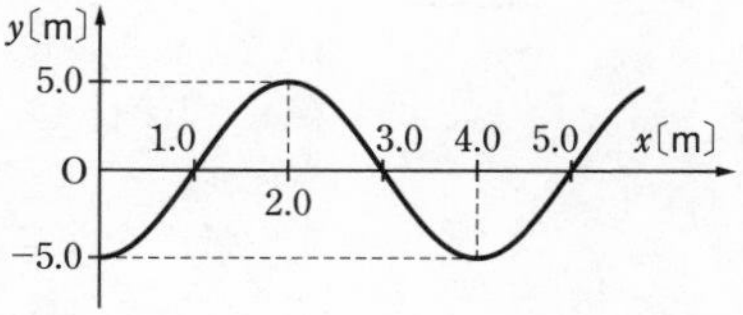


**解説&解答**　$y$-$x$図より，波長$\lambda=4.0$ m，波の速さは$v=8.0$ m/sである。
(2)式より，周期$T$は

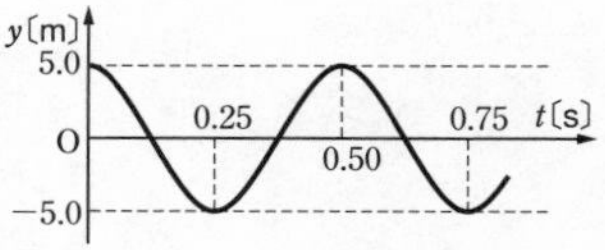


$$T=\frac{\lambda}{v}=\frac{4.0}{8.0}=0.50\,\text{s}$$

次に，位置$x=2.0$ mでの媒質がどのように時間変化するかを調べる。$t=0$ sでの変位は$y$-$x$図より，$y=5.0$ mである。そして，その次の瞬間には下向きに動く。以上より，$y$-$t$図をかく。**答**

**問 9**
(教p.20)

図は$x$軸上を正の向きに伝わる縦波の，ある時刻における疎密の状態を示したものである。この縦波を横波のように表せ。図中の破線------は，媒質の各点のつりあいの位置を表している。

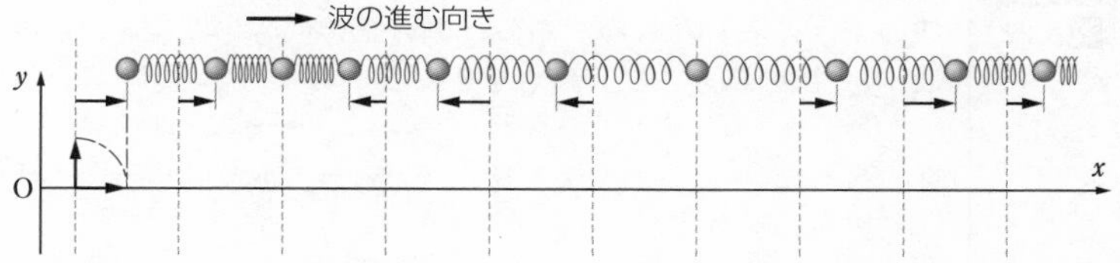


**解説&解答**　$+x$方向の変位は$+y$方向，$-x$方向の変位は$-y$方向へそれぞれ90°回転させる。**答**

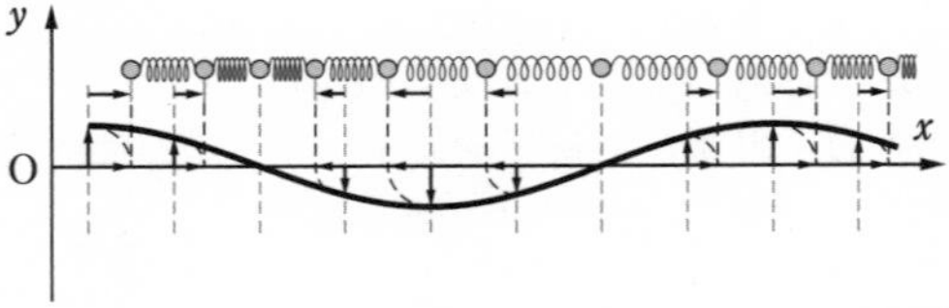


**例題 3**
(教 p.22)

図は，$x$軸上を正の向きに進む縦波の，ある時刻における変位を横波のように表したものである（$x$軸の正の向きの変位を，$y$軸の正の向きに表す）。次の状態の媒質の点をA～Eからすべて選べ。

(1) 最も密
(2) 最も疎
(3) 媒質の速さが0
(4) 媒質の速さが最大
(5) 媒質の速度が右向きに最大

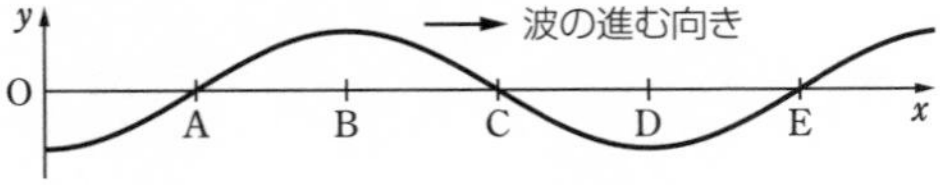




**解説&解答** まず，$y$軸方向に表された変位を$x$軸方向にかき直す。

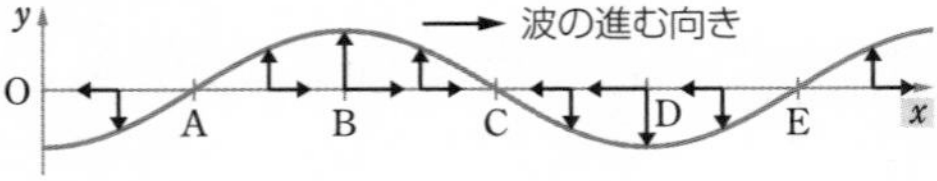


(1) 最も密な点は媒質が周囲から集まる点である。よって**C** 答
(2) 最も疎な点は媒質が周囲へ遠ざかる点である。よって**A, E** 答
(3) 媒質の速さが0の点は媒質の変位の大きさが最大の点である。よって**B, D** 答
(4) 媒質の速さが最大となるのは，媒質が振動の中心を通過するときであるから，**A, C, E** 答
(5) 媒質の速度が右向きのとき，これを横波表示にすると$y$軸の正の向きとなる。(4)で求めたA，C，Eのうち，波形を少し進めたとき，媒質が$y$軸の正の向きに動いているのは**C** 答

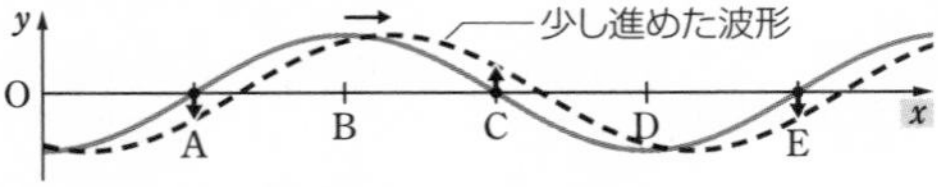


**類題 3**
(教 p.22)

図は，$x$軸上を負の向きに進む縦波の，ある時刻における媒質の変位を横波のように表したものである（$x$軸の正の向きの変位を，$y$軸の正の向きに表す）。次の状態の媒質の点をA～Eからすべて選べ。

(1) 最も密
(2) 最も疎
(3) 媒質の速さが0
(4) 媒質の速さが最大
(5) 媒質の速度が右向きに最大

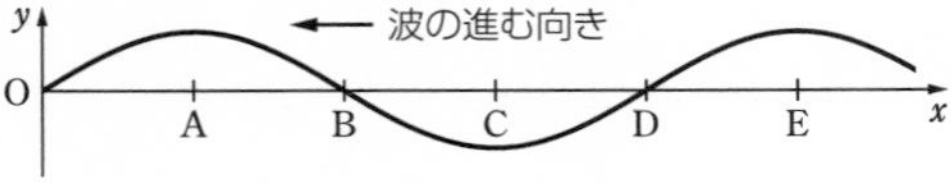


**解説&解答** まず，$y$軸方向に表された変位を$x$軸方向にかき直す。

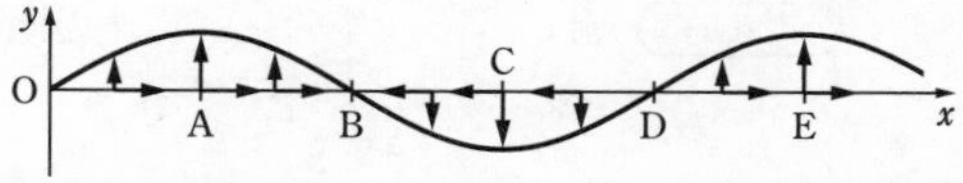


(1)　最も密な点は媒質が周囲から集まる点である。よって**B**　答

(2)　最も疎な点は媒質が周囲へ遠ざかる点である。よって**D**　答

(3)　媒質の速さが0の点は，媒質の変位の大きさが最大の点である。よって**A，C，E**　答

(4)　媒質の速さが最大となるのは，媒質が振動の中心を通過するときであるから，**B，D**　答

(5)　媒質の速度が右向きのとき，これを横波表示にすると，$y$軸の正の向きとなる。(4)で求めたB，Dのうち，波形を少し進めたときに媒質が$y$軸の正の向きに動いているのは**D**　答

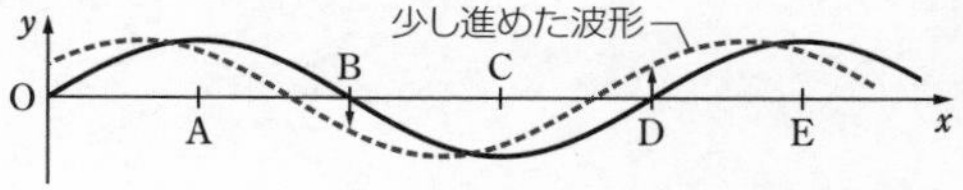




**問10**
(教p.29)
$x$軸上を正の向きに進む正弦波について，位置$x$の媒質の変位$y$が，時刻$t$において　$y = 1.5\ \sin\pi(0.80t - 0.40x)$　と表されるとき，正弦波の振幅，周期，波長を求めよ。ここでは，$x$，$y$，$t$は，長さの単位をm，時間の単位をsとしたときの数値を表すものとする。

**考え方**　正弦波の式((6)式)を用いる。

**解説&解答**

$y = 1.5\ \sin\pi(0.80t - 0.40x)$　……①

①式を，正弦波の式　$y = A\sin 2\pi\left(\dfrac{t}{T} - \dfrac{x}{\lambda}\right)$　……②

と比較する。①式を変形して　$y = 1.5\sin 2\pi(0.40t - 0.20x)$

これを②式と比較すると，振幅は　$A =$ **1.5m**　答

また，$t$と$x$の係数を②式と比較して

$\dfrac{1}{T} = 0.40$ より，周期は　$T =$ **2.5s**　答

$\dfrac{1}{\lambda} = 0.20$ より，波長は　$\lambda =$ **5.0m**　答

注）以下の**例題4**，**類題4**では，$x$，$y$，$t$などの記号(文字)は，長さの単位をm，時間の単位をsとしたときの数値を表すものとする。

**例題4**
(教p.29)
$x$軸上を正の向きに速さ5m/sで進む正弦波がある。原点の媒質の変位$y$は図のように表される。円周率を$\pi$とする。

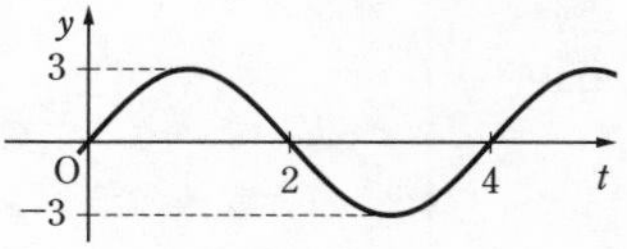


(1)　時刻$t$での原点の媒質の変位$y$を，$t$を用いて表せ。

(2)　時刻$t$での位置$x$の媒質の変位$y$を，$x$，$t$を用いて表せ。

考え方 (1) グラフから，振幅，周期を確認して単振動の式に代入する。

(2) 振動が伝わるのにかかる時間 $t_0$ を考え，(1)の式における $t$ を $t-t_0$ で置きかえる。

解説&解答 (1) 図より原点の媒質は，振幅が 3 m，周期が 4 s の単振動を行う。

$$y=3\sin 2\pi\frac{t}{4}=\mathbf{3\sin\frac{\pi}{2}t}$$ 答

(2) 原点から位置 $x$ まで振動が伝わるのにかかる時間は $t_0=\frac{x}{5}$ である。したがって，時刻 $t$ での位置 $x$ の媒質の変位 $y$ は，(1)で求めた式の $t$ を，$t-t_0$ で置きかえればよい。よって

$$y=3\sin\frac{\pi}{2}(t-t_0)=\mathbf{3\sin\frac{\pi}{2}\left(t-\frac{x}{5}\right)}$$ 答



**類題 4**（教 p.29） $x$ 軸上を負の向きに速さ 2 m/s で進む正弦波がある。原点の媒質の変位 $y$ は，時刻 $t$ において $y=5\sin\frac{\pi}{4}t$ と表される。

(1) 原点での媒質の振動のようすを $y$–$t$ 図に表せ。

(2) 時刻 $t$ での位置 $x$ の媒質の変位 $y$ を，$x$，$t$ を用いて表せ。

考え方 例題 4 にならって解く。正負の向きに注意する。

解説&解答 (1) 与えられた式より $y=5\sin\frac{\pi}{4}t=5\sin\frac{2\pi}{8}t$

これを単振動の式「$y=A\sin\frac{2\pi}{T}t$」と比較すると，振幅は 5m，周期は 8s であるから，原点での振動の様子は**右図のようになる**。 答

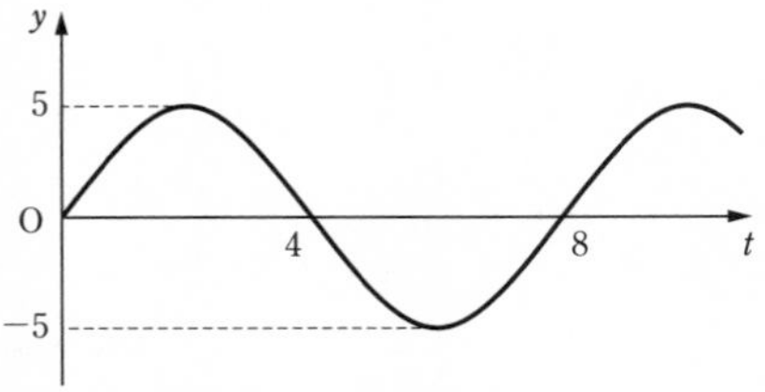


(2) 正弦波は負の向きに 2m/s で進むので，位置 $x$ にある媒質の変位 $y$ は，$t_0=\frac{x}{2}$ 後の原点の変位と同じである。したがって，与えられた式の $t$ を $t+t_0$ で置きかえて

$$y=\mathbf{5\sin\frac{\pi}{4}\left(t+\frac{x}{2}\right)}$$ 答

**問11**（教 p.31） 図のように，波形が等しい波 A と B が，$x$ 軸上を反対向きに1秒間に1目盛りずつ進んでいる。このとき，(1)，(2)の時刻での合成波の波形をかけ。

(1) 2秒後　　(2) 3秒後

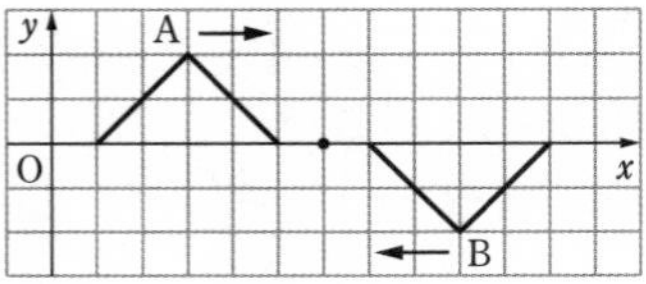

**解説&解答**　(1)　図の状態からAは右に，Bは左にそれぞれ2目盛りずつ進む。 **答**

(2)　図の状態からAは右に，Bは左にそれぞれ3目盛りずつ進む。 **答**

(1)
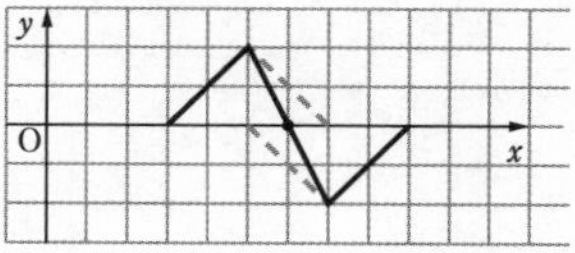
(2)
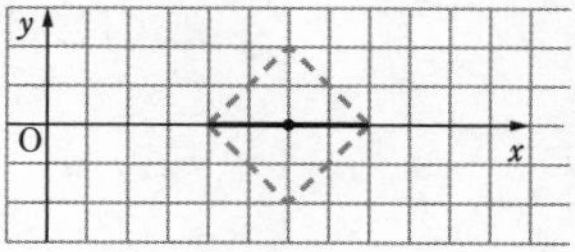

**問12**
(教p.32)

図のように，$x$軸上を反対の向きに同じ速さで進む正弦波A，Bが重なりあい，定在波ができた。

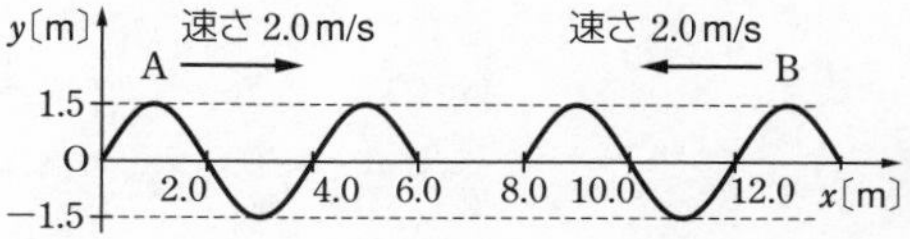


(1)　隣りあう節と節の間隔は何mか。

(2)　腹の位置の振動の振幅$A$〔m〕と周期$T$〔s〕を求めよ。

**考え方**　反対の向きに進む正弦波の波長$\lambda$は4.0m，振幅は1.5mである。また，正弦波の周期を$T_0$としたとき，波の速さ$v$は

「$v=\dfrac{\lambda}{T}$」より　$T_0=\dfrac{\lambda}{v}=\dfrac{4.0}{2.0}=2.0$sである。

**解説&解答**　(1)　節と節の間隔$d$はもとの進行波の波長$\lambda$の半分に等しいから

$d=\dfrac{1}{2}\lambda=\mathbf{2.0\,m}$ **答**

(2)　$A$はもとの進行波の振幅の2倍。$A=2\times1.5=\mathbf{3.0\,m}$ **答**

周期$T$はもとの進行波の周期$T_0$と等しい。$T=T_0=\mathbf{2.0\,s}$ **答**

**問13**
(教p.34)

$x$軸上を正の向きに速さ1.0cm/sで進む波が，時刻$t=0$sで，図のように端点Pに入射している。(1)，(2)の場合について，$t=2.0$sにおける入射波，反射波，およびそれらの合成波を作図せよ。

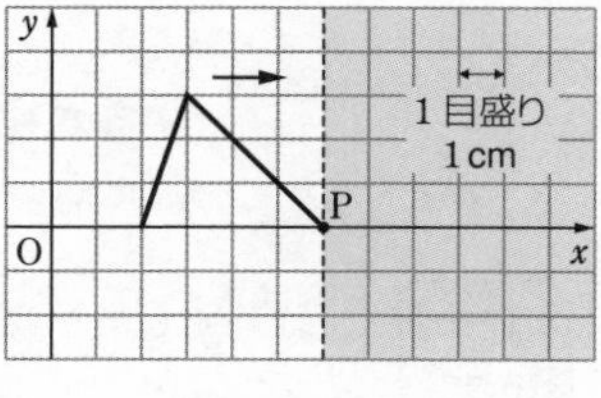


(1)　点Pの位置が自由端のとき

(2)　点Pの位置が固定端のとき

**解説&解答**　(1)　入射波を2.0cm右に進め，自由端を軸に折り返した波が反射波である。合成波は，重ねあわせの原理に従って作図する。 **答**

(2)　入射波を2.0cm右に進め，固定端の軸よりも右側に入り込んだ波を上下反転し，さらにその波を固定端を軸に折り返した波が反射波である。合成波は(1)と同じようにして求める。 **答**

(1)
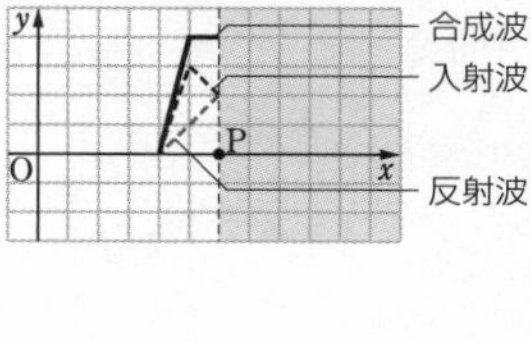


(2)
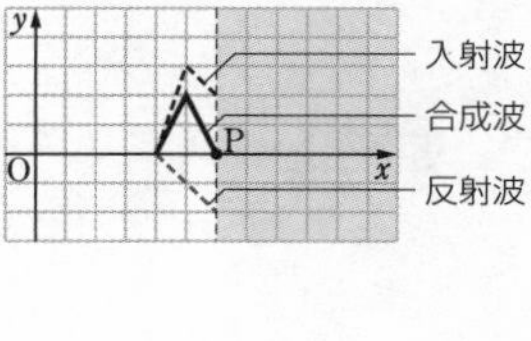

**例題 5**
（教 p.35）

図のように，$x$軸上を正の向きに進む正弦波が点Pの位置にある自由端で反射している。このとき観測される合成波の波形をかき，定在波の節となる位置を○印で示せ。

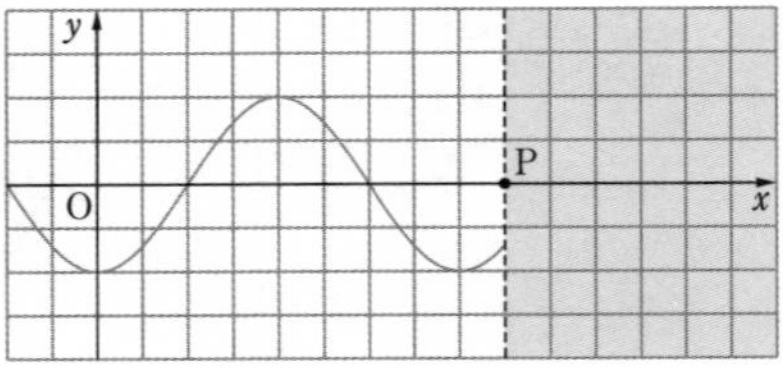


**解説&解答**　自由端での反射であることに注意して反射波を作図する。次に，入射波と反射波の合成波をかく。合成波が$x$軸と交わる位置が節の位置である。答

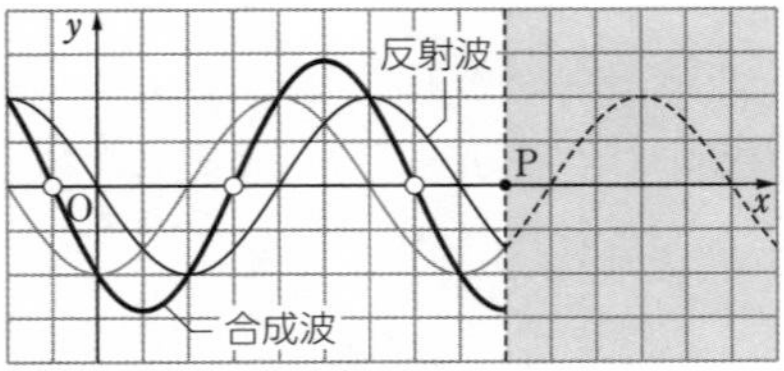


**類題 5**
（教 p.35）

図のように，$x$軸上を正の向きに進む正弦波が点Pの位置にある固定端で反射している。このとき観測される合成波の波形をかき，定在波の節となる位置を○印で示せ。

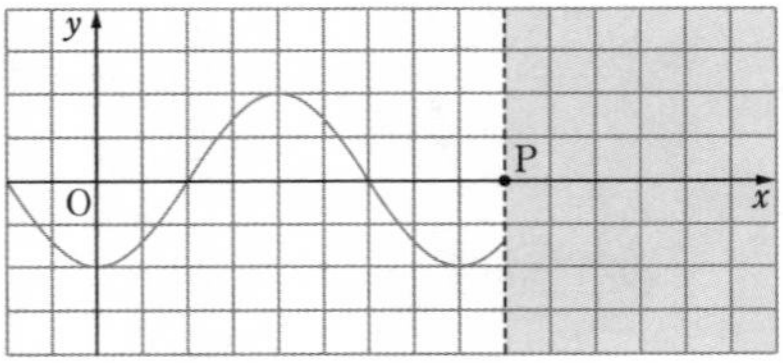


**考え方**　固定端での反射である。

**解説&解答**　まず，入射波と反射波の合成波をかく。合成波が$x$軸と交わる位置が節の位置である。固定端の位置は節となる。　答

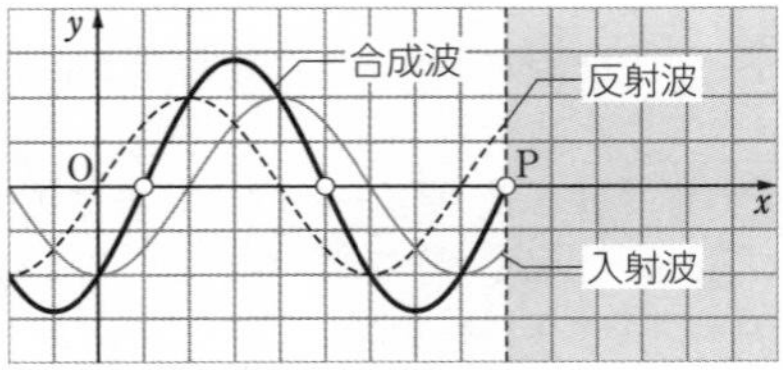


**問14**
（教 p.38）

水面上で6.0cm離れた2点A，Bから，波長2.0cmの同位相の波が出ている。

(1)　図の点P，Qは強めあう点か，弱めあう点か。

(2)　AとBの間に，弱めあう点を連ねた双曲線は何本あるか。

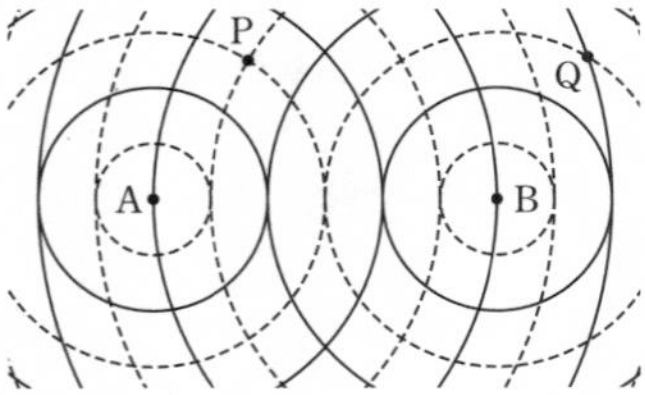


**考え方**　(1)　AP，BPを⑿，⒀式と比較して考える。

(2)　AB ＝ $3\lambda$ より，AB間では $|AR - BR|$ の最大値は $3\lambda$ より小さい。この範囲内で半波長の奇数倍となる点Rの数を求める。

**解説&解答**　(1)　$AP = 3.0\,cm = \dfrac{3}{2}\lambda$，$BP = 5.0\,cm = \dfrac{5}{2}\lambda$

$|AP - BP| = \lambda$　よって，点Pは**強めあう点**である。　答

$$AQ = 8.0\,\text{cm} = 4\lambda,\ BQ = 3.0\,\text{cm} = \frac{3}{2}\lambda$$

$|AQ - BQ| = \frac{5}{2}\lambda$　よって，点Qは**弱めあう点**である。 答

(2)　直線AB上にある弱めあう点をRとすると，Rは

$AR - BR$

$= \pm\frac{1}{2}\lambda,\ \pm\frac{3}{2}\lambda,\ \pm\frac{5}{2}\lambda$

を満たす6点である（$AB = 3\lambda$であるので$|AR - BR|$の最大値は$3\lambda$より小さい）。したがって，双曲線は全部で**6本**ある。 答

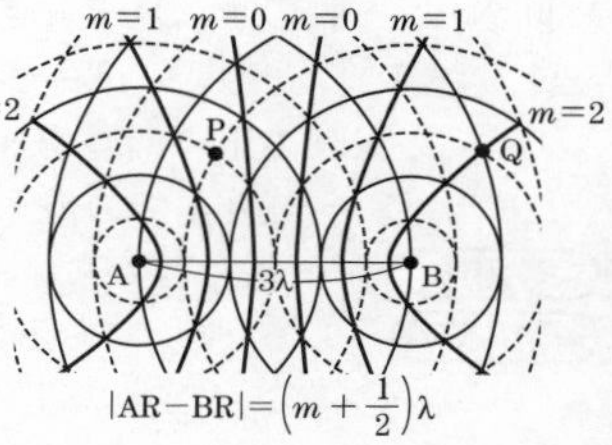


例題6
（教p.39）

図のように，波が媒質1から媒質2へと屈折して進む。媒質1に対する媒質2の屈折率が1.4であるとき，屈折角$r$を求めよ。入射角$i$は$\sin i = 0.70$を満たすとする。

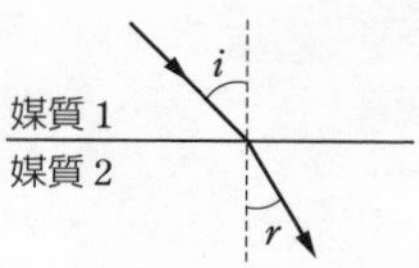


考え方　屈折の法則（⒂式）を用いる。

解説&解答　媒質1に対する媒質2の屈折率は$n_{12} = 1.4$である。

屈折の法則「$\frac{\sin i}{\sin r} = n_{12}$」より　$\frac{0.70}{\sin r} = 1.4$

これを解くと　$\sin r = 0.50$　　$0° < r < 90°$より　$r =$ **30°** 答

類題6
（教p.39）

図のように，波が媒質1から媒質2へと屈折して進む。媒質2での波の波長は0.10m，波の速さは0.20m/sである。

(1)　媒質1に対する媒質2の屈折率$n_{12}$を求めよ。

(2)　媒質1での波の波長$\lambda_1$〔m〕と，波の速さ$v_1$〔m/s〕を求めよ。

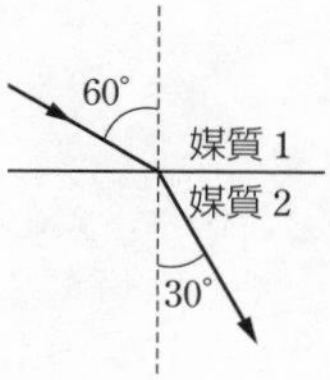


考え方　屈折の法則（⒂式）を使う。

解説&解答　(1)　媒質1に対する媒質2の屈折率$n_{12}$は，屈折の法則より

「$\frac{\sin i}{\sin r} = n_{12}$」　すなわち　$\frac{\sin 60°}{\sin 30°} = n_{12}$

よって　$n_{12} = \dfrac{\frac{\sqrt{3}}{2}}{\frac{1}{2}} = \sqrt{3} \fallingdotseq$ **1.7** 答

(2)　屈折の法則より　$\frac{v_1}{0.20} = \frac{\lambda_1}{0.10} = n_{12}$

$\lambda_1 = 0.10 \times \sqrt{3} \fallingdotseq$ **0.17m** 答

$v_1 = 0.20 \times \sqrt{3} \fallingdotseq$ **0.35m/s** 答

## 演 習 問 題

教 p.43～p.44

**1** 図は，$x$軸上にそって進む周期0.40 sの正弦波の，時刻 $t=0$s での波形を表している。この瞬間，原点にある媒質の速度の向きは，$y$軸の正の向きであったとする。

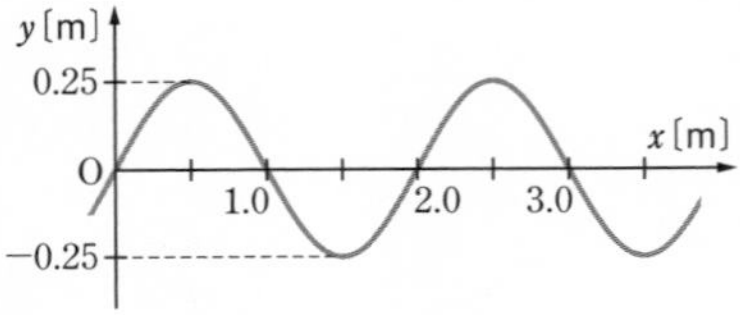


(1) 波の進む速度$v$〔m/s〕を求めよ。ただし，$x$軸の正の向きを速度の正の向きとする。

(2) 時刻 $t=0.70$s での波形を図にかきこめ。

考え方　波長は図からよみとる。

解説&解答　(1) 原点にある媒質の速度の向きが$y$軸の正の向きであるから，$t=0$s の直後，原点にある媒質は$y$軸の正の向きに変位する。

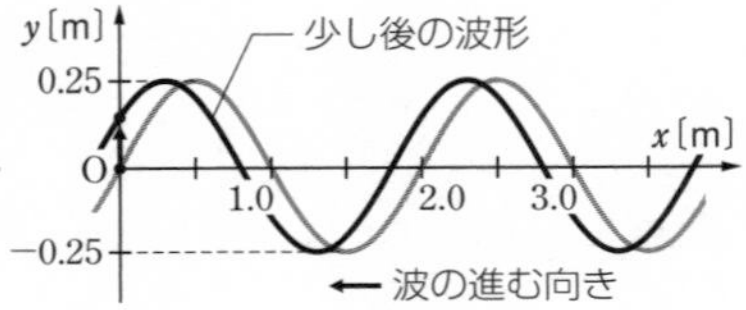


したがって，$t=0$s より少し後の波形は図のようになり，波は$x$軸の負の向きに進んでいることがわかる。波長$\lambda=2.0$m，周期 $T=0.40$s より

$$v=-\frac{\lambda}{T}=-\frac{2.0}{0.40}=\mathbf{-5.0m/s}$$ 答

(2) 0.70秒間での波の進む距離は　$5.0\times0.70=3.5$m

よって，波の進む負の向きに3.5m平行移動させればよい。

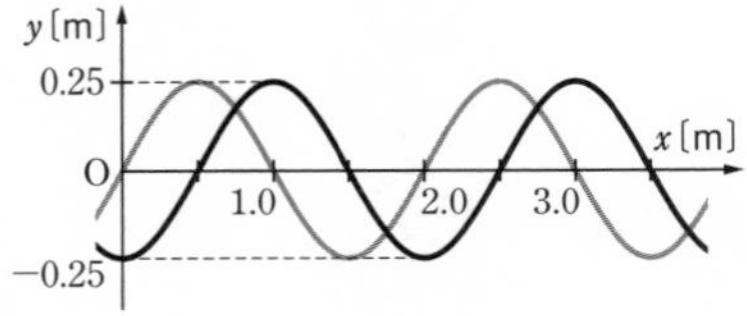


答

**2** 図は，$x$軸上を正の向きに進む縦波の，時刻 $t=0$s における変位を横波のように表したものである（$x$軸の正の向きの変位を，$y$軸の正の向きに表す）。このグラフは正弦波であり，BD間の距離は0.40 mである。縦波の進む速さを2.0 m/sとする。

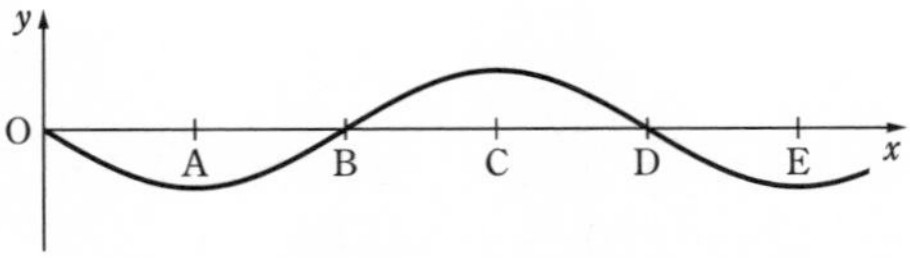


(1) 時刻 $t=0$s において，最も密な点をA～Eからすべて選べ。

(2) 時刻 $t=0.10$s において，最も密な点をA～Eからすべて選べ。

解説&解答　(1) $y$軸方向に表された変位を$x$軸方向にかき直した下のグラフから考える。最も密な点は媒質が周囲から集まる点である。よって，**D** 答

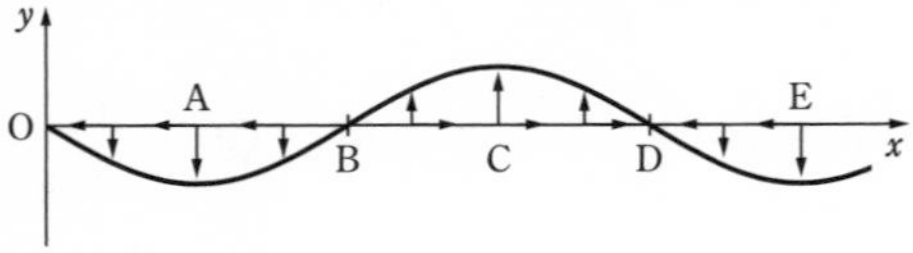

(2)　$t = 0.10$s の波形をかいて考えると，最も密な点は**A**と**E**　答

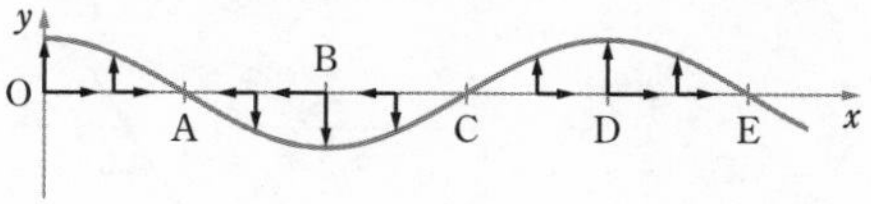


**3**　$x$ 軸上を正の向きに進む周期 4s の正弦波がある。図は時刻 0s での波形を表す。ここでは，$x$，$y$，$t$ は，長さの単位を m，時間の単位を s としたときの数値を表すものとする。

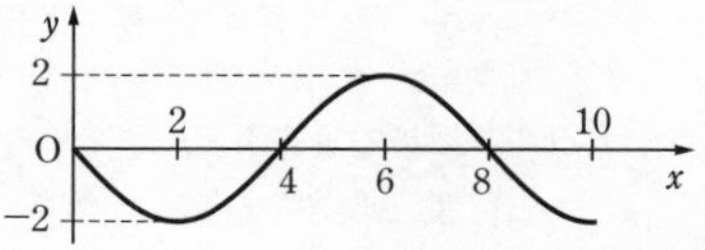


(1)　この波の速さを求めよ。

(2)　時刻 $t$ での原点の媒質の変位 $y$ を，$t$ を用いて表せ。

(3)　時刻 $t$ での位置 $x$ の媒質の変位 $y$ を，$x$，$t$ を用いて表せ。

**考え方**　正弦波の式（(4)式）を用いる。位置 $x$〔m〕の位置に変位が伝わるのに，$\frac{x}{v}$〔s〕かかる。

**解説&解答**　(1)　$y$–$x$ 図より，この正弦波の波長 $\lambda$ は 8m である。周期が $T$ のとき，波の速さ $v$ は

$$v = \frac{\lambda}{T} = \frac{8}{4} = \mathbf{2m/s}$$ 答

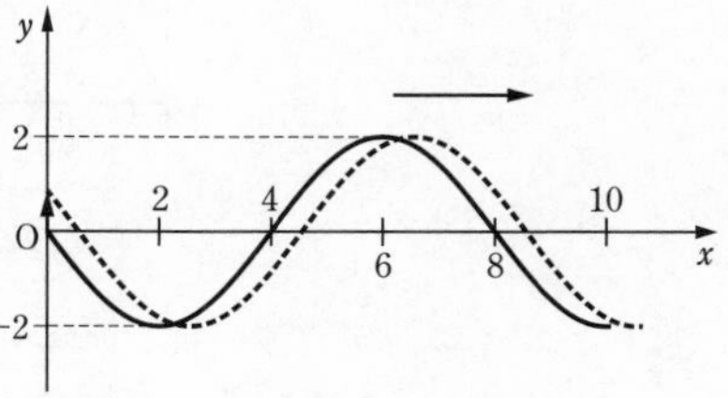


(2)　正弦波の振幅 $A$ は 2m である。波が正の向きに進むとき，原点の媒質は $y = 0$ の位置から上向きに動く。

$$y = A\sin\frac{2\pi}{T}t = 2\sin\frac{2\pi}{4}t = \boldsymbol{2\sin\frac{\pi}{2}t}$$ 答

(3)　正弦波の速さは，(1)より 2m/s なので，位置 $x$ に原点の変位が伝わるのにかかる時間は $\frac{x}{2}$ である。この位置の時刻 $t$ での変位は，時刻 $\left(t - \frac{x}{2}\right)$ での原点の変位と同じであるから

$$\boldsymbol{y = 2\sin\frac{\pi}{2}\left(t - \frac{x}{2}\right)}$$ 答

**参考**　$y = 2\sin\frac{\pi}{2}\left(t - \frac{x}{2}\right) = 2\sin 2\pi\left(\frac{t}{4} - \frac{x}{8}\right)$

これを　$y = A\sin 2\pi\left(\frac{t}{T} - \frac{x}{\lambda}\right)$　（(6)式）　と比較すると，

$A = 2$m，$T = 4$s，$\lambda = 8$m　に対応している。

**4**　$x$軸の原点で媒質を単振動させると，波が$x$軸の正の向きに進み，やがて $x=8.0\,\text{m}$ の位置にある自由端で反射し，$x$軸の負の向きに進む反射波が生じた。図は，入射波と反射波が媒質に十分広がったときの，入射波だけをかいたものである。

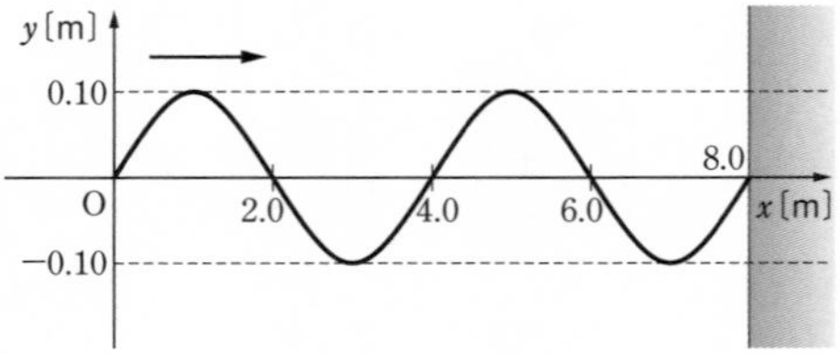


(1)　図の瞬間に観察される合成波の波形をかけ。

(2)　入射波と反射波によって定在波が生じる。原点と端の間($0\,\text{m} \leqq x \leqq 8.0\,\text{m}$)にできる節の位置($x$座標)をすべて求めよ。

(3)　波の速さを10m/sとすると，自由端の位置では何秒ごとに変位が正で最大になるか。



**解説&解答**　(1)　入射波が自由端の右側にまで進んだと仮定して(次図の一点鎖線の波)，それを $x=8.0\,\text{m}$ の自由端を軸として折り返したもの(破線の波)が反射波である。この瞬間の合成波は，図の実線と破線の波を重ねあわせたものである(**太線**の波)。

**答**

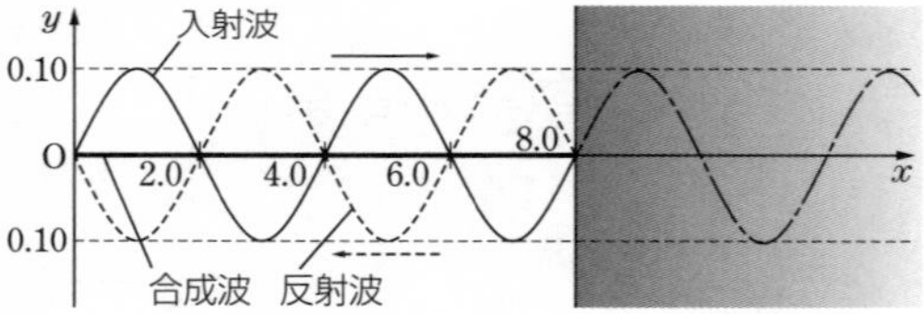


(2)　定在波の腹と節は交互に並び，腹どうし(節どうし)の間隔は左右に進む進行波の波長の半分になるので2.0mである。
この定在波は $x=8.0\,\text{m}$ のところが自由端であるので，そこは腹である。したがって，腹の位置は $x=0$, 2.0, 4.0, 6.0, 8.0m である。また，節の位置は腹と腹の中間の　$x=$ **1.0，3.0，5.0，7.0m**　**答**
の位置である。

〈別解〉 (1)の状態から波を少し進め，合成波の波形をかいて，節の位置を求めてもよい。

**答**

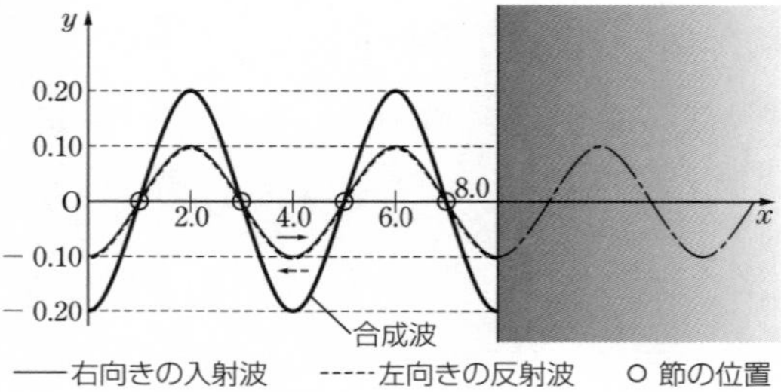

(3)　正で最大の変位が，再び正で最大となるのに要する時間は定在波の1周期$T$〔s〕である。
また，定在波の周期は反対向きに進む2つの進行波の周期に等しい。
進行波の波長$\lambda$は4.0m，速さ$v$は10m/sだから

$$T=\frac{\lambda}{v}=\frac{4.0}{10}=\mathbf{0.40\,s}$$ 答

**5**　図のように，水面上で10.5cm離れた2つの波源A，Bが逆位相で振動して，振幅の等しい波長3.0cmの波を出している。図の実線はある瞬間における波の山の波面，破線は谷の波面を表している。水面波の減衰は考えないものとする。

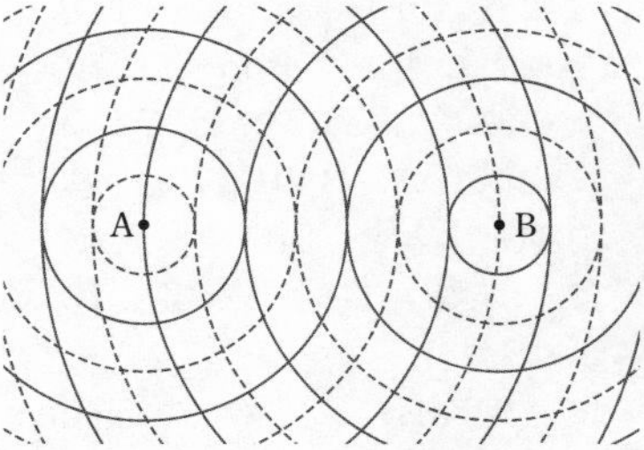


(1)　線分ABの中点は，2つの波が強めあう点か，弱めあう点か。
(2)　A，Bからの距離の差が4.5cmである点は，強めあう点か，弱めあう点か。
(3)　弱めあう点を連ねた曲線を図に示せ。

**考え方**　波の干渉の式((12)，(13)式)を用いる。波源A，Bは逆位相であることに注意する。

**解説&解答**　(1)　波が常に逆位相で干渉するので，**弱めあう点**である。 答

(2)　両波源からの距離の差を$l$〔cm〕，波長を$\lambda$〔cm〕とする。波源A，Bは逆位相で振動しているので，(12)，(13)式より

$$l=m\lambda \quad \cdots\cdots 弱めあう$$

$$l=\left(m+\frac{1}{2}\right)\lambda \quad \cdots\cdots 強めあう$$

$l=4.5$cm，$\lambda=3.0$cmであるから

$$4.5=\frac{3}{2}\times 3.0=\left(1+\frac{1}{2}\right)\times 3.0$$

よって，**強めあう点**である。 答

(3)　山の波面(実線)と谷の波面(破線)の交点を連ねた曲線をかく(**右図**)。 答

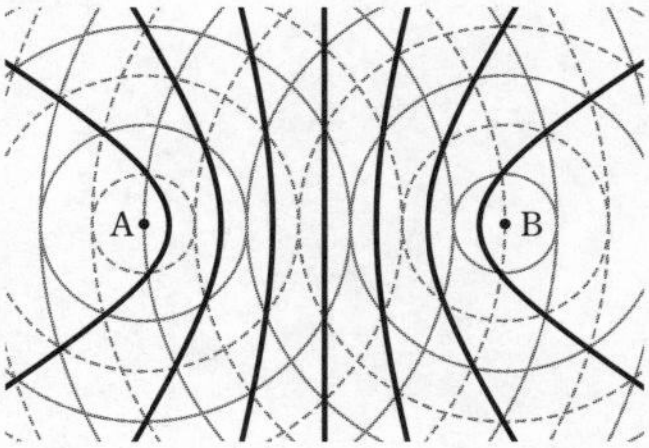


**参考**　線分AB上で弱めあう1つの点をPとし，AP$=x$とする。

$0\leqq x<\dfrac{10.5}{2}$のとき

$$(10.5-x)-x=m\lambda \quad (m=0,\ 1,\ 2,\ \cdots)$$

$$x=\frac{10.5}{2}-\frac{3m}{2} \quad より \quad x=\frac{1.5}{2},\ \frac{4.5}{2},\ \frac{7.5}{2}$$

$\dfrac{10.5}{2} \leqq x < 10.5$ のとき

$$x-(10.5-x)=m\lambda \quad (m=0,\ 1,\ 2,\ \cdots),$$

$$x=\frac{10.5}{2}+\frac{3m}{2} \quad より \quad x=\frac{10.5}{2},\ \frac{13.5}{2},\ \frac{16.5}{2},\ \frac{19.5}{2}$$

以上の7点となる。

*6* 媒質Aから媒質Bへ平面波が伝わり，波面が境界面となす角度が45°から30°に変わった。媒質Aでの波の速さは2.0m/sである。

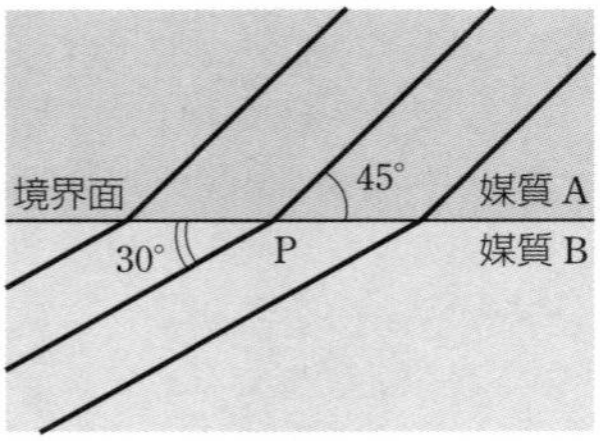


(1) 媒質A，Bの中で，それぞれ点Pを通る波の進む向きを，図中にかき入れよ。

(2) 媒質Aに対する媒質Bの屈折率 $n_{AB}$ を求めよ。

(3) 媒質Bでの波の速さ $v_B$〔m/s〕を求めよ。

(4) この波の振動数が5.0Hzであるとき，媒質Aでの波の波長 $\lambda_A$〔m〕と，媒質Bでの波の波長 $\lambda_B$〔m〕を求めよ。

**考え方** 波は波面に垂直な向きに進む。屈折の法則((15)式)を用いる。

**解説&解答** (1) 波の進む向きは波面に垂直な向きであるから右図のようになる。 **答**

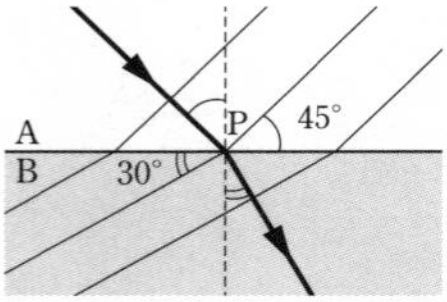


(2) 媒質Aに対する媒質Bの屈折率 $n_{AB}$ は，屈折の法則((15)式)より

$$n_{AB}=\frac{\sin 45°}{\sin 30°}=\sqrt{2} \fallingdotseq \mathbf{1.4}$$ **答**

(3) 媒質Aでの波の速さは，$v_A=2.0$m/sである。屈折の法則((15)式)より，$\dfrac{v_A}{v_B}=n_{AB}$ となるので

$$\frac{2.0}{v_B}=\sqrt{2} \quad よって \quad v_B=\frac{2.0}{\sqrt{2}}=\sqrt{2} \fallingdotseq \mathbf{1.4\,m/s}$$ **答**

(4) 波の振動数 $f=5.0$Hz より「$v=f\lambda$」((3)式)を用いて

$$\lambda_A=\frac{v_A}{f}=\frac{2.0}{5.0}=\mathbf{0.40\,m}$$ **答**

$$\lambda_B=\frac{v_B}{f}=\frac{\sqrt{2}}{5.0} \fallingdotseq \mathbf{0.28\,m}$$ **答**

**考 考えてみよう！** ・・・・・・・・・・・・・・・・・・・・・・・・・・・・・・・

**7** (1) 地震が発生すると，震源からP波（縦波）とS波（横波）とよばれる波が伝わり，P波の伝わる速さのほうが大きい。震源から遠い観測点ほど，観測点でのP波とS波の到着時刻の差は，大きくなるか小さくなるか。

(2) 遠浅の海岸に向かってくる波の波面は，沖から海岸に近づくにつれて海岸線に対して平行になる。これはなぜだろうか。ただし，水深が深いほど波は速く伝わるとする。

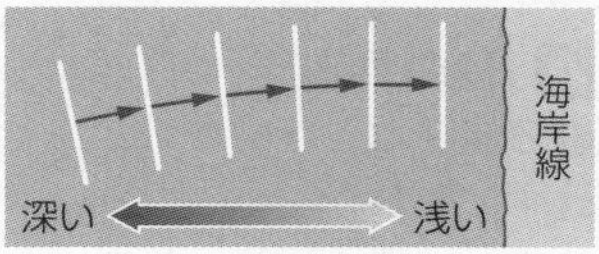

**解説&解答** (1) P波の速度を$v_P$，S波の速度を$v_S$とすると，震源から$x$の距離に波が到達する時間はそれぞれ$\dfrac{x}{v_P}$，$\dfrac{x}{v_S}$となり，到達時刻の差は

$x\left(\dfrac{1}{v_S}-\dfrac{1}{v_P}\right)$となる。

P波のほうが伝わる速さが大きいので，$v_P > v_S$より

$\dfrac{1}{v_S}-\dfrac{1}{v_P}>0$

したがって，震源からの距離$x$が大きくなるほど，到達時刻の差も**大きくなる。** 答

(2) **海岸線に対して斜めの波面では，海岸線から遠い部分ほど水深が深く，波は速く進むため，しだいに波面は海岸線に対して平行になる。**

答

〈別解〉波の進む向きを考察する。図のように，点Pに海岸線と斜めに入射する波を考える。遠浅の海岸では，等深線は海岸線とほぼ平行になっているので，海岸線から遠いほうの波の速さを$v_1$，近いほうを$v_2$とすると　$v_1 > v_2$ ……①
点Pでの等深線に対する波の入射角を$i$，屈折角を$r$とすると，屈折の法則より

$$\dfrac{\sin i}{\sin r}=\dfrac{v_1}{v_2}$$

①式より　$\sin i > \sin r$　ゆえに　$i > r$
したがって，海岸線に対して斜めに入射してきた波は海岸線に近づくにしたがい，海岸線としだいに直角になるように進む。波面は波の進む向きに垂直であるから，波は海岸線に近づくにしたがい海岸線に対して平行になる。

第**❸**編

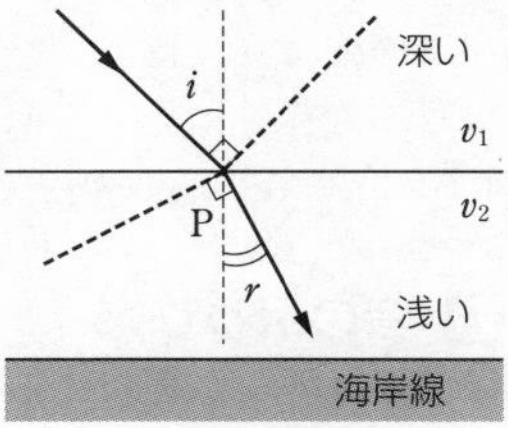

# 第2章 音

教 p.45～p.73

## 1 音の伝わり方

### A 音の性質

**❶音波** 太鼓をたたくと，太鼓の膜の振動によってまわりの空気は圧縮と膨張をくり返す。媒質を伝わるこのような縦波を**音波**(または**音**)という。

また，音の波源，つまり振動して音を発生させる物体を**音源**(**発音体**)という。



### B 音の大きさ・音の高さ・音色

**❶音の大きさ** 同じ振動数の音が聞こえているとき，振幅が大きくなるほど音は大きくなる(教 p.46図32ⓐ)。

**❷音の高さ** 振動数が大きい音ほど高く聞こえる(同図ⓑ)。人が聞くことのできる音の振動数は約20～20000Hzの範囲であり，この上限をこえる音のことを**超音波**という。

**❸音色** 身のまわりのほとんどの音は，単純な正弦波ではなく，複雑な波形をしている。この波形の違いが音色の違いを生む(同図ⓒ)。

### C 音の速さ

空気中を伝わる音の速さは，温度が高くなるほど大きくなる。1気圧，$t$〔℃〕の空気中の音の速さ$V$〔m/s〕は次のように表される。

$$\boldsymbol{V = 331.5 + 0.6t} \qquad (16)$$

この式より，15℃の空気中を伝わる音の速さは約340m/sである。音は気体だけでなく，液体，固体でも伝わる(教 p.47表1)。水中を伝わる音の速さは空気中に比べて4～5倍であり，鉄の中ではさらに速く伝わる。真空中では，音は伝わらない。

### D 音の伝わり方

**❶音の反射** 大きな建物の前で手をたたくと，もどってきた音が聞こえることがある。これは音が建物に当たって反射したためである。音が短時間に何度もくり返し反射すると，音源が振動をやめた後もしばらく聞こえることがある。これを残響という。

**❷音の屈折** 音波は異なる媒質の境界面で屈折する。また，同じ媒質(空気など)の中でも温度などの違いにより，部分的に音の速さが異なれば，音は，屈折しながら進む。

**❸音の回折** 人の姿が見えなくても，塀の向こう側の会話が聞こえることがある。このように音が障害物の背後にも届くのは，音が回折するためである。

**❹音の干渉** 同じ振動数の音を2つのスピーカーから出すと音がよく聞こえる場所と聞こえない場所ができる。これは，音の干渉により空気の振動を強めあう所と，弱めあう所ができるからである。

## E うなり

振動数がわずかに異なる2つのおんさを同時に鳴らすとウォーン，ウォーンと音の大小が周期的にくり返されて聞こえる。このような現象を**うなり**という。うなりは，2つの音波が重なりあうことによって起こる。

うなりが1回生じる時間(うなりの周期)を$T_0$〔s〕とすると，1秒間では$\frac{1}{T_0}$回うなりが生じる。したがって，1秒間に生じるうなりの回数$f$と$T_0$の関係は$f=\frac{1}{T_0}$となる。一方，2つの音源の振動数をそれぞれ$f_1$，$f_2$〔Hz〕とすると，周期$T_0$〔s〕の間に2つの音源から出る波の数$f_1T_0$個と$f_2T_0$個は波1個分ずれるので

$$|f_1T_0-f_2T_0|=1 \tag{17}$$

よって，うなりの回数は，

$$\boldsymbol{f=|f_1-f_2|} \tag{18}$$

この式から1秒間に振動数$f_1$，$f_2$の差の数だけうなりが生じることがわかる。うなりは2つの音源の振動数が接近している場合に生じる。



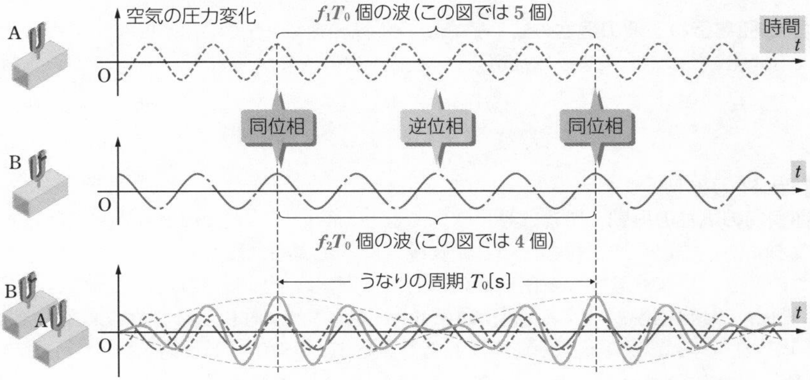


# 2 発音体の振動と共振・共鳴

## A 弦の振動

**❶弦の振動**　両端を固定した弦をはじくと，振動が弦の両側へ向かって伝わり，両端で反射し，弦には逆向きに進む波が生じる。それらが重なり，両端が節となる定在波になるとき，その状態を弦の**固有振動**といい，そのときの振動数を**固有振動数**という。

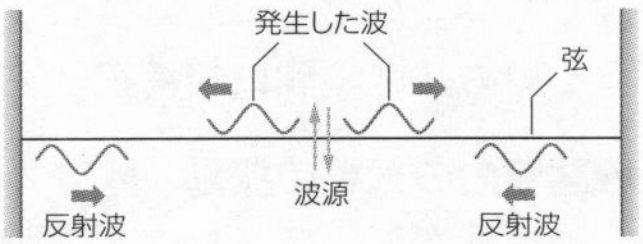


長さ$l$〔m〕の弦の固有振動を示すと，教 p.53 図43のようになる。固有振動の波長$\lambda_m$〔m〕を自然数$m$を用いて表すと次のようになる。

$$\lambda_m = \frac{2l}{m} \quad (m=1,\ 2,\ 3,\ \cdots) \tag{20}$$

また，弦を伝わる波の速さを$v$〔m/s〕とすると固有振動数$f_m$〔Hz〕は，$v=f_m\lambda_m$ より，次の式で表される。

$$f_m = \frac{v}{\lambda_m} = m\cdot\frac{v}{2l} \quad (m=1,\ 2,\ 3,\ \cdots) \tag{21}$$

$m=1$ の場合の固有振動を**基本振動**，その振動数を**基本振動数**といい，生じる音を**基本音**という。基本振動数 $f_1=\dfrac{v}{2l}$ を用いると，固有振動数は $f_m=mf_1$ というように，基本振動数の整数倍で表される。$m=2,\ 3,\ \cdots$の場合の固有振動をそれぞれ**2倍振動**，**3倍振動**，…といい，これらをまとめて**倍振動**という。このとき生じる音をそれぞれ，**2倍音**，**3倍音**，…といい，これらをまとめて**倍音**という。



**❷弦を伝わる波の速さ**　弦を伝わる波の速さは，弦を引く力が大きいほど大きくなる。これは，弦がもとの状態にもどろうとする力が増すためである。また，弦の単位長さあたりの質量(**線密度**)が小さいほど，弦は軽く，動きやすくなるので，弦を伝わる波の速さは大きくなる。

発展 **❸弦を伝わる波の速さの式**　弦を伝わる波の速さ$v$〔m/s〕は，弦を引く力の大きさを$S$〔N〕，弦の線密度を$\rho$〔kg/m〕とすると，次の式で表される。

$$v=\sqrt{\frac{S}{\rho}} \tag{22}$$

## B 気柱の振動

**❶閉管内の気柱の振動**　閉管に息を吹きこむと，管の底へ進む波と底から反射した波が重なりあって定在波ができ，それが音源となって周囲に伝わる。

このとき，空気が動けない閉口端(管底)では固定端反射し，自由に振動できる開口端(管口)では自由端反射する(教 p.56図46)。よって，気柱内部の定在波は管底が節，管口が腹になる。このとき，気柱は共鳴しているという。閉管の長さを$l$〔m〕，音の速さを$V$〔m/s〕とすると，固有振動の波長$\lambda_m$〔m〕と固有振動数$f_m$〔Hz〕($m$は奇数)は

$$\lambda_m = \frac{4l}{m} \quad (m=1,\ 3,\ 5,\ \cdots) \tag{23}$$

$$f_m = \frac{V}{\lambda_m} = m\cdot\frac{V}{4l} = mf_1 \quad \left(f_1=\frac{V}{4l},\ m=1,\ 3,\ 5,\ \cdots\right) \tag{24}$$

開口端の腹の位置は，正確には管口より少し外側に出ている。管口から腹の位置までの長さを**開口端補正**とよぶ。

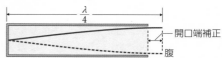

**❷開管内の気柱の振動**　開管の場合，音波の一部が両方の開口端で反射して，定在波に近い波が管中にでき，それが音源となって周囲に伝わる。このとき，開口端は自由端になるので，定在波の腹となる(教 p.57図48)。

開管の長さを$l$〔m〕，音の速さを$V$〔m/s〕とすると，固有振動の波長$\lambda_m$〔m〕と固有振動数$f_m$〔Hz〕($m$は自然数)は

$$\lambda_m = \frac{2l}{m} \quad (m=1,\ 2,\ 3,\ \cdots) \tag{25}$$

$$f_m = \frac{V}{\lambda_m} = m \cdot \frac{V}{2l} = mf_1 \quad \left(f_1 = \frac{V}{2l},\ m=1,\ 2,\ 3,\ \cdots\right) \tag{26}$$

**❸気柱の圧力(密度)の変化**　気柱の固有振動は縦波の定在波であり，空気の圧力(密度)が時間や場所により周期的に変化する。定在波の節の部分が最も圧力の変化が大きく，腹の部分は圧力の変化が小さい(教 p.60図49)。

## C 共振・共鳴

**❶固有振動と共振・共鳴**　一般に，振動する物体(振動体)を自由に振動させたときの振動を**固有振動**といい，そのときの振動数を**固有振動数**という。

振動体は，その固有振動数と同じ振動数で力を加えると，小さな力でも大きく振動する。この現象を**共振**または**共鳴**という。

**❷振動体の共鳴**　おんさについている共鳴箱はおんさの振動と共鳴するようになっており，共鳴箱を外すと小さな音しか鳴らない。

また，振動数の等しい2つのおんさの共鳴箱の口を向かいあわせて置き，一方のおんさを鳴らすと，他方のおんさも共鳴して鳴るようになる。

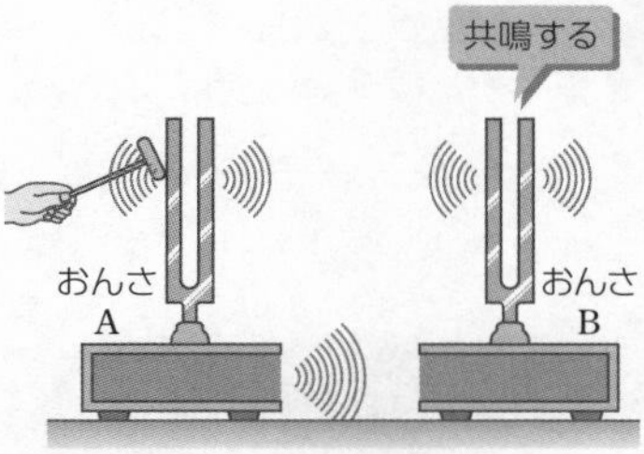

振動数の等しいおんさの共鳴

# 3 音のドップラー効果

## A ドップラー効果

音源や観測者が動くことによって，もとの振動数(音の高さ)と異なった振動数が観測される現象を**ドップラー効果**という。ドップラー効果は音波だけでなく，すべての波動で共通に起こる現象である。

## B 音源が動く(観測者は静止)場合

**❶波長の変化**　音源が動きながら音を出すと，音源が進む前方では，波長が短くなって振動数が大きくなり，音が高く聞こえる。一方，音源の後方では，波長が長くなって振動数が小さくなり，音が低く聞こえる。

**❷振動数の変化**　音の速さを $V$〔m/s〕，音源の振動数を $f$〔Hz〕，音源から観測者への向きを正として音源の速度を $v_S$〔m/s〕とすると，観測者の受け取る音波の振動数 $f'$〔Hz〕は，次の図より

$$f' = \frac{V}{V - v_S} f \tag{27}$$

第3編
波

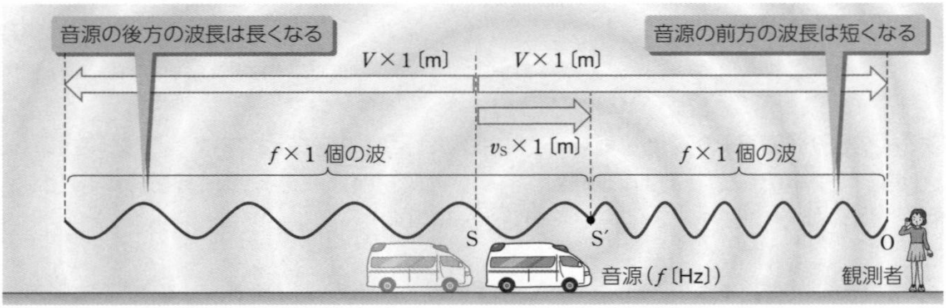




## C 観測者が動く（音源は静止）場合

観測者が音源に近づくとき，観測される振動数が大きくなり，音が高く聞こえる。逆に，観測者が音源から遠ざかる場合は，音が低く聞こえる。音の速さを $V$〔m/s〕，音源の振動数を $f$〔Hz〕，音源から観測者への向きを正として観測者の速度を $v_O$〔m/s〕とすると，観測者の受け取る音波の振動数 $f'$〔Hz〕は，次の図より

$$f' = \frac{V - v_O}{V} f \tag{28}$$

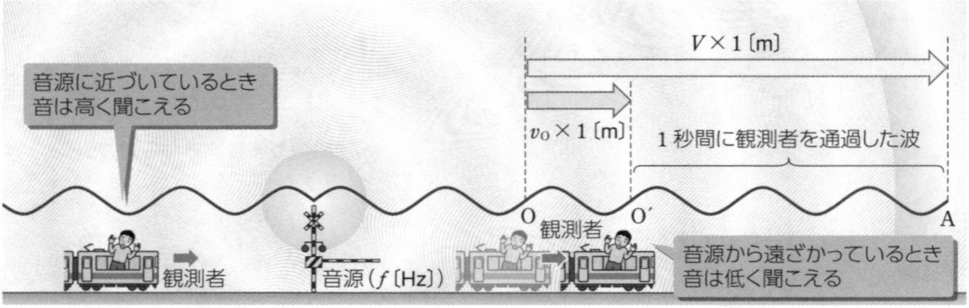


## D 音源と観測者が動く場合

音源，観測者がともに動く場合を考える。静止している観測者が，速度 $v_S$〔m/s〕で動く音源から出た $f$〔Hz〕の音を聞くとき，観測者が聞く音波の振動数 $f_1$〔Hz〕は

(27)式より $$f_1 = \frac{V}{V - v_S} f \tag{29}$$

となる。この音を，速度 $v_O$〔m/s〕で動く観測者が聞くときの振動数 $f'$〔Hz〕は，(29)式の $f_1$ を(28)式の $f$ に代入して求めることができる。

**ドップラー効果**

$$f' = \frac{V - v_O}{V - v_S} f \tag{30}$$

$f'$〔Hz〕　観測者の受け取る音波の振動数

$f$〔Hz〕　音源の振動数

$V$〔m/s〕　音の速さ

$v_O$〔m/s〕　観測者の速度　　$v_S$〔m/s〕　音源の速度

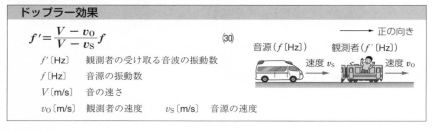

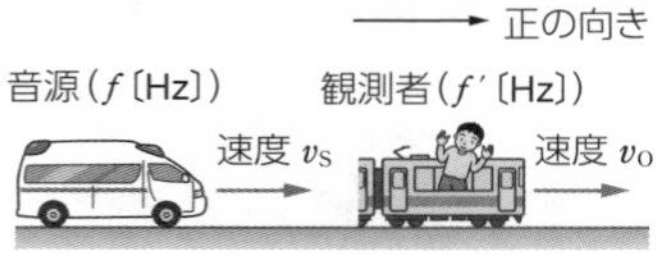

## 問　題

考 **問15**
（教 p.45）

図のように，容器の中に目覚まし時計を入れて鳴らしながら，容器内の気体を抜いていく。このとき，目覚まし時計の音の聞こえ方はどのように変化していくか。理由とともに説明してみよう。

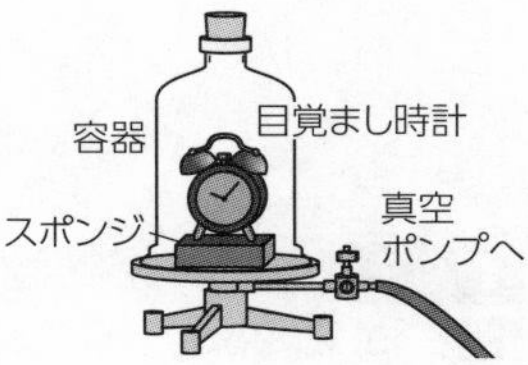


**考え方**　音波における空気の役割を考える。

**解説&解答**　**音波を伝える媒質である空気がなくなっていくため，音はしだいに小さくなっていく。**　答

第3編　波

**問16**
（教 p.47）

次の温度の空気中を伝わる音の速さは何m/sか。音の速さは⒃式にしたがうものとして，小数点以下を四捨五入して答えよ。

(1)　−10℃　　(2)　15℃　　(3)　30℃

**考え方**　それぞれの温度を⒃式に代入して計算する。

**解説&解答**
(1)　$331.5 + 0.6 \times (-10) = 325.5 \fallingdotseq$ **326 m/s**　答
(2)　$331.5 + 0.6 \times 15 = 340.5 \fallingdotseq$ **341 m/s**　答
(3)　$331.5 + 0.6 \times 30 = 349.5 \fallingdotseq$ **350 m/s**　答

**問17**
（教 p.47）

壁に向かって手をたたいて音を出したところ，0.40秒後に壁からの反射音が聞こえた。音の速さを$3.4 \times 10^2$ m/sとすると壁までの距離は何mか。

**考え方**　音が壁に反射してもどってくるまでの時間は0.40 sである。

**解説&解答**　音が壁に届くまでの時間は，$0.40 \times \dfrac{1}{2} = 0.20$ s　であるから，壁までの距離は　$3.4 \times 10^2 \times 0.20 =$ **68 m**　答

**例題7**
（教 p.49）

図のように，2つのスピーカーA，Bが，同位相で振動数$1.7 \times 10^2$ Hzの音を出している。音の速さを$3.4 \times 10^2$ m/sとする。

(1)　音の波長$\lambda$〔m〕を求めよ。
(2)　点Pは，音が強めあう点か，弱めあう点か。

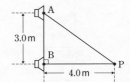

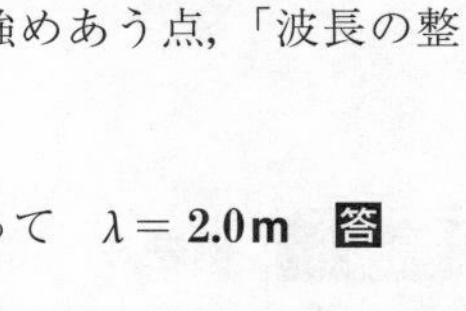


**考え方**　(2)　2つのスピーカーは同位相の音を出すので，距離の差$|AP - BP|$が「波長の整数倍」のときは強めあう点，「波長の整数倍＋半波長」のときは弱めあう点になる。

**解説&解答**　(1)　「$v = f\lambda$」（(3)式）より

$3.4 \times 10^2 = (1.7 \times 10^2) \times \lambda$　　よって　$\lambda =$ **2.0 m**　答

(2)　問題の図より　$BP = 4.0$ m

また，三平方の定理より　$AP = \sqrt{3.0^2 + 4.0^2} = 5.0$ m

よって　$|AP - BP| = 1.0\,\text{m} = \dfrac{\lambda}{2}$

ゆえに，点Pでは，スピーカーA，Bからの距離の差が「波長の整数倍＋半波長」になり，音波が逆位相で重なりあうので，**弱めあう点**となる。 **答**

**類題7**
（**教** p.49）

図のように，2つのスピーカーA，Bが，逆位相で振動数 $8.5 \times 10^2$Hz の音を出している。音の速さを $3.4 \times 10^2$m/s とする。点Pは，音が強めあう点か，弱めあう点か。

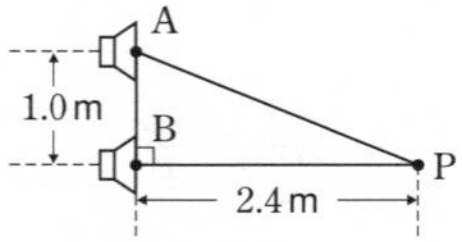


**考え方** **例題7**にならって解く。波源が逆位相であることに注意する。

**解説&解答** 音の波長を $\lambda$〔m〕とすると，「$v = f\lambda$」より

$3.4 \times 10^2 = (8.5 \times 10^2) \times \lambda$　　よって　$\lambda = 0.40\,\text{m}$

問題の図より　BP ＝ 2.4m

また，三平方の定理より　$AP = \sqrt{1.0^2 + 2.4^2} = 2.6\,\text{m}$

よって　$|AP - BP| = 0.2\,\text{m} = \dfrac{\lambda}{2}$

ゆえに点Pでは，スピーカーA，Bからの距離の差が「波長の整数倍＋半波長」となる。また，音はスピーカーA，Bから逆位相で出るので，音波は同位相で，点Pで重なりあい，**強めあう点**となる。

**答**

**例題8**
（**教** p.50）

図のように，点Pから音を入れ，左右2つの経路（PAQ と PBQ）を通った音を干渉させて点Qで音を聞く装置（クインケ管という）がある。初めは管Bを完全に入れた状態であり，このとき2つの経路の長さは等しい。点Pから一定の振動数の音を入れながら，管Bを徐々に引き出したところ，音が小さくなっていき，0.10m 引き出したときに最小になった。音の波長 $\lambda$〔m〕を求めよ。

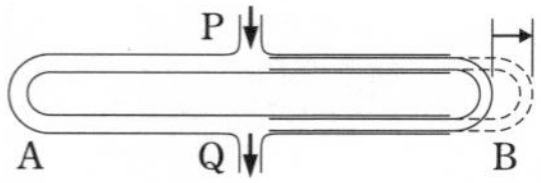


**考え方** 音が最小になるのは，経路の差が半波長となる位置であることをふまえて考える。

**解説&解答** 管を 0.10m 引き出すと2つの経路の長さの差は　$2 \times 0.10 = 0.20\,\text{m}$ となる。この経路の差が半波長に等しいとき，音は弱めあって最小になるから　$0.20 = \dfrac{\lambda}{2}$　　よって　$\lambda = 2 \times 0.20 =$ **0.40m** **答**

**類題8**
（**教** p.50）

**例題8**の装置を用い，別の振動数の音で同様の実験を行った。管Bを完全に入れた状態から徐々に引き出し，0.17m 引き出したときに音が最小になった。音の波長 $\lambda$〔m〕と振動数 $f$〔Hz〕を求めよ。管の内部を伝わる音の速さを $3.4 \times 10^2$m/s とする。

第3編 波

**考え方**　音についても，波の伝わり方の式は成りたつ。速さ$v$，振動数$f$，波長$\lambda$の関係は，「$v = f\lambda$」((3)式)である。

**解説&解答**　管を0.17m引き出すと2つの経路の長さの差は　$2 \times 0.17 = 0.34$m となる。この経路の差が波長の半分に等しいとき，音は弱めあって最小になる。$0.34 = \dfrac{\lambda}{2}$　より　$\lambda = 0.34 \times 2 =$ **0.68m**　答

「$v = f\lambda$」より　$f = \dfrac{v}{\lambda} = \dfrac{3.4 \times 10^2}{0.68} =$ **$5.0 \times 10^2$Hz**　答

**問18**（教 p.51）　おんさAと，振動数400Hzのおんさ Bを同時に鳴らすと，毎秒4回のうなりが聞こえた。おんさAの振動数は何Hzか。なお，おんさAの振動数はおんさBの振動数より大きいとする。

**考え方**　1秒当たりに生じるうなりの回数の式((18)式)を用いる。

**解説&解答**　おんさAの振動数を$f_A$〔Hz〕とする。毎秒4回のうなりが聞こえたので　$|f_A - 400| = 4$　より　$f_A = 404$Hz　または　$f_A = 396$Hz
$f_A > 400$Hz であるから　$f_A =$ **404Hz**　答

**問19**（教 p.54）　両端を固定した弦について3倍振動を生じさせた。このとき，波長と振動数は基本振動の何倍となるか。

**解説&解答**　$f_m = mf_1$ より，3倍振動の振動数$f_3$は，$f_3 = 3f_1$となり，基本振動の振動数の**3倍**となる。また，3倍振動の波長$\lambda_3$は

$\lambda_3 = \dfrac{v}{f_3} = \dfrac{v}{3f_1} = \dfrac{\lambda_1}{3}$　より，基本振動の波長の**$\dfrac{1}{3}$倍**となる。　答

**例題9**（教 p.54）　図のように，間隔が0.60mの2つの支点A，Bの間に弦を張り，一端におもりをつり下げた。この弦を振動させて，腹の数が2個の定在波を生じさせたとき，その振動数は$4.0 \times 10^2$Hzであった。

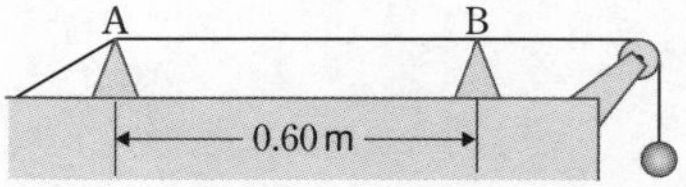


(1)　弦を伝わる波の波長$\lambda_2$〔m〕と速さ$v$〔m/s〕を求めよ。
(2)　次に，異なる振動数で弦を振動させて，腹の数が3個の定在波を生じさせた。このときの振動数$f_3$〔Hz〕を求めよ。

**考え方**　腹の数が$m$個のときは$m$倍振動が生じており，弦の長さは半波長の$m$倍に等しい。

**解説&解答**　(1)　図のように，A，B間の定在波の腹の数は2個であるから，弦の長さは半波長2個分，すなわち，波長$\lambda_2$〔m〕に等しい。$\lambda_2 =$ **0.60m**　答

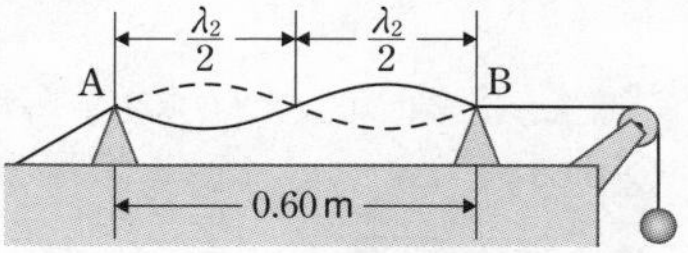


「$v = f\lambda$」より　$v = (4.0 \times 10^2) \times 0.60 =$ **$2.4 \times 10^2$m/s**　答

第3編 波

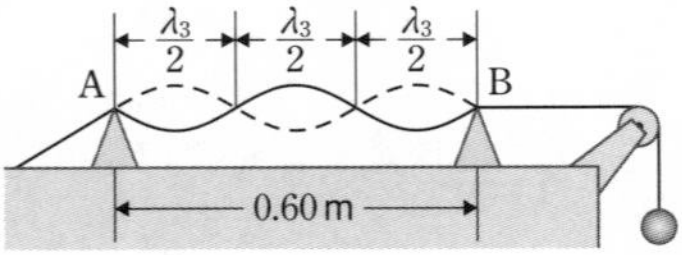


(2)　図のように，A，B間の定在波の腹の数は3個である。このとき，弦の長さは半波長3個分となる。弦を伝わる波の波長を $\lambda_3$〔m〕とすると

$0.60 = 3 \times \frac{\lambda_3}{2}$　　よって　$\lambda_3 = 0.40\,\mathrm{m}$

「$v = f\lambda$」より　$2.4 \times 10^2 = f_3 \times 0.40$

ゆえに　$f_3 = \mathbf{6.0 \times 10^2\,Hz}$　**答**



**類題 9**
(教 p.54)

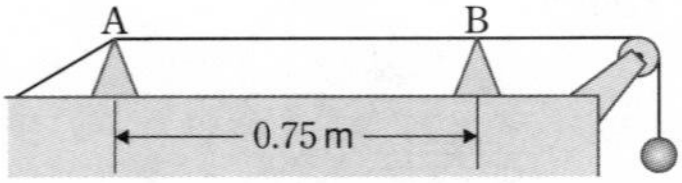


図のように，間隔が0.75 mの2つの支点A，Bの間に弦を張り，一端におもりをつり下げた。この弦を振動させて，腹の数が3個の定在波を生じさせたとき，その振動数は$3.0 \times 10^2$ Hzであった。

(1)　弦を伝わる波の波長 $\lambda_3$〔m〕と速さ $v$〔m/s〕を求めよ。

(2)　弦を振動数$2.0 \times 10^2$ Hzで振動させたところ，弦に生じる定在波の腹の数が変化した。このときの定在波の腹の数を求めよ。

**考え方**　固有振動数 $f_m$ と定在波の腹の数 $m$ とは比例する。

**解説&解答**

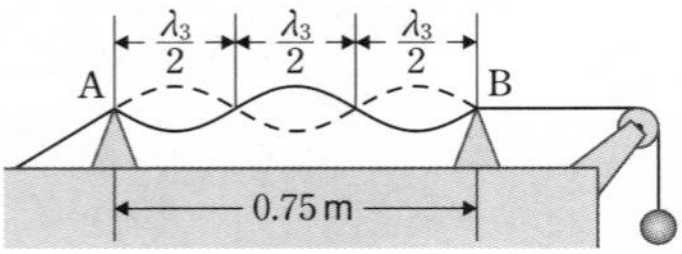


(1)　図のように，A，B間の定在波の腹の数は3個であるから，弦の長さは半波長3個分に等しい。波長を $\lambda_3$〔m〕とすると

$\frac{\lambda_3}{2} \times 3 = 0.75$　　よって　$\lambda_3 = \mathbf{0.50\,m}$　**答**

また，「$v = f\lambda$」より

$v = (3.0 \times 10^2) \times 0.50 = \mathbf{1.5 \times 10^2\,m/s}$　**答**

(2)　固有振動数 $f_m$ と定在波の腹の数 $m$ との間には比例関係が成りたつ。

$2.0 \times 10^2$ Hzは$3.0 \times 10^2$ Hzの$\frac{2}{3}$倍なので，腹の数も$\frac{2}{3}$倍となる。

ゆえに，腹の数は**2個**。　**答**

**問20**
(教 p.55)

線密度が $2.0 \times 10^{-4}$ kg/m の弦の両端を，大きさ0.98 Nの力で引いて固定した。この弦を伝わる波の速さは何m/sか。

**解説&解答**　「$v = \sqrt{\frac{S}{\rho}}$」より　$v = \sqrt{\frac{0.98}{2.0 \times 10^{-4}}} = \sqrt{49 \times 10^2} = \mathbf{70\,m/s}$　**答**

**問21**
(教 p.56)　長さ0.85mの閉管内の気柱が基本振動するとき，出る音の振動数は何Hzか。音の速さを$3.4\times10^2$m/s，管口の位置を腹とする。

**考え方**　閉管の基本振動である。閉管の管底が節，管口が腹になっていて，閉管の長さは波長の$\frac{1}{4}$になっている。

**解説&解答**　波長$\lambda$は　$\lambda=4\times0.85=3.4$m
音の速さ$V$は　$3.4\times10^2$m/s なので，「$V=f\lambda$」より

$$f=\frac{V}{\lambda}=\frac{3.4\times10^2}{3.4}=\mathbf{1.0\times10^2\,Hz}$$ 答

**問22**
(教 p.57)　長さ$l$〔m〕の閉管内で波長$\lambda$〔m〕の音が基本振動している。腹の位置は管口の位置からいくら離れているか。$l$，$\lambda$を用いて表せ。

**考え方**　問21をもとに腹の位置は，管口より少し外にあると考える。

**解説&解答**　気柱が基本振動しているとき，管底から腹までの距離は$\frac{\lambda}{4}$である。よって管口から腹までの距離は

$\boldsymbol{\frac{\lambda}{4}-l}$**〔m〕**　である。 答

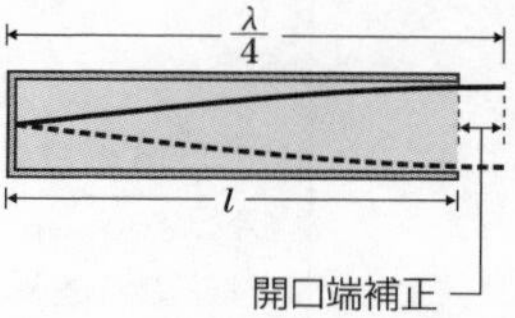


**問23**
(教 p.57)　長さ0.85mの開管内の気柱が基本振動するとき，出る音の振動数は何Hzか。音の速さを$3.4\times10^2$m/s，管口の位置を腹とする。

**考え方**　開管の基本振動である。開管の管口が腹，中央部に節ができ，開管の長さは波長の$\frac{1}{2}$になっている。

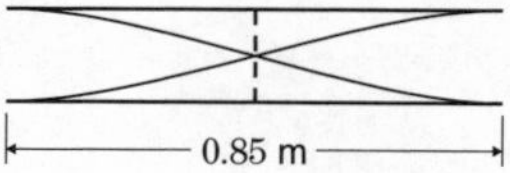


**解説&解答**　長さ0.85mの開管内の気柱が基本振動しているときの波長$\lambda$は
$\lambda=2\times0.85=1.7$m
音の速さ$V$は$3.4\times10^2$m/s なので

「$V=f\lambda$」より　$f=\frac{V}{\lambda}=\frac{3.4\times10^2}{1.7}=\mathbf{2.0\times10^2\,Hz}$ 答

**例題10**
(教 p.59)　図のように，ガラス管にピストンを取りつけて閉管とし，この管口の近くにスピーカーを置いて振動数が一定の音を出した。ピストンの位置を管口から徐々に遠ざけていくと，管口からの距離が近いほうから順に7.0cm，24.0cmの位置で気柱の固有振動が起こった。開口端補正$\Delta l$〔cm〕は常に一定とする。

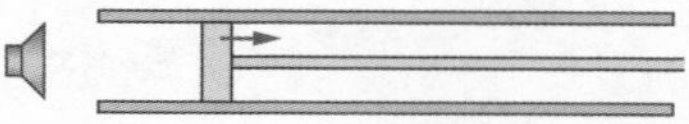

(1)　音の波長$\lambda$〔cm〕を求めよ。　(2)　開口端補正$\Delta l$〔cm〕を求めよ。

解説&解答 (1) 7.0 cm，24.0 cm の位置で固有振動となるから，この距離の差が半波長となる。

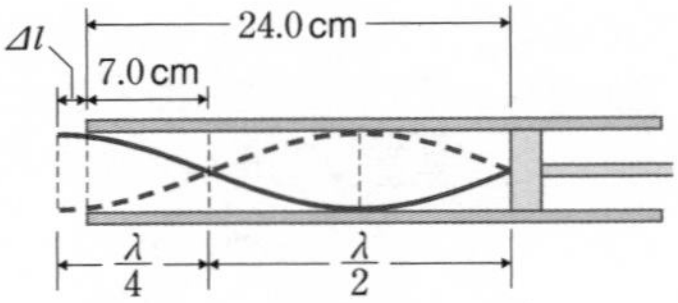


$24.0-7.0=\frac{\lambda}{2}$

よって $\lambda=2\times(24.0-7.0)=2\times17.0=$ **34.0 cm** 答

(2) 最初に固有振動が起こるときの，ピストンと管口との距離7.0 cm に開口端補正 $\Delta l$ を加えると，4分の1波長となる。

$7.0+\Delta l=\frac{\lambda}{4}$ よって $\Delta l=\frac{34.0}{4}-7.0=$ **1.5 cm** 答



類題10 (教 p.59)

図のように，ガラス管にピストンを取りつけて閉管とし，この管口の近くにスピーカーを置いて振動数が一定の音を出した。ピストンの位置を管口から徐々に遠ざけていくと，管口からの距離が近いほうから順に5.0 cm，17.4 cm の位置で気柱の固有振動が起こった。開口端補正 $\Delta l$〔cm〕は常に一定とする。

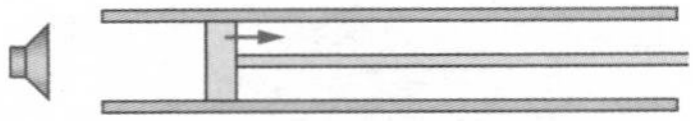

(1) 音の波長 $\lambda$〔cm〕を求めよ。 (2) 開口端補正 $\Delta l$〔cm〕を求めよ。

(3) 次に気柱の固有振動が起こるのは，ピストンがどの位置のときか。

考え方 例題10と同じように考える。

解説&解答 (1) 5.0 cm，17.4 cm の位置で固有振動となるから，この距離の差が半波長となる。

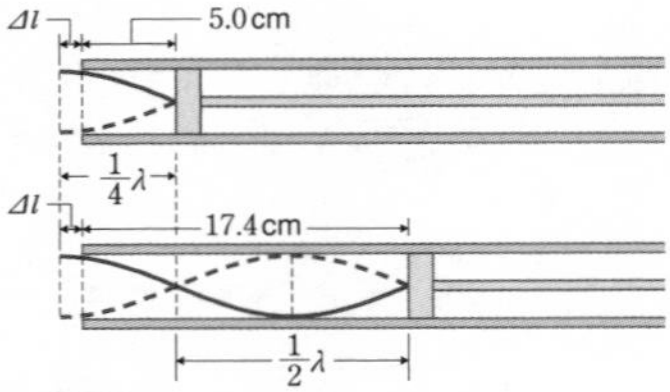


$17.4-5.0=\frac{1}{2}\lambda$

よって

$\lambda=2\times(17.4-5.0)=$ **24.8 cm** 答

(2) 最初に固有振動が起こるときの，ピストンと管口の距離5.0 cm に開口端補正 $\Delta l$ を加えると，4分の1波長となる。

$5.0+\Delta l=\frac{\lambda}{4}$ よって $\Delta l=\frac{24.8}{4}-5.0=$ **1.2 cm** 答

(3) 次に固有振動が起こるのは，17.4 cm の位置からさらに $\frac{\lambda}{2}$ だけピストンを管口から遠ざけたときである。

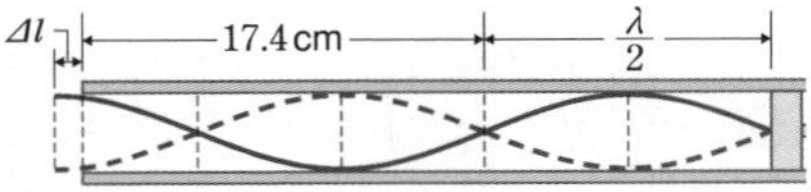


$17.4+\frac{\lambda}{2}=17.4+\frac{24.8}{2}=29.8\,\text{cm}$

答 **管口から29.8 cm の距離のとき**

**問24**
（教 p.60）

図のように，開管に２倍振動を生じさせた。空気の圧力（密度）が最も大きく変化する点をａ～ｅからすべて選べ。

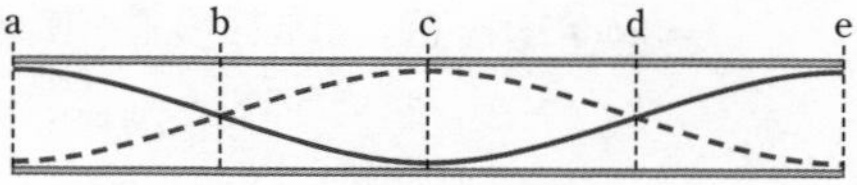


**考え方**　定在波の節の部分が圧力の変化が大きく，腹の部分は圧力の変化が小さい。

**解説&解答**　気柱の振動が図の実線で表されているとき，最も圧力が高い（密な）点はb，最も圧力が低い（疎な）点はdである。半周期後，気柱の振動が図の破線で表されているとき，最も圧力が高い（密な）点はd，最も圧力が低い（疎な）点はbである。
すなわち，定在波の節となるbとdは，半周期ごとに圧力（密度）の最大と最小を繰り返す。したがって，空気の圧力（密度）の時間変化が最大の点は，**b**と**d**である。 答



## 思考学習　ギターの音の振動数

教 p.62

ギターは，太さの異なる６本の弦で構成された楽器である。この６本の弦を開放弦（かいほうげん）（どこも押さえない）で弾いたときの基本振動数は，右の表のようになった。

| | 振動数（Hz） |
|---|---|
| 第1弦 | 330 |
| 第2弦 | 247 |
| 第3弦 | 196 |
| 第4弦 | 147 |
| 第5弦 | 110 |
| 第6弦 | 82 |

**考察1**　第５弦で，第１弦の開放弦で弾いたときと同じ振動数の音を出したい。弦のどのあたりを押さえて弾けばよいだろうか。

**考察2**　第１弦と第６弦では，どちらが太い（線密度の大きい）弦であると考えられるか，理由とともに考えてみよう。ただし，弦を張る力の大きさは第1弦と第6弦でほぼ同じであると考えてよい。

**考察3**　ペグ（チューニングをあわせる部分）をしめると，弦を張る力が大きくなる。このとき，音はどのように変わるか，考えてみよう。

**【参考】音階**　特定の振動数で，ある時間継続する音を楽音（がくおん）といい，楽音を低いものから順に並べたものを音階（おんかい）という（図Aは音階の一例）。図Aのドの音を見れば，１オクターブで振動数が２倍になっていることがわかる。

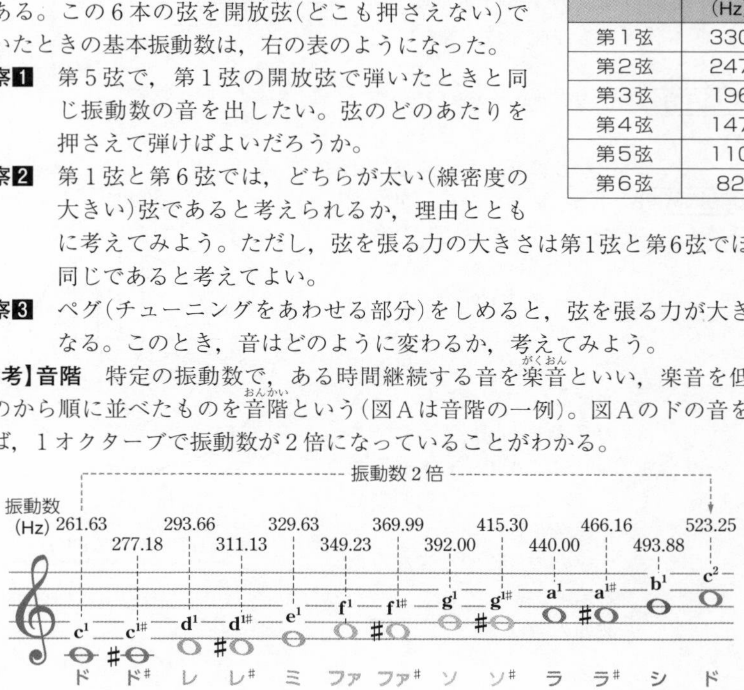


▲図A　音階

(解説&解答) **1** 第5弦の基本振動数は110Hzで，第1弦の基本振動数330Hzと同じ振動数の音を出すためには，弦の長さを$\frac{1}{3}$倍にすればよい。よって，**弦を上から2：1に内分する位置を押さえて弾けばよい。** 答

**2** 弦が太い(線密度が大きい)ほど，弦は重く，動きにくくなり，弦を伝わる波の速さは小さくなるので(㉒式参照)，基本振動数は小さくなる。**第6弦のほうが基本振動数が小さいため，太い弦であると考えられる。** 答

**3** 弦を張る力が大きくなると，弦を伝わる波の速さが大きくなるので(㉒式参照)，音の振動数も大きくなり，**音は高くなる。** 答

**問25**
(教 p.65)

一直線上を速さ170m/sで進む音源がある。1，2，3秒前に音源から出た音波の，現在の波面を図中にそれぞれかきこめ。音の速さを340m/sとする。
また，現在の音源の位置の前方でも後方でも波面の数が等しいことを確かめよ。

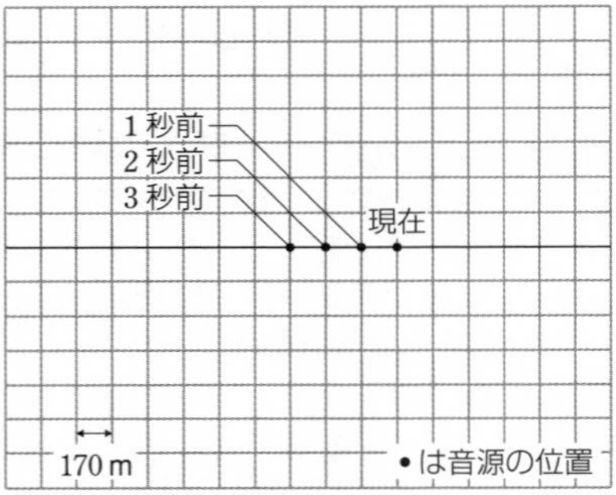


(考え方) 音源が動いていても，音は静止した空気中を波として伝わるので，音の速さは音源の前方でも後方でも等しい。

(解説&解答) 音源が動きながら音を出しても，音波は静止した空気中を伝わっていくので，音波はどの方向にも340m/sの速さで伝わる。したがって，$t$〔s〕前に音源を出た音波は，音が発せられたときの音源の位置から半径が$340 \times t$〔m〕の円周上に達している。また，音源の動く速さが音の速さよりも小さいので，音源は音波を追い越すことはできない。そのため，現在の音源の位置の前後にある波面の数は等しい。 答

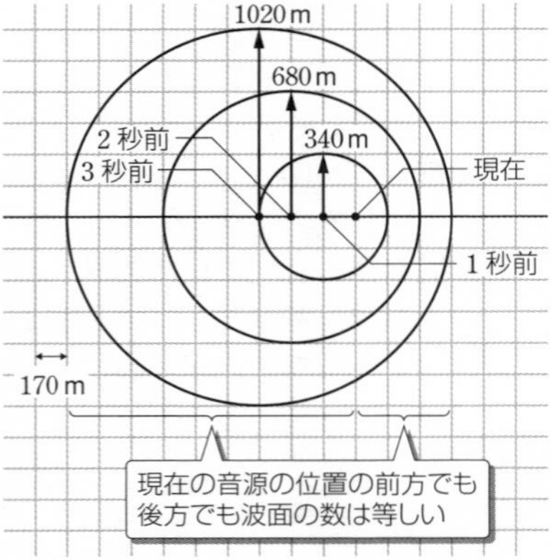

**問26**
(教 p.65) 次の各場合について，観測者の聞く音波の振動数 $f'$〔Hz〕を求めよ。音源の振動数を $f = 720$ Hz，音の速さを $V = 340$ m/s とする。

(1)　音源が 20 m/s の速さで，静止している観測者に近づく。

(2)　音源が 20 m/s の速さで，静止している観測者から遠ざかる。

**考え方**　音源から観測者へ向かう向きを正として，音源が動く(観測者は静止)場合の音波の振動数の式「$f' = \frac{V}{V - v_S} f$」(㉗式)を用いる。

**解説&解答**　(1)　$f' = \frac{V}{V - v_S} f = \frac{340}{340 - 20} \times 720 =$ **765 Hz**　答

(2)　$f' = \frac{V}{V - v_S} f = \frac{340}{340 - (-20)} \times 720 =$ **680 Hz**　答



**問27**
(教 p.66) 次の各場合について，観測者の聞く音波の振動数 $f'$〔Hz〕を求めよ。音源の振動数を $f = 510$ Hz，音の速さを $V = 340$ m/s とする。

(1)　観測者が 20 m/s の速さで，静止している音源から遠ざかる。

(2)　観測者が 20 m/s の速さで，静止している音源に近づく。

**考え方**　音源から観測者へ向かう向きを正として，観測者が動く(音源は静止)場合の音波の振動数の式「$f' = \frac{V - v_O}{V} f$」(㉘式)を用いる。

**解説&解答**　(1)　$f' = \frac{V - v_O}{V} f = \frac{340 - 20}{340} \times 510 =$ **480 Hz**　答

(2)　$f' = \frac{V - v_O}{V} f = \frac{340 - (-20)}{340} \times 510 =$ **540 Hz**　答

**問28**
(教 p.67) 音源と観測者が同一直線上を同じ向きに進む。音源が速さ 20 m/s で進み，観測者が音源の前方を速さ 10 m/s で進むとき，観測者の聞く音波の振動数は何 Hz か。音源の振動数を $f = 640$ Hz，音の速さを $V = 340$ m/s とする。

**考え方**　音源から観測者へ向かう向きを正として，音源と観測者が動く場合の音波の振動数の式「$f' = \frac{V - v_O}{V - v_S} f$」(㉚式)を用いる。

**解説&解答**　$f' = \frac{V - v_O}{V - v_S} f = \frac{340 - 10}{340 - 20} \times 640 =$ **660 Hz**　答

考 **問29**
(教 p.67) 静止している観測者に音源が一定の速さで近づいているとき，音源が一定の振動数 $f$〔Hz〕の音を時間 $t$〔s〕の間だけ出したとする。観測者が音波を観測する時間は $t$〔s〕より長いか短いか。

**考え方**　音源が出した波の数と観測者が観測する波の数は等しくなる。

**解説&解答**　観測者が観測する振動数を $f'$〔Hz〕とすると，ドップラー効果の式「$f' = \frac{V - v_O}{V - v_S} f$」において，$v_O = 0$，$v_S > 0$ であるから

$$f' = \frac{V}{V - v_S} f > f \quad \cdots\cdots ①$$

また観測者が音波を観測した時間を $t'$〔s〕とすると，音源が時間 $t$〔s〕の間に出した波の数 $ft$〔個〕と，観測者が観測した波の数 $f't'$〔個〕は等しく　$ft = f't'$　……②

①，②式より　$t' < t$

よって，観測者が音波を観測する時間 $t'$〔s〕は $t$〔s〕より**短い**。 **答**

## Zoom いろいろな場合のドップラー効果

**例題11**（教 p.69）

図のように，観測者，音源，板が一直線上に並んでいる。板は1m/sの速さで音源に近づいている。このとき，音源から直接伝わる音と板で反射した音によって，観測者が聞く1秒間のうなりの回数 $N$ を求めよ。音源の振動数を $f = 678$ Hz，音の速さを $V = 340$ m/s とする。

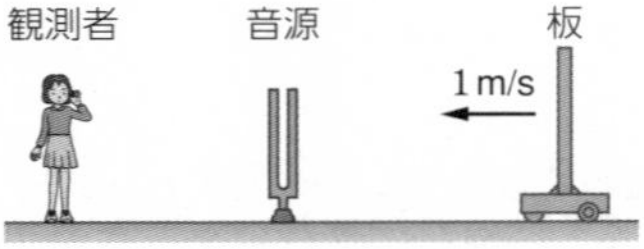


**考え方** 板は，観測者として音を受け取った後，音源として受け取った音を発する(反射する)。

**解説&解答** 板を，動く観測者と考えて，板の受け取る音波の振動数を $f_1$〔Hz〕とすると，「$f' = \frac{V - v_O}{V} f$」(㉘式)より

$$f_1 = \frac{340 - (-1)}{340} \times 678 = \frac{341}{340} \times 678 \text{Hz}$$

板を振動数 $f_1$ の音源と考えて，板からの音を観測者が聞くときの振動数を $f'$〔Hz〕とすると，「$f' = \frac{V}{V - v_S} f$」(㉗式)より

$$f' = \frac{340}{340 - 1} \times \left(\frac{341}{340} \times 678\right) = \frac{340}{339} \times \frac{341}{340} \times 678 = 682 \text{Hz}$$

1秒間のうなりの回数は，振動数の差から次のように求められる。

$|f' - f| = |682 - 678| = 4$ 回/s　よって　$N = 4$ **答**

**類題11**（教 p.69）

例題11と同じように，観測者，音源，板が一直線上に並んでいる。板は2m/sの速さで音源から遠ざかっている。このとき，音源から直接伝わる音と板で反射した音によって，観測者が聞く1秒間のうなりの回数 $N$ を求めよ。音源の振動数を $f = 513$ Hz，音の速さを $V = 340$ m/s とする。

**考え方** 例題11の解法の手順にならって解く。$v_O$，$v_S$ の正負に注意する。

**解説&解答** 板を動く観測者と考えて，板の受け取る音波の振動数を $f_1$〔Hz〕とすると，「$f' = \frac{V - v_O}{V} f$」(㉘式)より

$$f_1 = \frac{340 - 2}{340} \times 513 = \frac{338}{340} \times 513 \text{Hz}$$

板を振動数$f_1$の音源と考えて，板からの音を観測者が聞くときの振動数を$f'$〔Hz〕とすると，「$f'=\dfrac{V}{V-v_S}f$」(㉗式)より

$$f'=\frac{340}{340-(-2)}\times\left(\frac{338}{340}\times 513\right)=507\,\text{Hz}$$

よって　$N=|f'-f|=|507-513|=$ **6** 答

問A
(教 p.69)

図のように，音源と観測者の間を，右向きに速さ2m/sの一様な風が吹いている。次の各場合について，観測者の聞く音波の振動数$f'$〔Hz〕を求めよ。

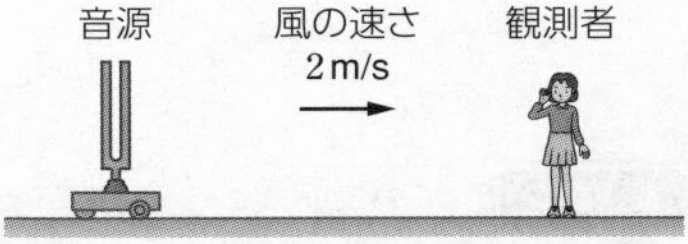


音源の振動数を$f=644$Hz, 無風状態での音の速さを$V=340$m/sとする。

(1)　音源，観測者がともに静止している。

(2)　音源が右向きに速さ20m/sで進み，観測者が右向きに速さ5m/sで進んでいる。

考え方　ドップラー効果は，少なくとも音源か観測者のどちらかが動いているときに起きる。風がある場合のドップラー効果は，風と同じ向きでは風の速さを足し，逆向きでは引く。

解説&解答　(1)　音源，観測者がともに静止しており，反射板などの動きもないので，ドップラー効果は起きない。よって　$f'=$ **644Hz** 答

〈別解〉音源から観測者に向かう音の速さは　$V+2=342$m/s

よって　$f'=\dfrac{342-0}{342-0}\times 644=$ **644Hz** 答

(2)　音源と風の向きは同じであるから，音の速さは，

$340+2=342$m/s となる。よって

$$f'=\frac{342-5}{342-20}\times 644=\frac{337}{322}\times 644=\textbf{674 Hz}$$ 答

例題12
(教 p.70)

図のように，速さ20m/sで進む電車の先端が点Sを通過するときに鳴らした警笛を，静止している観測者が点Oで聞くときの振動数$f'$〔Hz〕を求めよ。音源の振動数を$f=712$Hz，音の速さを$V=340$m/sとする。

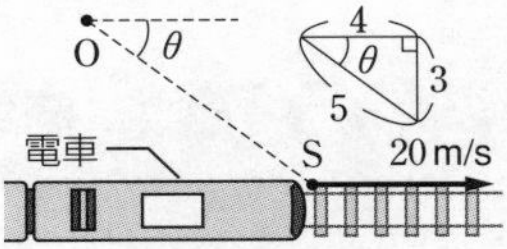


考え方　速度のSO方向の成分を求めて，「$f'=\dfrac{V}{V-v_S}f$」(㉗式)に代入する。

**解説&解答** 音源の速度は，SO 方向の成分の大きさが

$$20 \times \cos\theta = 20 \times \frac{4}{5} = 16\,\text{m/s}$$

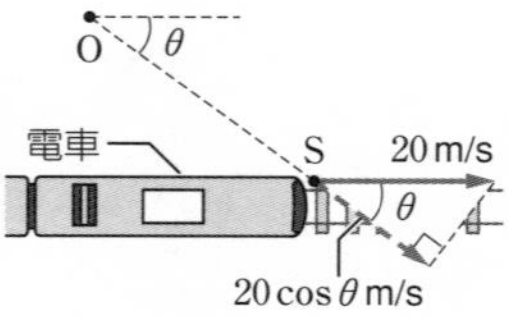


である。よって，音源は点Sを通過するときに，速さ 16 m/s で観測者から遠ざかると考えると，「$f' = \dfrac{V}{V - v_S} f$」（(27)式）より　$f' = \dfrac{340}{340 - (-16)} \times 712 =$ **680 Hz** 答



**類題12**（教 p.70） 図のように，音源が点Sで静止し，観測者は点Sから離れた直線上を，右向きに速さ 6 m/s で進む。このとき，観測者が点Oで聞く音波の振動数 $f'$〔Hz〕を求めよ。音源の振動数を $f = 680$ Hz，音の速さを $V = 340$ m/s とする。

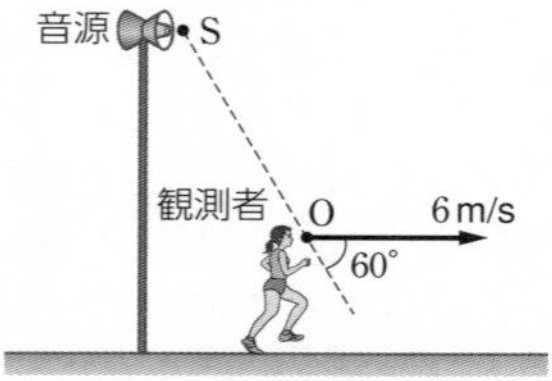


**考え方** 観測者の速度の SO 方向の成分は，$v_O \cos 60°$ である。観測者が動く場合の振動数の変化の式「$f' = \dfrac{V - v_O}{V} f$」（(28)式）を用いる。

**解説&解答** 観測者の速度は，SO 方向の成分の大きさが，

$$6 \times \cos 60° = 3\,\text{m/s}$$

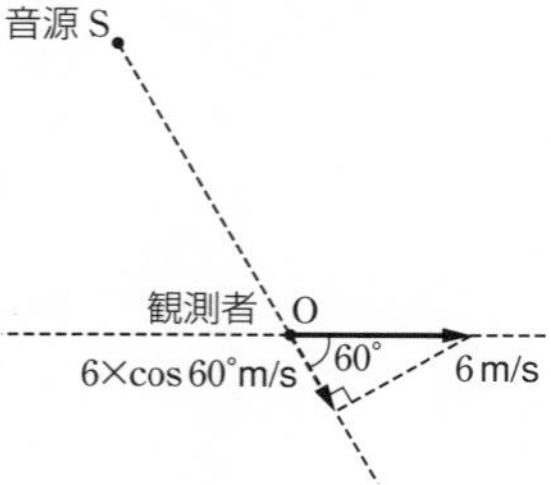


である。よって，観測者は，点Oを通過するときに，速さ 3 m/s で音源から遠ざかると考えると，(28)式より，

$$f' = \frac{340 - 3}{340} \times 680$$

$$= \frac{337}{340} \times 680 = \mathbf{674\,Hz}$$ 答

## 思考学習 簡易スピード測定

教 p.71

Dさんと E さんは，ドップラー効果による振動数の変化を利用して，走る人の速さを測定できないか考えている。

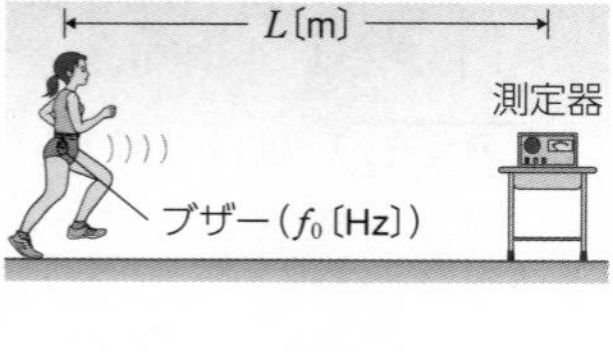


D：「図 A のように，走る人に振動数 $f_0$〔Hz〕の音を出すブザーを身につけてもらい，測定器で振動数の変化を測定しよう。」

E：「測定器から距離 $L$〔m〕の位置でブザーの出した音が，$\Delta t$〔s〕後に測定器に届いたとすると，音の速さは［ 1 ］〔m/s〕になるね。」

D：「測定器が観測する音の振動数を $f'$〔Hz〕とすれば，ドップラー効果の式から，走る人の速さ $v_S$〔m/s〕は［　2　］〔m/s〕になるのか。」

**考察1**　2 人の会話の空欄を適切な式で埋めてみよう。

**考察2**　測定器が観測する音の振動数 $f'$〔Hz〕は，もとの振動数 $f_0$〔Hz〕から最大で何 % 程度大きくなるだろうか。音の速さを 340m/s とし，人が走る速さは最大で 10m/s とする。

**考え方**　音源が動き，観測者が静止している場合のドップラー効果を考える。ドップラー効果により，走る速さが大きいほど観測される振動数は大きくなる。

**解説&解答**　**1**　［　1　］　音の速さを $V$〔m/s〕とすると，「$x = vt$」より

$$V = \frac{\boldsymbol{L}}{\boldsymbol{\Delta t}}\text{〔m/s〕}$$ **答**

［　2　］　ドップラー効果の式「$f' = \dfrac{V - v_O}{V - v_S} f$」より

$$f' = \frac{V}{V - v_S} f_0 \quad \cdots\cdots①$$

よって　$v_S = \dfrac{f' - f_0}{f'} V = \dfrac{\boldsymbol{L}}{\boldsymbol{\Delta t}}\left(\boldsymbol{1 - \dfrac{f_0}{f'}}\right)$〔m/s〕 **答**

**2**　$v_S \leqq 10$m/s であるから，①式より

$$\frac{f'}{f_0} = \frac{V}{V - v_S} = \frac{340}{340 - v_S} \leqq \frac{340}{340 - 10} = 1.030\cdots \fallingdotseq 1.03$$

したがって，$f'$ は $f_0$ から最大で **3% 程度大きくなる。** **答**

## ドリル

**問a**（教 p.71）　次の各場合について，観測者 O が聞く音の振動数 $f'$〔Hz〕を求めよ。ただし，音の速さを 340m/s とし，音源 S と観測者 O は，両者を結ぶ直線上を運動するものとする。

(1)

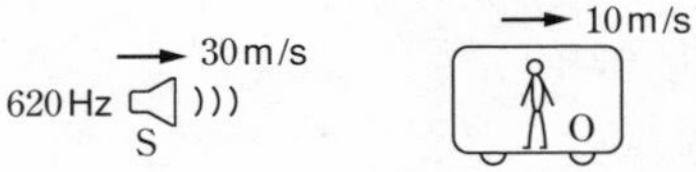


(2)

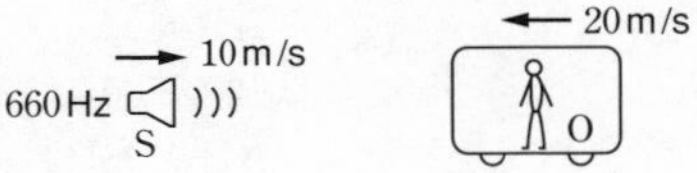


(3)

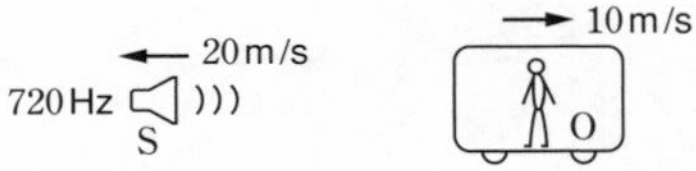


(4)

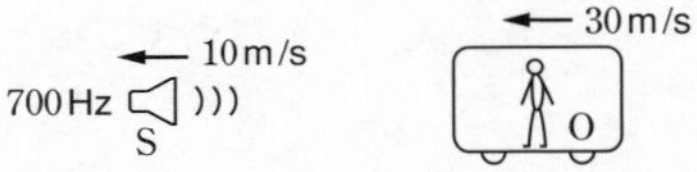


(5)

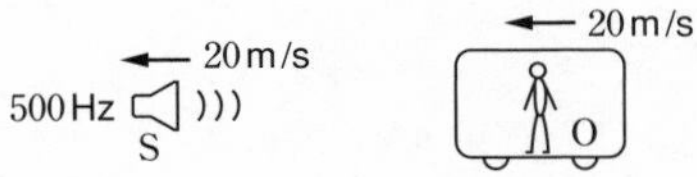


**考え方**　ドップラー効果の式「$f' = \dfrac{V - v_O}{V - v_S} f$」に，音源から観測者に向かう

向きを正として $v_O, v_S$ を代入する。音の速さは $V = 340\,\text{m/s}$ である。

**解説&解答** (1) $v_O = 10\,\text{m/s}$, $v_S = 30\,\text{m/s}$, $f = 620\,\text{Hz}$ より

$$f' = \frac{340 - 10}{340 - 30} \times 620 = \mathbf{660\,Hz}$$ **答**

(2) $v_O = -20\,\text{m/s}$, $v_S = 10\,\text{m/s}$, $f = 660\,\text{Hz}$ より

$$f' = \frac{340 - (-20)}{340 - 10} \times 660 = \mathbf{720\,Hz}$$ **答**

(3) $v_O = 10\,\text{m/s}$, $v_S = -20\,\text{m/s}$, $f = 720\,\text{Hz}$ より

$$f' = \frac{340 - 10}{340 - (-20)} \times 720 = \mathbf{660\,Hz}$$ **答**

(4) $v_O = -30\,\text{m/s}$, $v_S = -10\,\text{m/s}$, $f = 700\,\text{Hz}$ より

$$f' = \frac{340 - (-30)}{340 - (-10)} \times 700 = \mathbf{740\,Hz}$$ **答**

(5) $v_O = -20\,\text{m/s}$, $v_S = -20\,\text{m/s}$, $f = 500\,\text{Hz}$ より

$$f' = \frac{340 - (-20)}{340 - (-20)} \times 500 = \mathbf{500\,Hz}$$ **答**



## 演　習　問　題

教 p.72〜p.73

***1*** 図のように，A, B の小さな 2 つのスピーカーから，振動数の等しい，同位相の音を出す。マイクを，点 P から AB と平行に移動していくと，音はしだいに小さくなってから大きくなり，点 Q で極大になった。音の速さを $3.4 \times 10^2\,\text{m/s}$ とする。

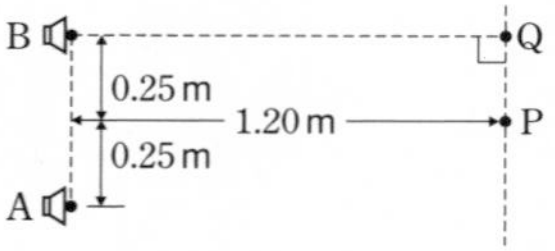


(1) 2 つのスピーカーの音の振動数 $f$〔Hz〕を求めよ。

(2) この状態から，2 つのスピーカーが出す音の振動数を徐々に大きくする。点 Q で次に音の大きさが極大になるときの音の振動数 $f'$〔Hz〕を求めよ。

**考え方** A, B 2 つの音が強めあう点は，⑫式の関係にある。

**解説&解答** (1) 点 P は，A, B から等距離にあり，音は強めあう。

$AP - BP = 0$

点 Q は，マイクを移動する線上で音が強めあう点のうち点 P に最も近い点である。

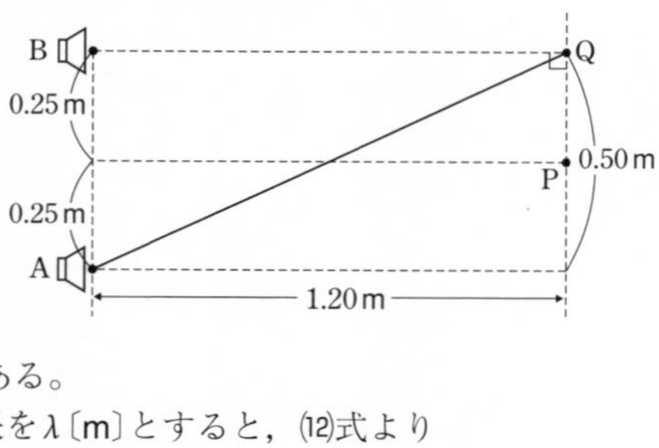


したがって，音の波長を $\lambda$〔m〕とすると，⑫式より

$AQ - BQ = \lambda$ ……①

三平方の定理より　$AQ = \sqrt{1.20^2 + 0.50^2} = 1.30\,\text{m}$
また，$BQ = 1.20\text{m}$ であるから，①式より
$\lambda = 1.30 - 1.20 = 0.10\,\text{m}$

「$v = f\lambda$」((3)式) より　$f = \dfrac{v}{\lambda} = \dfrac{3.4 \times 10^2}{0.10} = \mathbf{3.4 \times 10^3\,Hz}$ 答

(2)　振動数を大きくしていくと，波長$\lambda$が小さくなり，①式を満たさなくなる。再び極大になるときの音の波長を$\lambda'$〔m〕とすると
$AQ - BQ = 0.10 = 2\lambda'$
$\lambda' = 0.050\,\text{m}$　よって　$f' = \dfrac{v}{\lambda'} = \dfrac{3.4 \times 10^2}{0.050} = \mathbf{6.8 \times 10^3\,Hz}$ 答

**2**　図のように，弦の両端がおんさA(振動数$f$〔Hz〕)とおもりに取りつけられている。こまBはAと滑車Cの間を移動して任意の1点で弦を固定することができる。おんさを連続的に振動させながらBを適当に動かすと，AB間の弦の長さ$R$の値が$x$〔m〕のとき，弦が共振した。引き続きBをCへ向かってゆっくり移動させると，$R$の値が$y$〔m〕のとき，再び共振した。

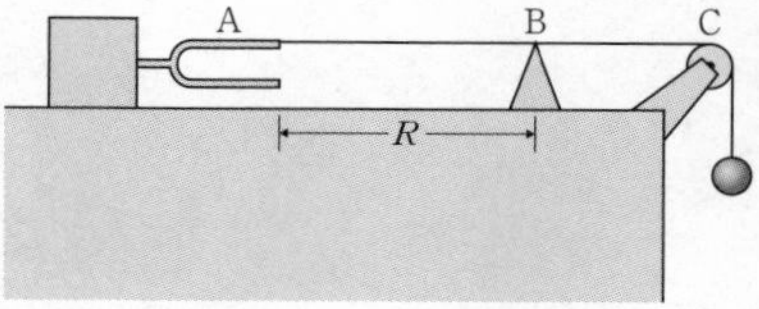


(1)　弦を伝わる横波の波長$\lambda$〔m〕を求めよ。
(2)　この実験では，おんさと弦は等しい振動数で振動している。弦を伝わる波の速さ$v$〔m/s〕はいくらか。

**考え方**　$R = x$ と $R = y$ の位置で隣りあう節となる。

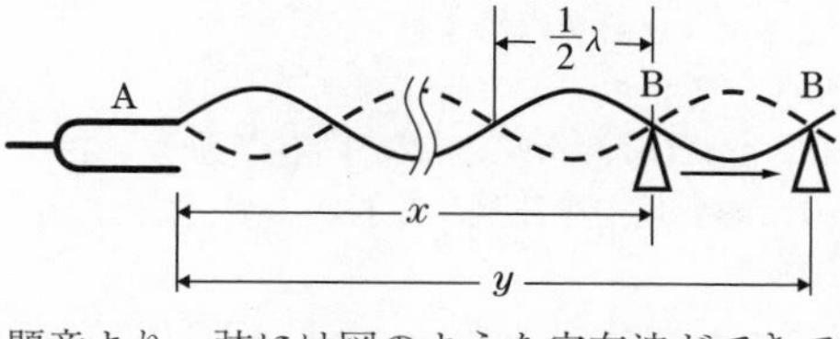


**解説&解答**　題意より，弦には図のような定在波ができている。
(1)　横波の波長を$\lambda$〔m〕とすると
$$\frac{\lambda}{2} = y - x$$
ゆえに　$\lambda = \mathbf{2(y - x)}$〔m〕 答
(2)　弦を伝わる波の速さを$v$とすると
$v = f\lambda = \mathbf{2f(y - x)}$〔m/s〕 答

**3**　開管内に振動数が $4.5 \times 10^2\,\text{Hz}$ の音を入れたところ，3倍振動が発生した。振動数を徐々に大きくしていくとき，次に固有振動が起こるときの振動数$f$〔Hz〕を求めよ。なお，管口の位置を腹とする。

考え方 次に起こる固有振動は4倍振動である。開管の長さを$l$とすると，開管内で気柱が$m$倍振動したとき，その波長$\lambda$は，

$\lambda=\dfrac{2l}{m}$ （$m=1,\ 2,\ 3,\ \cdots$） となる。

解説&解答 3倍振動では，$\lambda=\dfrac{2l}{3}$となるから，空気中の音の速さを$V$とすると，

「$V=f\lambda$」より $V=(4.5\times10^2)\times\dfrac{2l}{3}$ ……①

一方，開管内で気柱が4倍振動すると$\lambda=\dfrac{2l}{4}$であるから

$V=f\times\dfrac{2l}{4}$ ……②

となる。①，②式を比較して

$(4.5\times10^2)\times\dfrac{2l}{3}=f\times\dfrac{2l}{4}$

したがって $f=(4.5\times10^2)\times\dfrac{4}{3}=\mathbf{6.0\times10^2\,Hz}$ 答



***4*** 図のような，水の入った円筒管がある。円筒管の上端近くで振動数$6.00\times10^2$ Hzのおんさを鳴らしながら，円筒管の水面の位置をしだいに下げていったところ，管口から水面までの距離が13.6 cmのとき初めて共鳴が起こり，次に42.6 cmになったとき再び共鳴が起こった。開口端補正$\Delta l$〔cm〕は常に一定とする。

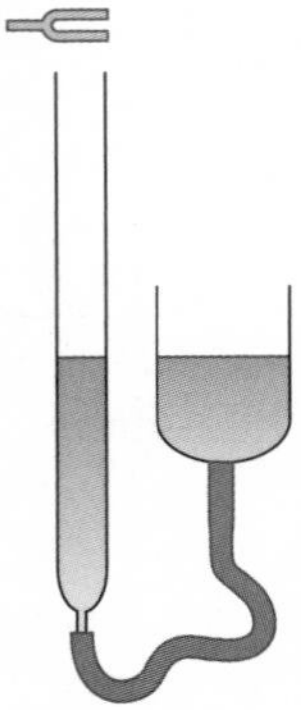

(1) このときの音の速さ$V$〔m/s〕を求めよ。

(2) 開口端補正$\Delta l$〔cm〕を求めよ。

解説&解答 (1) 13.6 cmと42.6 cmの位置で固有振動が発生し，その距離の差が半波長に等しいので，波長$\lambda$〔m〕は

$\dfrac{\lambda}{2}=42.6-13.6=29.0$

よって $\lambda=58.0\,\mathrm{cm}=0.580\,\mathrm{m}$

したがって，「$V=f\lambda$」より

$V=(6.00\times10^2)\times0.580=\mathbf{3.48\times10^2\,m/s}$ 答

(2) 最初に固有振動が起こるときの，水面と管口との距離に，開口端補正$\Delta l$を加えると，4分の1波長となる。

$\Delta l=\dfrac{\lambda}{4}-(13.6\times10^{-2})$

よって $\Delta l=\dfrac{0.58}{4}-(13.6\times10^{-2})=0.009\,\mathrm{m}=\mathbf{0.9\,cm}$ 答

**5** 図のように，振動数 510 Hz のおんさA，観測者，おんさBが一直線上に並んでいる。おんさA，Bを同時に鳴らすと，観測者には毎秒3回のうなりが聞こえた。音の速さを 340 m/s とし，おんさAとBでは，Bの音のほうが低いものとする。

(1) Bの振動数 $f_B$〔Hz〕を求めよ。
(2) Bを動かすと，うなりが消えた。Bを動かした向きは図の左向きか，右向きか。
(3) Bを動かしたときの速さ $v$〔m/s〕を求めよ。

**考え方** うなりの回数は，2つの音源の振動数の差になる。音源が観測者に近づくと音の振動数は大きくなる。

**解説&解答** (1) うなりは毎秒3回聞こえ，$f_A > f_B$ より $f_A - f_B = 3$

よって $f_B = f_A - 3 = 510 - 3 =$ **507 Hz** 答

(2) 観測者に，実際の振動数より高く聞こえるようにするには，観測者に近づくように動かせばよい。すなわち，**左向き** 答

(3) おんさBから聞こえる音の振動数が，ドップラー効果により，$f_A$〔Hz〕に等しくなればよい。音の速さを $V$〔m/s〕とすると

$$\frac{V}{V-v}f_B = \frac{340}{340-v} \times 507 = 510 \quad よって \quad v = \mathbf{2\,m/s}$$ 答

**6** 図のように，観測者，音源，板が一直線上に並んでいる。音源は $v_S$〔m/s〕の速さで，板は $v_R$〔m/s〕の速さで，ともに観測者から遠ざかっている。音源の振動数を $f$〔Hz〕，音の速さを $V$〔m/s〕とする。

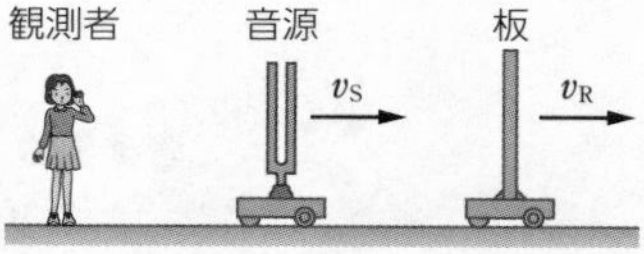


(1) 音源から直接観測者に伝わる音波の振動数 $f_1$〔Hz〕を求めよ。
(2) 板で反射して観測者に伝わる音波の振動数 $f_2$〔Hz〕を求めよ。
(3) 観測者にはうなりが聞こえなかった。このとき，$v_R$ を $v_S$ で表せ。

**考え方** 板で音が反射する場合のドップラー効果を考える。

**解説&解答** (1) (27)式より $f_1 = \dfrac{V}{V-(-v_S)}f = \boldsymbol{\dfrac{V}{V+v_S}f}$ **〔Hz〕** 答

(2) 板が受け取る音波の振動数 $f'$ は，(30)式より $f' = \dfrac{V-v_R}{V-v_S}f$

また，板を振動数 $f'$ の音を出す動く音源と考える。板で反射した音を観測者が聞くときの振動数 $f_2$ は

$$f_2 = \frac{V}{V-(-v_R)}f' = \frac{V}{V+v_R}\cdot\frac{V-v_R}{V-v_S}f$$

$$= \boldsymbol{\frac{(V-v_R)V}{(V-v_S)(V+v_R)}f}$$ **〔Hz〕** 答

(3) うなりが聞こえないとき $f_1 = f_2$ である。すなわち

$$\frac{V}{V+v_S}f = \frac{V}{V+v_R}\cdot\frac{V-v_R}{V-v_S}f$$

$$\frac{V-v_S}{V+v_S} = \frac{V-v_R}{V+v_R}$$ よって $\boldsymbol{v_R = v_S}$ 答

## 考 考えてみよう！

7 (1) 管楽器では，温かい部屋から寒い部屋に移動すると，同じように音を出しても，楽器から出る音の振動数が変化してしまうことが知られている。変化する理由と，どのように変化するか考えてみよう。

(2) 一定の振動数の音を発しながら時計回りに等速円運動している音源がある。静止したFさんが音源からの音を図のような位置で聞くとき，音源がどの位置で発した音が最も高く聞こえるか，その位置を図中に示せ。また，Fさんが円の中心で音を聞くと，音の高さはどのように聞こえるか。音源の等速円運動の速さは，音の速さより小さいとする。

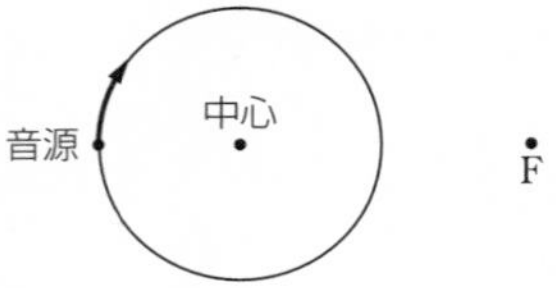


第❸編 波

解説&解答 (1) **空気中を伝わる音の速さは，温度が高くなるほど大きくなる。寒い部屋では音の速さは小さくなり，波長は一定であるため，「$f=\dfrac{v}{\lambda}$」より，音の速さが小さくなると，振動数も小さくなり，管楽器から出る音は低くなる。** 答

(2) 音源の速度が音源からFさんに向かう向きにになったときに発した音が，Fさんに届いたとき，音の振動数が最大に聞こえる。したがって，

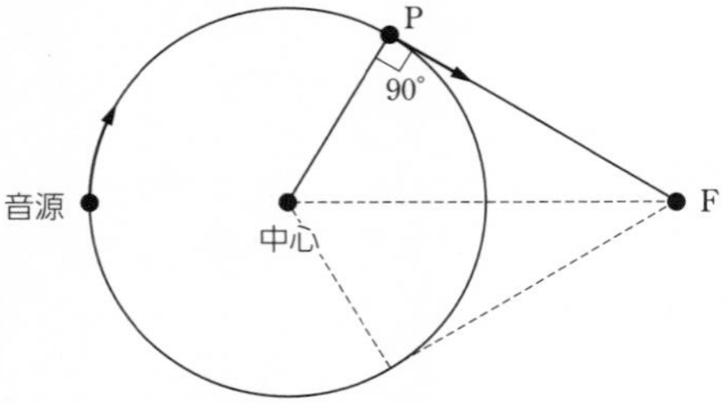


音源が**右図の点P**(点Fから円に接線を引いたときの接点のうち，速度が点Fに向かう点)で発した音が最も高く聞こえる。 答

Fさんが円の中心にいるとき，音源からFさんに向かう方向の音源の速度成分は常に0であるからドップラー効果は起こらない。

よって，円の中心で音を聞くと，**音源が静止している場合と同じ高さの音が聞こえる。** 答

# 第3章　光

教 p.74 〜 p.114



## 1 光の性質

### A 光とその種類

人間の目に感じる光を**可視光線**という。その色は振動数(あるいは波長)によって異なる(教 p.74 図 54)。太陽光のようにいろいろな波長の光を含み，色あいを感じない光を**白色光**という。また，1つの波長からなる光を**単色光**という。

一般に光というときには，可視光線をさすことが多い。光は電波などとともに電磁波の一種であり，水面波や音波などとは異なり，媒質のない真空中でも伝わる。

### B 光の速さ

真空中の光の速さは，振動数(あるいは波長)に関係なく $3.00 \times 10^8$ m/s である。

物質中の光の速さは真空中よりも小さく，同じ物質でも光の振動数により少し異なる。空気などの気体中の光の速さは真空中とほぼ等しい。

### C 光の反射・屈折

光は同じ媒質中では直進するが，異なる媒質との境界面では一部が反射し，一部は屈折する(教 p.76 図 56)。光が真空中からある媒質中へ入射するときの相対屈折率を，その媒質の**絶対屈折率**(または，単に**屈折率**)という。

同図のように，光が媒質1（絶対屈折率 $n_1$）から媒質2（絶対屈折率 $n_2$）へ入射するとき，各媒質での光の速さを $v_1$，$v_2$〔m/s〕，真空中での光の速さを $c$〔m/s〕とすると

$$n_1 = \frac{c}{v_1},\quad n_2 = \frac{c}{v_2} \tag{31}$$

と表される。これより，入射角，反射角，屈折角をそれぞれ $i$，$j$，$r$，媒質1，2での光の波長を $\lambda_1$，$\lambda_2$，媒質1に対する媒質2の相対屈折率を $n_{12}$ とすると，反射の法則と屈折の法則は次のようになる。

**反射の法則：** $$\boldsymbol{i = j} \tag{32}$$

**屈折の法則：** $$n_{12} = \frac{\sin i}{\sin r} = \frac{v_1}{v_2} = \frac{\lambda_1}{\lambda_2} = \frac{n_2}{n_1} \tag{33}$$

屈折の法則は，次のように表すこともできる。

$$n_1 \sin i = n_2 \sin r,\quad n_1 v_1 = n_2 v_2,\quad n_1 \lambda_1 = n_2 \lambda_2 \tag{34}$$

真空中での波長が $\lambda$〔m〕の光が絶対屈折率 $n$ の媒質中を進むとき，媒質中の光の速さ $v$〔m/s〕，波長 $\lambda'$〔m〕は

$$v = \frac{c}{n},\quad \lambda' = \frac{\lambda}{n} \tag{35}$$

光の速さは空気中と真空中でほとんど等しいので，空気に対する屈折率は，絶対屈折率とほぼ等しい。

## D 全反射

光が屈折率の大きい媒質から小さい媒質へ入射する場合，入射角よりも屈折角のほうが大きいため，ある入射角 $i_0$ ($i_0 < 90°$) で，屈折角が 90° になる(右図)。この入射角 $i_0$ を**臨界角**という。入射角が $i_0$ をこえると光はすべて反射される。この現象を**全反射**という。

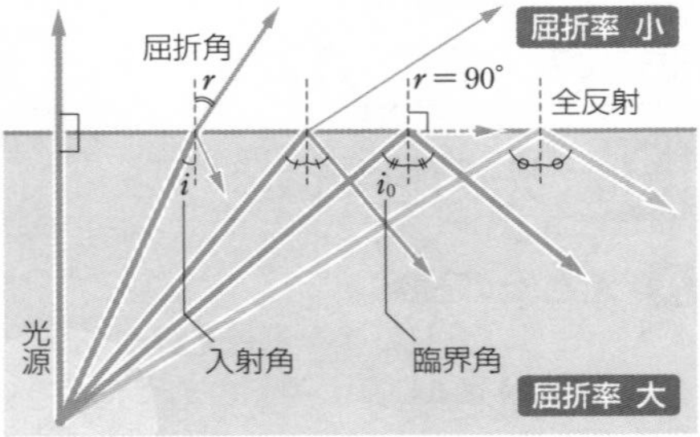


光が屈折率 $n$ の媒質から空気中へ入射するときには，次の式が成りたつ。

$$\sin i_0 = \frac{1}{n} \tag{36}$$



## E 光の分散とスペクトル

**❶光の分散**　太陽光(白色光)をプリズムに通して白い紙に映すと，赤から紫まで連続的に分かれた色が見える。光がそれぞれの波長に応じた角度で屈折し，いろいろな色の光に分かれることを光の**分散**という。光を波長によって分けたものを**スペクトル**という。

**❷連続スペクトルと線スペクトル**　波長が広い範囲で連続的に並んでいるスペクトルを**連続スペクトル**という(教 p.82 図 61 ⓐ)。一方，いくつかの輝いた線(輝線)がとびとびに分布しているスペクトルを**線スペクトル**という(同図ⓑ～ⓓ)。

**❸吸収スペクトル**　明るい(高温の)白熱灯の光をナトリウムの蒸気に通すと，白熱灯の光の連続スペクトルを背景とする暗い線スペクトルが得られる(同図ⓔ)。これは，ナトリウムの蒸気によって光が吸収されたことを示し，**吸収スペクトル**という。太陽光の連続スペクトルの中には，多くの暗線が見られる。これを**フラウンホーファー線**という(同図ⓕ)。

## F 光の散乱

光が小さな粒子に当たると，通常の反射とは異なり四方に散る。これを光の**散乱**という。大気中の気体分子のように，光の波長より小さな粒子による散乱では，波長が短いほど散乱される割合は大きい。このため,波長が短い青色の光は散乱されやすく，波長が長い赤色の光はあまり散乱されずに進む。晴れた昼の空は青く，夕焼けが赤いのは，この散乱の性質による(教 p.84 図 62)。

## G 偏光

太陽光や電球の光のようないろいろな方向に振動する光を**自然光**という。一方，自然光が結晶などを通ると振動面が特定の方向に偏ることがある。この光を**偏光**といい，偏光をつくる板を**偏光板**という。自然光を偏光板に通して偏光板を回転させても明るさは変化しない。これは自然光にはいろいろな方向に振動する光が含まれているからである。つまり偏光は，光が横波であるために起こる現象である。

# 2 レンズと鏡

## A 凸レンズ・凹レンズ

中心部が周辺部よりも厚いレンズを**凸レンズ**といい，中心部が周辺部よりも薄いレンズを**凹レンズ**という。また，レンズの2つの球面の中心を結ぶ直線を**光軸**という。凸レンズは光を集めようとするはたらき，凹レンズは光を広げようとするはたらきをもつ。

**❶凸レンズ**　凸レンズに光軸と平行な光線を当てると，凸レンズの後方の光軸上の1点Fに光が集まる(右上図ⓐ)。この点Fを凸レンズの**焦点**といい，レンズの中心Oから焦点Fまでの距離$f$を**焦点距離**という。焦点はレンズの前後に1つずつあり，それぞれの焦点距離は等しい。点Fから出る光は，凸レンズを通過後，光軸と平行に進む(同図ⓑ)。

**❷凹レンズ**　凹レンズに光軸と平行な光線を当てると，凹レンズの前方の光軸上にある焦点Fから放射状に広がっているように進む(右下図ⓐ)。逆に，焦点Fに向かって進んできた光は，凹レンズを通過後，光軸に平行に進む(同図ⓑ)。

凸レンズ，凹レンズともに，中心を通る光は，その方向によらず直進する。

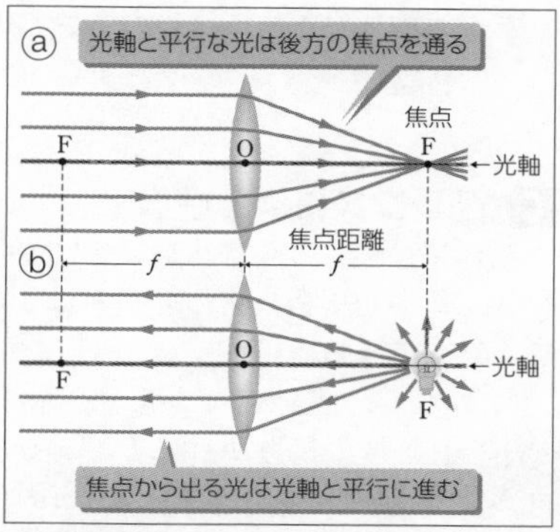
ⓐ
光軸と平行な光は後方の焦点を通る
焦点
F
O
F
←光軸
焦点距離
ⓑ
f
f
O
F
←光軸
F
焦点から出る光は光軸と平行に進む
▲凸レンズを通る光

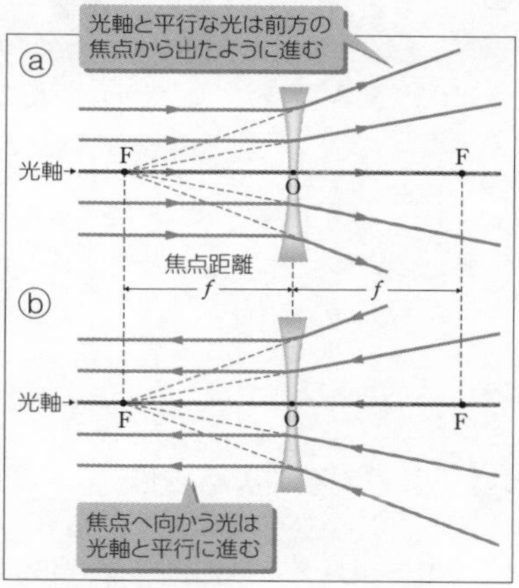
光軸と平行な光は前方の焦点から出たように進む
ⓐ
光軸→
F
O
F
焦点距離
f
f
ⓑ
光軸→
F
O
F
焦点へ向かう光は光軸と平行に進む
▲凹レンズを通る光

第3編 波

## B 凸レンズによる実像

凸レンズの焦点の外側に物体を置くと，レンズの後方にあるスクリーン上に，**実像**ができる(右図)。実像は，実際に物体からの光が集まってできている。この実像の向きは物体と上下左右が反対になるので，**倒立像**という。

凸レンズと物体との距離を$a$，凸レンズと像との距離を$b$，レンズの焦点距離を$f$とすると，右図より次の関係式(**写像公式**)が得られる。

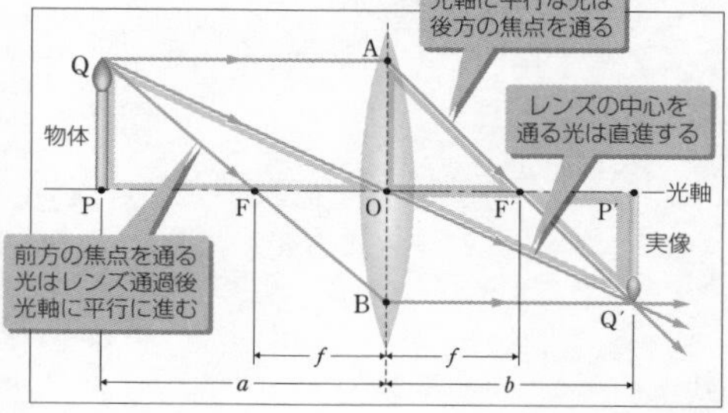
光軸に平行な光は後方の焦点を通る
Q
A
レンズの中心を通る光は直進する
物体
P
F
O
F′
P′
光軸
実像
前方の焦点を通る光はレンズ通過後光軸に平行に進む
B
Q′
f
f
a
b

$$\frac{1}{a}+\frac{1}{b}=\frac{1}{f}$$

また，物体に対する像の大きさの比 $m$ （**倍率**）は次のようになる。

$$\boldsymbol{m=\frac{b}{a}} \tag{38}$$

## C 凸レンズによる虚像

物体を，焦点よりも凸レンズに近い位置に置いた場合，物体を拡大して見ることができる。

このとき，実像はできない。物体PQをレンズの後方から見ると，あたかもP′Q′にあるように見える(右図)。この像は，実際にこの位置に光が集まっているわけではないので，**虚像**という。また，この像は正立している像(物体と同じ向きの像)であるから，**正立像**という。この場合について，$a$，$b$，$f$ の関係を求めると

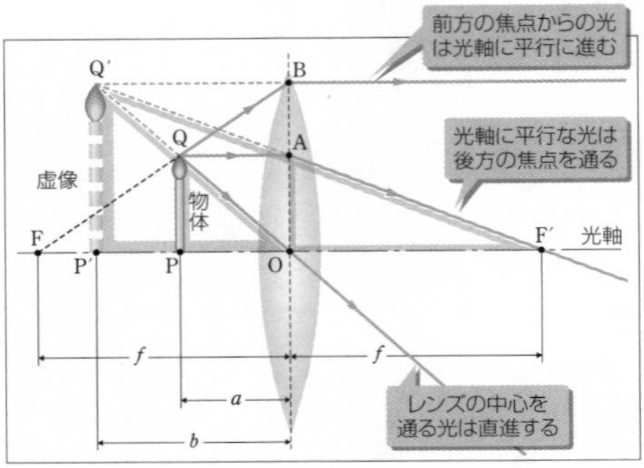


$$\frac{1}{a}-\frac{1}{b}=\frac{1}{f} \tag{39}$$

また，物体に対する像の大きさの比 $m$ （倍率）は，次のようになる。

$$m=\frac{b}{a} \tag{40}$$

(39)式で $f$ は正であるから $a<b$ となり，倍率 $m$ は1より大きくなる。

## D 凹レンズによる虚像

凹レンズを通して物体を見ると，正立の像が見える。右図のように，この像は虚像である。

凹レンズの場合，物体PQが凹レンズの焦点より近くても遠くても実像はできず，正立虚像が見える。

この場合について，$a$，$b$，$f$ の関係を求めると

$$\frac{1}{a}-\frac{1}{b}=-\frac{1}{f} \tag{41}$$

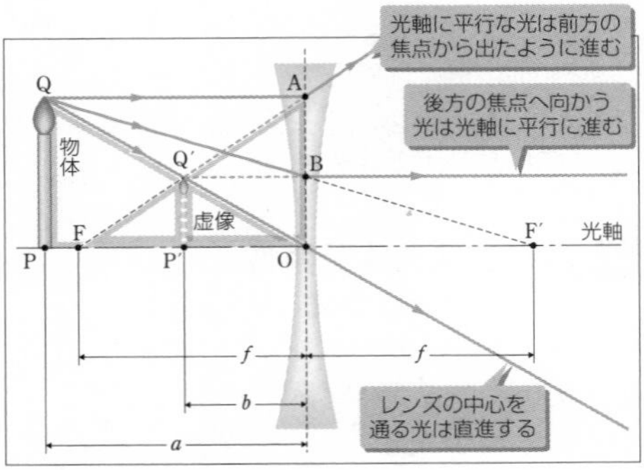


▲凹レンズによる虚像

また，物体に対する像の大きさの比 $m$ （倍率）は，次のようになる。

$$m=\frac{b}{a} \tag{42}$$

(41)式で $f$ は正であるから $a>b$ となり，倍率 $m$ は1より小さくなる。

## E レンズの式のまとめ

写像公式や倍率の式は，$a$，$b$，$f$ の正負を次の表のように定めると，(43)，(44)式で表せる。

### レンズの式

写像公式：$\dfrac{1}{a}+\dfrac{1}{b}=\dfrac{1}{f}$　　(43)

倍率：$m=\left|\dfrac{b}{a}\right|$　　(44)

$a$　物体の位置
$b$　像の位置
$f$　焦点距離
$m$　倍率

| | 凸レンズ | | 凹レンズ |
|---|---|---|---|
| $f$ | 正 | | 負 |
| $a$ | 正 | | 正 |
| | $a>f$ | $a<f$ | |
| $b$ | 正 | 負 | 負 |
| 像 | 倒立実像 | 正立虚像 | 正立虚像 |

凸レンズによる実像

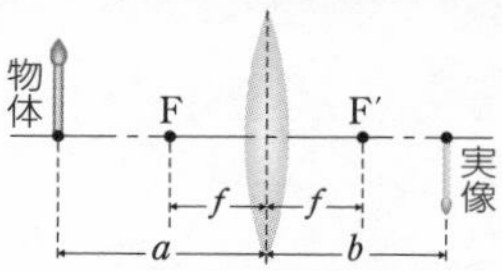


$f>0,\ a>0,\ b>0$

凸レンズによる虚像

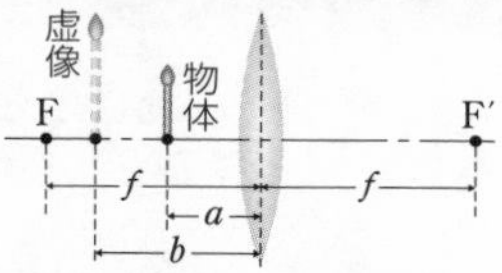


$f>0,\ a>0,\ b<0$

凹レンズによる虚像

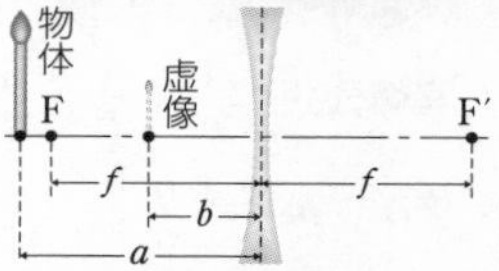


$f<0,\ a>0,\ b<0$

## F 組合せレンズ

2枚の凸レンズ1，2を，光軸が一致するようにして離して置くとき(教 p.93 図74)，2枚のレンズによる物体の像Qの位置は次のような手順で求められる。

1．レンズ1のみによる物体の像Pの位置を求める(同図ⓐ)。
2．レンズ2に対する像Pの位置を求め，写像公式の$a$に代入し，像Qの位置を求める(同図ⓑ)。

## G 平面鏡と球面鏡

**❶平面鏡**　物体を平面鏡の前に置くと，鏡の反射面(鏡面)に関して対称な像ができる(教 p.95 図75)。この像は虚像である。また，等倍の正立像である。

**❷凹面鏡と凸面鏡**　鏡面が球面である鏡を**球面鏡**という。球面の内側を鏡面とした鏡を**凹面鏡**といい，遠方からくる光を集める性質をもつ。また，球面の外側を鏡面とした鏡を**凸面鏡**といい，広い範囲の光が目に届く性質をもつ。

球面鏡で反射する光は教 p.95 図76のように進む。球面鏡の焦点Fは1つしかなく，凹面鏡は前方に，凸面鏡は後方にある。鏡面上の点Mと球面の中心Oを結ぶ直線を**主軸**，MF間の距離を**焦点距離**という。

## H 球面鏡による像

**❶凹面鏡による実像**　凹面鏡の焦点の外側に物体を置くと，凹面鏡の前方に倒立実像ができる。凹面鏡と物体との距離を$a$，凹面鏡と像との距離を$b$，凹面鏡の焦点距離を$f$とすると，写像公式と倍率$m$が得られる。

$$\frac{1}{a}+\frac{1}{b}=\frac{1}{f},\quad m=\frac{b}{a}\qquad(45)$$

**❷凹面鏡による虚像** 凹面鏡の焦点の内側に物体を置くと，正立虚像が見える。写像公式と倍率 $m$ は次のようになる。

$$\frac{1}{a}-\frac{1}{b}=\frac{1}{f},\quad m=\frac{b}{a} \tag{46}$$

**❸凸面鏡による虚像** 凸面鏡の場合は，物体の位置にかかわらず，正立虚像が見える。写像公式と倍率 $m$ は次のようになる。

$$\frac{1}{a}-\frac{1}{b}=-\frac{1}{f},\quad m=\frac{b}{a} \tag{47}$$

**❹球面鏡の式** レンズの場合と同様，球面鏡の写像公式や倍率の式は，$a$，$b$，$f$ の正負を次の表のように定めると，(48)，(49)式で表すことができる。

**球面鏡の式**

写像公式：$\boldsymbol{\dfrac{1}{a}+\dfrac{1}{b}=\dfrac{1}{f}}$ (48)

倍率：$\boldsymbol{m=\left|\dfrac{b}{a}\right|}$ (49)

$a$ 物体の位置
$b$ 像の位置
$f$ 焦点距離
$m$ 倍率

<table>
<tr><th></th><th colspan="2">凹面鏡</th><th>凸面鏡</th></tr>
<tr><td>$f$</td><td colspan="2">正</td><td>負</td></tr>
<tr><td rowspan="2">$a$</td><td colspan="2">正</td><td rowspan="2">正</td></tr>
<tr><td>$a>f$</td><td>$a<f$</td></tr>
<tr><td>$b$</td><td>正</td><td>負</td><td>負</td></tr>
<tr><td>像</td><td>倒立実像</td><td>正立虚像</td><td>正立虚像</td></tr>
</table>

# 3 光の干渉と回折

## A ヤングの実験

教 p.100 図 81 のように，光源から出た単色光をスリット $S_0$ に通すと，光が回折によって広がる。その後2つのスリット(複スリット) $S_1$，$S_2$ を通って回折した光がスクリーン上で強めあったり，弱めあったりして，スクリーンに明暗の縞模様(**干渉縞**)ができる(教 p.100 図 80 ⓐ，ⓑ)。

単色光の波長を $\lambda$，スクリーン上の任意の点を P として $S_1P$ を $l_1$，$S_2P$ を $l_2$ とする。水面波の干渉と同様，道のりの差(経路差) $|l_1-l_2|$ が次の式を満たす場合に，光は強めあったり弱めあったりする。

**明線：** $\boldsymbol{|l_1-l_2|=m\lambda \quad (m=0,\ 1,\ 2,\ \cdots)}$ (50)

**暗線：** $\boldsymbol{|l_1-l_2|=\left(m+\dfrac{1}{2}\right)\lambda \quad (m=0,\ 1,\ 2,\ \cdots)}$ (51)

経路差 $|l_1-l_2|$ は，スリットの間隔 $d$，スクリーンまでの距離 $l$，OP 間の距離 $x$ を用いて，$\dfrac{d}{l}x$ と表される(教 p.101 図 82)。よって，(50)，(51)式から

明線の位置： $x=m\dfrac{l\lambda}{d} \quad (m=0,\ 1,\ 2,\ \cdots)$ (52)

暗線の位置： $x=\left(m+\dfrac{1}{2}\right)\dfrac{l\lambda}{d} \quad (m=0,\ 1,\ 2,\ \cdots)$ (53)

これより，隣りあう明線(暗線)の間隔$\Delta x$は　$$\boldsymbol{\Delta x = \frac{l\lambda}{d}} \tag{54}$$

となる。$\Delta x$, $l$, $d$を測定すれば，光の波長$\lambda$を求めることができる。

## B 回折格子

**❶回折格子**　ガラス板の片面に，多くの細い筋を等間隔で平行に引いたものを**回折格子**といい，筋と筋の間隔$d$を**格子定数**という。筋と筋の間がスリットとしてはたらき，回折格子に光を当てると，回折した光が干渉する(教 p.103 図83)。

**❷明線の条件**　各スリットを通った単色光のうち，入射方向と角$\theta$をなす方向にあるスクリーン上の点Pに向かう光を考える。隣りあう光の道のりの経路差$d\sin\theta$が単色光の波長$\lambda$の整数倍となる方向では明線が生じる(教 p.103 図84)。

$$\boldsymbol{d\sin\theta = m\lambda \quad (m = 0,\ 1,\ 2,\ \cdots)} \tag{55}$$

**❸回折格子による明線**　回折格子はスリットの数が非常に多く，(55)式の角$\theta$の方向から少しでも外れる点では各スリットからの光の位相が少しずつずれるため，これらの光を重ねあわせると全体として弱めあって暗くなる(教 p.104 図85)。このため，回折格子の明線は，ヤングの実験の場合よりもきわめて鋭く現れる(教 p.104 図86 ⓐ)。白色光の場合は，スクリーンにはさまざまな色が現れる(同図ⓑ)。

第❸編　波

## C 薄膜による光の干渉

しゃぼん玉や水たまりに浮かんだ油膜の表面は，さまざまな色に色づいて見えるのは，光の干渉によって生じる現象である(教 p.106 図87)。

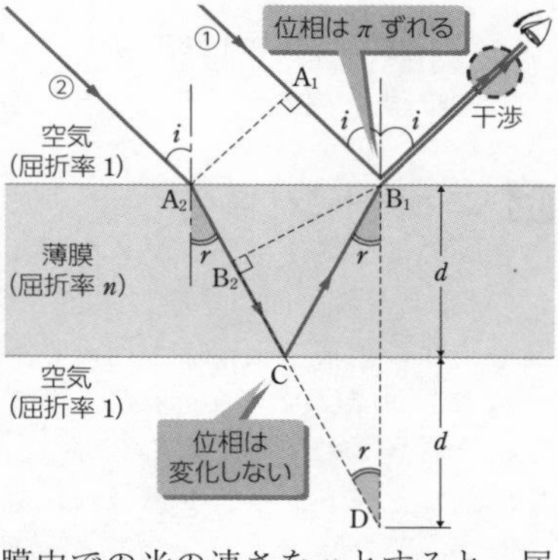


**❶経路差**　右図のように，屈折率$n$ $(n > 1)$，厚さ$d$の薄膜に，波長$\lambda$の単色光が入射し，薄膜の上面で反射する光①と，薄膜の下面で反射する光②が点$B_1$で重なるものとする。この2つの光に位相差をもたらす経路差は，$2d\cos r$と表される。

**❷光路長と光路差**　真空中での光の速さを$c$，薄膜中での光の速さを$v$とすると，屈折の法則より

$$\frac{c}{v} = n \tag{56}$$

光が距離$l$だけ進むのにかかる時間は，薄膜中では真空中の$n$倍になる。つまり，屈折率$n$の媒質中の距離$l$は，真空中の距離$nl$に相当する(教 p.106 図89)。この$nl$(屈折率×距離)を**光路長**または**光学距離**という。

| 光路長 |
|---|
| **光路長＝屈折率×距離**　(57) |

薄膜の経路差を光路長の差(**光路差**という)に直すと，$2nd\cos r$になる。

**❸反射による位相の変化**　薄膜の下面では，屈折率の大きい媒質(薄膜)から入射し，屈折率の小さい媒質(空気)との境界面で反射する。この反射によって位相は変化しない。一方，薄膜の上面では，屈折率の小さい媒質(空気)から入射し，屈折率の大きい媒質(薄膜)との境界面で反射し，反射によって位相が$\pi$だけ(半波長分)変化する。
**❹干渉の条件式**　以上より，反射光が強めあう条件式は次のようになる。

$$2nd\cos r=\left(m+\frac{1}{2}\right)\lambda \quad (m=0,\ 1,\ 2,\ \cdots) \tag{58}$$

## D くさび形空気層における光の干渉

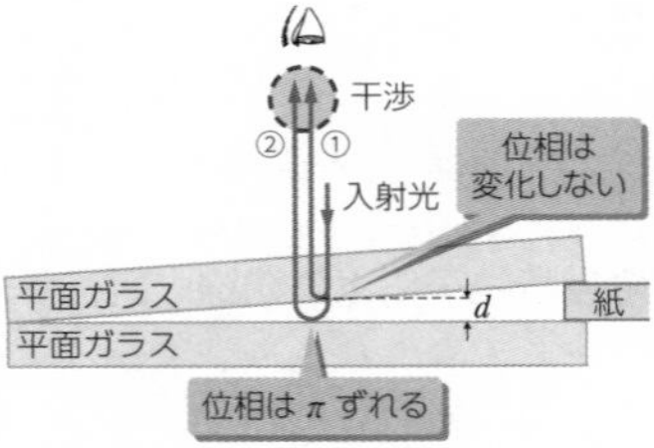


**❶くさび形空気層**　右図のように，2枚の平面ガラスを重ねて一端に薄い紙などをはさみ，真上から単色光を当てると，明暗の縞模様が見える。これは上のガラスの下面で反射する光①と，下のガラスの上面で反射する光②の干渉によるものである。
**❷干渉の条件式**　2つの光の経路差は，空気層の厚さが$d$のとき$2d$となる(右図)。また，光①の反射では位相は変化せず，光②の反射では位相が$\pi$だけ(半波長分)変化する。以上より，単色光の波長を$\lambda$とすると，干渉の条件式は次のようになる。

明線：　$$2d=\left(m+\frac{1}{2}\right)\lambda \quad (m=0,\ 1,\ 2,\ \cdots) \tag{59}$$

暗線：　$$2d=m\lambda \quad (m=0,\ 1,\ 2,\ \cdots) \tag{60}$$

## E ニュートンリング

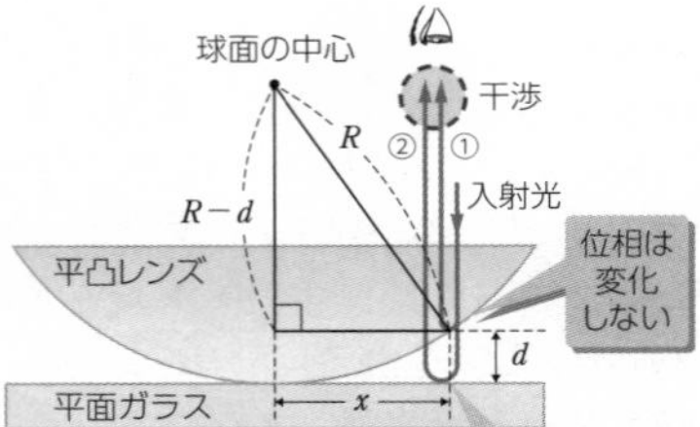


右図のように，平凸レンズを平面ガラスの上にのせ，上から平面に垂直に単色光を当てると，同心円状の明暗の縞模様が見える。これは，レンズの下面で反射する光①と，ガラスの上面で反射する光②の干渉によるものである。この模様は，**ニュートンリング**といわれる。

2つの光の経路差は，レンズの球面半径$R$，レンズの中心からの距離$x$を用いて$\dfrac{x^2}{R}$と表される。また，光①は，屈折率の大きい媒質(レンズ)から入射し，屈折率の小さい媒質(空気)との境界面で反射するので，位相は変化しない。一方，光②は，位相が$\pi$だけ(半波長分)変化する。以上より，単色光の波長を$\lambda$とすると，干渉の条件式は次のようになる。

明環：　$$\frac{x^2}{R}=\left(m+\frac{1}{2}\right)\lambda \quad (m=0,\ 1,\ 2,\ \cdots) \tag{61}$$

暗環：　$$\frac{x^2}{R}=m\lambda \quad (m=0,\ 1,\ 2,\ \cdots) \tag{62}$$

## 問　題

**問30**
(教 p.75)　フィゾーの測定では，教 p.75 図 55 において，$l = 8633\,\mathrm{m}$，$N = 720$，$f = 12.6/\mathrm{s}$ であった。光の速さは何 m/s と予想されるか。

**考え方**　$c = 4Nfl$ に，測定された値を代入して計算する。

**解説&解答**　教 p.75 図 55 の説明文中の式 $c = 4Nfl$ より

$c = 4 \times 720 \times 12.6 \times 8633 \fallingdotseq$ **$3.13 \times 10^8\,\mathrm{m/s}$**　答

**問31**
(教 p.78)　真空中から屈折率 1.3 の水中へ，真空中での波長 $6.5 \times 10^{-7}\,\mathrm{m}$ の光が入射した。水中での光の波長は何 m か。

**考え方**　屈折率と光の波長の関係式(㉟式)を用いる。

**解説&解答**　「$\lambda' = \dfrac{\lambda}{n}$」(㉟式)より

$$\lambda = \frac{6.5 \times 10^{-7}}{1.3} = \mathbf{5.0 \times 10^{-7}\,m}\quad 答$$

考 **問32**
(教 p.78)　屈折率が異なる媒質 1 と媒質 2 がある。媒質 1 から媒質 2 に光を入射させると光は屈折して図の方向に進んだ。媒質 1 と媒質 2 で光が速く伝わるのはどちらか。

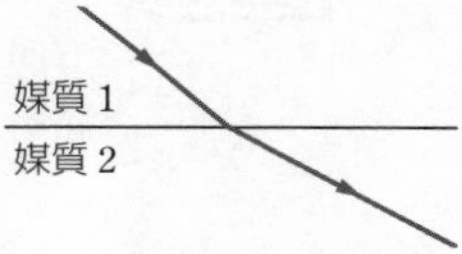


**考え方**　図から入射角と屈折角の大小を読み取り，屈折の法則を用いる。

**解説&解答**　図のように進む光の入射角を $i$，屈折角を $r$，媒質 1，2 での光の速さをそれぞれ $v_1$，$v_2$ とすると，問題の図と屈折の法則(㉝式)より

$$0^\circ < i < r < 90^\circ,\quad \frac{\sin i}{\sin r} = \frac{v_1}{v_2}$$

$0^\circ < i < r < 90^\circ$ のとき，$\sin i < \sin r$ であるから，$v_1 < v_2$

したがって，媒質 1 と媒質 2 で光が速く伝わるのは**媒質 2**。　答

**例題13**
(教 p.79)　プールの壁の水深 $h$〔m〕の点 P をほぼ真上の空気中から見ると，P の水深は $h'$〔m〕に見えた。$h'$〔m〕を求めよ。空気の屈折率を 1，水の屈折率を $n$ とする。ただし，角 $\theta$ がきわめて小さいとき，$\sin\theta \fallingdotseq \tan\theta$ が成りたつとする。

**考え方**　点 P から出た光が水面で屈折して空気中に進むとき，観測者の目に届く光は，屈折光線の延長線上の点 P′ から出たように見える。

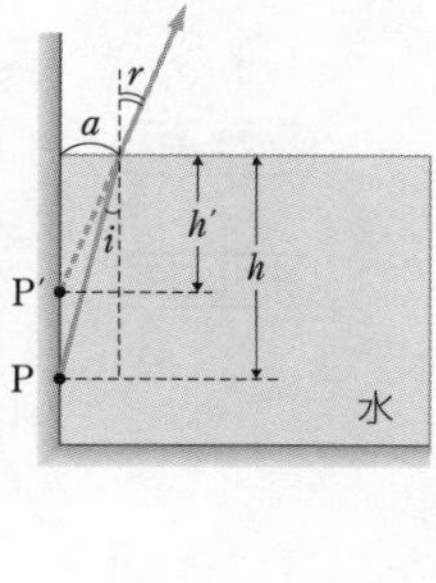


**解説&解答**　図のように，P を出て水面で屈折して観測者に届く光は，点 P′ の方向からくるように見える。水中から空気中に進む光の入射角を $i$，屈折角を $r$ とすると，屈折の法則(㉝式)より

第③編　波

$$\frac{\sin i}{\sin r}=\frac{1}{n} \quad よって \quad n\sin i=\sin r$$

観測者はPのほぼ真上から見ているので，角 $i$，$r$ はきわめて小さい。図より $\tan i=\frac{a}{h}$，$\tan r=\frac{a}{h'}$ であるから

$\sin i \fallingdotseq \tan i$，$\sin r \fallingdotseq \tan r$ より　$n\cdot\frac{a}{h} \fallingdotseq \frac{a}{h'}$

よって　$h' \fallingdotseq \boldsymbol{\frac{h}{n}}$ **〔m〕** 答



**類題13**（教 p.79）　水の入った水槽の側面上，水面からの高さ0.20mの位置に点Pがある。Pのほぼ真下の水中にある点からは，Pが水面から $h'$〔m〕の位置に見える。$h'$〔m〕を求めよ。空気の屈折率を1.0とし，水の屈折率を1.3とする。ただし，角 $\theta$ がきわめて小さいとき，$\sin\theta \fallingdotseq \tan\theta$ が成りたつとする。

**考え方**　屈折の法則(33式)を用いる。ほぼ真下から見ているから，角 $i$，$r$ はきわめて小さい。

**解説&解答**　図のように，Pを出て水面で屈折して観測者に届く光は，点P′の方向からくるように見える。空気中から水中に進む光の入射角を $i$，屈折角を $r$ とすると，屈折の法則(33式)より

$$\frac{\sin i}{\sin r}=\frac{1.3}{1.0}$$

よって　$1.0\times\sin i=1.3\times\sin r$　…①

観測者はPのほぼ真下から見ているので，角 $i$，$r$ は，きわめて小さい。したがって図より

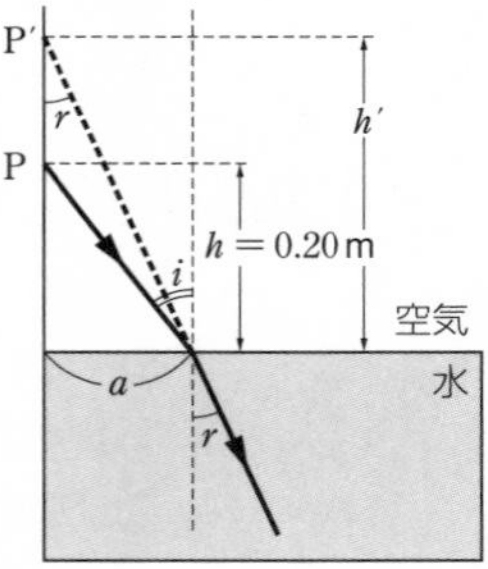


$$\sin i \fallingdotseq \tan i=\frac{a}{h},\quad \sin r \fallingdotseq \tan r=\frac{a}{h'}$$

①式に代入して　$1.0\times\frac{a}{h} \fallingdotseq 1.3\times\frac{a}{h'}$

よって　$h'=1.3\times h=1.3\times 0.20=$ **0.26m** 答

**例題14**（教 p.80）　深さ $h$〔m〕の池の底に点光源がある。水面に円板を浮かべて，この点光源からの光が空気中に出ないようにしたい。これに必要な，円板の最小の半径 $R$〔m〕を求めよ。空気の屈折率を1，水の屈折率を $n$ とする。

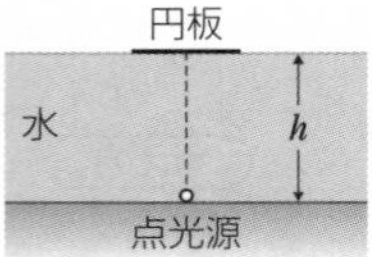


**考え方**　円板の外側では，点光源から出た光が全反射するようにすればよい。

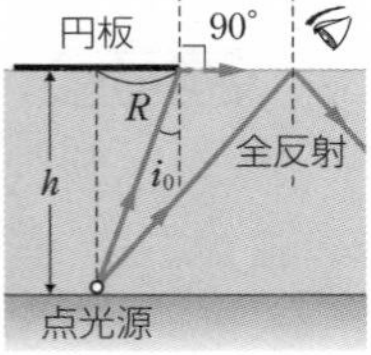


**解説&解答**　点光源から出た光が，円板の外側の水面で全反射するには，入射角が，臨界角よりも大きくなればよい。水中から空気中に進む光の臨界角を $i_0$ とすると，屈折の法則(33式)より

$$\frac{\sin i_0}{\sin 90^\circ} = \frac{1}{n} \qquad \text{よって} \quad \sin i_0 = \frac{1}{n}$$

ゆえに，図より

$$R = h\tan i_0 = h\frac{\sin i_0}{\cos i_0} = h\frac{\sin i_0}{\sqrt{1-\sin^2 i_0}} = \frac{\boldsymbol{h}}{\sqrt{\boldsymbol{n}^2-\boldsymbol{1}}}\text{〔m〕}$$ 答

**類題14**（教 p.80） 屈折率$\sqrt{2}$の液体中の深さ0.20 mの位置に，点光源がある。点光源の真上に円板を浮かべて，点光源からの光が空気中に出ないようにしたい。これに必要な，円板の最小の半径$R$〔m〕を求めよ。空気の屈折率を1とする。

**考え方** 屈折角が90°となるとき入射角が臨界角となることを用いる。

**解説&解答** 点光源から出て，円板の外側の水面に当たる光の入射角が臨界角$i_0$よりも大きくなるようにすれば，光は全反射して空気中に出ない。屈折の法則（(33)式）より

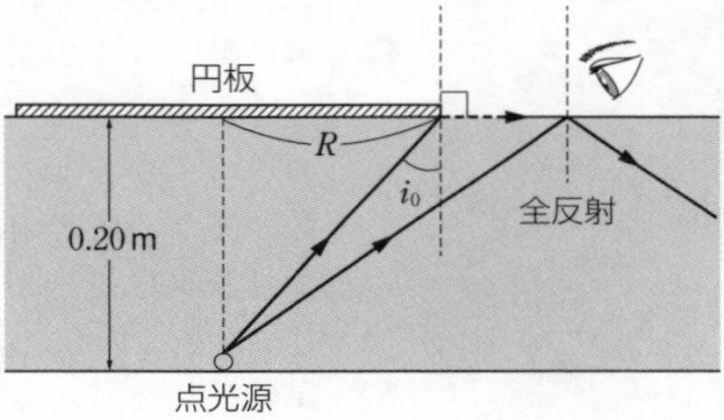


$$\frac{\sin i_0}{\sin 90^\circ} = \frac{1}{\sqrt{2}}$$

よって　$\sin i_0 = \dfrac{1}{\sqrt{2}}$　　ゆえに　$i_0 = 45^\circ$

したがって，図より　$R = 0.20\tan 45^\circ =$ **0.20 m** 答

## 思考学習　主虹と副虹　教 p.83

雨上がりの空にかかった虹を眺めていたRさんは，明るい虹の外側に，もう1つの暗い虹を見つけた。調べてみたところ，内側の明るい虹は主虹とよばれ，外側の暗い虹は副虹とよばれることがわかった。

**考察1**　主虹の場合は，太陽光が水滴内で1回反射するが，副虹の場合は，2回反射する。図Aには，副虹が見えるときの水滴に入射する太陽光線（白色光線）と，水滴内を進み，屈折して水滴を出ていく赤色光線の大まかな経路を示した。図Aに，水滴に入射した後の紫色光線の経路を大まかに図示してみよう。

**考察2**　副虹の外側のリングは赤色と紫色のどちらか。ただし，太陽光線が図A，Bのように水滴や空気中を進んで，副虹が見えているとする。

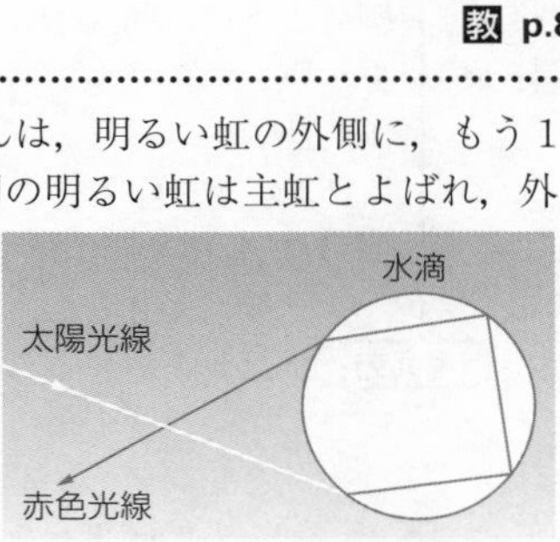


▲図A　赤色光線の経路（副虹）

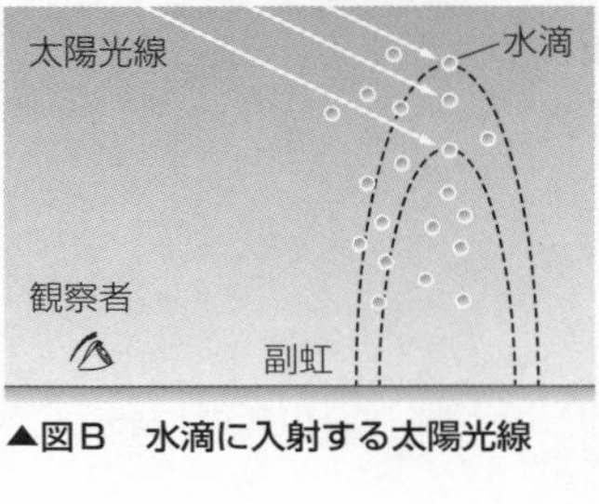


▲図B　水滴に入射する太陽光線

**考察3**　物体で光が反射するとき，入射光のすべてが反射光になるわけではない。入射光の一部は，物体に吸収されたり，物体を透過したりするため，反射光は入射光に比べて暗くなる。このことから，主虹に比べて，副虹が暗く見える理由を説明してみよう。

**考え方**　屈折率が波長によって異なることをもとに考える。

**解説&解答**　**1**　波長の短い紫色光線のほうが屈折率が大きいため，**右図の破線**のように水滴内を進み，屈折して水滴を出ていく。**答**

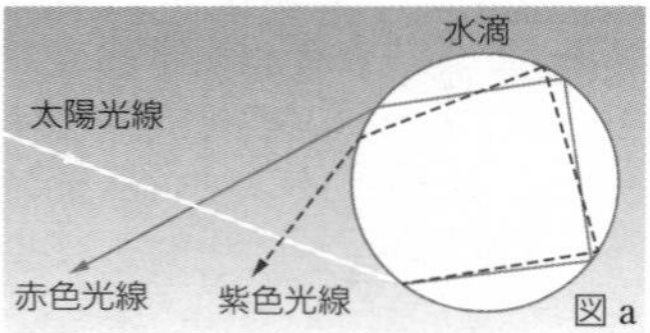

図 a

**2**　考察**1**より，観察者に届く副虹からの光線は右図のようになる。したがって，副虹の外側のリングは主虹とは逆に**紫色**である。**答**

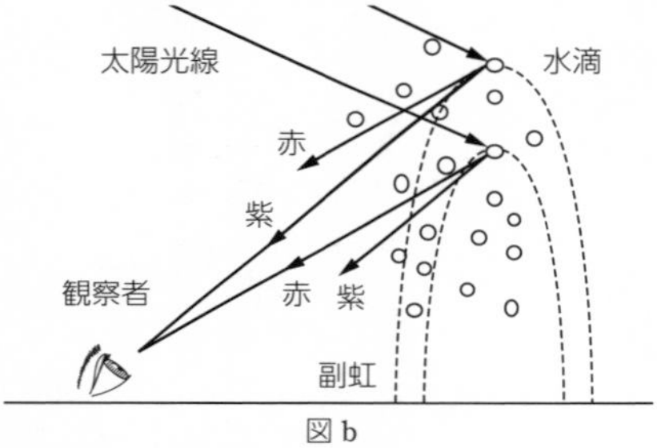

図 b

**3**　**副虹の場合は，太陽光が水滴内で2回反射するため，1回だけ反射する主虹の場合よりも反射光が弱くなり，暗く見える。**　**答**

**問33**
(**教** p.88)
図のように，物体PQと，F，F′を焦点とする凸レンズがある。
(1)　凸レンズによって生じる物体PQの像を作図せよ。
(2)　物体PQがFの上にあるとき，像はできるか。

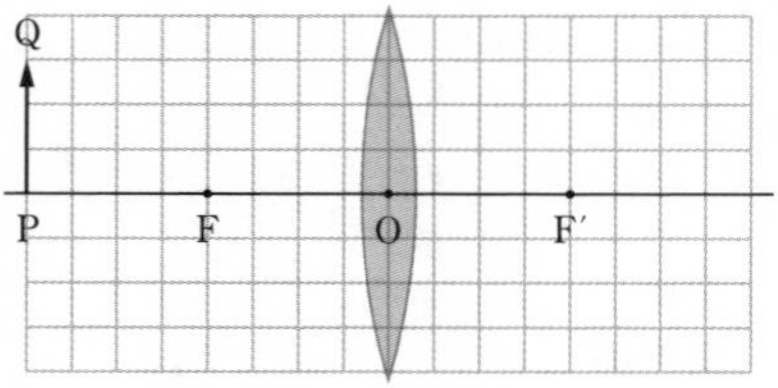


**考え方**　凸レンズによる作図は，次の3つの光線を作図する。
①レンズの前方の焦点を通る光はレンズ通過後光軸に平行に進む。
②レンズの中心を通る光は，そのまま直進する。
③光軸に平行な光は，レンズ通過後後方の焦点を通る。

**解説&解答**　(1)　**右図** 答

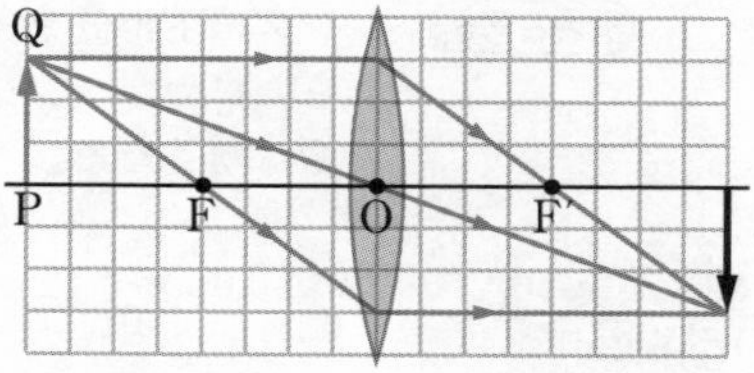


(2)　物体PQがFの上にあるときは，凸レンズを通過した光は平行光線となり，像は**できない**。 答

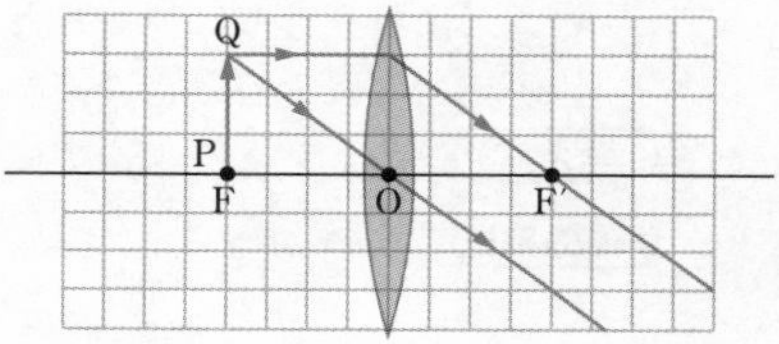




**問34**（教 p.89）　光源とスクリーンを1.00 m離して固定する。この間を，凸レンズを図のように光軸と平行に移動させたところ，スクリーン上に実像が2度生じた。1度目の光源とレンズの距離は0.10 mであった。2度目の光源とレンズの距離 $d$〔m〕を求めよ。

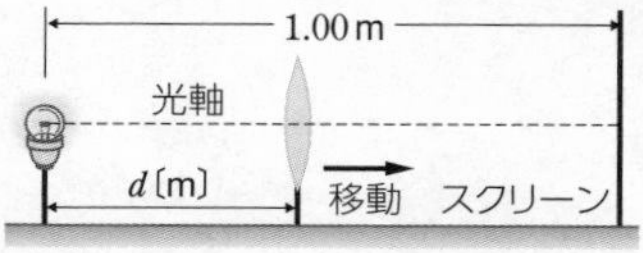


**考え方**　レンズの焦点距離を $f$ として写像公式を使う。

**解説&解答**　レンズの焦点距離を $f$〔m〕とする。レンズからスクリーンまでの距離は $(1.00-d)$〔m〕であるから，写像公式より

$$\frac{1}{d}+\frac{1}{1.00-d}=\frac{1}{f} \quad \cdots\cdots①$$

$d=0.10$ m のとき最初の像ができるので

$$\frac{1}{0.10}+\frac{1}{1.00-0.10}=\frac{1}{f}$$

$$\frac{10}{0.90}=\frac{1}{f} \quad ゆえに \quad f=\frac{0.90}{10}=0.090\,\text{m}$$

①式に代入し，$d$ の方程式を解く。

$$\frac{1}{d}+\frac{1}{1.00-d}=\frac{1.0}{0.090}$$

$$d(1.00-d)=0.090 \qquad よって \quad d^2-d+0.090=0$$

$$(d-0.10)(d-0.90)=0 \quad より \quad d=0.10,\ 0.90\,\text{m}$$

2度目の実像ができるときは　$d=$ **0.90 m** 答

考 **問35**（教 p.89）　凸レンズの焦点の外側に物体を置くと，スクリーン上に実像ができた。このとき，レンズの上半分を黒い紙で覆うと像はどうなるだろうか。理由とともに説明してみよう。

**考え方**　レンズの面積が小さくなれば，レンズを通る光の量は少なくなることに着目する。

**解説&解答** **レンズの下半分を通る光によって実像ができ，その大きさと形は変わらないが，レンズの上半分を通っていた光は届かなくなるので，実像は暗くなる。** **答**

**問36**
（**教** **p.90**）

焦点距離が6.0cmの凸レンズから4.0cmの位置に物体PQを置き，反対側から凸レンズに目を近づけて見たところ，正立虚像が見えた。このときの倍率$m$を求めよ。

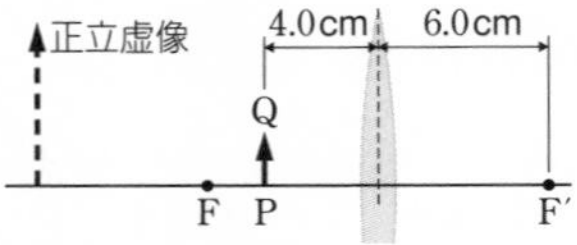


**考え方** 凸レンズによる虚像の倍率$m$は，(40)式で求められる。

**解説&解答** 倍率 $m=\dfrac{P'Q'}{PQ}$

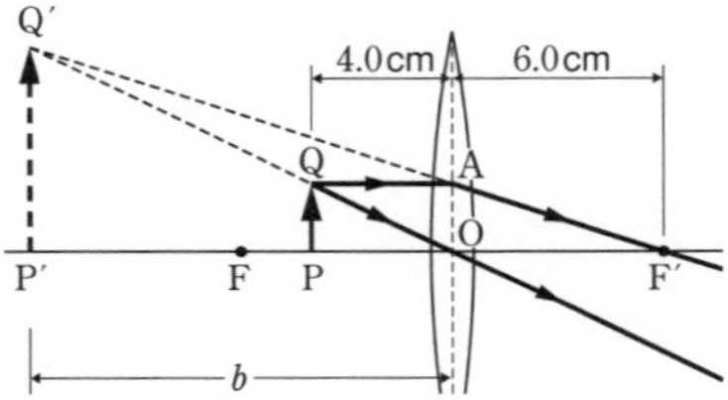


レンズと像の距離を$b$〔cm〕とする。

△F′OA ∽ △F′P′Q′ より

$m=\dfrac{b+6.0}{6.0}$ ……①

△OPQ ∽ △OP′Q′ より

$m=\dfrac{b}{4.0}$ ……②

①，②式から $\dfrac{b+6.0}{6.0}=\dfrac{b}{4.0}$

$4.0(b+6.0)=6.0b$ より $b=12.0$cm

②式に代入して $m=$ **3.0倍** **答**

〈別解〉 レンズと物体との距離を$a$〔cm〕，レンズと像との距離を$b$〔cm〕，レンズの焦点距離を$f$〔cm〕として $\dfrac{1}{a}-\dfrac{1}{b}=\dfrac{1}{f}$

ここで，$a=4.0$cm，$f=6.0$cmを代入すると

$b=12.0$cm ゆえに $m=\dfrac{b}{a}=\dfrac{12.0}{4.0}=$ **3.0倍** **答**

**問37**
（**教** **p.91**）

次の(1)，(2)のように，矢印で表した物体と，F，F′を焦点とするレンズがあるとき，それぞれのレンズによって生じる物体の像を作図せよ。

(1)

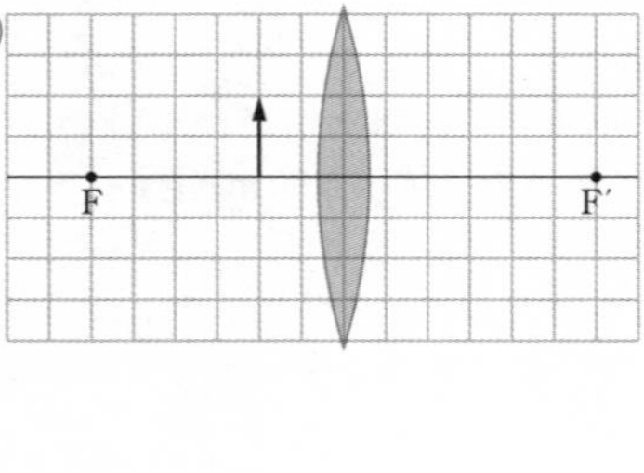


(2)

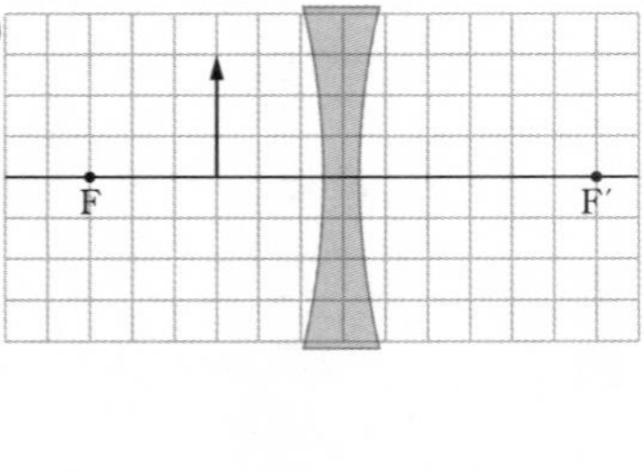

考え方　(1)　凸レンズでは，物体が焦点の内側にあるときは，正立虚像ができる。

(2)　凹レンズでは，物体が焦点の内側にあるときも，外側にあるときも，正立虚像ができる。

解説&解答　(1)

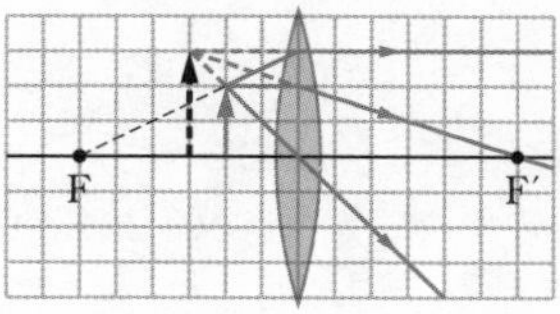


(2)

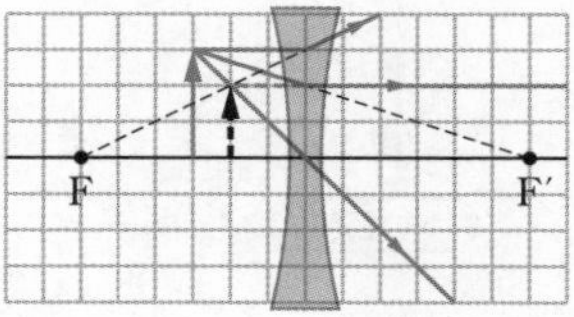




**例題15**
(教 p.92)

焦点距離 8.0 cm の凸レンズがある。この凸レンズの前方 10.0 cm の位置に物体を置いたとき，どこにどのような像が生じるか。また，そのときの倍率はいくらか。

考え方　写像公式「$\frac{1}{a}+\frac{1}{b}=\frac{1}{f}$」に，$f=8.0$ cm，$a=10.0$ cm を代入して，$b$〔cm〕を求める。

解説&解答　凸レンズであるから，写像公式で $f=8.0$ cm，$a=10.0$ cm とおくと

$$\frac{1}{10.0}+\frac{1}{b}=\frac{1}{8.0}\qquad \text{よって}\quad b=40\,\text{cm}$$

$b>0$ であるから，凸レンズの後方に倒立実像ができる。また

$$\left|\frac{b}{a}\right|=\left|\frac{40}{10.0}\right|=4.0\quad \text{より}\quad \text{倍率は 4.0 倍である。}$$

**レンズの後方 40 cm の所に倍率 4.0 倍の倒立実像ができる。** 答

**類題15**
(教 p.92)

焦点距離 40 cm の凹レンズがある。この凹レンズの前方 60 cm の位置に物体を置いたとき，どこにどのような像が生じるか。また，そのときの倍率はいくらか。

考え方　**例題15**と同様の手順で像の位置 $b$，倍率 $m$ を求める。

解説&解答　写像公式で $f=-40$ cm，$a=60$ cm とおくと

$$\frac{1}{60}+\frac{1}{b}=-\frac{1}{40}\qquad \text{よって}\quad b=-24\,\text{cm}$$

また，倍率 $m=\left|\frac{-24}{60}\right|=0.40$

$b<0$ であるから，凹レンズの前方に正立虚像ができる。

**レンズの前方 24 cm の所に倍率 0.40 倍の正立虚像ができる。** 答

**問38**
(教 p.97)

次の(1)〜(3)のように，矢印で表した物体と，F を焦点とする凹面鏡または凸面鏡があるとき，それぞれの球面鏡によって生じる物体の像を作図せよ。

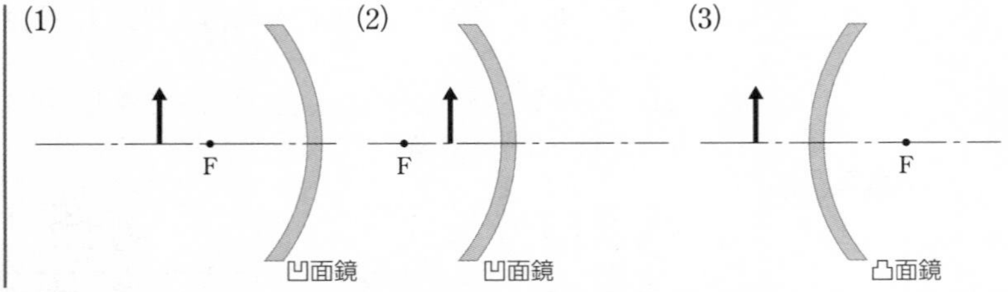


**考え方**　凹面鏡では，主軸に平行な光は，反射後焦点を通り，焦点を通る光は，反射後主軸に平行に進む。
凸面鏡では，主軸に平行な光は，反射後焦点から出たように進み，焦点へ向かう光は，反射後主軸に平行に進む。

**解説&解答**

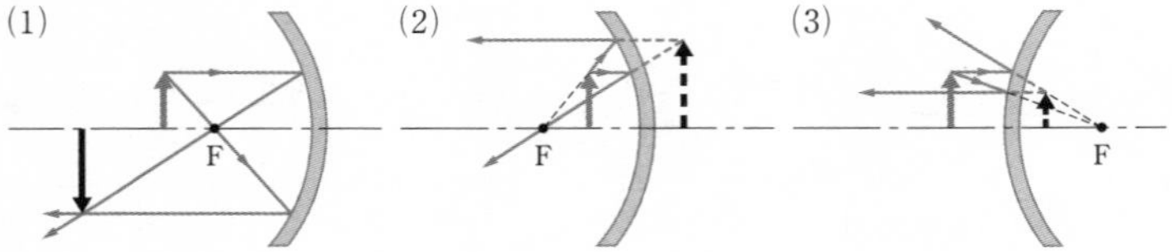


**問39**
(教 p.97)

(1)　焦点距離が 30cm の凹面鏡の前方 20cm の位置に大きさ 2.5cm の物体を置いたとき，凹面鏡がつくる像の位置，大きさ，種類を求めよ。

(2)　焦点距離が 30cm の凸面鏡の前方 20cm の位置に大きさ 2.5cm の物体を置いたとき，凸面鏡がつくる像の位置，大きさ，種類を求めよ。

**考え方**　球面鏡の式(⒅，⒆式)を用いる。

**解説&解答**　(1)　凹面鏡であるから，写像公式で $f=30$cm，$a=20$cm とおくと，凹面鏡と像との距離 $b$〔cm〕は

$$\frac{1}{20}+\frac{1}{b}=\frac{1}{30}\quad より\quad b=-60\,\text{cm}$$

また，倍率 $m$ は　$m=\left|\dfrac{b}{a}\right|=\left|\dfrac{-60}{20}\right|=3.0$ 倍

$b<0$ であるから，凹面鏡の後方に正立虚像ができる。

**凹面鏡の後方 60cm の所に大きさ 7.5cm の正立虚像ができる。** 答

(2)　凸面鏡であるから，写像公式で $f=-30$cm，$a=20$cm とすると，凸面鏡と像との距離 $b$〔cm〕は

$$\frac{1}{20}+\frac{1}{b}=-\frac{1}{30}\quad より\quad b=-12\,\text{cm}$$

また，倍率 $m$ は　$m=\left|\dfrac{b}{a}\right|=\left|\dfrac{-12}{20}\right|=0.60$ 倍

$b<0$ であるから，凸面鏡の後方に正立虚像ができる。

**凸面鏡の後方 12cm の所に大きさ 1.5cm の正立虚像ができる。** 答

ドリル

**問a**
(教 p.99)

次の(1)〜(4)のように，矢印で表した物体と，F，F′を焦点とするレンズがある。それぞれのレンズによって生じる物体の像を作図して，像の種類(実像または虚像)を答えよ。

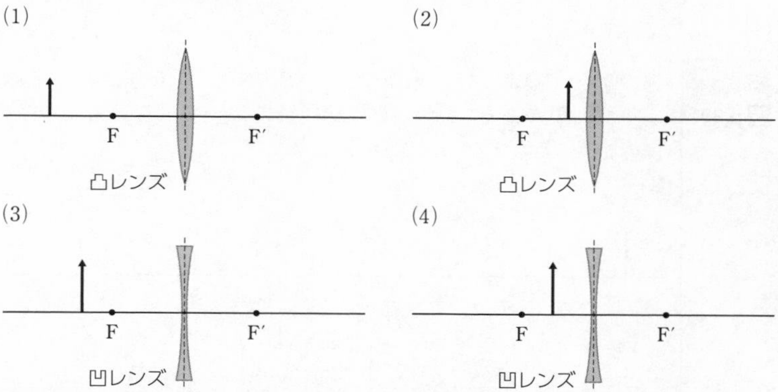


**考え方**　凸レンズでは(A)光軸と平行な光は後方の焦点を通る。(B)前方の焦点を通る光はレンズを通過後，光軸と平行に進む。また，凹レンズでは(A)光軸と平行な光は前方の焦点から出たように進む。(B)後方の焦点へ向かう光は光軸と平行に進む。さらに，どちらのレンズでも(C)レンズの中心を通る光は直進する。以上の(A)〜(C)をもとに作図し，像の種類を判断する。

**解説&解答**　(1)　凸レンズであるから
(A)：①　(B)：③　(C)：②
として作図すると右図のように**実像**が生じる。**答**

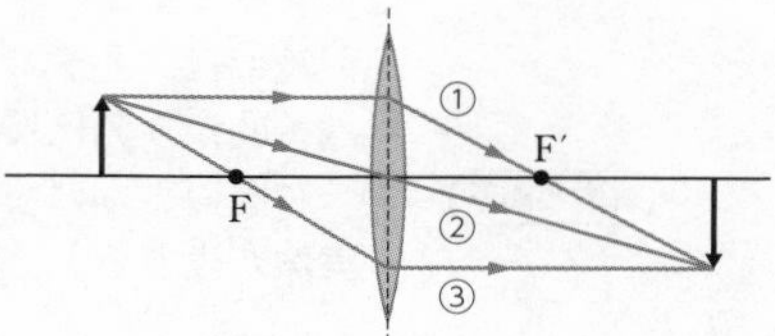


(2)　凸レンズであるから
(A)：②　(B)：①　(C)：③
として作図すると右図のように**虚像**が生じる。**答**

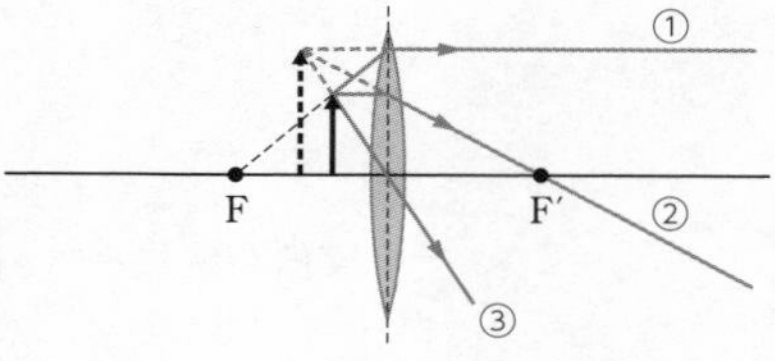


(3)　凹レンズであるから
(A)：①　(B)：②　(C)：③
として作図すると右図のように**虚像**が生じる。**答**

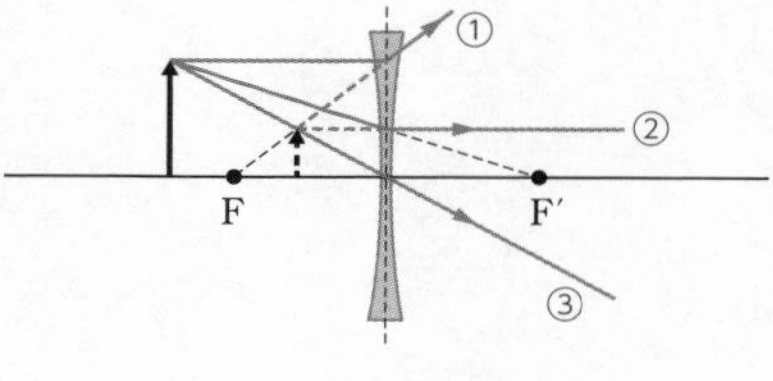

(4) 凹レンズであるから
(A)：① (B)：② (C)：③
として作図すると右図のように**虚像**が生じる。 答

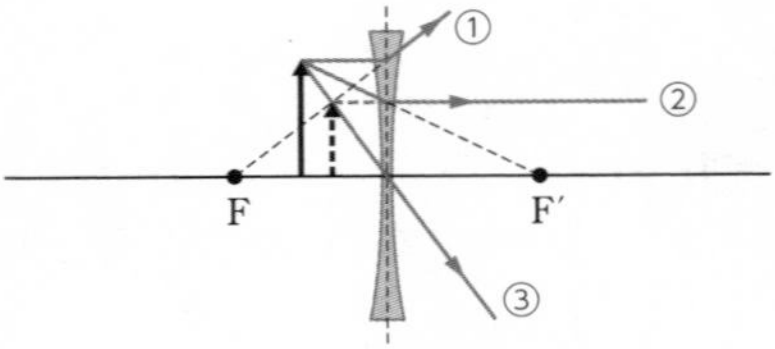


**問b**
(教 p.99)

次の(1)〜(4)のように，矢印で表した物体と，F を焦点，O を球面の中心とする球面鏡がある。それぞれの球面鏡によって生じる物体の像を作図して，像の種類(実像または虚像)を答えよ。

(1)

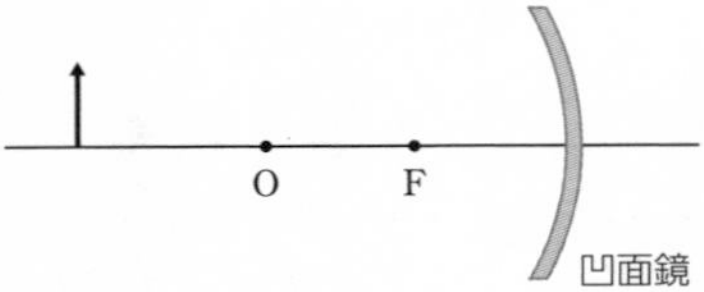


(2)

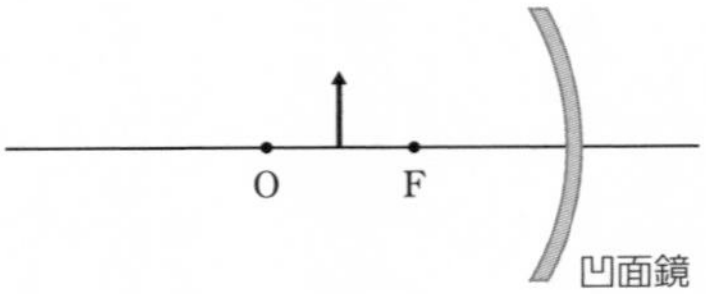


(3)

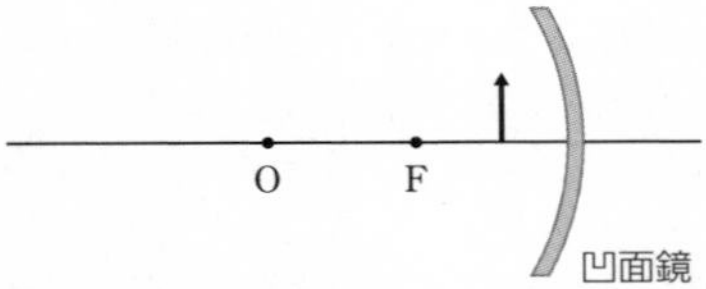


(4)

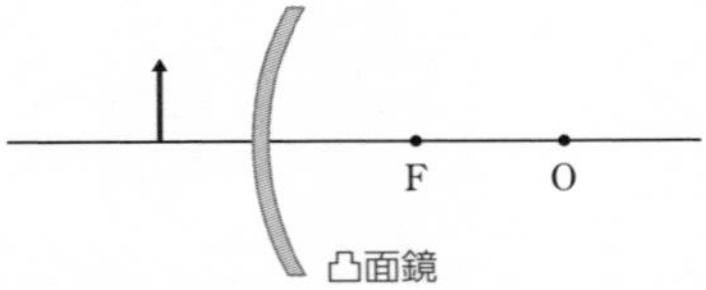


**考え方** 凹面鏡では，主軸に平行な光は反射後に焦点を通り，焦点を通る光は反射後に主軸に平行に進む。
凸面鏡では，主軸に平行な光は反射後に焦点から出たように進み，焦点へ向かう光は反射後に主軸に平行に進む。

**解説&解答** (1) 右図のようになり，
**実像**が生じる。 答

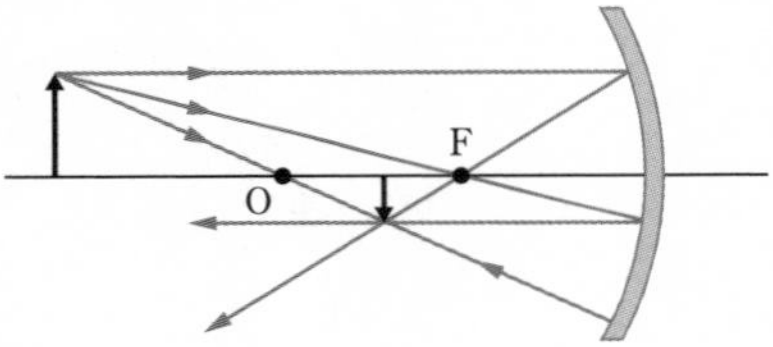


(2) 右図のようになり，
**実像**が生じる。 答

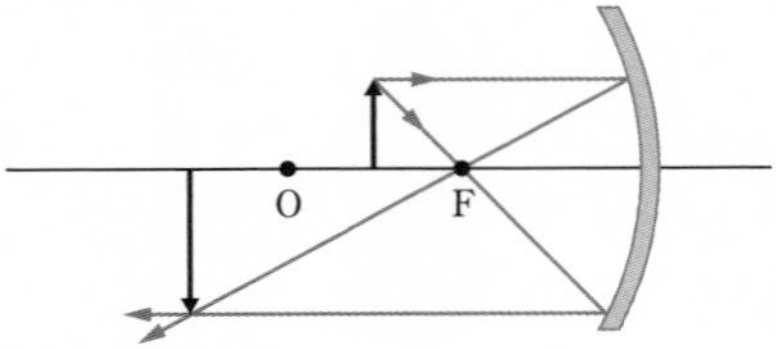

(3)　右図のようになり，
**虚像**が生じる。 答

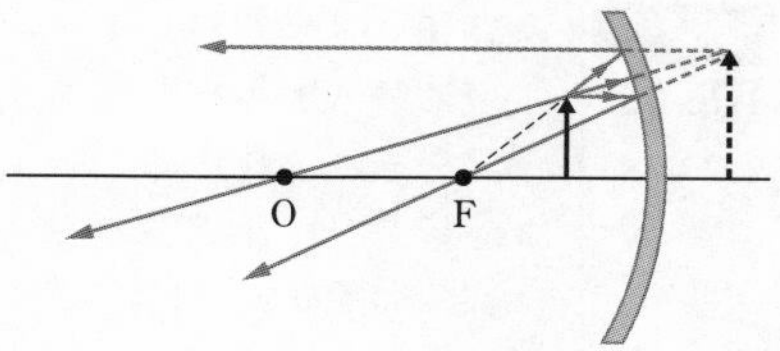


(4)　右図のようになり，
**虚像**が生じる。 答

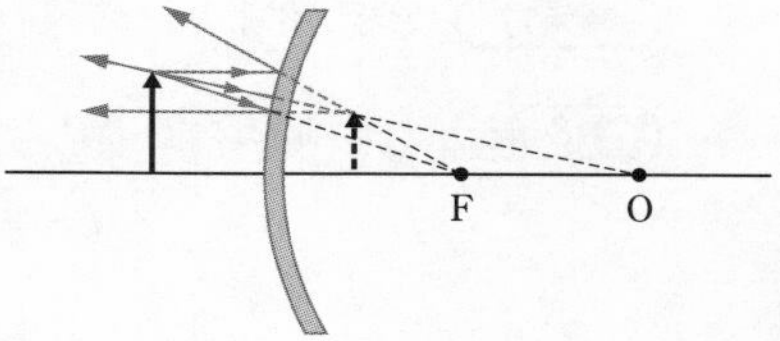




**例題16**
(教p.102)

図のように，スリット$S_0$と複スリット$S_1$，$S_2$に波長$\lambda$〔m〕の単色光を通すと，スクリーン上に明暗の縞ができた。$S_1$と$S_2$は間隔が$d$〔m〕で，$S_0$から等距離にある。複スリットとスクリーンの距離を$l$〔m〕，スクリーンの中央Oから距離$x$〔m〕の位置にある点をPとすると，$S_1P$と$S_2P$の距離の差は$\dfrac{d}{l}x$とみなせる。

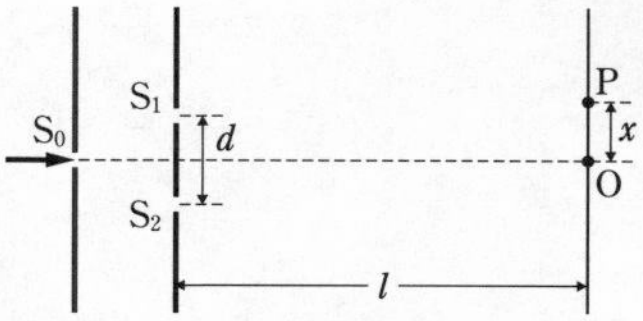


(1)　隣りあう暗線の間隔$\Delta x$〔m〕を求めよ。
(2)　$l$を大きくすると，暗線の間隔は小さくなるか，大きくなるか。
(3)　$d$を小さくすると，暗線の間隔は小さくなるか，大きくなるか。

**考え方**　(1)　$m$番目の暗線の位置を$x$〔m〕，$m+1$番目の暗線の位置を$x'$〔m〕とすると$\Delta x = x' - x$

**解説&解答**　(1)　点Pで暗線となる条件式は，$m$($m=0$，1，2，…)を用いると

$$\frac{d}{l}x = \left(m + \frac{1}{2}\right)\lambda \qquad \text{よって} \quad x = \left(m + \frac{1}{2}\right)\frac{l\lambda}{d} \qquad \cdots\cdots ①$$

点Pのすぐ外側の暗線の位置$x'$〔m〕は，①式の$m$を$m+1$に置きかえた式で表されるから

$$\Delta x = x' - x$$
$$= \left(m + 1 + \frac{1}{2}\right)\frac{l\lambda}{d} - \left(m + \frac{1}{2}\right)\frac{l\lambda}{d} = \boldsymbol{\frac{l\lambda}{d}}\text{〔m〕}$$ 答

(2)　(1)より，$\Delta x$は$l$に比例する。したがって　**大きくなる。** 答
(3)　(1)より，$\Delta x$は$d$に反比例する。したがって　**大きくなる。** 答

**類題16**
(教p.102)

例題16の実験について，次の問いに答えよ。

(1)　波長 $6.9 \times 10^{-7}$ m と $4.6 \times 10^{-7}$ m の単色光を用いたときの暗線の間隔をそれぞれ $\Delta x_1$，$\Delta x_2$〔m〕とすると，$\Delta x_1$ は $\Delta x_2$ の何倍か。

(2)　複スリットとスクリーンの間を屈折率 $n$ の液体で満たしたとき，暗線の間隔は何倍になるか。

**考え方**　例題16より，暗線の間隔は $\Delta x = \dfrac{l\lambda}{d}$ である。

**解説&解答**　(1)　暗線の間隔 $\Delta x$ は　$\Delta x = \dfrac{l\lambda}{d}$　であるから

$$\Delta x_1 = \frac{l \times (6.9 \times 10^{-7})}{d},\ \Delta x_2 = \frac{l \times (4.6 \times 10^{-7})}{d}$$

$$\frac{\Delta x_1}{\Delta x_2} = \frac{6.9 \times 10^{-7}}{4.6 \times 10^{-7}} = \mathbf{1.5}\ \text{倍}$$ **答**

(2)　屈折率 $n$ の液体中での光の波長を $\lambda'$ とすると，暗線の間隔 $\Delta x'$ は　$\Delta x' = \dfrac{l\lambda'}{d}$　となる。

また，屈折の法則(㉝式)より　$\dfrac{\lambda}{\lambda'} = \dfrac{n}{1.0}$　よって　$\lambda' = \dfrac{1}{n}\lambda$

$$\Delta x' = \frac{l \cdot \frac{1}{n}\lambda}{d} = \frac{1}{n}\left(\frac{l\lambda}{d}\right) = \frac{1}{n} \cdot \Delta x$$

よって　$\boldsymbol{\dfrac{1}{n}}$ **倍**　**答**

**問40**
(教p.104)

1 cm 当たり 350 本の筋が入った回折格子に，単色光を垂直に入射すると，回折格子の後方 2.0 m の位置で入射方向と垂直に張ったスクリーンの中央付近に 3.5 cm 間隔で明線が並んだ。この単色光の波長は何 m か。

**考え方**　回折格子における明線の条件(㊺式)を用いる。

**解説&解答**　回折格子の格子定数を $d$ とすると

$$d = \frac{1.0 \times 10^{-2}}{350}\ \text{m}$$

図のように，入射光線の延長線上のスクリーンの点を O，その隣の明線を P，$\angle \text{PSO} = \theta$ とする。

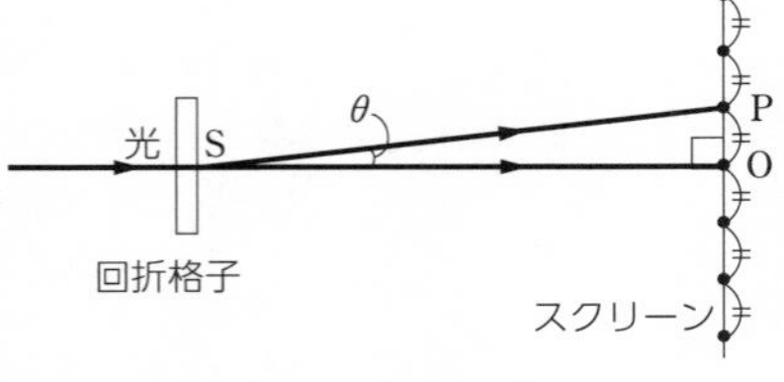


スクリーン上の明線が満たす条件は　$d\sin\theta = m\lambda$　$(m = 0,\ 1,\ 2,\ \cdots)$

点 P の明線は $m = 1$ に対応するので

$$\sin\theta = \frac{\text{OP}}{\text{SP}} \fallingdotseq \frac{\text{OP}}{\text{SO}} = \frac{3.5 \times 10^{-2}}{2.0}$$

よって

$$\lambda = d\sin\theta = \left(\frac{1.0 \times 10^{-2}}{350}\right) \times \left(\frac{3.5 \times 10^{-2}}{2.0}\right) = \mathbf{5.0 \times 10^{-7}\,m}$$ **答**

第③編
波

考 **問41**
(教p.104)

次の各場合，回折格子による明線の間隔は広くなるか，狭くなるか。
(1)　波長の長い光に変える。　(2)　格子定数の大きな回折格子に変える。

**考え方**　回折格子における明線の条件(55式)を用いて考える。

**解説&解答**　(55)式より　$\sin\theta = \dfrac{m\lambda}{d}$　$(m = 0,\ 1,\ 2,\ \cdots)$

(1)　$d$ が一定のとき，$\lambda$ を大きくすると，同じ $m$ に対する $\sin\theta$ の値は大きくなるので，$\theta$ の値も大きくなる。よって，明線の間隔は**広くなる**。　答

(2)　$\lambda$ が一定のとき，$d$ を大きくすると，同じ $m$ に対する $\sin\theta$ の値は小さくなるので，$\theta$の値も小さくなる。よって，明線の間隔は**狭くなる**。　答

**問42**
(教p.107)

真空中を距離 $d$〔m〕進んだ光と，屈折率 $n$ の媒質中を距離 $d$〔m〕進んだ光の光路差を求めよ。

**考え方**　「光路長＝屈折率×距離」(57式)を用いて光路長の差を求める。

**解説&解答**　光路差は　$nd - d = \boldsymbol{(n-1)d}$〔m〕　答

**例題17**
(教p.108)

2枚の平面ガラスを重ねて，ガラスが接している点Oからの距離 $L$〔m〕の位置に厚さ $D$〔m〕の薄い紙をはさむ。真上から波長 $\lambda$〔m〕の光を当てて上から見ると，明暗の縞が見えた。このとき，縞の間隔 $\Delta x$〔m〕を求めよ。

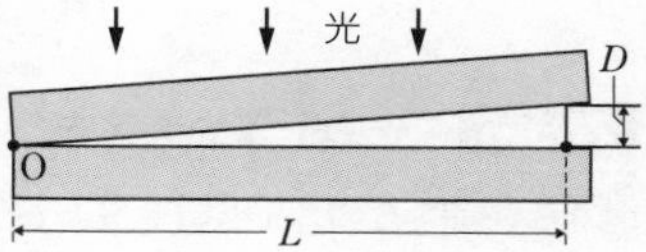


**考え方**　隣りあう明線の位置で空気層の厚さの差が $\Delta d$〔m〕のとき，経路差の違いは $2\Delta d$〔m〕となる。

**解説&解答**　点P，Qを隣りあう明線の位置とする。これらの位置での空気層の厚さの差を $\Delta d$〔m〕とすると，2点間の経路差の違いは $2\Delta d$ であり，これが1波長分に等しいので　$2\Delta d = \lambda$　……①

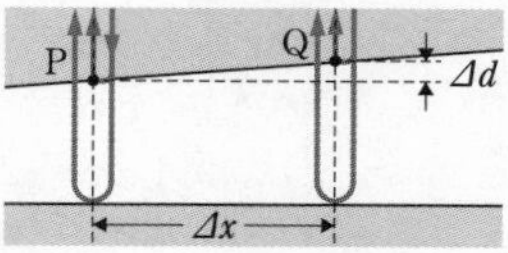


また，三角形の相似の関係より　$L : D = \Delta x : \Delta d$　……②

①，②式より

$$\Delta x = \frac{L\Delta d}{D} = \boldsymbol{\frac{L\lambda}{2D}}\text{〔m〕}$$　答

**類題17**
(教p.108)

2枚の平面ガラスを重ねて，ガラスが接している点Oからの距離0.20mの位置に薄い紙をはさむ。真上から波長$6.5\times10^{-7}$mの光を当てて上から見ると，明暗の縞が見えた。このとき，縞の間隔が1.3mmであったとすると，紙の厚さは何mか。

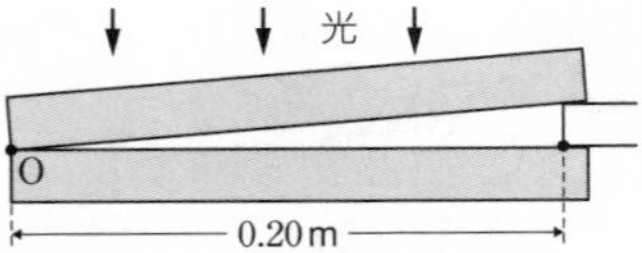


考え方　隣りあう明線の位置での空気層の厚さの差が$\Delta d$のとき，**例題17**と同様，2点間の経路差の違いは$2\Delta d$である。

解説&解答　紙の厚さを$D$〔m〕，光の波長を$\lambda$〔m〕，隣り合う明線の間隔を$\Delta x$〔m〕，点Oから紙までの距離を$L$〔m〕とする。隣りあう明線の位置での空気層の厚さの差を$\Delta d$とすると，2点間の経路差の違いは$2\Delta d$である。これが1波長分に等しいので

$2\Delta d=\lambda$ ……①

また，三角形の相似の関係より

$L:D=\Delta x:\Delta d$ ……②

①，②式より

$$D=\frac{L\Delta d}{\Delta x}=\frac{L\lambda}{2\Delta x}=\frac{0.20\times(6.5\times10^{-7})}{2\times(1.3\times10^{-3})}=\mathbf{5.0\times10^{-5}\,m}$$ 答

## Zoom 光の干渉の考え方

**問A**
(教p.111)

光の干渉に関する次の①の観察実験を行った後，②のように条件を変えて，再度，観察実験を行った。このとき，光の干渉縞はどのように変化するか。空気の屈折率を1とする。

(1) ヤングの実験
①空気中で行う　②実験装置を屈折率1.3の水中に入れて行う

(2) 回折格子
①1cm当たり500本の筋をもつ回折格子を用いる
②1cm当たり1000本の筋をもつ回折格子を用いる

(3) 薄膜(屈折率を1.3とし，膜の厚さは①，②で変わらないとする)
①空気中に浮いた薄膜を上からながめる
②屈折率1.5のガラスの表面に密着した薄膜を上(空気中)からながめる

(4) くさび形空気層(平面ガラスに対して垂直に光を当てる)
①光源側からながめる　②光源と反対側からながめる

(5) ニュートンリング(平凸レンズに対して垂直に光を当てる)
①光源側からながめる　②光源と反対側からながめる

考え方　それぞれ，干渉縞の間隔や明暗がどう変わるかを考える。

解説&解答　(1) スリットの間隔を$d$，スクリーンまでの距離を$l$，光の波長を$\lambda$とすると，隣りあう明線の間隔は　$\Delta x=\dfrac{l\lambda}{d}$ ((54)式)

屈折率 $n$ の媒質中では光の波長が $\dfrac{\lambda}{n}$ となるので，明線の間隔は $\dfrac{1}{n}$ 倍になる。よって，**②では干渉縞の間隔が①の $\dfrac{1}{1.3} \fallingdotseq 0.77$ 倍となる。** 答

(2)　格子定数を $d$，スクリーンまでの距離を $l$，光の波長を $\lambda$ とすると，隣りあう明線の間隔は　$\Delta x = \dfrac{l\lambda}{d}$（(54)式と同じ）　となり，格子定数に反比例する。②の格子定数は①の半分なので，**②では干渉縞の間隔が①の 2 倍になる。** 答

(3)　膜の厚さは同じなので，光路長も同じである。①の場合，薄膜の上面で反射する光は位相が $\pi$ だけ変化し，薄膜の下面で反射する光は位相が変化しない。一方，②の場合，薄膜の上面で反射する光は位相が $\pi$ だけ変化し，薄膜の下面で反射する光は，境界面の下側が屈折率のより大きなガラスになっているので，位相が $\pi$ だけ変化する。よって，①と②では反射光が強めあう条件が逆になるので，**②では干渉縞の明暗が①と逆になる。** 答

(4)

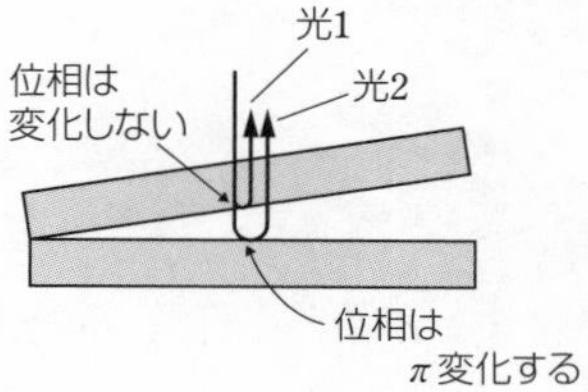


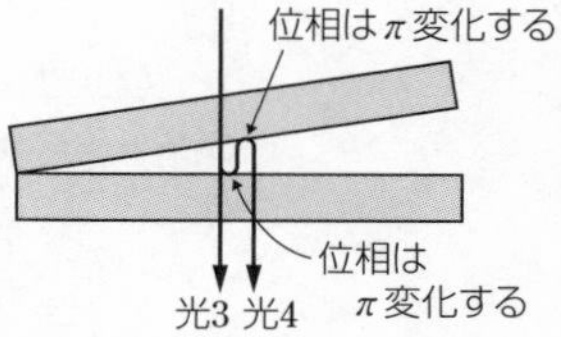


①の場合，図の光 1 の位相は変化せず，光 2 の位相は $\pi$ だけ変化する。②の場合，図の光 3 の位相は変化せず，光 4 の位相は 2 度の反射で $\pi$ ずつ変化するので，位相はもとにもどる。よって，**②では干渉縞の明暗が①と逆になる。** 答

(5)

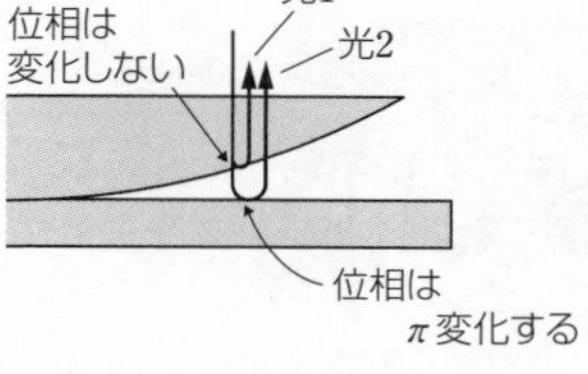


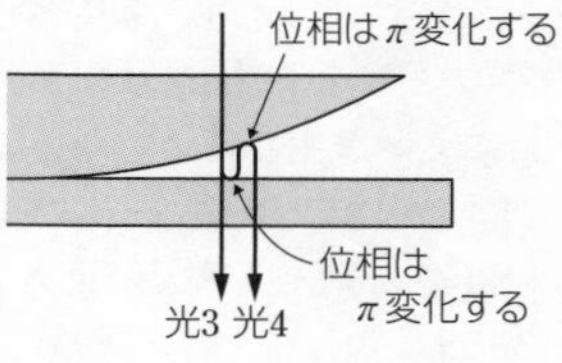


①の場合，図の光 1 の位相は変化せず，光 2 の位相は $\pi$ だけ変化する。②の場合，図の光 3 の位相は変化せず，光 4 の位相は 2 度の反射で $\pi$ ずつ変化するので，位相はもとにもどる。よって，**②では干渉縞の明暗が①と逆になる。** 答

第3編　波

## 演 習 問 題

教 p.112 ~ p.114

**1** 図のように，屈折率 $n_1$ のガラス1を，屈折率 $n_2$ $(< n_1)$ のガラス2でおおった円柱状の繊維が，空気中に置かれている。円柱の中心軸に垂直な端面に，中心軸と $\theta$ をなす角で入射させた光は，2つのガラスの境界面に臨界角で入射した。空気の屈折率を1として，$\sin\theta$ を求めよ。

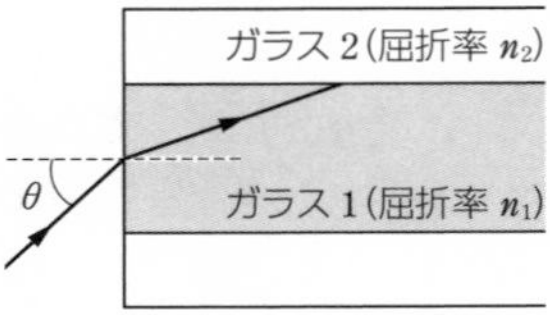


考え方 屈折の法則((33)式)を用いる。屈折角が90°をこえると，全反射する。

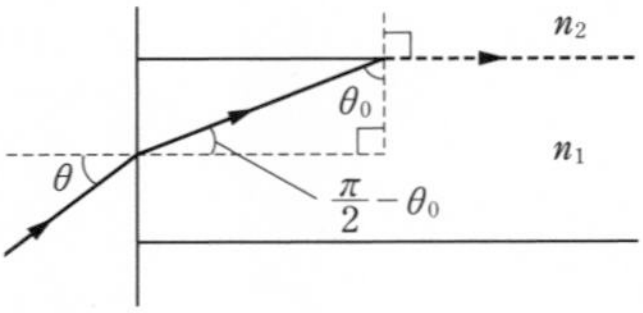


解説&解答 ガラス1から2への臨界角を $\theta_0$ とすると，屈折の法則((33)式)より

$$\frac{\sin\theta_0}{\sin 90^\circ} = \frac{n_2}{n_1}$$

よって $\sin\theta_0 = \dfrac{n_2}{n_1}$

図より，空気中からガラス1への屈折角は $\dfrac{\pi}{2}-\theta_0$ となるから，屈折の法則より

$$\frac{\sin\theta}{\sin\left(\frac{\pi}{2}-\theta_0\right)} = \frac{n_1}{1} \qquad \text{よって}\quad \sin\theta = n_1\sin\left(\frac{\pi}{2}-\theta_0\right) \quad \cdots①$$

ここで $\sin\left(\dfrac{\pi}{2}-\theta_0\right) = \cos\theta_0 = \sqrt{1-\sin^2\theta_0} = \sqrt{1-\dfrac{n_2{}^2}{n_1{}^2}}$

$$= \frac{1}{n_1}\sqrt{n_1{}^2 - n_2{}^2}$$

であるから，これを①式に代入して， $\sin\theta = \boldsymbol{\sqrt{n_1{}^2 - n_2{}^2}}$ 答

**2** (1) 図のように，物体とスクリーンを80cm離して固定し，その間に焦点距離15cmの凸レンズを置いて水平方向に動かす。物体とレンズの距離を $a$〔cm〕とするとき，スクリーン上に実像が生じるような $a$ をすべて求めよ。

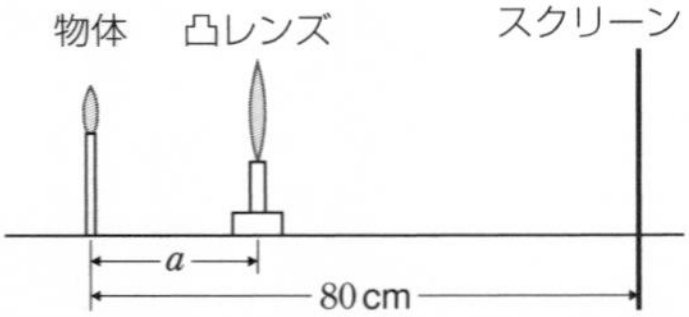


(2) (1)において，スクリーンを取り除き，凸レンズを通して図の右側から物体を見る。倍率3.0倍の虚像が見えるときの $a$ を求めよ。

(3) (2)において，凸レンズのかわりに，焦点距離30cmの凹レンズを通して図の右側から物体を見る。倍率0.50倍の虚像が見えるときの $a$ を求めよ。

考え方 レンズの式((43), (44)式)を用いて考える。

解説&解答 (1) 写像公式((43)式)で，$b = 80 - a$〔cm〕，$f = 15$〔cm〕 $(a > 0,$ $b > 0)$ であるから $\dfrac{1}{a} + \dfrac{1}{80-a} = \dfrac{1}{15}$

$$a^2 - 80a + 1200 = 0$$

$(a - 20)(a - 60) = 0$　よって　$a = \mathbf{20,\ 60\,cm}$　答

(2)　倍率が3.0倍であるから，㊹式より　$\left|\dfrac{b}{a}\right| = 3.0$

また，虚像であることから $b < 0$ である。したがって，

$b = -3.0a$〔cm〕，$f = 15$ cm を写像公式(㊸式)に代入して

$\dfrac{1}{a} - \dfrac{1}{3.0a} = \dfrac{1}{15}$　　$\dfrac{2}{3a} = \dfrac{1}{15}$　よって　$a = \mathbf{10\,cm}$　答

(3)　焦点が30 cmの凹レンズであるから，$f = -30$ cm であり，倍率が0.50倍であるから　$\left|\dfrac{b}{a}\right| = 0.50$

凹レンズであるから $b < 0$ で　$b = -0.50a$〔cm〕　したがって

$\dfrac{1}{a} - \dfrac{1}{0.50a} = -\dfrac{1}{30}$　　$-\dfrac{1}{a} = -\dfrac{1}{30}$　よって　$a = \mathbf{30\,cm}$　答



***3***　単色光をスリット $S_0$ と複スリット $S_1$，$S_2$ に通すと，後方のスクリーン上に明暗の縞ができ，スクリーン中央の点Oで最も明るかった。$S_1$ と $S_2$ は間隔が $d$〔m〕で，$S_0$ から等距離にある。複スリットとスクリーンの距離を $l$〔m〕とする。

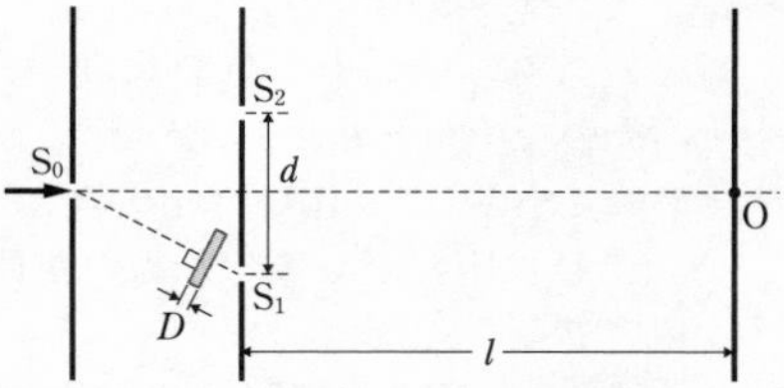


(1)　図のように，スリット $S_1$ の手前に，屈折率 $n$ $(n > 1)$，厚さ $D$〔m〕の薄い透明板を $S_0S_1$ に垂直に置いたとき，$S_0$ から回折して，$S_1$ に達する光と，$S_2$ に達する光の光路差 $\Delta s$〔m〕を求めよ。

(2)　初め，スクリーン上の点Oにあった明線は，透明板を置いた後，上向きに移動するか，下向きに移動するか。

(3)　(2)の移動距離 $\Delta x$〔m〕を求めよ。ただし，点Oから $x$〔m〕離れたスクリーン上の点をPとすると，$S_1P$ と $S_2P$ の距離の差は $\dfrac{d}{l}x$ と表される。

**考え方**　屈折率×距離〔m〕を光路長〔m〕という。空気中の屈折率は真空中と等しい$(n = 1)$と考える。

**解説&解答**　(1)　$S_0S_1 = S_0S_2 = s$ とする。

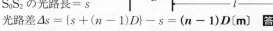

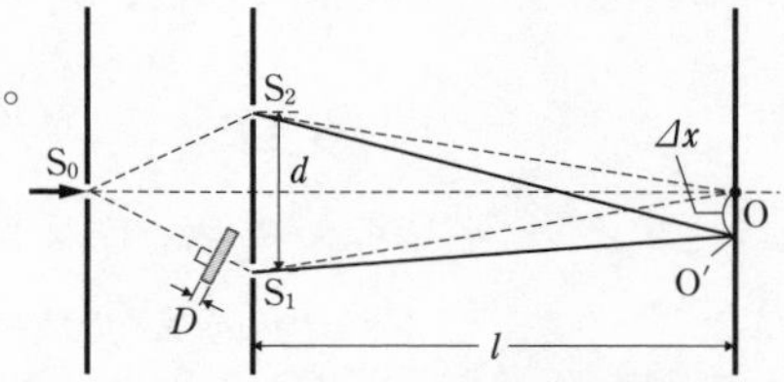


$S_0S_1$ の光路長

$= (s - D) + nD$

$= s + (n - 1)D$

$S_0S_2$ の光路長 $= s$

光路差 $\Delta s = \{s + (n - 1)D\} - s = \boldsymbol{(n-1)D}$〔m〕　答

(2)　透明板がないとき，光が $S_0 \to S_1 \to O$ と進む光と $S_0 \to S_2 \to O$ と進む光の光路差はない。次に，透明板を置いたとき，光路差がなく両経路を通った光が到達するスクリーン上の点を O′ とする。

透明板を置くと，「$S_0S_1$の光路長」>「$S_0S_2$の光路長」となるので，「$S_1O'$の光路長」<「$S_2O'$の光路長」となる。

すなわち，**下向き**に移動する。 **答**

(3)　$S_0 \to S_1 \to O'$と進む光と$S_0 \to S_2 \to O'$と進む光の光路長が等しくなるから

$$s+(n-1)D+S_1O'=s+S_2O'$$

$$(n-1)D=S_2O'-S_1O'=\frac{d\Delta x}{l}$$

よって　$\boldsymbol{\Delta x=\frac{(n-1)Dl}{d}}$〔**m**〕 **答**



**4**　格子定数$d$〔m〕の回折格子に，波長$\lambda$〔m〕の緑色の光を垂直に当てると，後方$l$〔m〕の位置にあるスクリーンに明暗の縞ができた。スクリーンの中央Oから，距離$x$〔m〕離れたスクリーン上の点Pに向かう光と入射光のなす角を$\theta$とする。ただし，$\theta$はきわめて小さく，$\sin\theta \fallingdotseq \tan\theta$が成りたつとする。

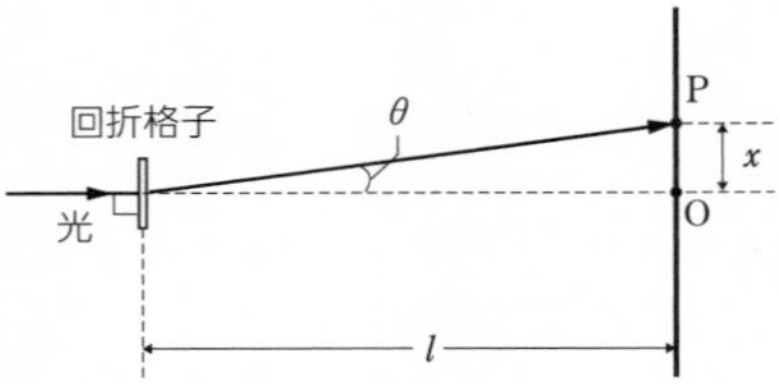


(1)　点Pに明線ができるための条件式を，$d$，$\lambda$，$l$，$x$，$m$（$m=0,\ 1,\ 2,\ \cdots$）を用いて表せ。

(2)　隣りあう明線の間隔$\Delta x$〔m〕を，$d$，$\lambda$，$l$を用いて表せ。

(3)(a)　緑色の光を，赤色の光にかえると，明線の間隔は小さくなるか，大きくなるか。

(b)　単位長さ当たりの筋の本数が2倍の回折格子にかえると，明線の間隔は何倍になるか。

**考え方**　回折格子の明線の条件式（(55)式）を用いる。(3)では(2)の結果を用いる。

**解説&解答**　(1)　点Pに明線ができるための条件式は(55)式より

$$d\sin\theta=m\lambda$$

与えられた近似より　$\sin\theta \fallingdotseq \tan\theta=\frac{x}{l}$

これを上式に代入して　$\boldsymbol{d\frac{x}{l}=m\lambda}$ **答**

(2)　(1)より　$x=m\frac{l\lambda}{d}$　だから，隣りあう明線の間隔は

$$\Delta x=(m+1)\frac{l\lambda}{d}-m\frac{l\lambda}{d}=\boldsymbol{\frac{l\lambda}{d}}$$〔**m**〕 **答**

(3)(a)　赤色の光の波長は，緑色の光の波長よりも大きい。

(2)より，$\Delta x$は$\lambda$に比例する。したがって，**大きくなる**。 **答**

(b)　単位長さ当たりの筋の本数が2倍になると格子定数は半分になる。

(2)より，$\Delta x$は$d$に反比例する。したがって，**2倍**。 **答**

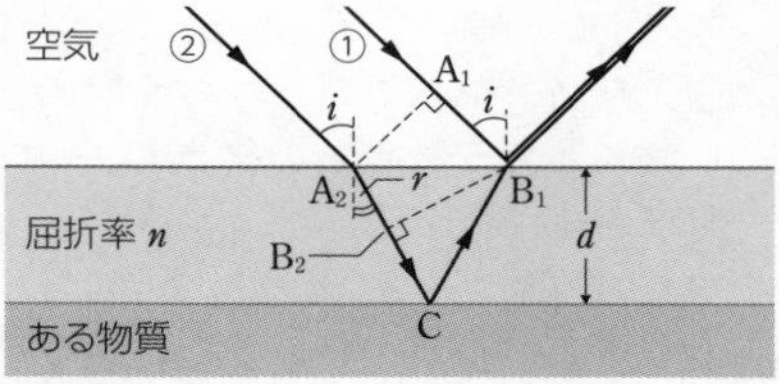


**5**　図のように，屈折率 $n(n > 1)$，厚さ $d$〔m〕の薄膜が，ある物質の表面をおおっており，波長 $\lambda$〔m〕の単色光が空気中から薄膜に入射角 $i$ で入射した。このとき，薄膜の上面で反射する光①と，薄膜の上面において屈折角 $r$ で屈折し，薄膜の下面で反射する光②の干渉を考える。これらの光は，図中の点 $A_1$，$A_2$ において同位相であった。ただし，物質の屈折率は $n$ より大きいものとする。

(1)　光①は図中の点 $B_1$ での反射によって，位相が $\pi$ 変化するか，それとも変化しないか。また，光②は図中の点Cでの反射によって，位相が $\pi$ 変化するか，それとも変化しないか。

(2)　点 $B_1$ で反射した光①と，点 $A_2$ に入射して，点Cで反射して点 $B_1$ を通過した光②の光路差を，$n$，$d$，$r$ を用いて表せ。

(3)　光①と光②が弱めあうための条件式を，$n$，$d$，$r$，$\lambda$，$m$（$m = 0$，1，2，…）を用いて表せ。

(4)　単色光が垂直 $(i = 0)$ に入射するとき，光①と光②が弱めあうための最小の膜の厚さ $d_0$〔m〕を求めよ。

**考え方**　光①と②の経路差は，$2d\cos\theta$ である。また，干渉の条件式（(58)式）を用いる。

**解説&解答**　(1)　空気より薄膜のほうが屈折率が大きいので，光①は点 $B_1$ での反射のとき，位相が **$\pi$ 変化する**。 **答**

また，薄膜よりある物質のほうが屈折率が大きいので，光②は点Cでの反射のとき，位相が **$\pi$ 変化する**。 **答**

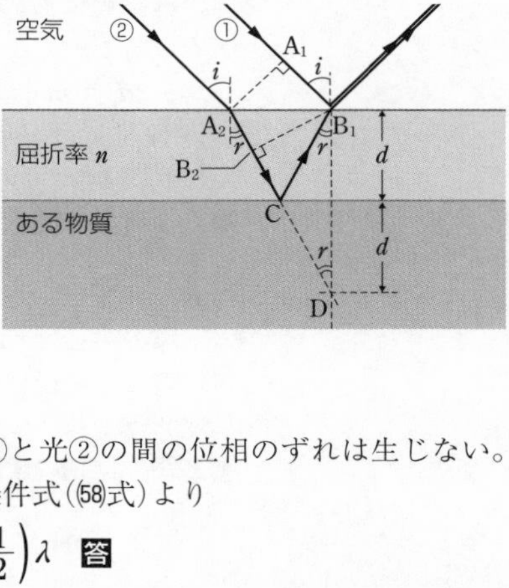


(2)　光①と光②の光路差は，図より

$$n \times (B_2D)$$
$$= n \times 2d\cos r$$
$$= \mathbf{2nd\cos r}$$ **答**

(3)　(1)より，反射による光①と光②の間の位相のずれは生じない。よって(2)の結果と干渉の条件式（(58)式）より

$$\mathbf{2nd\cos r = \left(m + \frac{1}{2}\right)\lambda}$$ **答**

(4)　$i = 0$ のとき，$r = 0$ となる。また，$m = 0$ のとき，$d$ は最小値 $d_0$ となるから

$$2nd_0\cos 0 = \left(0 + \frac{1}{2}\right)\lambda \qquad \text{よって} \quad d_0 = \frac{\boldsymbol{\lambda}}{\mathbf{4n}}\text{〔m〕}$$ **答**

*6* 図のように，球面半径$R$〔m〕の平凸レンズを平面ガラスの上にのせ，上から平面に垂直に波長$\lambda$〔m〕の赤い単色光を当てた。このときの反射光を上から観察すると，レンズとガラス板との接点Oを中心とする同心円状の明暗の縞模様が見えた。点Oから$x$〔m〕離れた点Pでの空気層の厚さを$d$〔m〕とする。

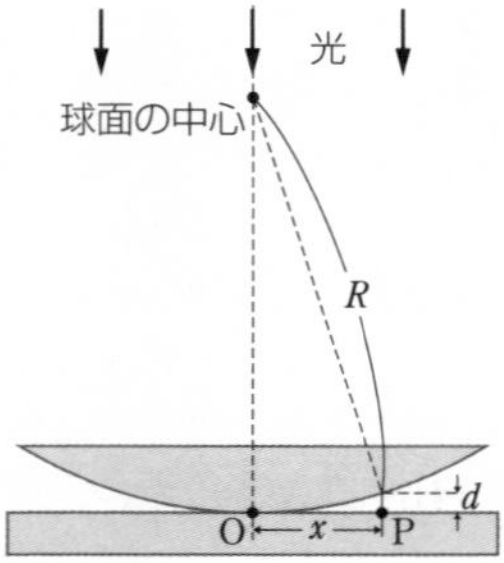


(1)　点Pの位置で暗くなるための条件式を，$d$，$\lambda$，$m$（$m = 0, 1, 2, \cdots$）を用いて表せ。

(2)　点O付近では明るくなるか，暗くなるか。

(3)　点Pの位置で暗くなるとき，$x$を$R$，$\lambda$，$m$を用いて表せ。ただし，$2d = \dfrac{x^2}{R}$が成りたつものとする。

(4)　青い光を用いて同じ実験を行ったとき，内側から数えて$m$番目の暗環の半径は，赤い光の場合と比べて大きくなるか，小さくなるか。

(5)　レンズとガラスの間を屈折率$n$（$n > 1$）の液体で満たしたとき，内側から数えて$m$番目の暗環の半径は，液体がない場合の半径の何倍になるか。ただし，$n$はレンズとガラスの屈折率より小さいものとする。

**考え方**　ニュートンリングにおける干渉の暗環の条件式((62)式)を利用する。また，赤い色の光は，青い色の光よりも波長が長い。

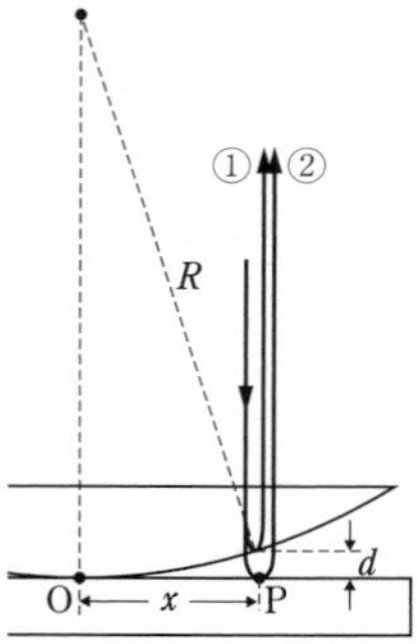


**解説&解答**　(1)　光線①は反射の際に位相は変化しないが，光線②は位相が$\pi$ずれる。また，両光線の経路差は$2d$であるから点Pの位置で暗くなるための条件式は

$$2d = m\lambda$$ **答**

(2)　点O付近は$d = 0$であり，(1)の暗環の条件式で$m = 0$の場合である。よって，**暗くなる**。 **答**

(3)　$\dfrac{x^2}{R} = m\lambda$　　よって　$x = \sqrt{m\lambda R}$〔m〕 **答**

(4)　暗環の半径$x = \sqrt{m\lambda R}$で，青い光のほうが赤い光より波長$\lambda$が短いので，半径は**小さくなる**。 **答**

(5)　屈折率$n$がレンズとガラスの屈折率より小さいので，反射光①と②の位相のずれ方は変わらない。液体中での光の波長$\lambda'$は

$$\frac{\lambda}{\lambda'} = \frac{n}{1}\qquad \text{よって}\quad \lambda' = \frac{1}{n}\lambda$$

したがって　$\dfrac{\sqrt{m\lambda' R}}{\sqrt{m\lambda R}} = \dfrac{\sqrt{m\cdot\frac{1}{n}\lambda R}}{\sqrt{m\lambda R}} = \dfrac{1}{\sqrt{n}}$ **倍** **答**

## 考えてみよう！

7　(1)　身長1.7mの人が，壁にかけた鏡の正面にまっすぐ立つ。自分の全身が鏡に映って見えるようにするには，鏡の長さは何m以上あればよいか。

(2)　Cさんは，図のような，お玉杓子(おたま)に映った自分の顔を，少し離れた所から観察していて，おたまの表面(凹面)と裏面(凸面)で見え方が違うことに気がついた。それぞれどのように見えるか説明してみよう。

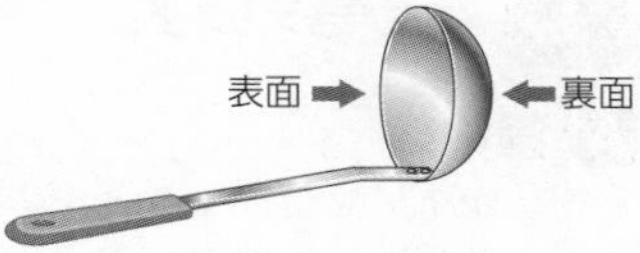


(3)　図のように，2枚の平面ガラスを重ねて，片側に薄い紙をはさみ，真上から光を当てて上から見ると，明暗の縞が見えた。このとき，紙をはさんだ側の平面ガラスに力を加えて押しこむと，縞にはどのような変化があるか。

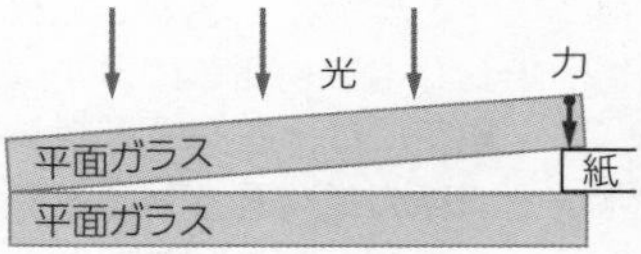


**考え方**　(1)　反射の法則を用いる。

(2)　おたまの表面は凹面鏡に，裏面は凸面鏡に相当する。

**解説&解答**　(1)　右図のように，鏡にちょうど全身が映って見えるとき，目の高さから鏡の上端と下端の高さまでの距離をそれぞれ$a$，$b$〔m〕とすると，入射角と反射角は等しいから，右図より身長は$2a+2b$となる。したがって

$$2a+2b=1.7\,\text{m}$$

よって，鏡の長さは

$$a+b=1.7\times\frac{1}{2}=\mathbf{0.85\,m}$$ 答

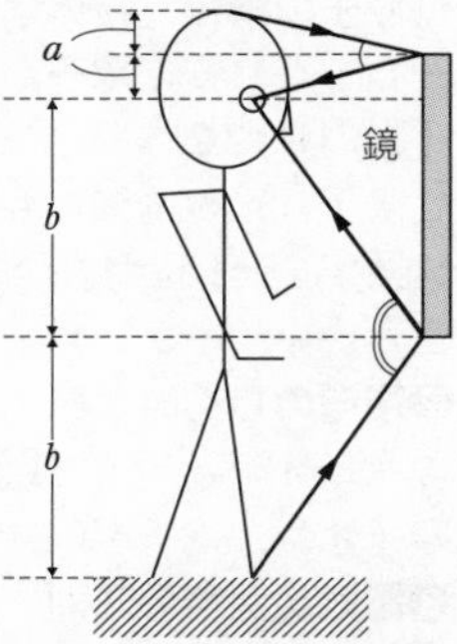


(2)　少し離れた所から観察するので，表面の場合，自分の位置は凹面鏡の中心より外側にあるため倒立実像ができ，**顔は倒立して見える**。裏面の場合，正立虚像ができ，**顔は正立して見える**。 答

(3)　右図のように，ガラスの接点から紙までの距離を$L$〔m〕，紙の厚さを$D$〔m〕，当てる光の波長を$\lambda$〔m〕とする。**例題17**と同様に考えると，縞の間隔は

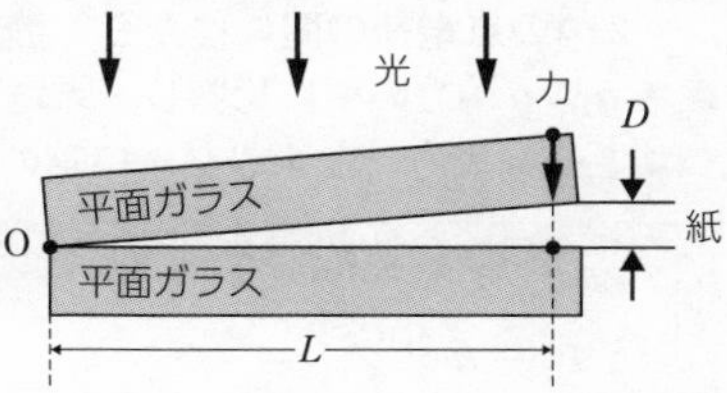


$\Delta x=\dfrac{L\lambda}{2D}$〔m〕となり，$\Delta x$は$D$に反比例する。平面ガラスを押しこむと紙の厚さは小さくなるから，**縞の間隔が大きくなる**。 答

# 第1章 電場

教 p.116 ～ p.155

## 1 静電気力

### A 静電気

物体が電気を帯びることを**帯電**といい，帯電した物体(帯電体)に分布している流れのない電気を**静電気**という。また，このような電気現象を生じさせるもの(電気)を**電荷**という。また，大きさが無視できる点状の電荷を**点電荷**という。

静止した電荷の間には力がはたらき，これを**静電気力**という。

- **電荷には，正(＋)と負(－)の2種類がある**
- **同種の電荷どうしは反発しあい，異種の電荷どうしは引きあう**

正に帯電した電荷を**正電荷**といい，負に帯電した電荷を**負電荷**という。

電荷の量を**電気量**といい，単位には**クーロン**(記号 C)を用いる。



### B 物体が帯電するしくみ

**❶原子の構造**　物体は多数の**原子**からできている。原子は，中心にある**原子核**と，原子核をとりまく**電子**からできている。そして，原子核は**陽子**と**中性子**からできている(教 p.117 図2)。

陽子は正の電気をもち，電子は負の電気をもつが，中性子は電気をもたない。陽子1個と電子1個がもつ電気量は，大きさが等しく $1.6 \times 10^{-19}$ C である。これを**電気素量**といい，$e$ で表す。帯電体がもつ電気量の大きさは $e$ の整数倍になる。

**❷帯電のしくみ**　原子が電子を放出したり取りこんだりすることによって帯電したものを**イオン**という。教 p.117 図3のように，電子を放出して正の電気を帯びた粒子を**陽イオン**，電子を取りこんで負の電気を帯びた粒子を**陰イオン**という。

**❸電気量保存の法則**　物体が帯電するときは，物体どうしが電気をやりとりするだけであり，電気が生み出されたり失われたりすることはなく，その前後で電気量の総和は変わらない。これを**電気量保存の法則**という。

### C クーロンの法則

**2つの点電荷の間にはたらく静電気力の大きさ $F$〔N〕は，それぞれの電気量の大きさ $q_1$，$q_2$〔C〕の積に比例し，点電荷間の距離 $r$〔m〕の2乗に反比例する**

これを静電気力に関する**クーロンの法則**といい，次の式で表される。

**クーロンの法則**

$$F = k\frac{q_1 q_2}{r^2} \qquad (1)$$

| | |
|---|---|
| $F$〔N〕 | 静電気力の大きさ |
| $k$〔N·m²/C²〕 | クーロンの法則の比例定数 |
| $q_1$，$q_2$〔C〕 | 2つの点電荷の電気量の大きさ |
| $r$〔m〕 | 点電荷間の距離 |

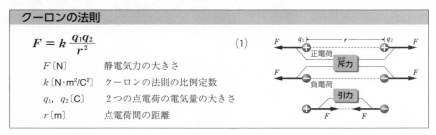

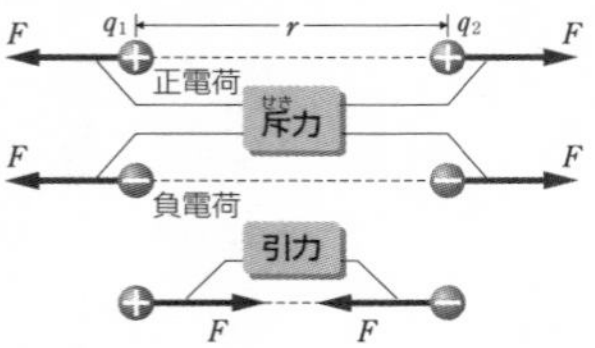

静電気力は2つの点電荷を結ぶ直線方向にはたらく。(1)式の比例定数 $k$ の値は，真空中では　$k_0 = 9.0 \times 10^9 \,\mathrm{N \cdot m^2/C^2}$　(2)

## D 静電誘導

**❶導体と不導体**　電気をよく通す物質を**導体**という。金属には，金属を構成している個々の原子に属さずに，金属内を自由に動きまわれる電子があり，これを**自由電子**という。電気の流れ(電流)は自由電子の移動によって伝えられる(教 p.120 図5)。

一方，電気を通しにくい物質を**不導体(絶縁体)**という。また，ケイ素(Si)などのように電気の通しやすさが導体と不導体の中間のものがある。これを**半導体**という。

**❷静電誘導**　導体に帯電体を近づけると，自由電子が静電気力によって移動し，帯電体に近い側の表面には帯電体と異種の電気が現れ，遠い側の表面には同種の電気が現れる。この現象を導体の**静電誘導**という(教 p.120 図6ⓑ)。同図ⓐのように，帯電体に近い側にはたらく引力のほうが，遠い側にはたらく斥力よりも大きいので，導体は帯電体に引き寄せられる。導体の静電誘導を利用して，物体が帯電しているかどうかを調べる装置に**箔検電器**がある(教 p.121 図7)。

**❸誘電分極**　不導体の電子は構成粒子から離れないが，帯電体を近づけると，静電気力によって構成粒子に属している電子の位置がずれる。これを**分極**といい，不導体の帯電体に近い側の表面には帯電体と異種の電気が現れ，遠い側の表面には同種の電気が現れる(右図)。不導体に生じる静電誘導の現象を，特に**誘電分極**という。よって，不導体のことを**誘電体**ともいう。

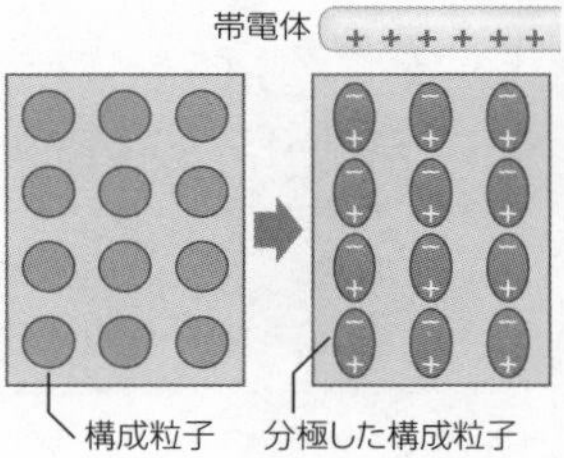




# 2 電場

## A 電場

教 p.122 図9ⓐのように，電荷Aのまわりに別の電荷を置くと，その電荷は静電気力を受ける。このように電気的な力が及ぶ空間には**電場(電界)**が生じているという。電荷は，電場を介して力を及ぼしあう。つまり

**電荷のまわりには電場が生じ，その電場は別の電荷に力を及ぼす**

空間の各点での電場は，その位置に置いた＋1Cの電荷が受ける力として定義され，その単位には，**ニュートン毎クーロン**(記号 **N/C**)を用いる。

電場は力と同様に，大きさ(**電場の強さ**)と向き(**電場の向き**)をもつベクトルであり，電場のことを**電場ベクトル**ともいう(教 p.122 図9ⓑ)。

電場が $\vec{E}$〔N/C〕の点に置いた $q$〔C〕の電荷が受ける力 $\vec{F}$〔N〕は，電荷1C当たりが受ける力($\vec{E}$)の $q$ 倍となり，次のように表される。

**電荷が電場から受ける力**

$$\vec{F} = q\vec{E} \qquad (3)$$

$\vec{F}$〔N〕 静電気力

$q$〔C〕 電気量

$\vec{E}$〔N/C〕 電場

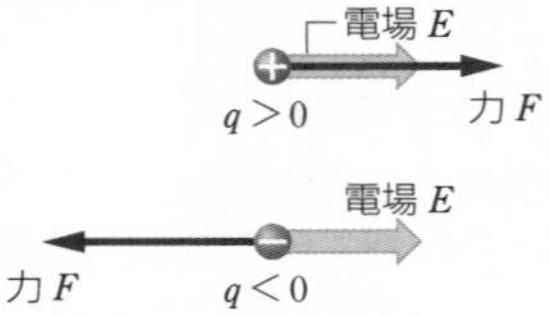


## B 点電荷のまわりの電場

**❶ 1つの点電荷のまわりの電場** 次図で，点Pでの電場の向きはA→P（Aから遠ざかる向き）である。電場の強さ$E$〔N/C〕は，その位置に置いた＋1Cの試験電荷が受ける力の大きさに等しい。その大きさはクーロンの法則より$k\dfrac{1\times Q}{r^2}$であるから，点Pでの電場の強さは次のように表される。

**点電荷のまわりの電場**

$$E = k\frac{Q}{r^2} \qquad (4)$$

$E$〔N/C〕 電場の強さ

$k$〔N·m²/C²〕 クーロンの法則の比例定数

$Q$〔C〕 点電荷の電気量の大きさ

$r$〔m〕 点電荷からの距離

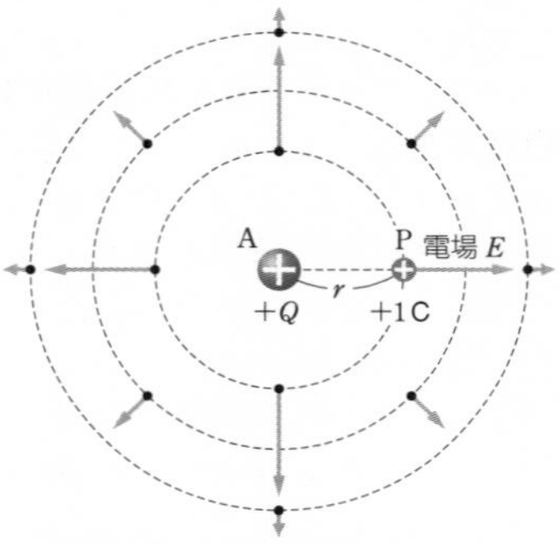


▲**点電荷のまわりの電場** 矢印（→）は点（•）の位置における電場を表す。

**❷電場の重ねあわせ** 2点A，Bに電荷があるとき，点Pにおける電場は，A，Bに各電荷が単独にあるときにPにつくる電場ベクトルを合成すると得られる（下図）。これを**電場の重ねあわせ**という。

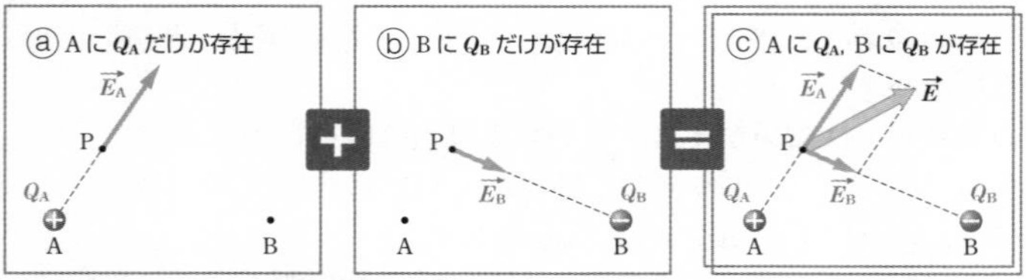


▲**電場の重ねあわせ** $\vec{E} = \vec{E}_A + \vec{E}_B$

## C 電気力線

電場の中で正電荷を電場から受ける力の向きに少しずつ動かすと，1つの線を描く。この線に正電荷が動いた向きの矢印をつけたものを**電気力線**という（教 p.125 図12）。電気力線には，**正電荷から出て負電荷に入る**という性質がある。

電気力線は，電荷のない所で発生したり，消滅したりしない。**電気力線上の各点での接線は，その点での電場の方向と一致する**。よって，電気力線は枝分かれしたり，交差したりせず，真空中や大気中で折れ曲がることもない。

電場の強さが $E$〔N/C〕の所では，電場の方向と垂直な断面を通る電気力線を，1 m² 当たり $E$ 本の割合で引くものとする。これにより，電気力線の密度で電場の強さを表すことができる。なお，**電場が強い所ほど電気力線は密である**。

### D 帯電体から出る電気力線の数

$Q$〔C〕の正電荷を中心とする半径 $r$〔m〕の球面 S を貫く電気力線の総数を $N$ 本とすると　$\boldsymbol{N = E \times 4\pi r^2 = 4\pi k_0 Q}$　(5)

電気力線の数 $N$ は，$N > 0$ のときには球面を出ていく向きに，$N < 0$ のときには球面内に入っていく向きに貫くことを表すものとする。負電荷の場合 ($Q < 0$) には，$N < 0$ となり，$4\pi k_0|Q|$ 本の電気力線が球面内に入っていく。

大きさのある物体に電気が分布しているときでも次のことがいえる（ガウスの法則）。

**$Q$〔C〕の帯電体から出る電気力線の総数は $4\pi k_0 Q$ 本である**



## 3 電位

### A 電位

**❶静電気力による位置エネルギー**　重力による位置エネルギーと同様に，静電気力を受ける物体についても，位置エネルギーを考えることができる。教 p.127 図 14 のように，物体が点 P から基準点 O まで移動するとき，静電気力は電荷に仕事をする。したがって，点 P にある物体は**静電気力による位置エネルギー**をもっている。静電気力も保存力である。

**❷電位**　静電気力による位置エネルギー $U$〔J〕は，物体の電気量 $q$〔C〕に比例する。そこで，電荷＋1C 当たりの，静電気力による位置エネルギーを

$$V = \frac{U}{q} \tag{6}$$

と表し，これをその点の**電位**という。電位はスカラーであり，単位は**ボルト**（記号 **V**）を用いる。1V = 1J/C である。電位 $V$〔V〕の点に $q$〔C〕の電荷を置くと，静電気力による位置エネルギー $U$〔J〕は次のように表される。

**電位**

$$\boldsymbol{U = qV} \tag{7}$$

$U$〔J〕　静電気力による位置エネルギー
$q$〔C〕　電気量
$V$〔V〕　電位

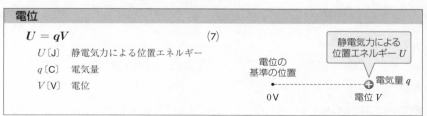

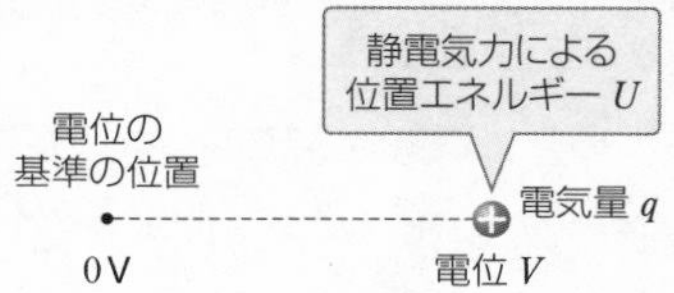

## B 電位差と仕事

$q$〔C〕の電荷が点A(電位 $V_A$)から点B(電位 $V_B$)まで移動するとき，静電気力がする仕事 $W_{AB}$〔J〕は，静電気力による位置エネルギーの差に等しい。

$$W_{AB} = qV_A - qV_B = q(V_A - V_B) \quad (8)$$

AB間の電位の差を $V = V_A - V_B$ とおくと

$$\boldsymbol{W_{AB} = qV} \quad (9)$$

2点間の電位の差を**電位差**または**電圧**という(右図)。

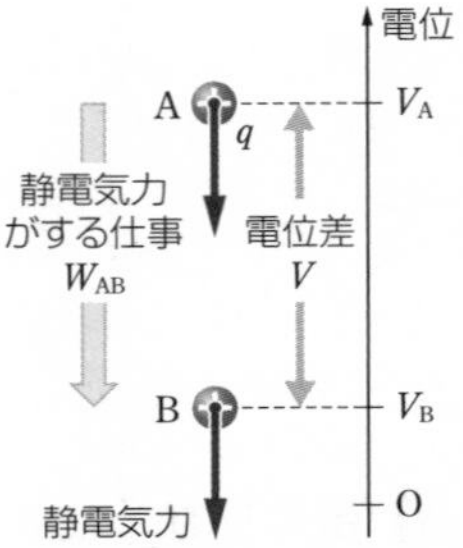

▲電位差と仕事

静電気力とつりあう外力を加えて電荷をAからBまでゆっくりと移動させるとき，この外力がする仕事は $-W_{AB}$ となる。

## C 電場と電位差との関係

強さと向きが空間のどこでも一定である電場(**一様な電場**)を考える。

**教 p.128 図16** のように強さ $E$〔N/C〕の一様な電場の中にある $q$〔C〕の正電荷が，電場の向きに沿ってAからBまで $d$〔m〕移動するとき，静電気力のする仕事は，$W_{AB} = qEd$〔J〕であるから，AB間の電位差を $V$〔V〕とすると，次の式が成りたつ。

**一様な電場と電位差**

$$\boldsymbol{V = Ed, \quad E = \frac{V}{d}} \quad (10)$$

$V$〔V〕 電位差
$E$〔V/m〕 一様な電場の強さ
$d$〔m〕 距離

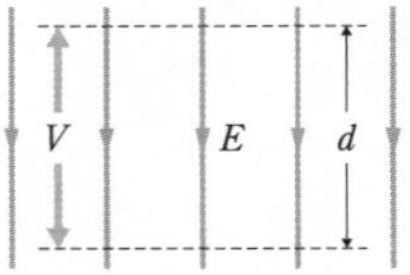


電場の強さ(単位N/C)は，(10)式から，電場の方向の1m当たりの電位差，すなわち電位の傾きを表している(**教 p.129 図17**)。このため，電場の強さの単位にはV/mも用いられる。一般に，**電場は電位の高いほうから低いほうへ向かう。**

## D 点電荷のまわりの電位

**❶ 1つの点電荷のまわりの電位**　電気量 $Q$〔C〕の点電荷から距離 $r$〔m〕離れた点における電位 $V$〔V〕は，次のように表される。

**点電荷のまわりの電位**

$$\boldsymbol{V = k\frac{Q}{r}} \quad (11)$$

$V$〔V〕 電位
$k$〔N·m²/C²〕 クーロンの法則の比例定数
$Q$〔C〕 点電荷の電気量　　$r$〔m〕 点電荷からの距離

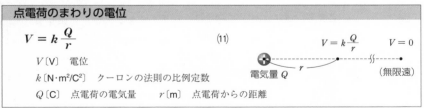

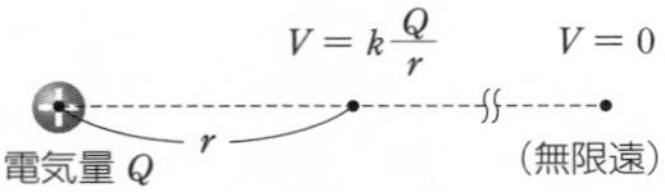


この点に電気量 $q$〔C〕の別の点電荷Aを置くと，Aのもつ静電気力による位置エネルギー $U$〔J〕は　$\boldsymbol{U} = qV \boldsymbol{= k\frac{qQ}{r}}$ (12)

**❷電位の重ねあわせ**　2点A，Bに電荷があるとき，点Pにおける電位は，各電荷がPにつくる電位を足したものである(**教 p.131 図19**)。これを**電位の重ねあわせ**という。

### E 等電位面

電位が等しい点を立体的に連ねてできる面を**等電位面**といい，平面上で連ねてできる線を**等電位線**という。**教 p.132 図 20** のように，等電位線を一定の電位差ごとにかくと，等電位線の間隔が密な所ほど，電位の傾きが大きい。電位の傾きは電場の強さを表しているので，**等電位線(等電位面)の間隔が密な所ほど電場が強い**。また，**等電位線(等電位面)と電気力線は直交する**。

### F 静電気力を受ける電荷の運動

電場の中の電荷は静電気力を受けながら運動する。電荷の質量を $m$〔kg〕，電気量を $q$〔C〕とし，点 A，B の電位をそれぞれ $V_A$，$V_B$〔V〕，点 A，B を通過するときの電荷の速さをそれぞれ $v_A$，$v_B$〔m/s〕とする。静電気力のみを受けるとき，次のエネルギー保存則が成りたつ。

$$\frac{1}{2}mv_A{}^2 + qV_A = \frac{1}{2}mv_B{}^2 + qV_B \tag{13}$$



## 4 物質と電場

### A 導体と電場

**❶導体内部の電場と電位**　一様な電場の中に導体を置く。自由電子が電場から力を受けて移動し，自由電子の移動が終わったときには，**導体内部には電場がなく，導体全体が等電位になる**。

導体の表面は等電位面である。電気力線は等電位面に垂直であるので，**電気力線は導体の表面に垂直である**。導体内部に電荷は存在しないので，**電荷は導体内部には現れず，その表面だけに分布する**(**教 p.136 図 22**)。

**❷接地**　地球は非常に大きな導体と考えることができる。よって，全体が等電位であるから，実用上は地球の電位を基準として，0V とすることが多い。導体を地球につなぐことを**接地**(または**アース**)という。接地した導体の電位は地球の電位と等しく，0V である(**教 p.137 図 24**)。

**❸静電遮蔽**　導体に中空部分がある場合，中空部分に電荷がないときは，そこに電場は生じない(**教 p.137 図 25**)。また，中空部分に電荷があるときでも，その電荷による中空部分の電場は外部の電場の影響を受けない。このはたらきを**静電遮蔽**という。

### B 不導体と電場

電場の中に不導体を置くと，誘電分極によって不導体の表面に電荷(分極電荷)が現れる。この電荷が不導体の内部につくる電場は，外部の電場の向きと逆であるため，不導体内部の電場は外部の電場よりも弱くなる。導体の場合とは異なり電荷が移動できないので電場は完全には打ち消されない(**教 p.138 図 26**)。

# 5 コンデンサー

## A コンデンサーの充電

**❶コンデンサー**　右図のように，面積が等しい大きな 2 枚の金属板を向かいあわせ，それぞれを正と負に帯電させると，電荷を蓄えることができる。このような装置を**コンデンサー**という。この金属板を**極板**といい，極板どうしが平行なコンデンサーを特に**平行板コンデンサー**という。

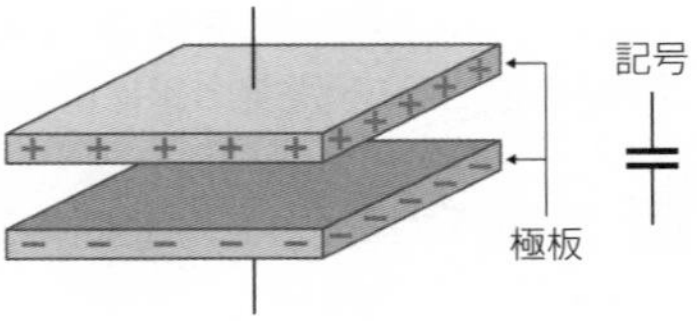


**❷コンデンサーの充電**　コンデンサーに電荷をためることを**充電**という。

電池は電流を流そうとするはたらきをもつ。**教 p.139 図 28** ⓐの回路のスイッチを入れると，電池は，自由電子を極板 A から B に向かって移動させるため，A は正に，B は負に帯電する。この電気量は時間とともに増加し（同図ⓑ），やがて，極板間の電位差が電池の電圧と等しくなると，自由電子の移動が止まり，電流が 0 になる（同図ⓒ）。その後，スイッチを開いても極板の電荷が失われない。



## B コンデンサーの電気容量

**❶コンデンサーの電気容量**　コンデンサーの極板間に電圧を加えたとき，2 つの極板の電気量の大きさ $Q$ と極板間の電位差 $V$ との間に次の式が成りたつ。

**コンデンサー**

$$Q = CV \qquad (14)$$

$Q$〔C〕　コンデンサーの電気量
$C$〔F〕　コンデンサーの電気容量
$V$〔V〕　極板間の電位差

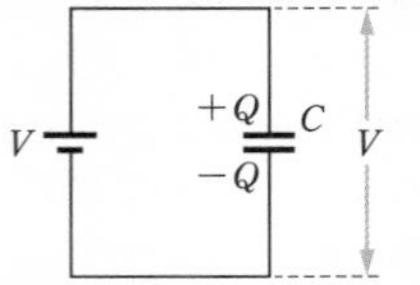


比例定数 $C$ はコンデンサーの**電気容量**という。この値が大きいほど，同じ電圧でより多くの電荷を蓄えることができる。

電気容量の単位には，1 V の電圧を加えたときに 1 C の電荷を蓄える電気容量をとり，これを 1 **ファラド**（記号 **F**）と定める。実用上は，$10^{-6}$ F を 1 **マイクロファラド**（記号 **μF**），$10^{-12}$ F を 1 **ピコファラド**（記号 **pF**）として，単位に用いることが多い。

**❷平行板コンデンサーの電場**　**教 p.141 図 30** のように極板 A, B の電気量をそれぞれ $+Q$, $-Q$〔C〕, 極板の片面の面積を $S$〔$m^2$〕とする。極板 A の電気量は $Q$ であるから，極板 A から出る電気力線の数は $4\pi k_0 Q$ 本である。極板間の電場の強さ $E$ は，単位面積当たりを垂直に貫く電気力線の数なので，次のように求められる。

$$E = \frac{4\pi k_0 Q}{S} \qquad (15)$$

**❸平行板コンデンサーの電気容量**　極板の電気量 $Q$〔C〕と極板間の電位差 $V$〔V〕の関係は，極板間の間隔を $d$〔m〕とし，⑽式に⒂式を代入して，$Q$ について解くと

$$V = Ed = \frac{4\pi k_0 Q}{S}d \quad (16) \qquad よって \quad \boldsymbol{Q = \frac{1}{4\pi k_0}\cdot\frac{S}{d}V} \quad (17)$$

ゆえに，$Q$ は $V$ に比例する。ここで，比例定数を $C$ とおくと

$$\boldsymbol{C = \frac{1}{4\pi k_0}\cdot\frac{S}{d}} \quad (18)$$

であり，$Q = CV$ が得られる。したがって，平行板コンデンサーの電気容量は

**極板の面積に比例し，極板の間隔に反比例する**

## C コンデンサーと誘電体

**❶誘電率** コンデンサーの極板間に誘導体を入れると，$C$ の値が大きくなる。これは，(18)式の $k_0$ がより小さい値 $k$ に変化したことを意味する。(18)式の $k_0$ を $k$ でおきかえて，$\varepsilon$(イプシロン)$= \dfrac{1}{4\pi k}$ とおくと（$\varepsilon$ をその誘電体の**誘電率**という），次のようになる。

**コンデンサーの電気容量**

$$\boldsymbol{C = \varepsilon\frac{S}{d}} \quad (19)$$

$C$〔F〕 コンデンサーの電気容量
$\varepsilon$〔F/m〕 誘電率
$S$〔m²〕 極板の面積　　$d$〔m〕 極板の間隔

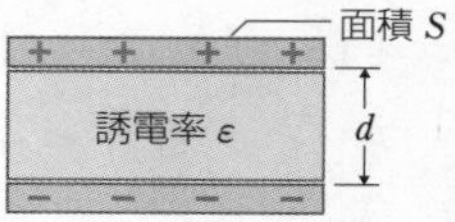


真空の誘電率 $\varepsilon_0$ は次のようになり，空気の誘電率もほぼこれに等しい。

$$\boldsymbol{\varepsilon_0 = \frac{1}{4\pi k_0} = 8.85 \times 10^{-12}\,\mathrm{F/m}} \quad (20)$$

**❷誘電体のはたらき** 一般に $\varepsilon > \varepsilon_0$ であるため，極板間に誘電体を挿入すると，電気容量が大きくなる。極板間が真空の場合と誘電体を入れた場合のコンデンサーの電気容量をそれぞれ $C_0$，$C$ とすると，$\dfrac{C}{C_0} = \dfrac{\varepsilon}{\varepsilon_0}$ となる。$\boldsymbol{\varepsilon_r = \dfrac{\varepsilon}{\varepsilon_0}}$ (21) をその誘電体の**比誘電率**という。

**❸実際のコンデンサー** フィルムコンデンサー(教 p.145 図 32)やアルミ電解コンデンサー(教 p.145 図 33)では，極板面積を大きく，また極板間隔を小さくするとともに，極板間に比誘電率 $\varepsilon_r$ の大きい誘電体を入れて，小型で電気容量を大きくしている。

コンデンサーに高すぎる電圧を加えると，絶縁体が破れてしまうので，加えられる電圧の限界が指示されている。この電圧を**耐電圧**という。

## D コンデンサーの接続

**❶並列接続** 電気容量が $C_1$，$C_2$〔F〕のコンデンサーを並列に接続し，両端に電圧 $V$〔V〕を加える（右図ⓐ）。それぞれのコンデンサーの電気量は

$$Q_1 = C_1V, \quad Q_2 = C_2V \quad (22)$$

したがって，全体の電気量 $Q$〔C〕は

$$Q = Q_1 + Q_2 = (C_1 + C_2)V \quad (23)$$

この式と「$Q = CV$」((14)式）を比べると，**合成容量**（全体の電気容量）$C$〔F〕は

$$C = C_1 + C_2 \quad (24)$$

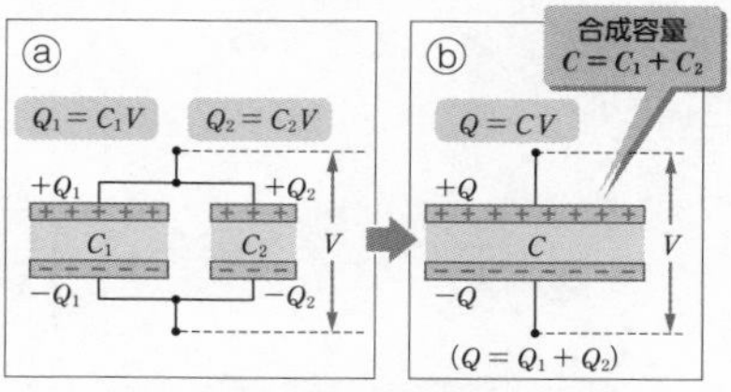

▲コンデンサーの並列接続

第4編 電気と磁気

一般に電気容量 $C_1$, $C_2$, …, $C_n$〔F〕の $n$ 個のコンデンサーを並列接続したときの合成容量 $C$〔F〕は　$\boldsymbol{C = C_1 + C_2 + \cdots + C_n}$　(25)

**❷直列接続**　電荷を蓄えていない電気容量が $C_1$, $C_2$〔F〕のコンデンサーを直列に接続し，両端に電圧 $V$〔V〕を加えると，上端，下端の極板にはそれぞれ $+Q$, $-Q$〔C〕の電荷が蓄えられ，上，下のコンデンサーの接続部側の極板には，静電誘導によって $-Q$, $+Q$〔C〕の電荷が現れる（右図ⓐ）。接続部側の2枚の極板は孤立した部分なので，電気量が保存され，初めに電荷が蓄えられていなかったため，電気量の合計は0となる。

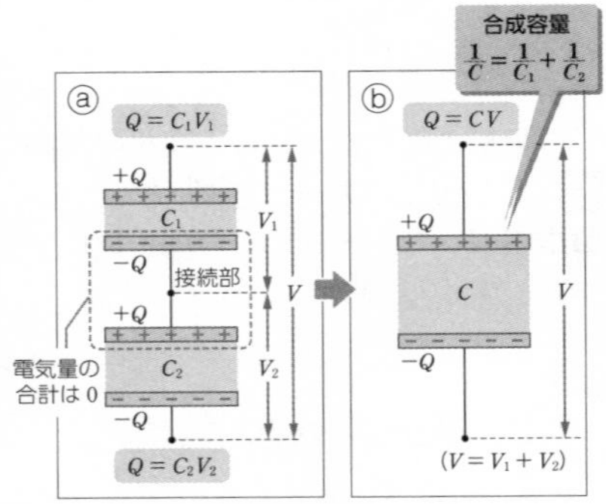


▲コンデンサーの直列接続

各コンデンサーの両端の電位差をそれぞれ $V_1$, $V_2$〔V〕とすると

$$V_1 = \frac{Q}{C_1},\quad V_2 = \frac{Q}{C_2} \tag{26}$$

したがって，接続したコンデンサーの両端の電位差 $V$〔V〕は

$$V = V_1 + V_2 = \left(\frac{1}{C_1} + \frac{1}{C_2}\right)Q \tag{27}$$

となるから，合成容量を $C$〔F〕とすると　$\dfrac{1}{C} = \dfrac{1}{C_1} + \dfrac{1}{C_2}$　(28)

一般に $n$ 個のコンデンサーを直列接続したときの合成容量 $C$〔F〕は

$$\boldsymbol{\frac{1}{C} = \frac{1}{C_1} + \frac{1}{C_2} + \cdots + \frac{1}{C_n}} \tag{29}$$

**合成容量**

**①並列接続：**　$\boldsymbol{C = C_1 + C_2}$

**②直列接続：**　$\boldsymbol{\dfrac{1}{C} = \dfrac{1}{C_1} + \dfrac{1}{C_2}}$

$C$〔F〕　合成容量　　$C_1$, $C_2$〔F〕　それぞれの電気容量

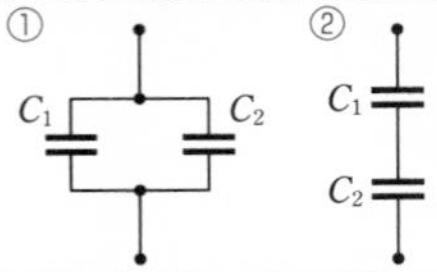


**❸導体・誘電体の挿入**　コンデンサーの一部に導体や誘電体を入れると電気容量が変化する。このような場合，右図のようにコンデンサーをいくつかの部分に分けて，それらの合成容量を求めればよい。

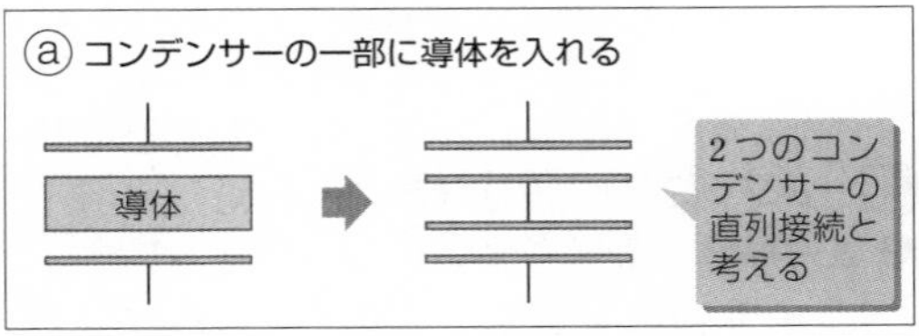


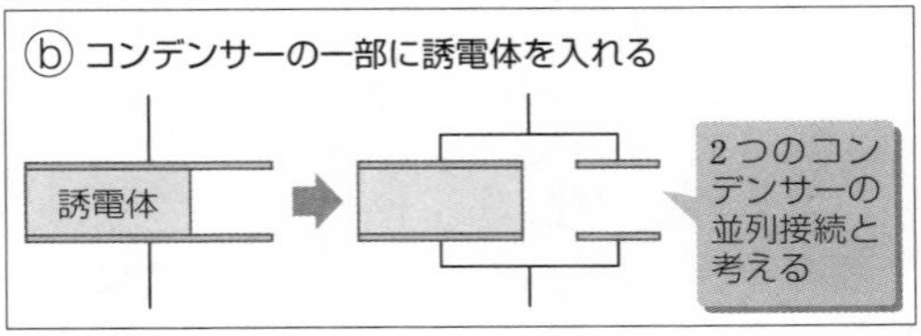

## E コンデンサーに蓄えられるエネルギー

**❶コンデンサーの放電** 充電したコンデンサーの両極板間を抵抗でつなぐと，負の極板の自由電子が導線を通って正の極板に向かって移動し，正・負の電気が打ち消されてしまう。これをコンデンサーの**放電**という。充電されたコンデンサーは，エネルギーを蓄えていたと考えることができ，これをコンデンサーに蓄えられた**静電エネルギー**という。

**❷静電エネルギー** 電気容量 $C$〔F〕のコンデンサーを電圧 $V$〔V〕の電池につないで充電する(下図ⓐ)。コンデンサーの極板間の電位差が増して $V$〔V〕になると充電が終わり，$Q = CV$〔C〕の電荷が蓄えられる。コンデンサーを充電するには，極板間の電位差に逆らって電荷を運ばなければならない。このとき必要な仕事は，同図ⓑより $W = \dfrac{1}{2}QV$〔J〕となる。この充電に要した仕事 $W$ をコンデンサーは静電エネルギーとして蓄える。$Q = CV$ より，静電エネルギー $U$〔J〕は次のように表される。

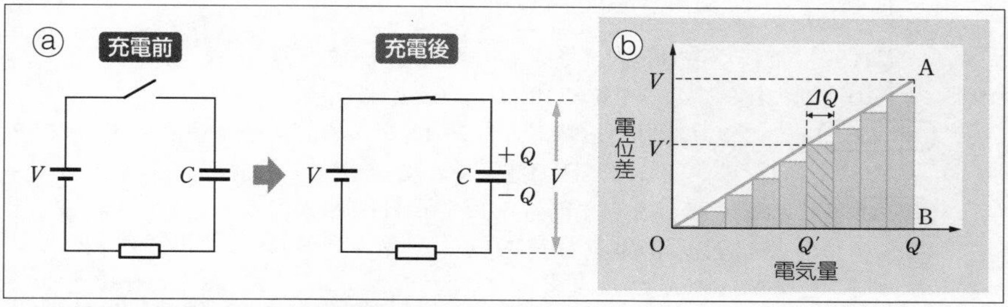


▲コンデンサーを充電するのに必要な仕事

**コンデンサーに蓄えられる静電エネルギー**

$$U = \frac{1}{2}QV = \frac{1}{2}CV^2 = \frac{Q^2}{2C} \quad (30)$$

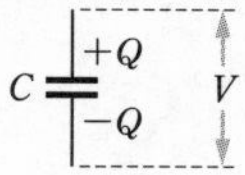


$U$〔J〕 コンデンサーに蓄えられる静電エネルギー
$Q$〔C〕 コンデンサーの電気量
$V$〔V〕 極板間の電位差　$C$〔F〕 コンデンサーの電気容量

### 問 題

**問1** (教p.117) 塩化ビニルが $-3.2 \times 10^{-8}$ C の電気量をもつとき，この電気量は電子何個分か。電気素量を $1.6 \times 10^{-19}$ C とする。

**考え方** 電気素量 $e$ とは，電子(陽子)1 個がもつ電気量の大きさである。

**解説&解答** 電子数を $N$〔個〕，電気量の大きさを $Q$〔C〕とすると　$Q = Ne$ と表される。

よって　$N = \dfrac{Q}{e} = \dfrac{|-3.2 \times 10^{-8}|}{1.6 \times 10^{-19}} = \mathbf{2.0 \times 10^{11}}$ **個** 答

**問2**
(教p.118)

$+6.0\times10^{-6}$C と $-2.0\times10^{-6}$C に帯電させた，材質・形状・大きさの等しい金属球を2つ用意し，接触させてから離すと，2つの金属球は等量に帯電した。このとき，それぞれの金属球がもつ電気量を求めよ。

**考え方** 接触の前後で電気量の総和は変わらない(電気量保存の法則)。

**解説&解答** 正の電荷と負の電荷が打ち消しあい，残った電気量を等しく分けあう。よって，それぞれの電気量は

$$\frac{(+6.0\times10^{-6})+(-2.0\times10^{-6})}{2}=\mathbf{2.0\times10^{-6}\,C}$$ **答**

**例題1**
(教p.119)

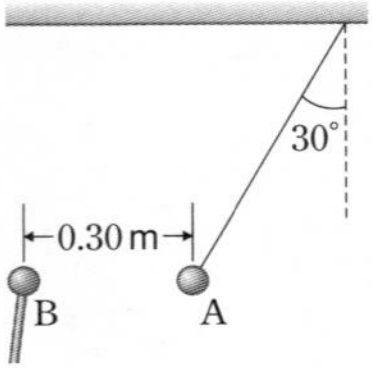


軽い絹糸につるした小球Aに，$2.0\times10^{-7}$C の電気量を与える。これに帯電した小球Bを近づけたところ，AはBと同じ水平面上で 0.30 m の距離まで引き寄せられ，糸は鉛直線から 30° 傾いた。Bの電気量 $q$〔C〕を求めよ。

Aにはたらく重力の大きさを $6.0\times10^{-3}$N，クーロンの法則の比例定数を $9.0\times10^{9}\,\mathrm{N\cdot m^2/C^2}$ とする。

**考え方** 力のつりあいから静電気力 $F$〔N〕を求め，クーロンの法則より，Bの電気量 $q$〔C〕を導く。

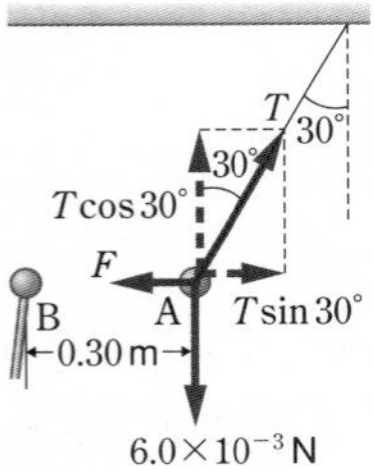


**解説&解答** 小球Aにはたらく重力 $6.0\times10^{-3}$N，糸が引く力 $T$〔N〕，静電気力 $F$〔N〕がつりあう。力のつりあいの式より

水平方向：$T\sin30°-F=0$

鉛直方向：$T\cos30°-6.0\times10^{-3}=0$

$T$ を消去して　$F=(6.0\times10^{-3})\times\dfrac{1}{\sqrt{3}}$ …①

ここで，クーロンの法則((1)式)より

$$F=(9.0\times10^{9})\times\frac{(2.0\times10^{-7})\times|q|}{0.30^2}\quad\cdots\cdots②$$

②式を①式に代入することによって　$|q|\fallingdotseq1.7\times10^{-7}$C

A，B間には引力がはたらくため，Bの電気量は

$q=\mathbf{-1.7\times10^{-7}\,C}$ **答**

**類題1**
(教p.119)

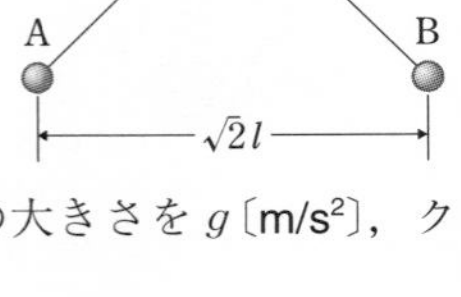


質量がともに $m$〔kg〕の小球AとBをそれぞれ長さ $l$〔m〕の軽い絹糸につるし，上端を同じ点に固定した。A，Bに等量の正の電気量を与えたところ，A，Bは同じ水平面上で静止し，このときA，B間の距離は $\sqrt{2}\,l$〔m〕であった。A，Bがそれぞれもっている電気量 $q$〔C〕を求めよ。重力加速度の大きさを $g$〔m/s²〕，クーロンの法則の比例定数を $k$〔$\mathrm{N\cdot m^2/C^2}$〕とする。

**考え方** 小球A，Bには，重力，糸が引く力，静電気力がはたらいている。クーロンの法則((1)式)を用いる。

**解説&解答**　小球A，Bには，重力$mg$，糸が引く力$T$，静電気力$F$がはたらき，つりあっている。

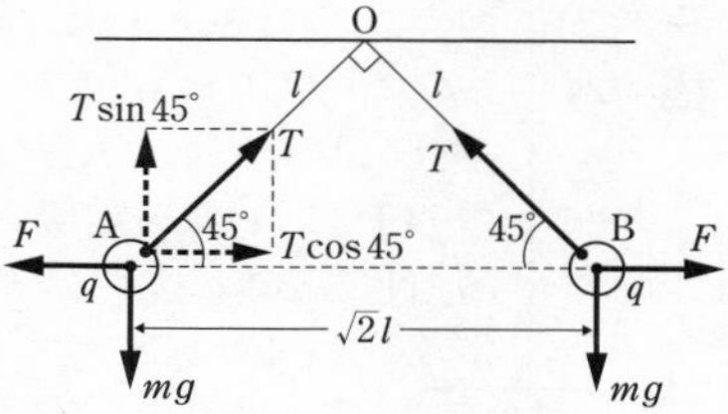


また，$\triangle$OABは，

OA:OB:AB $= 1:1:\sqrt{2}$ の直角二等辺三角形なので

$\angle \mathrm{OAB} = \angle \mathrm{OBA} = 45°$

小球Aについて力のつりあいの式を立てると

水平方向：$T\cos 45° - F = 0$

鉛直方向：$T\sin 45° - mg = 0$

これらの式から$T$を消去して　$F = mg$　……①

また，静電気力の大きさ$F$は，クーロンの法則((1)式)より

$$F = k\frac{q^2}{(\sqrt{2}\,l)^2} \quad \cdots\cdots ②$$

①，②式より　$mg = k\dfrac{q^2}{(\sqrt{2}\,l)^2}$

$q>0$　であるから　$q = \boldsymbol{l\sqrt{\dfrac{2mg}{k}}}$ **〔C〕**　**答**

**問3**
**(教p.122)**
電場が右向きに$1.2 \times 10^3$ N/Cの位置に次の点電荷を置く。それぞれの場合の電荷が受ける力の大きさと向きを求めよ。

(1)　$+2.0 \times 10^{-6}$ Cの正電荷　　(2)　$-3.0 \times 10^{-6}$ Cの負電荷

**考え方**　電荷が電場から受ける力の式((3)式)を用いる。

**解説&解答**　(1)　正電荷が電場から受ける静電気力の向きは電場と同じ向きなので右向きである。静電気力の大きさは，(3)式より

$$F = (2.0 \times 10^{-6}) \times (1.2 \times 10^3) = 2.4 \times 10^{-3}$$

よって，**右向きに$\boldsymbol{2.4 \times 10^{-3}}$N**　**答**

(2)　負電荷が電場から受ける静電気力の向きは電場と逆の向きなので左向きである。静電気力の大きさは，(1)と同様に

$$F = (3.0 \times 10^{-6}) \times (1.2 \times 10^3) = 3.6 \times 10^{-3}$$

よって，**左向きに$\boldsymbol{3.6 \times 10^{-3}}$N**　**答**

**問4**
**(教p.123)**
$+8.0 \times 10^{-6}$ Cの点電荷から2.0 m離れた位置の電場の強さは何N/Cか。また，電場の向きは，点電荷に近づく向きか，点電荷から遠ざかる向きか。クーロンの法則の比例定数を$9.0 \times 10^9$ N·m²/C²とする。

**考え方**　点電荷のまわりの電場の式((4)式)を用いる。

**解説&解答**　(4)式より　$E = (9.0 \times 10^9) \times \dfrac{8.0 \times 10^{-6}}{2.0^2} = \boldsymbol{1.8 \times 10^4}$ **N/C**　**答**

正の点電荷なので，電場の向きは**点電荷から遠ざかる向き**　**答**

例題2
(教p.124)

図のように，$8a$〔m〕だけ離れた点A，Bに，$+Q$，$-Q$〔C〕の点電荷を置いた。ABの垂直二等分線上，ABの中点から$3a$〔m〕の点Pにおける電場$\vec{E_{\rm P}}$の向きと強さ$E_{\rm P}$〔N/C〕を求めよ。クーロンの法則の比例定数を$k$〔$\rm N\cdot m^2/C^2$〕とする。

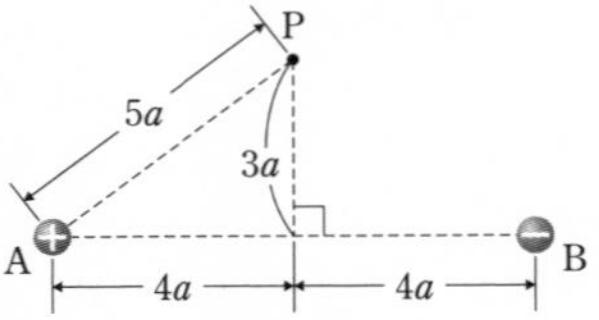


考え方　電場はベクトルであり，正電荷と負電荷がつくる電場は向きが異なる点に注意。

解説&解答　正電荷，負電荷が点Pにつくる電場はそれぞれA→P，P→Bの向きであり，AP＝BP＝$5a$であるから，これらの電場の強さは等しい。この強さをそれぞれ$E$〔N/C〕とおくと，電場の式((4)式)より

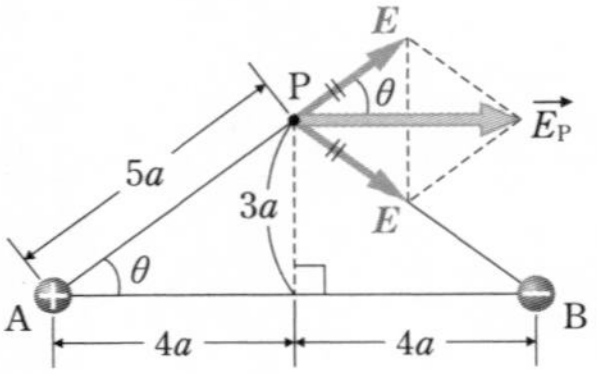


$$E=k\frac{Q}{(5a)^2}=\frac{kQ}{25a^2}$$

$\angle$PAB＝$\theta$とすると，$\cos\theta=\dfrac{4a}{5a}$であるから，図より

$$E_{\rm P}=E\cos\theta\times 2=\frac{kQ}{25a^2}\times\frac{4a}{5a}\times 2=\boldsymbol{\frac{8kQ}{125a^2}}\text{〔N/C〕}$$ 答

電場の向きは，**A→B**である。 答

類題2
(教p.124)

0.50m離れた2点A，Bに点電荷を置く。点Aには$+4.5\times10^{-9}$Cの正電荷を，点Bには$+2.0\times10^{-9}$Cの正電荷を置くとき，線分AB上で電場の強さが0となる点Pはどこか。Aからの距離で答えよ。

考え方　Aの点電荷が点Pにつくる電場の強さと，Bの点電荷が点Pにつくる電場の強さが等しくなる。電場の式((4)式)を用いる。

解説&解答　AP＝$x$〔m〕（$0<x<0.50$），クーロンの法則の比例定数を$k$〔$\rm N\cdot m^2/C^2$〕とすると

Aの点電荷が点Pにつくる電場は

強さ：$E_{\rm A}=k\times\dfrac{4.5\times10^{-9}}{x^2}$〔N/C〕　　向き：A→B

Bの点電荷が点Pにつくる電場は

強さ：$E_{\rm B}=k\times\dfrac{2.0\times10^{-9}}{(0.50-x)^2}$〔N/C〕　　向き：B→A

点Pの合成電場の強さが0だから　$E_{\rm A}=E_{\rm B}$　より

$$k\times\frac{4.5\times10^{-9}}{x^2}=k\times\frac{2.0\times10^{-9}}{(0.50-x)^2}$$

これを解くと　$x=0.30$m，または，1.5m

$0<x<0.50$より　$x=$ **0.30m** 答

**問5**
(教p.126)

$+Q$〔C〕に帯電した導体球が置かれている。図のように導体球の中心点Oからの距離が$R$〔m〕の位置での電場の強さ$E$〔N/C〕を，次の手順で求めよう。真空中のクーロンの法則の比例定数を$k_0$〔N・m²/C²〕，円周率を$\pi$とする。

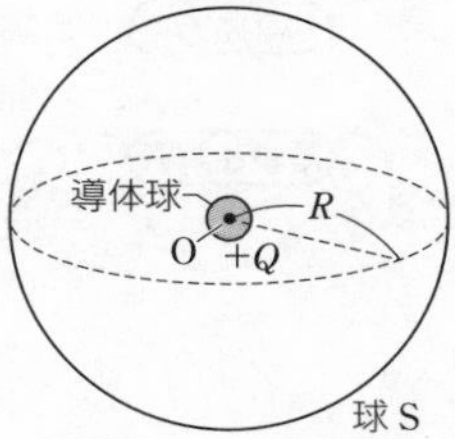


(1)　導体球表面から出る電気力線の総数は何本か。
(2)　半径$R$〔m〕の球Sの表面積はいくらか。
(3)　電場は，単位面積当たりを垂直に貫く電気力線の数に等しい。電場の強さ$E$〔N/C〕を求めよ。

**考え方**　帯電体から出る電気力線の数は，半径$R$によらず一定である。

**解説&解答**　(1)　(5)式より　$N = \boldsymbol{4\pi k_0 Q}$ **本**　**答**

(2)　$S = \boldsymbol{4\pi R^2}$〔**m²**〕　**答**

(3)　単位面積当たりを垂直に貫く電気力線の本数は

$$\frac{N}{S} = \frac{4\pi k_0 Q}{4\pi R^2} = k_0\frac{Q}{R^2} \qquad \text{よって}\quad E = \boldsymbol{k_0\frac{Q}{R^2}}\text{〔N/C〕}$$　**答**



**問6**
(教p.127)

電位が2.0Vの位置に置かれた，電気量$+6.0\times10^{-6}$Cの点電荷のもつ，静電気力による位置エネルギーは何Jか。

**解説&解答**　静電気力による位置エネルギーを$U$〔J〕とすると，(7)式より

$$U = qV = (6.0\times10^{-6})\times2.0 = \boldsymbol{1.2\times10^{-5}}\,\textbf{J}$$　**答**

**問7**
(教p.128)

点Aは点Bよりも電位が2.0V高いとする。電気量$+3.2\times10^{-7}$Cの電荷をAからBまで運ぶとき，静電気力のする仕事は何Jか。

**解説&解答**　静電気力のする仕事を$W_{AB}$〔J〕とすると，(9)式より

$$W_{AB} = qV = (3.2\times10^{-7})\times2.0 = \boldsymbol{6.4\times10^{-7}}\,\textbf{J}$$　**答**

**問8**
(教p.129)

強さ30V/mの一様な電場の，同じ電気力線上に点A，Bがある。AはBより電位が15V高い。AB間の距離は何mか。

**解説&解答**　AB間の距離を$d$〔m〕とすると，「$V = Ed$」((10)式)より

$$d = \frac{V}{E} = \frac{15}{30} = \boldsymbol{0.50}\,\textbf{m}$$　**答**

**例題3**
(教p.129)

$x$軸に平行な一様な電場があり，位置の座標$x$〔m〕とその点の電位$V$〔V〕との関係は，図のように表される。

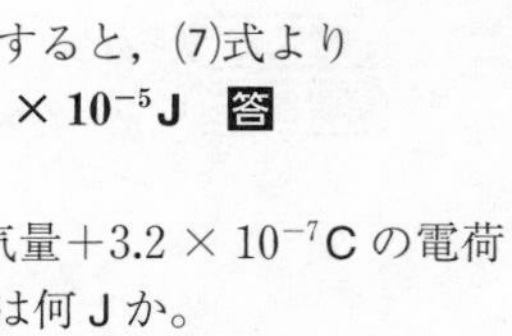

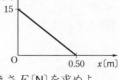

(1)　電場の向きと強さ$E$〔V/m〕を求めよ。
(2)　この電場内に$+2.4\times10^{-7}$Cの電荷を置くとき，この電荷が電場から受ける力の向きと大きさ$F$〔N〕を求めよ。

**考え方**　電場は電位の高いほうから低いほうへ向かう。電場の強さは $V$-$x$ 図の傾きからわかる。

**解説&解答**　(1)　電場は電位の高いほうから低いほうへ向かう。向きは **$x$ 軸の正の向き**である。電場にそって距離 $d = 0.50$ m だけ離れた 2 点間の電位差は $V = 15$ V であるから，電場の強さは

$$E = \frac{V}{d} = \frac{15}{0.50} = \mathbf{30\,V/m}$$ 答

(2)　正の電荷が受ける力の向きは，電場の向きと同じで **$x$ 軸の正の向き**である。電荷の電気量は $q = +2.4 \times 10^{-7}$ C より，力の大きさは　$F = qE = (+2.4 \times 10^{-7}) \times 30 = \mathbf{7.2 \times 10^{-6}\,N}$　答

**類題 3**
(教 p.129)

$x$ 軸に平行な方向の電場があり，位置の座標 $x$〔m〕とその点の電位 $V$〔V〕との関係は，図のように表される。

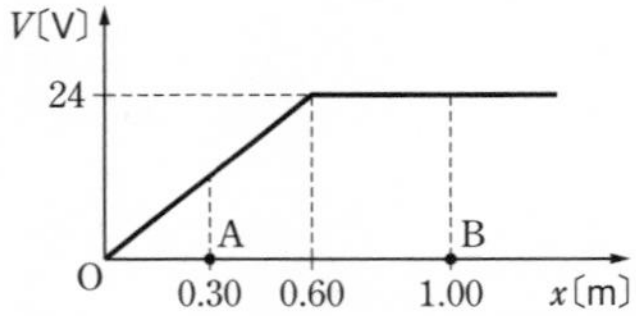


(1)　点 A，B の電場の強さはそれぞれ何 V/m か。
(2)　$+2.0 \times 10^{-6}$ C の電荷を点 B から原点 O まで運ぶとき，静電気力のする仕事は何 J か。

**考え方**　電場の強さはグラフの傾きに等しい。また，(9)式を用いる。

**解説&解答**　(1)　点 A，B の電場の強さをそれぞれ $E_A$，$E_B$〔V/m〕とする。電場の強さは電位のグラフの傾きの大きさに等しいから

$$E_A = \frac{24}{0.60} = \mathbf{40\,V/m}, \quad E_B = \mathbf{0\,V/m}$$ 答

(2)　OB 間の電位差は，グラフより $V = 24$ V で，B のほうが電位が高い。よって，静電気力のする仕事は，(9)式より

$$W_{OB} = (+2.0 \times 10^{-6}) \times 24 = \mathbf{4.8 \times 10^{-5}\,J}$$ 答

**問 9**
(教 p.130)

$+6.0 \times 10^{-6}$ C の点電荷から 2.0 m 離れた位置の電位を，無限遠を基準として求めよ。クーロンの法則の比例定数を $9.0 \times 10^9$ N·m²/C² とする。

**考え方**　点電荷のまわりの電位の式((11)式)を用いる。

**解説&解答**　(11)式より　$V = (9.0 \times 10^9) \times \dfrac{6.0 \times 10^{-6}}{2.0} = \mathbf{2.7 \times 10^4\,V}$　答

**例題 4**
(教 p.131)

図のように，$10a$〔m〕だけ離れた点 A，B に，電気量 $Q$，$-Q$〔C〕の点電荷を置いた。点 O，P の電位を，無限遠を基準としてそれぞれ求めよ。クーロンの法則の比例定数を $k$〔N·m²/C²〕とする。

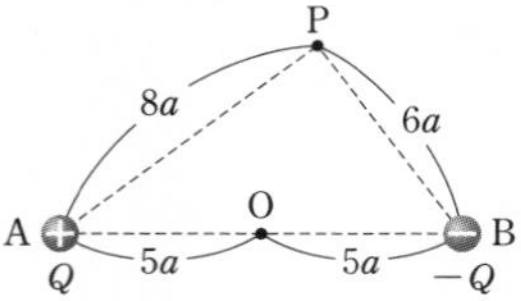


**考え方**　各点の電位は，点 A，B の点電荷が単独にあるときにつくる電位を足しあわせて求めることができる。

**解説&解答**　点A，Bの点電荷が点Oにつくる電位をそれぞれ $V_{AO}$，$V_{BO}$〔V〕とすると　$V_{AO} = k\dfrac{Q}{5a}$，　$V_{BO} = k\dfrac{-Q}{5a} = -k\dfrac{Q}{5a}$

点Oの電位は $V_{AO}$ と $V_{BO}$ の重ねあわせによって

$$V_O = V_{AO} + V_{BO} = k\frac{Q}{5a} + \left(-k\frac{Q}{5a}\right) = \mathbf{0\,V}$$ **答**

同様にして，点A，Bの点電荷が点Pにつくる電位をそれぞれ $V_{AP}$，$V_{BP}$〔V〕とすると，点Pの電位は

$$V_P = V_{AP} + V_{BP} = k\frac{Q}{8a} + \left(-k\frac{Q}{6a}\right) = -\boldsymbol{\frac{kQ}{24a}}\text{〔V〕}$$ **答**

**類題 4**
(教p.131)

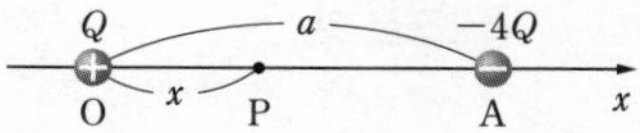


図のように，電気量 $Q$，$-4Q$〔C〕の2つの点電荷を $x$ 軸上の点O，Aに置いた。点O，Aの間の距離は $a$〔m〕である。クーロンの法則の比例定数を $k$〔N·m²/C²〕とする。

(1)　点O，Aの間に点Pをとる。OPの長さを $x$〔m〕$(0 < x < a)$として，点Pの電位 $V$〔V〕を $x$ を含む式で表せ。電位の基準を無限遠とする。

(2)　$V = 0$ となるとき，点Pの $x$ 座標を $a$ を用いて表せ。

**考え方**　例題4の解法にならって解く。

**解説&解答**　(1)　点O，Aの点電荷による点Pの電位をそれぞれ $V_{OP}$，$V_{AP}$〔V〕とすると，点電荷のまわりの電位の式((11)式)より

$$V_{OP} = k\frac{Q}{x},\quad V_{AP} = k\frac{-4Q}{a-x} = -k\frac{4Q}{a-x}$$

よって　$V = k\dfrac{Q}{x} - k\dfrac{4Q}{a-x} = \dfrac{kQ(a-x) - 4kQx}{x(a-x)}$

$$= \boldsymbol{\frac{kQ(a-5x)}{x(a-x)}}\text{〔V〕}$$ **答**

(2)　$V = 0$ となるとき　$\dfrac{kQ(a-5x)}{x(a-x)} = 0$

よって　$x = \boldsymbol{\dfrac{a}{5}}$〔m〕 **答**

**問10**
(教p.133)

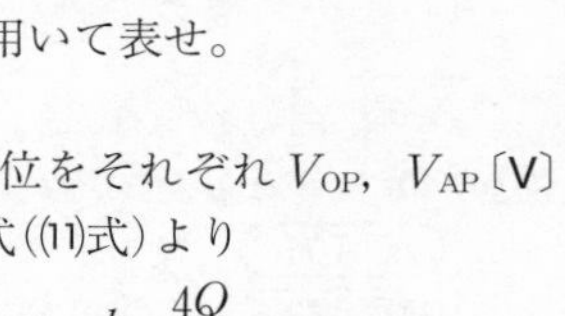

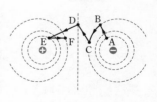

図で⊕，⊖は正，負で等量の電荷，破線は2Vごとの等電位面を表す。＋1Cの試験電荷をAに置き，外力を加えてAからFまで太線の経路でゆっくりと運ぶ。このとき，外力がする仕事は，AB，BC，CD，DE，EFの各区間で何Jか。

**考え方**　①隣りあう等電位面の電位差は2V

②等電位面が正電荷に近いほど電位が高い

③電位の低いほうから高いほうへ動かすとき外力のなす仕事は正

④「$W = qV$」((9)式)

第4編　電気と磁気

(解説&解答) 上記①〜④を考慮すると

AB：$+1\times(2\times2)=$ **4J** 答　　BC：**0J** 答

CD：$+1\times(2\times1)=$ **2J** 答

DE：$+1\times(2\times3)=$ **6J** 答

EF：$+1\times(-2\times2)=$ **−4J** 答

**問11**
(教p.134)
質量 $6.6\times10^{-27}$kg，電気量 $3.2\times10^{-19}$C の陽イオンが，静電気力のみを受けて運動する。原点O(電位 $3.3\times10^{3}$V)を $2.0\times10^{5}$m/s の速さで通過したとき，点P(電位 0V)を通過するときの速さ $v$〔m/s〕を求めよ。

(考え方) エネルギー保存則((13)式)を用いる。

(解説&解答) 陽イオンは静電気力のみを受けて運動するから，原点Oと点Pでのエネルギー保存則より

$$\frac{1}{2}\times(6.6\times10^{-27})\times(2.0\times10^{5})^2+(3.2\times10^{-19})\times(3.3\times10^{3})$$
$$=\frac{1}{2}\times(6.6\times10^{-27})\times v^2+(3.2\times10^{-19})\times0$$

より　$v^2=36\times10^{10}$　　よって　$v=$ **$6.0\times10^{5}$m/s** 答



**問12**
(教p.140)
電気容量が 2.0μF と 50pF のコンデンサーにそれぞれ 30V の電圧を加えるとき，コンデンサーの電気量はそれぞれ何 C になるか。

(考え方) コンデンサーの電気量の式((14)式)を用いる。

(解説&解答) 電気容量 2.0μF，50pF のコンデンサーに蓄えられる電気量をそれぞれ $Q_1$，$Q_2$〔C〕とする。(14)式より

$Q_1=(2.0\times10^{-6})\times30=$ **$6.0\times10^{-5}$C** 答

$Q_2=(50\times10^{-12})\times30=$ **$1.5\times10^{-9}$C** 答

**問13**
(教p.142)
電気容量が 1.2μF のコンデンサーAに対して，極板の面積を2倍，極板の間隔を半分にしたコンデンサーBの電気容量は何 μF か。

(考え方) 平行板コンデンサーの電気容量の式((18)式)を用いる。

(解説&解答) コンデンサーAの極板の面積を $S$〔m²〕，極板の間隔を $d$〔m〕とすると，(18)式より，コンデンサーA，Bの電気容量 $C_A$，$C_B$〔F〕は

$$C_A=\frac{1}{4\pi k_0}\cdot\frac{S}{d}\qquad C_B=\frac{1}{4\pi k_0}\cdot\frac{2S}{d/2}=4\cdot\frac{1}{4\pi k_0}\cdot\frac{S}{d}=4C_A$$

$C_A=1.2$μF　より　$C_B=4\times1.2=$ **4.8μF** 答

**問14**
(教p.142)
極板の面積が $5.00\times10^{-4}$m²，極板の間隔が $2.50\times10^{-3}$m，極板間が真空の平行板コンデンサーの電気容量は何 F か。真空の誘電率を $8.85\times10^{-12}$ F/m とする。

(考え方) コンデンサーの電気容量の式((19)式)を用いる。

(解説&解答) (19)式より　$C=(8.85\times10^{-12})\times\dfrac{5.00\times10^{-4}}{2.50\times10^{-3}}=$ **$1.77\times10^{-12}$F** 答

**問15**
(教p.143)

極板間が真空で電気容量が2.0pFのコンデンサーの極板間に，チタン酸バリウム(比誘電率5000)をすき間なく入れたときの電気容量を求めよ。

**考え方**　1pF ＝ $10^{-12}$F，比誘電率の式 $\varepsilon_r = \dfrac{\varepsilon}{\varepsilon_0} = \dfrac{C}{C_0}$ を用いる。

**解説&解答**　$\varepsilon_r = \dfrac{C}{C_0}$ より　$C = \varepsilon_r C_0$

よって　$C = 5000 \times (2.0 \times 10^{-12}) = \mathbf{1.0 \times 10^{-8}\,F}$　答

**例題 5**
(教p.144)

平行板コンデンサー（電気容量30pF)を電圧15Vの電池で充電した。次の各場合について，問いに答えよ。

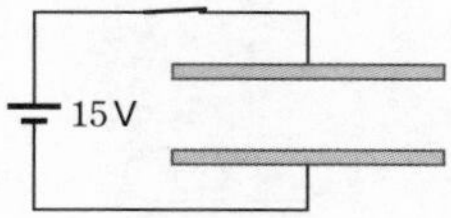


(1)　電池を外した状態で，極板の間隔を半分にした。このときの極板間の電位差 $V'$〔V〕を求めよ。

(2)　電池に接続した状態で，極板の間隔を半分にした。このときのコンデンサーの電気量 $Q'$〔C〕を求めよ。

**考え方**　電池を外した状態と接続した状態では，電気量，電圧がどのようになるかを考える。

**解説&解答**　充電後のコンデンサーの電気量 $Q$ は，「$Q = CV$」((14)式)を用いると　$Q = CV = (30 \times 10^{-12}) \times 15 = 4.5 \times 10^{-10}$C

極板の間隔 $d$ を半分にすると，電気容量は2倍になる。よって，この電気容量は　$C' = 2C = 60 \times 10^{-12}$F　となる。

(1)　電池を外した状態では，極板の電気量 $Q$ が一定に保たれるので

$$V' = \frac{Q}{C'} = \frac{4.5 \times 10^{-10}}{60 \times 10^{-12}} = \mathbf{7.5\,V}$$　答

(2)　電池に接続した状態では，極板間の電位差 $V$ が一定に保たれるので　$Q' = C'V = (60 \times 10^{-12}) \times 15 = \mathbf{9.0 \times 10^{-10}\,C}$　答

**類題 5**
(教p.144)

極板間が空気(比誘電率1.0)の平行板コンデンサー（電気容量200pF)を電圧40Vの電池で充電した。次の各場合について，問いに答えよ。

(1)　電池を外した状態で，極板間を誘電体(比誘電率5.0)で満たした。このときの極板間の電位差 $V'$〔V〕を求めよ。

(2)　電池に接続した状態で，極板間を誘電体(比誘電率5.0)で満たした。このときのコンデンサーの電気量 $Q'$〔C〕を求めよ。

**考え方**　コンデンサーの電気量の式((14)式)を用いる。

**解説&解答**　充電後のコンデンサーの電気量 $Q$ は，(14)式より

$$Q = (200 \times 10^{-12}) \times 40 = 8.0 \times 10^{-9}\,\mathrm{C}$$

(1)　電池を外した状態では，電気量は $Q$〔C〕のまま変わらない。比誘電率5.0の誘電体で満たしたので，電気容量 $C'$ は

$$C' = 5.0 \times (200 \times 10^{-12}) = 1.0 \times 10^{-9}\,\mathrm{F}$$

第4編　電気と磁気

となる。よって　$V' = \dfrac{Q}{C'} = \dfrac{8.0 \times 10^{-9}}{1.0 \times 10^{-9}} = \mathbf{8.0\,V}$ 答

(2)　電池に接続した状態では，電位差 $V = 40\,\mathrm{V}$ のままであるから

$$Q' = C'V = (1.0 \times 10^{-9}) \times 40 = \mathbf{4.0 \times 10^{-8}\,C}$$ 答

**問16**
(教p.147)

電気容量が 30 μF と 45 μF の 2 つのコンデンサーがある。

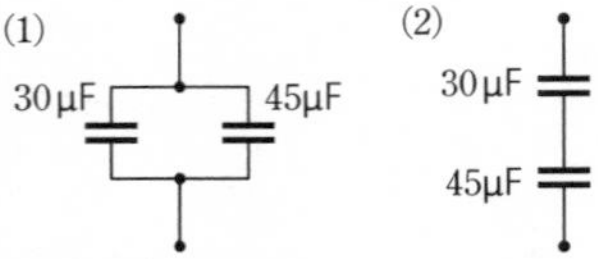


(1)　コンデンサーを並列接続したとき，合成容量は何 μF か。

(2)　コンデンサーを直列接続したとき，合成容量は何 μF か。

**考え方**　並列接続，または直列接続の合成容量の式(㉕，㉙式)を用いる。

**解説&解答**　(1)　㉕式より　$C = 30 + 45 = \mathbf{75\,\mu F}$ 答

(2)　㉙式より　$\dfrac{1}{C} = \dfrac{1}{30} + \dfrac{1}{45} = \dfrac{1}{18}$　　よって　$C = \mathbf{18\,\mu F}$ 答

**例題6**
(教p.148)

図のように，電気容量がそれぞれ $C$，$2C$，$3C$〔F〕のコンデンサー $C_1$，$C_2$，$C_3$ と，電圧 $V$〔V〕の電池，スイッチ $S_1$，$S_2$ を接続した。最初 $S_1$，$S_2$ は開いており，$C_1$，$C_2$，$C_3$ に電荷は蓄えられていないものとする。

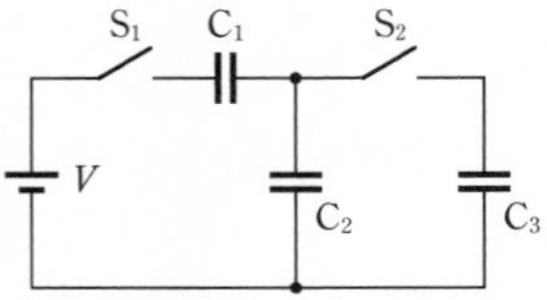


(1)　$S_1$ のみ閉じたとき，$C_2$ に加わる電圧 $V_2$〔V〕を求めよ。

(2)　次に，$S_1$ を開いてから $S_2$ を閉じた。$C_2$ に加わる電圧 $V_2'$〔V〕を求めよ。

**考え方**　(2)　電池と接続されていない孤立した部分では，接続前後の状態において電気量の保存が成りたつことを利用する。

**解説&解答**　(1)　$C_1$ と $C_2$ は直列になり，図のように充電される。

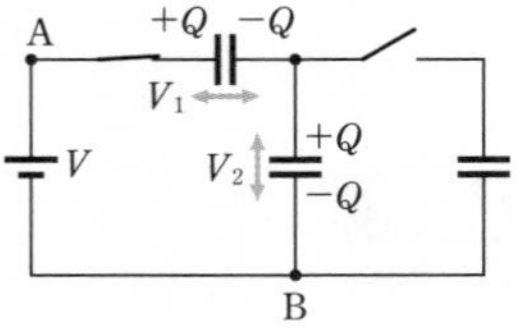


AB 間の電圧について　$V_1 + V_2 = V$

電気量について　$Q = CV_1 = 2CV_2$

この 2 式より

$$V_2 = \mathbf{\frac{1}{3}V}\,〔\mathrm{V}〕 \text{ 答}\qquad Q = \frac{2}{3}CV〔\mathrm{C}〕$$

(2)　$S_1$ を開き $S_2$ を閉じると，$C_2$ と $C_3$ は並列になり，それぞれの電気量，電圧は図のようになる。破線で囲まれた部分は孤立しているので，電荷の移動の前後で電気量が保存される。

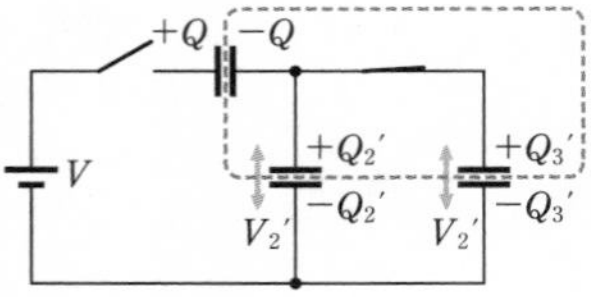


$-Q + Q = -Q + Q_2' + Q_3'$ より　$Q_2' + Q_3' = Q$

また，電気量について　$Q_2' = 2CV_2'$，　$Q_3' = 3CV_2'$

以上の式と(1)の $Q$ の値とから　$V_2' = \dfrac{Q}{5C} = \mathbf{\dfrac{2}{15}V}\,〔\mathrm{V}〕$ 答

**類題 6**
(教p.148)

図のように，電気容量がそれぞれ2.0μF, 1.0μFのコンデンサー$C_1$, $C_2$と，2つの電源，スイッチ$S_1$, $S_2$を接続した。まず，スイッチ$S_1$のみを閉じ，PS間の電位差が10Vになるまでコンデンサー$C_1$を充電した。

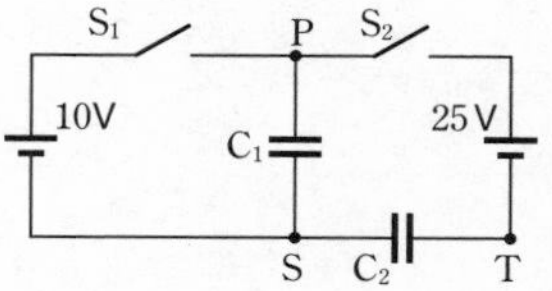


(1)　$C_1$のP側の極板上の電気量$Q$〔C〕を求めよ。

次に，スイッチ$S_1$を開き，$S_2$を閉じて，電源でPT間の電位差が25Vになるようにした。コンデンサー$C_2$は，初め充電されていないものとする。

(2)　SとTの電位はどちらが何V高いか。

**考え方**　S側の極板における電気量の保存を考え，$C_2$の電位差を求める。

**解説&解答**　(1)　右図のように充電される。

「$Q = CV$」((14)式)より

$Q = (2.0 \times 10^{-6}) \times 10$

$= \mathbf{2.0 \times 10^{-5}\,C}$　答

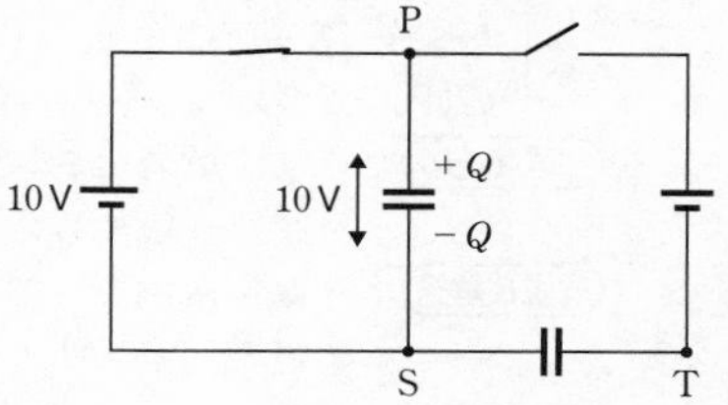


(2)　$C_1$，$C_2$の電気量，電圧を右図のようにおく。

PT間の電圧について

$V_1' + V_2' = 25$　……①

破線で囲まれた部分は孤立しているので電気量が保存されるから

$-Q = -Q_1' + Q_2'$

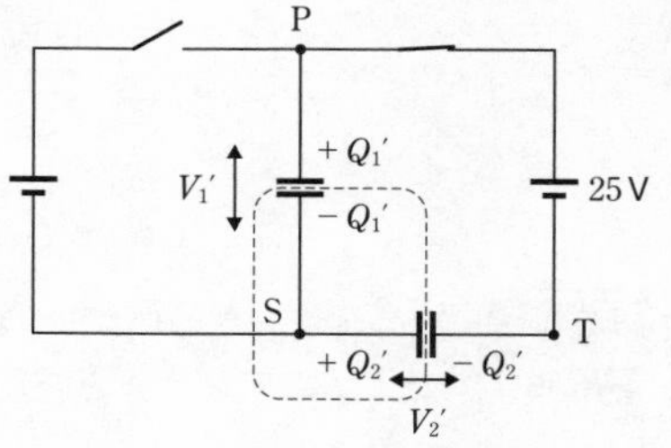


「$Q = CV$」((14)式)より，上式にそれぞれの電気量を代入すると

$-2.0 \times 10^{-5} = -(2.0 \times 10^{-6}) \times V_1' + (1.0 \times 10^{-6}) \times V_2'$　…②

①，②式より　$V_2' = 10\,\mathrm{V}$　　よって，**Sの電位が10V高い。**　答

**例題 7**
(教p.149)

極板の面積$S$〔m²〕，極板の間隔$3d$〔m〕，極板間が真空の平行板コンデンサーを考える。極板と同じ面積で厚さが$d$〔m〕の金属板を，極板間の中央に，極板と平行にして入れる。このコンデンサーの電気容量$C$〔F〕を求めよ。真空の誘電率を$\varepsilon_0$〔F/m〕とする。

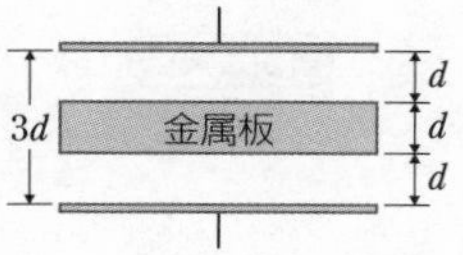


**考え方**　金属板の上側と下側の，2つのコンデンサーの直列接続とみなすことができる。

**解説&解答**　このコンデンサーは，2つのコンデンサーの直列接続と考えることができる。

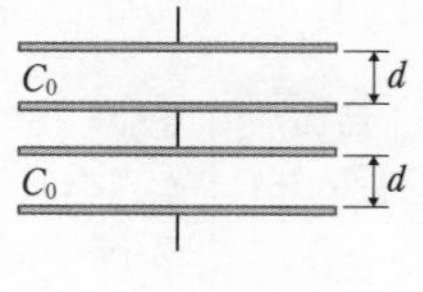

これらの電気容量は等しく，$C_0$〔F〕とおくと

$$C_0 = \varepsilon_0 \frac{S}{d}$$

この２つのコンデンサーを直列接続したときの合成容量 $C$〔F〕は

$$\frac{1}{C} = \frac{1}{C_0} + \frac{1}{C_0} = \frac{2}{C_0}$$

よって $C = \frac{C_0}{2} = \frac{1}{2} \times \varepsilon_0 \frac{S}{d} = \boldsymbol{\frac{\varepsilon_0 S}{2d}}$〔F〕 **答**

**類題７**
（教p.149） 極板の面積 $S$〔m²〕，極板の間隔 $d$〔m〕，極板間が真空の平行板コンデンサーの，極板間の半分を比誘電率 $\varepsilon_r$ の誘電体で満たした。このコンデンサーの電気容量 $C$〔F〕を求めよ。真空の誘電率を $\varepsilon_0$〔F/m〕とする。

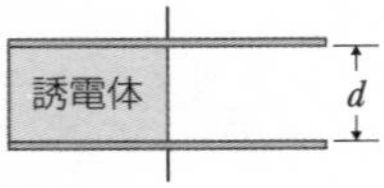


**考え方** 誘電体が満たされたコンデンサーと満たされていないコンデンサーの並列接続と考える。コンデンサーの並列接続の式（㉕式）を用いる。

**解説&解答** 誘電体が満たされたコンデンサーの電気容量を $C_1$，満たされていないコンデンサーの電気容量を $C_2$ とする。

$$C_1 = \varepsilon_r\varepsilon_0 \frac{S/2}{d} = \varepsilon_r\varepsilon_0 \frac{S}{2d}, \quad C_2 = \varepsilon_0 \frac{S/2}{d} = \varepsilon_0 \frac{S}{2d}$$

コンデンサーの並列接続の式（㉕式）より

$$C = C_1 + C_2 = \varepsilon_r\varepsilon_0 \frac{S}{2d} + \varepsilon_0 \frac{S}{2d} = \boldsymbol{\frac{(1+\varepsilon_r)\varepsilon_0 S}{2d}}\text{〔F〕}$$ **答**

**問17**
（教p.151） 次の各場合について，コンデンサーに蓄えられる静電エネルギーは何 J か。

(1) コンデンサーを電圧 12V で充電し，電気量 $4.0 \times 10^{-5}$C 蓄えているとき

(2) 電気容量が 2.0μF のコンデンサーを電圧 $3.0 \times 10^2$V で充電したとき

(3) 電気容量が 10μF のコンデンサーが電気量 $2.0 \times 10^{-4}$C 蓄えているとき

**考え方** コンデンサーに蓄えられる静電エネルギーの式（㉚式）を用いる。

**解説&解答** (1) ㉚式より $U = \frac{1}{2} \times (4.0 \times 10^{-5}) \times 12 = \boldsymbol{2.4 \times 10^{-4}}$ **J** **答**

(2) ㉚式より $U = \frac{1}{2} \times (2.0 \times 10^{-6}) \times (3.0 \times 10^2)^2 = \boldsymbol{9.0 \times 10^{-2}}$ **J** **答**

(3) ㉚式より $U = \frac{(2.0 \times 10^{-4})^2}{2 \times (10 \times 10^{-6})} = \boldsymbol{2.0 \times 10^{-3}}$ **J** **答**

**問18**
（教p.151） 右図のコンデンサー $C_1$，$C_2$ の電気容量 $C_1$，$C_2$ には，$C_2 = 2C_1$ の関係がある。（ア），（イ）の端子間にともに電圧 $V$ を加えたとき，それぞれ，$C_2$ の静電エネルギーは $C_1$ に蓄えられた静電エネルギーの何倍か。

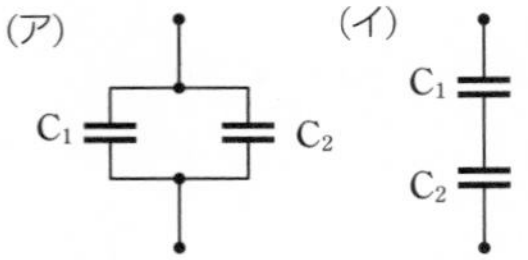


第４編 電気と磁気

考え方　2つのコンデンサーで等しい量に着目し，静電エネルギーの式(㉚式)より，静電エネルギーと電気容量の関係を考える。

解説&解答　(ア)　並列接続なので極板間の電位差はともに$V$である。したがって，「$U=\frac{1}{2}CV^2$」(㉚式)より，各静電エネルギーは電気容量に比例する。$C_2=2C_1$であるから　**2倍**　答

(イ)　直列接続なので$C_1$，$C_2$に蓄えられる電気量は等しい。したがって，「$U=\frac{Q^2}{2C}$」(㉚式)より，各静電エネルギーは電気容量に反比例する。$C_2=2C_1$であるから　$\frac{1}{2}$**倍**　答

## 演　習　問　題

教 p.154 ～ p.155



***1***　帯電して箔が開いている状態の箔検電器の金属円板に，正に帯電したガラス棒をゆっくり近づけると，箔の開きがさらに大きくなった。

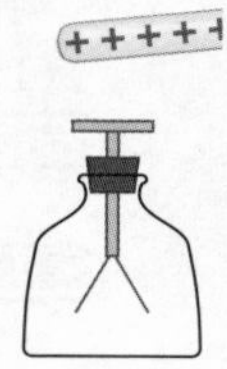

(1)　箔と金属円板のもつ電気量の合計は正，負のいずれか。

(2)　ガラス棒を近づけたまま指で金属円板に触れ，その後，指をはなしてからガラス棒を遠ざけると，箔は次のどの状態になるか。

①　正に帯電して開く　　②　負に帯電して開く　　③　閉じる

考え方　金属円板と箔の間での自由電子の移動を考える。指で触れると接地される。

解説&解答　(1)　正に帯電したガラス棒を近づけると，箔検電器内の自由電子は金属円板側へ移動する。このとき，箔がさらに大きく開いたことから,右図のように,もともと箔は正に帯電しており，自由電子の移動によって正の電気量が増加したと考えられる。よって　**正**　答

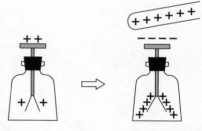

(2)　金属円板に触れると，金属円板が接地されたことで右図のように自由電子が指から箔に移り，箔は閉じる。指をはなしてからガラ

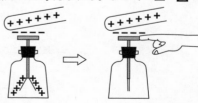

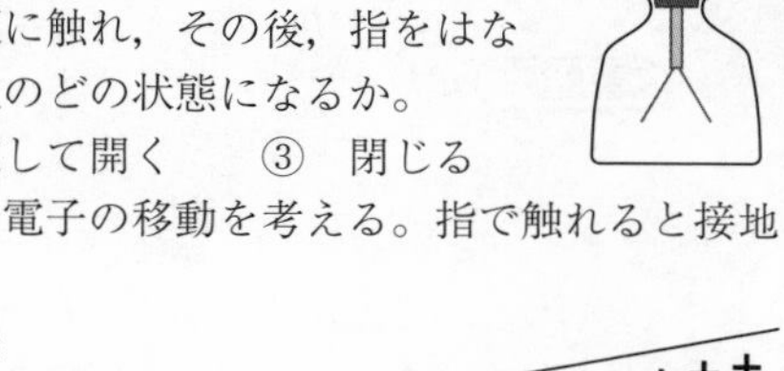

ス棒を遠ざけると，金属円板から箔に自由電子が移動し，箔は負に帯電して開く。 よって ② 答

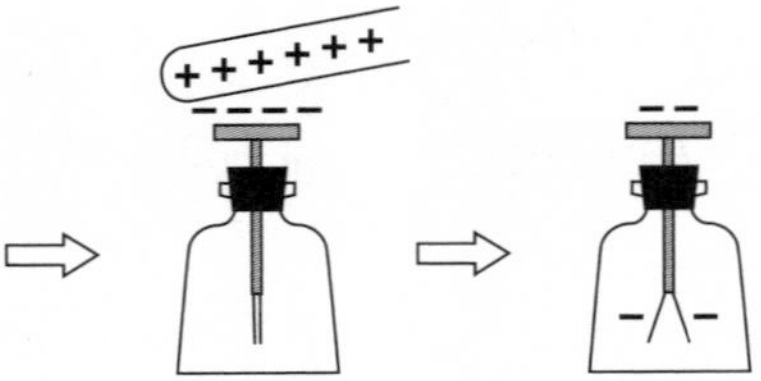

**2** $xy$ 平面内での電場と電位を考える。$x$ 軸上の点 A$(-1,\ 0)$に$+Q$〔C〕の電荷，点 B$(4,\ 0)$に$-4Q$〔C〕の電荷を固定する。なお，$Q>0$，座標の単位は m である。クーロンの法則の比例定数を $k_0$〔N･m²/C²〕，電位の基準を無限遠とする。

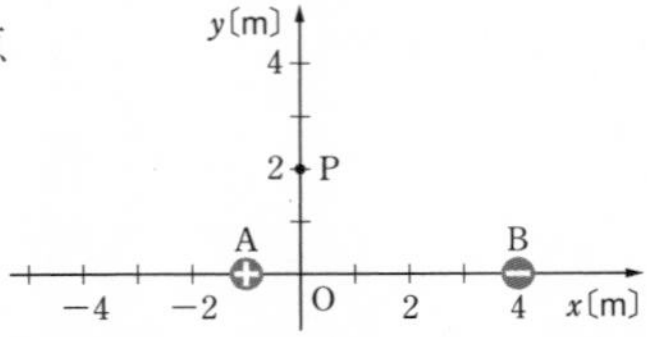


(1) $x$ 軸上 A，B 間で電位が 0 になる点はどこか。

(2) $x$ 軸上で電場の強さが 0 になる点はどこか(無限遠の点は答えに含めない)。

(3) 点 P$(0,\ 2)$の電場の強さ $E_\mathrm{P}$〔N/C〕を求めよ。

**考え方** 点電荷のまわりの電位の式((11)式)，点電荷のまわりの電場の式((4)式)を用いる。

**解説&解答** (1) 求める点の座標を $(x,\ 0)$ とすると，(11)式より，A，B の電荷による電位の和は

$$k_0\times\frac{Q}{x+1}+k_0\times\frac{-4Q}{4-x}=0$$

これより $x=0$ ゆえに求める点は **(0, 0)** 答

(2) 求める点の座標を$(x,\ 0)$とすると，A，B の電荷による電場が逆向きになる必要があるため，$x<-1$，$4<x$ となる。A，B の電荷による電場の強さが等しいので，(4)式より

$$k_0\times\frac{Q}{(x+1)^2}=k_0\times\frac{4Q}{(x-4)^2}\qquad これより\quad x=-6,\ \frac{2}{3}$$

$x<-1$，$4<x$ より求める点は **(−6, 0)** 答

(3) A，B の電荷による電場と，その合成電場は右図のようになる。A，B の電荷による電場の強さを $E_\mathrm{A}$，$E_\mathrm{B}$〔N/C〕とすると，(4)式より

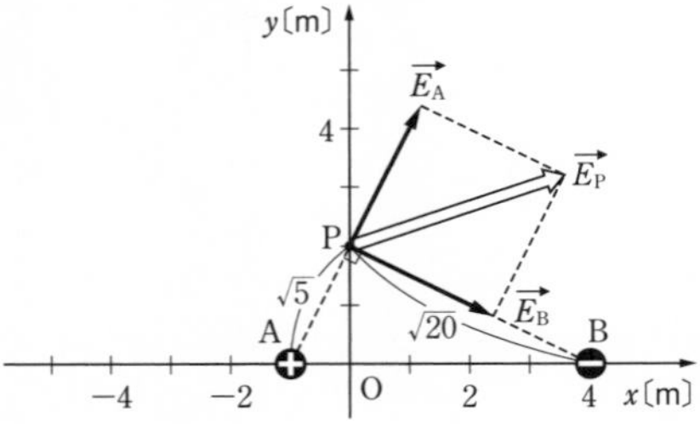


$$E_\mathrm{A}=k_0\times\frac{Q}{(\sqrt{5})^2},$$

$$E_\mathrm{B}=k_0\times\frac{4Q}{(\sqrt{20})^2}$$

図より∠APB = 90° であるから，合成電場の強さは

$$E_\mathrm{P}=\sqrt{{E_\mathrm{A}}^2+{E_\mathrm{B}}^2}=\frac{\sqrt{2}}{5}k_0Q\ 〔\mathrm{N/C}〕$$ 答

**3**　真空中に一様な電場がある。その電場の電気力線にそって 0.30 m 離れた 2 点 A，B 間の電位差が $6.0 \times 10^3$ V である。ただし，電位は A のほうが B より高いとする。

(1)　電気量 $1.6 \times 10^{-19}$ C の陽イオンがこの電場の中にあるとき，このイオンが電場から受ける力の大きさ $F$〔N〕を求めよ。

(2)　このイオンが A から B へ運ばれる間に，電場から受ける仕事 $W$〔J〕を求めよ。

(3)　このイオンは質量 $1.2 \times 10^{-26}$ kg のリチウムイオンであり，初め A に静止していたものとすると，B に到達したときの速さ $v$〔m/s〕を求めよ。

**考え方**　(3)では，電場から受けた仕事が運動エネルギーとなる。

**解説&解答**　(1)　A，B は電気力線にそって $d$〔m〕離れ，電位差が $V$〔V〕であるとする。電場の強さを $E$〔V/m〕とすると

「$E = \dfrac{V}{d}$」　より　$\dfrac{6.0 \times 10^3}{0.30} = 2.0 \times 10^4$ V/m

電気量 $q$〔C〕のイオンが電場から受ける力 $F$〔N〕は

「$F = qE$」　より　$F = 1.6 \times 10^{-19} \times 2.0 \times 10^4 =$ **$3.2 \times 10^{-15}$ N** 答

(2)　「$W = qV$」　より　$W = 1.6 \times 10^{-19} \times 6.0 \times 10^3 =$ **$9.6 \times 10^{-16}$ J** 答

(3)　電場から受けた仕事の分だけ運動エネルギーが増加するから，イオンの質量を $m$〔kg〕とすれば

$$\frac{1}{2}mv^2 = W \quad より \quad \frac{1}{2} \times 1.2 \times 10^{-26} \times v^2 = 9.6 \times 10^{-16}$$

よって　$v =$ **$4.0 \times 10^5$ m/s** 答

**4**　平行板コンデンサー（電気容量 20 pF）を電圧 10 V の電源で充電した。

(a)
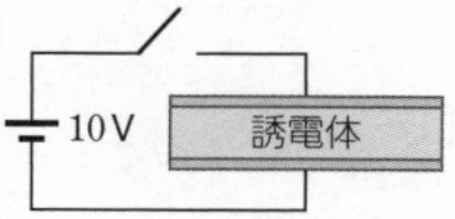


(b)
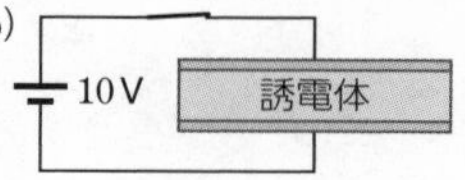


(1)　充電が完了したときの電気量 $Q$〔C〕を求めよ。

(2)　(1)のコンデンサーを次の状態で比誘電率 5.0 の誘電体で満たす操作を行う。

(a)　スイッチを切った状態で誘電体を挿入したときの，電気量 $Q_1$〔C〕と極板間の電位差 $V_1$〔V〕を求めよ。

(b)　スイッチを入れた状態で誘電体を挿入したときの，電気量 $Q_2$〔C〕と極板間の電位差 $V_2$〔V〕を求めよ。

**考え方**　「$C = \varepsilon\dfrac{S}{d}$」（⒆式），「$\varepsilon_r = \dfrac{\varepsilon}{\varepsilon_0}$」（㉑式）より，誘電体で満たすと電気容量が $\varepsilon_r C$ となることを用いる。

**解説&解答**　(1)　「$Q = CV$」（⒁式）より

$Q = (20 \times 10^{-12}) \times 10 =$ **$2.0 \times 10^{-10}$ C** 答

(2)　比誘電率 $\varepsilon_r = 5.0$ の誘電体で満たしたときの電気容量を $C'$ とすると　$C' = 5.0 \times (20 \times 10^{-12}) = 1.0 \times 10^{-10}$ F

(a) スイッチを切った状態では電気量は変わらないから

$Q_1 = Q =$ **$2.0 \times 10^{-10}$C** 答

「$Q = CV$」(⒁式)より $V_1 = \dfrac{Q_1}{C'} = \dfrac{2.0 \times 10^{-10}}{1.0 \times 10^{-10}} =$ **2.0V** 答

(b) スイッチを入れた状態では極板間の電位差は変わらないから

$V_2 =$ **10V** 答

「$Q = CV$」(⒁式)より

$Q_2 = C'V_2 = (1.0 \times 10^{-10}) \times 10 =$ **$1.0 \times 10^{-9}$C** 答

**5** 電気容量がそれぞれ9.0μF，1.5μF，3.0μFのコンデンサー$C_1$，$C_2$，$C_3$，および6.0Vの直流電源Eを，図のように接続した。各コンデンサーは，電源Eを接続する前は電気量を蓄えていないものとする。

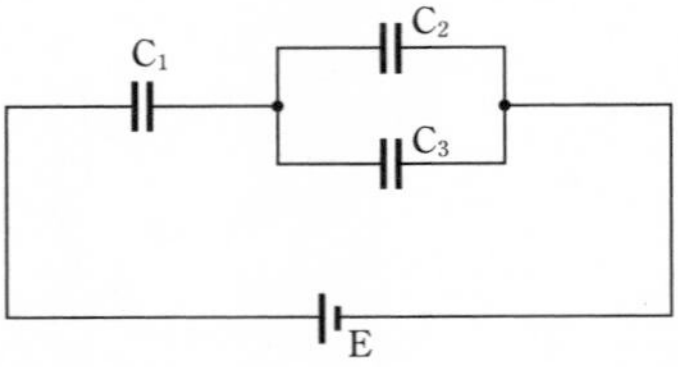


(1) 接続した3個のコンデンサーの合成容量$C$〔μF〕を求めよ。

(2) 各コンデンサーに蓄えられる電気量$Q_1$，$Q_2$，$Q_3$〔μC〕を求めよ。

(3) コンデンサー$C_3$に蓄えられる静電エネルギー$U$〔J〕を求めよ。

**考え方** 電源に接続されておらず孤立している部分について，電気量の保存を用いる。

**解説&解答** (1) $C_2$，$C_3$の合成容量を$C_{23}$とすると，この部分は並列なので

$C_{23} = 1.5 + 3.0 = 4.5$μF

全体では$C_1$と$C_{23}$の直列接続と考えられるから

$\dfrac{1}{C} = \dfrac{1}{C_1} + \dfrac{1}{C_{23}} = \dfrac{1}{9.0} + \dfrac{1}{4.5} = \dfrac{1}{3.0}$ よって $C =$ **3.0μF** 答

(2) $C_1$に加わる電圧を$V_1$〔V〕，$C_2$，$C_3$に加わる電圧を$V_{23}$〔V〕とすると，回路全体の電圧の関係より $V_1 + V_{23} = 6.0$ ……①

3つのコンデンサーに囲まれた部分の電気量は保存されるので

$Q_1 = Q_2 + Q_3$

「$Q = CV$」(⒁式)より，上式にそれぞれの電気量を代入すると

$9.0V_1 = 1.5V_{23} + 3.0V_{23}$ ……②

①，②式より $V_1 = 2.0$V，$V_{23} = 4.0$V

以上より $Q_1 = C_1V_1 = 9.0 \times 2.0 =$ **18μC** 答

$Q_2 = C_2V_{23} = 1.5 \times 4.0 =$ **6.0μC** 答

$Q_3 = C_3V_{23} = 3.0 \times 4.0 =$ **12μC** 答

(3) 「$U = \dfrac{1}{2}QV$」(㉚式)より

$U = \dfrac{1}{2} \times (12 \times 10^{-6}) \times 4.0 =$ **$2.4 \times 10^{-5}$J** 答

**6**　極板面積$S$〔m²〕，極板間隔$d$〔m〕，極板間が真空のコンデンサーに$Q$〔C〕の電荷を与える。真空の誘電率を$\varepsilon_0$〔F/m〕とする。

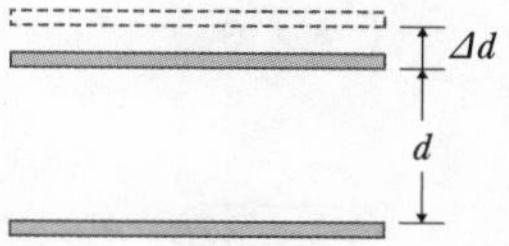


(1)　コンデンサーが蓄えている静電エネルギー$U$〔J〕を求めよ。

(2)　極板上の電荷が逃げないようにして，極板間隔を$\Delta d$〔m〕だけゆっくりと広げるとき，静電エネルギーの増加量を求めよ。

(3)　2枚の極板は正負に帯電しているので，引力を及ぼしあっている。この引力に逆らって極板を引き離すために，外から加えた力のした仕事が(2)の静電エネルギーの増加になったと考えられる。外力の大きさがこの引力の大きさに等しいとして，この引力の大きさ$F$〔N〕を求めよ。

**考え方**　まずは電気容量を$S$，$d$，$\varepsilon_0$で考え，静電エネルギーを表す。

**解説&解答**　(1)　コンデンサーの電気容量は$\dfrac{\varepsilon_0 S}{d}$〔F〕であるから，蓄えられている静電エネルギー$U$は　$U=\dfrac{1}{2}\dfrac{Q^2}{C}=\boldsymbol{\dfrac{Q^2 d}{2\varepsilon_0 S}}$〔J〕 **答**

(2)　電気容量は$\dfrac{\varepsilon_0 S}{d+\Delta d}$〔F〕であるから，このとき蓄えられている静電エネルギーを$U'$〔J〕とすると

$$U'=\frac{Q^2(d+\Delta d)}{2\varepsilon_0 S}\text{〔J〕}$$

である。静電エネルギーの増加$\Delta U$は

$$\Delta U=U'-U=\boldsymbol{\frac{Q^2\Delta d}{2\varepsilon_0 S}}\text{〔J〕}$$ **答**

(3)　外力の大きさを$F$〔N〕とすると，外力のした仕事は$F\Delta d$〔J〕である。これが$\Delta U$に等しいから

$$F=\frac{\Delta U}{\Delta d}=\boldsymbol{\frac{Q^2}{2\varepsilon_0 S}}\text{〔N〕}$$ **答**



## 考えてみよう！

**7**　図1のように，$+Q(Q>0)$の電荷を一辺が$2a$の正方形の頂点に固定した。図2のグラフには，$x$軸上の$x<0$でのPにおける電位$V$と電場$E$が示してある。$x>0$での電位と電場のグラフをかけ。おおよその形でよい。ただし，電場は，$x$軸の正の向きのときを$E>0$，負の向きのときを$E<0$として表すこと。

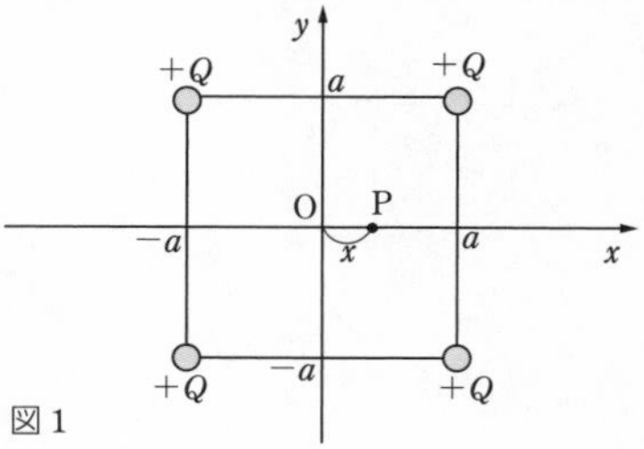

図1

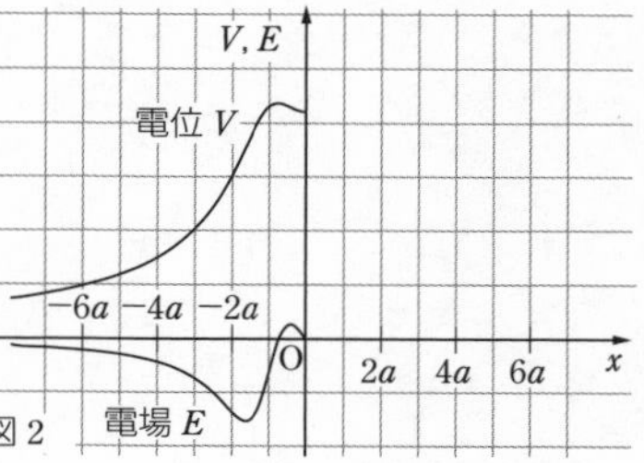

図2

**考え方** 電荷の配置の対称性に着目する。また，電位の重ねあわせでは電位の値を単に足しあわせればよいが，電場の重ねあわせではベクトルの合成であるから向きに注意する。

**解説&解答** 右図のように電荷のある位置を点A，B，C，Dとし，原点Oに関して点P($x$, 0)($x \geqq 0$)と対称な点をP′($-x$, 0)とすると，各電荷との距離には次のような関係がある。

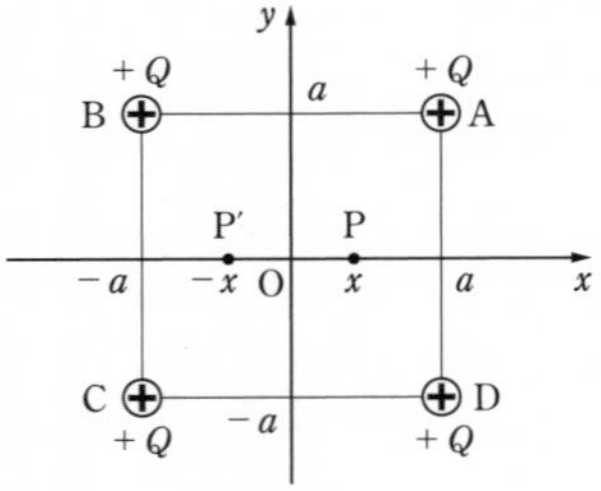


$AP = BP'$，$BP = AP'$，

$CP = DP'$，$DP = CP'$ ……①

点P，P′の電位をそれぞれ$V_P$，$V_{P'}$とすると，クーロンの法則の比例定数を$k$として

$$V_P = k\frac{Q}{AP} + k\frac{Q}{BP} + k\frac{Q}{CP} + k\frac{Q}{DP}$$

$$V_{P'} = k\frac{Q}{AP'} + k\frac{Q}{BP'} + k\frac{Q}{CP'} + k\frac{Q}{DP'}$$

①式の関係より，$V_P = V_{P'}$であるから，電位$V$のグラフは$V$軸に関して対称になる。

次に，点P，P′における電場を考える。点A，Dの電荷が点Pにつくる電場を$E_{AD}$，点B，Cの電荷が点P′につくる電場を$E_{BC}'$とすると，①式の関係と対称性より　$E_{BC}' = -E_{AD}$ ……②

同様に，点B，Cの電荷が点Pにつくる電場と点A，Dにある電荷が点P′につくる電場を考えると　$E_{AD}' = -E_{BC}$ ……③

点Pにおける電場$E_P$と点P′における電場，$E_{P'}$は

$E_P = E_{AD} + E_{BC}$　　$E_{P'} = E_{AD}' + E_{BC}'$

であるから，②，③式より　$E_P = -E_{P'}$

よって，電場$E$のグラフは原点Oに関して点対称になる。

以上より，$x>0$の電位と電場のグラフは**図の破線**のようになる。

**答**

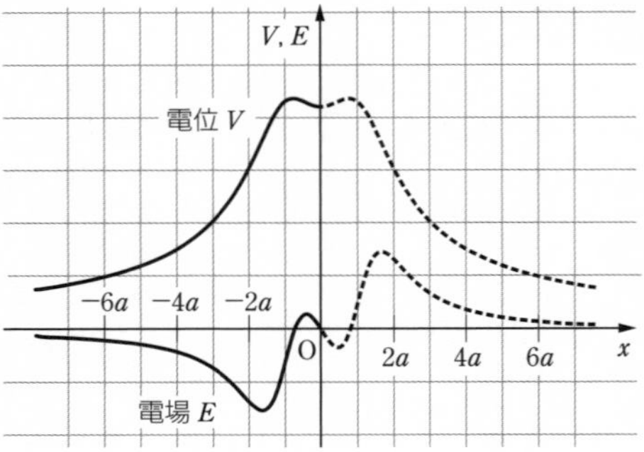

# 第2章　電流

教 p.156 ～ p.189



## 1 オームの法則

### A 電流

電子やイオンなどが移動することによって電荷(または電気)の流れが生じる。これを**電流**といい，一定の向きに流れる電流を**直流**という。

電流の向きは，正の電荷が移動する向きと定められ，導線を流れる電流の大きさは，単位時間あたりに導線の断面を通過する電気量の大きさで定義される。その単位には**アンペア**(記号 A)を用いる(1A=1C/s)。$t$〔s〕間に $Q$〔C〕の電気量が通過するときの電流の大きさを $I$〔A〕とすると，次の式が成りたつ。

**電流と電気量**

$$I=\frac{Q}{t},\quad Q=It \qquad (31)$$

$I$〔A〕　電流　　$Q$〔C〕　電気量の大きさ
$t$〔s〕　時間

### B オームの法則

**❶オームの法則**　導体に流れる電流の大きさ $I$ は，導体に加える電圧 $V$ に比例する。これを**オームの法則**という。

**オームの法則**

$$I=\frac{V}{R},\qquad V=RI \qquad (32)$$

$I$〔A〕　電流
$V$〔V〕　電圧　　$R$〔Ω〕　抵抗

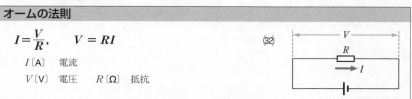

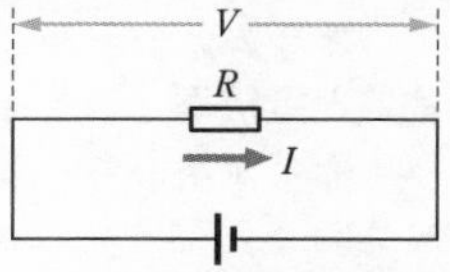


(32)式の比例定数 $R$ を導体の**電気抵抗**あるいは**抵抗**といい，電流の流れにくさを表す。

抵抗の単位には**オーム**(記号Ω)が用いられる。1Ωは，導体の両端に1Vの電圧を加えたとき，電流が1Aになるような抵抗値である。

**❷電圧降下**　抵抗 $R$〔Ω〕の導体に電流 $I$〔A〕が流れると，オームの法則により，抵抗の両端の間で $RI$〔V〕だけ電位が下がる。これを**電圧降下**という(教 p.158 図 42)。抵抗に電流が流れていないときは，電圧降下は0Vで，抵抗の両端は等電位である。

### C オームの法則の意味

**❶電子の運動と電流**　断面積 $S$〔m²〕の導体中を自由電子(電気量 $-e$〔C〕)が移動する速さを $v$〔m/s〕，単位体積当たりの自由電子の数を $n$〔1/m³〕とすると，電流の大きさ $I$〔A〕は次のように表される(教 p.158 図 43)。

$$I=envS \qquad (33)$$

**❷オームの法則の意味**　教 p.158 図 44 のように，長さ $l$〔m〕，断面積 $S$〔m²〕の導体の両端に電圧 $V$〔V〕を加えると，導体中の自由電子は電場から大きさ $e\frac{V}{l}$〔N〕の力を受

けて，陽イオンと衝突しながら進む。このとき，自由電子は陽イオンから一定の速さ $v$ に比例した抵抗力 $kv$〔N〕($k$ は比例定数)を受けているとすると，力のつりあいより

$$e\frac{V}{l} = kv \qquad (34)$$

(33)，(34)式より　$I = en \times \dfrac{eV}{kl} \times S = \dfrac{e^2nS}{kl}V$　(35)

これは，オームの法則を表している。ここで　$R = \dfrac{kl}{e^2nS}$　(36)

とおくと，$I = \dfrac{V}{R}$ が得られる。

## D 抵抗率

**❶抵抗率**　(36)式において，$\dfrac{k}{e^2n} = \rho$（ロー）とおくと，抵抗 $R$〔Ω〕は次のように表すことができる。

**抵抗率**

$$R = \rho\frac{l}{S} \qquad (37)$$

$R$〔Ω〕 抵抗　　$l$〔m〕 抵抗の長さ
$\rho$〔Ω·m〕 抵抗率　　$S$〔m²〕 抵抗の断面積

比例定数 $\rho$ は，物質の材質や温度によって決まる。これを**抵抗率**(または電気抵抗率，比抵抗)といい，単位は**オームメートル**(記号**Ω·m**)である。

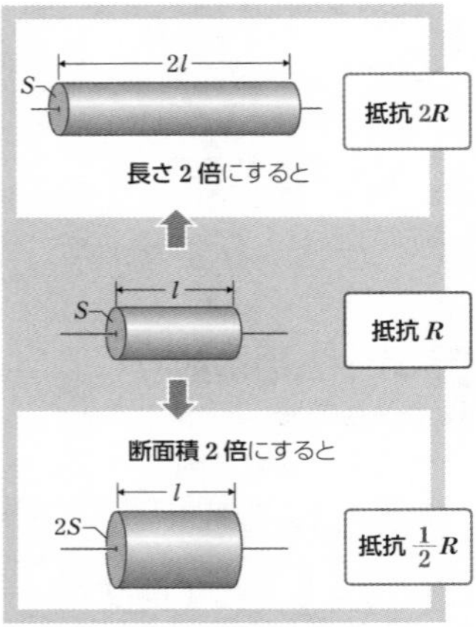

▲長さ・断面積の異なる抵抗

**❷物質と抵抗率**　送電線には抵抗率が小さいアルミニウムなどが用いられる。一方，抵抗率の大きいニクロムは電熱器などに用いられる。抵抗率は不導体や半導体についても定義できる(教 p.160 図 47)。

**❸抵抗と温度**　右図は，白熱電灯に電圧を加えた場合の，電流 $I$ と電圧 $V$ の関係を示したものである。$I$ が $V$ に比例せず，グラフが直線にならないのは，白熱電灯のフィラメントの抵抗値が電流とともに増加するためである。導体に電流が流れて温度が上昇すると，陽イオンの熱運動(振動運動)が活発になって，自由電子の進行を妨げるようになり，抵抗値が増加する。

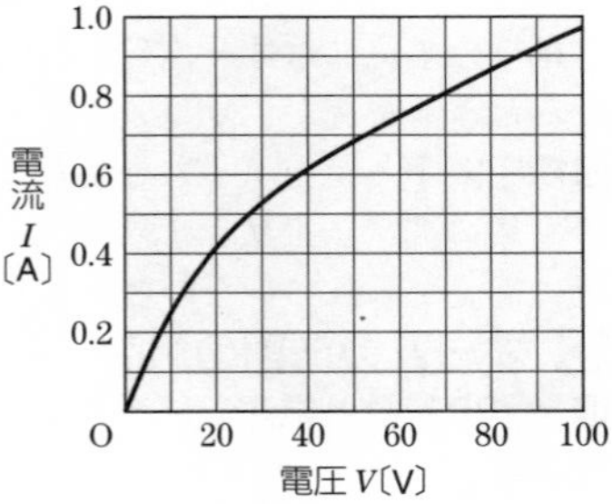


**❹抵抗率の温度変化**　あまり広くない温度範囲では，0 ℃，$t$〔℃〕のときの抵抗率をそれぞれ $\rho_0$，$\rho$〔Ω·m〕とすると，次の関係式が成りたつ。$\rho = \rho_0(1 + \alpha t)$　(38)
$\alpha$（アルファ）は温度上昇 1K 当たりの抵抗率の増加の割合で，**抵抗率の温度係数**という。

## E 電気とエネルギー

**❶ジュール熱**　抵抗のある導体に電流が流れると，(39)式に従って熱が発生する。この関係を**ジュールの法則**といい，発生する熱を**ジュール熱**という。

**ジュールの法則**

$$Q = IVt = I^2Rt = \frac{V^2}{R}t \qquad (39)$$

$Q$〔J〕　ジュール熱　　$V$〔V〕　電圧
$I$〔A〕　電流　　$t$〔s〕　時間　　$R$〔Ω〕　抵抗

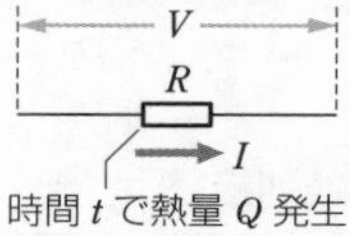


**❷電力量と電力**　抵抗で発生したジュール熱 $Q$〔J〕((39)式)は，抵抗に流れた電流がした仕事 $W$〔J〕と等しく，これを**電力量**という。

抵抗に $V$〔V〕の電圧を加えて，電流が $I$〔A〕流れているとする。電流は時間 $t$〔s〕の間に電気量 $It$〔C〕を運ぶので，電流のした仕事 $W$ は　$W = It \times V = IVt$　(40)
となる。また，電流がした仕事の仕事率 $P$〔W〕を**電力**という。電力は電力量を時間でわることによって求められる。

**電力量と電力**

$$\text{電力量}：W = IVt = I^2Rt = \frac{V^2}{R}t \qquad (41)$$

$$\text{電　力}：P = IV = I^2R = \frac{V^2}{R} \qquad (42)$$

$W$〔J〕　電力量　　$V$〔V〕　電圧　　$R$〔Ω〕　抵抗
$I$〔A〕　電流　　$t$〔s〕　時間　　$P$〔W〕　電力

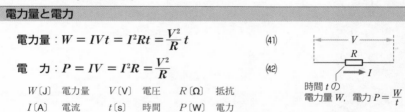

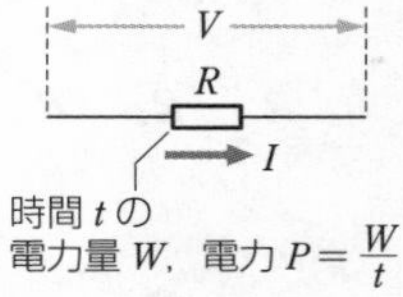


電力量の単位には，ジュール(仕事と同じ単位)のほか，ワット時(記号 Wh)やキロワット時(記号 kWh)が用いられる。1Wh の電力量とは，1W (仕事率と同じ単位)の電力で1時間に行う仕事である。また，1kWh = $10^3$Wh である。

**❸ジュール熱の意味**　導体に電圧を加えると，導体中に電場ができ，自由電子が動き始める。自由電子は電場によって加速されるが，導体中の陽イオンと衝突して，陽イオンに運動エネルギーを与えるので，平均的な速度がほぼ一定のまま進む。このように，電場からされた仕事によって自由電子が得た電気的なエネルギーが，衝突によって陽イオンの振動エネルギー (熱エネルギー)に変わり，ジュール熱が発生する。

# 2 直流回路

## A 抵抗の接続

**❶直列接続**　直列接続した $R_1$，$R_2$〔Ω〕の各抵抗に加わる電圧 $V_1$，$V_2$〔V〕の和は，電源の電圧 $V$〔V〕と等しい。また，流れる電流の大きさ $I$〔A〕はどこでも等しい(教 p.166 図 50)。図の回路の2つの抵抗は，これと同じはたらきをもつ1つの抵抗に置きかえ

ることができる。これを**合成抵抗**という。オームの法則より
$V_1 = R_1I$, $V_2 = R_2I$ が成りたつので，$V$ は次のように表される。

$$V = V_1 + V_2 = R_1I + R_2I = (R_1 + R_2)I$$

合成抵抗を $R$〔Ω〕とすると $V = RI$ であるから，次の式が成りたつ。

$$\boldsymbol{R = R_1 + R_2} \tag{43}$$

一般に，$R_1, R_2, \cdots\cdots, R_n$〔Ω〕の $n$ 個の抵抗を直列接続したときの合成抵抗 $R$〔Ω〕は

$$\boldsymbol{R = R_1 + R_2 + \cdots\cdots + R_n} \tag{44}$$

**❷並列接続**　並列接続した $R_1$, $R_2$〔Ω〕の各抵抗に加わる電圧は，ともに電源の電圧 $V$〔V〕に等しい(**教 p.167 図 51**)。また，各抵抗に分岐して流れる電流の大きさ $I_1$, $I_2$〔A〕の和は，電源から流れ出る電流の大きさ $I$〔A〕に等しい。オームの法則より $I$ は次のように表される。

$$I = I_1 + I_2 = \frac{V}{R_1} + \frac{V}{R_2} = \left(\frac{1}{R_1} + \frac{1}{R_2}\right)V$$

合成抵抗を $R$〔Ω〕とすると，$I = \dfrac{V}{R}$ であるから，次の式が成りたつ。

$$\boldsymbol{\frac{1}{R} = \frac{1}{R_1} + \frac{1}{R_2}} \tag{45}$$

一般に，$n$ 個の抵抗を並列接続したときの合成抵抗 $R$〔Ω〕は

$$\boldsymbol{\frac{1}{R} = \frac{1}{R_1} + \frac{1}{R_2} + \cdots\cdots + \frac{1}{R_n}} \tag{46}$$

この $R$ は，$R_1$, $R_2$, ……, $R_n$ の中で最も小さい値より，さらに小さい。

**合成抵抗**

①**直列接続**：$\boldsymbol{R = R_1 + R_2}$

②**並列接続**：$\boldsymbol{\dfrac{1}{R} = \dfrac{1}{R_1} + \dfrac{1}{R_2}}$

$R$〔Ω〕　合成抵抗　　$R_1$, $R_2$〔Ω〕　それぞれの抵抗

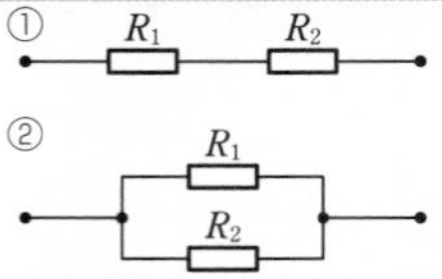


## B 電流計・電圧計

**❶電流計**　電流計は，電流をはかろうとする回路に直列につないで用いる。指針で値を示す電流計では，流れこむ電流に比例して指針が振れるしくみになっている(**教 p.170 図 52**)。電流計には，その内部に抵抗(**内部抵抗**)があるため，電流計をつなぐことによって回路を流れる電流が変化し，もとの状態を乱してしまう。この変化を少なくするため，電流計の内部抵抗は小さくなっている。

**❷分流器**　電流計の測定範囲をこえた大きな電流をはかるには，電流計と並列に抵抗を接続して分岐路をつくる(右図)。この抵抗を電流計の**分流器**という。

電流計(内部抵抗 $r_A$)の測定範囲を $n$ 倍($n > 1$)に広げる分流器の抵抗値 $R_A$ は次のようになる。

$$R_A = \frac{r_A}{n-1} \tag{47}$$

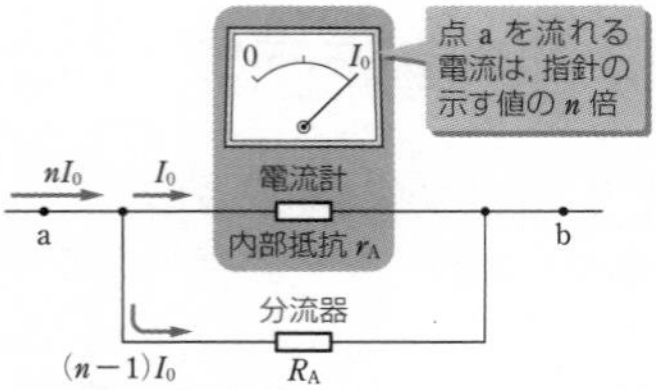


▲電流計と分流器

**❸電圧計**　電圧計は，電圧(電位差)をはかろうとする回路の2点に並列につないで用いる。電圧計の基本構造は電流計と同じである。

電圧計(内部抵抗 $r_v$)の目盛りは，電流計の目盛りを $r_v$ 倍した電圧の値にすればよい(**教 p.171 図 54**)。また，電圧計は回路に並列に接続するので，回路を流れる電流の変化を小さくするため，その内部抵抗は大きくなっている。

**❹倍率器**　電圧計の測定範囲をこえた大きな電圧をはかるには，電圧計に直列に抵抗を接続すればよい(右図)。この抵抗を電圧計の**倍率器**という。

電圧計(内部抵抗 $r_v$)の測定範囲を $n$ 倍($n > 1$)に広げる倍率器の抵抗値 $R_v$ は次のようになる。

$$R_V = (n - 1)r_v \tag{48}$$

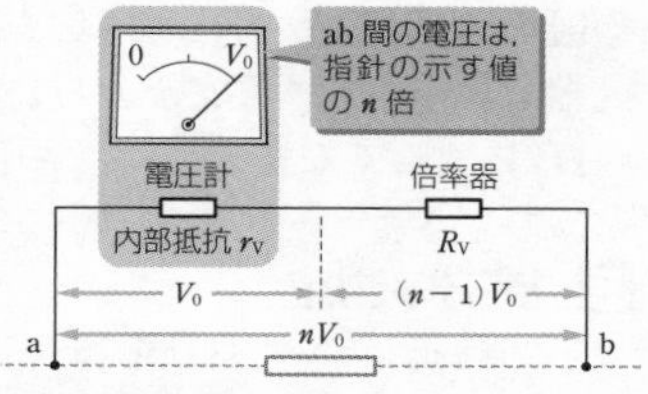

▲電圧計と倍率器

## C キルヒホッフの法則

複雑な回路を考えるときは，電気量保存の法則や，オームの法則などをもとに拡張した，次の**キルヒホッフの法則**が用いられる(**教 p.172 図 56**)。

**キルヒホッフの法則**

**キルヒホッフの法則Ⅰ　回路中の交点について**
**流れこむ電流の和＝流れ出る電流の和**

**キルヒホッフの法則Ⅱ　回路中の一回りの閉じた経路について**
**起電力の和＝電圧降下の和**

※電池などがつくりだしている電位差を**起電力**という。

Ⅰでは，電流の向きを，どちらかの向きに仮定して計算する。計算で得た電流の値が負になれば，仮定と反対の向きに電流が流れていることになる。Ⅱでは初めに，閉じた経路を1周する向きを決める。この向きはどちらでもよい。右図のように起電力，電圧降下の正負を定めて，それらの和を考える。

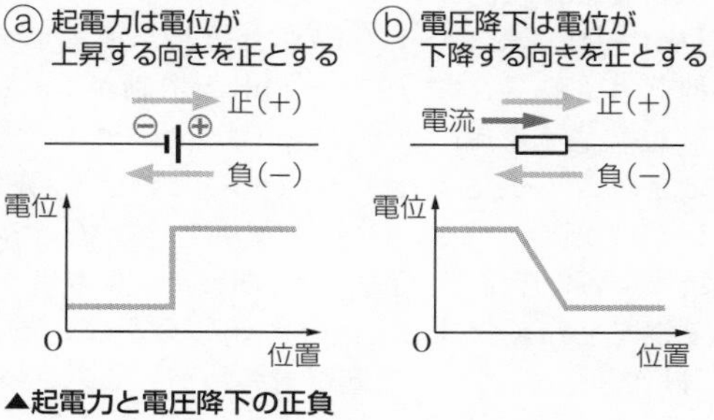

▲起電力と電圧降下の正負

## D 電池の起電力と内部抵抗

**❶電池の起電力**　電池は化学反応により電極間に電位差をつくりだす。電流が流れていない状態での，電池の電極間に生じている電位差を電池の**起電力**という。

**❷電池の内部抵抗**　電池から流れる電流 $I$ と電池の電極間の電圧(**端子電圧**) $V$ の間の関係を考える。電池を **教 p.175 図 59** ⓐのように接続し，可変抵抗器の抵抗値を変えながら端子電圧 $V$ をはかると，$V$ は電流 $I$ が増えると小さくなる(次図ⓑ)。これは，電池が起電力 $E$ をつくり出すとともに，内部に抵抗(**内部抵抗**)をもつと考えるとうまく説明できる。このグラフは，内部抵抗の抵抗値を $r$ とすると，次の式で表される。

$$V = E - rI \tag{49}$$

つまり，電池の端子電圧 $V$ は電池の起電力 $E$ から内部抵抗による電圧降下 $rI$ を引いた値になる。

また，$I = 0$ のとき $V = E$ となるので，起電力は電流が流れていないときの端子電圧とわかる。

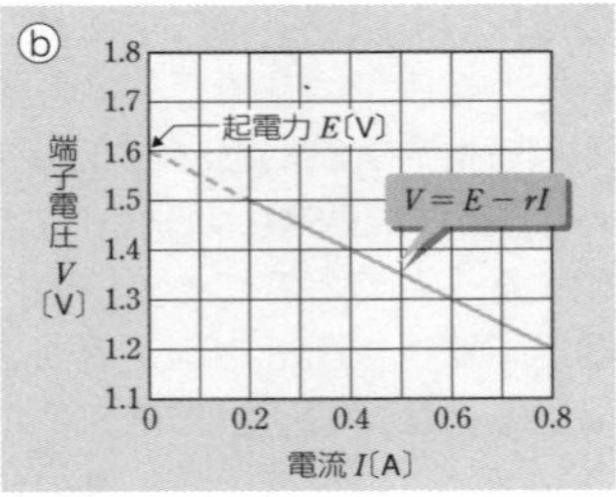


**❸最大消費電力**　教 p.175 図 59 ⓐの回路の可変抵抗器について，抵抗値 $R$〔Ω〕が電池の内部抵抗 $r$〔Ω〕と等しくなるとき，その消費電力 $P$〔W〕を最大にできる。

## E 抵抗の測定

未知の抵抗値 $R_x$〔Ω〕を精密に測定する場合，**ホイートストンブリッジ**という回路がよく用いられる。

抵抗値 $R_1$，$R_2$，$R_3$，$R_x$〔Ω〕の抵抗器，検流計（感度のよい電流計）G，電池 E を図のように接続する。$R_3$〔Ω〕の値を調節し，検流計 G に電流が流れなくなったとき，次の関係が成りたつ。

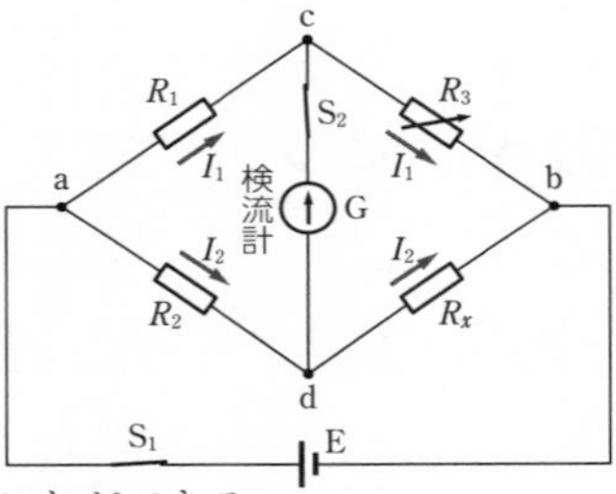


$$\frac{R_1}{R_2} = \frac{R_3}{R_x} \tag{50}$$

したがって，$R_1$，$R_2$，$R_3$ の値から，$R_x$ の値を求めることができる。

## F 起電力の測定

電池の起電力などを精密に測定する装置に**電位差計**がある。電位差計は右図のように，電源，一様な抵抗線 ab，検流計 G からなる。

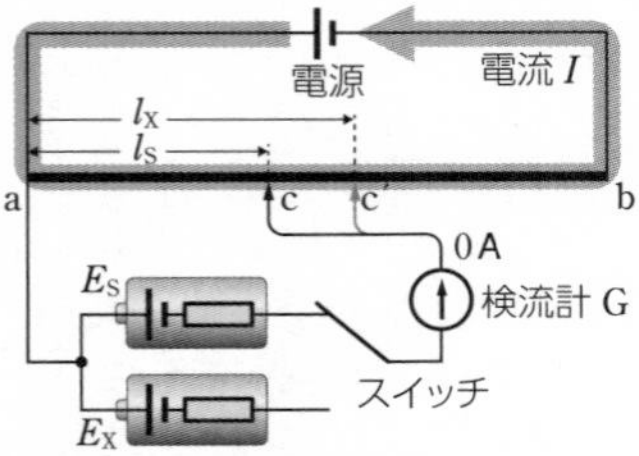


【操作①】　スイッチを起電力のわかっている電池 $E_S$ の側に入れて，点 c を ab 上で動かし，検流計 G に電流が流れない位置が見つかったら，そのときの ac の長さ $l_S$〔m〕をはかる。このとき，$E_S$ には電流が流れていないので，起電力 $E_S$〔V〕と ac 間の電位差が等しい（電池の内部抵抗による電圧降下は 0V）。ab 間の単位長さ当たりの抵抗値を $r$〔Ω/m〕，ab 間に流れる電流を $I$〔A〕とすると次の式が成りたつ。　$E_S = (r \times l_S) \times I$　(51)

【操作②】　スイッチを起電力のわかっていない電池 $E_X$ の側に入れ，同様の手順で，点 c′ の位置を定めて ac′ の長さ $l_X$〔m〕をはかる。このとき流れる電流も $I$〔A〕であるから，起電力 $E_X$〔V〕は　$E_X = (r \times l_X) \times I$　(52)

(51)，(52)式より，電池 $E_X$ の起電力 $E_X$〔V〕は次の式から求められる。

$$\frac{E_X}{E_S} = \frac{l_X}{l_S} \tag{53}$$

## G 非直線抵抗

電流を流すとその温度が大きく変化する導体では，電流は電圧に比例しない。これは，温度上昇に伴って，導体の抵抗値も大きく変化するからである。このように，電流と電圧の関係を示すグラフが直線にならない抵抗を**非直線抵抗**という。

### H コンデンサーを含む直流回路

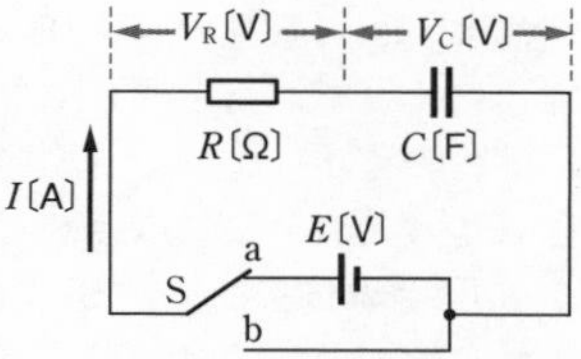


**❶コンデンサーの充電過程**　右図のようなコンデンサーを含む直流回路をつくり，スイッチSをa側に入れると，コンデンサーが充電されていく。このとき，回路に流れる電流$I$（図の矢印の向きを正とする）は時間とともに変化する(右図ⓐ)。

コンデンサーの電気量が0の状態でスイッチをa側に入れると，スイッチを入れた瞬間のコンデンサーの極板間の電位差は0で，電池の電圧$E$〔V〕はすべて抵抗に加わる(右図ⓑ)。この瞬間に流れる電流$I$〔A〕は

$$I=\frac{E}{R} \tag{54}$$

である(右図ⓐ)。その後，充電が進み，極板間の電位差が大きくなると，抵抗に加わる電圧は小さくなる。やがて，極板間の電位差が電池の電圧と等しくなると充電は終了し，回路に電流は流れなくなる。

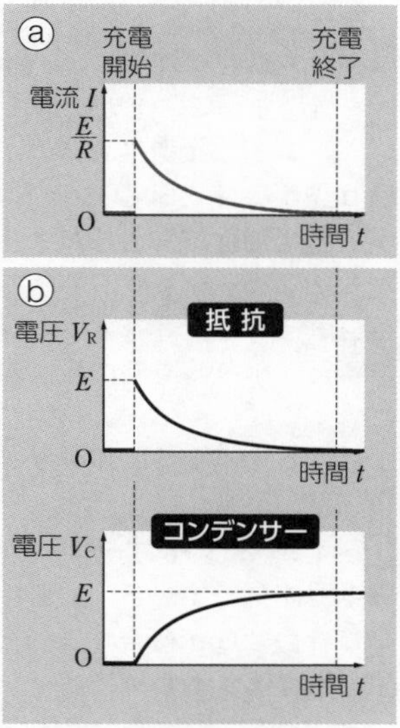


▲コンデンサーの充電

**❷コンデンサーの放電過程**　コンデンサーの充電過程の回路において，充電した後，スイッチSをb側に入れると，コンデンサーは放電を始める。このとき，回路に流れる電流$I$は，充電の場合と逆向きであり，時間とともに変化する(右下図)。

スイッチをb側に入れた直後には，コンデンサーには電荷が蓄えられており，コンデンサーの極板間の電位差は$E$〔V〕である。これと等しい電圧が抵抗に加わるため，流れる電流$I$は次のようになる。

$$I=-\frac{E}{R} \tag{55}$$

(向きが逆であることを－(負)で表している)

十分に時間が経過すると放電は終了し，電流は流れなくなる。

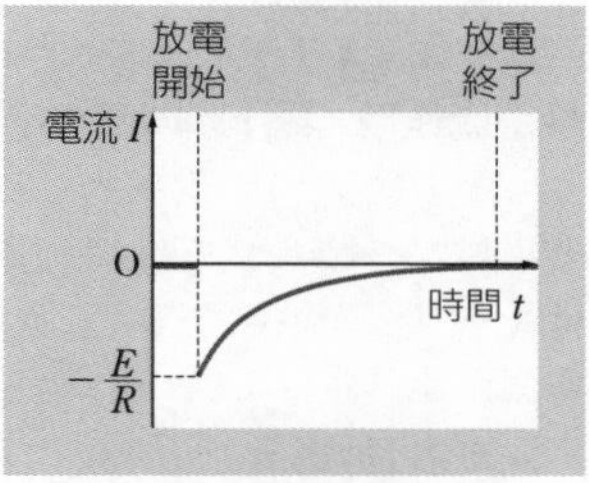


▲コンデンサーの放電

## 3 半導体

### A 半導体

半導体は，電気の通しやすさが導体と不導体の中間の物質である。

**❶半導体の種類**　ケイ素(Si)やゲルマニウム(Ge)は，低温では抵抗率が大きく電気を通しにくいが，温度が上がると固体中を移動できる電子などが生じ電気を通すようになる。このような半導体を**真性半導体**という。

Si や Ge に微量のリン(P)やアルミニウム(Al)のような不純物を入れると，真性半導体に比べて電気を通しやすくなる。これらを**不純物半導体**という。不純物半導体は，不純物の種類によってｎ型半導体とｐ型半導体に分けられる。

❷ **n 型半導体**　Si や Ge の結晶の中に微量の P やアンチモン(Sb)などを混ぜたものが **n 型半導体**である。Si や Ge の原子は最も外側の電子殻に 4 個の価電子をもち，これらを互いに共有した共有結合によって結晶をつくる。

P や Sb は 5 個の価電子をもつから，Si や Ge の結晶に微量入ると，そのうちの 4 つが共有結合に加わり，1 個の価電子が余る(教 p.182 図 66)。この余った電子は結晶内を動きまわることができ，おもな電流の担い手となる。電流の担い手を**キャリア**という。よって **n 型半導体のキャリアは電子である**。

❸ **p 型半導体**　Si や Ge の結晶の中に微量の Al やインジウム(In)などを混ぜたものが **p 型半導体**である。Al や In の原子は価電子を 3 個しかもたないので，共有結合をするには電子が 1 個不足して，電子のない所ができる(教 p.183 図 67)。これを**ホール**(**正孔**)という。電場を与えると，電子が移動してホールを埋める。電子が移ったあとの新しいホールを別の電子が埋めるというように，ホールは電場の向きに移動する。このように，ホールは正の電気をもつ粒子のようにふるまい，おもなキャリアとなる。よって **p 型半導体のキャリアはホールである**。

第４編　電気と磁気

## B 半導体ダイオード

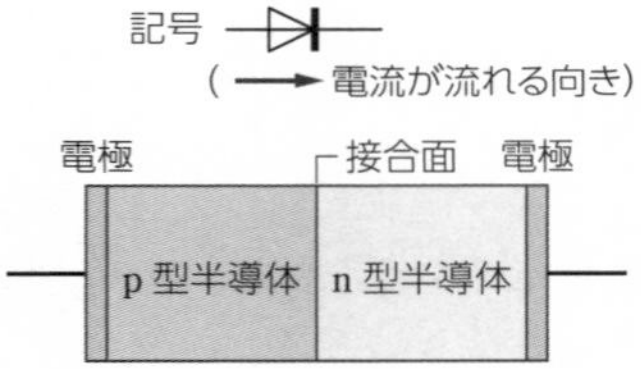


❶**半導体ダイオード**　p 型半導体と n 型半導体をつなぎ合わせ(**pn 接合**)，両端に電極をつけた電子部品を**半導体ダイオード**という(右図)。

p 型半導体と n 型半導体を接合した面を**接合面**という。

半導体ダイオードは，一方向にのみ電流を流す作用(**整流作用**)をもつ電子部品である。

❷**整流作用**　教 p.184 図 69 ⓐのように半導体ダイオードに電圧を加えると，電場によって p 型の中のホールは n 型へ，n 型の中の電子は p 型へ引かれ，pn 接合面付近で 1 対ずつ結合しては消える(これを**再結合**という)。このように，pn 接合面付近ではキャリアが消滅するが，その一方で，電極からは新たにキャリアが供給されるため，電流が流れ続ける。この電圧の加え方を**順方向**という。

これとは逆に，同図ⓑのように電圧を加えると，電場によって p 型の中のホールは p 型側の電極へ，n 型の中の電子は n 型側の電極に引かれる。そのため，pn 接合部付近において，p 型ではホールが減るので負の電気が過剰になり，n 型では電子が減るので正の電気が過剰になる。この結果，p 型と n 型の間に電位差が生じる。この場合には，電流は流れない。この電圧の加え方を**逆方向**という。このとき，pn 接合面付近にはキャリアがほとんど存在しない領域があり，これを**空乏層**という。

右図は，半導体ダイオードに電圧を加えた場合の，電流 $I$ と電圧 $V$ の関係を示したものである。

半導体ダイオードの整流作用を利用して，電流の向きが周期的に変わる交流を，直流に変えることができる(教 p.185 図 71)。

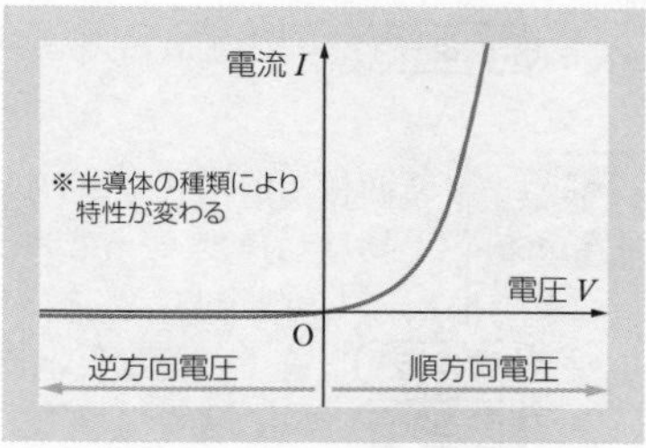


▲ダイオードの電流-電圧関係の例

## C トランジスター

❶**トランジスター**　右図のように，3つの不純物半導体を組み合わせたものを**トランジスター**(バイポーラートランジスター)といい，電気信号を増幅するはたらき(**増幅作用**)をもつ。2つのp型半導体の間に薄いn型半導体をはさんだ構造のものを**pnp型トランジスター**といい，2つのn型半導体の間に薄いp型半導体をはさんだ構造のものを**npn型トランジスター**という。トランジスターを構成する3つの部分をそれぞれ，**エミッタ**(E)，**ベース**(B)，**コレクタ**(C)という。

pnp 型

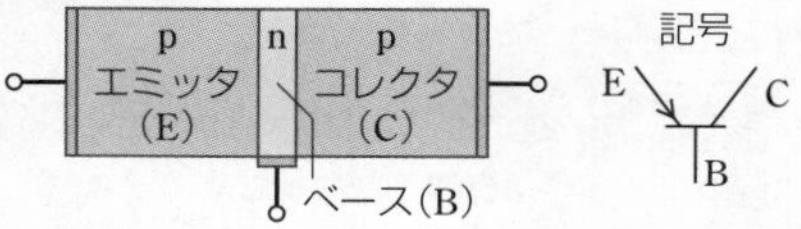


npn 型

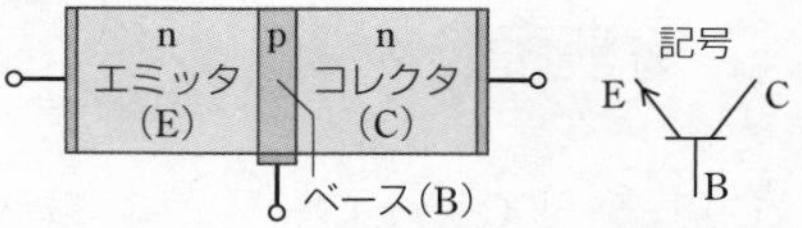


▲トランジスターの構造と記号

❷**増幅作用**　トランジスターを利用すると，**ベース電流の小さな変化を，コレクタ電流の大きな変化に変えることができる**。これをトランジスターの増幅作用という。

❸**スイッチング作用**　トランジスターは，ベース電流を制御することによって，コレクタ電流が流れる状態(ON)とほとんど流れない状態(OFF)をつくることができる。これをトランジスターの**スイッチング作用**という。コレクタ電流の ON-OFF によってデジタル信号をつくりだし，計算などの論理的な処理を電気回路で行うことができる。

第4編　電気と磁気

## 問　題

**問19**
(教 p.157)
一定の電流が流れる導線がある。この導線の断面を30秒間に大きさ9.6Cの電気量が通過するとすれば，電流は何Aか。

(解説&解答)　(31)式より　$I = \dfrac{Q}{t} = \dfrac{9.6\,\mathrm{C}}{30\,\mathrm{s}} = \mathbf{0.32\,A}$　答

**問20**
(教 p.157)
導体の両端に10Vの電圧を加えたとき，0.40Aの電流が流れた。この導体の抵抗は何Ωか。

(考え方)　オームの法則「$V = RI$」((32)式)を用いる。

解説&解答　(32)式より　$R=\frac{V}{I}=\frac{10}{0.40}=\mathbf{25\,\Omega}$　答

**問21**
(教p.158)
断面積 $1.0\times10^{-6}\,\mathrm{m^2}$ の導線に 1.7A の電流が流れているとき，自由電子の平均移動速度 $v$〔m/s〕を求めよ。導線 $1.0\,\mathrm{m^3}$ 当たりの自由電子の数を $8.5\times10^{28}\,/\mathrm{m^3}$，電子の電気量を $-1.6\times10^{-19}\,\mathrm{C}$ とする。

考え方　電子の運動と電流に関する式「$I=envS$」(33)式を使って考える。

解説&解答　(33)式より

$$v=\frac{I}{enS}=\frac{1.7}{(1.6\times10^{-19})\times(8.5\times10^{28})\times(1.0\times10^{-6})}$$

$$\fallingdotseq \mathbf{1.3\times10^{-4}\,m/s}$$　答

**問22**
(教p.159)
断面積が $2.0\times10^{-7}\,\mathrm{m^2}$，抵抗率が $1.1\times10^{-6}\,\Omega\cdot\mathrm{m}$ のニクロム線を用いて，1.0Ωの抵抗をつくりたい。ニクロム線の長さを何 m にすればよいか。

考え方　抵抗率の式　「$R=\rho\frac{l}{S}$」((37)式)を用いる。

解説&解答　(37)式より　$l=\frac{RS}{\rho}=\frac{1.0\times(2.0\times10^{-7})}{1.1\times10^{-6}}\fallingdotseq\mathbf{0.18\,m}$　答

**問23**
(教p.161)
0℃でのアルミニウムの抵抗率は $2.5\times10^{-8}\,\Omega\cdot\mathrm{m}$ である。40℃のときのアルミニウムの抵抗率は，0℃のときよりどれだけ大きいか。アルミニウムの抵抗率の温度係数を $4.2\times10^{-3}/\mathrm{K}$ とする。

考え方　抵抗率の温度変化の式「$\rho=\rho_0(1+\alpha t)$」((38)式)を用いればよい。

解説&解答　0℃，$t$〔℃〕のときのアルミニウムの抵抗率をそれぞれ $\rho_0$，$\rho$〔Ω·m〕とすると，(38)式より

$$\rho-\rho_0=\rho_0\alpha t$$

$$=(2.5\times10^{-8})\times(4.2\times10^{-3})\times40=\mathbf{4.2\times10^{-9}\,\Omega\cdot m}$$　答



**問24**
(教p.164)
(1)　電熱線に 10V の電圧を加えたところ 1.2A の電流が流れた。このとき，30 秒間に発生するジュール熱は何 J か。
(2)　抵抗値が 30Ω の電熱線に 20V の電圧を加えるとき，1.0 分間に発生するジュール熱は何 J か。

考え方　(39)式のジュールの法則を用いればよい。

解説&解答　(1)　$Q=IVt=1.2\times10\times30=\mathbf{3.6\times10^2\,J}$　答

(2)　$Q=\frac{V^2}{R}t=\frac{20^2}{30}\times(1.0\times60)=\mathbf{8.0\times10^2\,J}$　答

**問25**
(教p.165)
ヒーターを 100V の電圧で使用したところ，3.0A の電流が流れた。
(1)　このヒーターの消費電力は何 W か。
(2)　このヒーターが 60 秒間に消費する電力量は何 J か。
(3)　このヒーターが 4.0 時間に消費する電力量は何 kWh か。

**考え方**　電力量は(41)式，電力は(42)式を用いればよい。

**解説&解答**　(1)　(42)式より　$P = IV = 3.0 \times 100 = \mathbf{3.0 \times 10^2 W}$ **答**

(2)　(41)式より　$W = IVt = 3.0 \times 100 \times 60 = \mathbf{1.8 \times 10^4 J}$ **答**

(3)　$W_2 = 3.0 \times 100 \times 4.0 = 1.2 \times 10^3 \text{Wh} = \mathbf{1.2 kWh}$ **答**

**問26**
(教p.166)　AB間の合成抵抗は何Ωか。

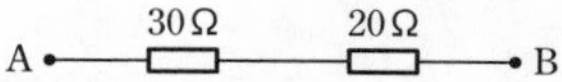

**考え方**　直列接続したときの合成抵抗は，各抵抗の和になる。

**解説&解答**　$R = R_1 + R_2 = 30 + 20 = \mathbf{50\,\Omega}$ **答**

**問27**
(教p.167)　AB間の合成抵抗は何Ωか。

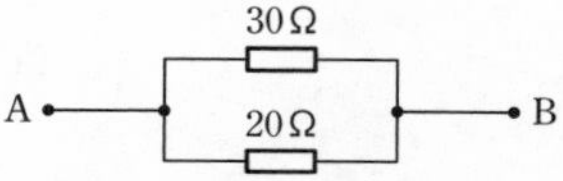


**考え方**　並列接続したときの合成抵抗の逆数は，各抵抗の逆数の和になる。

**解説&解答**　$\dfrac{1}{R} = \dfrac{1}{R_1} + \dfrac{1}{R_2} = \dfrac{1}{30} + \dfrac{1}{20}$　よって　$R = \dfrac{60}{5} = \mathbf{12\Omega}$ **答**

**ドリル**

**問a**
(教p.169)　次の回路図の抵抗$R_1$，$R_2$が直列接続か並列接続か，それぞれ答えよ。

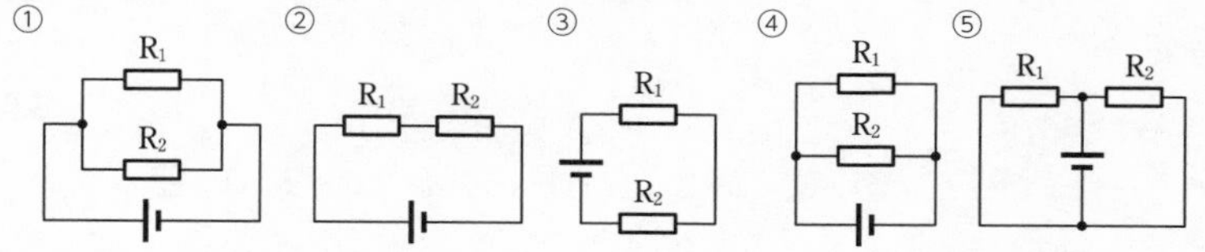


**考え方**　直列接続では，2つの抵抗に同じ電流が流れ，並列接続では，2つの抵抗に同じ電圧が加わる。

**解説&解答**　②と③の回路では，抵抗$R_1$と$R_2$に同じ電流が流れることから，これらは直列接続である。一方，①，④，⑤の回路では，抵抗$R_1$と$R_2$に同じ電圧が加わることから，これらは並列接続である。
直列接続：**②，③**　並列接続：**①，④，⑤** **答**

**問b**
(教p.169)　次のそれぞれの図において，AB間の合成抵抗を求めよ。

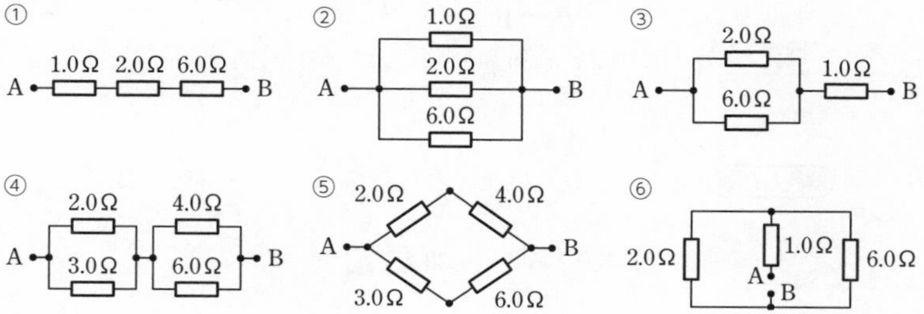

**考え方**　抵抗の接続のしかたが直列接続か並列接続かを考える。

**解説&解答**　① 3つの抵抗の直列接続なので

$1.0+2.0+6.0=\mathbf{9.0\,\Omega}$ **答**

② 3つの抵抗の並列接続なので

$\dfrac{1}{1.0}+\dfrac{1}{2.0}+\dfrac{1}{6.0}=\dfrac{10.0}{6.0}=\dfrac{1}{0.60}$　よって　$\mathbf{0.60\,\Omega}$ **答**

③ 2.0Ωの抵抗と6.0Ωの抵抗は並列接続なので，合成抵抗は

$\dfrac{1}{2.0}+\dfrac{1}{6.0}=\dfrac{4.0}{6.0}=\dfrac{1}{1.5}$　より　1.5Ω

これと1.0Ωの抵抗の直列接続とみなせるので

$1.5+1.0=\mathbf{2.5\,\Omega}$ **答**

④ 2.0Ωの抵抗と3.0Ωの抵抗は並列接続なので，合成抵抗は

$\dfrac{1}{2.0}+\dfrac{1}{3.0}=\dfrac{5.0}{6.0}=\dfrac{1}{1.2}$　より　1.2Ω

4.0Ωの抵抗と6.0Ωの抵抗は並列接続なので，合成抵抗は

$\dfrac{1}{4.0}+\dfrac{1}{6.0}=\dfrac{5.0}{12.0}=\dfrac{1}{2.4}$

この2つの抵抗の直列接続となるので

$1.2+2.4=\mathbf{3.6\,\Omega}$ **答**

⑤ 2.0Ωと4.0Ωの直列接続による合成抵抗と，3.0Ωと6.0Ωの直列接続による合成抵抗は並列に接続されているので

$\dfrac{1}{2.0+4.0}+\dfrac{1}{3.0+6.0}=\dfrac{5.0}{18.0}=\dfrac{1}{3.6}$　よって　$\mathbf{3.6\,\Omega}$ **答**

⑥ ③と同じ合成抵抗になるので　**2.5Ω** **答**

**問c**
(教p.169)

次の回路図中の点a，b，cにおける電流の大きさをそれぞれ求めよ。

①
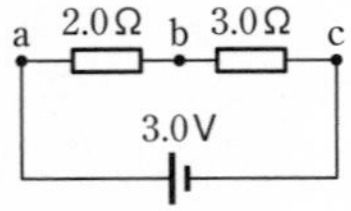


②
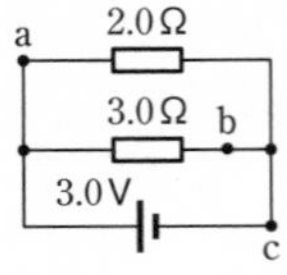


③
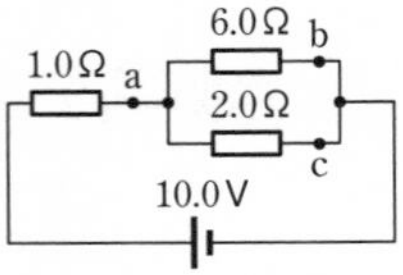


④ スイッチS
(開)
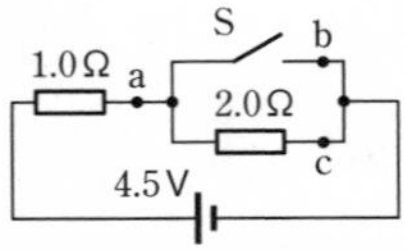


⑤ スイッチS
(閉)
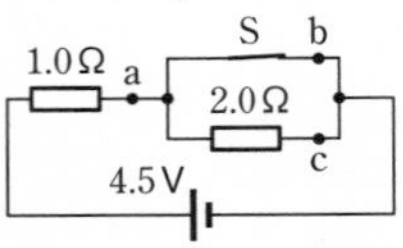


**考え方**　どんなに複雑な回路でも，抵抗それぞれにオームの法則がなりたっている。また，キルヒホッフの法則を用いるとわかりやすくなることがある。

**解説&解答**　① 2つの抵抗の合成抵抗は　$2.0+3.0=5.0\,\Omega$

したがって，点a，b，cいずれも流れる電流の大きさは

$3.0\div5.0=\mathbf{0.60\,A}$ **答**

② a：2.0Ωの抵抗について，オームの法則より
$3.0 \div 2.0 =$ **1.5A** 答
b：3.0Ωの抵抗について，オームの法則より
$3.0 \div 3.0 =$ **1.0A** 答
c：キルヒホッフの法則より，$1.5 + 1.0 =$ **2.5A** 答

③ a：6.0Ωと2.0Ωの抵抗の合成抵抗は
$\frac{1}{6.0} + \frac{1}{2.0} = \frac{1}{1.5}$ より　1.5Ω
したがって，回路全体の合成抵抗は　$1.0 + 1.5 = 2.5\,\Omega$
オームの法則より　$10.0 \div 2.5 =$ **4.0A** 答
b：キルヒホッフの法則より，6.0Ωの抵抗の両端に加わる電圧は6.0V
オームの法則より　$6.0 \div 6.0 =$ **1.0A** 答
c：キルヒホッフの法則より，2.0Ωの抵抗の両端に加わる電圧は6.0V
オームの法則より　$6.0 \div 2.0 =$ **3.0A** 答

④　2つの抵抗の合成抵抗は$1.0 + 2.0 = 3.0\,\Omega$　したがって，点aとcに流れる電流の大きさは　$4.5 \div 3.0 =$ **1.5A** 答
点bには電流が流れないため，**0A**となる。答

⑤　a–b間は抵抗が0であるため，すべての電流はa–b間を流れ，a–c間は電流が流れない。したがって，点aとbに流れる電流の大きさは　$4.5 \div 1.0 =$ **4.5A** 答
点cには電流が流れないため，**0A**となる。答

**問d**
(教p.169)

次の回路図において，各抵抗に加わる電圧の大きさをそれぞれ求めよ。

①
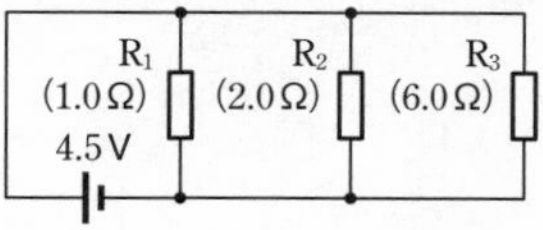


②
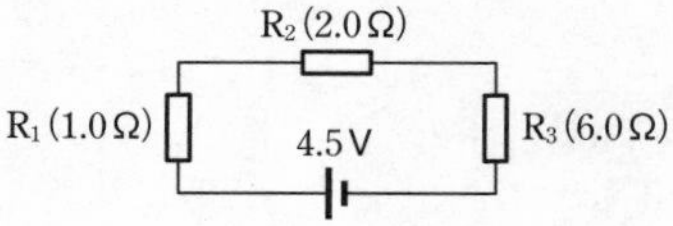


③ スイッチS
(開)
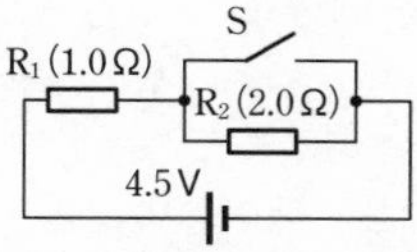


④ スイッチS
(閉)
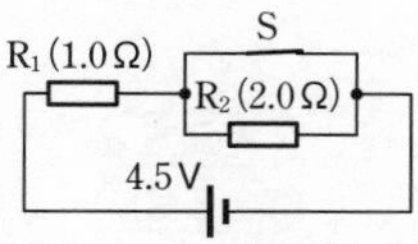


**解説&解答**

①　3つの抵抗は並列接続されているため，すべて同じ電圧が加わる。したがって，いずれも**4.5V** 答

②　3つの抵抗の合成抵抗は　$1.0 + 2.0 + 6.0 = 9.0\,\Omega$
したがって，電流の大きさは　$4.5 \div 9.0 = 0.50\,\mathrm{A}$
$R_1$：オームの法則より，加わる電圧は　$0.50 \times 1.0 =$ **0.50V** 答
$R_2$：オームの法則より，加わる電圧は　$0.50 \times 2.0 =$ **1.0V** 答
$R_3$：オームの法則より，加わる電圧は　$0.50 \times 6.0 =$ **3.0V** 答

③　2つの抵抗の合成抵抗は　1.0＋2.0＝3.0Ω
したがって，流れる電流の大きさは　4.5÷3.0＝1.5A
$R_1$：オームの法則より，加わる電圧は　1.5×1.0＝**1.5V**　答
$R_2$：オームの法則より，加わる電圧は　1.5×2.0＝**3.0V**　答

④　電流は$R_1$を流れるが，$R_2$は流れない。
したがって　$R_1$：**4.5V**　答　　$R_2$：**0V**　答

**問28**（教p.170）
$R$〔Ω〕の抵抗，電源，内部抵抗が$r_A$〔Ω〕の電流計を図のように接続した。電源の電圧を$V$〔V〕としたとき，電流計の示す値はいくらか。

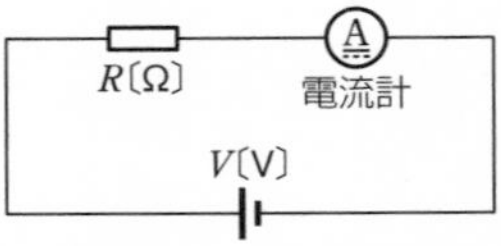


**考え方**　$R$〔Ω〕と$r_A$〔Ω〕は，直列接続されている。

**解説&解答**　電流計を流れる電流を$I$〔A〕，抵抗および電流計に加わる電圧をそれぞれ$V_1$，$V_2$〔V〕とすると，オームの法則（(32)式）より

$$V_1 = RI, \quad V_2 = r_A I$$

が成りたつ。直列接続なので

$$V = V_1 + V_2 = RI + r_A I = (R + r_A) I$$

よって　$I = \dfrac{\boldsymbol{V}}{\boldsymbol{R + r_A}}$〔A〕　答



**問29**（教p.170）
50mAまでの電流をはかることができる内部抵抗9.0Ωの電流計がある。これを用いて，500mAまでの電流をはかるようにするには，何Ωの分流器（抵抗）を接続すればよいか。

**考え方**　分流器と内部抵抗は並列接続されている。

**解説&解答**　電流計に50mA，分流器に450mA流れるようにすればよい。並列接続より，内部抵抗$r_A$，分流器の抵抗$R_A$にかかる電圧が等しい。
$9.0 \times (50 \times 10^{-3}) = R_A \times (450 \times 10^{-3})$　より　$R_A =$ **1.0Ω**　答

**問30**（教p.171）
$R$〔Ω〕の抵抗，電源，内部抵抗が$r_V$〔Ω〕の電圧計を図のように接続した。電源から流れる電流を$I$〔A〕としたとき，電圧計の示す値はいくらか。

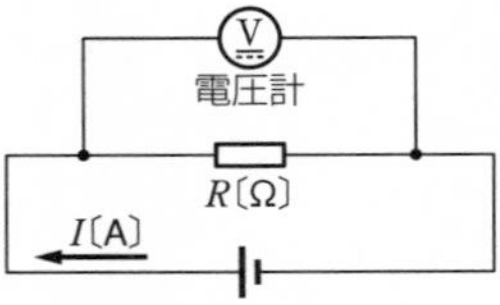


**考え方**　オームの法則（(32)式）を用いる。

**解説&解答**　電圧計の示す電圧を$V$〔V〕，抵抗および電圧計に流れる電流をそれぞれ$I_1$，$I_2$〔A〕とすると，オームの法則（(32)式）より

$$I_1 = \frac{V}{R}, \quad I_2 = \frac{V}{r_V}$$

並列接続なので　$I = I_1 + I_2 = \dfrac{V}{R} + \dfrac{V}{r_V} = \dfrac{R + r_V}{R r_V} V$

よって　$V = \dfrac{\boldsymbol{R r_V}}{\boldsymbol{R + r_V}} \boldsymbol{I}$〔V〕　答

**問31** （教p.171）　3.0 V までの電圧をはかることができる内部抵抗 3.0 kΩの電圧計がある。これを用いて，30 V までの電圧をはかるようにするには，何 kΩの倍率器（抵抗）を接続すればよいか。

**考え方**　倍率器の式（㊽式）を用いる。

**解説&解答**　測定範囲を $n$ 倍に広げるとすると　$n = \dfrac{30\,\mathrm{V}}{3.0\,\mathrm{V}} = 10$ 倍

㊽式より　$R_\mathrm{V} = (n-1)r_\mathrm{V} = (10-1) \times 3.0 =$ **27 kΩ**　答

**例題 8** （教p.173）　起電力 2.0 V の電池 A，起電力 7.0 V の電池 B と抵抗値が 1.0 Ω，2.0 Ω，3.0 Ωの抵抗がある。これらを図のように接続する。1.0 Ωの抵抗に流れる電流の大きさと向きを求めよ。

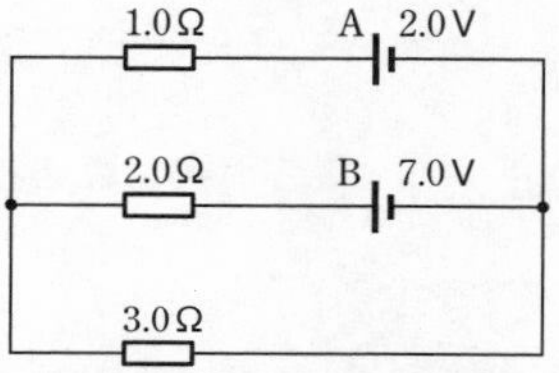


**考え方**　キルヒホッフの法則Ⅰ，Ⅱを適用する。

**解説&解答**　各抵抗に流れる電流の大きさと向きを図のように仮定する。

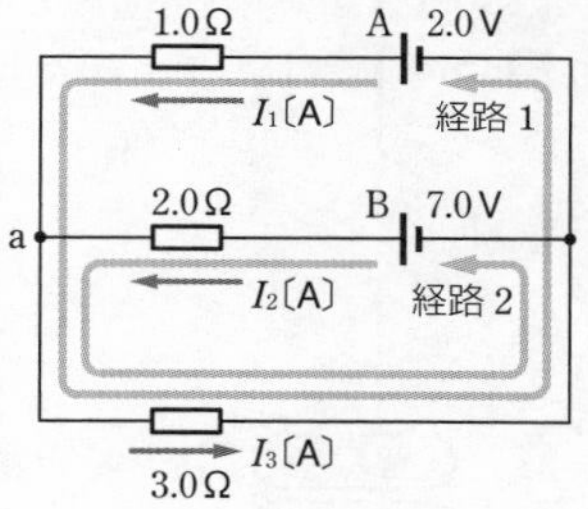


キルヒホッフの法則Ⅰを用いると，
点 a について

$I_1 + I_2 = I_3$　……①

キルヒホッフの法則Ⅱを用いると，
経路 1 について

$2.0 = 1.0 \times I_1 + 3.0 \times I_3$　…②

経路 2 について

$7.0 = 2.0 \times I_2 + 3.0 \times I_3$　……③

①～③式を連立して解くと　$I_1 = -1.0\,\mathrm{A}$，$I_2 = 2.0\,\mathrm{A}$，$I_3 = 1.0\,\mathrm{A}$

$I_1$ は負であるので，図に定めた向きと逆向きである。したがって，1.0 Ωの抵抗を流れる電流は，**右向きに 1.0 A** である。　答

**類題 8** （教p.173）　起電力 3.0 V の電池 A，起電力 9.0 V の電池 B と抵抗値が 1.5 Ω，3.0 Ω，6.0 Ωの抵抗がある。これらを図のように接続する。3.0 Ωの抵抗に流れる電流の大きさと向きを求めよ。

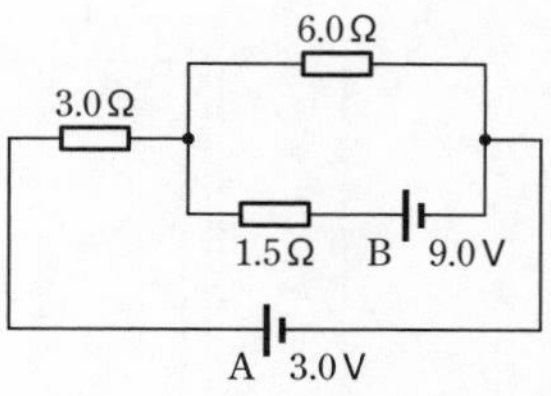


**考え方**　各抵抗に流れる電流の大きさと向きを仮定して，キルヒホッフの法則Ⅰ，Ⅱを用いる。

**解説&解答** 各抵抗に流れる電流の大きさと向きを図のように仮定する。

キルヒホッフの法則Ⅰを用いると

点aについて　$I_1 + I_2 = I_3$ ……①

キルヒホッフの法則Ⅱを用いると

経路1について

$9.0 = 1.5I_1 + 6.0I_3$ ……②

経路2について

$3.0 = 3.0I_2 + 6.0I_3$ ……③

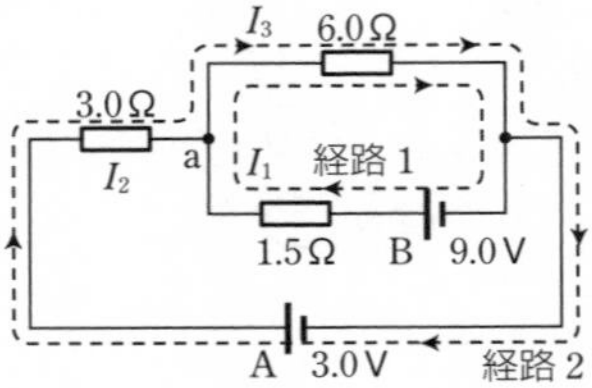


①〜③式を連立して解くと　$I_1 = 2.0$ A, $I_2 = -1.0$ A, $I_3 = 1.0$ A

$I_2$ は負であるので，図に定めた向きと逆向きである。したがって，3.0 Ω の抵抗を流れる電流は，**左向きに 1.0 A** である。 答

## ドリル

**問a**
(教p.174)

次の回路図の点A〜Dに着目して，キルヒホッフの法則Ⅰの式を立てよ。

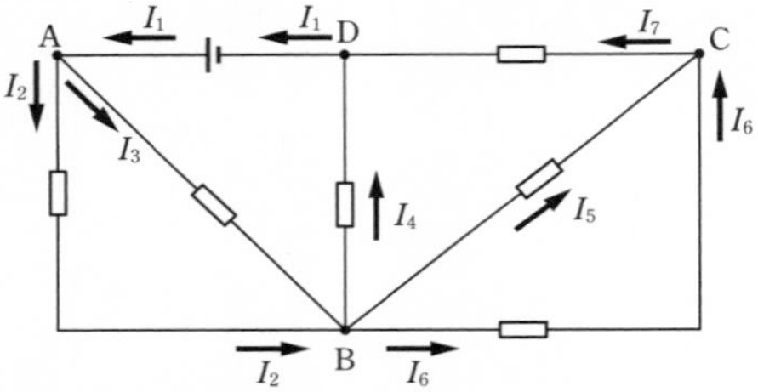


**考え方** 流れこむ電流の和が左辺，流れ出る電流の和が右辺の式を立てる。

**解説&解答** A：$\boldsymbol{I_1 = I_2 + I_3}$,　B：$\boldsymbol{I_2 + I_3 = I_4 + I_5 + I_6}$,

C：$\boldsymbol{I_5 + I_6 = I_7}$,　D：$\boldsymbol{I_4 + I_7 = I_1}$ 答

**問b**
(教p.174)

(1)，(2)のそれぞれの回路図について，閉じた経路①〜③に着目して，キルヒホッフの法則Ⅱの式を立てよ。

(1)

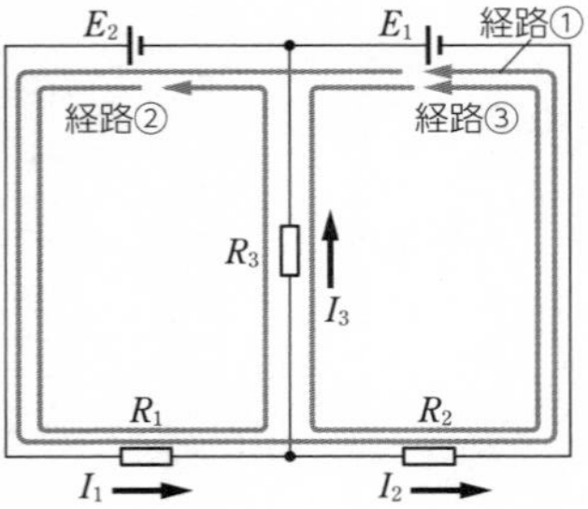


(2)

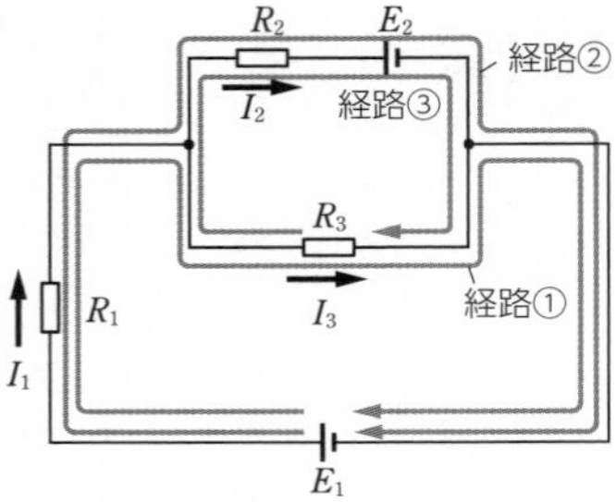


**考え方** 左辺には電源の起電力の和を，右辺には電圧降下の和とした式を立てる。起電力は上昇する向きを正とし，電圧降下は電位が下降する向きを正とする。

第4編 電気と磁気

**解説&解答**　(1)　①　$\boldsymbol{E_1 + E_2 = R_1 I_1 + R_2 I_2}$,　②　$\boldsymbol{E_2 = R_1 I_1 + R_3 I_3}$,
③　$\boldsymbol{E_1 = - R_3 I_3 + R_2 I_2}$　**答**
(2)　①　$\boldsymbol{E_1 = R_1 I_1 + R_3 I_3}$,　②　$\boldsymbol{E_1 - E_2 = R_1 I_1 + R_2 I_2}$,
③　$\boldsymbol{- E_2 = R_2 I_2 - R_3 I_3}$　**答**

**問32**
(**教**p.175)　起電力が1.5V，内部抵抗が0.50Ωの電池に可変抵抗器を接続し，抵抗値を調整したところ，電流が0.60A流れた。このときの，電池の端子電圧$V$〔V〕と可変抵抗器の抵抗値$R$〔Ω〕を求めよ。

**考え方**　電池の内部抵抗の式(㊾式)を用いる。

**解説&解答**　㊾式より　$V = E - rI = 1.5 - 0.50 \times 0.60 = \mathbf{1.2V}$　**答**

「$V = RI$」より　$R = \dfrac{V}{I} = \dfrac{1.2}{0.60} = \mathbf{2.0\Omega}$　**答**

**問33**
(**教**p.177)　図のように，抵抗を組み合わせた回路がある。検流計Gに電流が流れていないとき，抵抗Rの抵抗値は何Ωか。

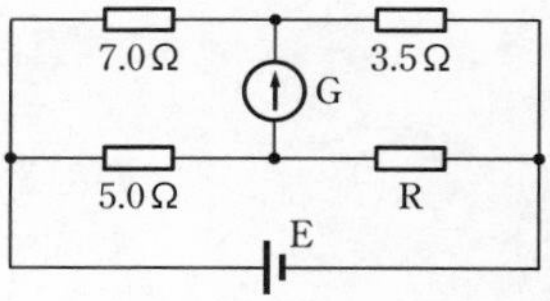


**考え方**　ホイートストンブリッジの式(㊿式)を用いる。

**解説&解答**　㊿式より　$\dfrac{7.0}{5.0} = \dfrac{3.5}{R}$　　よって　$R = \dfrac{3.5 \times 5.0}{7.0} = \mathbf{2.5\Omega}$　**答**

**問34**
(**教**p.179)　**教** **p.178 図 62** の装置で，電池$\mathrm{E_S}$の起電力が1.50V，ac の長さが50.0cmのときに検流計が0となった。その後，未知の電池に変えて同様の作業をしたところ，ac′の長さが43.0cmで，検流計が0となった。未知の電池の起電力を求めよ。

**考え方**　検流計Gに電流が流れないとき，電池の起電力とac間の電位差は等しい。

**解説&解答**　電池$\mathrm{E_S}$の起電力を$E_S$〔V〕，未知の電池の起電力を$E_X$〔V〕，ab間の単位長さ当たりの抵抗値を$r$〔Ω/m〕とする。スイッチを電池$\mathrm{E_S}$側に入れたとき，ac = 0.500mで検流計Gに電流が流れない。このとき，ab間に流れる電流を$I$〔A〕とすると

$$E_S = (r \times 0.500) \times I \quad \cdots\cdots ①$$

スイッチを未知の電池側に入れたとき，ac′ = 0.430mで検流計Gに電流が流れない。このときも，ac間に流れる電流は$I$〔A〕であるから

$$E_X = (r \times 0.430) \times I \quad \cdots\cdots ②$$

①，②式より　$\dfrac{E_X}{E_S} = \dfrac{E_X}{1.50} = \dfrac{0.430}{0.500}$

よって　$E_X = 1.50 \times \dfrac{0.430}{0.500} = \mathbf{1.29V}$　**答**

**例題 9**
(教p.179)

図のグラフは，ある豆電球の電流－電圧特性を示したものである。この豆電球を(1)，(2)のように接続するとき，豆電球に流れる電流はそれぞれ何 A か。

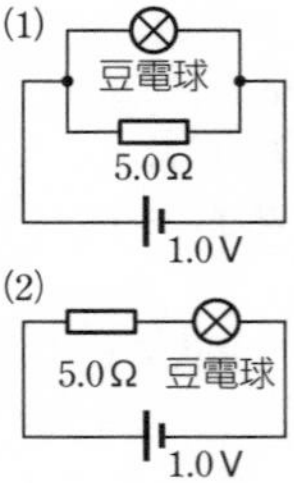


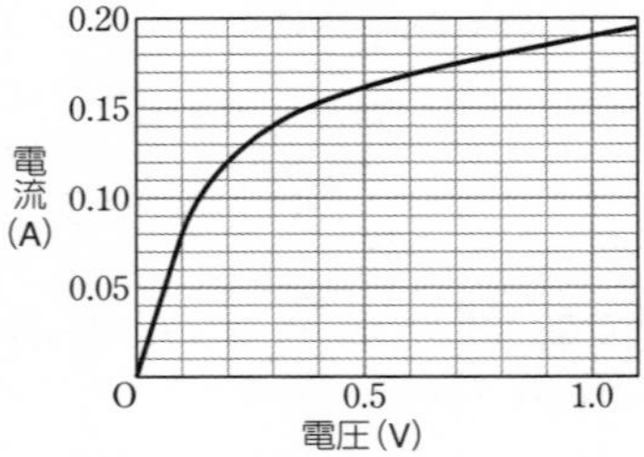


**考え方** 豆電球に加わる電圧と流れる電流の関係がどのような式で表されるかを考える。

**解説&解答** (1) 豆電球に加わる電圧は 1.0V である。このときの電流の値は，グラフより **0.19A** 答

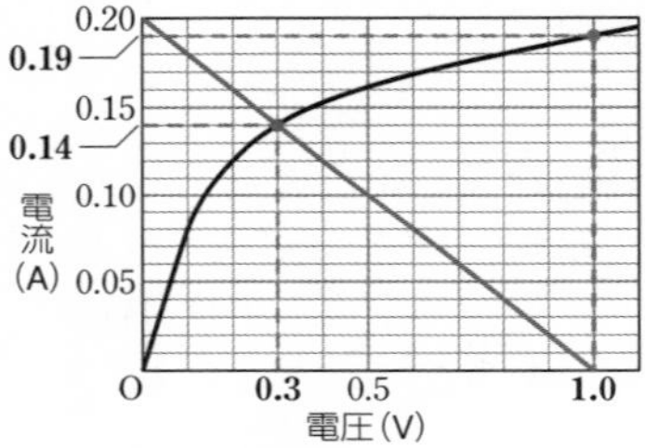


(2) 電流を $I$〔A〕，豆電球の両端の電圧を $V$〔V〕とする。(2)の回路において $I$ と $V$ が満たすべき条件を求める。抵抗の両端の電圧は $5.0I$〔V〕であるから，回路に関する条件は $1.0 = 5.0I + V$ ……①となる。
豆電球の特性(グラフの曲線)と回路に関する条件(①式)を同時に満たす $I$ と $V$ の組合せは，①式の直線をグラフにかき入れ，交点の値を読みとればよい。よって，電流は **0.14A** 答

**類題 9**
(教p.179)

図のグラフは，ある豆電球の電流－電圧特性を示したものである。この豆電球を2つ用意し，図のように接続するとき，豆電球に流れる電流は何 A か。

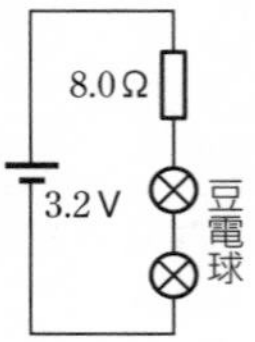


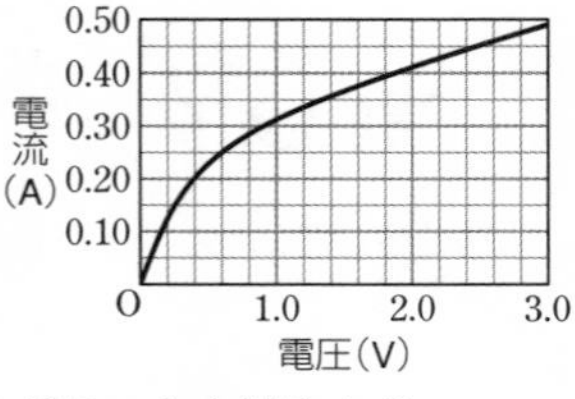


**考え方** 回路に関する $I$，$V$ の式と豆電球の特性を同時に満たす $I$，$V$ をグラフから読みとる。

**解説&解答** 各豆電球に加わる電圧を $V$〔V〕，流れる電流を $I$〔A〕とする。
抵抗にも $I$〔A〕の電流が流れているので，抵抗に加わる電圧は，$8.0I$〔V〕である。よって $3.2 = 8.0I + 2V$ ……①
が成りたつ。①式の直線を豆電球の電流－電圧特性のグラフにかき入れ，交点の値を読みとると，電流は **0.25A** 答

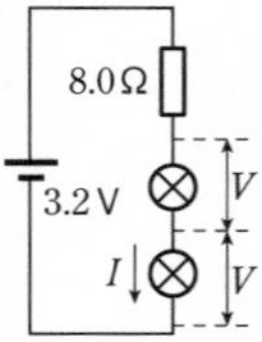


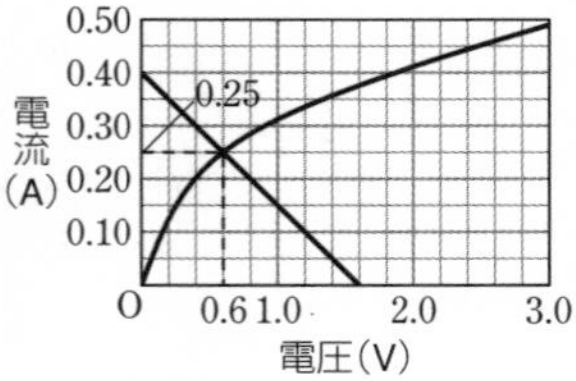

**例題10**
(教p.181)

図のように，電池，電荷のないコンデンサー，抵抗，スイッチSを接続する。次の場合，4.0Ω の抵抗を流れる電流の大きさは何Aか。

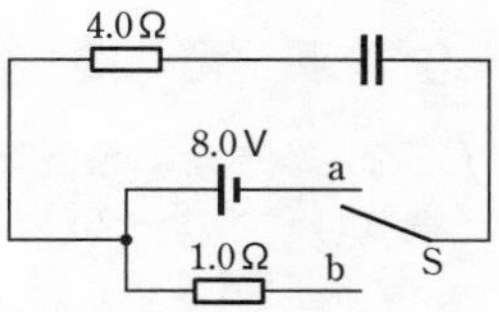


(1)　スイッチSをa側に入れた直後
(2)　(1)の後，十分に時間が経過したとき
(3)　(2)の後，スイッチSをb側に切りかえた直後

**考え方**　コンデンサーの充電・放電をするときの電流の変化をふまえて考える。

**解説&解答**　(1)　コンデンサーには電荷がないので両端の電位差は0である。このとき，4.0Ω の抵抗には電圧 8.0V が加わるので，流れる電流の大きさは

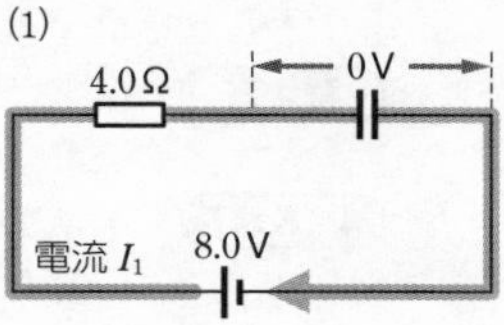


$$I_1 = \frac{8.0}{4.0} = \mathbf{2.0A}$$ **答**

(2)　十分に時間が経過すると，充電が終了し，コンデンサーには電荷が流れこまなくなる。よって，4.0Ω の抵抗を流れる電流の大きさは **0A** **答**

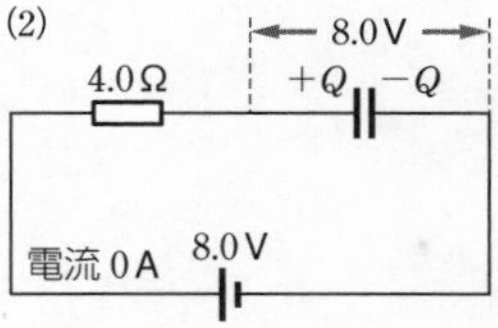


(3)　コンデンサーの両端の電位差は8.0Vである。このとき，直列接続された 4.0Ω と 1.0Ω の抵抗に電圧 8.0V が加わるので，4.0Ω の抵抗を流れる電流の大きさは

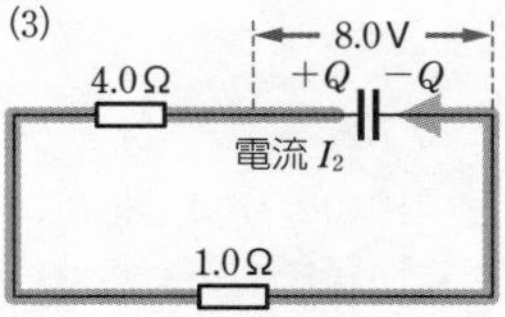


$$I_2 = \frac{8.0}{4.0+1.0} = \frac{8.0}{5.0} = \mathbf{1.6A}$$ **答**

**類題10**
(教p.181)

図のように，電池，電荷のないコンデンサー，抵抗，スイッチSを接続する。次の場合，2.0Ω の抵抗を流れる電流の大きさは何Aか。

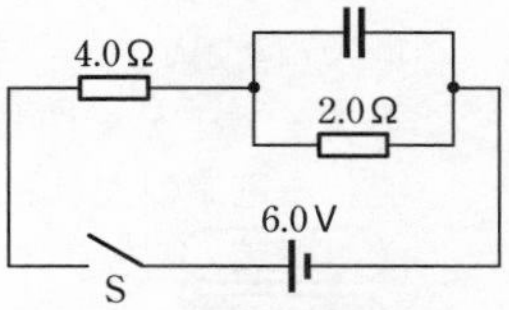


(1)　スイッチSを閉じた直後
(2)　(1)の後，十分に時間が経過したとき

**考え方**　(1)は，コンデンサーに電荷は蓄えられていない。(2)は，充電が完了した状態である。

**解説&解答**　(1)　コンデンサーに蓄えられている電気量は0だから，コンデンサーに加わる電圧も0である。このとき，コンデンサーは抵抗のない導線とみなせるので，2.0Ω の抵抗を流れる電流の大きさは **0A** **答**

(2)　充電が終わっているので，コンデンサーに電荷が流れこまなくなる。右図より，2.0Ω の抵抗に流れる電流の大きさは

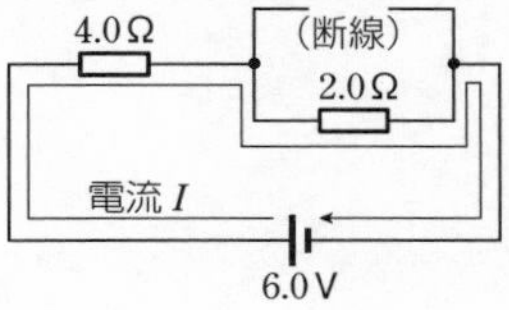


$$I = \frac{6.0}{4.0+2.0} = \mathbf{1.0A}$$ **答**

## 演 習 問 題

教 p.188 ~ p.189

**1** 何本かの細い金属線をよりあわせてできている電気コードの一部が破損して，残った部分のコードの断面積 $S$ が 0.10 倍になったとする。電気コードには至る所，同じ大きさの電流が流れているとするなら，この状態は図のような 2 つの抵抗線の直列接続とみなすことができる。破損して残った部分で発生するジュール熱は，同じ長さの正常な部分で発生するジュール熱の何倍か。抵抗率の温度変化は考えないものとする。

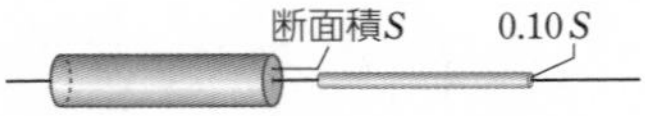


**考え方** 正常な部分と破損して残った部分をそれぞれ異なる抵抗と考える。抵抗率の式((37)式)，ジュールの法則((39)式)を用いる。

**解説&解答** 正常な部分と破損した部分を同じ長さ $l$ で比較する。

正常な部分

(37)式より　抵抗：$R=\rho\dfrac{l}{S}$

(39)式より　ジュール熱：$Q=I^2Rt$

破損して残った部分

(37)式より　抵抗：$R'=\rho\dfrac{l}{0.10S}=10\rho\dfrac{l}{S}=10R$

(39)式より　ジュール熱：$Q'=I^2R't=10I^2Rt=10Q$

よって　$\dfrac{Q'}{Q}=\dfrac{10Q}{Q}=$ **10 倍** 答

**2** 図のような，抵抗，電池，スイッチが接続された回路がある。電池には内部抵抗はないものとする。

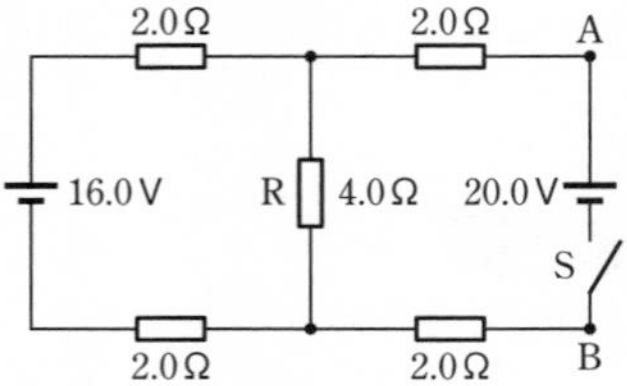


(1) スイッチ S を開いたとき，A，B 間の電位差 $V$〔V〕を求めよ。

(2) スイッチ S を閉じたとき，4.0Ω の抵抗 R に流れる電流の大きさと向きを求めよ。

**考え方** キルヒホッフの法則 I，II を用いる。

**解説&解答** (1) 流れる電流を $I$〔A〕とすると，キルヒホッフの法則 II より

$16.0=(2.0+4.0+2.0)\times I$　よって　$I=2.0$ A

A，B 間の電位差は抵抗 R の両端の電位差に等しいので

$V=4.0\times 2.0=$ **8.0 V** 答

(2) 回路に流れる電流の大きさと向きを図のように仮定する。キルヒホッフの法則 I より，点 a について

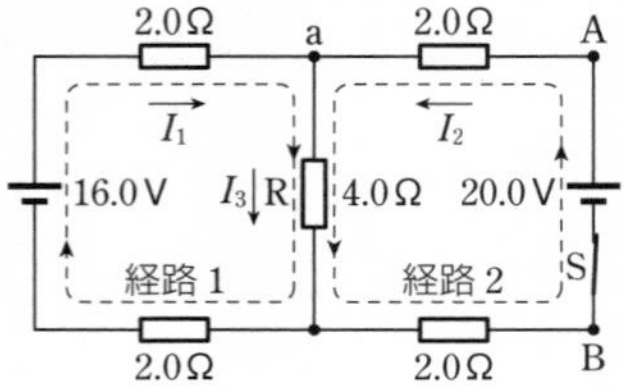


$I_1+I_2=I_3$　……①

キルヒホッフの法則Ⅱより，
経路1について　$16.0 = 2.0 \times I_1 + 4.0 \times I_3 + 2.0 \times I_1$　…②
経路2について　$20.0 = 2.0 \times I_2 + 4.0 \times I_3 + 2.0 \times I_2$　…③
①～③式を連立して解くと　$I_1 = 1.0\,\mathrm{A}$，$I_2 = 2.0\,\mathrm{A}$，$I_3 = 3.0\,\mathrm{A}$
したがって，抵抗Rを流れる電流は，**下向きに3.0A**　答

**3**　電池に可変抵抗器をつなぎ，その抵抗値を変えながら流れる電流$I$と電池の端子電圧$V$を測定した。$I = 0.40\,\mathrm{A}$のとき$V = 1.30\,\mathrm{V}$であり，$I = 0.80\,\mathrm{A}$のとき$V = 1.10\,\mathrm{V}$であった。この電池の起電力$E$〔V〕と内部抵抗$r$〔Ω〕を求めよ。

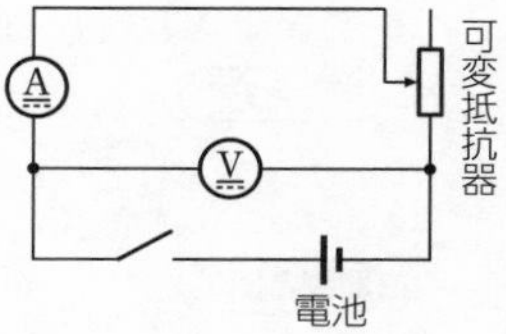


**考え方**　電池の内部抵抗の式(㊾式)を用いる。
**解説&解答**　㊾式より　$1.30 = E - 0.40r$　…①
$1.10 = E - 0.80r$　…②
①，②式を連立して解くと　$E = \mathbf{1.50\,V}$，　$r = \mathbf{0.50\,\Omega}$　答

**4**　図の回路において，abは長さが100.0cmで太さが一定の均質な抵抗線，Rは10.0Ωの標準抵抗，$\mathrm{R_X}$は抵抗値が不明の抵抗である。acの長さが25.0cmのとき，Sを閉じても検流計Gには電流が流れなかった。$\mathrm{R_X}$の抵抗値$R_\mathrm{X}$〔Ω〕を求めよ。

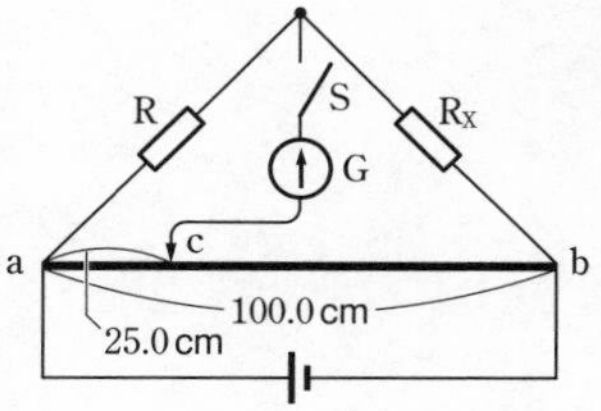


**考え方**　メートルブリッジ(**教 p.178 実験55**)は，ホイートストンブリッジを応用した回路である。ホイートストンブリッジの式(㊿式)を用いる。
**解説&解答**　抵抗線のac，cbの部分の抵抗値をそれぞれ$r_\mathrm{ac}$，$r_\mathrm{cb}$〔Ω〕とする。acとcbの長さの比が 25.0：75.0 であるから，
$r_\mathrm{ac} : r_\mathrm{cb} = 25.0 : 75.0$　より　$r_\mathrm{cb} = 3.00 r_\mathrm{ac}$
ホイートストンブリッジと同様に考えて，㊿式より　$\dfrac{10.0}{r_\mathrm{ac}} = \dfrac{R_\mathrm{X}}{r_\mathrm{cb}}$
以上より　$R_\mathrm{X} = \mathbf{30.0\,\Omega}$　答

**5**　図のような，抵抗，コンデンサー，電池，スイッチが接続された回路がある。初め，スイッチ$\mathrm{S_1}$と$\mathrm{S_2}$は開いており，コンデンサーに電荷はない。電池には内部抵抗はないものとする。

(1)　スイッチ$\mathrm{S_1}$だけを閉じた直後，3.0kΩの抵抗を流れる電流$I_1$〔A〕を求めよ。

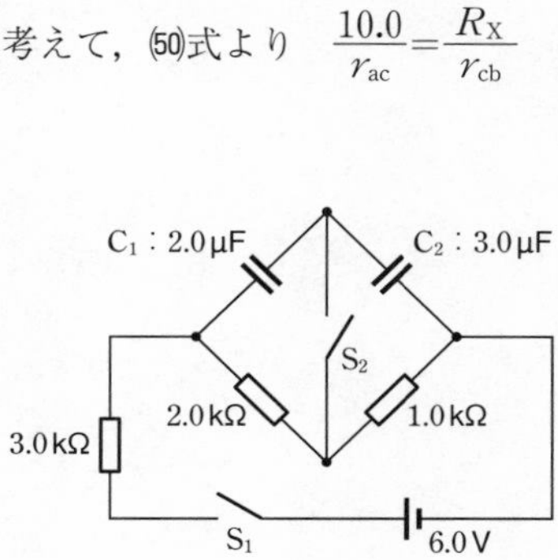

(2) スイッチ $S_1$ を閉じて十分に時間が経過したときに，3.0kΩの抵抗を流れる電流 $I_2$〔A〕を求めよ。

(3) (2)のとき，コンデンサー $C_1$，$C_2$ の電気量 $Q_1$，$Q_2$〔C〕を求めよ。

(4) 次に，スイッチ $S_1$ を閉じたまま，スイッチ $S_2$ も閉じて十分に時間が経過したとき，コンデンサー $C_1$，$C_2$ の電気量 $Q_1'$，$Q_2'$〔C〕を求めよ。

(5) (4)において，スイッチ $S_2$ を閉じてから十分に時間が経過するまでの間に，$S_2$ を通過する電気量の大きさ $Q$〔C〕を求めよ。

**考え方** スイッチを閉じた直後は，コンデンサーに電荷が抵抗なく流れこむ。また，スイッチを閉じて十分に時間が経過すると，コンデンサーに電荷は流れこまない。

**解説&解答** (1) 充電を始めた瞬間のコンデンサーは，電荷が抵抗なく流れこむので，抵抗のない導線とみなせる。よって

$$I_1 = \frac{6.0}{3.0 \times 10^3}$$
$$= \mathbf{2.0 \times 10^{-3}\,A}$$ 答

(1) $S_1$ を閉じた直後

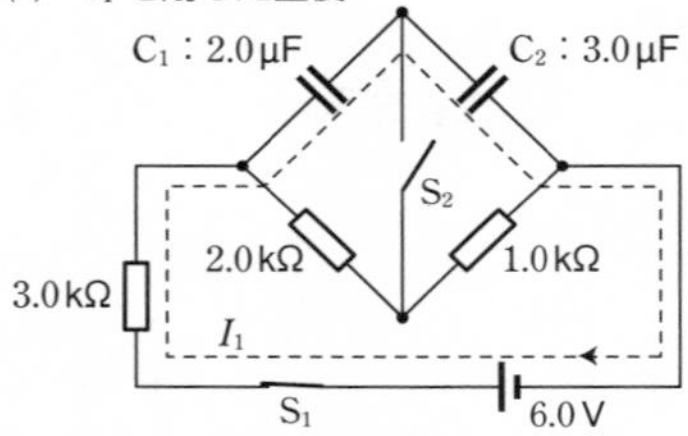


(2) 十分に時間が経過して充電が終わったコンデンサーには電荷が流れこまないので，断線しているとみなせる。

キルヒホッフの法則Ⅱより

$$6.0 = (3.0 \times 10^3) \times I_2 + (2.0 \times 10^3) \times I_2 + (1.0 \times 10^3) \times I_2$$

よって $I_2 = \mathbf{1.0 \times 10^{-3}\,A}$ 答

(2) 十分に時間が経過

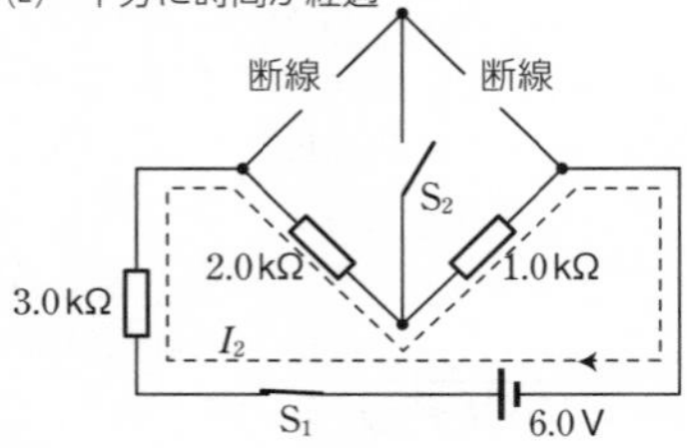


(3) 3.0kΩの抵抗に加わる電圧は，オームの法則((32)式)より

$$V = RI = (3.0 \times 10^3) \times (1.0 \times 10^{-3}) = 3.0\text{V}$$

であるから，$C_1$ と $C_2$ に加わる電圧の和は $6.0 - 3.0 = 3.0\text{V}$

よって，コンデンサーの電気量の式「$Q = CV$」((14)式)より

$$\frac{Q_1}{2.0 \times 10^{-6}} + \frac{Q_2}{3.0 \times 10^{-6}} = 3.0 \quad \cdots\cdots①$$

また，$C_1$ と $C_2$ の間で電気量が保存されるから

$$Q_1 - Q_2 = 0 \quad \cdots\cdots②$$

①，②式を連立して解くと

$$Q_1 = \mathbf{3.6 \times 10^{-6}\,C}, \quad Q_2 = \mathbf{3.6 \times 10^{-6}\,C}$$ 答

(4) このとき，各抵抗を流れる電流は(2)と同じく $I_2 = 1.0 \times 10^{-3}$A である。また，$C_1$，$C_2$ に加わる電圧 $V_1'$，$V_2'$〔V〕は，2.0kΩ，1.0kΩの抵抗に加わる電圧にそれぞれ等しいから

$$V_1' = (2.0 \times 10^3) \times (1.0 \times 10^{-3}) = 2.0\text{V}$$
$$V_2' = (1.0 \times 10^3) \times (1.0 \times 10^{-3}) = 1.0\text{V}$$

よって　$Q_1' = C_1V_1' = (2.0 \times 10^{-6}) \times 2.0 = \mathbf{4.0 \times 10^{-6}C}$　**答**

　　　　$Q_2' = C_2V_2' = (3.0 \times 10^{-6}) \times 1.0 = \mathbf{3.0 \times 10^{-6}C}$　**答**

(5)　右図の破線で囲まれた部分の電気量の差が，$S_2$ を通過した電気量に等しい。

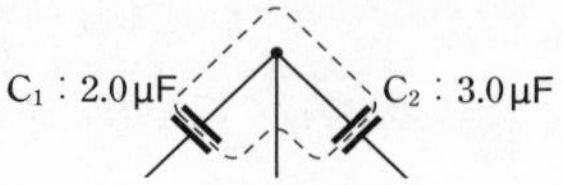


$S_2$ を閉じる前の電気量は

$$-Q_1 + Q_2 = -(3.6 \times 10^{-6}) + (3.6 \times 10^{-6}) = 0\text{C}$$

$S_2$ を閉じた後の電気量は

$$-Q_1' + Q_2' = -(4.0 \times 10^{-6}) + (3.0 \times 10^{-6})$$
$$= -1.0 \times 10^{-6}\text{C}$$

よって，通過した電気量の大きさは　$\mathbf{1.0 \times 10^{-6}C}$　**答**

***6***　図のような，抵抗R，ダイオードD，電池，スイッチSが接続された回路がある。ダイオードDの電流−電圧の特性曲線は下のグラフのようになっている。電池には内部抵抗はないものとする。

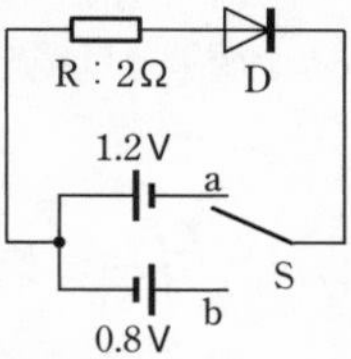


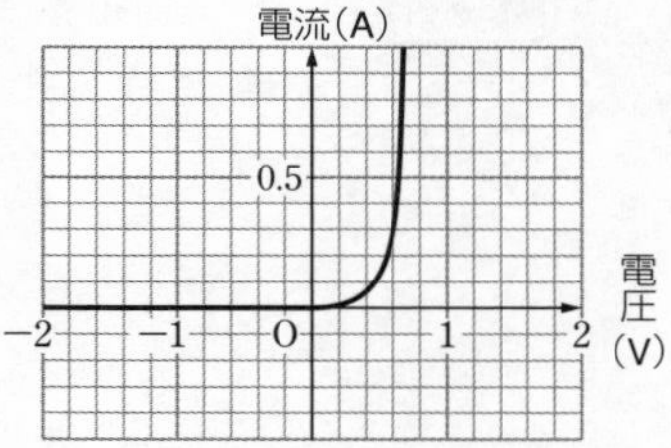


(1)　スイッチSをa側に入れたときに抵抗Rに流れる電流 $I_1$〔A〕を求めよ。

(2)　スイッチSをb側に入れたときに抵抗Rに流れる電流 $I_2$〔A〕を求めよ。

**考え方**　グラフより，非直線抵抗である。キルヒホッフの法則Ⅱを用いる。

**解説&解答**　(1)　ダイオードに加わる電圧を $V_1$〔V〕，順方向に流れる電流を $I_1$〔A〕とすると，キルヒホッフの法則Ⅱより

$$1.2 = 2I_1 + V_1 \quad \cdots\cdots ①$$

が成りたつ。

①式の直線をグラフにかき入れ，交点の値を読みとると　**0.3A**　**答**

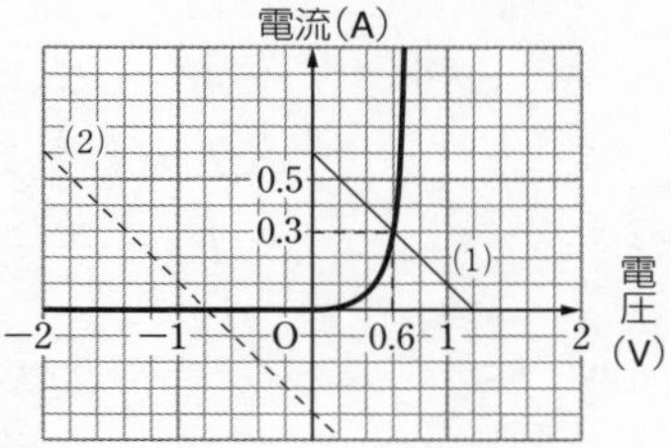


(2)　このときの電圧と電流の関係は，$-0.8 = 2I_2 + V_2$ で，図の破線のようになる。

ダイオードには逆方向の電圧が加わるので，電流は流れない。

よって　$I_2 = \mathbf{0A}$　**答**

考 **考えてみよう！** ・・・・・・・・・・・・・・・・・・・・・・・・

**7** 電流計（内部抵抗 $r_A$）と電圧計（内部抵抗 $r_V$）を抵抗 Rに接続し，その抵抗値 $R$ を $\dfrac{V}{I}$ から求める。$I$, $V$は，電流計，電圧計が示す値を表す。図ⓐ，ⓑのそれぞれの場合の $\dfrac{V}{I}$ の値を $R_a$, $R_b$ とする。

ⓐ

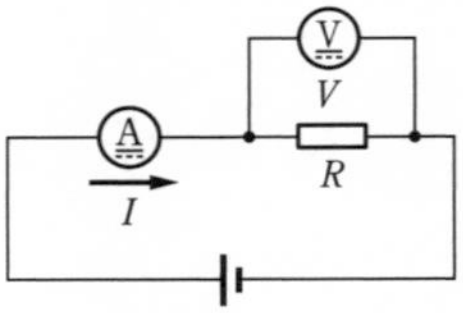

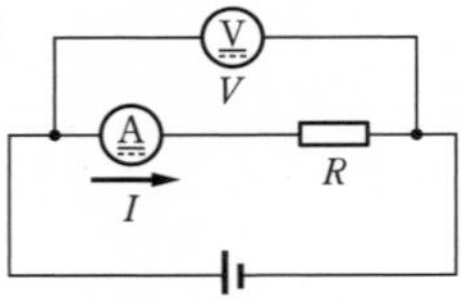

(1) ⓐの場合，$I$ を $V$, $R$, $r_V$ で表し，これから $R_a$ を $R$, $r_V$ で表せ。

ⓑ

(2) ⓑの場合，$V$ を $I$, $R$, $r_A$ で表し，これから $R_b$ を $R$, $r_A$ で表せ。

(3) $R$ が非常に小さいときと非常に大きいときのそれぞれの場合，ⓐ，ⓑどちらの接続が適当か。

**考え方** ⓐでは電流計の電流 $I$ が分割され，抵抗値 $R$ と電圧計の電圧 $V$ は共通。一方，ⓑでは電圧計の電圧 $V$ が分割され，電流 $I$ が共通である。$R$ と $r_A$, $r_V$ の大小で場合を分けて考察する。

**解説&解答** (1) ⓐの場合は，電圧計の示す値 $V$ は抵抗の両端に加わる電圧であり，電流計の示す値 $I$ は抵抗と電圧計を流れる電流の和である。

$$I = \frac{V}{R} + \frac{V}{r_V} = V\left(\frac{1}{R} + \frac{1}{r_V}\right) = \frac{R + r_V}{Rr_V}V \quad \boxed{答}$$

よって　$R_a = \dfrac{V}{I} = \dfrac{Rr_V}{R + r_V}$　$\boxed{答}$

(2) ⓑの場合は，電流計の示す値 $I$ は抵抗に流れる電流の値であり，電圧計の示す値 $V$ は，抵抗と電流計に加わる電圧の和である。

$$V = RI + r_A I = (R + r_A)I \quad \boxed{答}$$

よって　$R_b = \dfrac{V}{I} = R + r_A$　$\boxed{答}$

(3) $R$ が非常に小さいとき，ⓐでは $R \ll r_V$ として

$$R_a = \frac{Rr_V}{R + r_V} = \frac{R}{\dfrac{R}{r_V} + 1} \fallingdotseq R, \quad ⓑでは \quad R_b = R + r_A$$

となり，$R$ が非常に小さいと，$R$ に対して $r_A$ が無視できなくなるため，測定値 $R_b$ が抵抗値 $R$ を表すとはいえなくなる。
したがって，**ⓐの接続のほうが適当である。**　$\boxed{答}$

$R$ が非常に大きい場合，ⓐでは　$R_a = \dfrac{Rr_V}{R + r_V} = \dfrac{R}{\dfrac{R}{r_V} + 1}$

となり，$R$ が非常に大きいと，$\dfrac{R}{r_V}$ の値が無視できなくなるため，測定値 $R_a$ が抵抗値 $R$ を表すとはいえなくなる。

ⓑでは，$R \gg r_A$ として　$R_b = R + r_A = R\left(1 + \dfrac{r_A}{R}\right) \fallingdotseq R$

したがって，**ⓑの接続のほうが適当である。**　$\boxed{答}$

# 第３章　電流と磁場

教 p.190 ～ p.211

## 1 磁場

### A 磁気力

棒磁石で砂鉄が多く付着する両端付近を**磁極**といい，引きつける力(**磁気力**)の大きさは磁極の強さ(**磁気量**)による。磁極には**N 極**と**S 極**の２種類がある。地球上で北をさす磁極がN極(正の磁気量)，南をさす磁極がS極(負の磁気量)である。

磁極どうしにはたらく力は，同種の極どうしは斥力，異種の極どうしは引力となる。

電気の場合には，正あるいは負の一方だけの電気を帯びた電荷が存在するが，磁気の場合は，どれほど小さな磁石でもN極とS極の両極からなり，両極の強さは等しい。クーロンは，２つの磁極の間にはたらく磁気力の大きさを調べ，次の法則を発見した。

**２つの磁極の間にはたらく力の大きさ $F$ は，それぞれの磁気量の大きさ $m_1$，$m_2$ の積に比例し，磁極間の距離 $r$ の２乗に反比例する。**

$$F = k_m \frac{m_1 m_2}{r^2} \quad (k_m \text{ は比例定数}) \tag{56}$$

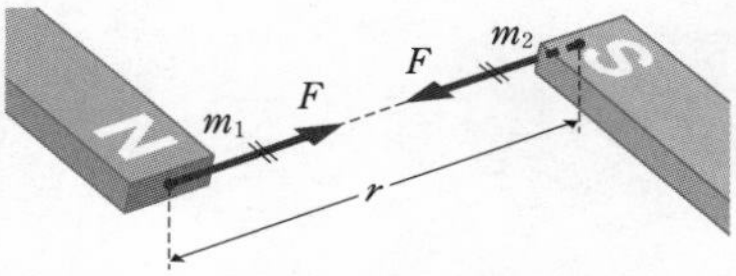

▲磁気力に関するクーロンの法則

これを**磁気力に関するクーロンの法則**という(右図)。真空中で強さの等しい２つの磁極を1m離して置く。このときにはたらく力の大きさが $6.33 \times 10^4$ N であるとき，その磁気量を１**ウェーバ**(記号 **Wb**)とする。よって，真空中での $k_m$ の値は次のようになる。

$$k_m = 6.33 \times 10^4 \, \mathrm{N \cdot m^2/Wb^2} \tag{57}$$

### B 磁場

磁気力は磁極のまわりの空間を通じて伝えられる。このような磁気力が及ぶ空間には**磁場**(**磁界**)が生じているという。

N極が磁気力を受ける向きを**磁場の向き**，磁極の磁気量1Wb当たりが受ける磁気力の大きさを**磁場の強さ**と定める。磁場は，大きさと向きをもつベクトルである(右図)。

磁場が $\vec{H}$ の点に置いた $m$〔Wb〕の磁極が受ける力 $\vec{F}$〔N〕は，次のように表される。

$$\vec{F} = m\vec{H} \tag{58}$$

磁場の単位には，**ニュートン毎ウェーバ**(記号 **N/Wb**)を用いる。

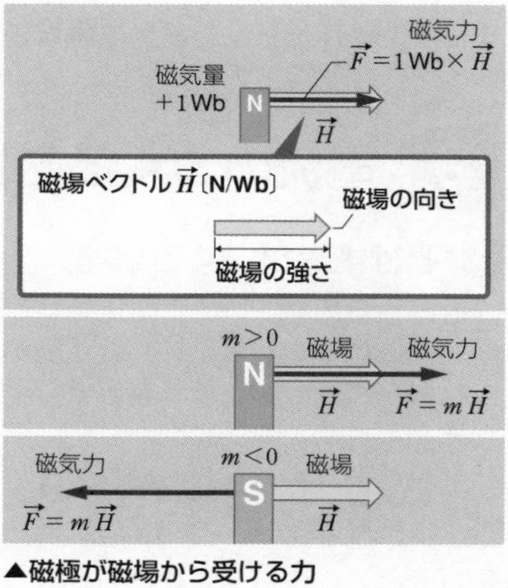

▲磁極が磁場から受ける力

第④編
電気と磁気

## C 磁力線

**磁力線**はＮ極から出てＳ極に入る(左下図)。また，磁力線上の各点における接線はその点での磁場の方向と一致する。さらに，磁場の強さが $H$〔N/Wb〕の所では，磁場の方向と垂直な断面を通る磁力線を，単位面積当たり $H$ 本の割合で引くことにすると，磁力線の密度が磁場の強さに対応する。

磁場と磁力線の関係は，電場と電気力線の関係に似ている。磁気と電気を比較したものを右下表に示す。

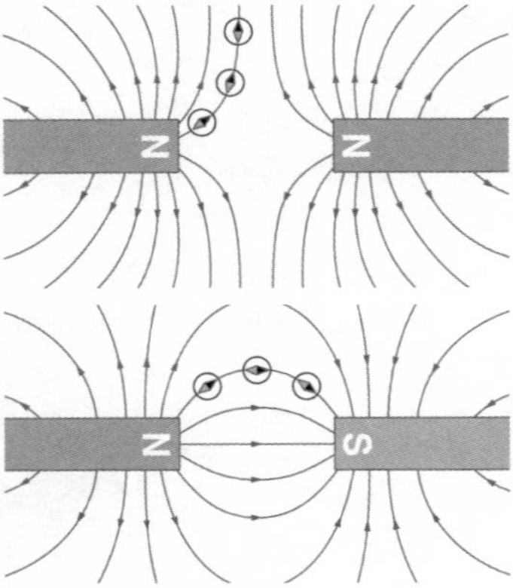


▼**磁気と電気の比較**

| 磁気 | 電気 |
|---|---|
| 磁極(磁気量 $m$〔Wb〕) | 電荷(電気量 $q$〔C〕) |
| N 極，S 極 | 正電荷，負電荷 |
| 磁気力に関する<br>クーロンの法則<br>$F = k_{\mathrm{m}}\dfrac{m_1m_2}{r^2}$ | 静電気力に関する<br>クーロンの法則<br>$F = k\dfrac{q_1q_2}{r^2}$ |
| 磁場 $H$〔N/Wb〕 | 電場 $E$〔N/C〕 |
| 磁力線 | 電気力線 |
| N 極，S 極を単独で<br>取り出せない | 正電荷，負電荷を単独で<br>取り出せる |

## D 磁化

磁場の中に置かれた物体が，磁石の性質を帯びることを**磁化**という。磁化のようすは物質によって異なる。鉄のように磁場の向きにきわめて強く磁化される物質を**強磁性体**，磁場の向きにわずかに磁化される物質を**常磁性体**という。また，磁場と逆の向きに弱く磁化される物質を**反磁性体**という(**教** **p.193 表 4**)。

# 2 電流のつくる磁場

## A 直線電流がつくる磁場

エルステッド(デンマーク)は，導線と磁針を平行にして導線に電流を流したところ，磁針が振れることを発見した(**教** **p.194** 図 78)。これは，**電流は周囲に磁場をつくる**ことを示している。この実験によって，電気現象(電流)と磁気現象(磁場)には関連があることがわかった。

十分に長い導線に直線電流を流すと磁場が生じ，磁力線は導線に垂直な平面内で同心円状になる(次ページ右図)。この磁場の向きは，右ねじの進む向きを電流の向きに合わせたときの右ねじの回る向きになる(**右ねじの法則**)。磁場の強さ $H$〔N/Wb〕は次のように表され，電流 $I$〔A〕に比例し，導線からの距離 $r$〔m〕に反比例する。

$$H = \frac{I}{2\pi r} \tag{59}$$

この式の右辺の単位はA/mなので，磁場の強さの単位にはA/mも用いられる。1A/m＝1N/Wbであり，A/mとN/Wbは次元が等しい。

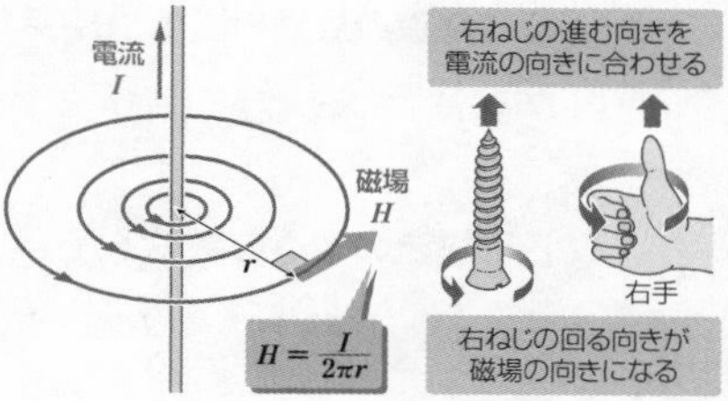


複数の電流が存在する場合の磁場は，電場の場合と同様に，それぞれの電流がつくる磁場の重ねあわせによって求めることができる。

## B 円形電流がつくる磁場

円形の導線(コイル)に流れる電流がつくる磁場は，右図のようになる。

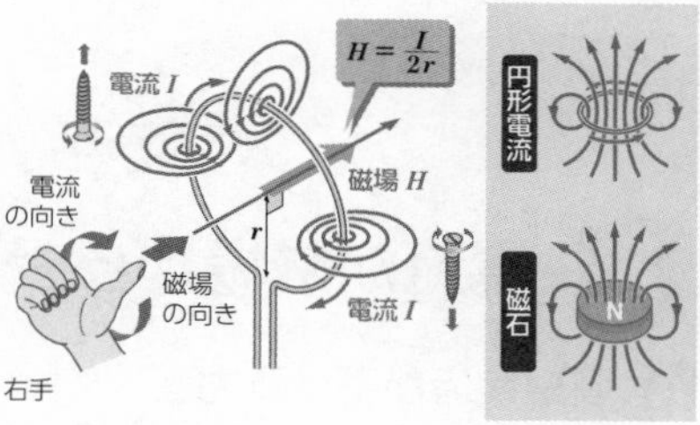


円形電流の中心の磁場の向きは，コイル面に垂直であり，右手を握って親指を立てたとき，親指以外の指の向きが電流の向き，親指の向きが円の中心における磁場の向きになる。半径$r$〔m〕の円形の導線に$I$〔A〕の電流が流れるとき，円の中心での磁場の強さ$H$〔A/m〕は，次のように表される。

$$H = \frac{I}{2r} \tag{60}$$

巻数$N$の円形コイルでは，中心での磁場の強さは，(60)式の$N$倍となる。

$$H = N\frac{I}{2r} \tag{61}$$

## C ソレノイドの電流がつくる磁場

導線を密に巻いた十分に長い円筒状コイルを**ソレノイド**という。ソレノイドに流れる電流がつくる磁場は右図のようになる。

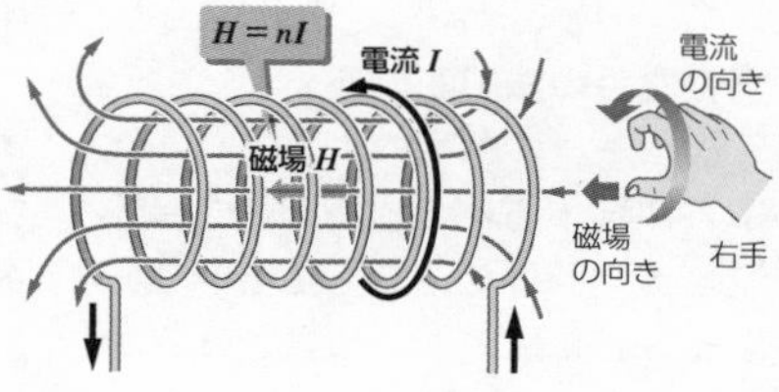


ソレノイドがつくる磁場は，一定の間隔で並ぶ円形電流が周囲につくる磁場の重ねあわせと考えることができる。ソレノイドの内部には軸に平行で一様な磁場ができ，外部にはほとんど磁場が存在しない。ソレノイドの内部の磁場の強さ$H$〔A/m〕は，流れる電流を$I$〔A〕，単位長さ当たりの巻数を$n$〔1/m〕とすると，次のように表される。

$$H = nI \tag{62}$$

**電流がつくる磁場**

**①直線電流の周囲の磁場：$H = \dfrac{I}{2\pi r}$**

$H$〔A/m〕 磁場の強さ　$I$〔A〕 電流　$r$〔m〕 電流からの距離

①

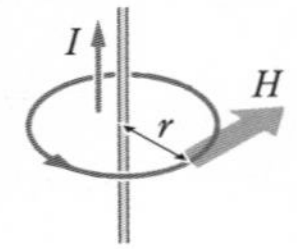


**②円形電流の中心の磁場：$H = \dfrac{I}{2r}$**

$H$〔A/m〕 磁場の強さ　$I$〔A〕 電流　$r$〔m〕 円形電流の半径

②

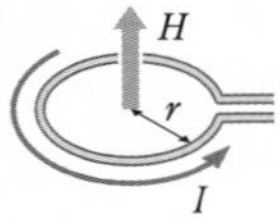


**③ソレノイドの内部の磁場：$H = nI$**

$H$〔A/m〕 磁場の強さ

$n$〔1/m〕 単位長さ当たりの巻数

$I$〔A〕 電流

③

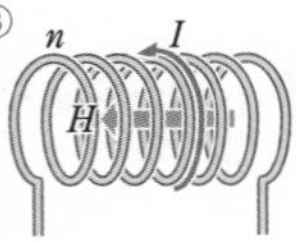




# 3 電流が磁場から受ける力

## A 直線電流が受ける力

固定した磁石のN極とS極の間に導線をブランコのようにつり下げて，電流を流すと，導線は動きだす(教 p.198 図 82)。これは導線に流れている電流が磁場から力を受けるためである。

直線電流が磁場から受ける力 $F$〔N〕の向きは，電流 $I$〔A〕の向きと磁場 $H$〔A/m〕の向きのいずれにも垂直となる。この向きの関係は，右の図のように開いた左手の3本の指(中指：電流，人差し指：磁場，親指：力)の関係に対応しており，これを**フレミングの左手の法則**という。

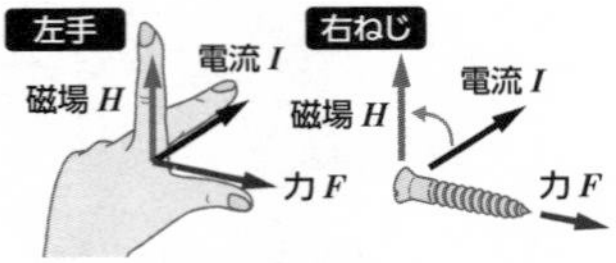


**▲電流が磁場から受ける力**

フレミングの左手の法則の「**電流**(中指)・**磁場**(人差し指)・**力**(親指)」は，「電・磁・力」とすると記憶しやすい。また，力の向きは，電流の向きから磁場の向きに右ねじを回したときに，ねじの進む向きと考えることもできる。

次ページの図ⓐのように，一様な磁場 $H$〔A/m〕の中に磁場の方向と垂直に導線を置いて電流 $I$〔A〕を流すとき，導線の長さ $l$〔m〕の部分が磁場から受ける力の大きさ $F$〔N〕は，比例定数を $\mu$(ミュー)として次のように表される。

$$F = \mu IHl \tag{63}$$

磁場と電流の向きが垂直でない場合，同図ⓑのように電流の値として磁場に垂直な方向の成分を用いることにより，力を求めることができる。磁場と電流の向きがなす角を $\theta$ とすると，次のように表される。

$$F = \mu IHl\sin\theta \tag{64}$$

この式から，電流が磁場と平行なとき($\theta = 0°$)は，磁場から力を受けないことがわかる。比例定数$\mu$〔N/A$^2$〕は周囲の物質の種類によって定まる量で，その物質の**透磁率**という。

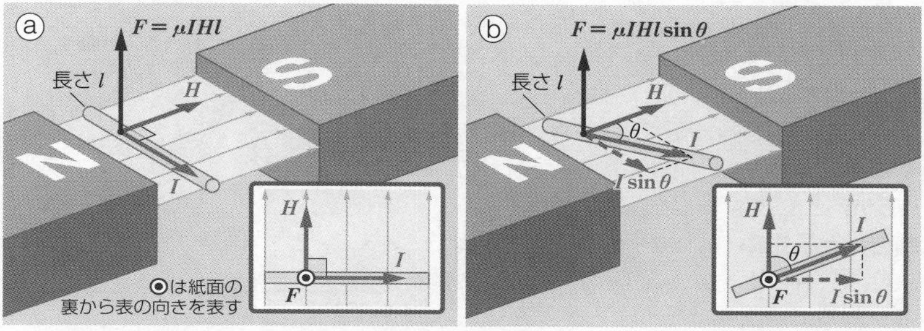


**▲直線電流が磁場に垂直な場合(ⓐ)と垂直でない場合(ⓑ)**　ⓑでは，電流$I$のかわりに$I$の磁場に垂直な方向の成分$I\sin\theta$を用いて，力を求めることができる。

## B 磁束密度

**❶透磁率**　(63)，(64)式の比例定数である透磁率$\mu$は周囲の物質の種類によって定まる。真空の透磁率$\mu_0$は

$$\mu_0 = 1.26\times10^{-6}\,\mathrm{N/A^2}\qquad(\mu_0 \text{の値は約} 4\pi\times10^{-7}\,\mathrm{N/A^2})\tag{65}$$

である($\pi$は円周率)。空気の透磁率はほぼ$\mu_0$に等しい。また，$\mu_0$に対する$\mu$の比

$$\mu_r = \frac{\mu}{\mu_0}\tag{66}$$

をその物質の**比透磁率**という。

**❷磁束密度**　電流が磁場$\vec{H}$〔A/m〕から力を受けるとき，力の大きさ$F$〔N〕は周囲の物質の透磁率$\mu$〔N/A$^2$〕の値が大きいほど大きくなる((63)式)。よって，電流が受ける力$F$を考える場合には，磁場$\vec{H}$のかわりに，物質による効果も含めた量を用いて磁場のようすを記述しておくと都合がよい。そこで

$$\vec{B} = \mu\vec{H}\tag{67}$$

という量を定義する。これを**磁束密度**といい，単位は**テスラ**(記号 **T**)を用いる。(67)式から，T は N/(A·m)と表すこともできる。磁場$\vec{H}$と同様に磁束密度$\vec{B}$はベクトルである。$\vec{B}$の大きさ$B$を用いると，(64)，(63)式はそれぞれ次のように表すことができる。

**電流が磁場から受ける力**

$$F = IBl\sin\theta\tag{68}$$

$$F = IBl\quad(\theta = 90^\circ \text{のとき})\tag{69}$$

$F$〔N〕　力の大きさ　　$I$〔A〕　電流
$B$〔T〕　磁束密度の大きさ　　$l$〔m〕　導線の長さ
$\theta$　　磁場と電流がなす角

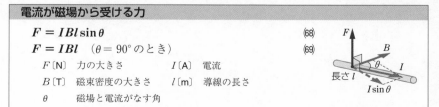

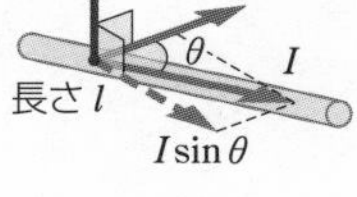

**❸磁束**　磁場$\vec{H}$を磁力線を用いて表すように，磁束密度$\vec{B}$を表すのに**磁束線**を用いる。磁束密度$\vec{B}$が一様な磁場では，$\vec{B}$に垂直な面積$S$〔m²〕の断面Sを通る磁束線の数$\Phi$（ファイ）は次のようになる(右図)。

$$\boldsymbol{\Phi = BS} \tag{70}$$

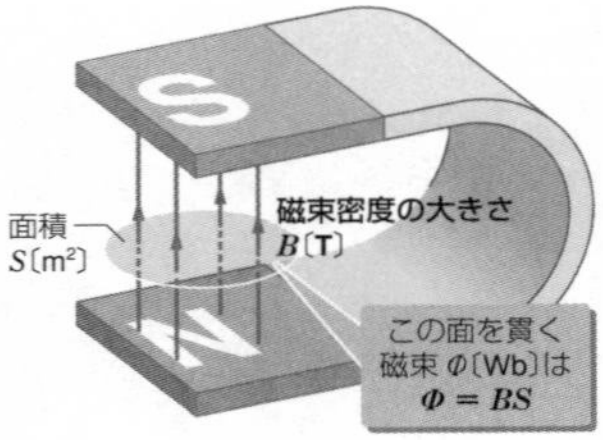


$\Phi$を断面Sを通る**磁束**という。磁束の単位には磁気量と同じ単位Wbを用いる。したがって，$B$の単位は**Wb/m²**とも表される。

**❹磁化と透磁率**　ソレノイドに強磁性体である鉄心を入れると，鉄が磁化されて磁石の性質を帯びるので，ソレノイドの内外で磁束密度が大きくなる(右図)。

物質による磁化の度合いの違いが比透磁率$\mu_r$の違いとなる。常磁性体と強磁性体($\mu_r > 1$)は磁束密度を大きくし，反磁性体($\mu_r < 1$)は磁束密度を小さくする効果をもつ(**教 p.200 表5**)。

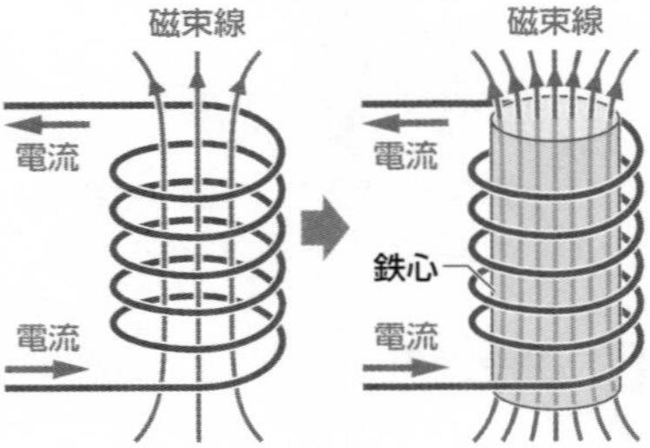


▲**ソレノイドの磁束**　鉄心には，高純度の特殊な鉄が用いられる。

## C 平行電流が及ぼしあう力

右図のように$r$〔m〕離れた平行導線P，Qに流れる電流の向きが同じ場合には，電流$I_1$〔A〕が導線Qの位置につくる磁場の向きは導線に垂直で，その磁束密度$B_1$〔T〕は

$$B_1 = \frac{\mu I_1}{2\pi r} \tag{71}$$

となり，導線Q（電流$I_2$〔A〕）の長さ$l$〔m〕の部分が$B_1$〔T〕の磁場から受ける力の向きはフレミングの左手の法則により，導線Pに引き寄せられる向きとなる。この力の大きさ$F$〔N〕は，(69)式より次のように表される。

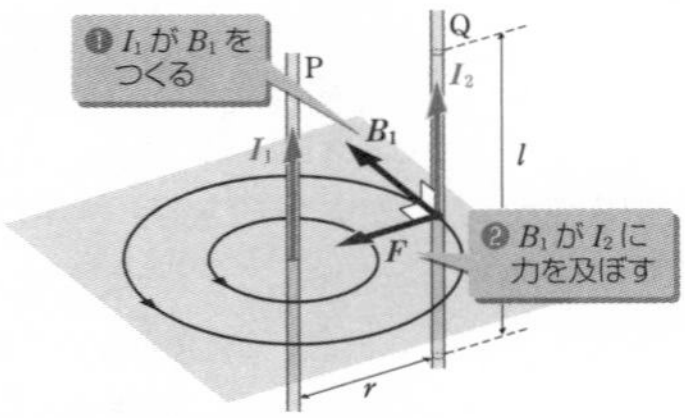


▲**平行電流が及ぼしあう力**

$$\boldsymbol{F} = I_2 B_1 l = I_2 \cdot \frac{\mu I_1}{2\pi r} \cdot l = \boldsymbol{\frac{\mu I_1 I_2}{2\pi r} \cdot l} \tag{72}$$

導線Pが受ける力の大きさ$F'$〔N〕も，(72)式と等しくなる。

電流の向きが同じときには引力，反対のときには斥力となる(**教 p.203 図87**)。

# 4 ローレンツ力

## A ローレンツ力

一般に，電気を帯びた粒子が磁場の中を運動すると力を受ける。この力を**ローレンツ力**という。

電子1個が受けるローレンツ力の大きさ$f$〔N〕は，電子の電気量を$-e$〔C〕，電子の速さを$v$〔m/s〕，磁束密度を$B$〔T〕とすると次のようになる（右図）。

$$f = evB \tag{73}$$

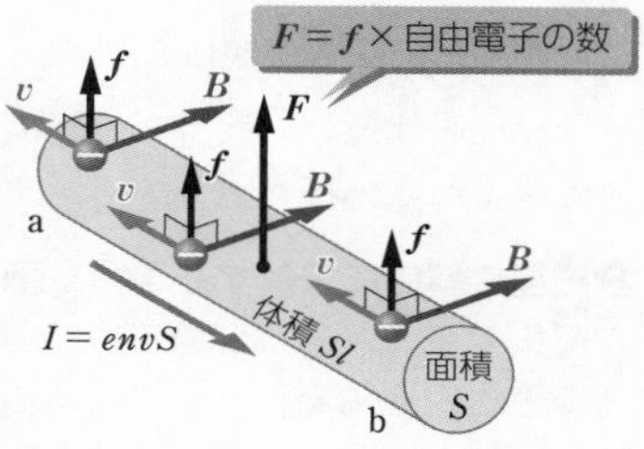


▲ローレンツ力

一般に，電気量$q$〔C〕をもつ粒子（荷電粒子）が磁束密度$B$〔T〕の磁場の中で，磁場に垂直な向きに速さ$v$〔m/s〕で運動しているときのローレンツ力の大きさ$f$〔N〕は次の式で表される。

**ローレンツ力**

$$\boldsymbol{f = qvB} \tag{74}$$

| | |
|---|---|
| $f$〔N〕 | 力の大きさ |
| $q$〔C〕 | 電気量の大きさ |
| $v$〔m/s〕 | 速さ |
| $B$〔T〕 | 磁束密度の大きさ |

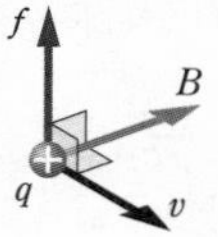


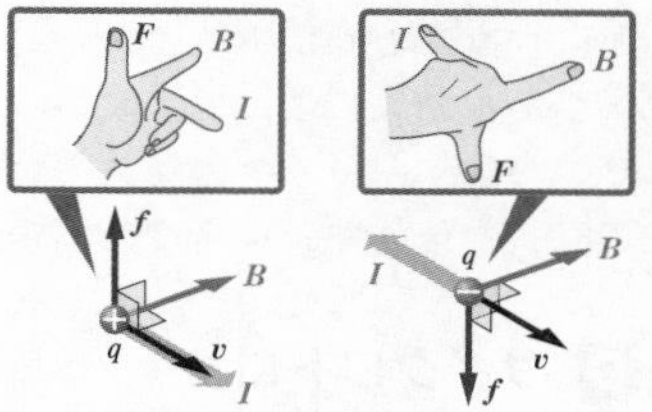


▲ローレンツ力の向き

粒子の速度が磁場と角度$\theta$をなしているときは，磁場と垂直な速度の成分$v\sin\theta$を考えて次のようになる。

$$\boldsymbol{f = qvB\sin\theta} \tag{75}$$

ローレンツ力の向きはフレミングの左手の法則で示される（上図）。

## B 一様な磁場内の荷電粒子の運動

**❶磁場に垂直に入射する場合**　磁束密度$B$〔T〕の一様な磁場の中に，質量$m$〔kg〕，電気量$q$〔C〕の粒子が，磁場に垂直に速さ$v$〔m/s〕で入射する場合の運動を考える（右図）。

磁場からは粒子の運動方向に垂直にローレンツ力$f$〔N〕を受ける。**ローレンツ力は運動方向に垂直であり，仕事をしない**。

よって，粒子の速さ$v$は一定に保たれる。ローレンツ力の大きさも一定であるから，この力が向心力となって粒子は等速円運動をする。この円の半径$r$〔m〕は，同図より次のように表される。

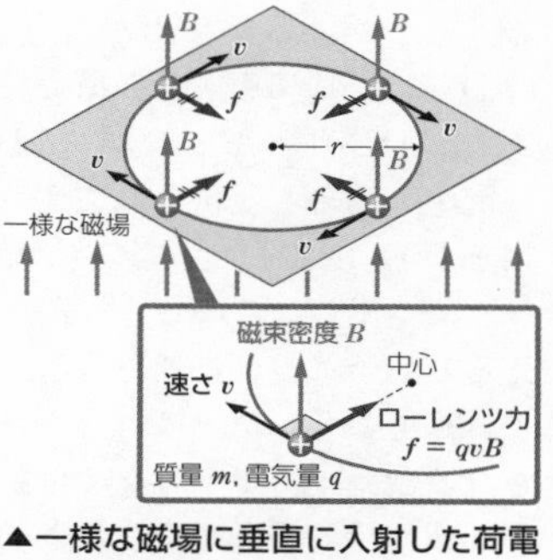


▲一様な磁場に垂直に入射した荷電粒子（正電荷の場合）

$$r = \frac{mv}{qB} \tag{76}$$

また，この等速円運動の周期 $T$〔s〕は，次のようになる。

$$T = \frac{2\pi r}{v} = \frac{2\pi m}{qB} \tag{77}$$

この周期は粒子の速さ $v$ にはよらず，同じ種類の粒子では，同じ周期で円運動をする。これは，正体がわかっていない粒子の種類を特定する一つの手段となる。質量に対する電気量の比の値 $\frac{q}{m}$〔C/kg〕を，その荷電粒子の**比電荷**という。

**❷磁場に斜めに入射する場合**　**教 p.207 図 91** のように入射した電気量の大きさ $q$〔C〕の荷電粒子は，磁場に垂直な方向には大きさ $qvB\sin\theta$ の力を受け，これを向心力として等速円運動を行う。また，磁場に平行な方向の速度成分 $v\cos\theta$ は変化しない。2つの運動を合成すると，粒子の軌道はらせんになる。



## C　ホール効果

電流が流れている導体や半導体の板に，電流に垂直に磁場を加えると，電流と磁場とに垂直な方向に電位差(ホール電圧)が生じる。この現象を**ホール効果**という。

ホール効果によって，試料中のキャリアの正・負の判定や，単位体積当たりのキャリアの数，キャリアの速さの測定をすることができる。また逆に，特性のわかっている試料を用いて磁束密度の測定ができる。

## D　サイクロトロン

電場や磁場によって荷電粒子を加速する装置を**加速器**という。加速された高エネルギーの荷電粒子は，原子核や他の粒子に衝突させる実験などに利用される。また，高エネルギーの荷電粒子が放射するX線などの**放射光**は，物質の構造解析などさまざまな用途に用いられている。

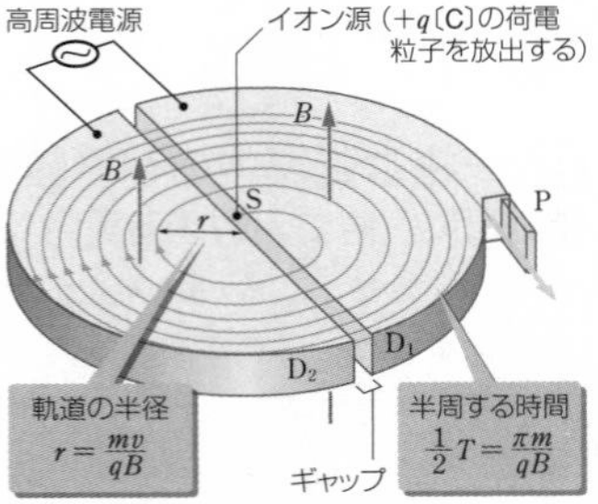

▲サイクロトロンの原理

粒子の加速器の一つに**サイクロトロン**がある。右図のように，D字形で中空の加速電極 $D_1$，$D_2$ を対向させて真空中に置き，この面に垂直に磁場を与える。イオン源Sから出た荷電粒子($+q$〔C〕とする)は $D_1$ に入り，円軌道を描いて $D_1$ を出る。このとき $D_1$，$D_2$ の間(ギャップ)に $D_2$ 側が低くなるように電圧を加えると粒子は加速される。速さの増した粒子が $D_2$ に入ると，さらに大きな半円を描いてギャップへ出る。このとき，前とは逆向きに電圧を加えると粒子は再び加速される。このくり返しによって，ギャップを通過するたびに粒子は速くなる。大きなエネルギーをもった粒子は電極Pで向きを変えて外へ取り出される。サイクロトロンでは粒子が速くなると軌道半径が大きくなるが，磁場の強さと加速電圧の振動数を変化させることにより，軌道半径を一定に保ちながら加速する**シンクロトロン**などの加速器も使われている。

## 問　題

**問35**（教p.191）　$1.0 \times 10^{-3}$ Wb のS極を置くと，右向きに $1.2 \times 10^{-2}$ N の磁気力を受ける場所の磁場 $\vec{H}$〔N/Wb〕の向きと強さを求めよ。

**考え方**　磁極が磁場から受ける力の式（(58)式）を用いる。

**解説&解答**　S極が右向きに力を受ける場所では，N極は左向きに力を受けるので，磁場の向きは**左向き**である。磁場の強さは，「$\vec{F} = m\vec{H}$」より

$$H = \frac{F}{m} = \frac{1.2 \times 10^{-2}\,\text{N}}{1.0 \times 10^{-3}\,\text{Wb}} = \mathbf{12\,N/Wb} \quad \text{答}$$

**問36**（教p.195）　4.0 A の直線電流からの距離が 0.50 m の点での磁場の強さは何 A/m か。

**考え方**　直線電流がつくる磁場の式（(59)式）を用いる。

**解説&解答**　(59)式より

$$H = \frac{I}{2\pi r} = \frac{4.0}{2 \times 3.14 \times 0.50} \fallingdotseq \mathbf{1.3\,A/m} \quad \text{答}$$

**問37**（教p.195）　半径 0.10 m の 10 回巻きの円形コイルに 0.50 A の電流を流すとき，円の中心における磁場の強さは何 A/m か。

**考え方**　円形電流の中心での磁場の式（(61)式）を用いる。

**解説&解答**　$H = N\dfrac{I}{2r} = 10 \times \dfrac{0.50}{2 \times 0.10} = \mathbf{25\,A/m}$　答

**問38**（教p.196）　長さ 0.10 m，巻数 200 のソレノイドに 0.40 A の電流を流すと，その内部にできる一様な磁場の強さは何 A/m か。

**考え方**　ソレノイドの内部の磁場の式（(62)式）を用いる。

**解説&解答**　単位長さ当たりの巻数　$n = \dfrac{200}{0.10} = 2.0 \times 10^3$/m

$$H = nI = (2.0 \times 10^3) \times 0.40 = \mathbf{8.0 \times 10^2/m} \quad \text{答}$$

**例題11**（教p.197）　十分に長い2本の導線A，Bを $2d$〔m〕離して平行に張る。図のように，A，Bともに紙面の裏から表の向きに $I$〔A〕の電流を流した。点Pでの磁場の強さ $H$〔A/m〕を求めよ。円周率を $\pi$ とする。

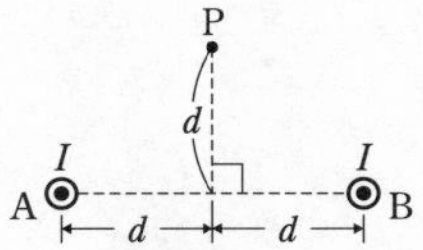


**考え方**　A，Bを流れる電流が点Pにつくる磁場をそれぞれ考えて，それらを合成する。

**解説&解答** A，Bを流れる電流がそれぞれ点Pにつくる磁場は右ねじの法則により，右図に示した向きとなる。

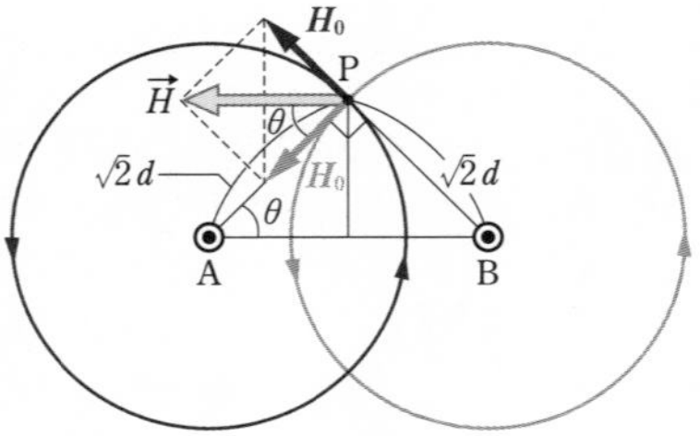


AP＝BP＝$\sqrt{2}d$であるから，これらの磁場の強さは等しい。この強さを$H_0$〔A/m〕とおくと，(59)式より

$$H_0=\frac{I}{2\pi\sqrt{2}d}$$

∠PAB＝θとすると　$\cos\theta=\frac{1}{\sqrt{2}}$　であるから，図より

$$H=H_0\cos\theta\times 2=\frac{I}{2\pi\sqrt{2}d}\times\frac{1}{\sqrt{2}}\times 2=\boldsymbol{\frac{I}{2\pi d}}\text{〔A/m〕}$$ **答**

**類題11** (教p.197)

図のように，半径$r$〔m〕の円形コイルAと，十分に長い直線状の導線Bを同じ平面内に置く。Aの中心PとBとの距離を$2r$〔m〕とし，A，Bにはそれぞれ$I_1$，$I_2$〔A〕の電流を図に示す向きに流す。円周率を$\pi$とする。

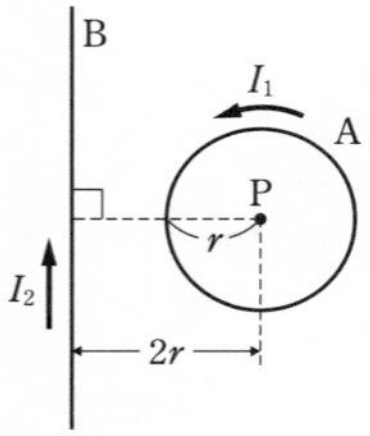


(1)　点Pでの磁場$H$〔A/m〕を求めよ。紙面に垂直に裏から表へ向かう向きを正とする。

(2)　$H=0$とするには，$I_2$は$I_1$の何倍にすればよいか。

**考え方** 円形電流と直線電流による磁場の重ねあわせになる。

**解説&解答** (1)　円形コイルAに流れる電流が点Pにつくる磁場の強さと向きは，(60)式より

$$H_1=\frac{I_1}{2r}\text{〔A/m〕}\quad\text{正の向き}$$

導線Bに流れる電流が点Pにつくる磁場の強さと向きは，(59)式より

$$H_2=\frac{I_2}{2\pi\times 2r}=\frac{I_2}{4\pi r}\text{〔A/m〕}\quad\text{負の向き}$$

よって　$H=H_1-H_2=\boldsymbol{\frac{I_1}{2r}-\frac{I_2}{4\pi r}}$〔A/m〕 **答**

(2)　(1)より　$\frac{I_1}{2r}-\frac{I_2}{4\pi r}=0$

すなわち　$I_2=2\pi I_1$であればよい。　よって　**2π倍** **答**

**問39** (教p.200)

25A/mの一様な磁場中に，磁場に対して垂直に導線を置き，2.0Aの電流を流す。この導線の0.10mの部分が受ける力の大きさは何Nか。透磁率を$1.26\times 10^{-6}$N/A²とする。

**考え方** 直線電流が受ける力の式((63)式)を用いる。

**解説&解答**　(63)式より　$F = \mu IHl = (1.26 \times 10^{-6}) \times 2.0 \times 25 \times 0.10$
$= \mathbf{6.3 \times 10^{-6}\,N}$　**答**

**問40**（教p.202）　磁束密度が0.50Tの一様な磁場中に，磁場に対して垂直に導線を置き，4.0Aの電流を流す。導線の0.20mの部分が受ける力の大きさは何Nか。

**考え方**　磁場と電流がなす角が90°より，電流が磁場から受ける力の式((69)式)を用いる。

**解説&解答**　(69)式より　$F = IBl = 4.0 \times 0.50 \times 0.20 = \mathbf{0.40\,N}$　**答**

**例題12**（教p.202）　図のように，磁束密度が右向きに $2.0 \times 10^{-2}$ T の一様な磁場内に，磁場と30°の角をなす向きに長さ0.10mの導体棒PQを置く。P→Qの向きに3.0Aの電流を流すとき，導体棒PQが受ける力の向きと大きさ $F$〔N〕を求めよ。

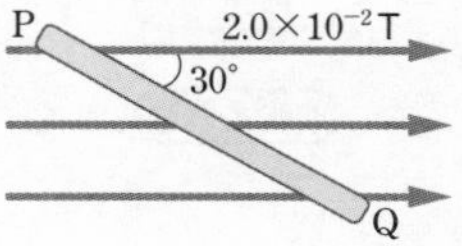


**考え方**　導体棒PQが受ける力の大きさは「$F = IBl\sin\theta$」より求める。$\theta$は電流と磁場がなす角である。

**解説&解答**　導体棒PQが磁場から受ける力の向きは，フレミングの左手の法則より，**紙面に垂直で裏から表の向き**　**答**
また，電流が磁場から受ける力の式「$F = IBl\sin\theta$」((68)式)より
$F = 3.0 \times (2.0 \times 10^{-2}) \times 0.10 \times \sin 30° = \mathbf{3.0 \times 10^{-3}\,N}$　**答**

**類題12**（教p.202）　鉛直上向きの一様な磁場内で，質量 $m$〔kg〕，長さ $l$〔m〕，抵抗 $R$〔Ω〕の導体棒PQを等しい長さの2本の軽い導線で水平につりさげる。図のように，導線の上端を起電力 $E$〔V〕の電池でつないだところ，導線は鉛直線から30°傾いた。重力加速度の大きさを $g$〔m/s²〕とする。
(1)　導体棒PQに流れる電流の大きさ $I$〔A〕を求めよ。
(2)　一様な磁場の磁束密度の大きさ $B$〔T〕を求めよ。

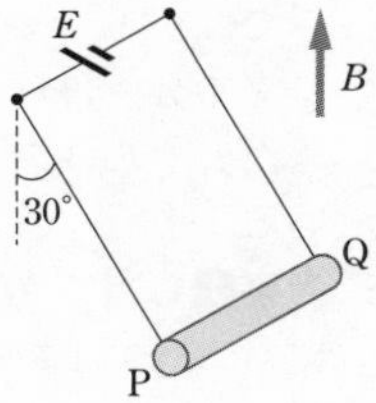


**考え方**　導体棒には，重力，導線が引く力，電流が磁場から受ける力の3力がはたらいている。

**解説&解答**　(1)　オームの法則((32)式)より，導体棒PQに流れる電流 $I$〔A〕は

$$I = \frac{E}{R}\text{〔A〕}$$　**答**

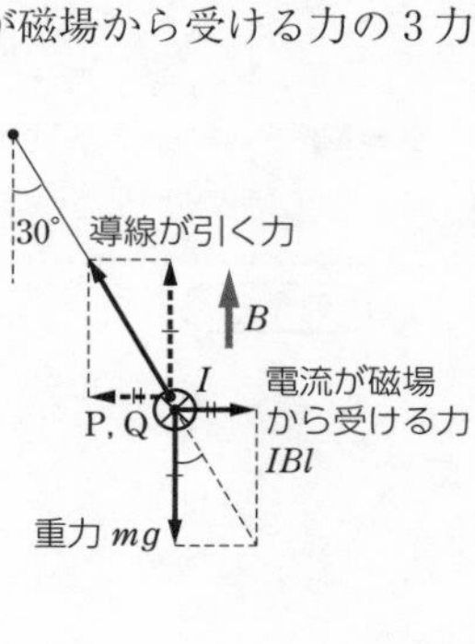


(2)　導体棒PQにはたらく力は，
重力 $mg$〔N〕，
導線が引く力，
電流が磁場から受ける力 $IBl$〔N〕
である(右図)。

第4編　電気と磁気

図より，$\tan 30^\circ = \dfrac{IBl}{mg}$

$I$ に(1)の結果を代入すると

$$\frac{1}{\sqrt{3}} = \frac{E}{R}\cdot\frac{Bl}{mg} \quad より \quad B = \boldsymbol{\frac{\sqrt{3}\,mgR}{3El}}\,〔\mathrm{T}〕$$ 答

考 問41 (教p.204) かつては，真空中で1m離れた平行導線に等しい電流を流し，導線1m当たり $2\times10^{-7}$ N の力がはたらくような電流を1Aと定めていた。このことから，真空の透磁率を円周率 $\pi$ を用いて表せ。

**考え方** 平行電流が及ぼしあう力の式「$F = \dfrac{\mu I_1 I_2}{2\pi r}l$」((72)式)を用いる。

**解説&解答** (72)式より　$2\times10^{-7} = \dfrac{\mu_0\times1\times1}{2\pi\times1}\times1$

よって　$\mu_0 = \boldsymbol{4\pi\times10^{-7}\,\mathrm{N/A^2}}$ 答



## 思考学習 クリップモーター

教 p.204

Mさんは，磁石，乾電池，エナメル線，クリップを用いて図Aのような装置(クリップモーター)を作成した。コイルの一端(左側)は，紙やすりでエナメルをすべてはがし，反対側の端(右側)はエナメルを半分だけはがしており，b側が下にきたときだけ電流が流れるようになっている。

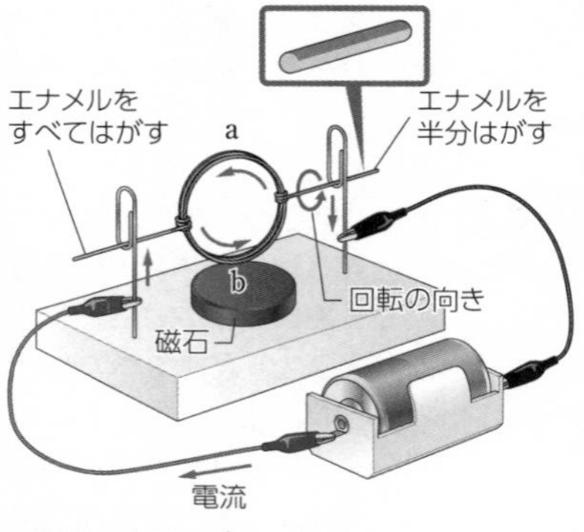


▲図A　クリップモーター

**考察1** 図Aの向きに電流を流すと，コイルは同図のような向きに回転し続けた。この場合，磁石の上側の磁極は，N極とS極のどちらか考えてみよう。

**考察2** 片側のエナメルを半分だけ残すことで，a側が下にきたときに電流が流れないようにする理由を考えてみよう。

**考え方** フレミングの左手の法則により，磁場の向き，電流の向き，力の向き(コイルの回転の向き)を考える。

**(解説&解答)** **1** コイルは右図の向きに回転し
ているので，上側と下側のコ
イルに流れる電流が受ける力
の向きは，それぞれ奥に向か
う向き，手前に向かう向きだ
と考えられる。

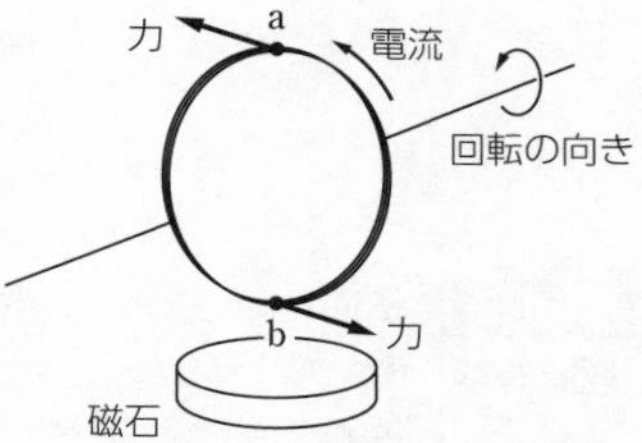

フレミングの左手の法則より，

このときの磁場の向きは上向きなので，磁石の上側の磁極は

**N極** **答**

**2** a 側が下にきたときに電流が流れ
ているとすると，電流の流れる向
きと電流が磁場から受ける力は右
図のようになる。よって，**a 側が
下にきたときに電流が流れている
と，電流が磁場から受ける力が反
対になり，減速してしまうが，電
流が流れないようにしておくと慣性により同じ向きの回転運動
を持続させることができるため。** **答**

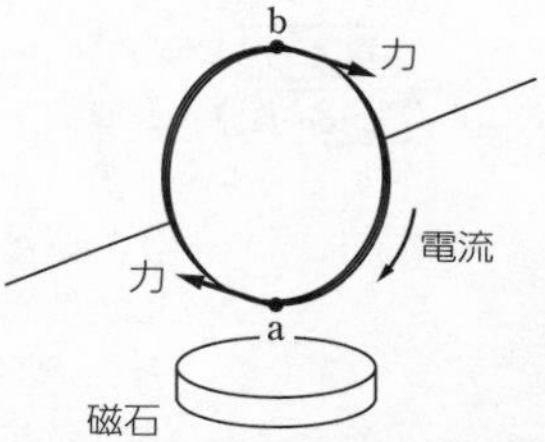

**問42**
**(教)p.206**
鉛直上向きの一様な磁場の中で電子が運動する。電子の速度の向きが水平
で北を向いているとき，電子が受ける力の向きを答えよ。

**(考え方)** フレミングの左手の法則を用いる。直角に開いた左手の3指(中指
：電流$I$，人差し指：磁場$H$，親指：力$F$)の関係に対応している。

**(解説&解答)** 電流の向きは電子の運動と反対の向きなので，フレミングの左手の
法則より，電子は磁場から**西向きの力**を受ける。 **答**

**例題13**
**(教)p.207**
電極間の電圧 $V$〔V〕で加速された電子が，真
空の容器内の磁束密度 $B$〔T〕の一様な磁場の
中に磁場と垂直に入射し，半径 $r$〔m〕の半円
を描いた。電子の初速度を0として，その比
電荷を求めよ。

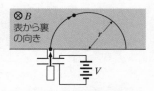

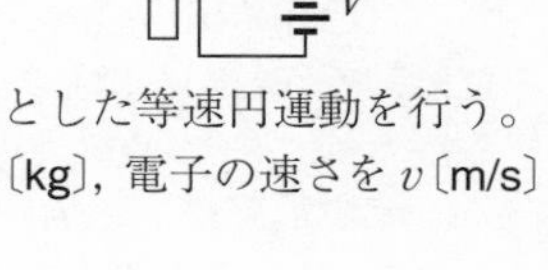

**(考え方)** 磁場内で，電子はローレンツ力を向心力とした等速円運動を行う。

**(解説&解答)** 電子の電気量を $-e$〔C〕，電子の質量を $m$〔kg〕，電子の速さを $v$〔m/s〕
とすると，エネルギー保存則より

$$eV = \frac{1}{2}mv^2 \qquad\qquad \cdots\cdots①$$

電子にはローレンツ力 $evB$〔N〕がはたらき，これが向心力となって
電子は等速円運動をする。

$$m\frac{v^2}{r} = evB \quad より \quad v = \frac{eBr}{m} \qquad \cdots\cdots②$$

②式を①式に代入して整理すると $\dfrac{e}{m} = \dfrac{\boldsymbol{2V}}{\boldsymbol{B^2r^2}}$ **〔C/kg〕** 答

**類題13** (教p.207) 紙面に垂直で，磁束密度 $B$〔T〕の一様な磁場中に質量 $m$〔kg〕，電気量 $q$〔C〕の正の荷電粒子を入射させたところ，粒子は半円を描いて点Pに達した。このときの磁場の向きと粒子が点Pに達するまでの時間を求めよ。円周率を $\pi$ とする。

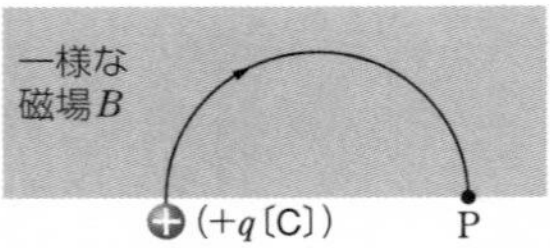


**考え方** 磁場内の荷電粒子はローレンツ力を向心力とした等速円運動を行う。

**解説&解答** 等速円運動をしている荷電粒子には，ローレンツ力は荷電粒子から半円の中心へと向かう向きにはたらく。フレミングの左手の法則より，磁場の向きは**紙面の裏から表の向き**である。 答

正の荷電粒子の速さを $v$〔m/s〕とすると，荷電粒子にはローレンツ力 $qvB$〔N〕がはたらき，これが向心力となって等速円運動をする。荷電粒子が運動する軌道の半径を $r$〔m〕とすると

$$m\frac{v^2}{r} = qvB \quad より \quad v = \frac{qBr}{m}〔m/s〕 \quad \cdots\cdots①$$

等速円運動の周期を $T$〔s〕とすると，粒子が点Pに達するまでの時間は $\frac{1}{2}T$ である。「$T = \frac{2\pi r}{v}$」と①式より

$$\frac{1}{2}T = \frac{\pi r}{v} = \boldsymbol{\frac{\pi m}{qB}}\ \text{〔s〕} \quad 答$$

## 演 習 問 題

教 p.210 ～ p.211

***1*** 図のように，水平な厚紙の上に小さな方位磁針を4つ置く。各方位磁針は厚紙の中心の点Oから6.0cmの位置にあり，どれも北をさしている。点Oに導線を鉛直方向に通し，電流を上から下向きに流した。地球の磁場の向きは北向きとする。また，方位磁針どうしが及ぼしあう力は無視できるものとする。

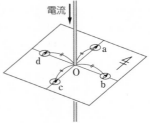

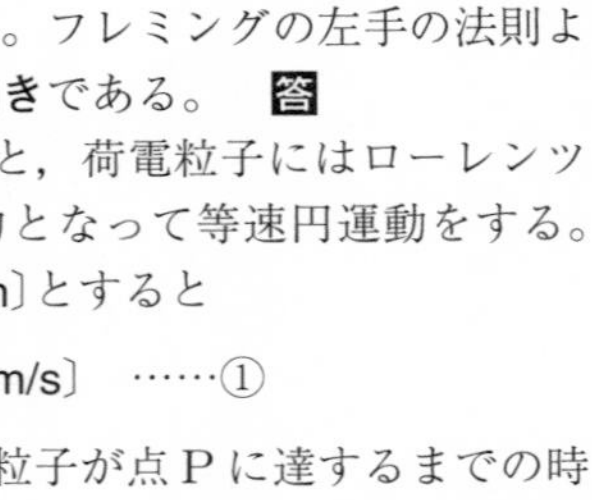


(1) 流す電流が $\sqrt{3}\pi$A（$\pi$ は円周率）のとき，方位磁針b，dは向きを変えなかったが，a，cは南北の軸から30°振れた。地球の磁場の水平分力 $H_0$〔A/m〕を求めよ。

(2) $3\sqrt{3}\pi$A の電流を流すと，各方位磁針はどちらを向くか。

**考え方** 直線電流のつくる磁場の向きは右ねじの法則にしたがう。地球の磁場との合成を忘れないように。

**解説&解答**　(1)　導線から方位磁針の磁極(N 極, S 極)までの距離は 6.0cm と考えてよい。方位磁針は地球の磁場の水平分力 $H_0$〔A/m〕と電流による磁場 $H$〔A/m〕とを合成した磁場の向きに静止する。よって

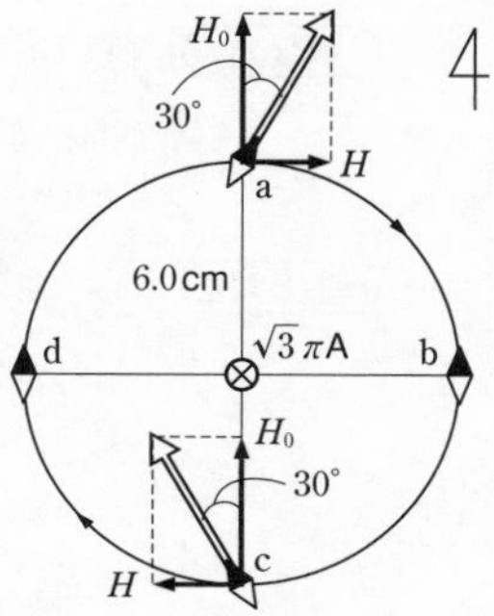


$$\tan 30° = \frac{H}{H_0} \quad \cdots ①$$

また，電流による磁場 $H$ は

$$H = \frac{I}{2\pi r} = \frac{\sqrt{3}\pi}{2\pi \times 6.0 \times 10^{-2}} \quad \cdots ②$$

①，②式より

$$H_0 = \sqrt{3}H = \mathbf{25\,A/m}$$ **答**

(2)　$3\sqrt{3}\pi$〔A〕が周囲につくる磁場の強さ $H$〔A/m〕は

$$H = \frac{I}{2\pi r} = \frac{3\sqrt{3}\pi}{2\pi \times 6.0 \times 10^{-2}} = 25\sqrt{3}\ \text{A/m}$$

a ～ d 点の地球の磁場 $H_0$ と電流による磁場は図のようになり，方位磁針は両者を合成した磁場の向きを向く。

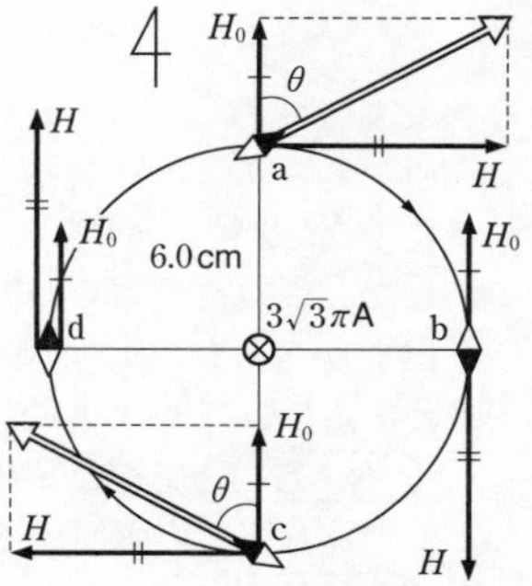


a：**北から 60° 東に傾いた向き**
　($\tan\theta = \sqrt{3}$ より)
b：**南向き**
　($25\sqrt{3}$ A/m $>$ 25 A/m より)
c：**北から 60° 西に傾いた向き**
　($\tan\theta = \sqrt{3}$ より)
d：**北向き**　**答**

**2**　図のように，真空中にある直交座標軸の $z$ 軸上に無限に長い導線があり，$z$ 軸の正の向きに電流 $I_1$〔A〕が流れている。また，$yz$ 座標面に 1 辺の長さ $l$〔m〕の正方形のコイル ABCD があり，図のような向きに電流 $I_2$〔A〕が流れている。ABCD の辺 CD は $y$ 軸上にあり，辺 AD と $z$ 軸との距離は $r$〔m〕である。真空の透磁率を $\mu_0$〔N/A²〕，円周率を $\pi$ とする。

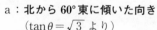

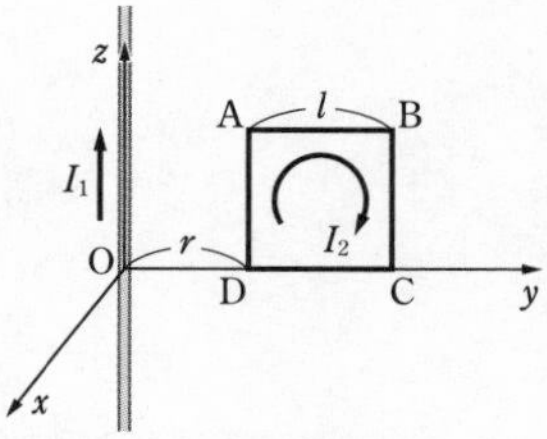


(1)　$I_1$ がコイルの辺 AD の位置につくる磁場の大きさ $H_1$〔A/m〕と向きを求めよ。
(2)　$I_1$ がコイルの辺 AD に及ぼす力の大きさ $F_1$〔N〕と向きを求めよ。
(3)　$I_1$ がコイルの辺 BC に及ぼす力の大きさ $F_2$〔N〕と向きを求めよ。
(4)　$I_1$ がコイル ABCD の全体に及ぼす力の大きさ $F$〔N〕と向きを求めよ。

**考え方** 直線電流がつくる磁場の式「$H=\dfrac{I}{2\pi r}$」((59)式)，磁束密度と磁場の関係式「$\vec{B}=\mu\vec{H}$」((67)式)，電流が磁場から受ける力の式「$F=IBl$」((69)式)を用いる。

**解説&解答** (1) 磁場の大きさは(59)式より $H_1=\boldsymbol{\dfrac{I_1}{2\pi r}}$〔A/m〕 **答**

向きは右ねじの法則より **$x$ 軸の負の向き** **答**

(2) 力の大きさは(67)，(69)式より

$$F_1=I_2\times\frac{\mu_0 I_1}{2\pi r}\times l=\boldsymbol{\frac{\mu_0 I_1 I_2 l}{2\pi r}}\text{〔N〕}$$ **答**

向きはフレミングの左手の法則より **$y$ 軸の負の向き** **答**

(3) (1)，(2)と同様に $F_2=I_2\times\dfrac{\mu_0 I_1}{2\pi(r+l)}\times l=\boldsymbol{\dfrac{\mu_0 I_1 I_2 l}{2\pi(r+l)}}$〔N〕 **答**

向きはフレミングの左手の法則より **$y$ 軸の正の向き** **答**

(4) 辺 AB と CD の電流が磁場から受ける力は逆向きで大きさが等しいからつりあう。

よって $F=|F_2-F_1|=\boldsymbol{\dfrac{\mu_0 I_1 I_2 l^2}{2\pi r(r+l)}}$〔N〕 **答**

$F_1>F_2$ より，合力の向きは **$y$ 軸の負の向き** **答**



***3*** 磁束密度 $B$〔T〕の一様な磁場と平行に $x$ 軸をとる。$x$ 軸の原点 O から質量 $m$〔kg〕，電気量 $q$〔C〕の正の荷電粒子を，$x$ 軸と角 $\theta$ をなす向きに速さ $v$〔m/s〕で打ち出した。この粒子はその後らせん運動をする。原点 O を出てから，最初に $x$ 軸を横切るまでの時間 $t$〔s〕を求めよ。また，そのときの位置と原点 O との距離 $l$〔m〕を求めよ。円周率を $\pi$ とする。

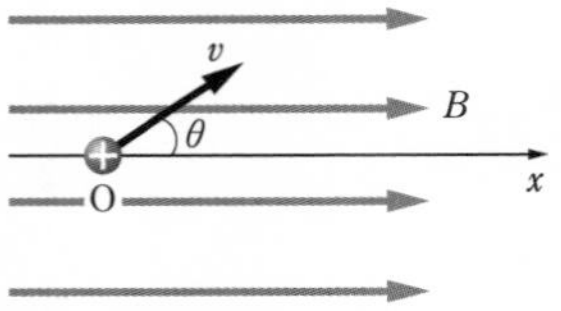


**考え方** 荷電粒子の運動を，$x$ 軸に垂直な成分と，$x$ 軸に平行な成分に分けて考察する。

**解説&解答** $x$ 軸に垂直な面内でローレンツ力 $qvB\sin\theta$ を受けて等速円運動をする。このときの半径を $r$〔m〕とすると，円運動の運動方程式より

$$m\times\frac{(v\sin\theta)^2}{r}=qvB\sin\theta \qquad \text{よって}\quad r=\frac{mv\sin\theta}{qB}\text{〔m〕}$$

最初に $x$ 軸を横切る時間は，粒子が一周する時間，すなわち円運動の周期であるから

$$t=\frac{2\pi r}{v\sin\theta}=\boldsymbol{\frac{2\pi m}{qB}}\text{〔s〕}$$ **答**

この粒子は $x$ 軸に平行な方向には力を受けず，速さ $v\cos\theta$ の等速直線運動をするから，求める距離 $l$〔m〕は

$$l=v\cos\theta\times t=v\cos\theta\times\frac{2\pi m}{qB}=\boldsymbol{\frac{2\pi mv\cos\theta}{qB}}\text{〔m〕}$$ **答**

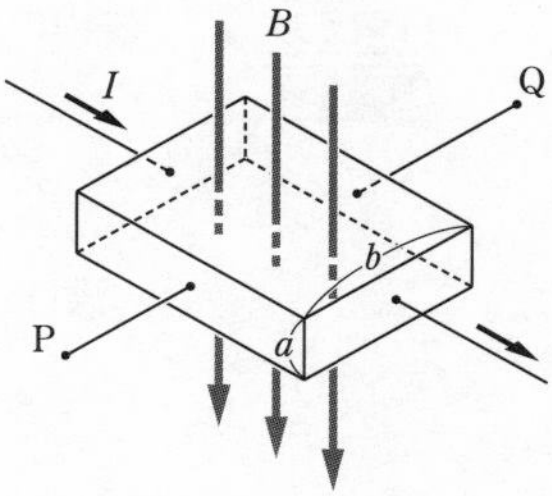


**4**　図のように，直方体の試料を水平に置き，鉛直下向きに磁束密度 $B$〔T〕の一様な磁場を加え，$I$〔A〕の電流を図の向きに流したところ，PQ 間に $V$〔V〕の電圧が生じた。電気素量を $e$〔C〕とする。

(1)　P が Q よりも高電位であった。この試料内を流れる電流の担い手は正か負のどちらか。

(2)　試料内を進むキャリア（電流の担い手）は，磁場と PQ 間に生じた電場の両方から力を受ける。このとき，試料内を直進するキャリアの速さ $v$〔m/s〕を求めよ。

(3)　単位体積当たりのキャリアの数 $n$〔1/m³〕を求めよ。

**考え方**　荷電粒子にローレンツ力がはたらき，電子は磁場と電流に垂直な方向に集められる。

**解説&解答**　(1)　フレミングの左手の法則より，電流の担い手は P → Q の向きに力を受けて，Q 側に集まる。
Q 側の電位が低いことから，電流の担い手は**負**と考えられる。 **答**

(2)　キャリアが直進するとき，キャリアが電場から受ける力と磁場から受ける力はつりあっている。電場の強さを $E$〔V/m〕とすると

$$eE - evB = 0 \quad \cdots\cdots ①$$

また，電場と電圧の関係から　$E = \dfrac{V}{b}$　……②

①，②式より　$v = \boldsymbol{\dfrac{V}{Bb}}$〔m/s〕 **答**

(3)　「$I = envS$」(㉝式)に(2)の結果と $S = ab$ を代入すると

$$I = en \cdot \frac{V}{Bb} \cdot ab \qquad \text{よって} \quad n = \boldsymbol{\frac{BI}{eVa}}\text{〔1/m}^3\text{〕}$$ **答**

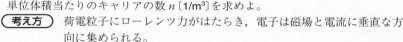

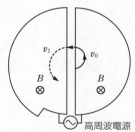

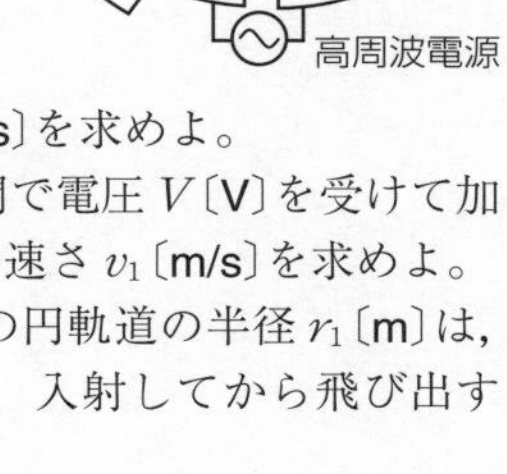


**5**　図のように，紙面に垂直で磁束密度 $B$〔T〕の一様な磁場中に，2 つの D 字形の電極が置かれている。D 字形の電極の内部は中空になっており，2 つの電極の間には高周波電圧が加えられている。この右側の電極に，質量 $m$〔kg〕，電気量 $q$〔C〕の正の荷電粒子を電極面に対して垂直に速さ $v_0$〔m/s〕で入射させたところ，図の実線のような半円の軌道を描いて，右側の電極を飛び出した。

(1)　右側の電極内における荷電粒子の円軌道の半径 $r_0$〔m〕と，電極に入射してから飛び出すまでの時間 $T_0$〔s〕を求めよ。

(2)　右側の電極を飛び出した荷電粒子は，電極間のすき間で電圧 $V$〔V〕を受けて加速され，左側の電極に入射した。このときの荷電粒子の速さ $v_1$〔m/s〕を求めよ。

(3)　荷電粒子は左側の電極内でも半円の軌道を描く。この円軌道の半径 $r_1$〔m〕は，$r_0$ の何倍になるか。$v_0$，$m$，$q$，$V$ を用いて表せ。また，入射してから飛び出すまでの時間 $T_1$〔s〕は，$T_0$ の何倍になるか。

第4編　電気と磁気

考え方　磁場内の荷電粒子はローレンツ力を向心力として等速円運動を行う。

解説&解答　(1)　ローレンツ力 $qv_0B$ を向心力とするから

$$m\frac{v_0^2}{r_0}=qv_0B \quad \text{より} \quad r_0=\frac{\boldsymbol{mv_0}}{\boldsymbol{qB}}\text{〔m〕} \quad \cdots\cdots①$$ 答

周期を $T$ とすると　$T_0=\frac{1}{2}T$　……②

「$T=\frac{2\pi r}{v}$」と①，②式より　$T_0=\frac{2\pi r_0}{2v_0}=\frac{\boldsymbol{\pi m}}{\boldsymbol{qB}}$〔s〕 答

(2)　エネルギー保存則より　$\frac{1}{2}mv_0^2+qV=\frac{1}{2}mv_1^2$

ゆえに　$v_1=\sqrt{\boldsymbol{v_0^2+\frac{2qV}{m}}}$〔m/s〕 答

(3)　(1)と同様に　$r_1=\frac{mv_1}{qB}$〔m〕　……③

①，③式と(2)の結果より　$\frac{r_1}{r_0}=\frac{v_1}{v_0}=\sqrt{\boldsymbol{1+\frac{2qV}{mv_0^2}}}$ **倍** 答

周期についても同様に　$T_1=\frac{2\pi r_1}{2v_1}=\frac{\pi m}{qB}=T_0$

よって　**1倍** 答

## 考えてみよう！

*6*　質量 $m$〔kg〕，電気量の大きさ $q$〔C〕の荷電粒子を $E$〔N/C〕の電場で加速させるとき，この粒子の加速度の大きさは［ 1 ］× $E$〔m/s²〕となる。［ 1 ］は比電荷とよばれ，電場 $E$ が一定の場合，この値が大きいほど加速されやすい。つまり，電気量の大きさ $q$ が同じ場合は，質量 $m$ が［ 2 ］ほど加速されやすく，質量 $m$ が同じ場合は，電気量の大きさ $q$ が［ 3 ］ほど加速されやすい粒子となる。

(1)　上の文章中の［ 1 ］を適切な式で，［ 2 ］～［ 3 ］を適切な語で埋めよ。

(2)　電子と陽子で加速されやすいのはどちらか。

考え方　電子と陽子の電気量は符号が逆で大きさは等しい。一方，陽子の質量は電子の質量の約1800倍である。

解説&解答　(1)　粒子の加速度の大きさを $a$〔m/s²〕とすると，荷電粒子が電場から受ける力の大きさは $qE$〔N〕であるから，運動方程式より

$ma=qE$　　よって　$a=\frac{q}{m}\times E$

［ 1 ］ $\boldsymbol{\frac{q}{m}}$　［ 2 ］ **小さい**　［ 3 ］ **大きい** 答

(2)　電子と陽子の電気量の大きさは等しく，質量は電子の方が小さい。したがって，(1)の結果より，加速されやすいのは　**電子** 答

# 第 4 章　電磁誘導と電磁波　教 p.212 ～ p.258

## 1 電磁誘導の法則

### A 電磁誘導

**❶電磁誘導**　コイルの内側の空間の磁場(磁束)の変化によってコイルに電圧が生じる現象を**電磁誘導**といい，生じた電圧を**誘導起電力**という。

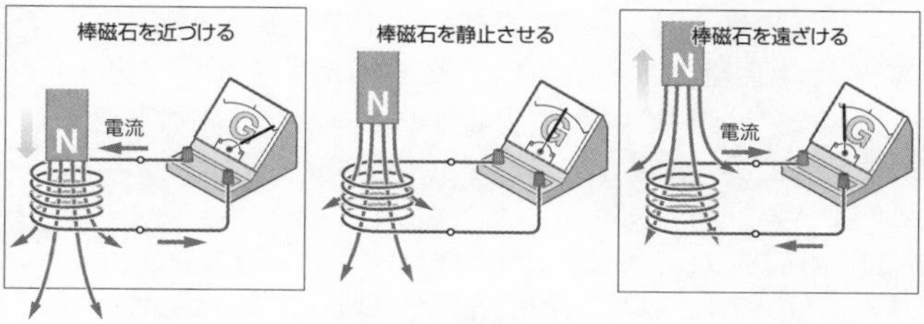


誘導起電力によって，閉じた回路に流れる電流を**誘導電流**という。

**❷レンツの法則**　右図のように，棒磁石のN極をコイルに近づけると図のような向きに誘導電流が流れ，この電流はコイルを貫く磁束⬆をつくる。この磁束は，棒磁石によって増加した磁束⬇を打ち消す向きに生じている。このように**誘導起電力は，それによって流れる誘導電流のつくる磁束が，外から加えられた磁束の変化を打ち消すような向きに生じる**。これを**レンツの法則**という。

▲レンツの法則

**❸ファラデーの電磁誘導の法則**　教 p.214 図 96 のように，1巻きのコイルを貫く磁束が，時間 $\Delta t$〔s〕の間に $\Delta\Phi$〔Wb〕だけ変化する(同図ⓐ)。このとき生じる誘導起電力 $V$〔V〕は，同図ⓑのように正の向きをとると

$$V = -\frac{\Delta\Phi}{\Delta t} \tag{78}$$

となる(同図ⓒ)。コイルが $N$ 回巻きのときは，1巻きのコイルを $N$ 個直列につないだことと同じになり，起電力が $N$ 倍になる。

　レンツの法則やコイルの巻数を含めた電磁誘導の法則を**ファラデーの電磁誘導の法則**といい，次の式で表される。

**ファラデーの電磁誘導の法則**

$$V = -N\frac{\Delta\Phi}{\Delta t} \tag{79}$$

$V$〔V〕　誘導起電力　　$\Delta\Phi$〔Wb〕　磁束の変化

$N$　コイルの巻数　　$\Delta t$〔s〕　時間

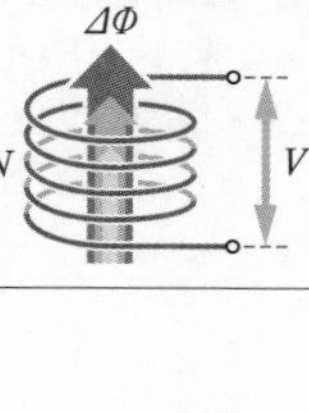

## B 磁場を横切る導線に生じる誘導起電力

**❶磁場中に出入りするコイルに生じる誘導起電力**　教 p.216 図 97 のように，コイルを磁場の中に入れたり出したりする場合にも，コイルに誘導起電力が生じ，誘導電流が流れる。この場合には，時間とともに磁場は変化しないが，コイルを貫く磁束が変化しており，ファラデーの電磁誘導の法則が適用できる。

**❷磁場を横切る導線に生じる誘導起電力**　右図のように，磁束密度 $B$〔T〕の一様な磁場の中で，長さ $l$〔m〕の導線 ab を磁場と垂直な方向に速さ $v$〔m/s〕で動かすとき，導線には誘導起電力が生じる。このとき，ファラデーの電磁誘導の法則から誘導起電力の大きさを求めることができる。

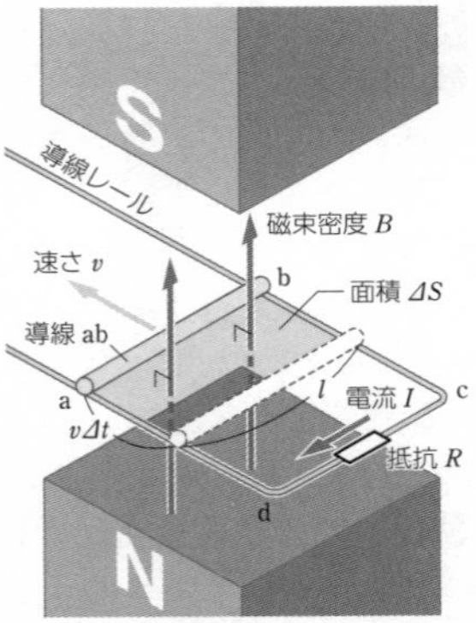

▲磁場を横切る導線に生じる誘導起電力

ab は時間 $\Delta t$〔s〕間に $v\Delta t$〔m〕移動する。このとき，回路 abcd の面積は $\Delta S = lv\Delta t$〔m²〕だけ増加する。よって，回路 abcd を貫く磁束は，(70)式より $\Delta\Phi = B\cdot\Delta S = Blv\Delta t$〔Wb〕だけ増加する。これは，ab が横切った磁束に相当する。導線 ab に生じる誘導起電力の大きさ $V$〔V〕は(79)式より，$V = \left|-1 \times \dfrac{\Delta\Phi}{\Delta t}\right| = \dfrac{Blv\Delta t}{\Delta t}$ であるから

$$\boldsymbol{V = vBl} \qquad (80)$$

となる。このように磁場を横切る導線には誘導起電力が生じる。

回路の中の抵抗の抵抗値を $R$〔Ω〕とすると，この誘導起電力によって回路に流れる誘導電流 $I$〔A〕は，オームの法則より

$$I = \frac{V}{R} = \frac{vBl}{R} \qquad (81)$$

となり，導線を a → b の向きに，抵抗を c → d の向きに流れる。

導線が磁場と平行に動く場合，磁場を横切らないため誘導起電力は生じない。図ⓑのように導線が磁場と角度 $\theta$ をなす方向に速さ $v$ で動く場合，磁場に対する垂直な成分 $v\sin\theta$ で磁場を横切ることになるので，誘導起電力は次のようになる。

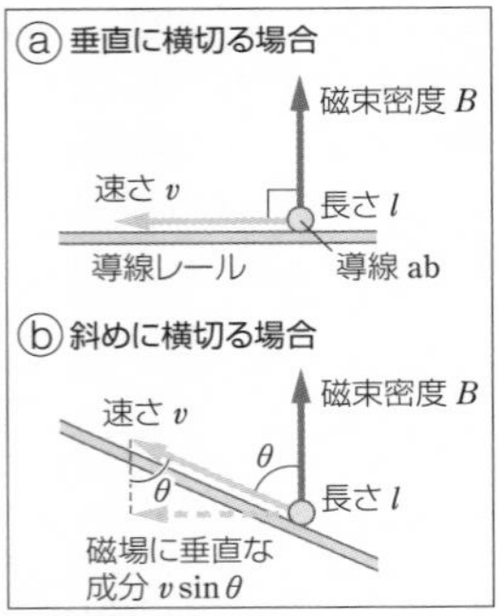

▲磁場を横切る速さ

$$\boldsymbol{V = vBl\sin\theta} \qquad (82)$$

**❸ローレンツ力と誘導起電力**　❷では，磁場を横切る導線に生じる誘導起電力を，ファラデーの電磁誘導の法則で求めたが，導線内の電子が磁場から受けるローレンツ力をもとに考えても求めることができる。

導線内の電子(電気量$-e$〔C〕)が，右図ⓐのように磁束密度$B$〔T〕の磁場に対して垂直に速さ$v$〔m/s〕で動くとき，電子が受けるローレンツ力$f_B$〔N〕は

　力の向き　：　Q→P　(電子は負電荷)

　力の大きさ：　$f_B = evB$　⒀

なので，電子はPへ移動を始め，Pは負，Qは正に帯電して，Q→Pの向きの電場$E$〔V/m〕が生じる(右図ⓑ)。

電子はこの電場$E$から静電気力$f_E$〔N〕を受ける。

　力の向き　：　P→Q　(電子は負電荷)

　力の大きさ：　$f_E = eE$　⒁

移動した電荷が増すと$E$が大きくなる。やがて，静電気力$f_E$とローレンツ力$f_B$がつりあい，電子の移動が終わる(右図ⓒ)。このとき　$eE = evB$より，次の式が成りたつ。

$$\boldsymbol{E = vB} \quad (85)$$

導線の長さが$l$〔m〕のとき，導線の両端の電位差は$V = El$である。したがって，$V$は次のように表される。

$$\boldsymbol{V = vBl} \quad (86)$$

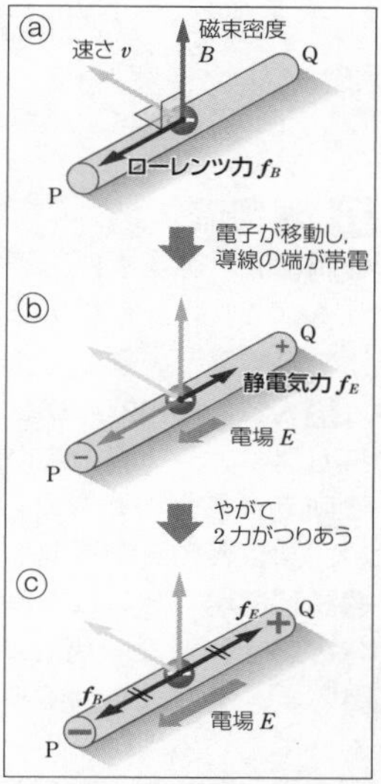


▲導線内の電子が受ける力

## C 誘導起電力とエネルギー

磁束密度が$B$〔T〕の磁場を垂直に横切る長さ$l$〔m〕の軽い導線に，質量$m$〔kg〕のおもりをつけて，一定の速さ$v$〔m/s〕で引き上げている場合を考える(右図)。このとき，導線の両端には⒇式より$vBl$〔V〕の誘導起電力が，電池の起電力とは逆向きに生じる。回路の起電力の和は抵抗での電圧降下に等しいから

$$V_0 - vBl = RI \quad (87)$$

が成りたつ。ここで，$V_0$〔V〕は電池の起電力，$I$〔A〕は回路に流れる電流，$R$〔Ω〕は抵抗の抵抗値である。(87)式の両辺に$It$をかけて，変形すると

$$IV_0t = vtIBl + I^2Rt \quad (88)$$

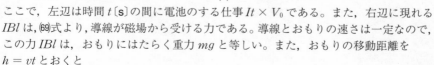

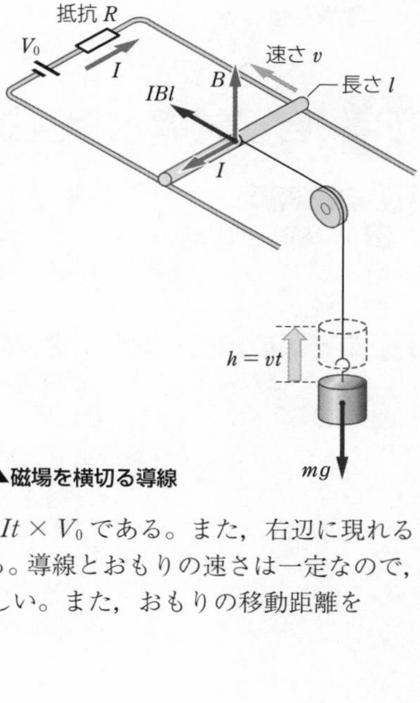


▲磁場を横切る導線

ここで，左辺は時間$t$〔s〕の間に電池のする仕事$It \times V_0$である。また，右辺に現れる$IBl$は，(69)式より，導線が磁場から受ける力である。導線とおもりの速さは一定なので，この力$IBl$は，おもりにはたらく重力$mg$と等しい。また，おもりの移動距離を$h = vt$とおくと

電池のする仕事 ＝ 重力による位置エネルギーの増加(おもり) ＋ 抵抗で発生するジュール熱

$$IV_0t = mgh + I^2Rt \tag{89}$$

となる。この式は，誘導起電力が生じる場合の，エネルギーの関係を表している。

## D 渦電流

**❶渦電流** 金属板に磁石を近づけたり，上で磁石を動かすと，金属板に誘導電流が流れる。これは，金属板を貫く磁束が変化するためで，このとき金属板を流れる誘導電流を**渦電流**という。

**教 p.222 図 102** ⓐのように，銅板の上で磁石を動かすと，銅板を貫く磁束の変化を打ち消すように渦電流が銅板内を流れる。この渦電流によって，磁石には運動を妨げる向きに磁気力がはたらく(同図ⓑ)。渦電流による現象は磁気力によって生じるため，銅板と磁石が接触していなくても，その効果が現れる。

**❷誘導電場** 金属板を流れる渦電流のように，環状のコイルでない場合にも，誘導電流が流れる。さらに，金属板やコイルが存在していない場合であっても，磁場が変化するとそのまわりの空間には電場が生じる。これを**誘導電場**という(右図)。

**磁場が変化すると，そのまわりの空間に電場が生じる**

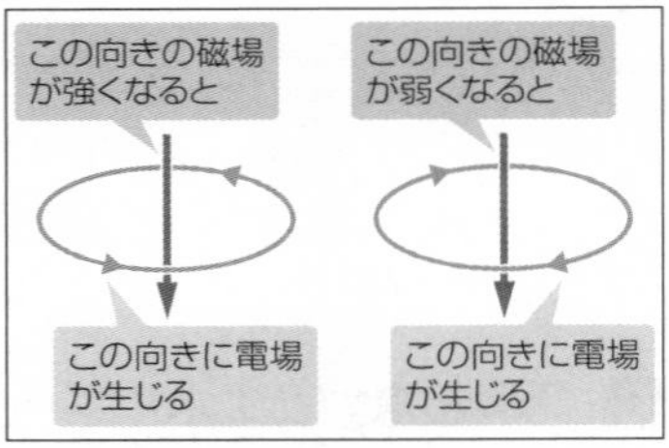


▲磁場の変化により生じる電場



# 2 自己誘導と相互誘導

## A 自己誘導

**教 p.224 図 104** のように，コイルに流れる電流を変化させるとき，その変化を妨げる向きにコイルに誘導起電力が生じる。この現象を**自己誘導**という。

## B コイルの自己インダクタンス

コイルに流れる電流と誘導起電力の間の関係を考える。一般に，電流がつくる磁場の強さ $H$〔A/m〕は，電流 $I$〔A〕に比例する。したがって，コイルを貫く磁束 $\Phi$〔Wb〕も $I$ に比例する。ここで，比例定数を $k$ とすると，次のように表すことができる。

$$\Phi = kI \tag{90}$$

時間 $\Delta t$〔s〕の間に電流が $\Delta I$〔A〕変化するとき，磁束の変化が $\Delta\Phi$〔Wb〕であったとすると，$\Delta\Phi$ と $\Delta I$ の関係は(90)式より

$$\Delta\Phi = k\Delta I \tag{91}$$

となる。生じる誘導起電力 $V$〔V〕は，ファラデーの電磁誘導の法則より

$$V = -N\frac{\Delta\Phi}{\Delta t} = -N\frac{k\Delta I}{\Delta t} = -Nk\frac{\Delta I}{\Delta t} \quad (92)$$

となる（$N$ はコイルの巻数）。つまり，誘導起電力 $V$ は電流の変化の割合 $\frac{\Delta I}{\Delta t}$ に比例する。ここで，$L = Nk$ とおくと，次のように表される。

**自己誘導**

$$\boldsymbol{V = -L\frac{\Delta I}{\Delta t}} \quad (93)$$

$V$〔V〕　誘導起電力　　$\Delta I$〔A〕　電流の変化
$L$〔H〕　自己インダクタンス　　$\Delta t$〔s〕　時間

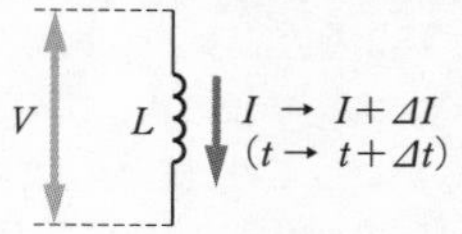


比例定数 $L$ はコイルの自己誘導の大きさを表し，**自己インダクタンス**という。自己インダクタンスの単位には**ヘンリー**（記号 H）を用いる。

芯を入れたソレノイドの自己インダクタンスの値は，芯の物質の透磁率 $\mu$〔N/A²〕，単位長さ当たりの巻数 $n$〔1/m〕の 2 乗，コイルの長さ $l$〔m〕，断面積 $S$〔m²〕に比例する。

## C コイルと抵抗を含む回路

**教** p.226 図 105 ⓐ のような，コイルを含まない回路では，スイッチ S を閉じると，回路に流れる電流は瞬時に増加する。

一方，右図のようにコイルを含む回路では，スイッチ S を閉じても，電流は瞬時に変化せず徐々に増加する。これはコイルの自己誘導により，電流が増加するのが妨げられるためである。スイッチ S を閉じて，コイルに一定の電流が流れている状態から，スイッチ S を開くときも，電流は瞬時に変化せず徐々に減少する。

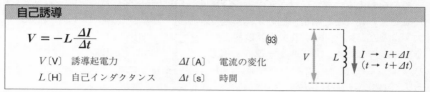

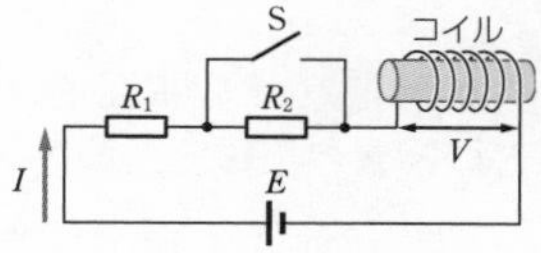


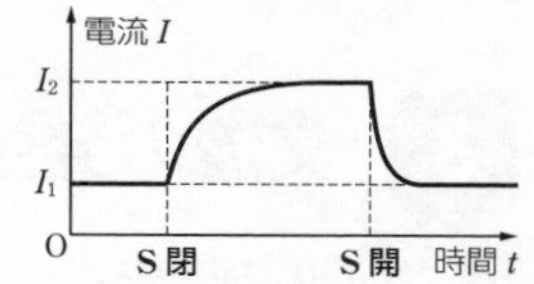


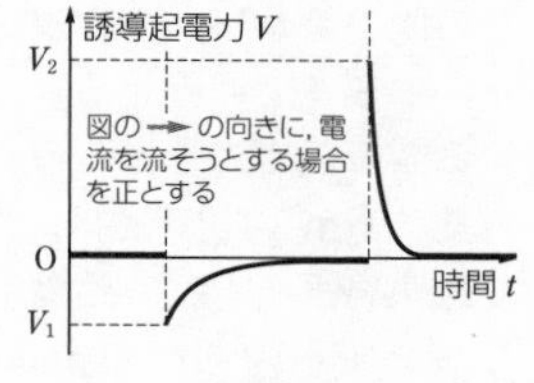


## D コイルに蓄えられるエネルギー

電流が流れているコイルはエネルギーを蓄えていると考えられる。

自己インダクタンス $L$〔H〕のコイルに流れる電流を，0 から $I$〔A〕にするには，誘導起電力に逆らって仕事をしなければならない。このとき必要な仕事が，コイルに蓄えられるエネルギー $U$〔J〕となり，次のように表される。

**コイルに蓄えられるエネルギー**

$$\boldsymbol{U = \frac{1}{2}LI^2} \quad (94)$$

$U$〔J〕　コイルに蓄えられるエネルギー　　$L$〔H〕　自己インダクタンス　　$I$〔A〕　電流

## E 相互誘導

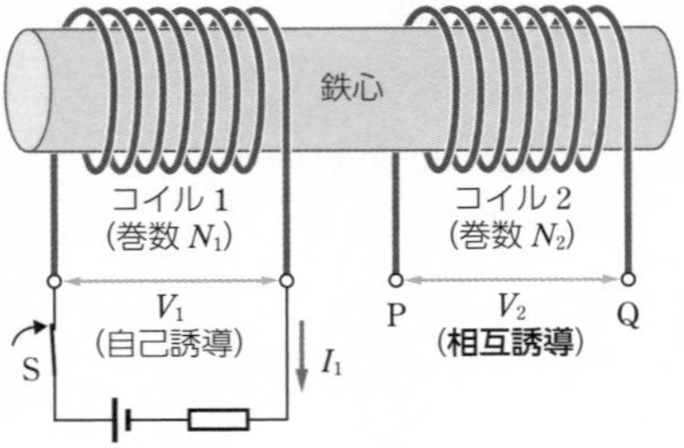


右図で，コイル1のスイッチSを開閉すると，コイル1に自己誘導が起こる。このとき，コイル1とコイル2の導線がつながっていなくても，同時にコイル2のPQ間にも磁束の変化を打ち消す向きに誘導起電力 $V_2$ が生じる。この現象を**相互誘導**という。コイル2にも，コイル1を流れる電流 $I_1$ によって生じた磁束線が貫くから，$V_2$ も $I_1$ の変化の割合に比例する。

**相互誘導**

$$V_2 = -M\frac{\Delta I_1}{\Delta t} \quad (95)$$

$V_2$〔V〕　コイル1の電流の変化によってコイル2に生じる誘導起電力
$M$〔H〕　相互インダクタンス
$\Delta I_1$〔A〕　コイル1の電流の変化　　$\Delta t$〔s〕　時間

比例定数 $M$ を**相互インダクタンス**といい，その値は2つのコイルの巻数や形状，芯の物質の透磁率，2つのコイルの相互の位置などによって異なる。$M$ の単位は，自己インダクタンス $L$ の単位と同じHである。

第4編　電気と磁気

# 3 交流の発生

## A コイルの回転と交流の発生

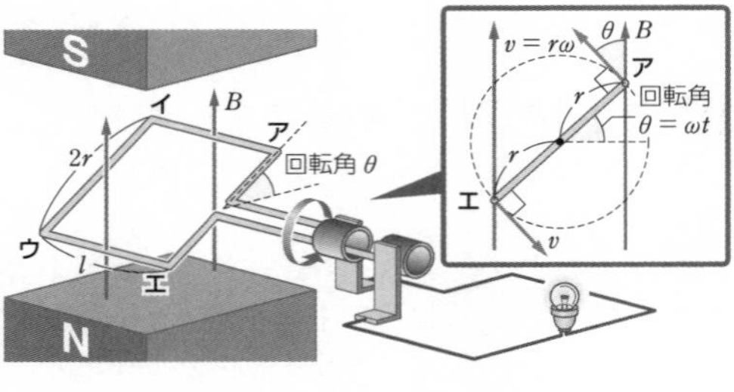


右図のように，一様な磁場の中を一定の速さで回転するコイルに発生する誘導起電力を考える。

長さ $l$〔m〕の辺**アイ**は，速さ $v$〔m/s〕で磁束密度 $B$〔T〕の磁場中を運動する。コイルの回転角を $\theta$ とすると，辺**アイ**の速度と磁場のなす角も $\theta$ であるので，辺**アイ**に生じる誘導起電力は，(82)式より $vBl\sin\theta$〔V〕である。ただし，誘導起電力は**ア→イ→ウ→エ**の向きを正としている。辺**ウエ**にも，同じ符号で同じ大きさの誘導起電力が生じる。また，辺**イウ**と辺**エア**には誘導起電力は生じない。ゆえに，コイル全体に生じる誘導起電力 $V$〔V〕は，次のように表される。

$$V = 2vBl\sin\theta \quad (96)$$

コイルに生じる誘導起電力 $V$ の値は，符号を変えながら周期的に変化することがわかる(**教 p.230-231 表6**)。このような，周期的に向きが変わる電圧を**交流電圧**という。

コイルの角速度を $\omega$〔rad/s〕とすると，コイルの回転角は $\theta=\omega t$ であり，辺**イウ**，辺**エア**の長さを $2r$〔m〕とするとその速さは $v=r\omega$ である。したがって(96)式は

$$V=2r\omega Bl\sin\omega t=\boldsymbol{V_0\sin\omega t}\qquad(V_0=2r\omega Bl)\tag{97}$$

と表すことができる。ここで，$V_0$ を**交流電圧の最大値**，$\omega t$ を**位相**という。(97)式をグラフに表すと右図のようになる。このコイルの両端に抵抗などをつなぐと，周期的に向きが変わる**交流電流**(**交流**)が流れる。交流の周期 $T$〔s〕，および振動数 $f$〔Hz〕は次のように表される。

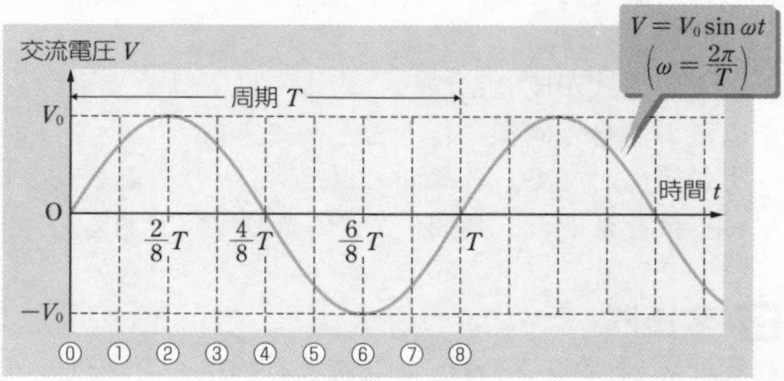


$$\boldsymbol{T=\frac{2\pi}{\omega},\quad f=\frac{1}{T}=\frac{\omega}{2\pi}}\tag{98}$$

振動数 $f$ を交流の**周波数**という。また，$\omega(=2\pi f)$ を交流の**角周波数**という。

## B 交流の実効値

**❶抵抗を流れる交流電流**　(97)式で表される交流電圧 $V=V_0\sin\omega t$ を $R$〔Ω〕の抵抗に加えたとき，流れる交流電流を $I$〔A〕とする。交流の場合，電圧 $V$，電流 $I$ の値が時間とともに変化するが，常にオームの法則 $V=RI$ が成りたっている。したがって

$$I=\frac{V}{R}=\frac{V_0\sin\omega t}{R}=\boldsymbol{I_0\sin\omega t}\qquad\left(I_0=\frac{V_0}{R}\right)\tag{99}$$

と表すことができる。ここで，$I_0$ を**交流電流の最大値**という。(97)式と(99)式から，電圧 $V$ が最大となるとき，電流 $I$ も最大となり，電圧 $V$ が0となるとき，電流 $I$ も0となることがわかる。このように，電圧と電流の時間的変化のしかたが等しいことを**同位相**であるという。また，最大値 $V_0$，$I_0$ の間には次の関係が成りたつ。

$$\boldsymbol{V_0=RI_0}\tag{100}$$

**❷交流の実効値**　家庭で使用される100Vの交流電圧の最大値は，100Vではなく約141Vであり，−141V〜141Vの間で周期的に変化している。100Vとよぶのは，このときの交流で点灯させた電球の明るさが，100Vの直流電源で点灯させたときの明るさと等しくなるからである。このように交流電圧や交流電流の大きさには，そこから計算される電力が直流と同等の効果をもつような値が用いられ，これを**実効値**という。

電圧，電流が(97)式，(99)式で表される交流における，電球の消費電力 $P$〔W〕は

$$P=IV=I_0V_0\sin^2\omega t=\frac{I_0V_0}{2}(1-\cos 2\omega t)\tag{101}$$

となり，$0\sim I_0V_0$〔W〕の間で周期的に変化する(**教 p.233 図111ⓑ**)。その消費電力の時間平均 $\overline{P}$〔W〕は，次のように表される。

$$\overline{P}=\frac{1}{2}I_0V_0\tag{102}$$

第4編　電気と磁気

ここで，**交流電圧の実効値** $\boldsymbol{V_e}$〔V〕と，**交流電流の実効値** $\boldsymbol{I_e}$〔A〕を

$$\boldsymbol{V_e = \frac{1}{\sqrt{2}} V_0, \quad I_e = \frac{1}{\sqrt{2}} I_0} \tag{103}$$

と定めると，$\overline{P}$ は次の式で表すことができる。

$$\overline{\boldsymbol{P}} = \frac{1}{2} I_0 V_0 = \frac{1}{\sqrt{2}} I_0 \times \frac{1}{\sqrt{2}} V_0 = \boldsymbol{I_e V_e} \tag{104}$$

さらに，(103)式の実効値 $V_e$，$I_e$ を用いて(100)式を変形すると

$$\boldsymbol{V_e = R I_e} \tag{105}$$

という関係式が成りたつ。このように実効値を用いると，電力やオームの法則の計算を直流の場合と同様に行うことができる。

実効値に対して，各瞬間の電流･電圧の値をそれぞれの**瞬間値**または**瞬時値**という。$I_0$，$V_0$ はそれぞれ，瞬間値 $I$，$V$ の最大値である。

### C 変圧器

**変圧器（トランス）**は，電磁誘導を利用して交流の電圧を変える装置である。一次コイルに交流電流が流れると，交流は常に大きさと向きが変化するため，鉄心内の磁束も変化し，電磁誘導が起きる。それぞれのコイルに生じる誘導起電力を $V_1$，$V_2$〔V〕，コイルの巻数を $N_1$，$N_2$ とする。ここで，鉄心の内部を貫く磁束が鉄心外部に漏れないとすると，磁束も磁束の変化も両方のコイルに共通なので

$$V_1 = -N_1 \frac{\Delta \Phi}{\Delta t}, \quad V_2 = -N_2 \frac{\Delta \Phi}{\Delta t} \tag{106}$$

が成りたつ。$V_1$，$V_2$ の実効値を $V_{1e}$，$V_{2e}$〔V〕とすると

$$\boldsymbol{V_{1e} : V_{2e} = N_1 : N_2} \tag{107}$$

となり，交流電圧の比は，コイルの巻数の比に等しい。

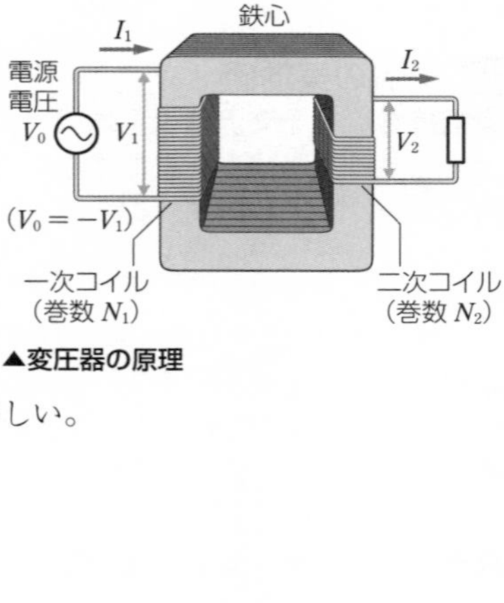

▲変圧器の原理

# 4 交流回路

### A 交流電圧と交流電流

抵抗を流れる交流電流と，抵抗に加わる交流電圧は，(99)式，(97)式のように表すことができた。ところが，コイルやコンデンサーが交流回路に含まれると，電流の位相と電圧の位相がずれることが知られている。交流回路では，電圧の位相が電流の位相に対して**位相差** $\phi$ 進んでいるとして

電流　$I = I_0 \sin \omega t$　(108)

電圧　$V = V_0 \sin(\omega t + \phi)$　(109)

（$I_0$〔A〕，$V_0$〔V〕：電流，電圧の最大値，$\omega$〔rad/s〕：角周波数，$t$〔s〕：時刻）

という形の式で表す。

## B 交流と抵抗

抵抗の場合，$V_0$ と $I_0$ の間には　$V_0 = RI_0$（⒇式）の関係がある。また，電圧と電流の位相差 $\phi = 0$ である。すなわち**抵抗に加わる電圧 $V_R$ と，抵抗を流れる電流 $I_R$ は同位相である。**

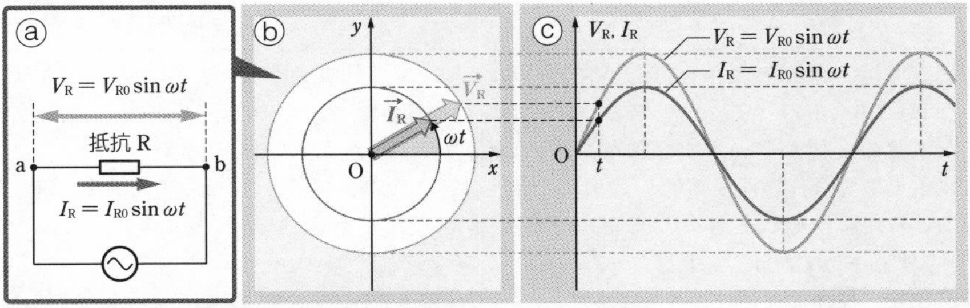


**▲抵抗の電圧と電流の関係**　ⓐの回路において，$I_R$ は矢印の向きを正とし，$V_R$ は点 b に対する点 a の電位を表す。交流電圧や交流電流の時間変化を考えるとき，ⓑのような，一定の角速度で回転するベクトルを考えることがある。ベクトルの大きさは，交流電圧や交流電流の最大値 $V_{R0}$，$I_{R0}$ に対応し，ベクトルの回転角を位相に対応している。回転するベクトルの $y$ 成分が，実際の交流電圧，交流電流，すなわち，瞬間値を表している。



## C 交流とコイル

**❶交流に対するコイルのはたらき**　抵抗の無視できる導線を巻いてつくったコイルと，抵抗を直列につなぐ。これに直流電圧を加える場合（教 p.236 図 114ⓐ）と，同じ実効値の交流電圧を加える場合（同図ⓑ）とでは，交流電圧のほうが流れる電流が小さくなる。これは，コイルが交流に対して抵抗と同様のはたらきをするためである。

**❷コイルのリアクタンス**　右図のように，コイルに流れる電流 $I_L$〔A〕と，コイルに加わる電圧 $V_L$〔V〕を

$$I_L = I_{L0} \sin\omega t \tag{110}$$

$$V_L = V_{L0} \sin(\omega t + \phi) \tag{111}$$

とおく。ここで，電圧の最大値 $V_{L0}$〔V〕と，電流の最大値 $I_{L0}$〔A〕の比を考える。

$$\boldsymbol{X_L = \frac{V_{L0}}{I_{L0}}} \tag{112}$$

$X_L$ は，交流に対する抵抗のはたらきを示す量であり，これをコイルの**リアクタンス**という。単位は抵抗と同じく，**Ω** を用いる。コイルの自己インダクタンスを $L$〔H〕，交流の周波数を $f$〔Hz〕とすると，コイルのリアクタンスは次のように表される。

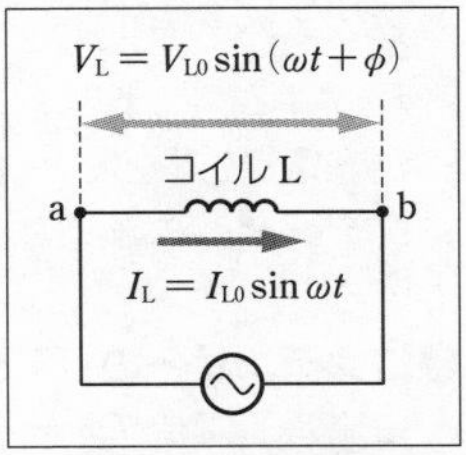


**▲コイルに加える交流電圧**
$I_L$ は矢印の向きを正とし，$V_L$ は点 b に対する点 a の電位を表すものとする。

**コイルのリアクタンス**

$$\boldsymbol{X_{\mathrm{L}} = \omega L}\quad(\omega = 2\pi f) \tag{113}$$

$X_{\mathrm{L}}$〔Ω〕　コイルのリアクタンス　　$L$〔H〕　自己インダクタンス
$\omega$〔rad/s〕　角周波数　　$f$〔Hz〕　周波数

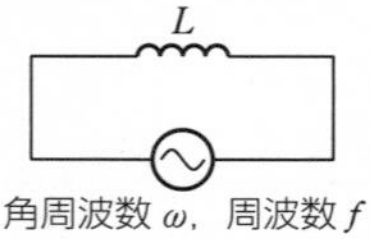


交流では，電流の変化を打ち消すような向きに誘導起電力が生じ，電流が流れにくくなる。コイルのリアクタンスは，コイルの自己インダクタンス$L$〔H〕が大きいほど，また電流の変化が速い，すなわち交流の周波数$f$〔Hz〕が大きいほど大きくなる。

コイルの場合，電圧，電流の最大値$V_{\mathrm{L0}}$，$I_{\mathrm{L0}}$，および，電圧，電流の実効値$V_{\mathrm{Le}}$〔V〕，$I_{\mathrm{Le}}$〔A〕の間にはそれぞれ次の関係式が成りたつ。

$$\boldsymbol{V_{\mathrm{L0}} = \omega L I_{\mathrm{L0}},\qquad V_{\mathrm{Le}} = \omega L I_{\mathrm{Le}}} \tag{114}$$

**❸位相差**　**教 p.237 図 116** ⓒにおいて，電流$I_0$の変化の割合が最大になるとき（同図①），電圧$V_{\mathrm{L}}$が最大となる（コイルに生じる誘導起電力はb→aの向きに最大）。この$\frac{1}{4}$周期後，電流$I_{\mathrm{L}}$は最大となる（同図②）。以上より，電圧$V_{\mathrm{L}}$の変化は電流$I_{\mathrm{L}}$に比べ$\frac{1}{4}$周期進み，位相差$\phi = \frac{\pi}{2}$となる。つまり，**コイルに加わる電圧$V_{\mathrm{L}}$の位相は，コイルを流れる電流$I_{\mathrm{L}}$よりも，$\frac{\pi}{2}$だけ進んでいる。**

## D 交流とコンデンサー

**❶交流に対するコンデンサーのはたらき**　**教 p.238 図 117** ⓐのように，コンデンサーと抵抗を直列につないで直流電圧を加えると，回路に少しの間電流が流れ，その後は流れなくなるが，同図ⓑのように，直流電圧のかわりに交流電圧を加えると，電流が流れ続ける。これは，交流の場合，電圧の向きが常に変わり，そのたびにコンデンサーが充電･放電をくり返すことによって，回路に電流が流れるためである。このとき，コンデンサーの両端に電圧が生じており，コンデンサーは抵抗と同様のはたらきをしている。

**❷コンデンサーのリアクタンス**　右図のように，コンデンサーに流れる電流$I_{\mathrm{C}}$〔A〕と，コンデンサーに加わる電圧$V_{\mathrm{C}}$〔V〕を

$$I_{\mathrm{C}} = I_{\mathrm{C0}}\sin\omega t \tag{115}$$

$$V_{\mathrm{C}} = V_{\mathrm{C0}}\sin(\omega t + \phi) \tag{116}$$

とおく。ここで，電圧の最大値$V_{\mathrm{C0}}$〔V〕と，電流の最大値$I_{\mathrm{C0}}$〔A〕の比を考える。

$$\boldsymbol{X_{\mathrm{C}} = \frac{V_{\mathrm{C0}}}{I_{\mathrm{C0}}}} \tag{117}$$

$X_{\mathrm{C}}$〔Ω〕はコンデンサーの**リアクタンス**という。コンデンサーの電気容量を$C$〔F〕，交流の周波数を$f$〔Hz〕とすると，$X_{\mathrm{C}}$は次のように表される。

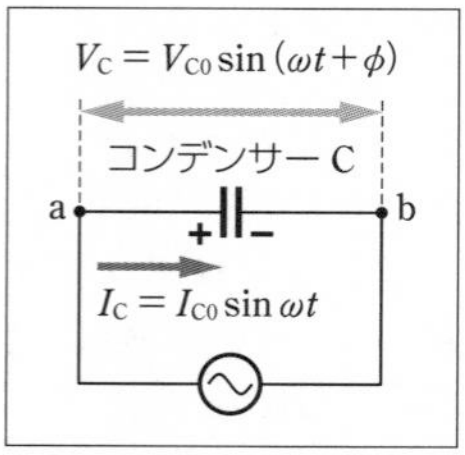


**▲コンデンサーに加える交流電圧**　$I_{\mathrm{C}}$は矢印の向きを正とし，$V_{\mathrm{C}}$は点bに対する点aの電位を表すものとする。

**コンデンサーのリアクタンス**

$$\boldsymbol{X_C = \frac{1}{\omega C}} \quad (\omega = 2\pi f) \tag{118}$$

$X_C$〔Ω〕　コンデンサーのリアクタンス　　$C$〔F〕　電気容量
$\omega$〔rad/s〕　角周波数　　$f$〔Hz〕　周波数

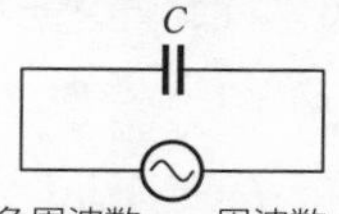

角周波数 $\omega$，周波数 $f$

コンデンサーのリアクタンスは，コンデンサーの電気容量 $C$〔F〕が小さいほど，交流の周波数 $f$〔Hz〕が小さいほど大きくなる。

コンデンサーの場合，電圧，電流の最大値 $V_{C0}$，$I_{C0}$，および，電圧，電流の実効値 $V_{Ce}$〔V〕，$I_{Ce}$〔A〕の間にはそれぞれ次の関係式が成りたつ。

$$\boldsymbol{V_{C0} = \frac{1}{\omega C} I_{C0}, \qquad V_{Ce} = \frac{1}{\omega C} I_{Ce}} \tag{119}$$

**❸位相差**　**教 p.239 図 119**ⓒにおいて，電流 $I_C$ は，最大(同図①)となってから $\frac{1}{4}$ 周期後，正から負に変化する(同図②)。これは，コンデンサーの左側の極板について，電荷が流入から流出に変化することを意味するため，このときこの極板の電気量 $Q$〔C〕が最大となる。よって(14)式より，電圧 $V_C = \frac{Q}{C}$ も最大となる。以上より，電圧 $V_C$ の変化は電流 $I_C$ に比べ $\frac{1}{4}$ 周期遅れ，位相差 $\phi = -\frac{\pi}{2}$ となる。つまり，**コンデンサーに加わる電圧 $V_C$ の位相は，コンデンサーを流れる電流 $I_C$ よりも，$\frac{\pi}{2}$ だけ遅れている。**



## E　コイル・コンデンサーで消費する電力

**❶コイルの消費電力**　交流電源にコイルをつないだとき(**教 p.242 図 120**)，コイルに加わる電圧 $V_L$〔V〕の位相は，コイルに流れる電流 $I_L$〔A〕よりも $\frac{\pi}{2}$ だけ進んでいるので，$I_L$，$V_L$ は

$$I_L = I_0 \sin\omega t \tag{120}$$

$$V_L = V_0 \sin\left(\omega t + \frac{\pi}{2}\right) \tag{121}$$

と表される。よって，(120)式と(121)式，(42)式より，コイルで消費する電力 $P_L$〔W〕は

$$\boldsymbol{P_L} = I_L V_L = I_0 \sin\omega t \cdot V_0 \sin\left(\omega t + \frac{\pi}{2}\right) = I_0 \sin\omega t \cdot V_0 \cos\omega t$$

$$= \boldsymbol{\frac{1}{2} I_0 V_0 \sin 2\omega t} \tag{122}$$

この式から，電力 $P_L$ の正負は，右図のように一定時間ごとに入れかわることがわかる。このため，電力 $P_L$ の時間平均 $\overline{P_L}$〔W〕は 0 になる。よって，コイルでは電力を消費しない。

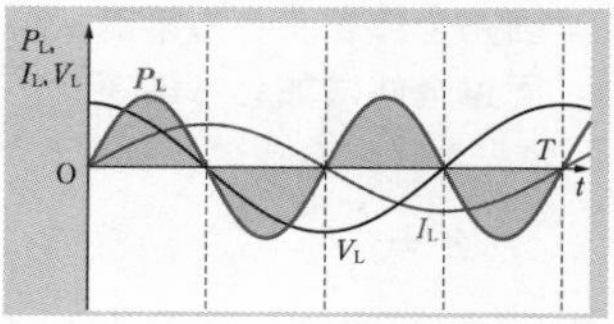

**❷コンデンサーの消費電力**　交流電源にコンデンサーをつないだとき(教 p.242 図122)，コンデンサーに加わる電圧 $V_C$〔V〕の位相は，コンデンサーに流れる電流 $I_C$〔A〕よりも $\frac{\pi}{2}$ だけ遅れているので，$I_C$，$V_C$ は

$$I_C = I_0\sin\omega t \tag{123}$$

$$V_C = V_0\sin\left(\omega t - \frac{\pi}{2}\right) \tag{124}$$

と表される。よって，(123)式と(124)式，(42)式より，コンデンサーで消費する電力 $P_C$〔W〕は

$$\boldsymbol{P}_C = I_CV_C = I_0\sin\omega t\cdot V_0\sin\left(\omega t - \frac{\pi}{2}\right) = I_0\sin\omega t\cdot(-V_0\cos\omega t)$$

$$= -\frac{1}{2}\boldsymbol{I_0V_0\sin 2\omega t} \tag{125}$$

この式から，コイルと同様に，コンデンサーで消費する電力 $P_C$〔W〕も右図のようになり，その時間平均 $\overline{P_C}$〔W〕は 0 になる。

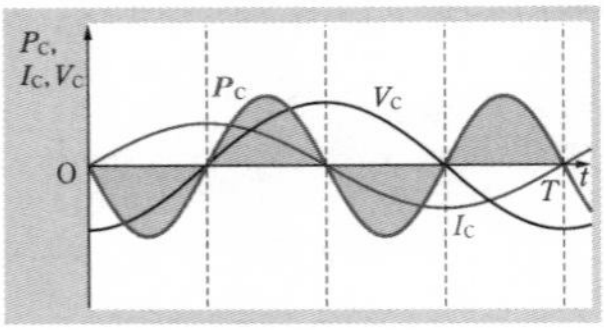


抵抗，コイル，コンデンサーのそれぞれに交流電流が流れるときの，電圧や電力についてまとめると 教 p.243 表 7 のようになる。

## F 交流回路のインピーダンス

**❶最大値の合成**　右図ⓐのように抵抗 R, コイル L, コンデンサー C の直列回路に交流電源をつなぐ。R, L, C のそれぞれに加わる交流電圧の瞬間値を $V_R$, $V_L$, $V_C$〔V〕とし，その最大値を $V_{R0}$, $V_{L0}$, $V_{C0}$〔V〕とする。このとき，回路全体に加わる交流電圧の瞬間値 $V$〔V〕は　$V = V_R + V_L + V_C$ となる。一方，$V$ の最大値 $V_0$〔V〕は $V_0 < V_{R0} + V_{L0} + V_{C0}$ となる。これは，交流電圧 $V_R$, $V_L$, $V_C$ の位相がそろっていないためである。右図ⓑのように位相を考慮して最大値をベクトル的に図に表すと，$V_0$ は次のように表すことができる。

$$V_0 = \sqrt{V_{R0}{}^2 + (V_{L0} - V_{C0})^2} \tag{126}$$

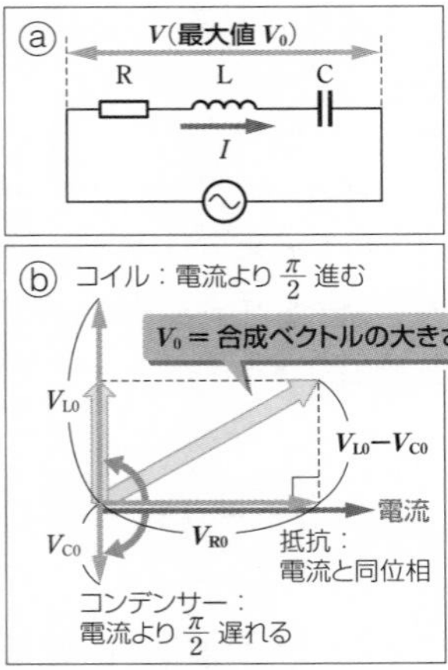

▲最大値の合成

**❷インピーダンス**　一般に，回路全体を流れる電流 $I$〔A〕と，回路全体に加わる電圧 $V$〔V〕との間には，位相差 $\phi$ が生じる。そこで

**回路全体を流れる電流**　$I = I_0\sin\omega t$ (127)

**回路全体に加わる電圧**　$V = V_0\sin(\omega t + \phi)$ (128)

とおく。回路全体の，交流に対する抵抗のはたらきを

$$\boldsymbol{Z = \frac{V_0}{I_0} = \frac{V_e}{I_e}} \quad (V_e,\ I_e : V,\ I \text{の実効値}) \tag{129}$$

で表し，$Z$〔Ω〕をこの回路の**インピーダンス**という。

**❸直列回路のインピーダンス**　右図ⓐのように，抵抗値 $R$〔Ω〕の抵抗，自己インダクタンス $L$〔H〕のコイル，および電気容量 $C$〔F〕のコンデンサーを直列に接続し，交流電源をつなぐ。右図ⓑのように電流の位相を基準にとって考えると，この回路のインピーダンス $Z$〔Ω〕は，(129)式と右図ⓑより

$$\boldsymbol{Z=\sqrt{R^2+\left(\omega L-\frac{1}{\omega C}\right)^2}} \tag{130}$$

また，電流の位相に対して電圧の位相が $\phi$ 進むとすると，$\phi$ は次の式で表される。

$$\tan\phi=\frac{\omega L-\dfrac{1}{\omega C}}{R} \tag{131}$$

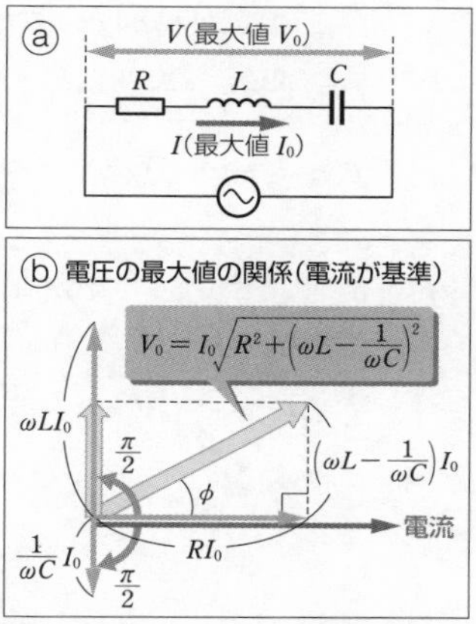

▲直列回路のインピーダンス

**❹直列回路の消費電力**　前図ⓐの回路では，コイルとコンデンサーの消費電力の時間平均はともに0であるから，回路全体の消費電力の時間平均 $\overline{P}$〔W〕は，抵抗のみについて考えればよい。

$$\boldsymbol{\overline{P}=RI_e{}^2} \tag{132}$$

この式は位相差 $\phi$ を用いて，次のように表すこともできる。

$$\boldsymbol{\overline{P}=I_eV_e\cos\phi}\qquad(\cos\phi\text{を}\textbf{力率}\text{という。}) \tag{133}$$

## G 共振

右図のように，抵抗，コンデンサー，コイルを直列につないだ回路を考える。この回路に加える交流電圧の周波数を変えると，特定の周波数で大きな電流が流れる。この現象を**共振**という。

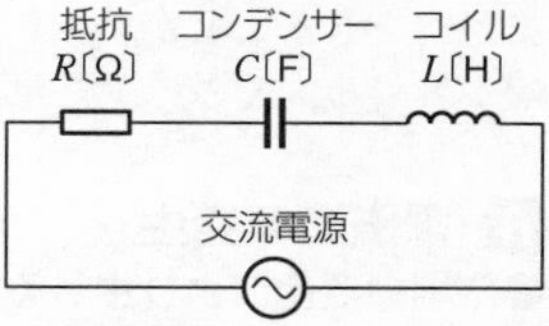

▲共振回路

共振が起こるときの交流の周波数(**共振周波数**) $f_0$〔Hz〕は，コイルの自己インダクタンスを $L$〔H〕，コンデンサーの電気容量を $C$〔F〕とすると

$$\boldsymbol{f_0=\frac{\omega_0}{2\pi}=\frac{1}{2\pi\sqrt{LC}}} \tag{134}$$

と表される。$\omega_0$ は共振が起こるときの角周波数で，$\omega_0=2\pi f_0$ である。

回路の電気抵抗が小さければ，交流の周波数が共振周波数に一致したとき，非常に大きな電流が回路に流れる(教 p.249 図 128)。このような回路を**共振回路**という。

## H 電気振動

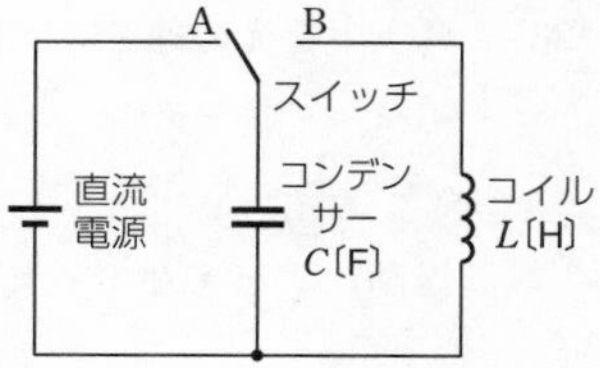


右図の回路でスイッチをA側に閉じ，コンデンサーを充電する。その後スイッチをB側に閉じ，コイルを通してコンデンサーに蓄えられた電荷を放電させると，教 p.250 図 130 のように一定の周期で向きが変わる電流(**振動電流**)が流れ続ける。この現象を**電気振動**

という。この振動回路の周波数 $f$〔Hz〕を，**固有周波数**という。$f$ と $T$ は

$$f=\frac{\omega}{2\pi}=\frac{1}{2\pi\sqrt{LC}} \tag{135}$$

$$T=\frac{1}{f}=2\pi\sqrt{LC} \tag{136}$$

と表される。電気振動では，コンデンサーの極板間に生じる電場と，コイルがつくる磁場との間でエネルギーのやりとりが行われる。回路の電気抵抗が 0 の場合は，これらのエネルギーの和は一定に保たれる。

$$\frac{1}{2}LI^2+\frac{1}{2}CV^2=\text{一定}\quad\left(=\frac{1}{2}LI_0{}^2=\frac{1}{2}CV_0{}^2\right) \tag{137}$$

実際には，導線やコイルなどに電気抵抗があってジュール熱が発生するため，しだいにエネルギーが熱に変わり，回路に流れる振動電流は減衰する(教 p.251 図 131)。

## 5 電磁波



### A 電磁波の発見

マクスウェル(イギリス)は，電磁気についての理論的な研究から，変動する電場・磁場が光の速さ $c$ と等しい速さで横波として真空中でも伝わることに気づき，光もこの波の一種であると予言した。ヘルツ(ドイツ)はこの波の発生を実験的に確かめた。この波は**電磁波**とよばれるようになり，さまざまな光の現象が波長の短い電磁波として説明できることが示され，光が電磁波の一種であることが確立された。また，赤外線や紫外線，X 線や $\gamma$ 線も電磁波の一種であることがわかった。

### B 電磁波の発生

**❶磁場の変化により生じる電場**　一般に，コイルがなくて，真空中であっても**磁場が変化すると，そのまわりの空間に電場が生じる。**

**❷電場の変化により生じる磁場**

**電場が変化すると，そのまわりの空間に磁場が生じる。**

**❸電磁波の発生**　振動回路に電気振動が起こると，コンデンサーの極板間に振動する電場が生じるので，これによって振動する磁場が生じる(教 p.253 図 135 ⓐ)。この磁場の変化によって，また電場がつくられる。このようにして，次々に発生する電場の電気力線と磁場の磁力線の振動が極板から離れて，遠方へ伝わっていく。この波が電磁波である。電場と磁場は，進行方向に垂直に同位相で振動しながら(教 p.253 図 136)，真空中を光の速さ $c$ で伝わる。真空の誘電率を $\varepsilon_0$，透磁率を $\mu_0$ とすると，$c$ は次のように表される。

$$c=\frac{1}{\sqrt{\varepsilon_0\mu_0}} \tag{138}$$

電気振動によって生じた電磁波の振動数 $f$〔Hz〕は，振動回路の固有周波数に等しい。

## C 電磁波の性質

**❶偏りと横波**　電磁波(ここでは電波)の送信アンテナと受信アンテナの角度を **教 p.254 図 137** ⓐの①のように平行にすると，電磁波をよく受信する。一方，同②のように直角にすると，電磁波を受信しにくくなる。これは，この電磁波が一定方向に偏って振動しているためで，電磁波が横波であることを示している。

**❷回折と干渉**　波長が長い電磁波ほど，回折しやすい性質がある。また，回折した電磁波が互いに重なりあって干渉する場合がある。

**❸遮蔽**　電磁波は遮蔽される性質がある。

**❹反射**　電磁波は金属板によって反射される。

**❺屈折**　電磁波をパラフィンなどの面に斜めに当てると，電磁波はそれを透過するときに屈折する。

## D 電磁波の種類

電磁波は，振動数の小さい(波長の長い)ほうから順に**電波**，**赤外線**，**可視光線**，**紫外線**，**X 線**，**γ(ガンマ)線**と大きく分類される(**教 p.256 図 138**)。

**❶電波**　電波は波長が 0.1 mm 程度以上の電磁波である。

**❷赤外線**　赤外線は，物体からの熱放射に多く含まれ，太陽光にも多く含まれる。赤外線は，物体に当たると吸収されて熱エネルギーになりやすく，**熱線**ともよばれる。

**❸可視光線**　可視光線は，人の目に感じる電磁波である。

**❹紫外線**　紫外線は，非常に高温の物体から放射され，太陽光にも含まれる。物質に化学変化を起こさせやすいという性質をもつ。このため，紫外線は**化学線**ともよばれる。

**❺X 線，γ 線**　X 線や γ 線は波長がきわめて短い電磁波である。



## 問　題

**問43** (**教 p.215**)　図のように，コイルに磁石の S 極を近づけるとき，コイルに流れる誘導電流の向きは①か②のどちらか。

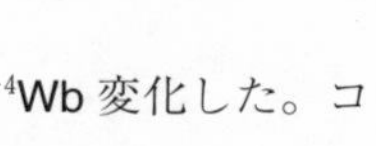


**考え方**　レンツの法則を用いる。

**解説&解答**　コイルに磁石の S 極を近づけると，コイルを貫く磁束が右向きに増加する。この変化を打ち消す向きに誘導起電力が生じるから，誘導電流は②の向きに流れる。　**答**

**問44** (**教 p.215**)　100 回巻きのコイルを貫く磁束が 0.10 秒間に $2.5 \times 10^{-4}$ Wb 変化した。コイルの両端に生じる誘導起電力の大きさは何 V か。

**考え方**　ファラデーの電磁誘導の法則((79)式)を用いる。

**解説&解答**　(79)式より　$V = \left| -N\dfrac{\Delta\Phi}{\Delta t} \right| = 100 \times \dfrac{2.5 \times 10^{-4}}{0.10} = \mathbf{0.25\,V}$　**答**

**例題14**
(教p.215)

図aのような，巻数100，断面積$3.0 \times 10^{-4}$m²のコイル内の磁束密度$B$〔T〕が，図bのグラフのように変化する。磁束密度はコイル内では一様であるとし，図aの矢印の向きを正とする。

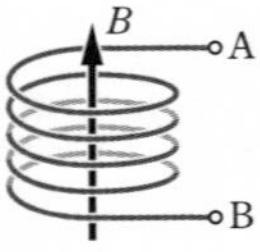

図a

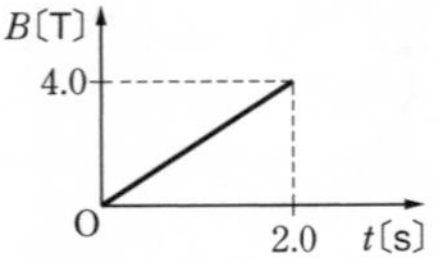

図b

(1)　コイルのAB間に生じる誘導起電力の大きさは何Vか。
(2)　AB間に抵抗をつなぐと，流れる電流の向きは①か②のどちらか。
　①A→コイル→B　　②B→コイル→A

**考え方**　誘導起電力の大きさは，「$V = \left| -N\dfrac{\Delta\Phi}{\Delta t} \right|$」で求める。誘導起電力の向きは，レンツの法則で判断する。

**解説&解答**　(1)　$\Delta t = 2.0$sの間に磁束密度は$\Delta B = 4.0$Tだけ増加している。
「$\Phi = BS$」(70)式)より，磁束の変化$\Delta\Phi$と$\Delta B$の間には，
$\Delta\Phi = \Delta B \cdot S$が成りたつ。ファラデーの電磁誘導の法則より

$$V = \left| -N\frac{\Delta\Phi}{\Delta t} \right| = N\frac{\Delta\Phi}{\Delta t} = N\frac{\Delta B \cdot S}{\Delta t}$$
$$= 100 \times \frac{4.0 \times (3.0 \times 10^{-4})}{2.0} = \mathbf{6.0 \times 10^{-2}\,V}$$ 答

(2)　AB間に抵抗をつなぐと，コイルには外から加えられた磁束の変化を打ち消すために，下向きに磁束を生じるような誘導電流(B→コイル→A→抵抗 の向き)が流れる。よって，② 答

**類題14**
(教p.215)

断面積$S$〔m²〕，巻数$N$のコイル内の磁束密度$B$〔T〕が，図のように変化する。磁場はコイル内では一様であるとする。①～③の区間について，生じる誘導起電力の大きさをそれぞれ求めよ。

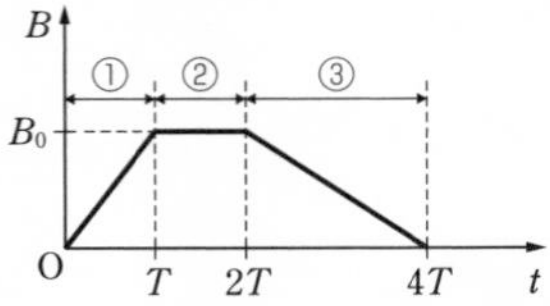


**考え方**　ファラデーの電磁誘導の法則((79)式)を用いる。磁束密度が変化しない場合は，誘導起電力は生じない。

**解説&解答**　生じる誘導起電力の大きさを$V$〔V〕とする。

① $V = \left| -N\dfrac{\Delta\Phi}{\Delta t} \right| = \left| -N\dfrac{\Delta B \cdot S}{\Delta t} \right| = \boldsymbol{\dfrac{NB_0S}{T}}$〔V〕 答

② $V = \left| -N\dfrac{\Delta\Phi}{\Delta t} \right| = \mathbf{0\,V}$ 答

③ $V = \left| -N\dfrac{\Delta\Phi}{\Delta t} \right| = \left| -N\dfrac{(0 - B_0)S}{4T - 2T} \right| = \boldsymbol{\dfrac{NB_0S}{2T}}$〔V〕 答

**問45**
(教p.216)

図のように，$xy$ 平面内の $0 < x < l$ の領域に，紙面の裏から表に向かう一様な磁場が存在している。いま，正方形コイル abcd を $xy$ 平面内で $x$ 軸の正の向きに一定の速さで動かした。コイルの位置が，(1)〜(3)の各場合について，誘導電流の流れる向きを次の①〜③から選べ。

①a→b→c→d　②d→c→b→a　③誘導電流は流れない

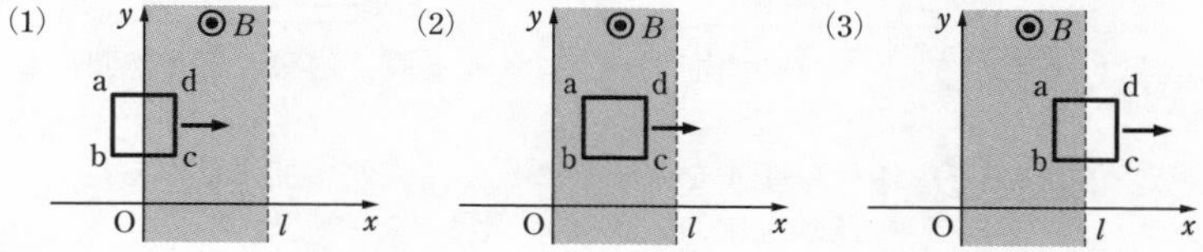


**考え方**　レンツの法則を用いる。

**解説&解答**　磁場について，紙面の裏から表に向かう向きを正として考える。

(1)　コイルを貫く正の向きの磁束が増加し，磁束の増加を打ち消す向きに誘導電流が流れる。よって，②である。**答**

(2)　磁束の変化がないため，コイルに誘導電流は流れない。③**答**

(3)　コイルを貫く正の向きの磁束が減少し，磁束の減少を打ち消すように誘導電流が流れる。よって，①である。**答**

**問46**
(教p.218)

図のように，磁束密度が $3.5 \times 10^{-2}$ T の一様な磁場内を，長さ $8.0 \times 10^{-2}$ m の導線PQが磁場に垂直に 3.0 m/s の速さで動いている。

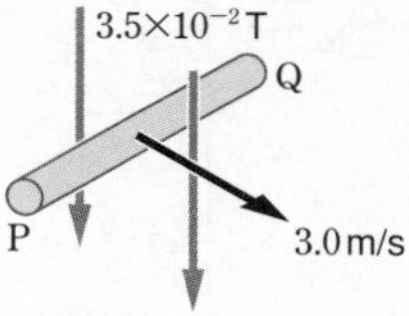


(1)　PQ間の誘導起電力の大きさは何Vか。

(2)　負の電荷が現れるのは，P，Q端のどちらか。

**考え方**　(86)式を用いる。自由電子の集まる側が負，不足する側が正である。

**解説&解答**　(1)　$V = vBl$

$= 3.0 \times (3.5 \times 10^{-2}) \times (8.0 \times 10^{-2}) = \mathbf{8.4 \times 10^{-3}\,V}$　**答**

(2)　フレミングの左手の法則より，自由電子にはたらくローレンツ力はQ→Pの向きである。よって，**P端**に負電荷が現れる。**答**

**ドリル**

**問a**
(教p.219)

次の各場合について，誘導電流は①と②のどちらの向きに流れるか。

(1)　N極を近づける

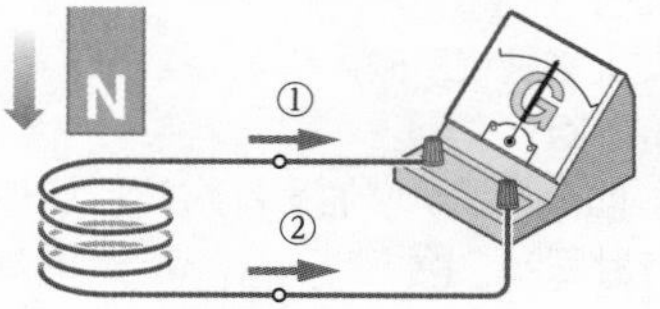


(2)　S極を遠ざける

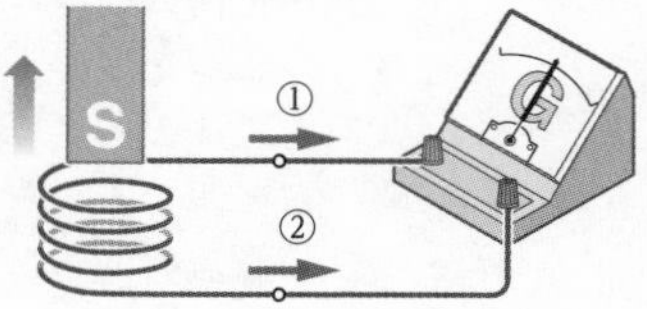

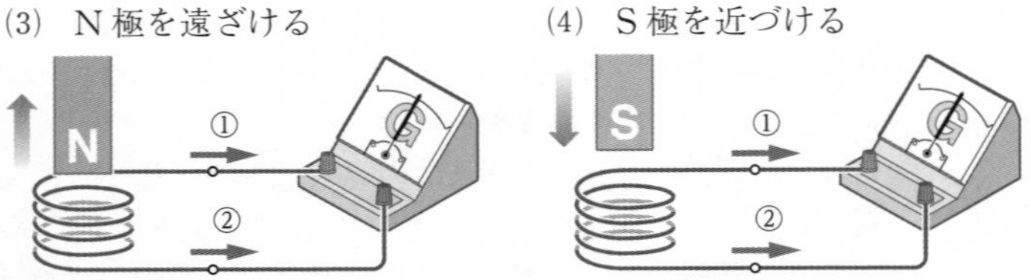


考え方　レンツの法則より，コイルを貫く磁束の変化を打ち消す向きに誘導電流が流れる。

解説&解答　(1)　コイルを下向きに貫く磁束が増加するから，
誘導電流の向きは②　答
(2)　コイルを上向きに貫く磁束が減少するから，
誘導電流の向きは②　答
(3)　コイルを下向きに貫く磁束が減少するから，
誘導電流の向きは①　答
(4)　コイルを上向きに貫く磁束が増加するから，
誘導電流の向きは①　答

問b
(教p.219)

次の各場合のように，平面上の一部(破線の内部)に紙面に垂直で一様な磁場がある(⊙は裏から表向き，⊗は表から裏向きの磁場)。図のような向きにコイルを動かすと，誘導電流は時計回りと反時計回りのどちらに流れるか。

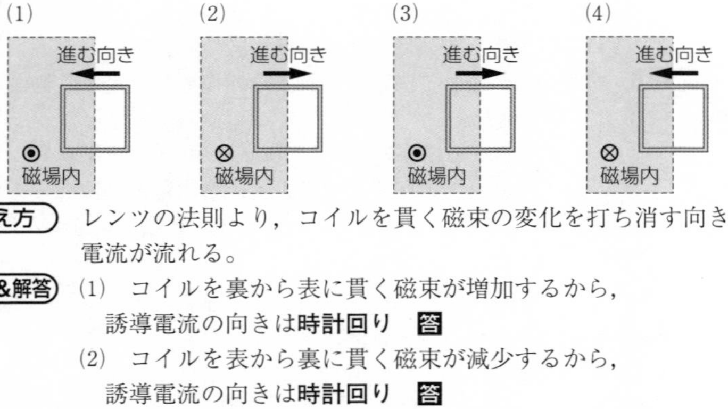


考え方　レンツの法則より，コイルを貫く磁束の変化を打ち消す向きに誘導電流が流れる。

解説&解答　(1)　コイルを裏から表に貫く磁束が増加するから，
誘導電流の向きは**時計回り**　答
(2)　コイルを表から裏に貫く磁束が減少するから，
誘導電流の向きは**時計回り**　答
(3)　コイルを裏から表に貫く磁束が減少するから，
誘導電流の向きは**反時計回り**　答
(4)　コイルを表から裏に貫く磁束が増加するから，
誘導電流の向きは**反時計回り**　答

第４編　電気と磁気

**問c**
(教p.219)

次の各場合のように，一様な磁束密度 $B$〔T〕の磁場がある空間で，導体棒 PQ を図のような向きに動かす。誘導電流は，導体棒中を P → Q と Q → P のどちらの向きに流れるか。

(1)

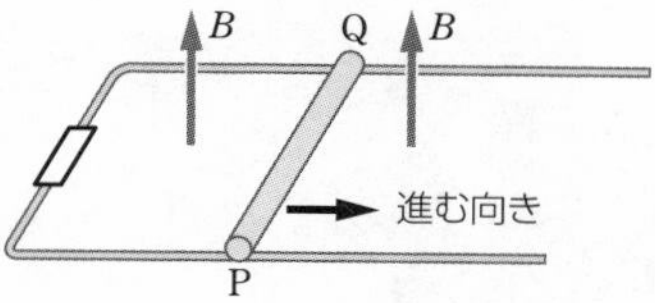


(2)

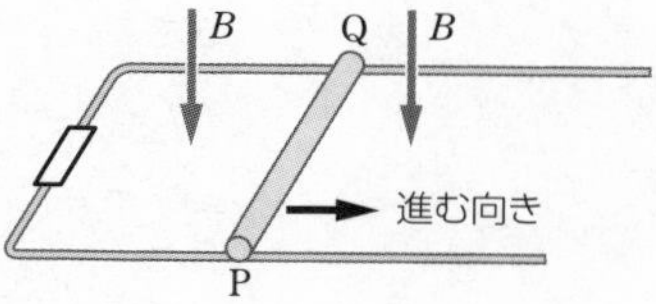


(3)

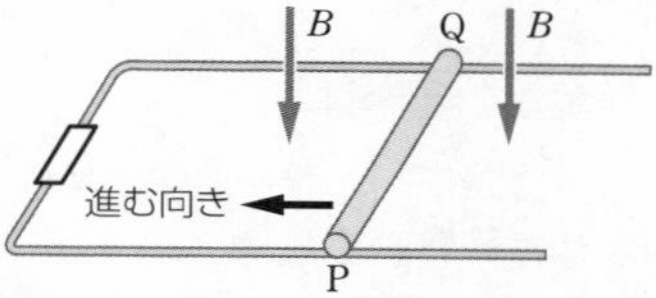


(4)

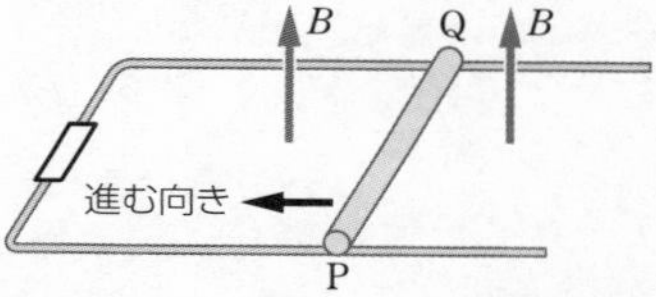


**考え方**　レンツの法則より，抵抗と導体棒でつくる回路を貫く磁束の変化を打ち消す向きに誘導電流が流れる。

**解説&解答**
(1)　回路を上向きに貫く磁束が増加するから，
誘導電流の向きは **Q → P**　答

(2)　回路を下向きに貫く磁束が増加するから，
誘導電流の向きは **P → Q**　答

(3)　回路を下向きに貫く磁束が減少するから，
誘導電流の向きは **Q → P**　答

(4)　回路を上向きに貫く磁束が減少するから，
誘導電流の向きは **P → Q**　答

**例題15**
(教p.221)

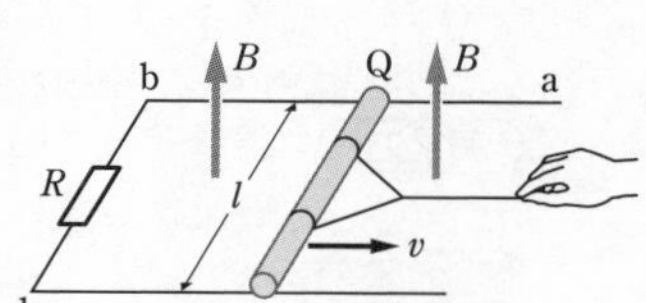


図のように，鉛直上向きの一様な磁束密度 $B$〔T〕の磁場内に，$l$〔m〕の間隔で水平に置かれた2本の導線レール ab，cd がある。bd 間を $R$〔Ω〕の抵抗でつなぎ，レール上に軽くて抵抗の無視できる導体棒 PQ を置く。これにひもをつけて引き，右向きに一定の速さ $v$〔m/s〕で動かす。導体棒はレールと垂直を保ちながら，なめらかに動くものとする。

(1)　導体棒 PQ 間に流れる電流の大きさ $I$〔A〕と向きを求めよ。

(2)　時間 $t$〔s〕の間に抵抗で発生するジュール熱 $Q$〔J〕を求めよ。

(3)　導体棒 PQ をひもで $t$〔s〕間引くときの，ひもを引く力のする仕事 $W$〔J〕を求めよ。

**考え方**　(3)　ひもを引く力は，導体棒が磁場から受ける力と同じ大きさで，逆向きの力となる。

**解説&解答** (1) 導体棒PQ間には，Q→Pの向きの誘導起電力が生じる。よって，電流の向きは**Q→P**である。誘導起電力の大きさは$V=vBl$〔V〕であるから，電流の大きさは

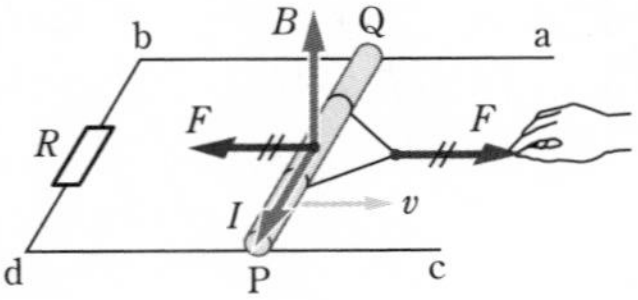


$$I=\frac{V}{R}=\boldsymbol{\frac{vBl}{R}}\text{〔A〕}$$ **答**

(2) 抵抗で発生するジュール熱は

$$Q=I^2Rt=\boldsymbol{\frac{v^2B^2l^2t}{R}}\text{〔J〕}$$ **答**

(3) 導体棒が磁場から受ける力の大きさ$F$〔N〕は

$$F=IBl=\frac{vBl}{R}\cdot Bl=\frac{vB^2l^2}{R}\text{〔N〕}$$

速さを一定に保つには，この$F$と同じ大きさで逆向きに引き続ければよい。$t$〔s〕間の導体棒の移動距離は$x=vt$〔m〕より

$$W=Fx=\frac{vB^2l^2}{R}\cdot vt=\boldsymbol{\frac{v^2B^2l^2t}{R}}\text{〔J〕}$$ **答**

第4編 電気と磁気

**類題15**
(教p.221)

図のように，鉛直上向きの一様な磁束密度$B$〔T〕の磁場内に，間隔$l$〔m〕の2本の平行な導線レールを水平に置く。レールの端を起電力$E$〔V〕の電池でつなぎ，レール上に抵抗値$R$〔Ω〕の導体棒PQを置くと，導体棒は動きだした。導体棒はレールと垂直を保ちながら，なめらかに動くものとする。その後，導体棒が図の向きに速さ$v$〔m/s〕で動いているとき，次の問いに答えよ。

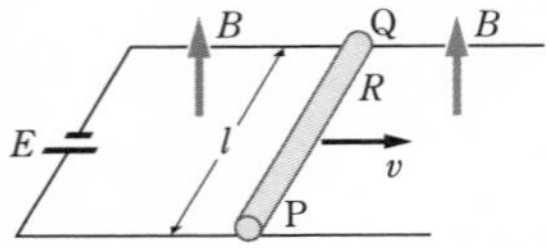


(1) 導体棒PQ間に生じる誘導起電力の大きさ$V$〔V〕を求めよ。
(2) 導体棒PQ間に流れる電流の大きさ$I$〔A〕と向きを求めよ。
(3) 導体棒が磁場から受ける力の大きさ$F$〔N〕を求めよ。

**考え方** 誘導起電力の大きさは(80)式，電流の大きさはキルヒホッフの法則Ⅱ，磁場から受ける力は(69)式を用いる。

**解説&解答** (1) (80)式より，$V=\boldsymbol{vBl}$〔V〕 **答**

(2) 導体棒PQ間には，Q→Pの向きの誘導起電力が生じる。
キルヒホッフの法則Ⅱより　$E-vBl=RI$

よって　$I=\boldsymbol{\frac{E-vBl}{R}}$〔A〕　　向きは　**P→Qの向き** **答**

(3) (69)式より

$$F=IBl=\frac{E-vBl}{R}\cdot Bl=\boldsymbol{\frac{(E-vBl)Bl}{R}}\text{〔N〕}$$ **答**

考 **問47** (教p.222)

図のように，水平に固定したプラスチック定規の端に1円玉(アルミニウム製)を貼りつけた付せん紙をとりつける。磁石のN極を，1円玉に近づけた位置からすばやく遠ざけたとき，1円玉に生じる渦電流の向きは，図の右側から見て時計回りか反時計回りのどちらか。

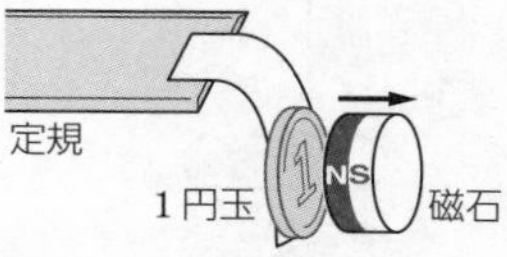


**考え方**　渦電流は，磁束の変化を打ち消す向きに流れる誘導電流である。

**解説&解答**　初め，1円玉は磁石のN極がつくる左向きの磁束が貫いている。N極を遠ざけると，左向きの磁束の減少を打ち消す向きに渦電流が生じるから，右側から見て，**時計回り**。 答

**問48** (教p.226)

自己インダクタンス0.10Hのコイルに流れる電流が$5.0\times10^{-3}$秒間に一様に75mA減少した。このとき生じる誘導起電力の大きさは何Vか。

**考え方**　自己誘導の式(93式)を用いる。

**解説&解答**　$V=\left|-L\dfrac{\Delta I}{\Delta t}\right|=0.10\times\dfrac{75\times10^{-3}}{5.0\times10^{-3}}=\mathbf{1.5\,V}$ 答

考 **問49** (教p.226)

断面積$S$，長さ$l$，巻数$N$のソレノイドコイルに$I$の電流を流す。透磁率を$\mu_0$とし，コイルの内部には一様な磁場が生じるものとする。

(1)　コイルを貫く磁束$\Phi$を，$S$，$l$，$N$，$I$，$\mu_0$を用いて表せ。

(2)　コイルを流れる電流が$\Delta t$の間に$\Delta I$変化するとき，コイルに生じる誘導起電力の大きさ$V$を，$S$，$l$，$N$，$\mu_0$，$\Delta t$，$\Delta I$を用いて表せ。

(3)　このコイルの自己インダクタンス$L$を，$S$，$l$，$N$，$\mu_0$を用いて表せ。

**考え方**　誘導起電力を「$V=\left|-N\dfrac{\Delta\Phi}{\Delta t}\right|$」(79式)より求め，自己誘導の式「$V=\left|-L\dfrac{\Delta I}{\Delta t}\right|$」(93式)と比較して自己インダクタンスを求める。

**解説&解答**　(1)　単位長さ当たりの巻数は$n=\dfrac{N}{l}$であるから，「$H=nI$」(62式)，「$\vec{B}=\mu\vec{H}$」(67式)より

$$\Phi=BS=\mu_0HS=\boldsymbol{\frac{\mu_0NSI}{l}}$$ 答

(2)　このときの磁束の変化を$\Delta\Phi$とすると，(1)の結果より

$$\Delta\Phi=\frac{\mu_0NS}{l}\Delta I$$

(79)式より　$V=\left|-N\dfrac{\Delta\Phi}{\Delta t}\right|=\left|-N\cdot\dfrac{\mu_0NS}{l}\cdot\dfrac{\Delta I}{\Delta t}\right|=\boldsymbol{\dfrac{\mu_0N^2S}{l}\left|\dfrac{\Delta I}{\Delta t}\right|}$ 答

(3)　(93)式より　$V=\left|-L\dfrac{\Delta I}{\Delta t}\right|=L\left|\dfrac{\Delta I}{\Delta t}\right|$

これと(2)の結果を比較して　$L=\boldsymbol{\dfrac{\mu_0N^2S}{l}}$ 答

第4編　電気と磁気

**問50**
(教p.227)
自己インダクタンスが0.10Hのコイルに0.20Aの電流が流れているとき，このコイルが蓄えているエネルギーは何Jか。

**考え方**　コイルに蓄えられるエネルギーの式((94)式)を用いる。

**解説&解答**　$U=\frac{1}{2}LI^2=\frac{1}{2}\times0.10\times0.20^2=\mathbf{2.0\times10^{-3}\,J}$　**答**

**問51**
(教p.228)
図のように，コイル1とコイル2を共通の鉄心に取りつける。このときの，コイル間の相互インダクタンスを0.15Hとする。コイル1に流れる電流を1秒当たり0.30Aの割合で増加させた。コイル2に生じる誘導起電力の大きさは何Vか。

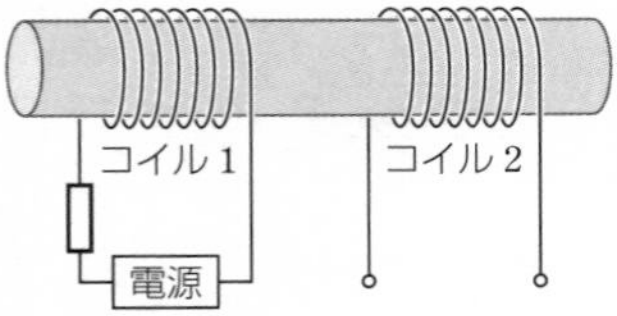


**考え方**　相互誘導の式((95)式)を用いる。

**解説&解答**　$V=\left|-M\frac{\Delta I_1}{\Delta t}\right|=0.15\times\frac{0.30}{1}=\mathbf{4.5\times10^{-2}\,V}$　**答**

**例題16**
(教p.229)
図のような，自己インダクタンス0.20Hのコイル，抵抗値40Ωの抵抗，起電力20Vの電源，スイッチが接続された回路がある。

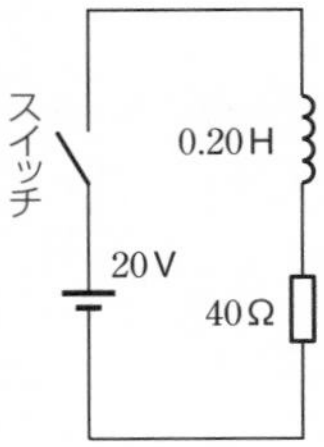


(1)　スイッチを閉じた直後に，回路に流れる電流$I_0$は何Aか。
(2)　スイッチを閉じてから十分に時間が経過したとき，回路に流れる電流$I$は何Aか。
(3)　(2)のとき，コイルが蓄えているエネルギーは何Jか。

**考え方**　スイッチを閉じた直後は，コイルの自己誘導によって，コイルに流れる電流が増加するのを妨げる向きの誘導起電力が生じるため，電流は瞬時には変化しない。

**解説&解答**　(1)　スイッチを閉じた直後は，コイルに流れる電流が増加するのを妨げる向きに誘導起電力が生じるため，回路を流れる電流は瞬時には変化しない。よって

$I_0=\mathbf{0\,A}$　**答**

(2)　スイッチを閉じてから十分に時間が経過すると，コイルに流れる電流は一定になるため，コイルには誘導起電力が生じなくなる。よって，オームの法則「$V=RI$」((32)式)より

$I=\frac{20}{40}=\mathbf{0.50\,A}$　**答**

(3)　コイルに蓄えられるエネルギーの式「$U=\frac{1}{2}LI^2$」((94)式)より

$U=\frac{1}{2}\times0.20\times0.50^2=\mathbf{2.5\times10^{-2}\,J}$　**答**

**類題16**
(教p.229)

図のように，抵抗値 $R_1$，$R_2$〔Ω〕の抵抗，コイル，起電力 $E$〔V〕の電池，スイッチが接続された回路がある。次の各場合について，$R_1$〔Ω〕の抵抗を流れる電流 $I$〔A〕とコイルに生じる誘導起電力の大きさ $V$〔V〕を求めよ。

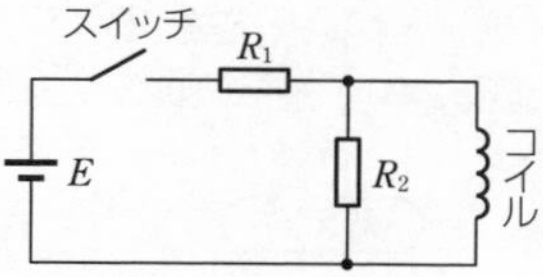


(1)　スイッチを閉じた直後

(2)　スイッチを閉じてから十分に時間が経過したとき

**考え方**　スイッチを閉じた直後は，コイルに誘導起電力が生じる。十分に時間が経過すると，コイルに誘導起電力は生じない。

**解説&解答**　(1)　スイッチを閉じた直後は，コイルに誘導起電力が生じ，電流が流れるのを妨げるため，電流は $R_2$ 側に流れる。キルヒホッフの法則Ⅱより

$$E = R_1I + R_2I \qquad \text{よって} \quad I = \frac{\boldsymbol{E}}{\boldsymbol{R_1 + R_2}}\text{〔A〕}$$ 答

コイルに生じる誘導起電力の大きさ $V$ は，$R_2$ の両端の電圧に等しいから

$$V = R_2I = \frac{\boldsymbol{R_2E}}{\boldsymbol{R_1 + R_2}}\text{〔V〕}$$ 答

(2)　十分に時間が経過したとき，電流はコイル側のみに流れる。

$$E = R_1I \quad \text{より} \quad I = \frac{\boldsymbol{E}}{\boldsymbol{R_1}}\text{〔A〕}$$ 答

このとき，コイルには誘導起電力は生じない。$V = \mathbf{0\,V}$ 答

**問52**
(教p.233)

500W の電気器具を実効値 100V の交流電圧で使うとき，流れる電流の実効値 $I_e$〔A〕と最大値 $I_0$〔A〕を求めよ。

**考え方**　500W の電気器具の電力は平均電力。$\overline{P} = I_eV_e$ である。$I_0 = \sqrt{2}I_e$ が交流電流の最大値と実効値の関係式。

**解説&解答**　電流の実効値は　$I_e = \dfrac{\overline{P}}{V_e} = \dfrac{500}{100} = \mathbf{5.00\,A}$ 答

電流の最大値は　$I_0 = \sqrt{2}I_e \fallingdotseq \mathbf{7.07\,A}$ 答

**問53**
(教p.234)

変圧器を使って 100V の交流電圧を 25V にしたい。二次コイルの巻数は，一次コイルの巻数の何倍にすればよいか。

**考え方**　一次コイルと二次コイルの交流電圧（実効値）の比 $V_{1e} : V_{2e}$ は，一次コイルと二次コイルの巻数の比 $N_1 : N_2$ に等しい。

**解説&解答**　「$V_{1e} : V_{2e} = N_1 : N_2$」より　$100 : 25 = N_1 : N_2$

よって　$N_2 = 0.25N_1$　**0.25 倍** 答

**問54**
(教p.234)
抵抗値 5Ω の送電線で送電する。送電電力が 1000W の場合，電圧の実効値が 100V と 1000V のときでは，どちらが送電線で失われる電力が大きいか。

**考え方** 電力の式「$P = IV = I^2R$」(⑷2)式)より，電力は電流の 2 乗に比例する。

**解説&解答** 電圧の実効値が 100V，1000V のときに送電線を流れる電流の実効値をそれぞれ $I_{100}$，$I_{1000}$ とすると，⑷2)式より

$$I_{100} = \frac{1000}{100} = 10\,\text{A},\quad I_{1000} = \frac{1000}{1000} = 1\,\text{A}$$

したがって，⑷2)式より，送電線で失われる電力が大きいのは，電流の大きい **100V** のときである。 答

**問55**
(教p.237)
自己インダクタンス 0.32H のコイルに周波数 50Hz，実効値 100V の交流電圧を加えた。流れる電流の実効値は何 A か。

**考え方** コイルのリアクタンスは $X_L = \omega L = \dfrac{V_{Le}}{I_{Le}}$ $(\omega = 2\pi f)$ である。

**解説&解答**

$$I_{Le} = \frac{V_{Le}}{\omega L} = \frac{V_{Le}}{2\pi f L}$$
$$= \frac{100}{2 \times 3.14 \times 50 \times 0.32} = 0.995\cdots \fallingdotseq \mathbf{1.0\,A}$$ 答

**問56**
(教p.239)
電気容量 32μF のコンデンサーに，周波数 50Hz，実効値 100V の交流電圧を加えた。流れる電流の実効値は何 A か。

**考え方** コンデンサーのリアクタンスは $X_C = \dfrac{1}{\omega C} = \dfrac{V_{Ce}}{I_{Ce}}$ $(\omega = 2\pi f)$ である。

**解説&解答**

$$I_{Ce} = \omega C V_{Ce} = 2\pi f C V_{Ce} = 2 \times 3.14 \times 50 \times (32 \times 10^{-6}) \times 100$$
$$= 1.0048 \fallingdotseq \mathbf{1.0\,A}$$ 答

**参考**

**問a**
(教p.241)
時刻 $t$〔s〕において $V = 2.5\sin 100\pi t$ と表される周波数 50Hz の交流電圧 $V$〔V〕を，コイル(自己インダクタンス 0.10H)，コンデンサー（電気容量 30μF)にそれぞれ加える。コイルとコンデンサーに流れる電流 $I_L$，$I_C$〔A〕をそれぞれ式で表せ。答えには，$\pi$ を用いてよい。

**考え方** コイルのリアクタンスの式(⑾2)，⑾3)式)，コンデンサーのリアクタンスの式(⑾7)，⑾8)式)を用いる。

**解説&解答** $V = 2.5\sin 100\pi t$ より

交流電圧の最大値　$V_0 = 2.5\,\text{V}$

角周波数　$\omega = 100\pi\,\text{rad/s}$　である。

コイルに流れる電流の最大値を $I_{L0}$〔A〕とすると，⑾2)，⑾3)式より

$$I_{L0} = \frac{V_{L0}}{\omega L} = \frac{2.5}{100\pi \times 0.10} = \frac{0.25}{\pi}\,\text{A}$$

コイルに流れる電流の位相は，コイルに加わる電圧の位相よりも$\frac{\pi}{2}$だけ遅れるから

$$I_{\mathrm{L}} = I_{\mathrm{L0}}\sin\left(\omega t - \frac{\pi}{2}\right) = -\frac{\mathbf{0.25}}{\boldsymbol{\pi}}\,\mathbf{cos\,100}\boldsymbol{\pi t}\,\text{〔A〕}$$ 答

コンデンサーに流れる電流の最大値を$I_{\mathrm{C0}}$〔A〕とすると，(117)，(118)式より

$$I_{\mathrm{C0}} = \omega C V_{\mathrm{C0}} = 100\pi \times (30 \times 10^{-6}) \times 2.5 = 7.5 \times 10^{-3}\pi\,\mathrm{A}$$

コンデンサーに流れる電流の位相は，コンデンサーに加わる電圧の位相よりも$\frac{\pi}{2}$だけ進むから

$$I_{\mathrm{C}} = I_{\mathrm{C0}}\sin\left(\omega t + \frac{\pi}{2}\right) = \mathbf{7.5 \times 10^{-3}}\boldsymbol{\pi}\mathbf{cos\,100}\boldsymbol{\pi t}\,\text{〔A〕}$$ 答

**問57**（教p.243）　$R$〔Ω〕の抵抗，自己インダクタンス$L$〔H〕のコイル，電気容量$C$〔F〕のコンデンサーに，それぞれ実効値$V_{\mathrm{e}}$〔V〕の電圧を加える。消費電力の時間平均をそれぞれ求めよ。

**考え方**　コイル・コンデンサーでは，電力の正負は一定時間ごとに入れかわるから，電力の時間平均は0である。

**解説&解答**　抵抗：$\overline{P_{\mathrm{R}}} = I_{\mathrm{e}}V_{\mathrm{e}} = \frac{\boldsymbol{V_{\mathrm{e}}^2}}{\boldsymbol{R}}$〔W〕 答

コイル：$\overline{P_{\mathrm{L}}} = \mathbf{0\,W}$ 答

コンデンサー：$\overline{P_{\mathrm{C}}} = \mathbf{0\,W}$ 答

**問58**（教p.244）　抵抗，コイル，コンデンサーの直列回路に交流電圧を加えた。抵抗，コイル，コンデンサーに加わる交流電圧の実効値がそれぞれ4.0V，5.0V，2.0Vであるとき，回路全体に加わる交流電圧の実効値は何Vか。

**考え方**　実効値でも最大値の式((126)式)と同様の関係が成りたつ。

**解説&解答**　$V_{\mathrm{e}} = \sqrt{V_{\mathrm{Re}}^2 + (V_{\mathrm{Le}} - V_{\mathrm{Ce}})^2} = \sqrt{4.0^2 + (5.0 - 2.0)^2} = \mathbf{5.0\,V}$ 答

**問59**（教p.244）　抵抗とコイルとコンデンサーを直列接続した回路に実効値3.0Vの交流電圧を加えたところ，回路には実効値2.0Aの電流が流れた。この回路のインピーダンスは何Ωか。

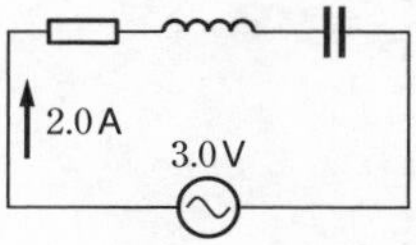


**考え方**　交流回路のインピーダンスの式((129)式)を用いる。

**解説&解答**　(129)式より　$Z = \frac{V_{\mathrm{e}}}{I_{\mathrm{e}}} = \frac{3.0}{2.0} = \mathbf{1.5\,\Omega}$ 答

**問60**（教p.246）　$R$〔Ω〕の抵抗と，電気容量$C$〔F〕のコンデンサーの直列回路に角周波数$\omega$〔rad/s〕の交流電圧を加える。この回路のインピーダンスを求めよ。

第4編　電気と磁気

**考え方** 直列回路より，電流を基準にとって考える。交流回路のインピーダンスの式((129)式)を用いる。

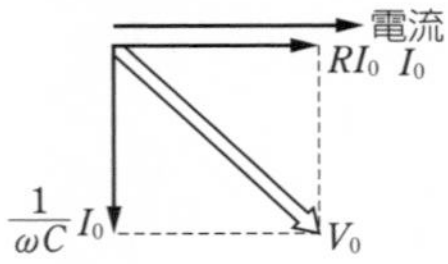


**解説&解答** 交流電圧と交流電流の最大値をそれぞれ$V_0$〔V〕，$I_0$〔A〕とすると，これらの関係は右図のようになるので

$$V_0 = I_0\sqrt{R^2 + \frac{1}{\omega^2 C^2}}$$

(129)式より　$Z = \frac{V_0}{I_0} = \sqrt{\boldsymbol{R^2 + \frac{1}{\omega^2 C^2}}}$ **〔Ω〕** **答**

**問61**
(**教**p.247)

50Ωの抵抗と，コイル，コンデンサーの直列回路に実効値100Vの交流電圧を加えたところ，回路には実効値0.40Aの電流が流れた。この回路全体の消費電力の時間平均を求めよ。

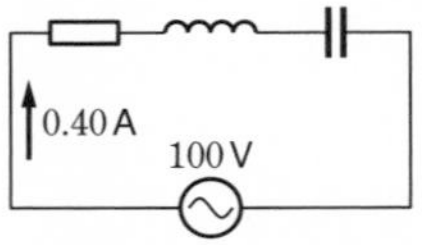


**考え方** コイル，コンデンサーの消費電力の時間平均はいずれも0である。(132)式を用いる。

**解説&解答** (132)式より　$\overline{P} = RI_e{}^2 = 50 \times 0.40^2 = \mathbf{8.0\,W}$ **答**



## 思考学習 スピーカーと交流回路

**教** p.247

スピーカーは，電気信号(さまざまな周波数の交流からなる)を音(空気の振動)に変換する装置であり,交流の周波数が音の周波数となる。また，人が聞くことのできる音の振動数は，約20Hz～20kHzと広いが，1つのスピーカーでは，よい音質で出せる周波数の範囲に限りがある。そのため，高音用と低音用のスピーカーといったように，複数のスピーカーを組み合わせた音響装置が多い。図は，音響装置の回路の例である。以下，回路内の抵抗を無視する。

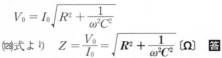

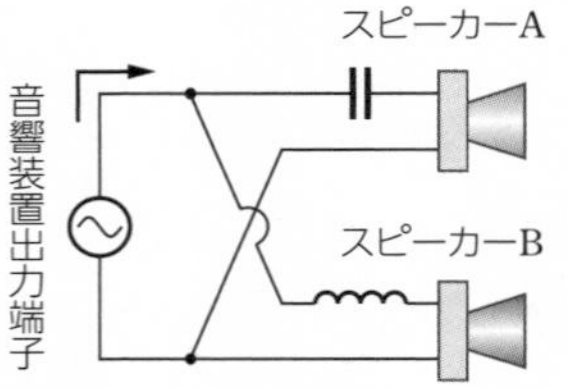


**考察1** 図の音響装置は，高音用スピーカーには高い周波数の交流が，低音用スピーカーには低い周波数の交流が流れるようにすることで，さまざまな周波数の音が出せるようにしている。高音用のスピーカーは，AとBのうちどちらだろうか。理由とともに答えよ。

**考察2** 高音用，低音用のスピーカーから出力される音の位相は，同位相のほうが好ましい。音の位相は交流電流の位相に影響されるので，交流電流の位相を考慮する必要がある。コンデンサーに流れる電流の位相は，コイルに流れる電流の位相と比べてどうなっているだろうか。ただし，電流は図の矢印の向きを正とする。

**考え方**　**考察❶**では，リアクタンスが小さいほど電流が流れやすくなることを用いる。**考察❷**では，スピーカーA，Bが並列で，電圧が共通であることを用いる。

**解説&解答**　**❶　コイルのリアクタンスは周波数に比例するが，コンデンサーのリアクタンスは周波数に反比例する。つまり，交流の周波数が高くなるほどリアクタンスが小さくなり，電流が流れやすくなるのはコンデンサーのほうである。よって，高音用のスピーカーはAである。** 答

❷　交流電圧に対する交流電流の位相は，コンデンサーでは$\frac{\pi}{2}$進み，コイルでは$\frac{\pi}{2}$遅れるので，コンデンサーに流れる電流の位相は，コイルに流れる電流の位相に比べて**$\pi$ 進んでいる。** 答

**例題17**
(教p.248)

図のように，40Ωの抵抗R，自己インダクタンス0.20Hのコイル L，電気容量$5.0 \times 10^2$μFのコンデンサーCを直列接続し，交流電圧を加える。交流電圧の実効値を$1.0 \times 10^2$V，周波数を$f = \frac{2.0 \times 10^2}{2\pi}$Hz（≒32Hz）とする。

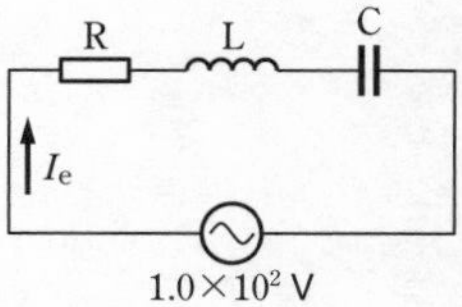


(1)　コイル L のリアクタンス$X_L$〔Ω〕を求めよ。
(2)　コンデンサーのリアクタンス$X_C$〔Ω〕を求めよ。
(3)　回路全体のインピーダンス$Z$〔Ω〕を求めよ。
(4)　回路を流れる交流電流の実効値$I_e$〔A〕を求めよ。

**考え方**　交流電圧の周波数$f$から，「$\omega = 2\pi f$」の関係を用いて，交流電圧の角周波数$\omega$を求める。

**解説&解答**　交流電圧の角周波数を$\omega$〔rad/s〕とおく。「$\omega = 2\pi f$」より

$$\omega = 2\pi f = 2.0 \times 10^2 \text{ rad/s}$$

(1)　(113)式より

$$X_L = \omega L = (2.0 \times 10^2) \times 0.20 = \mathbf{40\Omega}$$ 答

(2)　(118)式より

$$X_C = \frac{1}{\omega C} = \frac{1}{(2.0 \times 10^2) \times (5.0 \times 10^2 \times 10^{-6})} = \mathbf{10\Omega}$$ 答

(3)　この回路は直列回路であるから，(130)式より

$$Z = \sqrt{R^2 + \left(\omega L - \frac{1}{\omega C}\right)^2} = \sqrt{40^2 + (40 - 10)^2} = \mathbf{50\Omega}$$ 答

(4)　(129)式より

$$I_e = \frac{V_e}{Z} = \frac{1.0 \times 10^2}{50} = \mathbf{2.0\,A}$$ 答

**類題17**
(**教**p.248)

図のように，30Ω の抵抗 R，自己インダクタンス 0.15H のコイル L，および電気容量 25μF のコンデンサー C を直列接続し，交流電圧を加える。交流電圧の実効値を 20V，角周波数を $\omega = 4.0 \times 10^2$ rad/s とする。

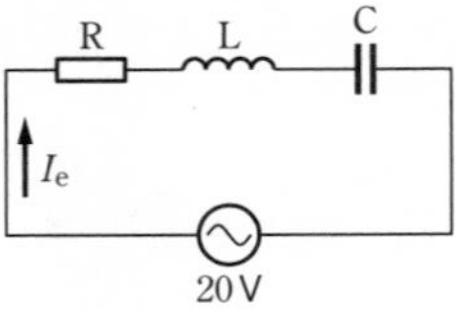


(1) 回路全体のインピーダンス $Z$〔Ω〕を求めよ。
(2) 回路を流れる交流電流の実効値 $I_e$〔A〕を求めよ。
(3) この回路の消費電力の時間平均 $\overline{P}$〔W〕を求めよ。

**考え方** それぞれ，(130)式，(129)式，(132)式を用いる。

**解説&解答** (1) コイルのリアクタンスは

$$X_L = \omega L = (4.0 \times 10^2) \times 0.15 = 60\,\Omega$$

コンデンサーのリアクタンスは

$$X_C = \frac{1}{\omega C} = \frac{1}{(4.0 \times 10^2) \times (25 \times 10^{-6})} = 100\,\Omega$$

よって，回路全体のインピーダンスは

$$Z = \sqrt{R^2 + \left(\omega L - \frac{1}{\omega C}\right)^2} = \sqrt{30^2 + (60 - 100)^2} = \mathbf{50\,\Omega}$$ 答

(2) $I_e = \dfrac{V_e}{Z} = \dfrac{20}{50} = \mathbf{0.40\,A}$ 答

(3) $\overline{P} = RI_e{}^2 = 30 \times 0.40^2 = \mathbf{4.8\,W}$ 答



**問62**
(**教**p.249)

抵抗と，自己インダクタンス 0.50H のコイルと，電気容量 8.0μF のコンデンサーの直列回路の共振周波数は何 Hz か。

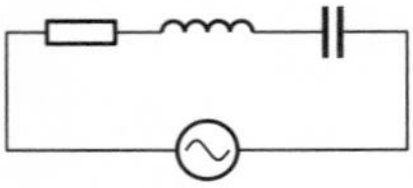

**考え方** 共振周波数の式((134)式)を用いる。

**解説&解答** (134)式より

$$f_0 = \frac{1}{2\pi\sqrt{LC}} = \frac{1}{2 \times 3.14 \times \sqrt{0.50 \times (8.0 \times 10^{-6})}}$$
$$= 79.6\cdots \fallingdotseq \mathbf{80\,Hz}$$ 答

**問63**
(**教**p.251)

図のように，自己インダクタンス $4.0 \times 10^{-3}$ H のコイルと，電気容量 $2.5 \times 10^{-10}$ F のコンデンサーを接続する。コンデンサーを電圧 2.0V で充電してから，スイッチを入れると回路には振動電流が流れた。

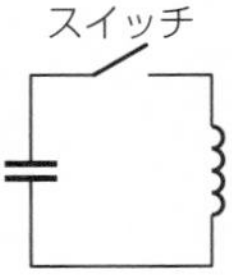


(1) 振動電流の周期 $T$〔s〕と周波数 $f$〔Hz〕を求めよ。
(2) 振動電流が最大となる瞬間，コイルが蓄えているエネルギーは何 J か。
(3) 振動電流の最大値は何 A か。

**考え方** それぞれ，(136)式，(30)式，(94)式を用いる。

**解説&解答** (1) $T = 2\pi\sqrt{LC} = 2 \times 3.14 \times \sqrt{(4.0 \times 10^{-3}) \times (2.5 \times 10^{-10})}$

$$= 6.28 \times 10^{-6} \fallingdotseq \mathbf{6.3 \times 10^{-6}\,s}$$ 答

$$f = \frac{1}{T} = \frac{1}{6.28 \times 10^{-6}} = 1.59\cdots \times 10^5 \fallingdotseq \mathbf{1.6 \times 10^5\,Hz}$$ 答

(2)　スイッチを入れる前，コンデンサーが蓄えているエネルギーは

$$U = \frac{1}{2}CV^2 = \frac{1}{2} \times (2.5 \times 10^{-10}) \times 2.0^2 = 5.0 \times 10^{-10}\,\mathrm{J}$$

振動電流が最大となる瞬間，このエネルギーがすべてコイルに蓄えられている。よって　**$5.0 \times 10^{-10}$ J**　答

(3)　「$U = \frac{1}{2}LI_0{}^2$」より

$$5.0 \times 10^{-10} = \frac{1}{2} \times (4.0 \times 10^{-3}) \times I_0{}^2$$

よって　$I_0 =$ **$5.0 \times 10^{-4}$ A**　答

**問64**（教p.253）　周波数が90 MHz（M（メガ）は$10^6$を表す）のFMラジオの電波の波長は何mか。光の速さを$3.0 \times 10^8$ m/sとする。

**考え方**　波長$\lambda$〔m〕と周期$f$〔Hz〕の関係は，波の速さを$v$〔m/s〕とすると，「$v = f\lambda$」である。電磁波の速さは$c = 3.0 \times 10^8$ m/sであるので，「$c = f\lambda$」となる。

**解説&解答**　「$c = f\lambda$」より　$\lambda = \frac{c}{f} = \frac{3.0 \times 10^8}{90 \times 10^6} = 3.33\cdots \fallingdotseq$ **3.3 m**　答

考 **問65**（教p.254）　家庭用無線LANの周波数帯には，2.4 GHz帯と5 GHz帯がある。この2つの周波数帯のうち，電子レンジと近い場所で同時に使用すると，つながりにくくなるのはどちらだろうか。電子レンジは電磁波を利用して加熱する機器であることと，教p.256図138を参考にして，理由とともに答えよ。

**考え方**　電子レンジで使用している電磁波の周波数に近い周波数帯のほうが影響を受けやすい。

**解説&解答**　**電子レンジの電磁波の周波数は約2.4 GHzであり，これと近い2.4 GHz帯は電子レンジの電磁波の影響を受けやすくなるので，つながりにくくなる。**　答

## 演 習 問 題　　教p.257〜p.258

***1***　図のように，1辺の長さ$2l$〔m〕の正方形ABCDの部分に，紙面に垂直で表から裏に向かう磁束密度$B$〔T〕の一様な磁場がある。1辺の長さが$l$〔m〕の1巻きの正方形コイルabcdを紙面上に置き，$x$軸の正の向きに一定の速さ$v$〔m/s〕で動かす。ただし，コイルの抵抗は$R$〔Ω〕とし，辺bcおよび辺BCは$x$軸に平行で，辺abが辺CDと重なった時刻を$t = 0$ sとする。

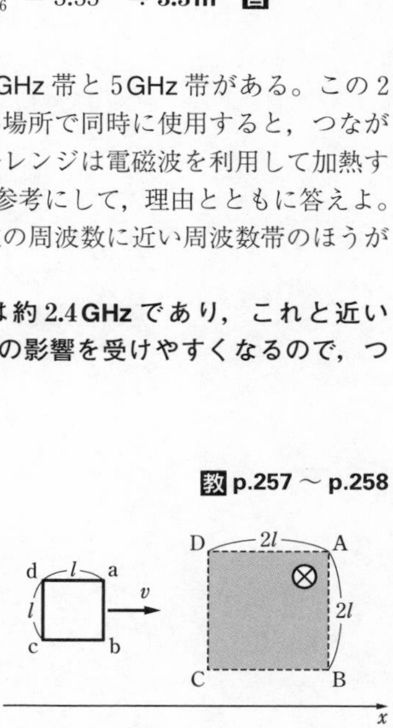

(1)　コイルを貫く磁束 $\Phi$〔Wb〕の時間変化を，磁場の向きを正として，グラフに表せ。
(2)　コイルに流れる電流 $I$〔A〕の時間変化をグラフに表せ。ただし，紙面の上から見てコイルを時計回りに流れる電流の向きを正とする。
(3)　コイルが磁場から受ける力 $F$〔N〕の時間変化をグラフに表せ。ただし，$x$ 軸の正の向きを正とする。
(4)　コイルが磁束部分を通過し終えるまでに，コイルで生じたジュール熱を求めよ。
(5)　コイルが磁束部分を通過し終えるまでに，コイルを動かすために外力のした仕事を求めよ。

**考え方**　コイルが磁場を通過する時間を，$0 \leqq t \leqq \frac{l}{v}$，$\frac{l}{v} \leqq t \leqq \frac{2l}{v}$，$\frac{2l}{v} \leqq t \leqq \frac{3l}{v}$ の3つに分けて考える。

**解説&解答**　(1)　$0 \leqq t \leqq \frac{l}{v}$ のとき，コイルを貫く磁束は0から一定の割合で増加する。

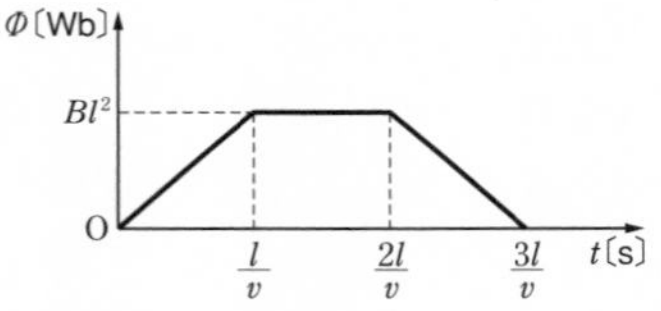


$\frac{l}{v} \leqq t \leqq \frac{2l}{v}$ のとき，コイル全体が磁場に入っているので，コイルを貫く磁束は一定で変わらない。このとき，コイルの面積 $S = l^2$ より，コイルを貫く磁束は

$$\Phi = BS = Bl^2 \text{〔Wb〕}$$

$\frac{2l}{v} \leqq t \leqq \frac{3l}{v}$ のとき，コイルを貫く磁束は一定の割合で減少し，$t = \frac{3l}{v}$ で0になる。　**答**

(2)　コイルを貫く磁束が変化している間だけ，誘導起電力 $V$ が生じ，誘導電流 $I$ が流れる。$0 \leqq t \leqq \frac{l}{v}$ のとき

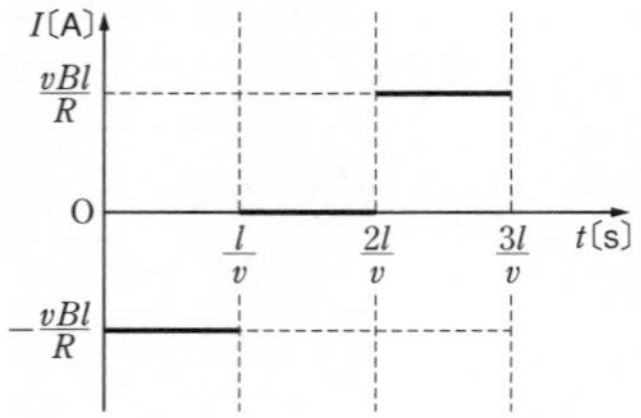


$$V = -\frac{\Delta\Phi}{\Delta t} = -\frac{Bl^2}{\frac{l}{v}} = -vBl \text{〔V〕}$$

よって　$I = \frac{V}{R} = -\frac{vBl}{R}$〔A〕

$\frac{2l}{v} \leqq t \leqq \frac{3l}{v}$ のとき，$I = \frac{vBl}{R}$〔A〕　**答**

第4編
電気と磁気

(3)　$0 \leqq t \leqq \frac{l}{v}$ のとき，コイルの辺 ab に流れる電流は，磁場から速度と逆向きの力 $F$ を受ける。

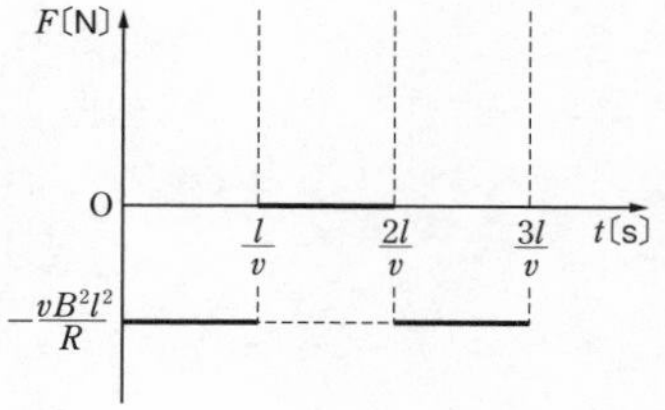


$$F = IBl = -\frac{vBl}{R} \cdot Bl$$
$$= -\frac{vB^2l^2}{R} \text{〔N〕}$$

$\frac{2l}{v} \leqq t \leqq \frac{3l}{v}$ のとき，コイルの辺 cd に流れる電流は，磁場から速度と逆向きの力 $F$ を受ける。　**答**

(4)　$0 \leqq t \leqq \frac{l}{v}$ のときに生じたジュール熱を $Q_1$〔J〕とすると，

「$Q = I^2Rt$」より

$$Q_1 = \left(-\frac{vBl}{R}\right)^2 \times R \times \frac{l}{v} = \frac{vB^2l^3}{R} \quad \cdots\cdots ①$$

$\frac{l}{v} \leqq t \leqq \frac{2l}{v}$ のときは，ジュール熱は発生しない。　……②

$\frac{2l}{v} \leqq t \leqq \frac{3l}{v}$ のときは，①と同じだけジュール熱が発生する。

……③

よって　$① + ② + ③ = \frac{vB^2l^3}{R} + 0 + \frac{vB^2l^3}{R} = \boldsymbol{\frac{2vB^2l^3}{R}}$〔J〕　**答**

(5)　大きさ $|F|$ の外力を右向きに加えて，距離 $x = 2l$ だけ動かしたので，仕事は

$$W = |F|x = \frac{vB^2l^2}{R} \cdot 2l = \boldsymbol{\frac{2vB^2l^3}{R}} \text{〔J〕} \quad \textbf{答}$$

**2**　図のように，水平で一様な磁束密度 $B$〔T〕の磁場内で，コの字形に曲げた金属柱を磁場に垂直な面内で鉛直に立てる。この金属柱に長さ $l$〔m〕，質量 $m$〔kg〕の導体棒を常に水平に保ち，両端が金属柱に接してなめらかに動けるようにはめた。導体棒の抵抗値は $R$〔Ω〕であり，コの字形の金属柱の抵抗は無視できる。この導体棒を落下させたところ，やがて導体棒の速さが一定となった。自己誘導は無視でき，重力加速度の大きさを $g$〔m/s²〕とする。

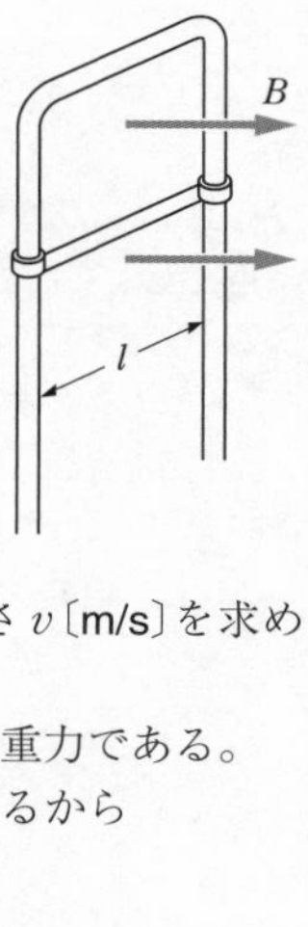


(1)　導体棒の速さが一定のとき，導体棒にはたらく力はつりあっている。導体棒を流れる電流の大きさ $I$〔A〕を求めよ。

(2)　導体棒に生じる誘導起電力を考えることにより，導体棒の速さ $v$〔m/s〕を求めよ。

**考え方**　導体棒にはたらく力は，電流が磁場から受ける力と重力である。

**解説&解答**　(1)　電流が磁場から受ける力と重力がつりあっているから

$$IBl - mg = 0 \quad よって \quad I = \frac{\boldsymbol{mg}}{\boldsymbol{Bl}}〔\mathrm{A}〕$$ 答

(2)　導体棒の両端に生じる誘導起電力の大きさは，$V = vBl$〔V〕であるので，オームの法則より

$$I = \frac{V}{R} = \frac{vBl}{R}$$

(1)の結果より

$$\frac{vBl}{R} = \frac{mg}{Bl} \qquad よって \quad v = \frac{\boldsymbol{mgR}}{\boldsymbol{B^2l^2}}〔\mathrm{m/s}〕$$ 答

**3**　図のように，コイル1とコイル2が鉄心に巻いてある。コイル間の相互インダクタンスが0.50Hのとき，コイル1を矢印の向きに流れる電流$I_1$〔A〕をグラフのように変化させる。コイル2の端子電圧$V_2$〔V〕の時間変化をグラフで示せ。ただし，端子電圧は，図の矢印の向きに電流が流れるときを正とする。

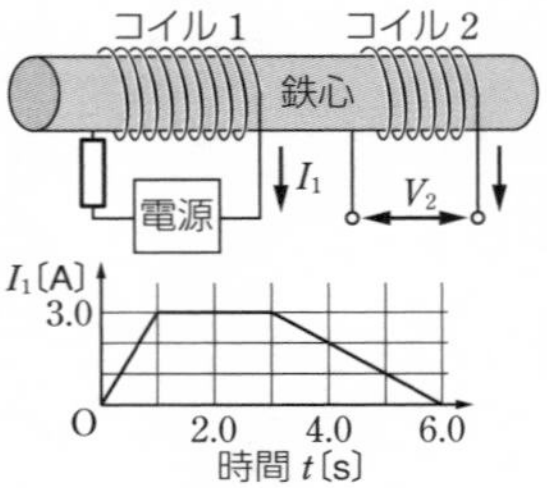


**考え方**　相互誘導の式「$V_2 = -M\dfrac{\Delta I_1}{\Delta t}$」(㊿式)を用いる。

**解説&解答**　(95)式より　時刻 0 ～ 1.0s：$V_2 = -0.50 \times \dfrac{3.0-0}{1.0-0} = -1.5\,\mathrm{V}$

時刻 1.0 ～ 3.0s：$V_2 = -0.50 \times \dfrac{3.0-3.0}{3.0-1.0} = 0\,\mathrm{V}$

時刻 3.0 ～ 6.0s：$V_2 = -0.50 \times \dfrac{0-3.0}{6.0-3.0} = 0.50\,\mathrm{V}$

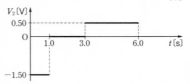

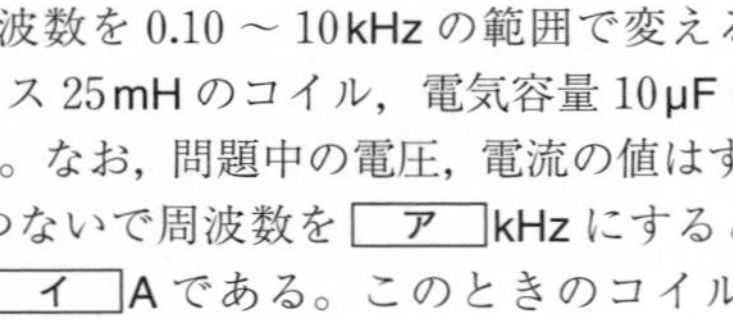


答

**4**　電源電圧が5.0Vで，周波数を0.10 ～ 10kHzの範囲で変えることのできる交流電源と，自己インダクタンス25mHのコイル，電気容量10μFのコンデンサーがある。空欄を，数値で埋めよ。なお，問題中の電圧，電流の値はすべて実効値とする。

(1)　コイルを交流電源につないで周波数を［ア］kHzにするとき，コイルに流れる電流は最も大きく，［イ］Aである。このときのコイルのリアクタンスは［ウ］Ωである。

(2)　コンデンサーを交流電源につないで周波数を［エ］kHzにするとき，コンデンサーに流れる電流は最も大きく，［オ］Aである。このときのコンデンサーのリアクタンスは［カ］Ωである。

(3) コイルとコンデンサーを直列に接続し，さらに抵抗値の十分小さい抵抗を直列に接続する。この回路を交流電源につなぎ周波数を［キ］kHz にすると，回路に流れる電流は最も大きくなる。

**考え方** コイルのリアクタンスは周波数に比例する。コンデンサーのリアクタンスは周波数に反比例する。

**解説&解答** (1) 交流の周波数が小さいほど，コイルのリアクタンスは小さくなり，コイルに流れる電流は大きくなる。

(ア) 周波数 $f =$ **0.10 kHz** のとき **答**

(ウ) $X_L = 2\pi fL = 2 \times 3.14 \times (0.10 \times 10^3) \times (25 \times 10^{-3})$
$= 15.7 \fallingdotseq \mathbf{16\,\Omega}$ **答**

(イ) $I_{Le} = \dfrac{V_e}{X_L} = \dfrac{5.0}{15.7} \fallingdotseq \mathbf{0.32\,A}$ **答**

(2) 交流の周波数が大きいほど，コンデンサーのリアクタンスは小さくなり，コンデンサーに流れる電流は大きくなる。

(エ) 周波数 $f =$ **10 kHz** **答**

(カ) $X_C = \dfrac{1}{2\pi fC} = \dfrac{1}{2 \times 3.14 \times (10 \times 10^3) \times (10 \times 10^{-6})}$
$= \dfrac{1}{6.28 \times 10^{-1}} = 1.59\cdots \fallingdotseq \mathbf{1.6\,\Omega}$ **答**

(オ) $I_{Ce} = \dfrac{V_e}{X_C} = 2\pi fCV_e = 3.14 \fallingdotseq \mathbf{3.1\,A}$ **答**

(3)(キ) $f_0 = \dfrac{1}{2\pi\sqrt{LC}} = \dfrac{1}{2 \times 3.14 \times \sqrt{(25 \times 10^{-3}) \times (10 \times 10^{-6})}}$
$= \dfrac{1}{6.28\sqrt{25 \times 10^{-8}}} = 3.18\cdots \times 10^2\,\text{Hz} \fallingdotseq \mathbf{0.32\,kHz}$ **答**

**5** 図のように，自己インダクタンス 2.0 mH のコイル L，電気容量 $2.0 \times 10^{-7}$ F のコンデンサー C，起電力 30 V の電池 E を接続する。初め，スイッチ S を a 側に入れ，十分に時間が経過してから b 側へ入れると，コイルとコンデンサーの回路に電気振動が起こる。

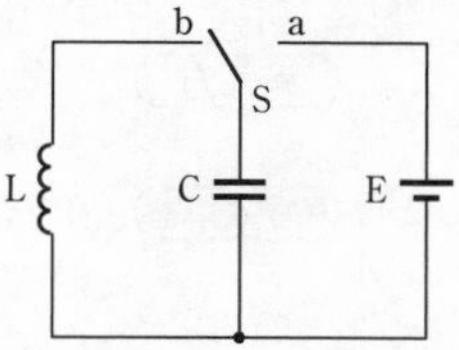


(1) この電気振動の周波数 $f$〔Hz〕を求めよ。

(2) スイッチを b 側に入れてから，振動電流が最大になるまでの時間 $t$〔s〕を求めよ。

(3) 振動電流の最大値 $I_0$〔A〕を求めよ。ただし，導線の抵抗を無視するものとする。

**考え方** (3)では，抵抗を無視できるので電場と磁場のエネルギーの和が一定に保たれる。

(解説&解答) (1)　共振回路の固有周波数は

$$f = \frac{1}{2\pi\sqrt{LC}} = \frac{1}{2 \times 3.14 \times \sqrt{(2.0 \times 10^{-3}) \times (2.0 \times 10^{-7})}}$$
$$= 7.96\cdots \times 10^3 \fallingdotseq \mathbf{8.0 \times 10^3\,Hz}　\boxed{答}$$

(2)　電気振動の周期 $T$〔s〕の $\frac{1}{4}$ だけ進んだとき，振動電流が初めて

最大となる。

$$t = \frac{T}{4} = \frac{1}{4f} = \frac{2 \times 3.14 \times \sqrt{(2.0 \times 10^{-3}) \times (2.0 \times 10^{-7})}}{4}$$
$$= 3.14 \times 10^{-5} \fallingdotseq \mathbf{3.1 \times 10^{-5}\,s}　\boxed{答}$$

(3)　エネルギー保存則により　「$\frac{1}{2}CV_0^2 = \frac{1}{2}LI_0^2$」

よって　$I_0 = \sqrt{\dfrac{C}{L}}V_0 = \sqrt{\dfrac{2.0 \times 10^{-7}}{2.0 \times 10^{-3}}} \times 30 = \mathbf{0.30\,A}$　$\boxed{答}$

## 考 考えてみよう！ ・・・・・・・・・・・・・・・・・・・・・・・・・

6　図は，破砕した廃棄物を材質ごと
に選別する装置である。ベルトコン
ベアでゆっくりと運ばれてきた廃棄
物の破片は，高速で回転する磁石ド
ラム（磁極が交互になるように配列
されており，付近の磁場は激しく変
動する）のところで，材質ごとに落

下方向が変わることで選別される。銅やアルミニウムなどの非磁性金属（強磁性体
ではない金属）が遠くに落下するのはなぜだろうか。非磁性金属の内部で起こる現
象に着目して，理由とともに説明しよう。

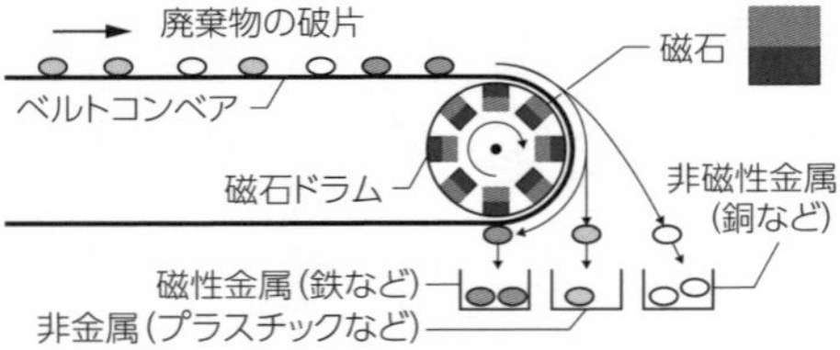

(考え方)　磁場が変動すると電磁誘導により磁束の変化を打ち消す向きの磁束
をつくるような渦電流が流れる。

(解説&解答)　**磁石ドラム付近は磁場が激しく変動しているので，非磁性金属には
渦電流が流れる。そのため，非磁性金属は常に磁石と反発するよう
に磁気力が生じ，遠くに飛ばされるから。　答**

# 第1章　電子と光

教 p.260 ～ p.285

## 1 電子

### A 放電

**❶気体放電**　空気などの気体には，ふつう，電流は流れない。しかし，高い電圧を加えたりすると電流が流れるようになる。このような，気体の中を電流が流れる現象を**気体放電**という。

**❷真空放電**　教 p.260 図1のように，両端に電極を封入したガラス管に高い電圧を加える。内部の空気を抜いていくと，管全体が内部にわずかに残っている気体特有の色の光を発するようになる。このような希薄な気体による放電を**真空放電**という。ガラス管内の真空度を増していくと，管内の光は消え，陽極側の管壁が蛍光を発する。

蛍光は，陰極から出た何かが陽極側に向かって進み，管壁にぶつかることによって起こると考えられる。そこで，陰極から出ているものは，**陰極線**と名づけられた。

### B 陰極線

陰極線には，次のような性質がある。

①写真フィルムを感光する(化学変化を起こす)。
②蛍光物質に当たると，蛍光を発する。
③物体によってさえぎられ，物体の後方にその影をつくる(教 p.261 図2ⓐ)。
④電場や磁場によって，進む方向が負電荷が曲げられるのと同じ向きに曲げられる(同図ⓑ，ⓒ)。
⑤性質①～④は，陰極の金属の種類や管内の気体の種類には関係がない。

このような性質から，陰極線は負電荷をもつ(④)ある特定の粒子の流れで(③)，その粒子はすべての金属に共通に含まれていることがわかった(⑤)。現在では，この粒子は**電子**であることが知られており，陰極線のことを**電子線**ともいう。

### C 電子の比電荷

**❶電子の発見**　粒子の質量 $m$〔kg〕に対する電気量の大きさ $e$〔C〕の比の値 $\frac{e}{m}$〔C/kg〕を**比電荷**という。J.J. トムソンは，実験を通じて陰極線の粒子の比電荷を求めることに成功し，その値は常に一定の値 $\frac{e}{m} \fallingdotseq 2 \times 10^{11}$ C/kg になることがわかった。このことから，物質の中には負電荷をもった粒子が共通に含まれていることが明らかになり，この粒子は**電子**とよばれるようになった。

**❷電子の比電荷の測定**　次ページの図のように，強さ $E$〔V/m〕の電場のみを加え，電気量 $-e$〔C〕$(e>0)$，質量 $m$〔kg〕の電子を，電場に対して垂直に速さ $v$〔m/s〕で入射させる。電場の加わる区間の長さを $l$〔m〕とし，これらの中央から $L$〔m〕の位置に蛍

光物質を塗ったついたて(蛍光面)を入射方向に垂直に置く。電子が直進したときに達する点Oを原点として，同図のように互いに垂直な $x$ 軸と $y$ 軸をとる。このとき，電子は点Oから $y$ だけずれた点Pに達する。ずれた距離は次の式で表される(教 p.264 参考)。

$$y=\frac{e}{m}\cdot\frac{El}{v^2}L \qquad (1)$$

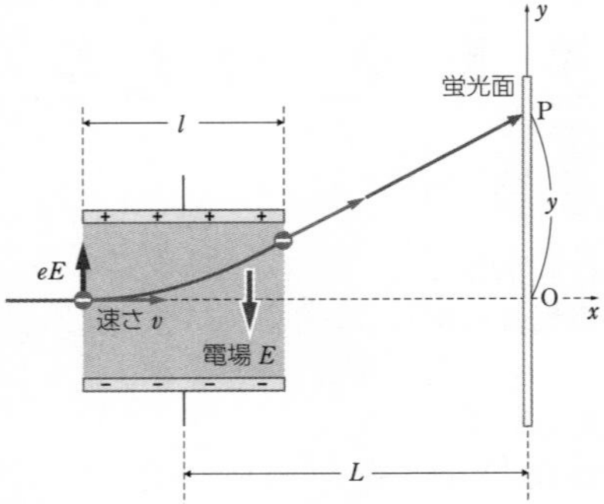


次に，右下図のように，電場に対して垂直に磁束密度 $B$〔T〕の磁場を加え，電子が直進するように磁場の強さを調整する。このとき，電子が電場から受ける力と磁場から受けるローレンツ力がつりあうので $eE=evB$ が成りたつ。この式から電子の速さは $v=\dfrac{E}{B}$ となり，これを(1)式に代入して，変形すると

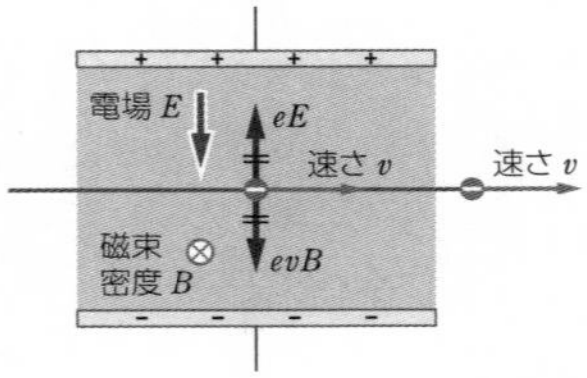


$$\frac{e}{m}=\frac{Ey}{B^2lL} \qquad (2)$$

右辺に現れる量はいずれも測定可能な量であるため，この式から比電荷を求めることができる。



## D 電気素量

ミリカンは，2つの平行な極板に電圧を加えて一様な電場をつくり，その中に霧吹きから油滴を吹きこみ，個々の油滴の動きを顕微鏡で観測する実験を行った(右図)。

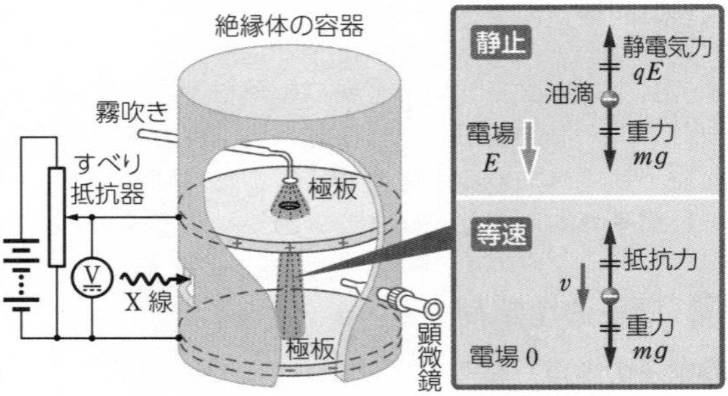


油滴周辺の空気の分子にX線を当ててイオンにする。このイオンが付着して油滴は帯電し，電場から静電気力を受ける。電圧をいろいろ変え，油滴が浮かんだまま静止するように，電場の強さ $E$〔V/m〕を調整する。このとき，油滴の質量を $m$〔kg〕，電気量を $-q$〔C〕($q>0$)とすると，油滴にはたらく重力 $mg$〔N〕と静電気力 $qE$〔N〕がつりあい，次の式が成りたつ。

$$mg=qE \quad (g\text{〔m/s}^2\text{〕は重力加速度の大きさ}) \qquad (3)$$

次に，電場の強さを0にすると，油滴は落下し始めるが，空気の抵抗のため，やがて一定の速さ(終端速度)で落下するようになる。空気の抵抗力の大きさは油滴の速さに比例するので，比例定数を $k$，終端速度を $v$ とすると，重力と空気の抵抗力のつりあいから次の式が成りたつ。

$$mg = kv \tag{4}$$

(3)，(4)式から次の式が得られる。

$$q = \frac{kv}{E} \tag{5}$$

(5)式から $q$ を求めると，常におよそ $e = 1.6 \times 10^{-19}$ C の整数倍になり，これから $e$〔C〕は電気量の最小単位であることがわかった。これを**電気素量**という。ミリカンの実験の後も，電子の比電荷の精密な測定が行われ，その結果，次の値になることがわかった。

$$\frac{e}{m} = 1.75882001076 \times 10^{11} (\fallingdotseq 1.76 \times 10^{11})\ \mathrm{C/kg} \tag{6}$$

また，電気素量は1個の電子がもつ電気量の絶対値に等しいことがわかり，精密な測定の結果

$$e = 1.602176634 \times 10^{-19} (\fallingdotseq 1.60 \times 10^{-19})\ \mathrm{C} \tag{7}$$

とされた。この2式から電子の質量は次のようになる。

$$m = e \div \frac{e}{m} = 9.1093837015 \times 10^{-31} (\fallingdotseq 9.11 \times 10^{-31})\ \mathrm{kg} \tag{8}$$

## 2 光の粒子性

### A 光量子仮説

光を含め電磁波は，電場と磁場の振動が伝わる波動である。しかし，光を波動と考えると理解できない現象が出てきた。アインシュタインは，「光は**光子**（**光量子**）と名づけた粒子の集まりの流れであり，振動数 $\nu$（ニュー）〔Hz〕の光の光子1個は，次の式で表されるエネルギーをもつ」ことを提唱した。これをアインシュタインの**光量子仮説**という。

**光子のエネルギー**

$$E = h\nu = \frac{hc}{\lambda} \tag{9}$$

$E$〔J〕　光子のエネルギー　　$\nu$〔Hz〕　光の振動数　　$\lambda$〔m〕　光の波長
$h$〔J·s〕　プランク定数　　$c$〔m/s〕　真空中の光の速さ

ここで，$c$〔m/s〕は真空中での光の速さ，$\lambda$〔m〕は光の波長で，

$$h = 6.63 \times 10^{-34}\ \mathrm{J \cdot s} \tag{10}$$

は**プランク定数**とよばれる定数である。

このように光は波動性をもつと同時に，粒子性もあわせもつ。

アインシュタインの光量子仮説は，それに先だって提唱されたプランクの量子仮説とともに量子力学の発展に大きな役割をはたした。

第5編 原子

## B 光電効果

**❶光電効果**　みがいた金属の表面に光を当てると，電子が金属から飛び出してくることが知られている。この現象を**光電効果**といい，飛び出してくる電子を**光電子**という。

光電効果は，次のような特徴をもつ。

①当てる光の振動数がある値 $\nu_0$〔Hz〕より小さいときには，光を強くしても光電子は飛び出さない。この $\nu_0$ を**限界振動数**，そのときの波長を**限界波長**という。$\nu_0$ は金属の種類によって決まる固有の値である。

②光の振動数が $\nu_0$ より大きいと，光が弱くてもすぐに光電子が飛び出す。

③飛び出した光電子の運動エネルギーの最大値 $K_0$〔J〕は，光の振動数が大きいほど大きくなる（教 p.269 図7）。

④振動数が一定のまま光を強くしていくと，それに比例して飛び出す光電子の数は増えるが，$K_0$ は変わらない。

**❷光電効果の説明**　金属内の自由電子は正の電荷から引力を受けているので，電子を金属の外に取り出すには，仕事が必要である。この仕事の最小値 $W$ は金属ごとに決まっており，**仕事関数**といわれる。

光電効果は，光が電子に $W$ をこえるエネルギーを与えることによって起こると考えられる。しかし光を波動と考えた場合には，光電効果の特徴①～④を説明することができなかった。

一方，光を粒子と考え，光電効果が起こる際には，1個の光子のエネルギーが1個の電子に受け渡されると考えると，①～④の特徴はすべてうまく説明ができる。つまり，(9)式で表される光子のエネルギー $h\nu$ から，仕事関数 $W$ を差し引いた残りが電子の運動エネルギーの最大値 $K_0$ になると考えられる。

**光電効果**

$$K_0 = h\nu - W \qquad (11)$$

$K_0$〔J〕　電子の運動エネルギーの最大値
$h$〔J·s〕　プランク定数　　$W$〔J〕　仕事関数
$\nu$〔Hz〕　光の振動数

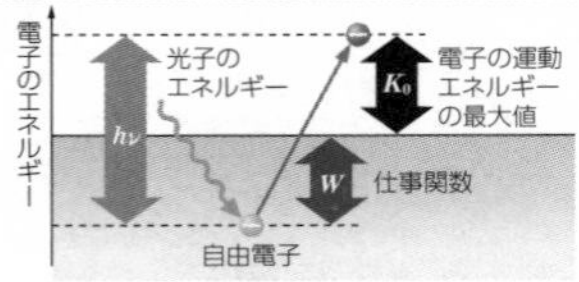


限界振動数 $\nu_0$ では，$K_0 = 0$ であるから，(11)式より次の関係が得られる。

$$W = h\nu_0 \qquad (12)$$

(11)式より，教 p.269 図7 のグラフの傾きは金属によらず一定で，プランク定数 $h$ に等しい（右図）。

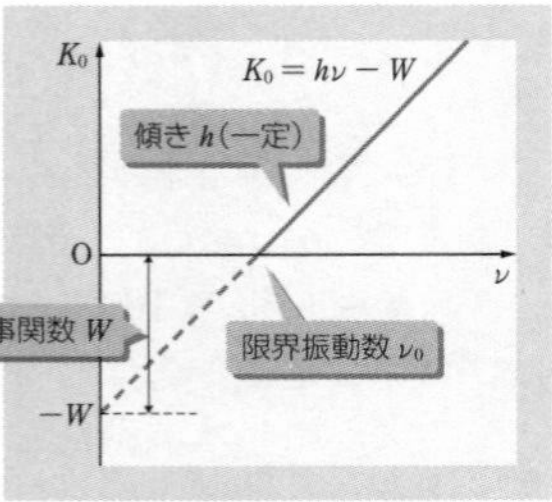


**▲光の振動数と電子の運動エネルギーの最大値との関係**

**❸光電効果の実験**　光電管の陰極に，限界振動数 $\nu_0$〔Hz〕より大きい振動数の光を当てると，光電子が飛び出し，陽極に流れこむ。この**光電流**を測定することにより，陽極に到達した光電子の数を知ることができる（次ページ右上図）。この測定の結果はおよそ次ページ右下図のようになり，陽極の電位が正であれば，飛び出した光電子はほぼすべて陽

極に流れこむ。このため，電圧を高くしても，光電流の大きさは一定である。陽極の電位が0のときも，光電子は運動エネルギー $K_0$〔J〕をもって陰極を飛び出すので，陽極に流れこむ。

しかし，陽極の電位を負にしてさらに下げていくと，ある電位 $-V_0$〔V〕で，陽極に到達する直前に光電子の運動エネルギーが0になってしまう。このとき　$K_0 = eV_0$ が成りたち，この**阻止電圧** $V_0$ を測定することにより，$K_0$〔J〕を知ることができる。

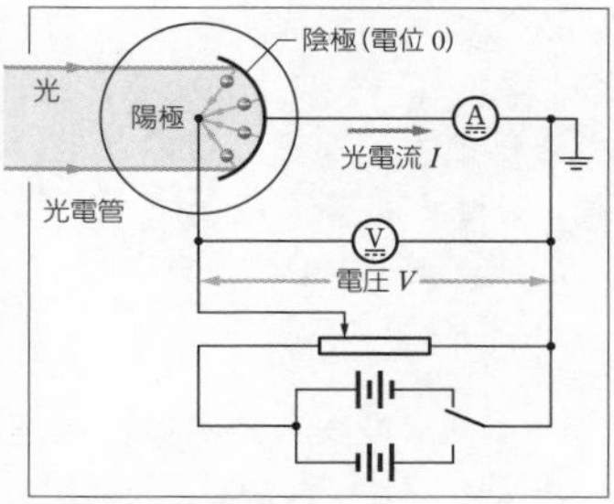

▲光電効果の実験

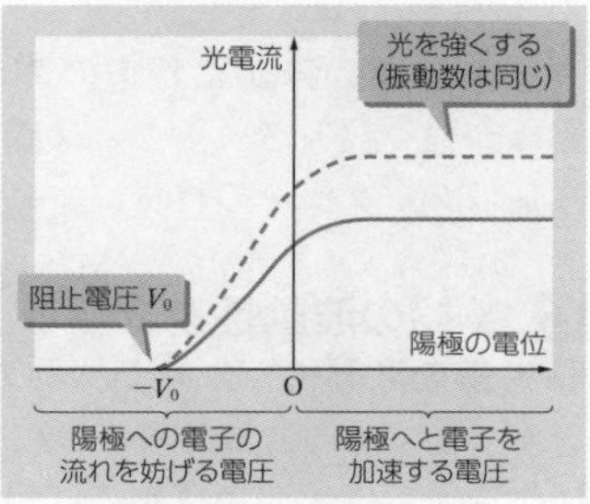

▲陽極の電位と光電流との関係

### C 電子ボルト

電子や光子1個のエネルギーは，きわめて小さい。このような場合，エネルギーの単位として，ジュール(記号 J)のほかに**電子ボルト**(記号 **eV**)

$$1\,\mathrm{eV} = 1.60 \times 10^{-19}\,\mathrm{J} \tag{13}$$

が使われることがある。1eV は電気量 $e$〔C〕($e$ は電気素量)の粒子が真空中で1V の電圧によって加速されるときに得る運動エネルギーに等しい。また，$10^6$eV を**メガ電子ボルト**(記号 MeV)という。



## 3 X線

### A X線

19世紀末，レントゲンは，放電管から正体不明の強い透過力をもつ放射線が出ることを発見し，それを**X線**とよんだ。X線は電離作用をもつが，電場や磁場に影響されずに直進するので，荷電粒子ではない。のちにX線は，紫外線よりさらに波長の短い電磁波であることがわかった。X線はその強い透過力を利用して，医療診断などに利用される。また，X線は蛍光物質を光らせる性質をもつ。

### B X線の発生

X線の発生には，X線管という装置がよく用いられている(教 p.274 図12)。電流による発熱で陰極から放出される電子(**熱電子**)は高い電圧によって加速され，陽極(ターゲット)に衝突する。その際1個の電子のもつエネルギーの一部または全部がX線光子のエネルギーになり，残りはターゲットで発生する熱になる。

次ページの図は，ターゲットにモリブデンを用いた場合に発生するX線の強さと波長の関係(スペクトル)を，模式的に示したものである。発生するX線のスペクトルはある最短の波長に始まり，それより長い波長を連続的に含んでおり，これを**連続X線**という。

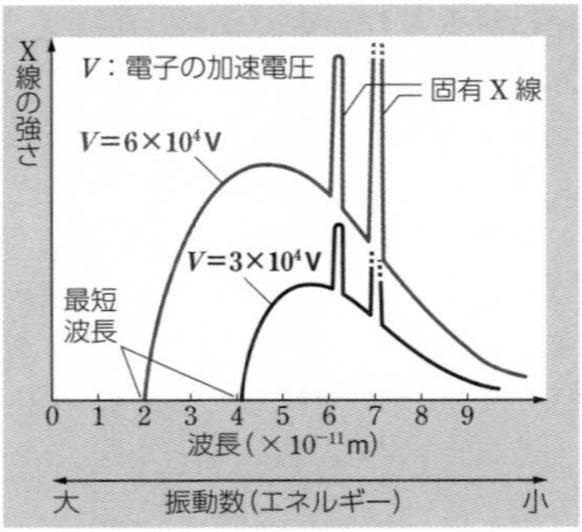

▲モリブデンのX線スペクトル

電子のエネルギーがすべて1個のX線光子のエネルギーに変わるとき，X線光子のエネルギーは最大になる。このときのX線の振動数を$\nu_0$〔Hz〕，波長を$\lambda_0$〔m〕，電子の初速度を0とし加速電圧を$V$〔V〕とすると

$$eV = h\nu_0 = \frac{hc}{\lambda_0} \tag{14}$$

これより，最短波長$\lambda_0$は，加速電圧$V$によって決まることがわかる。

$$\boldsymbol{\lambda_0 = \frac{hc}{eV}} \tag{15}$$

連続X線のほかに特定のエネルギーをもつX線が強く放射され，これは**固有X線**(**特性X線**ともいう)といわれる。固有X線の波長はターゲットの材質によって決まっている。

## C X線の波動性とブラッグの条件

**❶X線の波動性** X線が波動であるなら，波動現象に特有の回折や干渉の現象を起こすはずである。X線の波長は光の波長よりもはるかに短いので，光の干渉で用いる回折格子では干渉が容易には起こせない。

ラウエは，結晶はX線に対し回折格子としてはたらき，干渉の現象を起こすのではないかと考えた。この予想にもとづき，硫化亜鉛の結晶に細くしぼったX線を当てる実験が行われ，多数の斑点からなる模様の写真が得られた。これは**ラウエ斑点**といわれ，結晶内に規則正しく並ぶ原子によって散乱されたX線が，干渉することによって生じたものである。このような現象を**X線回折**という(**教 p.276 図14**)。

**❷ブラッグの条件** 結晶内では，規則正しく並んだ原子を含む互いに平行な平面を何組も考えられる。その1組の平行平面に波長$\lambda$〔m〕のX線を，平面と角$\theta$をなす方向から入射させる(次ページの図)。X線は多くの平行平面内の原子によって散乱される。散乱されたX線が干渉して強めあうのは，反射の法則を満たす方向で，しかも，隣りあう2つの平面で反射されたX線が同位相になる場合である。

この反射された2つのX線の道のりの差は，平行平面の間隔を$d$〔m〕とすると，$2d\sin\theta$である。この道のりの差が波長の整数倍になれば，2つのX線が同位相になるから，この条件は

$$\boldsymbol{2d\sin\theta = n\lambda \quad (n = 1,\ 2,\ 3,\ \cdots)} \tag{16}$$

と表される。これを**ブラッグの条件**といい，その条件を満たす方向にラウエ斑点が生じる。斑点が多いのは，結晶内に原子のつくる平行平面が何種類もあることによる。

原子間隔のわかっている結晶を使ってX線回折の実験をすると，(16)式によって未知のX線の波長が求められる。また，波長のわかっているX線を用いると，結晶のいろいろな平行面の間隔が求められ，結晶構造を調べることができる。

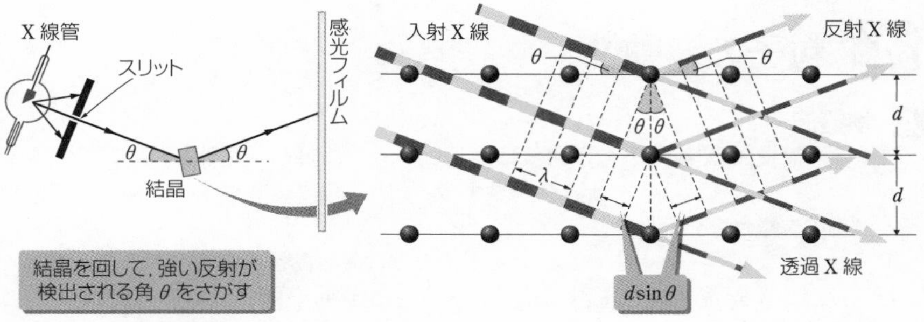


▲結晶によるX線の回折

## D X線の粒子性とコンプトン効果

X線は波動性とともに，強い粒子性を示す。その例が**コンプトン効果**であり，**教 p.278 図 16** ⓐのように，波長 $\lambda$〔m〕のX線(入射X線)が物質によって散乱されるとき，散乱されたX線(散乱X線)の中に，もとのX線よりも長い波長 $\lambda'$〔m〕のものが含まれる現象である(同図ⓑ)。この現象は，X線を波動と考えたのでは理解できない。

アインシュタインの光量子仮説では，光子はエネルギー $h\nu$〔J〕をもつと同時に，その進む向きに運動量 $p$〔kg·m/s〕をもつとされていた。

**光子の運動量**

$$p = \frac{h\nu}{c} = \frac{h}{\lambda} \tag{17}$$

$p$〔kg·m/s〕　光子の運動量　　$\nu$〔Hz〕　光の振動数　　$\lambda$〔m〕　光の波長
$h$〔J·s〕　プランク定数　　$c$〔m/s〕　真空中の光の速さ

X線を粒子とみなし，次図のようにX線光子が物質中の電子(質量 $m$〔kg〕)と弾性衝突すると仮定したとき，エネルギーと運動量がともに保存されることから，次の式が得られる。

$$\lambda' - \lambda = \frac{h}{mc}(1 - \cos\theta) \fallingdotseq 2.4 \times 10^{-12}\,\text{m} \times (1 - \cos\theta) \tag{18}$$

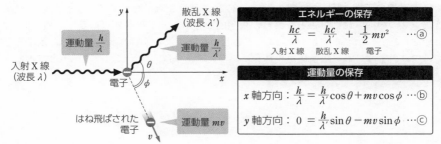

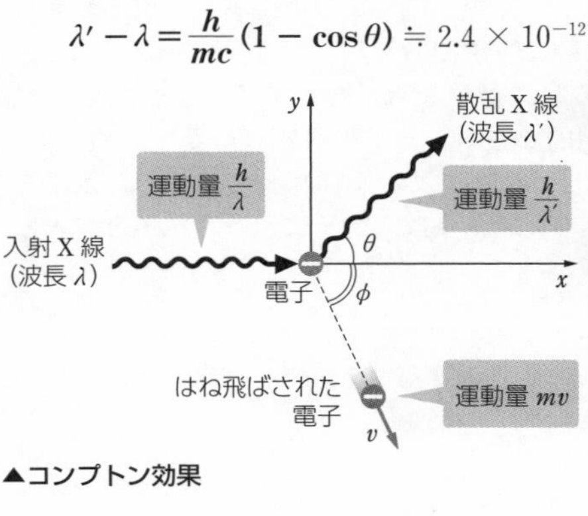


**エネルギーの保存**

$$\frac{hc}{\lambda} = \frac{hc}{\lambda'} + \frac{1}{2}mv^2 \quad \cdots ⓐ$$

入射X線　散乱X線　電子

**運動量の保存**

$x$ 軸方向：$\dfrac{h}{\lambda} = \dfrac{h}{\lambda'}\cos\theta + mv\cos\phi$ …ⓑ

$y$ 軸方向：$0 = \dfrac{h}{\lambda'}\sin\theta - mv\sin\phi$ …ⓒ

▲コンプトン効果

# 4 粒子の波動性

## A 物質波

これまでに光やX線などの電磁波は波動としての性質と，粒子としての性質をあわせもつことを学んだ。このように一見すると相反する2つの性質をもつ現象は，**粒子と波動の二重性**といわれる。

ド・ブロイは，粒子と考えられている電子などにも波動性があるのではないかと考えた。彼は，質量 $m$〔kg〕，速さ $v$〔m/s〕，大きさ $p = mv$〔kg·m/s〕の運動量をもつ粒子は，次の式で与えられる波長(**ド・ブロイ波長**)の波としての性質をあわせもつという仮説を立てた。

**ド・ブロイ波長**

$$\lambda = \frac{h}{p} = \frac{h}{mv} \tag{19}$$

$\lambda$〔m〕 ド・ブロイ波長　$p$〔kg·m/s〕 粒子の運動量　$v$〔m/s〕 粒子の速さ
$h$〔J·s〕 プランク定数　$m$〔kg〕 粒子の質量

このように，物質としての粒子が波動としてふるまうときの波を**物質波**(**ド・ブロイ波**)といい，特に粒子が電子のときの波を**電子波**という。⒆式は，波長 $\lambda$ の光を粒子とみなしたときの運動量 $p$ を表す式「$p = \dfrac{h}{\lambda}$」(⒄式)と同じ形であることがわかる。この関係式は，電子や光を粒子とみなした場合の運動量 $p$ と，波動とみなした場合の波長 $\lambda$ を結びつける式といえる(教 p.280 図 18)。



## B 電子線の回折・干渉

**❶電子線の回折**　デビッソンとガーマー，G.P.トムソン，菊池正士は，結晶に電子線を当てて，散乱または透過した電子線の強度を測定し，X線に対するラウエ斑点と同様の模様を得ることに成功した。これらの実験により，物質波が仮想的なものではなく，実在するものであることが示された。X線や電子線・中性子線を用いた回折実験は，結晶中の原子の配置を調べる代表的な方法である。

**❷電子線の干渉**　教 p.282 図 20ⓐのように，対称な電場をつくる装置を用いて電子線を2つの向きに曲げると，これが仮想的な複スリットの役割をはたす。検出器(蛍光面)に到達した電子は1点ずつ粒子として観測されるが(同図ⓑ)，その数が増えるにつれ，干渉による縞模様が現れる。この実験結果は，電子における粒子と波動の二重性を明確に表している。

## C 不確定性原理

電子など微視的な粒子は，**量子力学**とよばれる自然法則に支配され，位置と運動量のような関係にある2つの量を同時に正確に決めることはできない。これを**不確定性原理**という。

次の図の振幅の2乗はそれぞれの場所に電子を見出す確率を与える。

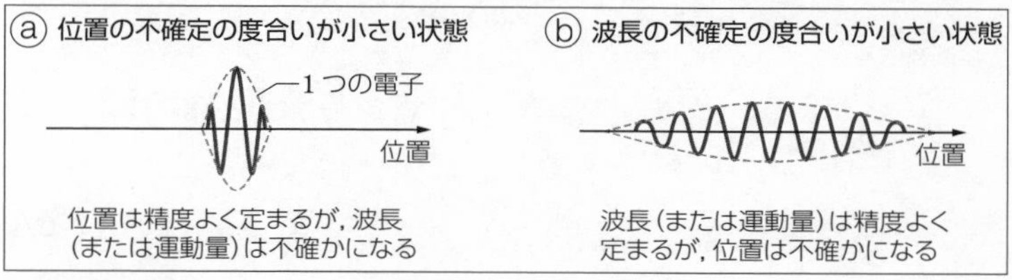
ⓐ 位置の不確定の度合いが小さい状態
1つの電子
位置
位置は精度よく定まるが，波長（または運動量）は不確かになる
ⓑ 波長の不確定の度合いが小さい状態
位置
波長（または運動量）は精度よく定まるが，位置は不確かになる

▲不確定性原理

### 問　題

**問1**（教p.264）　磁束密度 $B$〔T〕の磁場中に，電子を速さ $v$〔m/s〕で磁場に垂直に入射させたところ，電子は半径 $r$〔m〕の等速円運動を行った。電子の電気量を $-e$〔C〕，質量を $m$〔kg〕とし，電子の比電荷 $\frac{e}{m}$ を $B$，$v$，$r$ を用いて表せ。

**考え方**　ローレンツ力 $evB$ を向心力として等速円運動をしている。

**解説&解答**　$m\frac{v^2}{r}=evB$　より　$\frac{e}{m}=\boldsymbol{\frac{v}{Br}}$〔C/kg〕 **答**

**例題1**（教p.265）　図のような，一様な電場 $E$〔V/m〕を加えた長さ $l$〔m〕の極板間の領域に，電子を速さ $v$〔m/s〕で電場に垂直に入射させたところ，電子の軌道は曲げられた。電子の電気量を $-e$〔C〕，質量を $m$〔kg〕とする。

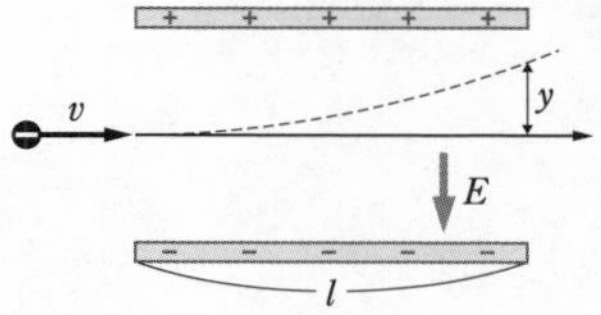
v
y
E
l

(1)　電場内での電子の加速度の大きさ $a$〔m/s²〕を求めよ。

(2)　電子が電場を通過する時間 $t$〔s〕を求めよ。電子は極板に当たることなく電場を通過するものとする。

(3)　電子が電場を通過する間に，電場と平行な方向に距離 $y$〔m〕だけずれたとする。電子の比電荷 $\frac{e}{m}$ を，$E$，$v$，$l$，$y$ を用いて表せ。

(4)　$l=5.0\times10^{-2}$ m，$E=6.0\times10^{4}$ V/m，$v=5.0\times10^{7}$ m/s の条件で実験を行い，$y=5.4\times10^{-3}$ m の結果が得られた。比電荷の値を求めよ。

**考え方**　電子は放物運動をする。電場に垂直な方向（入射方向）には等速直線運動，電場に平行な方向には等加速度直線運動をする。

**解説&解答**　(1)　電子は大きさ $eE$〔N〕の静電気力を受ける。電子の運動方程式より　$ma=eE$　　よって　$a=\boldsymbol{\frac{eE}{m}}$〔m/s²〕……①　**答**

(2)　電子は，電場に垂直な方向には等速直線運動をするので

$$l = vt \qquad \text{よって} \quad t = \frac{\boldsymbol{l}}{\boldsymbol{v}}\,\text{〔s〕} \cdots\cdots ②$$ **答**

(3)　電子が電場を通過する間に，電場に平行な方向には等加速度直線運動をする。①，②式の結果を用いて

$$y = \frac{1}{2}at^2 = \frac{1}{2} \times \frac{eE}{m} \times \left(\frac{l}{v}\right)^2$$

これを$\frac{e}{m}$について解くと　$\frac{e}{m} = \frac{\boldsymbol{2v^2y}}{\boldsymbol{El^2}}$〔C/kg〕 **答**

(4)　(3)の結果に，与えられた数値を代入する。

$$\frac{e}{m} = \frac{2 \times (5.0 \times 10^7)^2 \times (5.4 \times 10^{-3})}{(6.0 \times 10^4) \times (5.0 \times 10^{-2})^2} = \mathbf{1.8 \times 10^{11}\,C/kg}$$ **答**

**類題１**
(教p.265)

図のように，下向きの一様な電場$E$〔V/m〕が加わる領域Pに，電子を速さ$v$〔m/s〕で電場に垂直に入射させたところ，電子は軌道を曲げられ，紙面内を運動した。さらに，領域P内に一様な磁場を加え，磁束密度$B$〔T〕の値を調整したところ，同様に入射させた電子は領域P内を直進するようになった。

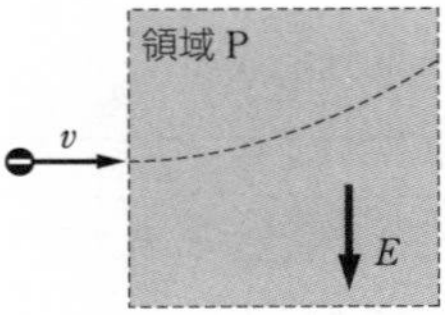


(1)　加えた磁場の向きを答えよ。
(2)　$v$〔m/s〕を，$E$，$B$を用いて表せ。

**考え方**　電子は直進したので，電子が電場から受けた力と磁場から受けた力はつりあう。

**解説&解答**　(1)　電子が磁場から受ける力は，図の下向きであるから，フレミングの左手の法則より，磁場の向きは，**紙面に垂直に表から裏の向き。** **答**

(2)　電子が電場から受ける静電気力と磁場から受けるローレンツ力がつりあうから

$$eE - evB = 0 \quad \text{より} \quad v = \frac{\boldsymbol{E}}{\boldsymbol{B}}\,\text{〔m/s〕}$$ **答**

**例題２**
(教p.267)

ミリカンの実験で，いろいろな油滴の電気量の大きさ$q$〔C〕を測定し，13.1，9.7，8.1，6.4，3.2（単位は$10^{-19}$C）の値を得た。$q$〔C〕は電気素量$e$〔C〕の整数倍であると仮定し，$e$〔C〕を有効数字２桁で求めよ。

**考え方**　大きさの順で隣りあう２つの測定値の差は，$e$の整数倍に相当する。

**解説&解答**　測定値の差をとると，3.4，1.6，1.7，3.2（$\times 10^{-19}$C）となるので，$e$の値はほぼ$1.6 \times 10^{-19}$Cと考えられる。したがって，各測定値は$8e$，$6e$，$5e$，$4e$，$2e$としてよい。測定値の和を8+6+5+4+2でわると，$e$が求められる。

$$e = \frac{(13.1 + 9.7 + 8.1 + 6.4 + 3.2) \times 10^{-19}}{8 + 6 + 5 + 4 + 2}$$

$$\fallingdotseq \mathbf{1.6 \times 10^{-19}\,C}$$ **答**

**類題2** (教p.267)
ミリカンの実験で，5個の油滴の電気量の大きさを求めたところ，次の数値を得た。この結果から，電気素量 $e$〔C〕を有効数字3桁で求めよ。

1.66，4.74，6.39，8.03，11.22　($\times 10^{-19}$C)

**考え方**　電気量 $q \div$ 電気素量 $e = n$　($n$ は整数)である。

**解説&解答**　測定値の差をとると，3.08，1.65，1.64，3.19 ($\times 10^{-19}$C)となるので，$e$ の値はほぼ $1.6 \times 10^{-19}$C と考えられる。したがって，各測定値は $e$，$3e$，$4e$，$5e$，$7e$ としてよい。測定値の和を $1+3+4+5+7$ でわると，$e$ が求められる。

$$e = \frac{(1.66 + 4.74 + 6.39 + 8.03 + 11.22) \times 10^{-19}}{1 + 3 + 4 + 5 + 7}$$

$\fallingdotseq$ **$1.60 \times 10^{-19}$C**　答

**問2** (教p.268)
振動数が $5.0 \times 10^{14}$Hz の光の光子1個がもつエネルギーは何Jか。プランク定数を $6.6 \times 10^{-34}$J·s とする。

**考え方**　光子のエネルギーの式((9)式)を用いる。

**解説&解答**　(9)式より　$E = h\nu = (6.6 \times 10^{-34}) \times (5.0 \times 10^{14}) =$ **$3.3 \times 10^{-19}$J**　答

考 **問3** (教p.269)
帯電して箔が開いている箔検電器がある。上部の金属板に紫外線を当てたときに箔の開きが小さくなる場合，最初に蓄えていた電荷は正か負のどちらか。

**考え方**　金属板に紫外線を当てると，光電効果により光電子が飛び出す。このとき，箔と金属板の間で自由電子が移動する。

**解説&解答**　光電効果によって金属板から光電子が飛び出すと，自由電子が箔から金属板側に移動する。箔の開きが小さくなったことから，もともと箔は負に帯電しており，自由電子の移動に伴い，箔の部分の負の電気量が減少したと考えられる。よって　**負**　答

**問4** (教p.270)
仕事関数 $2.9 \times 10^{-19}$J の金属に，光子のエネルギーが $6.0 \times 10^{-19}$J の紫外線を当てたとき，飛び出してくる光電子の運動エネルギーの最大値は何Jか。

**考え方**　光電効果の式((11)式)を用いる。

**解説&解答**　「$K_0 = h\nu - W$」((11)式)より，運動エネルギーの最大値 $K_0$〔J〕は

$K_0 = (6.0 \times 10^{-19}) - (2.9 \times 10^{-19}) =$ **$3.1 \times 10^{-19}$J**　答

**問5** (教p.272)
光電効果の実験で，光電管に当てる光を強くしたとき(振動数は一定)，陽極の電位(横軸)と光電流(縦軸)の関係を示すグラフとして最も適当なものを，①～④(破線は変化前)の中から選べ。

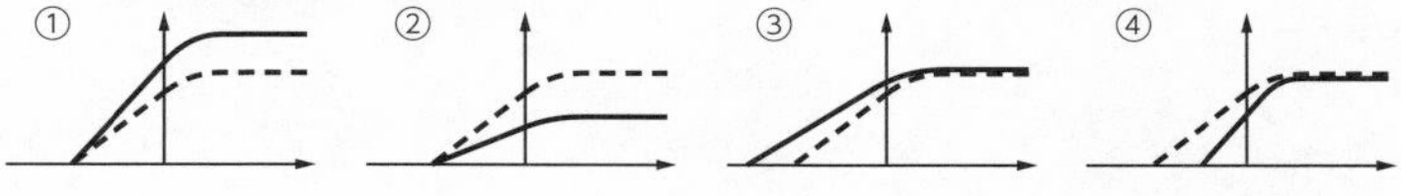


第5編 原子

**考え方**　光電流の最大値と阻止電圧(グラフの横軸との交点)に注目する。

**解説&解答**　陰極から出た光電子がすべて陽極に達するとき，光電流は最大となる。光電流の最大値は，光を強くすると大きくなる。また，光の強さを変えても振動数を変えなければ，光子 1 個が電子 1 個に与えるエネルギーは変化しないため，阻止電圧は変わらない。したがって，①　**答**

**例題 3**
(教p.272)

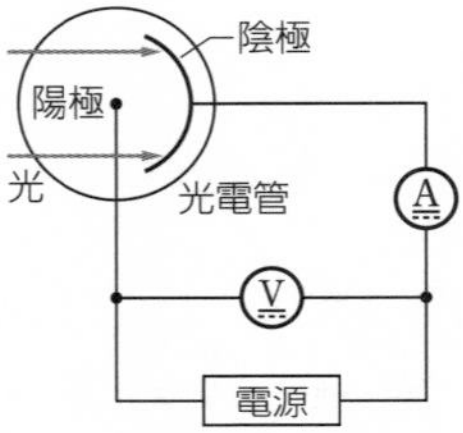


光電管に振動数 $8.0 \times 10^{14}$ Hz の紫外線を当てながら，陰極に対する陽極の電位 $V$〔V〕を変化させる。$V$ を 0 から下げていき，$V = -1.5$V となっとき，光電流は 0 になった。プランク定数を $6.6 \times 10^{-34}$ J·s, 電気素量を $1.6 \times 10^{-19}$ C とする。

(1)　光電管に当てた光の光子 1 個がもつエネルギー $E$〔J〕を求めよ。

(2)　陰極から飛び出す光電子の運動エネルギーの最大値 $K_0$〔J〕を求めよ。

(3)　陰極の金属の仕事関数 $W$〔J〕を求めよ。

(4)　この光電管を用いて光電効果を生じさせるためには，当てる光の振動数は $\nu_0$〔Hz〕より大きくなければならない。$\nu_0$ を求めよ。

**考え方**　$V = -1.5$V となったとき，陰極から飛び出した光電子は陽極に到達できなくなる。

**解説&解答**　(1)　光子のエネルギーの式「$E = h\nu$」((9)式)より

$$E = (6.6 \times 10^{-34}) \times (8.0 \times 10^{14})$$
$$= 5.28 \times 10^{-19} \fallingdotseq \mathbf{5.3 \times 10^{-19}\,J}$$ **答**

(2)　陰極から飛び出す光電子は，阻止電圧($V_0 = 1.5$V)によって，運動エネルギーをすべて失う。したがって

$$K_0 = eV_0 = (1.6 \times 10^{-19}) \times 1.5 = \mathbf{2.4 \times 10^{-19}\,J}$$ **答**

(3)　「$K_0 = h\nu - W$」((11)式)より

$$W = h\nu - K_0 = (5.28 \times 10^{-19}) - (2.4 \times 10^{-19})$$
$$\fallingdotseq \mathbf{2.9 \times 10^{-19}\,J}$$ **答**

(4)　$\nu_0$(限界振動数)では，光子のエネルギーはすべて仕事関数として使われるので，「$W = h\nu_0$」((12)式)より

$$\nu_0 = \frac{W}{h} = \frac{2.9 \times 10^{-19}}{6.6 \times 10^{-34}} \fallingdotseq \mathbf{4.4 \times 10^{14}\,Hz}$$ **答**

**類題 3**
(教p.272)

ある金属にさまざまな振動数の単色光を当て，飛び出してくる光電子の運動エネルギーの最大値を測定したところ，振動数$\nu$〔Hz〕と運動エネルギーの最大値$K_0$〔J〕の間に，図のような関係を得た。

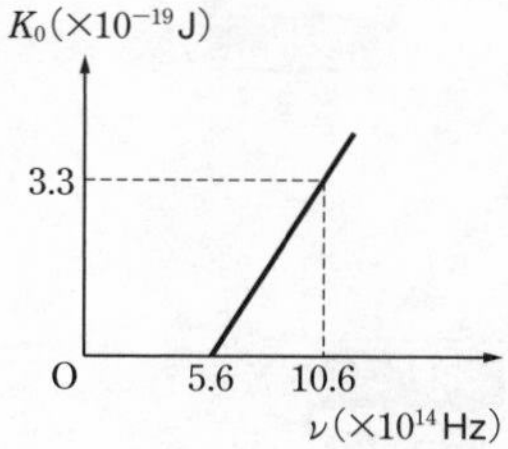


(1)　プランク定数$h$〔J·s〕を求めよ。

(2)　金属の仕事関数$W$〔J〕を求めよ。

**考え方**　「$K_0 = h\nu - W$」((11)式)より，グラフの傾きが$h$，$K_0$切片が$-W$を表す。

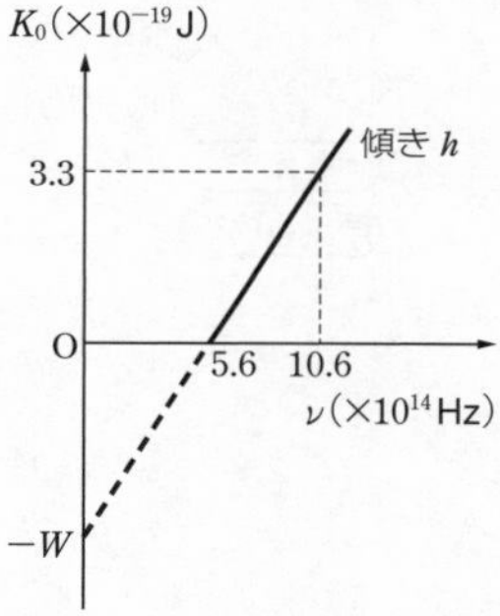


**解説&解答**　(1)　「$K_0 = h\nu - W$」にグラフ上の2点の座標を代入すると

$$0 = h \times (5.6 \times 10^{14}) - W \quad \cdots\cdots①$$

$$3.3 \times 10^{-19} = h \times (10.6 \times 10^{14}) - W \quad \cdots\cdots②$$

②式−①式より

$$3.3 \times 10^{-19} = h \times (5.0 \times 10^{14})$$

よって　$h = \dfrac{3.3 \times 10^{-19}}{5.0 \times 10^{14}}$

$= \mathbf{6.6 \times 10^{-34}}$ **J·s**　**答**

(2)　①式より

$W = (6.6 \times 10^{-34}) \times (5.6 \times 10^{14}) \fallingdotseq \mathbf{3.7 \times 10^{-19}}$ **J**　**答**

**問 6**
(教p.273)

真空中において2.0Vの電圧で加速したときに電子が得るエネルギーは何eVか。それは何Jか。電気素量を$1.6 \times 10^{-19}$Cとする。

**考え方**　電気量$e$〔C〕の粒子が真空中で1Vの電圧によって加速されるときの運動エネルギーが1eVである。

**解説&解答**　電子の電気量は$e$〔C〕だから2.0Vの電圧で加速したときの運動エネルギーは**2.0eV**　**答**

1eV：$1.60 \times 10^{-19}$J = 2.0eV：$E$〔J〕より

$E = (1.60 \times 10^{-19}) \times 2.0 = \mathbf{3.2 \times 10^{-19}}$ **J**　**答**

**例題 4**
(教p.275)

図は，X線管で発生させたX線の強さと波長の関係を表すグラフである。X線管の加速電圧$V$〔V〕を求めよ。プランク定数を$h = 6.6 \times 10^{-34}$J·s，真空中の光の速さを$c = 3.0 \times 10^8$m/s，電気素量を$e = 1.6 \times 10^{-19}$Cとする。

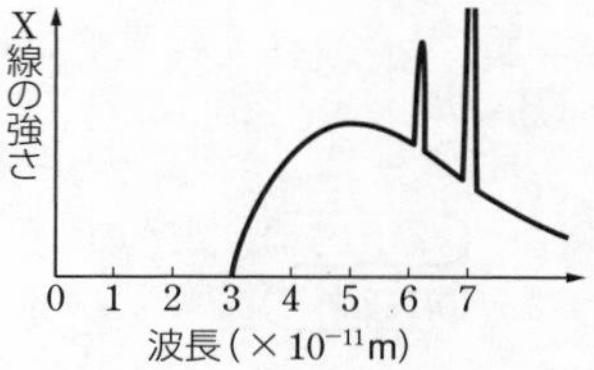

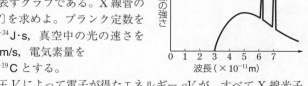

**考え方**　加速電圧$V$によって電子が得たエネルギー$eV$が，すべてX線光子のエネルギー$E = \dfrac{hc}{\lambda}$になるとき，そのX線の波長は最短となる。

第⑤編　原子

(解説&解答) X 線の最短波長を $\lambda_0$〔m〕とおくと $eV=\dfrac{hc}{\lambda_0}$ よって $V=\dfrac{hc}{e\lambda_0}$

図より X 線の最短波長は $\lambda_0=3.0\times10^{-11}$ m なので,

$$V=\frac{(6.6\times10^{-34})\times(3.0\times10^{8})}{(1.6\times10^{-19})\times(3.0\times10^{-11})}\fallingdotseq \mathbf{4.1\times10^{4}\,V}$$ 答

**類題 4** (教p.275) X 線管の金属電極間に $2.2\times10^{4}$ V の加速電圧を加えた。

(1) 発生する X 線の最短波長は何 m か。プランク定数を $6.6\times10^{-34}$ J·s, 真空中の光の速さを $3.0\times10^{8}$ m/s, 電気素量を $1.6\times10^{-19}$ C とする。

(2) 加速電圧を 2 倍にすると，最短波長は何 m になるか。

(考え方) 最短波長と加速電圧の式(⒂式)を用いる。

(解説&解答) (1) ⒂式より

$$\lambda_0=\frac{hc}{eV}=\frac{(6.6\times10^{-34})\times(3.0\times10^{8})}{(1.6\times10^{-19})\times(2.2\times10^{4})}$$
$$=5.625\times10^{-11}\fallingdotseq \mathbf{5.6\times10^{-11}\,m}$$ 答

(2) ⒂式より，最短波長は加速電圧に反比例するから，加速電圧を 2 倍にすると，最短波長は $\dfrac{1}{2}$ 倍になる。

$$\frac{5.625\times10^{-11}}{2}\fallingdotseq \mathbf{2.8\times10^{-11}\,m}$$ 答

**問 7** (教p.277) 波長 $3.0\times10^{-10}$ m の X 線を結晶面に照射した。照射方向を初め結晶面に平行にし，しだいに傾けていったところ，照射方向を結晶面のなす角が 30° のとき，最初に強く反射した。反射を生じた原子配列面の間隔は何 m か。

(考え方) 照射方向をしだいに傾けていくと, 道のりの差が大きくなっていく。“最初に強く反射”→道のりの差が少しずつ大きくなりちょうど 1 波長のときであるから $n=1$

(解説&解答) 道のりの差 $=2d\sin\theta=2d\sin30^\circ=1\times\lambda$

$$d=\frac{1\times\lambda}{2\sin30^\circ}=\frac{1\times3.0\times10^{-10}}{2\times\frac{1}{2}}=\mathbf{3.0\times10^{-10}\,m}$$ 答

**問 8** (教p.279) ある X 線光子が $6.0\times10^{-16}$ J のエネルギーをもち，右向きに進んでいるとする。この X 線光子の運動量はどの向きに何 kg·m/s か。真空中の光の速さを $3.0\times10^{8}$ m/s とする。

(考え方) 光子のエネルギーの式((9)式)と運動量の式(⒄式)を用いる。

(解説&解答) 運動量の向きは運動の向きと同じ**右向き**。 答

運動量の大きさは，(9), ⒄式より

$$p=\frac{h\nu}{c}=\frac{6.0\times10^{-16}}{3.0\times10^{8}}=\mathbf{2.0\times10^{-24}\,kg\cdot m/s}$$ 答

**問9**
(教p.280)

速さ $1.0 \times 10^7$ m/s の電子の電子波の波長は何 m か。また，速さ 20 m/s の野球ボール(質量 0.15 kg)に対して物質波を考えるとき，その波長は何 m か。プランク定数を $6.6 \times 10^{-34}$ J·s，電子の質量を $9.1 \times 10^{-31}$ kg とする。

**考え方**　質量をもつ粒子も波のようにふるまう。これを物質波といい，このときの波長 $\lambda$ は「$\lambda = \dfrac{h}{p} = \dfrac{h}{mv}$」(⒆式)となる。

**解説&解答**　「$\lambda = \dfrac{h}{mv}$」に数値を代入して

$$\lambda = \frac{6.6 \times 10^{-34}}{(9.1 \times 10^{-31}) \times (1.0 \times 10^7)} \fallingdotseq \mathbf{7.3 \times 10^{-11}\,m}$$ 答

ボールも波のようにふるまうと考えると「$\lambda = \dfrac{h}{mv}$」より

$$\lambda = \frac{6.6 \times 10^{-34}}{0.15 \times 20} = \mathbf{2.2 \times 10^{-34}\,m}$$ 答

**例題5**
(教p.281)

真空中において，電子(質量 $m$〔kg〕，電気量 $-e$〔C〕)を電圧 $V$〔V〕で加速した。このときの電子波の波長 $\lambda$〔m〕を求めよ。プランク定数を $h$〔J·s〕とする。

**考え方**　電子波の波長 $\lambda$ は「$\lambda = \dfrac{h}{p} = \dfrac{h}{mv}$」(⒆式)から求められる。

**解説&解答**　加速された電子の速さを $v$〔m/s〕とすると，電子の運動エネルギーは

$$\frac{1}{2}mv^2 = eV \qquad よって \quad v = \sqrt{\frac{2eV}{m}}$$

「$\lambda = \dfrac{h}{mv}$」(⒆式)より　$\lambda = \dfrac{\boldsymbol{h}}{\sqrt{\boldsymbol{2meV}}}$〔m〕 答

**類題5**
(教p.281)

真空中において，電子を電圧 45.5V で加速した。
このときの電子波の波長 $\lambda$〔m〕を求めよ。プランク定数を $6.6 \times 10^{-34}$ J·s，電子の質量を $9.1 \times 10^{-31}$ kg，電気素量を $1.6 \times 10^{-19}$ C とする。

**考え方**　例題5を利用する。

**解説&解答**　例題5より

$$\lambda = \frac{h}{\sqrt{2meV}} = \frac{6.6 \times 10^{-34}}{\sqrt{2 \times (9.1 \times 10^{-31}) \times (1.6 \times 10^{-19}) \times 45.5}}$$

$\fallingdotseq \mathbf{1.8 \times 10^{-10}\,m}$ 答

## 演 習 問 題

教 p.285

*1* 光電管で図の回路をつくった。波長 $2.5 \times 10^{-7}$ m の紫外線を当てながらBの電位がAよりも高くなるように電圧を増していくと，AB間の電圧が2.8Vになったとき回路の電流が0になった。また，波長 $4.5 \times 10^{-7}$ m の可視光線で同様の実験をすると，0.6Vのときに電流が0になった。プランク定数 $h$〔J·s〕を求めよ。電気素量を $1.6 \times 10^{-19}$ C，真空中の光の速さを $3.0 \times 10^{8}$ m/s とする。

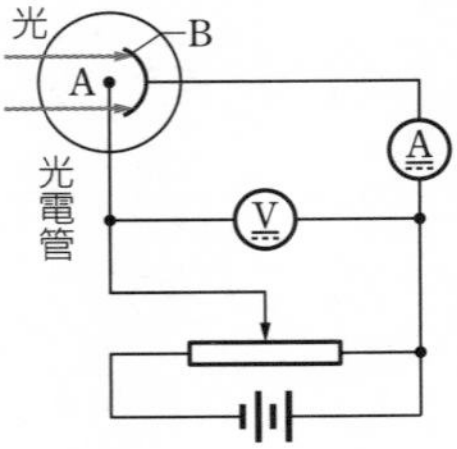


**考え方** 光電効果の式(⑪式)を用いる。

**解説&解答** ⑪式より　$eV_0 = h\nu - W$　　ここで　$\nu = \frac{c}{\lambda}$　とおくと

$$eV_0 = \frac{hc}{\lambda} - W$$

この式に，数値を代入して

$$(1.6 \times 10^{-19}) \times 2.8 = \frac{h \times (3.0 \times 10^8)}{2.5 \times 10^{-7}} - W \quad \cdots\cdots ①$$

$$(1.6 \times 10^{-19}) \times 0.6 = \frac{h \times (3.0 \times 10^8)}{4.5 \times 10^{-7}} - W \quad \cdots\cdots ②$$

①，②式より $W$ を消去して　$h = \mathbf{6.6 \times 10^{-34}}$ **J·s** 答



*2* 波長 $\lambda$〔m〕のX線光子が，静止している質量 $m$〔kg〕の電子に衝突して，角90°の方向に散乱し，波長が $\lambda'$〔m〕となり，電子は速さ $v$〔m/s〕ではね飛ばされた。真空中の光の速さを $c$〔m/s〕，プランク定数を $h$〔J·s〕とする。

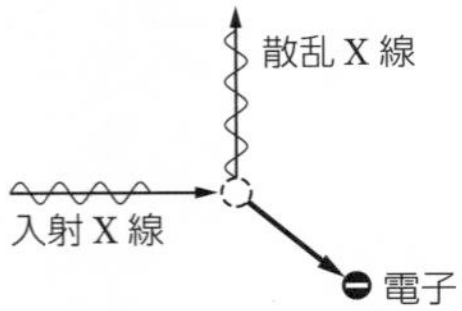


(1) 衝突前後のエネルギー保存則の式を書け。

(2) 衝突前後の運動量ベクトルの関係を考えることにより，$(mv)^2$ を式で表せ。

(3) 近似式 $\frac{\lambda'}{\lambda} + \frac{\lambda}{\lambda'} \fallingdotseq 2$ を用いて，$\lambda' - \lambda$ を $v$ を用いない式で表せ。

**考え方** 光子のエネルギーは⑨式，運動量の大きさは⑰式で与えられる。

**解説&解答** (1) 光子のエネルギーは「$E = \frac{hc}{\lambda}$」(⑨式)で与えられる。衝突後の電子の運動エネルギーも考慮して，エネルギー保存則の式は次のようになる。

$$\boldsymbol{\frac{hc}{\lambda} = \frac{hc}{\lambda'} + \frac{1}{2}mv^2} \quad 答 \quad \cdots\cdots ①$$

(2) 光子の運動量の大きさは「$p = \frac{h}{\lambda}$」(⑰式)で与えられるので，衝突前後の運動量ベクトルの関係は右図のようになる。三平方の定理より

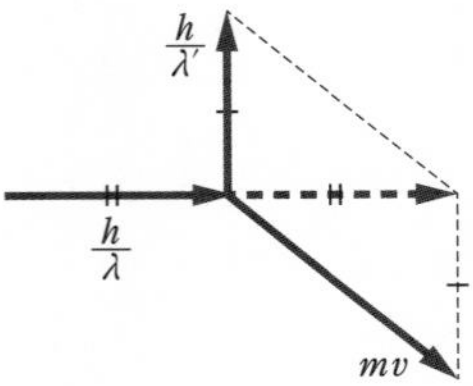


$$(mv)^2 = \left(\frac{h}{\lambda}\right)^2 + \left(\frac{h}{\lambda'}\right)^2 = \boldsymbol{h^2\left(\frac{1}{\lambda^2} + \frac{1}{\lambda'^2}\right)} \quad 答 \quad \cdots\cdots ②$$

(3) ①式より $\dfrac{1}{\lambda} - \dfrac{1}{\lambda'} = \dfrac{1}{2mhc}(mv)^2$

これに②式を代入して $\dfrac{1}{\lambda} - \dfrac{1}{\lambda'} = \dfrac{1}{2mhc} \times h^2\left(\dfrac{1}{\lambda^2} + \dfrac{1}{\lambda'^2}\right)$

両辺に $\lambda\lambda'$ をかけると $\lambda' - \lambda = \dfrac{h}{2mc}\left(\dfrac{\lambda'}{\lambda} + \dfrac{\lambda}{\lambda'}\right)$

$\dfrac{\lambda'}{\lambda} + \dfrac{\lambda}{\lambda'} \fallingdotseq 2$ より $\lambda' - \lambda = \dfrac{h}{mc}$ **答**

**3** 図のように，規則正しく配列された原子がつくる面の間隔が $d$〔m〕の結晶に，運動エネルギー $E$〔J〕の電子を用いた電子線を原子の配列面と $\theta$ の角をなす方向に入射させる。$\theta$ を $0°$ から増加させながら反射電子線の強度を測定したところ，$\theta = 30°$ のとき，4回目の極大を示した。原子の配列面の間隔 $d$〔m〕を求めよ。電子の質量を $m$〔kg〕，プランク定数を $h$〔J·s〕とする。

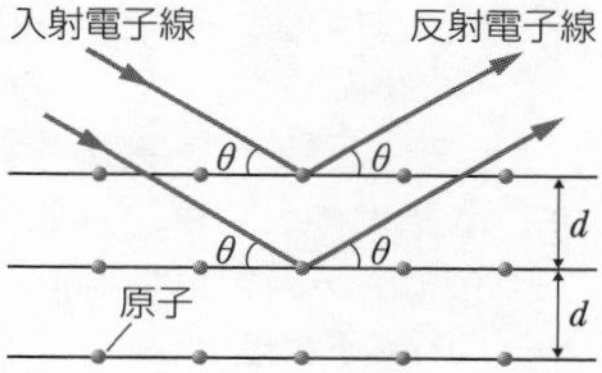

入射電子線　反射電子線　原子

**考え方** ブラッグの条件(⑯式)を用いる。

**解説&解答** 電子の速さを $v$〔m/s〕とすると，運動エネルギーについて

$$E = \dfrac{1}{2}mv^2 \quad \text{より} \quad v = \sqrt{\dfrac{2E}{m}}$$

電子波のド・ブロイ波長 $\lambda$〔m〕は

$$\lambda = \dfrac{h}{mv} = \dfrac{h}{\sqrt{2mE}}$$

これをブラッグの条件($\theta = 30°$，$n = 4$ の場合)に当てはめると

$$2d\sin 30° = 4 \times \dfrac{h}{\sqrt{2mE}}$$

よって $d = \dfrac{4h}{\sqrt{2mE}} = h\sqrt{\dfrac{8}{mE}}$〔m〕 **答**

**考 考えてみよう！** ・・・・・・・・・・・・・・・・・・・・・・・・

**4** 人の肌が屋外で日焼けをするのは，太陽光線によって皮膚組織にエネルギーが与えられ，皮膚が炎症を起こすためである。日焼けの原因となるのは，可視光線よりも紫外線であるといわれているが，これはなぜだろうか。光の粒子性に着目して説明してみよう。

**考え方** 光子1個のもつエネルギーを考える。

**解説&解答** 可視光線よりも波長の短い紫外線のほうが光子1個のもつエネルギーが大きく，皮膚組織に対して一度に多くのエネルギーを与えるため。 **答**

第**⑤**編　原子

# 第 2 章 原子と原子核

教 p.286 ～ p.321

## 1 原子の構造とエネルギー準位

### A ラザフォードの原子模型

陰極線の実験から負の電気量 $-e$ をもった電子が発見され，比電荷の測定などから，すべての元素の原子は電子をもつと考えられた。一方，原子は電気的に中性であるから，原子には正の電気をもっている部分があるはずである。

原子の構造について，いろいろな模型が考えられた。

そして，原子(大きさ $10^{-10}$ m 程度)内の正電荷が集中した $10^{-15}$ ～ $10^{-14}$ m 程度の重い部分は**原子核**と名づけられた。また正電荷をもつ原子核と，その周囲を回る電子とからなる原子の模型は，**ラザフォードの原子模型**とよばれる(右図)。

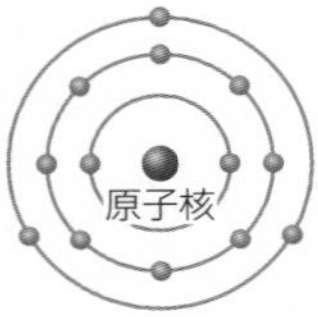


### B 水素原子のスペクトル

**❶スペクトル** 光を波長によって分けたものを**スペクトル**という。

**❷連続スペクトルと線スペクトル** 一般に，高温の固体や液体が出す光は，波長が広い範囲で連続的に分布した**連続スペクトル**を示す(教 p.288 図 24 ⓐ)。一方，高温の気体が出す光は，いくつかの輝線がとびとびに分布する**線スペクトル**を示す(同図ⓑ)。これは，気体の原子が発する光で，その波長は元素の種類によって決まっている。

**❸水素原子の線スペクトル** 同図ⓒは，最も簡単な原子である水素原子の線スペクトルである。バルマーは，この輝線の波長 $\lambda$〔m〕の並びに次のような規則性があることを発見した。

$$\lambda = 3.65 \times 10^{-7}\,\text{m} \times \frac{n^2}{n^2 - 2^2} \quad (n = 3,\ 4,\ 5,\ 6) \tag{20}$$

バルマーは，(20)式の 4 本の輝線を分析したが，のちにより大きな $n$ に対する輝線が紫外線の領域で発見された。この一連の輝線群を**バルマー系列**という。その後，さらに波長の短い紫外線の領域でも輝線群(**ライマン系列**)が，また赤外線の領域でも別の輝線群(**パッシェン系列**)が発見された(教 p.288 図 25)。これらすべての系列は，次の形に表される。

$$\frac{1}{\lambda} = R\left(\frac{1}{n'^2} - \frac{1}{n^2}\right) \quad \left(\begin{array}{l} n' = 1,\ 2,\ 3,\ \cdots \\ n = n'+1,\ n'+2,\ n'+3,\ \cdots \end{array}\right) \tag{21}$$

ただし，$R = 1.10 \times 10^7$/m で，これを**リュードベリ定数**という。

この式で $n' = 1$ の場合がライマン系列，$n' = 2$ の場合がバルマー系列，$n' = 3$ の場合がパッシェン系列になる。

第5編 原子

## C ボーアの理論

従来の電磁波の理論では，原子核のまわりを回転する電子は電磁波を放射し，エネルギーを失う。その結果，電子の軌道半径は小さくなっていくので，ラザフォードの原子模型では安定な原子を表すことができない。ボーアは，水素原子のスペクトル系列に注目し，次の仮定❶，❷を設けて水素原子について理論をつくり，難点を解決した。

**❶量子条件**　原子には定常状態があり，定常状態では電磁波を出さない。定常状態の条件は，電子の質量を $m$〔kg〕，速さを $v$〔m/s〕，軌道半径を $r$〔m〕とすると，次の式で与えられる。

$$mvr = n \cdot \frac{h}{2\pi} \quad (n = 1,\ 2,\ \cdots) \tag{22}$$

この式は，電子波の波長を $\lambda$〔m〕とし，物質波の考え「$\lambda = \dfrac{h}{mv}$」を用いて書き直すと

$$\boldsymbol{2\pi r = n \cdot \frac{h}{mv} = n\lambda \quad (n = 1,\ 2,\ \cdots)} \tag{23}$$

となる。これは，軌道の1周の長さが電子波の波長の整数倍になるとき定常状態になることを表している(右図)。

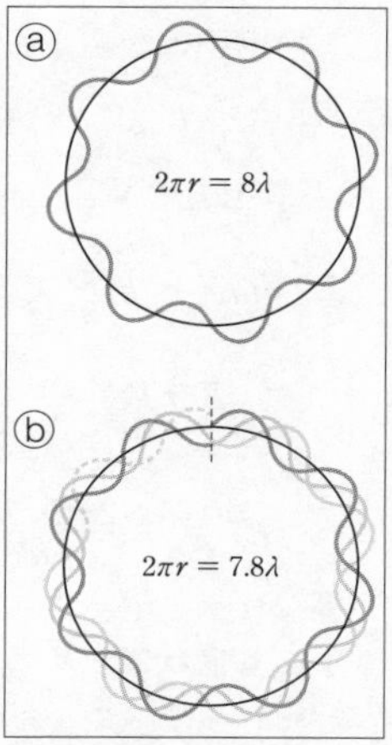


▲**電子の軌道と電子波**
ⓑの場合は電子波が干渉によって打ち消されるので，このような軌道は存在しない。

量子条件の結果，後で見るように，$r$ も $v$ もとびとびになるので，定常状態での電子のエネルギー $E_n$〔J〕もとびとびの値になる。$n$ を**量子数**，定常状態またはそのエネルギー $E_n$〔J〕を**エネルギー準位**という。

**❷振動数条件**　電子がエネルギー準位 $E_n$〔J〕からそれよりも低いエネルギー準位 $E_{n'}$〔J〕に移るとき，これらの差のエネルギー

$$\boldsymbol{E_n - E_{n'} = h\nu} \tag{24}$$

をもつ光子を放出する。また，低いエネルギー準位 $E_{n'}$〔J〕にある電子は，(24)式で定まるエネルギー $h\nu$〔J〕の光子を吸収して高いエネルギー準位 $E_n$〔J〕に移る(右図)。

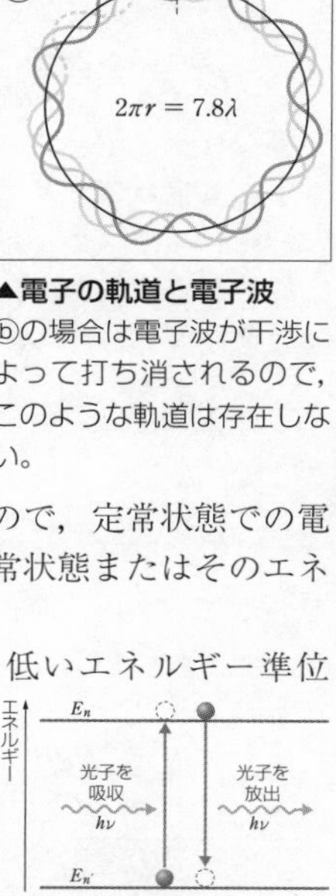


▲**光子の吸収と放出**

**❸エネルギー準位の計算**　ボーアは，この2つの仮定を使って，水素原子のスペクトルを次のように説明した。

水素原子内の電子(質量 $m$〔kg〕)が原子核(電気量 $e$〔C〕)のまわりを速さ $v$〔m/s〕，半径 $r$〔m〕で等速円運動するとき，静電気力が向心力のはたらきをするから，半径方向の運動方程式は

$$m\frac{v^2}{r} = k_0\frac{e^2}{r^2} \tag{25}$$

となる($k_0$〔N·m²/C²〕は真空中のクーロンの法則の比例定数)。定常状態では(23)式が満たされるから，この式を用いて $v$ を消去すると

$$\boldsymbol{r = \frac{h^2}{4\pi^2 k_0 m e^2} \cdot n^2 \quad (n = 1,\ 2,\ 3,\ \cdots)} \tag{26}$$

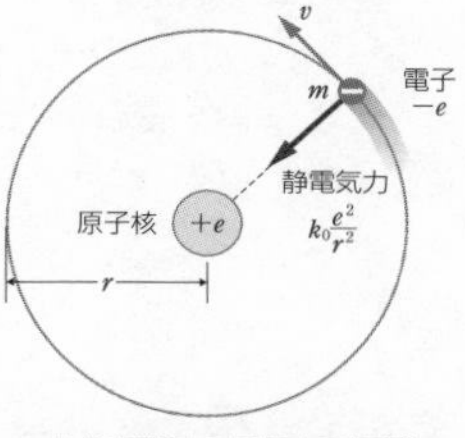


▲**水素原子の電子の運動**

となる。(26)式は水素原子内の電子がとりえる軌道半径を示す。

この電子のエネルギー $E$〔J〕は，運動エネルギー $\frac{1}{2}mv^2$〔J〕と静電気力による位置エネルギー $U$〔J〕との和である。

万有引力の場合と同様に無限遠を基準にとると，$U = -k_0\frac{e^2}{r}$ である。これと，(25)式より $mv^2 = k_0\frac{e^2}{r}$ であることを用いると

$$E = \frac{1}{2}mv^2 + \left(-k_0\frac{e^2}{r}\right) = \frac{1}{2} \times k_0\frac{e^2}{r} - k_0\frac{e^2}{r} = -\frac{k_0e^2}{2r} \quad (27)$$

となる。この式に(26)式を代入し，$E$ を $E_n$ と書くと

$$\boldsymbol{E_n = -\frac{2\pi^2 k_0{}^2 me^4}{h^2}\cdot\frac{1}{n^2} \quad (n = 1,\ 2,\ 3,\ \cdots)} \quad (28)$$

が得られる。$n = 1$ のときのエネルギーが最低で，このエネルギー準位の状態を水素原子の**基底状態**という。(26)，(28)式から，$n = 2,\ 3,\ \cdots$ となるにつれて，電子の軌道は外側へ移りエネルギーは大きくなる。これらの状態を**励起状態**という。

電子が定常状態 $E_n$ から $E_{n'}$ へ移るときに放出される光の波長を $\lambda$〔m〕とすると，振動数条件((24)式)から，次の関係が導かれる。

$$\frac{1}{\lambda} = \frac{\nu}{c} = \frac{1}{c}\left(\frac{E_n - E_{n'}}{h}\right) = \frac{2\pi^2 k_0{}^2 me^4}{ch^3}\left(\frac{1}{n'^2} - \frac{1}{n^2}\right) = \boldsymbol{R\left(\frac{1}{n'^2} - \frac{1}{n^2}\right)} \quad (29)$$

ここで，$R$ はリュードベリ定数

$$R = \frac{2\pi^2 k_0{}^2 me^4}{ch^3} = 1.10 \times 10^7/\mathrm{m} \quad (30)$$

であることから，(29)式は(21)式と一致する。このようにして，ボーアは，水素原子のスペクトルを理論的に説明することに成功した。$R$ を用いると，(28)式は次のように表される。

$$\boldsymbol{E_n = -\frac{Rch}{n^2} \quad (n = 1,\ 2,\ 3,\ \cdots)} \quad (31)$$

**ボーアの理論**

**軌道半径** $\boldsymbol{r = \frac{h^2}{4\pi^2 k_0 me^2}\cdot n^2}$ $(n = 1,\ 2,\ 3,\ \cdots)$

**エネルギー準位** $\boldsymbol{E_n = -\frac{2\pi^2 k_0{}^2 me^4}{h^2}\cdot\frac{1}{n^2} = -\frac{Rch}{n^2}}$ $(n = 1,\ 2,\ 3,\ \cdots)$

| | | | |
|---|---|---|---|
| $r$〔m〕 | 電子の軌道半径 | $m$〔kg〕 | 電子の質量 |
| $E_n$〔J〕 | 電子のエネルギー | $e$〔C〕 | 電気素量 |
| $h$〔J·s〕 | プランク定数 | $R$〔1/m〕 | リュードベリ定数 |
| $k_0$〔N·m²/C²〕 | 真空中のクーロンの法則の比例定数 | $c$〔m/s〕 | 真空中の光の速さ |

**❹エネルギー準位とスペクトル系列**　ボーアの理論に従うと，ライマン系列は，電子が，$n \geqq 2$ の軌道から，$n=1$（基底状態）の軌道に移るときに放射されるスペクトル線の一群であることがわかる。また，バルマー系列，パッシェン系列は，エネルギーの大きい軌道から，それぞれ $n=2$，$n=3$ の軌道へ移るときに放射されるスペクトルの一群である(教 **p.292 図 29**)。

# 2 原子核

## A 原子核の構成

原子は，中心にある原子核と，原子核をとりまく電子(電気量 $-e$)からなる。原子核は，原子の10万分の1程度の大きさであり，正の電気量 $e$ をもつ陽子と，電気をもたない中性子とからなる。

**原子**
- **原子核**
  - **陽子**……電気量 $+e$，　質量 $1.673\times10^{-27}$ kg
  - **中性子**…電気量 0，　質量 $1.675\times10^{-27}$ kg
- **電子**………………電気量 $-e$，　質量 $9.109\times10^{-31}$ kg

元素(原子の種類)は，原子核に含まれる陽子の数で決まり，その数を**原子番号**という。陽子と中性子を総称して**核子**といい，核子の総数を**質量数**という。原子番号(陽子の数)を $Z$，中性子の数を $N$，質量数を $A$ とすると，$A=Z+N$ である。原子や原子核は，元素記号と，その左上に質量数，左下に原子番号をつけて表される(右下図)。原子番号 $Z$ の元素の原子核は $Ze$ の正の電気量をもつ。

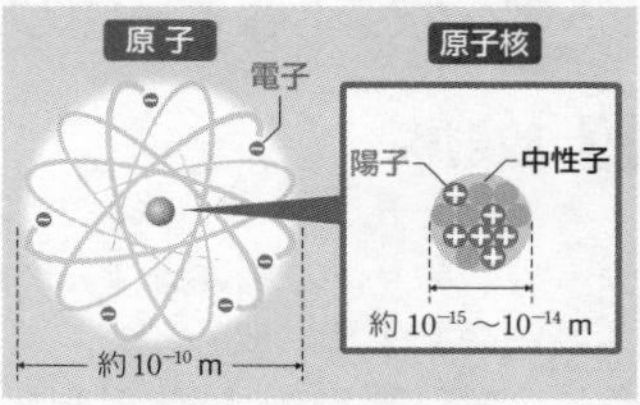

▲原子と原子核の構成

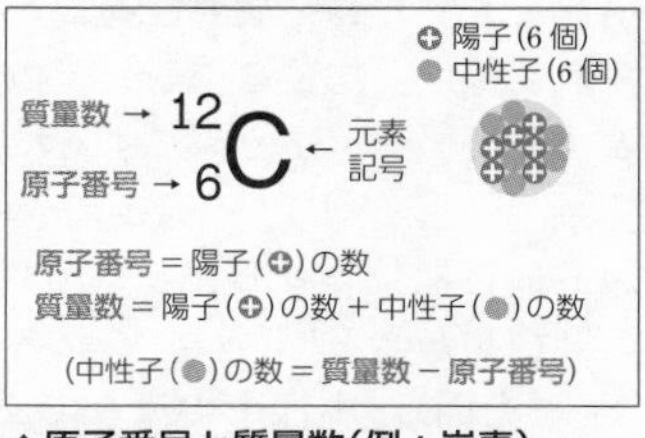

▲原子番号と質量数(例：炭素)

核子が $10^{-15}$ ～ $10^{-14}$ m 程度の狭い空間に集まっているのは，核子どうしが静電気力よりはるかに強い力で引きあっているからである。この力を**核力**という。

## B 同位体

同じ元素(陽子の数が同じ)でも，中性子の数が異なる原子がある。これらの原子を互いに**同位体(アイソトープ)**という。同位体の例を教 **p.296 表 2** に示す。

同位体を区別する場合は，$^{12}_{6}C$，$^{13}_{6}C$ のように質量数の違いで表す。

水素の原子核 $^{1}_{1}H$ は陽子であり，$^{2}_{1}H$，$^{3}_{1}H$ の原子核はそれぞれ，重陽子，三重陽子といわれる。

一般に，同じ元素の同位体は化学的な性質がほぼ同じである。しかし，物理的性質は大きく異なることがある。原子が出す線スペクトルの波長も同位体によってわずかに異なる。

## C 統一原子質量単位

原子の質量はきわめて小さい。そのため，$^{12}_{6}$C 原子 1 個の質量の $\frac{1}{12}$ を**統一原子質量単位**(記号 **u**)

$$\mathbf{1\,u = 1.66 \times 10^{-24}\,g} \quad (= 1.66 \times 10^{-27}\,\mathrm{kg}) \tag{32}$$

として質量の単位に用いることがある。

## D 原子量

$^{12}_{6}$C 原子の質量は，統一原子質量単位を用いると 12u である。この値 12 を基準として，他の原子 1 個の質量を相対的に表した値を，元素の**原子量**という。実際には，多くの元素には複数の同位体が存在するため，元素の原子量は，各同位体の相対的な質量にその存在比を乗じて計算した平均値となる。例えば炭素の原子量は，**教 p.296 表 2** より次のように求められる。

$$12 \times 0.9893 + 13.0034 \times 0.0107 \fallingdotseq 12.01 \tag{33}$$

# 3 放射線とその性質



## A 放射線

天然に存在する原子核の中には，ウラン U やラジウム Ra，炭素 $^{14}_{6}$C など，不安定なものがあり，**放射線**とよばれる，粒子の流れや波長の短い電磁波を出しながら，自然に別の原子核に変わっていく。この現象を**放射性崩壊**といい，自然に放射線を出す性質を**放射能**という。放射能をもつ同位体を**放射性同位体(ラジオアイソトープ)**，放射能をもつ物質を**放射性物質**という(**教 p.299 図 32**)。

放射線は，物質を透過し，物質中の原子から電子をはじきとばして原子をイオンにするはたらき(**電離作用**)をもっている。

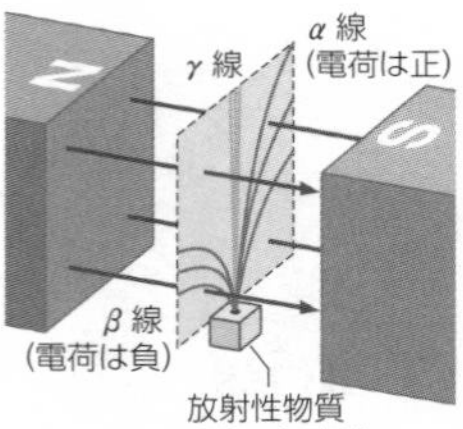


放射性同位体から出るおもな放射線には，**α線**，**β線**，**γ線**の 3 種類がある(下表)。これらは磁場の中で異なる進み方をする(右図)。中性子の流れである**中性子線**や X 線も放射線の一種である。

**▼放射線の性質**

| 種類 | 本体 | 電離作用 | 透過力 |
|---|---|---|---|
| α線 | ヘリウム $^{4}_{2}$He の原子核 | 強 | 弱 |
| β線 | 電子 | 中 | 中 |
| γ線 | 波長の短い電磁波 (→**教 p.255**) | 弱 | 強 |
| 中性子線 | 中性子 | 弱 | 強 |

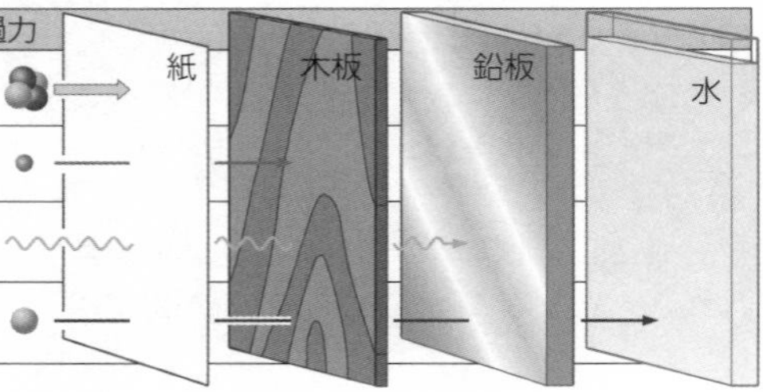

## B　α崩壊・β崩壊

α線の放出は，原子核から陽子2個と中性子2個が ${}^4_2$He（**α粒子**）となって出ていく現象である。この現象を**α崩壊**といい，原子核は，質量数が4，原子番号が2だけ小さい原子核に変わる（右図ⓐ）。

β線の放出は，原子核中の中性子が陽子に変化するとき電子が飛び出す現象である。この現象を**β崩壊**といい，原子核は，質量数が同じで原子番号が1だけ大きな原子核に変わる（右図ⓑ）。

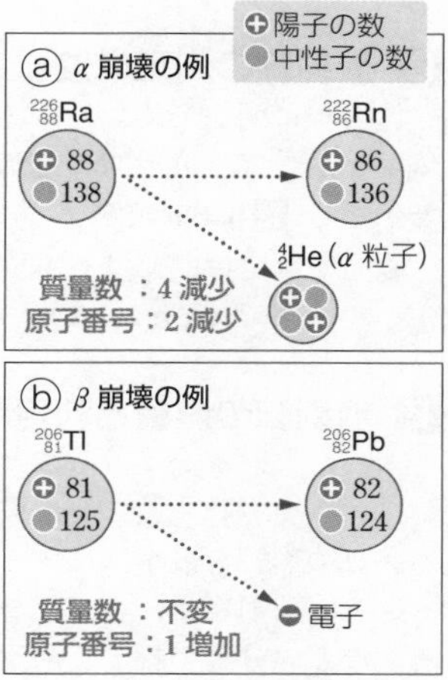


崩壊後の原子核は不安定である場合が多く，安定な原子核になるまでα崩壊やβ崩壊を続け，次々に新しい原子核に変わっていく（教 p.301 図35）。

α崩壊やβ崩壊で生じる新しい原子核は，励起状態にあることが多い。その場合，同じ原子核の，よりエネルギーの低い状態に移ることがある。このとき，エネルギーが電磁波（γ線）として放出される。γ線の放出では，原子番号も質量数も変化しない。

## C　半減期

原子核が放射性崩壊によって他の原子核に変わるとき，もとの原子核の数が半分になるまでの時間は，それぞれの原子核で決まっている。この時間を**半減期**という。初めの原子核の数を $N_0$，時間 $t$ 後に壊れないで残っている原子核の数を $N$，半減期を $T$ とすると，残留率 $\frac{N}{N_0}$ について，次の式が成りたつ（教 p.302 図36）。

**半減期**

$$\frac{N}{N_0}=\left(\frac{1}{2}\right)^{\frac{t}{T}} \tag{34}$$

$N_0$　初めの原子核の数　　$t$　経過時間
$N$　時間 $t$ 後に壊れないで残っている原子核の数　　$T$　半減期

▼いろいろな半減期

| 原子核 | 崩壊の型 | 半減期 |
|---|---|---|
| n※ | β | 10.2分 |
| ${}^{14}_{6}$C | β | $5.70\times10^3$ 年 |
| ${}^{32}_{15}$P | β | 14.27日 |
| ${}^{40}_{19}$K | β | $1.25\times10^9$ 年 |
| ${}^{60}_{27}$Co | β | 5.271年 |
| ${}^{89}_{38}$Sr | β | 50.56日 |
| ${}^{90}_{38}$Sr | β | 28.91年 |
| ${}^{131}_{53}$I | β | 8.03日 |
| ${}^{134}_{55}$Cs | β | 2.065年 |
| ${}^{137}_{55}$Cs | β | 30.08年 |
| ${}^{222}_{86}$Rn | α | 3.82日 |
| ${}^{226}_{88}$Ra | α | $1.60\times10^3$ 年 |
| ${}^{235}_{92}$U | α | $7.04\times10^8$ 年 |
| ${}^{238}_{92}$U | α | $4.47\times10^9$年 |
| ${}^{239}_{94}$Pu | α | $2.41\times10^4$年 |

※中性子は原子核内では安定に存在しうるが，単独では不安定であり，β崩壊により陽子に変わる。

1個の原子核が1秒間に崩壊する確率は，原子核の種類によって決まっている。半減期が原子核によって決まっているのはこのためであり，半減期の間に1個の原子核が崩壊する確率は $\frac{1}{2}$ である。したがって，多数の原子核の集団では，半減期 $T$ の間にその半数が崩壊し，残った原子核の半数がその後 $T$ の間に崩壊し，そのくり返しによって，原子核の数が減少していく。

### D 放射線の測定単位

放射線に関して用いられる単位には，放射能の強さを表す**ベクレル**(記号 **Bq**)，人体などが受ける放射線の量(強さ)を表す**グレイ**(記号 **Gy**)や**シーベルト**(記号 **Sv**)などがある(**教 p.305 表 5**)。

放射線測定などでは，単位時間当たりに受ける放射線の量(線量率)を，マイクロシーベルト毎時(μSv/h)という単位で表すことが多い。

### E 放射線の影響と利用

人体が放射線を受けることを**被曝**という。放射線はその電離作用によって生物の細胞に大きく影響を及ぼし，被曝量が大きい場合には急性の障害を引き起こすこともある。この影響を最小限にするには,放射線源から離れるなどの対策をとる必要がある。

一方，放射線は，非破壊検査やがんの治療，診断，農作物の品種改良など，産業・医学などの分野で幅広く活用されている。

## 4 核反応と核エネルギー



### A 核反応

ラザフォードは，内部に $\alpha$ 線源を設置し密閉した箱に窒素ガスを詰めると陽子が飛び出すことを発見し

$${}^{14}_{7}\mathrm{N} + {}^{4}_{2}\mathrm{He} \longrightarrow {}^{17}_{8}\mathrm{O} + {}^{1}_{1}\mathrm{H} \quad (35)$$

という反応が起こることをつきとめた(右図)。このように原子核が変わる反応を**核反応**，または**原子核反応**という。

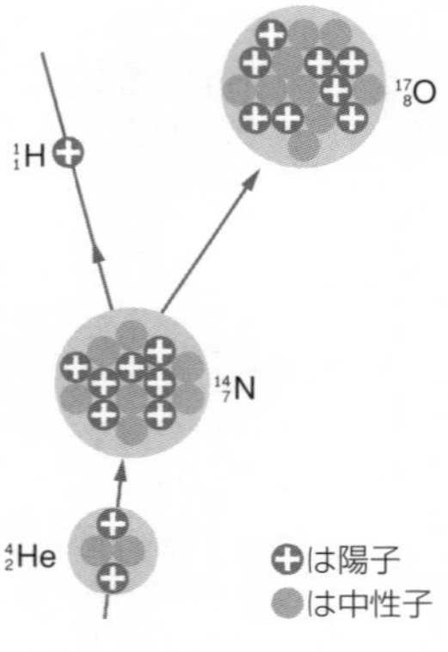


化学反応では，原子の種類は変化せず，原子の組合せが変わるだけであるが，核反応では原子核が変化し，別の種類の原子ができる。

正の電気をもつ2つの原子核の間には遠距離では斥力の静電気力がはたらく。核反応は，2つの原子核がこの斥力にうちかって，核力がはたらく近距離に近づいたとき，初めて起こる。

そのため核反応を起こすには，2つの原子核の間に大きな衝突のエネルギー(運動エネルギー)を与える必要がある。そのための装置が加速器である。

一方，電気をもたない中性子は他の原子核に近づきやすい。

一般に，核反応では，**反応の前後で質量数の和と電気量の和は一定に保たれる。**

## B 質量とエネルギーの等価性

原子核の質量は，それを構成する核子の質量の和よりも小さい。原子番号 $Z$，質量数 $A$ の原子核の質量を $m_0$，陽子と中性子の質量を $m_p$，$m_n$ とするとき，両者の差

$$\Delta m = Zm_p + (A - Z)m_n - m_0 \tag{36}$$

を**質量欠損**という。

質量欠損の意味は，アインシュタインの相対性理論によって明らかになる。それによれば，質量とエネルギーとは同等(等価)であって，質量 $m$〔kg〕の物体は，静止状態において次の式で表されるエネルギー $E$〔J〕をもつことになる。

**質量とエネルギーの等価性**

$$E = mc^2 \tag{37}$$

$E$〔J〕　エネルギー　　$m$〔kg〕　質量
$c$〔m/s〕　真空中の光の速さ

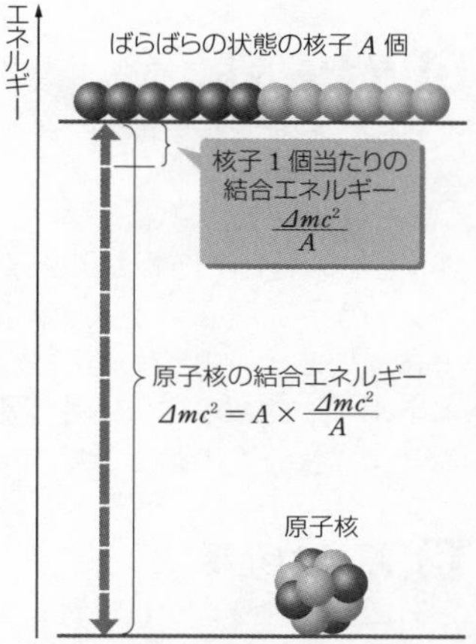

▲原子核の結合エネルギー

このことから，陽子と中性子がばらばらで存在するときよりも，まとまって原子核を構成しているときのほうが，エネルギーが $\Delta mc^2$ だけ小さいことになる。逆に原子核をばらばらの核子にするには，$\Delta mc^2$ だけのエネルギーを与える必要がある。この意味で，$\Delta mc^2$ を原子核の**結合エネルギー**という(右上図)。

質量数 $A$ は核子の数を表しているので，核子1個当たりの結合エネルギーは $\dfrac{\Delta mc^2}{A}$ と表される。

## C 核エネルギー

一般に，核反応では，原子核の質量の和が，反応の前後で変化する。この質量の和が反応によって減少する場合，反応前後の質量差に相当するエネルギーが**核エネルギー**として解放される。このとき，結合エネルギーの和は増加しており，解放される核エネルギーは，結合エネルギーの和の変化に等しい(右図)。

核反応で解放されるエネルギーはきわめて大きい。化学反応で発生するエネルギーは，多くの場合，1回の反応で数 eV 程度であるのに対し，核反応では数 MeV 以上のエネルギーが発生すること

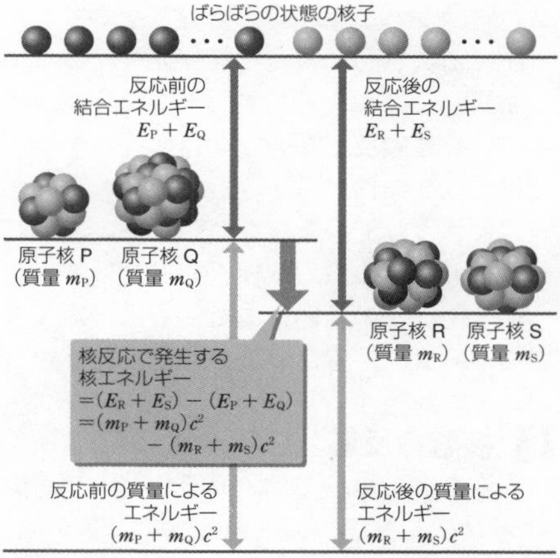

▲核反応　P + Q → R + S　で発生する核エネルギーと結合エネルギー

が多い。例えば，教 p.311 例題 8 の $^1_1$H と $^7_3$Li の核反応では，1 回で約 17.4 MeV のエネルギーが発生する。これらの原子が 1 mol（数 g）ずつ反応したとすると

$$(17.4\times10^6)\times(1.60\times10^{-19})\times(6.02\times10^{23})\ \mathrm{J}\fallingdotseq1.68\times10^{12}\ \mathrm{J} \tag{38}$$

という膨大なエネルギーが発生することになる。これは石油約 40 トンを燃やしたときのエネルギーに相当する。

## D 核分裂反応

1 つの原子核が，いくつかの原子核に分かれる反応を**核分裂**という（右図）。

核子 1 個当たりの結合エネルギーは，質量数が 56 の鉄のあたりで最大値をとる。そのため，ウランのように質量数が大きい原子核は，1 つの原子核でいるより 2 つの原子核に分裂したほうが，エネルギー的に安定である（教 p.311 図 43）。このことが，核分裂の起こる原因である。

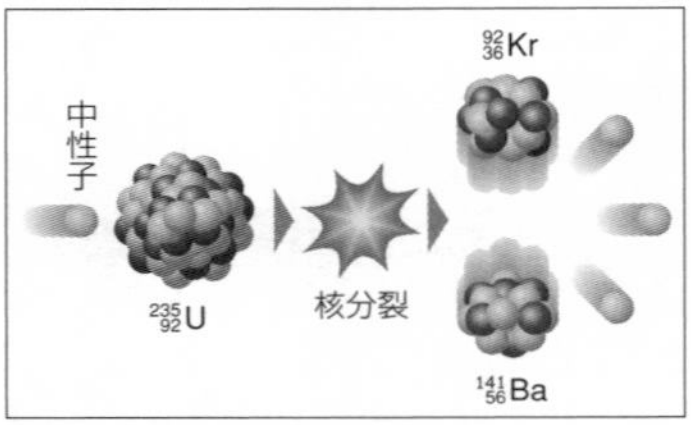

▲ウランの核分裂の一例

## E 原子力発電

右図は，ウランを核燃料とするときの原子力発電の原理を示している。遅い中性子（熱運動と同程度の速さの中性子）が $^{235}_{92}$U に衝突すると，図に示すようにいろいろな壊れ方の核分裂が起こる。このとき，いずれの場合も 200 MeV 程度のエネルギーが解放され，2〜3 個の速い中性子が出る。この速い中性子を，減速材（水や重水など）に衝突させて遅くして $^{235}_{92}$U に衝突させ，新たな核分裂を起こしやすくする。このようにして次々に核分裂が起こることを**連鎖反応**という。連鎖反応が持続的に保たれる条件がちょうど満たされるとき，原子炉は**臨界**にあるといい，中性子数は一定に保たれている。なお，少ない燃料では核燃料表面から中性子が核反応することなく失われるので，核燃料の量には下限があり，**臨界量**とよばれる。

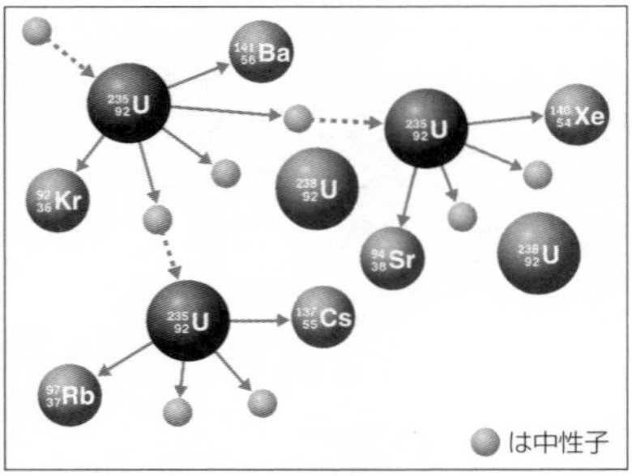

▲原子力発電の原理（連鎖反応）　$^{238}_{92}$U は核反応にほとんど関係しない。

原子力発電の稼働にあたっては，重大事故に対する厳重かつ多重の安全対策が必要である。また，寿命の長い放射性廃棄物の処理も重要な課題である。

## F 核融合反応

太陽などの恒星では，原子核どうしが衝突して質量数の大きな原子核が生まれている。このように，より質量数の大きな原子核ができる反応を**核融合**という（教 p.314 図 45）。軽い原子核どうしが反応し，より質量の大きな原子核になるとき，結合エネルギーが増加し，その差のエネルギーが解放される（教 p.314 図 46）。

太陽(中心温度約1600万K)の中では，4個の水素原子核(陽子)から，いくつかの段階を経て，1個のヘリウム原子核が生成されている。このとき，約27MeVのエネルギーが解放される。

$$4\,{}^{1}_{1}\mathrm{H} + 2\mathrm{e}^{-} \longrightarrow {}^{4}_{2}\mathrm{He} + 2\nu_{\mathrm{e}} \quad (\nu_{\mathrm{e}}：電子ニュートリノ) \tag{39}$$

地上でも，安定した核融合反応を持続させることができれば，エネルギー源の一つとなることから核融合の研究開発が進められている。

# 5　素粒子

## A　自然の階層性と素粒子

**❶自然の階層性**　物質を細かく分けていくと，段階的に分子，原子，原子核といった構成単位が現れる。これを**自然の階層性**といい，その究極に位置する粒子を，物質を構成する基本的要素と考えて**素粒子**という。

**❷素粒子の分類**　現在，自然界を構成する基本的な粒子は，核力などの強い力のはたらく**ハドロン**(陽子，中性子，$\pi$中間子など)と，強い力のはたらかない**レプトン**(電子やニュートリノ，$\mu$粒子など)と，力を伝達する**ゲージ粒子**(電磁気力を媒介する光子など)に分類され，多くの粒子を統一して説明することが試みられている。ハドロンはさらに，陽子や中性子などの**バリオン(重粒子)**と，$\pi$中間子などの**中間子**に分けられる。



## B　クォーク模型

ハドロンに属する粒子をバリオンと中間子に分類し説明する模型として，**クォーク模型**が提案された。それは，電気量の大きさが$\frac{1}{3}e$や$\frac{2}{3}e$($e$は電気素量)である粒子(**クォーク**)を考え，バリオンはクォーク3個から，中間子はクォーク1個とクォークの反粒子である反クォーク1個からなるとする模型である(右図)。

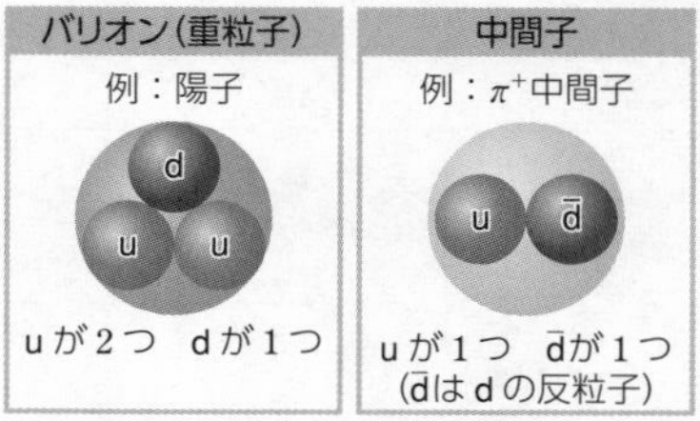

▲ハドロンの例

▼クォークとレプトン

| | 世代 | | | 電気量 |
|---|---|---|---|---|
| | 第1世代 | 第2世代 | 第3世代 | |
| クォーク | アップ u | チャーム c | トップ t | $\frac{2}{3}e$ |
| | ダウン d | ストレンジ s | ボトム b | $-\frac{1}{3}e$ |
| レプトン | 電子 $e^{-}$ | ミュー粒子 $\mu^{-}$ | タウ粒子 $\tau^{-}$ | $-e$ |
| | 電子ニュートリノ $\nu_{e}$ | ミューニュートリノ $\nu_{\mu}$ | タウニュートリノ $\nu_{\tau}$ | 0 |

クォークを単独の粒子として核子や中間子の外に取り出すことはできないが，その後の実験で，陽子は電気量の大きさが$\frac{1}{3}e$と$\frac{2}{3}e$の粒子からなることが確認された。また，2つのクォークを強い力で結びつけるゲージ粒子(グルーオン)が存在するらしいこともわかった。このように，ハドロンは，クォークからなる複合粒子であると考えられるようになった。

## C 自然界に存在する4つの力

自然界には，重力(万有引力)，電磁気力のほかに，原子核をつくるための強い力，$\beta$崩壊などではたらく弱い力の4種類がある(下表)。これらの力(相互作用ということもある)は，ゲージ粒子を媒介して伝わると考えられている。4つの力は，宇宙の初期には1つだったと考えられており(下図)，現在これらの力を統一しようとする試みがなされている。

▼4つの力とゲージ粒子

重力と電磁気力の強さの比較には，2つの陽子間にはたらく力を用いた。

| 力の種類 | 重力(万有引力) | 電磁気力 | 強い力 | 弱い力 |
|---|---|---|---|---|
| 具体例 | 太陽と地球の間にはたらく力<br>地球と地球上の物体にはたらく力 | 原子核に電子を結びつけ原子をつくる力<br>$\gamma$線の放出に関係する力<br>化学反応を起こす力 | 原子核をつくるもとになる力(核力)<br>クォーク間にはたらく力 | $\beta$崩壊をつかさどる力<br>中性子や$\mu$粒子などの寿命を決める力 |
| 相対的強さ | $10^{-38}$ | $10^{-2}$ | 1 | $10^{-5}$ |
| 到達距離 | 無限大 | 無限大 | $10^{-15}$ m | $10^{-17}$ m |
| 力の源 | 質量 | 電荷 | 色荷(しきか) | 弱荷(じゃくか) |
| 力を媒介するゲージ粒子 | グラビトン(重力子)<br><br>[未発見] | フォトン(光子)<br> | グルーオン(膠着子(こうちゃくし))<br> | ウィークボソン($W^{\pm}$粒子，$Z^0$粒子)<br> |

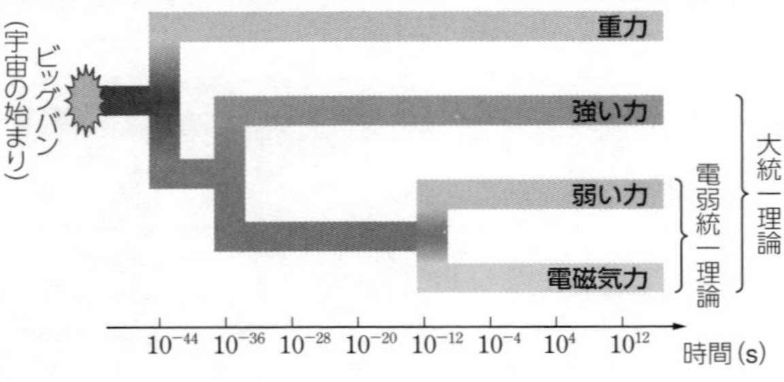

宇宙のごく初期に，物質がどのようになっていたかはまだはっきりとはわかっていないが，まず基本的な粒子がつくられ，徐々に構造が生まれ，長い時間をかけて現在のすがたになったと考えられている。素粒子の研究が，実は宇宙の研究と密接にかかわっており，絶え間ない探究が続けられている。

## 問　題

**問10**
(教p.292)
水素原子内の電子が定常状態 $E_3 = -1.5\,\mathrm{eV}$ から $E_1 = -13.6\,\mathrm{eV}$ へ移るときに放出する光(紫外線)の光子のエネルギーは何 eV か。また，その波長は何 m か。プランク定数 $h = 6.6 \times 10^{-34}\,\mathrm{J\cdot s}$，電気素量 $e = 1.6 \times 10^{-19}\,\mathrm{C}$，真空中の光の速さ $c = 3.0 \times 10^{8}\,\mathrm{m/s}$ とする。

**考え方**　定常状態 $E_3$ から $E_1$ に，軌道が内側に移る際，このエネルギーの差が光子のエネルギーになる。

**解説&解答**　光子のエネルギーは

$$E_3 - E_1 = -1.5 - (-13.6) = \mathbf{12.1\,eV}$$ 答

また，光子のエネルギーの式((9)式)より

$$\lambda = \frac{hc}{E} = \frac{(6.6 \times 10^{-34}) \times (3.0 \times 10^{8})}{12.1 \times (1.6 \times 10^{-19})} \fallingdotseq \mathbf{1.0 \times 10^{-7}\,m}$$ 答

**問11**
(教p.295)
次の原子の，陽子の数，中性子の数をそれぞれ求めよ。

(1) $^{3}_{1}\mathrm{H}$　(2) $^{4}_{2}\mathrm{He}$　(3) $^{35}_{17}\mathrm{Cl}$　(4) $^{37}_{17}\mathrm{Cl}$

**考え方**　中性子の数＝質量数－原子番号(陽子の数)である。

**解説&解答**
(1) 陽子：**1個**，中性子：3 － 1 ＝ **2個** 答
(2) 陽子：**2個**，中性子：4 － 2 ＝ **2個** 答
(3) 陽子：**17個**，中性子：35 － 17 ＝ **18個** 答
(4) 陽子：**17個**，中性子：37 － 17 ＝ **20個** 答

**問12**
(教p.296)
$^{12}_{6}\mathrm{C}$ 原子1個の質量を単位 g で表せ。$1\,\mathrm{u} = 1.66 \times 10^{-24}\,\mathrm{g}$ とする。

**考え方**　$^{12}_{6}\mathrm{C}$ 原子1個の質量の $\frac{1}{12}$ が 1u である。

**解説&解答**　$12 \times 1\,\mathrm{u} = 12 \times (1.66 \times 10^{-24})\,\mathrm{g} \fallingdotseq \mathbf{1.99 \times 10^{-23}\,g}$ 答

**問13**
(教p.297)
塩素には2つの同位体 $^{35}_{17}\mathrm{Cl}$(質量 35.0u)，$^{37}_{17}\mathrm{Cl}$(質量 37.0u)が 3:1 の比率で存在する。塩素の原子量を求めよ。

**考え方**　塩素には，質量の異なる同位体が存在するので，塩素の原子量を求めるときには，存在比を乗じて平均値を求める。

**解説&解答**　各同位体の質量にその存在比を乗じて計算する。

$$\text{原子量} = 35.0 \times \frac{3}{3+1} + 37.0 \times \frac{1}{3+1} = \mathbf{35.5}$$ 答

**問14** (教p.300) $\alpha$線と$\beta$線は磁場内で曲げられるが，$\beta$線のほうが大きく曲げられる。これはなぜだろうか。粒子の初速度の大きさは等しいとみなせるものとする。

**考え方** ローレンツ力による等速円運動の半径の式「$r = \dfrac{mv}{qB}$」を考える。

**解説&解答** **$^{4}_{2}$He（$\alpha$線）に比べて，電子（$\beta$線）の質量がきわめて小さく，質量に対する電気量の大きさの比の値（比電荷）が大きいため。** 答

**例題6** (教p.301) $^{235}_{92}$U は，$\alpha$崩壊を7回，$\beta$崩壊を4回行って，安定な原子核になる。この原子核の原子番号$Z$と質量数$A$を求めよ。

**考え方** $\alpha$崩壊では原子番号が2，質量数が4減少し，$\beta$崩壊では原子番号が1増加する。

**解説&解答** 原子番号 $Z = 92 - 2 \times 7 + 1 \times 4 = \mathbf{82}$ 答
質量数 $A = 235 - 4 \times 7 = \mathbf{207}$ 答

**類題6** (教p.301) $^{232}_{90}$Th は$\alpha$崩壊を$x$回，$\beta$崩壊を$y$回行って，安定な原子核 $^{208}_{82}$Pb になる。$x$と$y$を求めよ。

**考え方** $\alpha$崩壊は，原子核から陽子2個と中性子2個が $^{4}_{2}$He（$\alpha$粒子）となって出ていく現象である。$\beta$崩壊は，質量数が同じで原子番号が1だけ大きな原子核に変わる現象である。

**解説&解答** 原子番号について　$90 - 2x + y = 82$　……①
質量数について　$232 - 4x = 208$　……②
①，②式より　$x = \mathbf{6}$，$y = \mathbf{4}$ 答



**例題7** (教p.303) 図は，放射性崩壊をする原子核 $^{226}_{88}$Ra の残留率（崩壊せずに残っている原子核の割合）と時間の関係を表すグラフである。

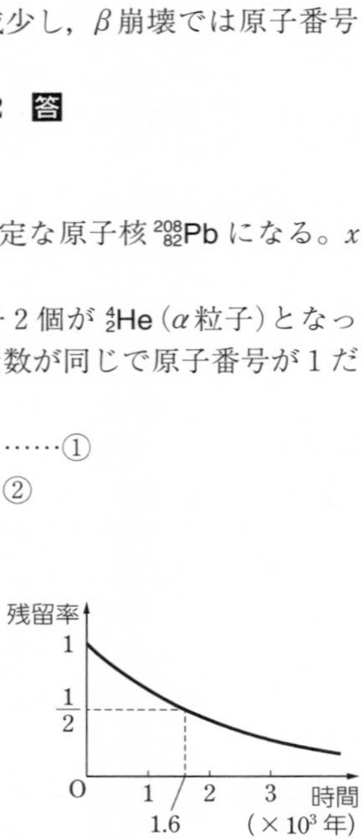


(1) $^{226}_{88}$Ra の半減期は何年か。
(2) 6.0 g の $^{226}_{88}$Ra のうち，$3.2 \times 10^3$ 年後に崩壊せずに残っているのは何 g か。
(3) $^{226}_{88}$Ra の数が初めの$\dfrac{1}{8}$になるのは何年後か。

**考え方** 半減期の時間が経過するたび，残留率（または崩壊していない原子核の数）が$\dfrac{1}{2}$倍になる。

**解説&解答** (1) 図より，半減期（残留率が半分になる時間）は　$\mathbf{1.6 \times 10^3}$ **年** 答
(2) 崩壊せずに残っている $^{226}_{88}$Ra の質量を $m$〔g〕とすると，
「$\dfrac{N}{N_0} = \left(\dfrac{1}{2}\right)^{\frac{t}{T}}$」（(34)式）より

$$\frac{m}{6.0} = \left(\frac{1}{2}\right)^{\frac{3.2 \times 10^3}{1.6 \times 10^3}} = \left(\frac{1}{2}\right)^2 = \frac{1}{4}$$

よって　$m = \frac{1}{4} \times 6.0 = \mathbf{1.5g}$ 答

(3)　$t$ 年後に $\frac{1}{8}$ になったとすると，「$\frac{N}{N_0} = \left(\frac{1}{2}\right)^{\frac{t}{T}}$」(㉞式)より

$$\frac{1}{8} = \left(\frac{1}{2}\right)^3 = \left(\frac{1}{2}\right)^{\frac{t}{1.6 \times 10^3}}$$

よって　$t = 3 \times (1.6 \times 10^3) = \mathbf{4.8 \times 10^3}$ **年後** 答

**類題 7**
(教p.303)

放射性崩壊をする原子核がある。この原子核 8.0g のうち，56 日後に崩壊せずに残っていたのは 0.50g であったとする。

(1)　この原子核の半減期は何日か。

(2)　崩壊せずに残っている原子核の質量が 0.25g になるのは，初めから数えて何日後か。

**考え方**　半減期の式(㉞式)を用いる。

**解説&解答**　(1)　崩壊前後の質量の比は，崩壊前後の原子核の数の比 $\frac{N}{N_0}$ に等しいので　$\frac{0.50}{8.0} = \left(\frac{1}{2}\right)^4 = \left(\frac{1}{2}\right)^{\frac{56}{T}}$

よって　$\frac{56}{T} = 4$　　したがって　$T = \mathbf{14}$ **日** 答

(2)　$\frac{0.25}{8.0} = \left(\frac{1}{2}\right)^5 = \left(\frac{1}{2}\right)^{\frac{t}{14}}$

よって　$\frac{t}{14} = 5$　　したがって　$t = \mathbf{70}$ **日後** 答

**問15**
(教p.307)

ジョリオ・キュリー夫妻(フランス)は，$\alpha$ 粒子を $^{27}_{13}Al$ に衝突させてリンの放射性同位体 $^{30}_{15}P$ をつくった。このときの核反応を式で表せ。

**考え方**　原子核反応では，反応の前後で，電気量の和，質量数の和は一定である。

**解説&解答**　$\alpha$ 粒子はヘリウムの原子核で $^4_2He$ であり，中性子は $^1_0n$ である。

$^{27}_{13}Al + ^4_2He \longrightarrow ^{30}_{15}P + ^A_ZX$ とする。

電気量の和一定より　$13 + 2 = 15 + Z$　　$Z = 0$

質量数の和一定より　$27 + 4 = 30 + A$　　$A = 1$

ゆえに　　$\mathbf{^{27}_{13}Al + ^4_2He \longrightarrow ^{30}_{15}P + ^1_0n}$ 答

**問16**
(教p.309)

$^4_2He$ 原子核の質量欠損は何 kg か。また,結合エネルギーは何 J か。ただし，真空中の光の速さは $3.0 \times 10^8$ m/s，陽子の質量は $1.673 \times 10^{-27}$ kg，中性子の質量は $1.675 \times 10^{-27}$ kg，$^4_2He$ 原子核の質量は $6.646 \times 10^{-27}$ kg とする。

**考え方**　質量欠損を「$\Delta m = Zm_p + (A - Z)m_n - m_0$」(㊱式)より求め，質量とエネルギーの等価性「$E = mc^2$」(㊲式)より結合エネルギーへと変換する。

第5編 原子

**解説&解答** (36)式より，質量欠損は

$$\Delta m = 2 \times (1.673 \times 10^{-27}) + (4-2) \times (1.675 \times 10^{-27}) - (6.646 \times 10^{-27})$$
$$= \mathbf{5.0 \times 10^{-29}\,kg}$$ 答

(37)式より，結合エネルギーは

$$E = \Delta mc^2 = (5.0 \times 10^{-29}) \times (3.0 \times 10^8)^2 = \mathbf{4.5 \times 10^{-12}\,J}$$ 答

**例題 8**（教p.311） 次の核反応で放出されるエネルギー $E$〔MeV〕を求めよ。

$${}^1_1\mathrm{H} + {}^7_3\mathrm{Li} \longrightarrow {}^4_2\mathrm{He} + {}^4_2\mathrm{He}$$

${}^1_1\mathrm{H}$，${}^7_3\mathrm{Li}$，${}^4_2\mathrm{He}$ 原子核の質量をそれぞれ 1.0078u，7.0160u，4.0026u，真空中の光の速さを $3.00 \times 10^8$ m/s，電気素量を $1.60 \times 10^{-19}$ C，$1\,\mathrm{u} = 1.66 \times 10^{-27}$ kg とする。

**考え方** 反応前後の質量の減少がエネルギーとして放出される。質量とエネルギーの単位に注意する（$1\,\mathrm{u} = 1.66 \times 10^{-27}$ kg，$1\,\mathrm{eV} = 1.60 \times 10^{-19}$ J）。

**解説&解答** 反応前後での質量の減少は

$$(1.0078 + 7.0160) - 4.0026 \times 2 = 0.0186\,\mathrm{u}$$

「$E = mc^2$」（(37)式）より

$$E = \{0.0186 \times (1.66 \times 10^{-27})\} \times (3.00 \times 10^8)^2\,\mathrm{J}$$

$1\,\mathrm{MeV} = 10^6\,\mathrm{eV} = (1.60 \times 10^{-19}) \times 10^6\,\mathrm{J}$ を用いて

$$E = \frac{\{0.0186 \times (1.66 \times 10^{-27})\} \times (3.00 \times 10^8)^2}{(1.60 \times 10^{-19}) \times 10^6} \fallingdotseq \mathbf{17.4\,MeV}$$ 答

**類題 8**（教p.311） 次の核分裂反応で放出されるエネルギー $E$〔J〕を求めよ。

$${}^{235}_{92}\mathrm{U} + {}^1_0\mathrm{n} \longrightarrow {}^{92}_{36}\mathrm{Kr} + {}^{141}_{56}\mathrm{Ba} + 3{}^1_0\mathrm{n}$$

${}^{235}_{92}\mathrm{U}$，${}^{92}_{36}\mathrm{Kr}$，${}^{141}_{56}\mathrm{Ba}$ 原子核，中性子 ${}^1_0\mathrm{n}$ の質量をそれぞれ $M_\mathrm{U}$，$M_\mathrm{Kr}$，$M_\mathrm{Ba}$，$M_\mathrm{n}$〔kg〕とし，光の速さを $c$〔m/s〕とする。

**考え方** 質量とエネルギーの等価性（(37)式）を用いる。

**解説&解答** 反応前後での質量の減少は

$$m = (M_\mathrm{U} + M_\mathrm{n}) - (M_\mathrm{Kr} + M_\mathrm{Ba} + 3M_\mathrm{n})$$
$$= M_\mathrm{U} - M_\mathrm{Kr} - M_\mathrm{Ba} - 2M_\mathrm{n}\,〔\mathrm{kg}〕$$

(37)式より

$$E = mc^2 = \boldsymbol{(M_\mathrm{U} - M_\mathrm{Kr} - M_\mathrm{Ba} - 2M_\mathrm{n})\,c^2}\,〔\mathbf{J}〕$$ 答

**問17**（教p.314） 核融合反応 ${}^2_1\mathrm{H} + {}^2_1\mathrm{H} \longrightarrow {}^3_1\mathrm{H} + {}^1_1\mathrm{H}$ において放出されるエネルギー $E$〔MeV〕を求めよ。ただし，${}^2_1\mathrm{H}$，${}^3_1\mathrm{H}$ の核子1個当たりの結合エネルギーは，それぞれ 1.1MeV，2.8MeV である。

**考え方** 反応前後の結合エネルギーの差が放出されるエネルギー $E$ である。

**解説&解答** ${}^2_1\mathrm{H}$ の結合エネルギー $E_1 = 1.1 \times 2 = 2.2\,\mathrm{MeV}$

${}^3_1\mathrm{H}$ の結合エネルギー $E_2 = 2.8 \times 3 = 8.4\,\mathrm{MeV}$

ばらばらのエネルギー状態を 0 MeV とすると，各エネルギーは

$^2_1$H　＋　$^2_1$H　⟶　$^3_1$H　＋　$^1_1$H　＋　$E$

(−2.2)　(−2.2)　　(−8.4)　　0

エネルギー保存則より

$(-2.2)+(-2.2)=(-8.4)+E$

$E=$ **4.0 MeV** 答

問18 (教 p.317) 中性子は，アップクォーク u とダウンクォーク d の組合せで構成されている。教 p.317 表 6 を参考に中性子を構成している u と d の数を求めよ。

考え方　教 p.317 表 6 より，u 1 個の電気量は $\frac{2}{3}e$，d 1 個の電気量は $-\frac{1}{3}e$ である。

解説&解答　u と d を組み合わせた中性子の電気量は 0 であるから，中性子は u 1 個と d 2 個とから成っている。

中性子の電気量 $=\left(\frac{2}{3}e\times1\right)+\left(-\frac{1}{3}e\times2\right)=0$

したがって　**u は 1 個，d は 2 個**　答

## 演　習　問　題

教 p.321

**1**　ヘリウムイオン $He^+$ は，原子核（陽子 2 個をもつ）のまわりを 1 個の電子が等速円運動をしていると考えられる。電子の質量を $m$〔kg〕，電気素量を $e$〔C〕，プランク定数を $h$〔J·s〕，クーロンの法則の比例定数を $k_0$〔N·m²/C²〕とする。

(1)　電子の速さを $v$〔m/s〕，軌道半径を $r$〔m〕として，電子の等速円運動に必要な向心力の大きさを $m$，$v$，$r$ を用いて表せ。

(2)　電子が受ける静電気力の大きさを $k_0$，$e$，$r$ を用いて表せ。

(3)　電子の軌道は円周の長さが電子波の波長の $n$ 倍（$n$ は自然数）のものだけが可能であるとして，半径 $r$ を $n$，$h$，$k_0$，$m$，$e$，$\pi$（円周率）を用いて表せ。

(4)　電子のエネルギー $E$〔J〕を運動エネルギーと静電気力による位置エネルギー（基準を無限遠にとる）の和として，$n$，$h$，$k_0$，$m$，$e$，$\pi$ を用いて表せ。

考え方　ヘリウムイオンは，原子核に 2 個の陽子をもつので軌道上をまわる電子が受ける静電気力が $k\frac{2e\cdot e}{r^2}=2k\frac{e^2}{r^2}$ となることに注意して，水素原子と同様に考える。

解説&解答　(1)　等速円運動の公式より加速度 $a=\frac{v^2}{r}$ であるから，中心方向の運動方程式より

向心力の大きさ $=\boldsymbol{m\frac{v^2}{r}}$ **〔N〕**　答

(2)　原子核の電気量は $2e$ であるから，クーロンの法則より

$$静電気力の大きさ = k_0\frac{2e \times e}{r^2} = \boldsymbol{\frac{2k_0e^2}{r^2}}\text{〔N〕}$$ 答

(3) 円周の長さは $2\pi r$ であるから，電子波の波長を $\lambda$ とすると

$$2\pi r = n\lambda$$

また，電子の運動量 $p = mv$ から，$\lambda = \frac{h}{p} = \frac{h}{mv}$ なので

$$2\pi r = n\left(\frac{h}{mv}\right) \quad \cdots\cdots①$$

電子は，(2)で求めた静電気力を向心力とする等速円運動をしているから，(1)を用いて

$$m\frac{v^2}{r} = \frac{2k_0e^2}{r^2} \quad \cdots\cdots②$$

②式より

$$mv = \sqrt{\frac{2mk_0e^2}{r}} \quad \cdots\cdots③$$

③式を①式に代入して整理すると

$$r = \boldsymbol{\frac{h^2}{8\pi^2 k_0 me^2}\cdot n^2}\text{〔m〕}$$ 答

(4) 軌道上の電位は $V = k_0\frac{2e}{r}$ だから

$$電子の位置エネルギー = (-e)V$$
$$= (-e)k_0\frac{2e}{r} = -\frac{2k_0e^2}{r}$$

電子のエネルギー $E$ は

$$E = \frac{1}{2}mv^2 + \left(-\frac{2k_0e^2}{r}\right)$$

②式より，$mv^2 = \frac{2k_0e^2}{r}$ だから

$$E = \frac{1}{2}\left(\frac{2k_0e^2}{r}\right) - \frac{2k_0e^2}{r} = -\frac{k_0e^2}{r} \quad \cdots\cdots④$$

④式に(3)の $r$ を代入すると

$$E = -\frac{k_0e^2}{\frac{h^2}{8\pi^2k_0me^2}\cdot n^2} = \boldsymbol{-\frac{8\pi^2k_0^2me^4}{h^2}\cdot\frac{1}{n^2}}\text{〔J〕}$$ 答

**2** $^{131}_{53}\mathrm{I}$ は，半減期 8.0 日で $\beta$ 崩壊をして Xe(キセノン)に変わる。

(1) この Xe の質量数および原子番号はそれぞれいくらか。

(2) ある時刻に $^{131}_{53}\mathrm{I}$ が 16g あった。$^{131}_{53}\mathrm{I}$ が 4.0g になるのは何日後か。

(3) 32 日後には，$^{131}_{53}\mathrm{I}$ は何 g になるか。

**考え方** (1) $\alpha$ 崩壊では，原子番号が 2 だけ減少し，質量数が 4 だけ減少する。$\beta$ 崩壊では，原子番号が 1 だけ増加し，質量数は変わらない。

(2)，(3) はじめの原子核の数を $N_0$ とし，時間 $t$ だけ経過したとき，

崩壊しないで残っている原子核の数を$N$，半減期を$T$とすると，(34)式より次の式が成りたつ。

$$N = N_0\left(\frac{1}{2}\right)^{\frac{t}{T}} \quad \cdots\cdots①$$

**解説&解答**　(1)　$\beta$崩壊では，質量数は変わらず，原子番号が1だけ増加するので

質量数　**131**　　原子番号　**54**　答

(2)　①式より

$$4.0 = 16\left(\frac{1}{2}\right)^{\frac{t}{8.0}}$$

$$\left(\frac{1}{2}\right)^2 = \left(\frac{1}{2}\right)^{\frac{t}{8.0}}$$　　よって　$t =$ **16日後**　答

(3)　①式より

$$N = 16\left(\frac{1}{2}\right)^{\frac{32}{8.0}} = 16\left(\frac{1}{2}\right)^4 = \mathbf{1.0\,g}$$　答

**3**　2つの重陽子による次の核融合反応について，以下の問いに答えよ。

$$^2_1\mathrm{H} + {}^2_1\mathrm{H} \longrightarrow {}^3_2\mathrm{He} + {}^1_0\mathrm{n}$$

(1)　この核融合反応1回における質量の減少は何uか。原子核$^2_1$H，$^3_2$He，中性子$^1_0$nの質量を，それぞれ2.0136u，3.0149u，1.0087uとする。

(2)　(1)における質量の減少により放出されるエネルギーの大きさは何Jか。$1\,\mathrm{u} = 1.66 \times 10^{-27}\,\mathrm{kg}$，真空中の光の速さを$c = 3.0 \times 10^8\,\mathrm{m/s}$とする。

(3)　この核融合反応を起こすには，2つの重陽子を$r_0 = 4.0 \times 10^{-15}\,\mathrm{m}$程度の距離まで近づける必要がある。その距離における重陽子間の静電気力による位置エネルギー(無限に離れているときを基準にとる)は何Jか。クーロンの法則の比例定数を$k_0 = 9.0 \times 10^9\,\mathrm{N \cdot m^2/C^2}$，電気素量を$e = 1.6 \times 10^{-19}\,\mathrm{C}$とする。

**考え方**　$^2_1$H　＋　$^2_1$H　⟶　$^3_2$He　＋　$^1_0$n

2.0136u　2.0136u　　3.0149u　　1.0087u

**解説&解答**　(1)　減少した質量を$\Delta m$〔u〕とすると

$$\Delta m = 2.0136 \times 2 - (3.0149 + 1.0087) = \mathbf{0.0036\,u}$$　答

(2)　与えられた2つの原子核が反応して原子核の全質量が減少する場合には，その減少質量$\Delta m$に相当するエネルギーが放出される。また，質量とエネルギーは等価である。

$$1\,\mathrm{u} : 1.66 \times 10^{-27}\,\mathrm{kg} = 0.0036\,\mathrm{u} : \Delta m'\,〔\mathrm{kg}〕$$

$$\Delta m' = (1.66 \times 10^{-27}) \times 0.0036\,\mathrm{kg}$$

放出されるエネルギー$E$は

$$E = \Delta m' \times c^2 = (1.66 \times 10^{-27}) \times 0.0036 \times (3.0 \times 10^8)^2$$

$$= 5.37\cdots \times 10^{-13} \fallingdotseq \mathbf{5.4 \times 10^{-13}\,J}$$　答

(3)　重陽子の電荷＝$e$〔C〕　無限遠方を位置エネルギーの基準にしたとき，重陽子どうしはともに正電荷で斥力を及ぼしあう。

第5編　原子

静電気力による位置エネルギー $U$ は

$$U = k_0 \frac{e^2}{r_0} = (9.0 \times 10^9) \times \frac{(1.6 \times 10^{-19})^2}{4.0 \times 10^{-15}}$$
$$= 5.76 \times 10^{-14} \fallingdotseq \mathbf{5.8 \times 10^{-14}J} \quad 答$$

**考 考えてみよう！** ・・・・・・・・・・・・・・・・・・・・・・・・・・・・

*4* 中性子線は透過力が強く，鉛などでは遮蔽することが難しい。

(1) 中性子線の透過力が強いのはなぜだろうか。

(2) 質量 $m$〔kg〕，速度 $v$〔m/s〕$(v > 0)$ の中性子が，静止した質量 $M$〔kg〕の原子核と弾性衝突した後の中性子の速度を求めよ。衝突は一直線上で起こるとする。

(3) 中性子線を遮蔽するには水素原子核(陽子)を多く含む水が適している。これはなぜだろうか。

(考え方) 物質は原子からなり，原子中には陽子や電子がある。これらは近くを通る荷電粒子に静電気力を及ぼす。

(解説&解答) (1) **中性子は電荷をもたず，原子中の陽子や電子から静電気力を受けないから。** 答

(2) 衝突後の中性子と原子核の速度を，それぞれ $v'$, $V'$〔m/s〕とする。

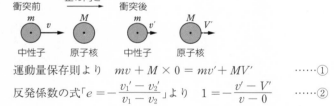

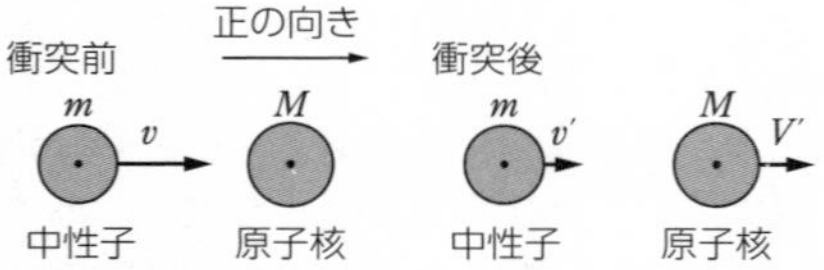

運動量保存則より $mv + M \times 0 = mv' + MV'$ ……①

反発係数の式「$e = -\dfrac{v_1' - v_2'}{v_1 - v_2}$」より $1 = -\dfrac{v' - V'}{v - 0}$ ……②

①，②式より $v' = -\dfrac{M - m}{M + m} v$〔m/s〕 答

(3) **陽子は中性子と質量がほぼ同じなので，中性子が陽子と衝突すると，(2)の式から大きく減速されることがわかる。よって，失うエネルギーが大きい。水は陽子を多く含み，効率的に中性子線のエネルギーを吸収することができるため，中性子線の遮蔽に適している。** 答

# 物理のための数学

**問1**
(教 p.252)
(教 p.332)

図で，OQ＝20m，O′Q′＝5.0cm，P′Q′＝3.5cm であったとすると，電柱の高さPQは何mか。

ⓐ

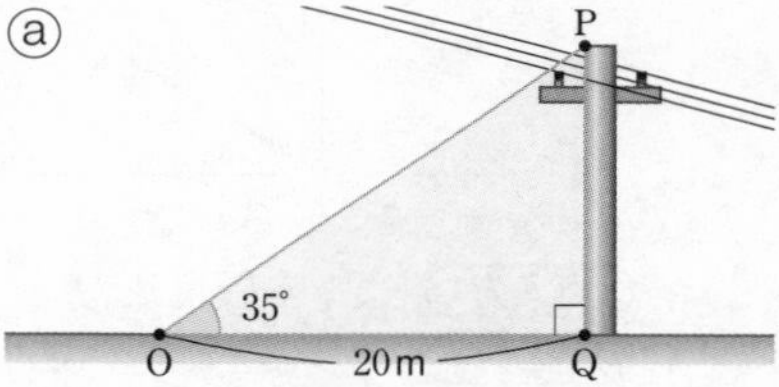


ⓑ

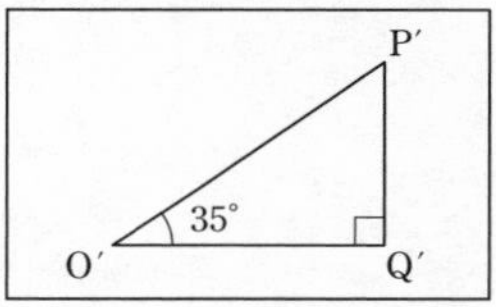


**考え方**　直角三角形の相似比を使う。

**解説&解答**　$\dfrac{PQ}{OQ}=\dfrac{P'Q'}{O'Q'}$　より

$$\frac{PQ}{20}=\frac{3.5}{5.0}$$

よって

$$PQ=\frac{3.5}{5.0}\times 20$$

$$=\mathbf{14\,m}$$ 答

**問2**
(教 p.253)
(教 p.333)

図の三角形において，$\sin\theta_1$，$\cos\theta_1$，$\tan\theta_1$の値，および，$\sin\theta_2$，$\cos\theta_2$，$\tan\theta_2$の値を求めよ(分数で答えてよい)。

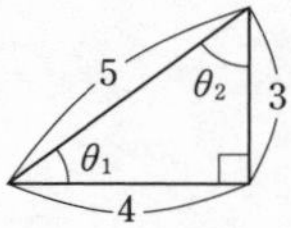


**考え方**　図のような直角三角形ABC(∠Cが直角)において，∠Aの大きさを$\theta$とするとき

①$\dfrac{対辺}{斜辺}=\sin\theta=\dfrac{a}{c}$，

②$\dfrac{底辺}{斜辺}=\cos\theta=\dfrac{b}{c}$，

③$\dfrac{対辺}{底辺}=\tan\theta=\dfrac{a}{b}$

である。

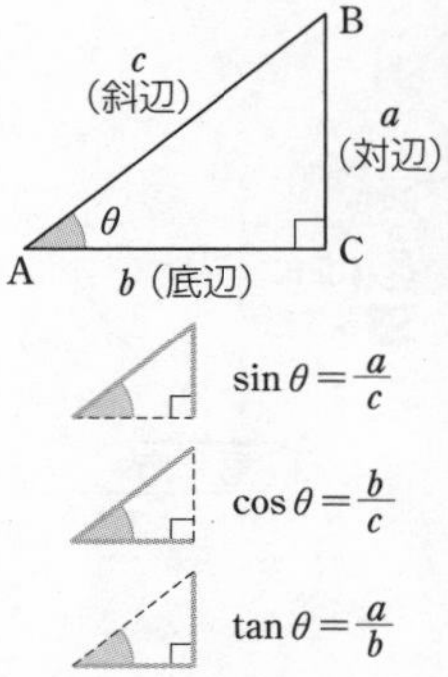


**解説&解答**

$\sin\theta_1=\dfrac{a}{c}=\mathbf{\dfrac{3}{5}}$　答

$\cos\theta_1=\dfrac{b}{c}=\mathbf{\dfrac{4}{5}}$　答

$\tan\theta_1=\dfrac{a}{b}=\mathbf{\dfrac{3}{4}}$　答

同様に

$\sin\theta_2=\mathbf{\dfrac{4}{5}}$，$\cos\theta_2=\mathbf{\dfrac{3}{5}}$，$\tan\theta_2=\mathbf{\dfrac{4}{3}}$　答

**問 3**
(教 p.254)
(教 p.334)

①～③の力の$x$成分，$y$成分を，教 p.266(①)，教 p.349(②)の三角比の表を用いて求めよ。

①
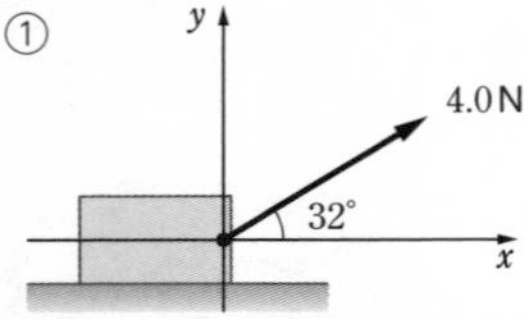


②
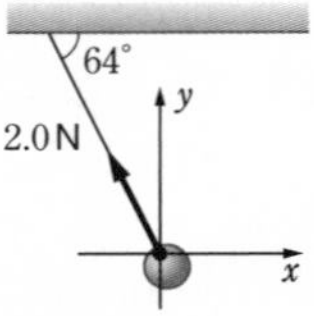


③
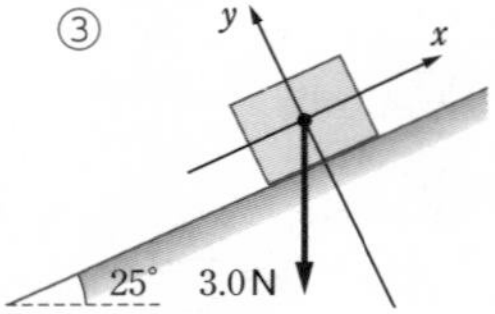


**考え方** $F_x = F\cos\theta$，$F_y = \sin\theta$ を用いる。

**解説&解答**

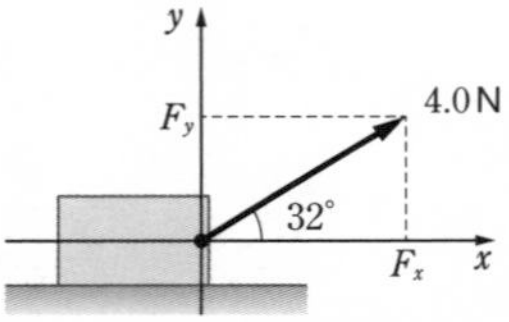


① $\sin 32° = 0.52992$,
$\cos 32° = 0.84805$　より
$F_x = 4.0 \times \cos 32°$
$\fallingdotseq$ **3.4 N** 答
$F_y = 4.0 \times \sin 32° \fallingdotseq$ **2.1 N** 答

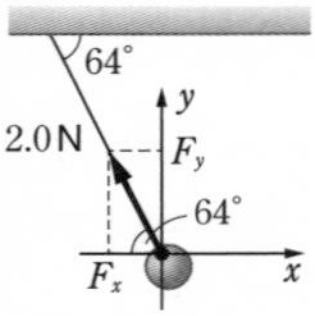


② $\sin 64° = 0.89879$,
$\cos 64° = 0.43837$　より
$F_x = -2.0 \times \cos 64°$
$\fallingdotseq$ **−0.88 N** 答
$F_y = 2.0 \times \sin 64° \fallingdotseq$ **1.8 N** 答

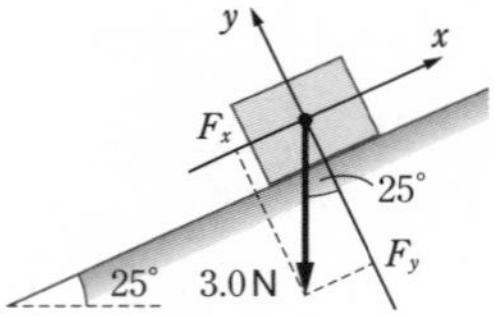


③ $\sin 25° = 0.42262$,
$\cos 25° = 0.90631$ より
$F_x = -3.0 \times \sin 25°$
$\fallingdotseq$ **−1.3 N** 答
$F_y = -3.0 \times \cos 25°$
$\fallingdotseq$ **−2.7 N** 答

**問 4**
(教 p.262)
(教 p.345)

次の計算をせよ($10^n$の形で表せ)。

(1) $10^6 \times 10^3$

(2) $(10^3)^2$

(3) $10^4 \div 10^6$

**考え方** $a \neq 0$，$b \neq 0$ で，$m$，$n$が整数のとき，次の関係が成りたつ。

$a^m a^n = a^{m+n}$，$(a^m)^n = a^{mn}$，$(ab)^n = a^n b^n$

$\dfrac{a^m}{a^n} = a^{m-n}$，$\left(\dfrac{a}{b}\right)^n = \dfrac{a^n}{b^n}$

**解説&解答**

(1) $10^6 \times 10^3 = 10^{6+3} = \mathbf{10^9}$ 答

(2) $(10^3)^2 = 10^{3\times 2} = \mathbf{10^6}$ 答

(3) $10^4 \div 10^6 = 10^{4-6} = \mathbf{10^{-2}}$ 答

# 本文資料

**問1**
(教 p.263)
(教 p.346)

水面を進む波において，水深 $h$〔m〕が波の波長に比べて十分に小さい場合，波の進む速さは $v=h^x g^y$〔m/s〕で与えられる（$g$〔m/s²〕は重力加速度の大きさ）。このとき，$x$，$y$ の値を求めよ。

**考え方**　それぞれの物理量には固有の次元がある。物理量の次元は，長さの次元[L]，質量の次元[M]，時間の次元[T]などの組合せで表される。

例えば，速さ（＝距離÷時間）の次元は，

$[\mathrm{L}]\div[\mathrm{T}]=[\mathrm{LT}^{-1}]$

加速度（＝速度の変化÷時間）の次元は，

$[\mathrm{LT}^{-1}]\div[\mathrm{T}]=[\mathrm{LT}^{-2}]$

である。このとき，速さの次元は，長さについて1次元，時間について－1次元であり，加速度の次元は，長さについて1次元，時間について－2次元である，という。次元を考えると，計算によって得られた結果の妥当性（正否）を判断したり，次元をもたない定数の係数以外のさまざまな物理量の間の関係を見つけたりすることができる。

**解説&解答**　$v=h^x g^y$ の両辺の単位を比較すると

$$\mathrm{m/s}=\mathrm{m}^x\cdot(\mathrm{m/s^2})^y=\mathrm{m}^{x+y}/\mathrm{s}^{2y}$$

よって　$x+y=1$

$2y=1$

これを解いて　$x=\dfrac{1}{2}$，$y=\dfrac{1}{2}$　**答**

資料編

●表紙デザイン
株式会社リーブルテック

第1刷　2023年3月1日　発行

教科書ガイド
数研出版 版　【物理／707・708】
総合物理

ISBN978-4-87740-637-0

発行所　数研図書株式会社

〒604-0861　京都市中京区烏丸通竹屋町上る
大倉町205番地
［電話］　075-254-3001